声学基础

（第三版）

杜功焕　朱哲民　龚秀芬　著

南京大学出版社

内 容 简 介

声学是一门既古老又迅速发展着的学科,近年来已渗透到几乎所有重要的自然科学和工程技术领域,并已融入于当代科学技术的前沿之中.本书系统地介绍了声学的基础理论,其中包括声的辐射、传播、接收与散射,并适当地介绍了近期活跃的非线性声学基础理论.

本书可作为高等院校的教材,也可供专业研究和工程技术人员参考.

图书在版编目(CIP)数据

声学基础/杜功焕,朱哲民,龚秀芬著. —3 版.
—南京:南京大学出版社,2012.5(2024.6 重印)
ISBN 978 - 7 - 305 - 09778 - 2

Ⅰ. ①声… Ⅱ. ①杜… ②朱… ③龚…
Ⅲ. ①声学 Ⅳ. ①O42

中国版本图书馆 CIP 数据核字(2012)第 066309 号

出版发行　南京大学出版社
社　　址　南京市汉口路 22 号　　　　邮　编 210093
书　　名 **声学基础**
　　　　　SHENGXUE JICHU
著　　者　杜功焕　朱哲民　龚秀芬
责任编辑　吴　华　　　　　　　编辑热线 025 - 83596997
照　　排　南京开卷文化传媒有限公司
印　　刷　常州市武进第三印刷有限公司
开　　本　787 mm×1092 mm　1/16　印张 23.5　字数 557 千
版　　次　2012 年 5 月第 3 版　2024 年 6 月第 11 次印刷
印　　数　36001～39600
ISBN　978 - 7 - 305 - 09778 - 2
定　　价　58.00 元

网　　址:http://www.njupco.com
官方微博:http://weibo.com/njupco
官方微信号:njupress
销售咨询热线:(025)83594756

序

  20 世纪 70 年代初美国曾出版过一部由一些物理学家共同撰写的《物理学展望》,其中有一段是从不同的方面把物理学各个分支进行对比,结论认为声学具有最大的"外在性"——也就是渗透到其他分支以至别的科技领域的部分最多,形成了若干新兴的边缘分支,对应用科学、技术、国防、文化生活以及社会等方面影响的潜力最大.可是声学又被评为研究得最不成熟的分支.我基本上同意这些评论.

  声学的确具备着现代科学的各门学科相互交叉,从而形成边缘学科的特点,人们对许多声学问题还只是停留在感性认识的阶段.随着时代的进步,科技的发展,声学不断地开辟着新的科学上的生长点.毫无疑义,声学有蓬勃的生命力和广阔的前景.

  物理学已习惯地划分为宏观的经典物理和微观的近代物理.自 19 世纪末以来,近代物理学发展的主流是向物质结构的更深层次去进行探索.但是人类对物质世界的认识总是后浪推前浪,科学的"前沿"不可能是孤立的.研究"基本粒子"的人可以不懂声学,但是费米在讲授他自己的 β 衰变理论时却应用了当年瑞利对封闭空间声传播模式的概念;最近物理学家研究氦 II 第三声却发现和"夸克"有了联系;固体物理学家正在自觉或不自觉地从事声学方面的研究.这种例子很多.声学既是跨层次又是跨学科的.

  在如此广阔的领域中要编写一本无所不包的声学专著,显然是不可能的.在 50 年代初期本人曾开过《声学基础》课程,就感到以声学基本问题为线索的课本很少,一般是过于偏重于某一方面,而其基础即分散在其他课本中.事过二十多年,国外也出过一些这类的书,不是过窄就是宽到像蜻蜓点水式的百科全书,国内更是个有无问题.

  本书作者累积多年来教授这门课的经验,博采众长而不落窠臼,有一定的特点.至于侧重点"著者说明"中已交代得清楚.学者在掌握本书以后,可以举一反三,而作者也拟在此书的基础上,撰写续编.本书问世后必将对声学的教学和科学研究起着一定的作用,这是可以拭目以待的.

魏荣爵

1980 年于南京大学物理系声学研究所

著者说明

本书是以多年来在南京大学物理系声学专业开设的"声学基础"课作为基础编写成的，希望对于其他从事声学方面研究工作的科技人员也有参考价值.

本书主要介绍一些传统性的声学基础方面的理论知识，其中包括声的辐射、传播、接收以及声学工作者必备的关于振动学方面的基础. 书中的讨论着重于，目前大多数声学问题的基础"理想流体媒质中的小振幅声波"，但为了适应近年来声学研究的发展，在书中对非理想流体媒质、大振幅声波以及固体中的声传播特性等也作了简要的基础性介绍.

由于声学是一门既古老而又迅速发展着的学科，近年来它的应用已渗透到几乎所有重要的自然科学和工程技术领域，形成了一个又一个独特的崭新的分支学科，因此要在一本基础方面的书籍中涉及无所不包的声学问题是不可能的.

为了帮助读者掌握和运用书中所导得的重要理论公式，书中也涉及了一些实际问题，而这些问题中的大多数是偏重于音频声学范畴的，但是这并不是说本书只适用于作为音频声学的基础.

本书作为高等学校有关专业基础方面的教材，在推理方面力求做到自成体系，以使具备理工科大学有关基础知识的读者阅读本书时，对一些重要的理论结果能接受，而无需再查阅大量参考读物.

为了使读者更好地理解和掌握书中所讨论的主要内容，在书的前 8 章中提供了近 200 道习题. 在书的附录中还列有常用的一些声学常数表，以及常用的数学公式与图表，以便读者查阅.

无论在教学以及书的编写过程中，都曾得到魏荣爵教授的多方指导，本校声学研究所与声学教研室不少同志也曾提出不少宝贵意见，并进行了有益的讨论，在此深表谢意.

著 者

再版说明

  《声学基础》一书自 1981 年初版以来，深受读者厚爱，作者曾不断收到来自海内外读者朋友的鼓励乃至宝贵意见和建议．借此机会，谨表谢意．

  近二十年来，我国的科学和教育事业经历了前所未有的发展．本书所服务的声学事业也幸逢盛世，一直生机勃勃．正如著名物理学家、声学家、中科院资深院士魏荣爵教授在为本书初版作序中所指出："随着时代的进步，科技的发展，声学将不断开辟新的科学上的生长点．"因为"声学具有最大的外在性"的特点，近二十年间，不仅原有的分支不断发展、延拓，而且新的分支又不断滋生．声学已经渗透到我国国民经济与社会文化的各个领域，并也已融入于当代科学技术的前沿之中．当前正值新世纪，声学事业同样面临新的机遇与挑战．鉴于这种形势，出版一部既能系统介绍声学基本原理又能反映当前声学发展的教材，已紧迫地提上日程．在本书初版问世近二十年间，虽然重印过多次，但供应一直不能满足广大读者的需要．再版本书对其作出必要的修正和补充，已成为我们不应推辞的时代职责．

  当然作为一部具有基础教材性质的著作，不可能去包罗当前声学发展中的各种问题，但是它必须为广大读者提供必要的基础，以使他们能尽快适应这种发展，并担负起推动当代声学事业发展的重任．因此对本书修订时，我们一方面力求保持已为广大读者认同的原书风格和特色，同时也在不提升原有数理基础的要求上增补一些近年来声学发展中涉及基础范畴的内容和章节．例如第 5 章的"一维电声传输线类比"，第 6 章的"不相干小球源的线阵"与"有限束超声辐射场"，第 7 章的"声强计原理"与"水中气泡的散射"，第 8 章在室内混响一节中对若干国际最著名音乐厅混响时间研究的介绍以及第 11 章的"兰姆波的传播"等等．特别对第 10 章作了较大的改动和补充，且更名为"非线性声学基础"．此外对原书作出一定修正以及积累长期教学经验对各章的习题作些扩充等工作当然也都是再版份内之劳．

  本书的再版希望继续获得广大读者的欢迎．当然尽管我们做了努力，但肯定还有不足之处，因此也热忱期待着批评和指正．愿我们共同为祖国乃至国际声学事业的发展做出一份应有的贡献．

著 者 于南京大学　电子科学与工程系
声学研究所
近代声学国家重点实验室

目 录

1

质点振动学

振动学是研究"声学"的基础. 因为不仅从广义看来,声学现象实质上就是传声媒质(气体、液体、固体等)质点所产生的一系列力学振动传递过程的表现,而且声波的发生(无论是自然产生或人工获得)基本上也来源于物体的振动. 当有一阵风吹来时,人们就会听到树叶振动而发出"沙沙"的响声. 当人们在欣赏一支交响乐队演奏时,就会发现乐队的演奏者都在各自忙碌而又紧张地操作着自己的乐器,有的在使劲地用槌子击鼓,有的在缓缓地用弓拉动小提琴的弦. 他们的动作似乎是杂乱无章,然而人们所听到的那种优美的音乐,却正是这些乐器上的振动物体"杂乱无章"运动的总效果. 既然声是从物体振动而来,因而从物体的振动规律自然也可以预知声的一些规律. 例如,由扬声器发出的声音的强弱及其频率与扬声器的纸盆振动幅度及其频率有关. 一个声学工作者免不了要使用或者研制一些电声器件(例如扬声器与传声器等),而这些器件的大多数都具有一个(或多个)振动系统,如扬声器的纸盆与传声器的音膜等. 可以发现,这些振动系统的特性,对控制电声器件的声学性能往往会起着关键作用. 此外人们也会发现,一些恼人的噪声也常常来自物体的强烈振动. 如何来检测、抑制和隔离这些振动也已成为现代声学的重要课题. 由此可见,振动学的基础知识对声学工作者是必不可缺的.

当然振动学所研究的范围是非常广泛的,而它本身也已发展成为一个独立的学科. 本书的讨论自然不能包罗万象,这里所要介绍的主要限于与声学问题联系比较密切的一些力学振动的基础知识,这一章主要讨论质点的振动,下一章将讨论一些简单形状弹性体(如弦、棒、膜、板等)的振动.

1.1　质点振动系统的概念

所谓**质点振动系统**,就是假设构成振动系统的物体如质量块、弹簧等,不论其几何大小如何,都可以看成是一个物理性质集中的系统,对于这种系统,质量块的质量认为是集中在一点的,这就是说,构成整个振动系统的质量块与弹簧,它们的运动状态都是均匀的.这种振动系统也被称为**集中参数系统**.虽然上面所述的系统是理想化的,然而在一定的条件下,它可以被看成是实际系统的近似模型,而且在上述的假设下,数学处理可以大大简化,而研究所得的振动规律的图像又比较清晰和直观,因而对这种质点振动系统的研究显得十分重要.

实际物体总是有一定的几何大小,并且物体的各部分振动状态往往是不可能处处相同的.例如,取一有限大小的弹性物体,对其一端进行敲击,那么首先在物体的该端表面发生形变,然后逐渐传播开来.这种形变从始端到末端的传播需要一定时间,而不能瞬时到达.这意味着,物体上各个位置的振动状态,在某一瞬间是各不相同的.但是如果形变从物体的始端到末端的传播所需的时间,与物体中形变或振动周期(振动一次所需的时间)相比短得多,或者物体的线度比物体中振动传播波长(振动一次所传播的距离)小得多,那么这一物体的各部分振动状态就可以看成近似均匀,而这一振动系统就可以近似地看作质点振动系统.这里还要强调一下,一种振动物体能否作为质点系统来对待,并不决定它的“绝对”几何尺寸,而要看它的线度与物体中振动传播波长的相对比值而定,例如常见的 0.2 m 口径扬声器,其纸盆的有效直径约有 0.18 m.但是当振动频率为 1 000 Hz 时,从纸盆顶部到边缘的距离还不到纸盆中振动传播波长的 1/5,因此在此扬声器的工作频率低于1 000 Hz 时,把纸盆(盆面等效为质量,边缘折环等效为弹簧)作为质点振动系统来对待,不会引起很大的误差.再例如有一个厚度仅为 0.5 cm 的压电陶瓷振子,在进行厚度方向的纵振动,假设它的振动频率为每秒 100 万次,这时与其对应的波长约为 0.5 cm,与物体的线度相接近,因此这一压电陶瓷振子虽小,但就不能把它当作质点振动系统,而应视作分布振动系统来对待,而后者将于第 2 章来进行专门讨论.

1.2　质点的自由振动

设有一可作为质点,其质量为 M_m 的坚硬物体系于弹性系数或劲度系数为 K_m 的弹簧上,构成一简单的振动系统,简称**单振子**,如图 1-2-1 所示,假定在没有外力扰动时,物体的重力与弹簧的弹力相平衡,系统处于相对静止状态.取质点 M_m 的静止位置(或称平衡位置)为坐标原点,设有一外力突然在 x 方向拉(或推)动 M_m,使弹簧产生伸长(或压缩),随即就释放,此后质点 M_m 就在弹簧的弹力作用下,在平衡位置附近做往返的运动,即发生振动.如果假定外力仅在初始时刻起作用,而后就去掉了,在这种情况下质点所做的振动称为自由振动.

1.2.1　自由振动方程

分析图 1-2-1 可知,当质点 M_m 被拉离平衡位置时,弹簧 K_m 也有了伸长,这时在质点 M_m 上就受到弹簧的弹力 F_K 的作用.我们假设质点离开平衡位置的位移 ξ 很小(即限于讨论微小振动),以致弹簧的伸长或收缩没有超出弹性限度范围,则按照**虎克定律**,弹力的大小同位移成正比,可表示成

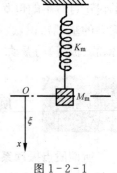

图 1-2-1

$$F_K = -K_m \xi, \tag{1-2-1}$$

式中比例系数 K_m 就是上述的弹性系数,有时也常用其倒数 C_m 来表示, $C_m = \dfrac{1}{K_m}$ 称为**顺性系数**,或称**力顺**.式中出现的负号表示质点位移的方向与弹力的方向相反,例如质点离开平衡位置向 x 正方向运动,它的位移为正,这时弹簧的弹力表现为对质点施加拉力,其方向指向 x 负方向.质点受此弹力作用,将得到加速度,按照牛顿第二定律可得

$$M_m \frac{d^2 \xi}{dt^2} = -K_m \xi, \tag{1-2-2}$$

或写成

$$M_m \frac{d^2 \xi}{dt^2} + K_m \xi = 0, \tag{1-2-3}$$

也可写成

$$\frac{d^2 \xi}{dt^2} + \omega_0^2 \xi = 0, \tag{1-2-4}$$

其中 $\omega_0^2 = \dfrac{K_m}{M_m}$, ω_0 是引入的一个参量,称为**振动圆频率**,也称角频率,式(1-2-4)就是**质点的自由振动方程**.

1.2.2　自由振动的一般规律

要了解自由振动的一般规律,首先要对振动方程(1-2-4)求解,因为 ω_0^2 是正的实数,所以这一对时间 t 的齐次二阶常微分方程的一般解应是两个简谐函数的线性叠加,即

$$\xi = A\cos \omega_0 t + B\sin \omega_0 t, \tag{1-2-5}$$

式中 A, B 为两个待定常数,由运动的初始条件来定.

(1-2-5)式也可写成另一形式

$$\xi = \xi_a \cos(\omega_0 t - \varphi_0), \tag{1-2-6}$$

式中 ξ_a 为 ξ 的振幅.知道了位移也可求得振动速度

$$v = \frac{d\xi}{dt} = v_a \sin(\omega_0 t - \varphi_0 + \pi), \tag{1-2-7}$$

其中 $v_a = \omega_0 \xi_a$, ξ_a 与 φ_0 也为待定常数,它们与常数 A 与 B 之间有如下关系

$$\xi_a = \sqrt{A^2 + B^2}, \varphi_0 = \arctan \frac{B}{A};$$

$$A = \xi_a \cos \varphi_0, B = \xi_a \sin \varphi_0.$$

它们都是取决于初始条件的待定常数,详细研究它们的关系,意义并不大.这里提一下,以后遇到类似情形,就不再赘述了.

从(1-2-6)式可以看出位移 ξ 随时间 t 的变化规律呈余弦形式.随时间 t 做正弦或余弦规律的运动,一般称为**简谐振动**.按(1-2-6)式可以得到位移 ξ 随时间 t 的变化规律,如图1-2-2所示.从图可以看出, ξ_a 为位移的最大值,称为**位移振幅**, φ_0 为振动起始时刻的初

相位,运动自 $t=0$ 开始,经过 $t=T$ 时间,又恢复到原来状态,这一时间 T 称为运动的**周期**,即振动一次所需的时间,单位为 s(秒),它的倒数 $f=\dfrac{1}{T}$ 表示每秒的振动次数,称为振动的**频率**,其单位为 Hz,中文名称赫兹,简称赫. $1\,\text{Hz}=1\,\text{s}^{-1}$.

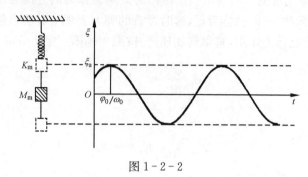

图 1 - 2 - 2

从(1-2-6)式可以指出, $\omega_0 T=2\pi$, 即 $\omega_0=2\pi f$, 因此 ω 就等于 2π 秒钟的振动次数,称为振动的**圆频率**(或**角频率**),因为已知 $\omega_0^2=\dfrac{K_\mathrm{m}}{M_\mathrm{m}}$, 所以可以求得自由振动的频率公式为

$$f_0=\frac{1}{2\pi}\sqrt{\frac{K_\mathrm{m}}{M_\mathrm{m}}}, \qquad (1-2-8)$$

或者用力顺 C_m 来表示

$$f_0=\frac{1}{2\pi}\sqrt{\frac{1}{M_\mathrm{m}C_\mathrm{m}}}. \qquad (1-2-9)$$

(1-2-8)式表明,当质点做自由振动时,其振动频率是仅同系统的固有参量有关,而与振动初始条件无关的常数,这就是说只要系统的固有质量 M_m 和弹性系数 K_m 一定,其振动的频率也就决定了,而同系统是以多大的初始位移或者多大的初始速度开始运动没有关系,因而称这一振动频率为**系统的固有频率**.自由振动的这一特性,在我们日常工作和生活中是常见的,例如,用小锤来敲击音叉,或用手指弹钢琴的某个键,不管敲或弹得轻重如何,它们发出的声音的频率是一定的,敲或弹得是轻是重仅影响其振动幅度或由它发出声音的强弱.

从(1-2-8)式可以看到,一质点振动系统,质量 M_m 愈大或弹性系数 K_m 愈小,固有频率 f_0 就愈低,反之 M_m 愈小或 K_m 愈大, f_0 就愈高.这一规律颇有实际意义.例如,在以后就会知道,一动圈扬声器振动系统的固有频率对于其低频声学性能有十分重要的影响.而如果需要降低其固有频率,原则上是可按公式(1-2-8)的规律,采取两方面措施:

(1)增加系统的质量,即增加音圈与纸盆的质量;

(2)减少系统的弹性系数,即使纸盆边缘的折环部分更为柔顺.

上面已经指出,在描述质点自由振动的位移表示式中有两个待定常数 ξ_a 与 φ_0. 它们取决于系统的起振条件,如果这两个常数一旦确定,那么这一系统的振动状态就可完全知道.例如,假设原来质点处于静止状态,在 $t=0$ 的那一瞬间,它得到了一速度 v_0, 对于这种情况,我们可以写出如下初始条件:

$$\xi_{(t=0)} = 0,$$
$$v = \left(\frac{\mathrm{d}\xi}{\mathrm{d}t}\right)_{(t=0)} = v_0.$$

将此条件代入(1-2-6)与(1-2-7)式,可定得 $\varphi_0 = \dfrac{\pi}{2}$, $\xi_a = \dfrac{v_0}{\omega_0}$. 由此可得,在 $t \geqslant 0$ 各个时刻,质点的位移与速度为

$$\xi = \xi_a \cos(\omega_0 t - \frac{\pi}{2}), \quad v = v_a \cos\omega_0 t,$$

其中 $\xi_a = \dfrac{v_0}{\omega_0}$ 为位移振幅, $v_a = v_0$ 为速度振幅. 从此可以看到,在上述初始条件下,初始速度愈大,则往后的质点振动的位移或速度的振幅也愈大,并且振动时位移与速度相位差 $\dfrac{\pi}{2}$,例如,当 $t=0$ 时,位移为零,而速度却达到最大值 v_0;当 $t = \dfrac{T}{4}$ 时,位移达到最大值,而速度降为零. 这里仅讨论了初始速度为 v_0 的初始条件,我们还可以讨论其他的初始条件,例如假设在初始时刻使质点获得一初位移 ξ_0,而其初速度为零,这相当于在初始时刻将质点拉离一位移 ξ_0,然后再释放使其做自由振动. 或者更普遍地假设,在初始时刻初位移与初速度都不等于零. 这里就不再赘述了,读者如有兴趣可以自行练习.

1.2.3 自由振动的能量

振子原来处于静止状态,振动能量为零,在初始时刻,振子从外部获得能量,例如,给予其初位移,这相当于给系统一初位能;给予其初速度,这相当于给系统一初动能. 振子在获得这种外部来的能量后就开始振动,将其转为振动能. 质点在振动时,任一时刻系统所具有的总振动能应等于位能与动能的总和.

系统具有的位能,应等于当质点离开静止位置时克服弹簧弹力所做的功. 根据牛顿第三定律(作用力等于反作用力),因为弹簧对质点的作用力为 $-K_m\xi$,所以质点对弹簧的反作用力应为 $K_m\xi$. 因此贮存在弹簧中的位能就等于

$$E_p = \int_0^\xi K_m \xi \mathrm{d}\xi = \frac{1}{2} K_m \xi^2, \tag{1-2-10}$$

系统所具有的动能可表示为
$$E_k = \frac{1}{2} M_m v^2, \tag{1-2-11}$$

于是系统的总振动能就等于

$$E = E_p + E_k = \frac{1}{2} K_m \xi^2 + \frac{1}{2} M_m v^2, \tag{1-2-12}$$

将(1-2-6)与(1-2-7)式代入,可得

$$E = \frac{1}{2} K_m \xi_a^2 \cos^2(\omega_0 t - \varphi_0) + \frac{1}{2} M_m \omega_0^2 \xi_a^2 \sin^2(\omega_0 t - \varphi_0) = \frac{1}{2} K_m \xi_a^2 = \frac{1}{2} M_m v_a^2. \tag{1-2-13}$$

从这一关系式可以看到,系统在振动时各个时刻的总能量是一常数,它或者等于质点达到最

大位移时的位能,或者等于质点具有最大速度时的动能. 因为我们讨论的是能量保守系统,所以上述结果是与能量守恒定律符合的. 根据能量守恒定律,也可推知,系统的总振动能量应等于初始时刻外部所给予系统的能量. 应用我们上面的例子,在初始时,系统仅得一初速度 v_0,而没有初位移,那么外部给予系统的能量显然只有初动能 $E_0 = \frac{1}{2} M_m v_0{}^2$. 因为对此情形已知有 $v_a = v_0$,所以证得 $E = E_0$.

1.2.4 双弹簧串接与并接系统的振动

以上讨论的是一种基本的自由振动系统,在实际问题中还会遇到一些更为复杂的系统. 例如在系统中弹簧不是一根,而是两根,或是多根,并且它们可以串联相接或并联相接. 下面就来简单讨论一下这种系统振动的一些特性,为此我们先来引入系统产生静位移的一些关系.

注意一下图 1-2-1 所示的单振子系统,假设弹簧 K_m 在重力 $M_m g$ 作用下产生了静位移 ξ_{st},这里 g 为重力加速度,从而弹簧对质量产生了弹力 $(-K_m \xi_{st})$. 在静态平衡时,作用在质量 M_m 上的合力应为零,即有如下关系

$$M_m g - K_m \xi_{st} = 0, \qquad (1-2-14)$$

由此可得

$$K_m = \frac{M_m g}{\xi_{st}}, \qquad (1-2-15)$$

将此式代入(1-2-8)式,可得固有频率的另一表示式

$$f_0 = \frac{1}{2\pi} \sqrt{\frac{g}{\xi_{st}}}, \qquad (1-2-16)$$

上式表示,固有频率与系统的静位移发生了直接关系. 此一结果是很有实际意义的,它告诉我们,如果我们测得系统的静位移,那就无需再去知道系统的固有参量 M_m 与 K_m,就可直接从(1-2-16)式求得系统的固有频率.

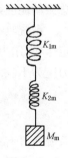

图 1-2-3

1. 双弹簧串联相接

设两根弹簧的弹性系数分别为 K_{1m} 与 K_{2m},在质量 M_m 的重力作用下,产生的静位移分别为 ξ_{1st} 与 ξ_{2st},如图 1-2-3 所示. 于是每一弹簧所产生的弹力分别为 $-K_{1m}\xi_{1st}$ 与 $-K_{2m}\xi_{2st}$. 因为两根弹簧是串联相接,每一根弹簧受到质量 M_m 的拉力都相同,并且等于 $M_m g$,因此根据静力学平衡条件可得

$$M_m g = K_{1m} \xi_{1st} = K_{2m} \xi_{2st}, \qquad (1-2-17)$$

而两根弹簧的总静位移应等于各个弹簧静位移的总和,即

$$\xi_{st} = \xi_{1st} + \xi_{2st}, \qquad (1-2-18)$$

将(1-2-17)式代入就得

$$\xi_{st} = M_m g \frac{K_{1m} + K_{2m}}{K_{1m} K_{2m}}, \qquad (1-2-19)$$

于是系统的固有频率就等于

$$f_0 = \frac{1}{2\pi}\sqrt{\frac{g}{\xi_{st}}} = \frac{1}{2\pi}\sqrt{\frac{K'_m}{M_m}}, \tag{1-2-20}$$

其中 $K'_m = \dfrac{K_{1m}K_{2m}}{K_{1m}+K_{2m}}$ 为弹簧串接时等效弹性系数.(1-2-20)式表明,两根弹簧的串接使

系统的弹性减小,固有频率降低.假如设 $K_{1m}=K_{2m}=K_m$,$K'_m=\dfrac{K_m}{2}$,则两根相同弹簧的串

联相接,可使系统的弹性比单根时减少一半,而使固有频率降低 $\sqrt{2}$ 倍.

2. 双弹簧并联相接

同样设两根弹簧的弹性系数分别为 K_{1m} 与 K_{2m},因为是并联相接(如图 1-2-4),在质量 M_m 的重力作用下,两根弹簧的静位移相同,都为 ξ_{st},所以它们所产生的弹力分别为 $-K_{1m}\xi_{st}$ 与 $-K_{2m}\xi_{st}$.这时作用在质量 M_m 上共有三个力,质量的重力和两根弹簧的弹力.根据静力学平衡条件可得

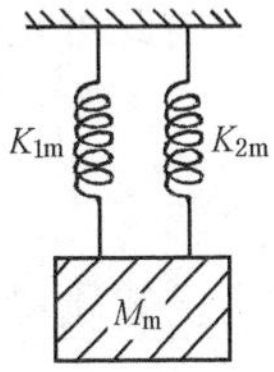

$$M_m g = K_{1m}\xi_{st} + K_{2m}\xi_{st}, \tag{1-2-21}$$

于是系统的固有频率就等于

图 1-2-4

$$f_0 = \frac{1}{2\pi}\sqrt{\frac{K''_m}{M_m}}, \tag{1-2-22}$$

其中 $K''_m = K_{1m}+K_{2m}$ 为弹簧并接时等效弹性系数.(1-2-22)式表明,两根弹簧的并接使系统的弹性增大,固有频率提高.假如设 $K_{1m}=K_{2m}=K_m$,则 $K''_m = 2K_m$,两根相同的弹簧的并联相接,可使系统的弹性比单根时增加一倍,而使固有频率提高 $\sqrt{2}$ 倍.

上面我们是用静力学平衡方法求得串联和并联相接的两种情形的等效弹性系数,不难证明,用动力学方法也应得到相同结果.这就留给读者自习了.

1.2.5 弹簧质量对系统固有频率的影响

以上的讨论都没有考虑弹簧本身的质量,认为系统的质量都集中在质量块上,然而一般弹簧总是或多或少具有质量的.如常见的钢丝弹簧,甚至用一根实心或中空的金属棒做成的弹簧等.如果弹簧本身的质量比起质量块质量小得多,那么允许忽略弹簧质量;如果弹簧的质量并不很小,那么这种忽略就有问题了.例如,有一种所谓高顺性扬声器,它是采用橡胶等材料做纸盆的折环,使振动系统的力顺提高,弹性降低,从而降低系统的固有频率,以便扩展扬声器的低频范围(橡胶的弹性限度也比纸大,所以也扩展了扬声器纸盆振动幅度的限度).对于这种振动系统,由于橡胶比较重,因此橡胶折环部分的质量就不能轻易忽略.现在就来分析一下考虑弹簧质量时振动系统的一些特性.

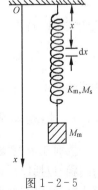

图 1-2-5

设有如图 1-2-5 所示的单振子,设弹簧的长度为 l,弹簧的质量为 M_s,它在整个弹簧上均匀分布.因为弹簧具有质量,所以振动时它也具有动能,为此就要来分析它的速度的分布.弹簧在 $x=0$ 端固定,该端的位移与速度为零,在 $x=l$ 端弹簧与质量块 M_m 相接,位移与速度同 M_m 一样等于 ξ 与 v.现把弹簧分成很多小元段,每一元段长 dx.因为弹簧伸缩

均匀,所以每一弹簧元段产生的位移为 $\mathrm{d}\xi = \dfrac{\mathrm{d}x}{l}\xi$. 这些弹簧元段串联相接,因此在 x 处弹簧的总位移应是在 $0 \rightarrow x$ 之间所有弹簧元段位移贡献的总和,它等于 $\xi_x = \dfrac{x}{l}\xi$,由此可知,在 x 处弹簧的速度应等于 $v_x = \dfrac{x}{l}v$. 考虑到元段 $\mathrm{d}x$ 的质量为 $M_s\dfrac{\mathrm{d}x}{l}$,所以在 x 处元段的动能可表示成

$$\mathrm{d}E_{ks} = \frac{1}{2}\left(M_s\frac{\mathrm{d}x}{l}\right)\left(\frac{x}{l}v\right)^2.$$

由此可得弹簧的总动能为

$$E_{ks} = \int \mathrm{d}E_{ks} = \frac{1}{2}\int_0^l \left(\frac{M_s}{l^3}v^2\right)x^2\,\mathrm{d}x = \frac{1}{6}M_s v^2, \qquad (1-2-23)$$

因为已知质量块 M_m 的动能为 $E_{km} = \dfrac{1}{2}M_m v^2$,所以系统的总动能应等于

$$E_k = E_{ks} + E_{km} = \frac{1}{2}\left(M_m + \frac{M_s}{3}\right)v^2. \qquad (1-2-24)$$

对于一个没有能量损耗的保守系统,按能量守恒定律,在运动的每一瞬间,其振动动能与位能的和应保持常数. 因为位能仍可表示成 $E_p = \dfrac{1}{2}K_m\xi^2$,所以有

$$E = E_k + E_p = \mathrm{const}, \qquad (1-2-25)$$

式中 const 代表常数,由此式可得

$$\frac{1}{2}\left(M_m + \frac{M_s}{3}\right)v^2 + \frac{1}{2}K_m\xi^2 = \mathrm{const}, \qquad (1-2-26)$$

将 $v = \dfrac{\mathrm{d}\xi}{\mathrm{d}t}$ 代入,并对(1-2-26)式取时间 t 的一阶导数,得如下方程

$$\left(M_m + \frac{M_s}{3}\right)\frac{\mathrm{d}^2\xi}{\mathrm{d}t^2} + K_m\xi = 0, \qquad (1-2-27)$$

将此式与(1-2-3)式比较,就可求得系统的固有频率为

$$f_0 = \frac{1}{2\pi}\sqrt{\frac{K_m}{M_m + M_s/3}}, \qquad (1-2-28)$$

从此式可以看出,考虑弹簧本身质量的系统仍可作为质点振动系统,但此时系统的等效质量为 $M_m + \dfrac{M_s}{3}$,即系统的总质量除了质量块的质量外,还附加了 1/3 的弹簧质量. 显然考虑了弹簧的质量后,系统的固有频率应相应变低.

1.2.6 振动问题的复数解

上面在求解微分方程(1-2-4)时,我们利用了正弦与余弦函数这两个特解,在讨论振动问题,包括以后讨论的声波问题时,还常常喜欢采用复函数来求解,采用这种复函数可以简化数学处理,为此对它略加讨论.

已知复指数可以表示成

$$\left.\begin{aligned} e^{j\omega_0 t} &= \cos \omega_0 t + j\sin \omega_0 t, \\ e^{-j\omega_0 t} &= \cos \omega_0 t - j\sin \omega_0 t, \end{aligned}\right\} \tag{1-2-29a}$$

这里 $j = \sqrt{-1}$，为虚数单位. 因为既然正弦与余弦函数都是方程(1-2-4)的特解，那么它们的线性组合一定也满足该方程. 因此(1-2-29a)式的两个复函数一定也可作为该方程的两个特解，而它们的线性组合可构成方程的一般解，即方程(1-2-4)的一般解也可表示成

$$\xi = Ae^{j\omega_0 t} + Be^{-j\omega_0 t}, \tag{1-2-29b}$$

这里 A 与 B 同样为取决于初始条件的常数. 当然任何事物都是一分为二的，采用复数解也带来缺点，因为复数不能直接描述物理问题的直观情况，所以在必要时还得还原求解结果而取其实部(或虚部).

1.3　质点的衰减振动

从(1-2-6)式可以发现，当质点在初始时刻受到外界的扰动，例如，给它一初速度后，它就开始做等幅的简谐自由振动，而不管时间持续多长，其振动的振幅永为恒定. 这也就是说，这种自由振动"永远"不会消逝，显然这种现象在实际生活中是不存在的. 例如我们敲一下鼓，则鼓声在敲击停止后，会渐渐由响变轻，最终消失.

(1-2-6)式表现出来的缺点，是由于在研究自由振动时忽略了阻尼现象所造成的. 这一节就要来考虑这种阻尼现象对振动的影响.

1.3.1　衰减振动方程

上面已提到，任何实际系统在做自由振动时都会出现逐渐衰减的过程，亦即系统在振动时始终会受到一种阻尼力(简称阻力)的作用. 这种阻力作用可能是振动物体与周围媒质之间的粘滞摩擦(或者振动物体自己的内摩擦)的效果，也可能是振动物体向周围媒质辐射声波的效果. 前者使振动能逐渐变化为热能，后者使振动能逐渐转化为声能. 虽然热能与声能表现形式不同，但对系统来说，都是使能量损耗的因素.

一般说阻力应是速度的函数，例如我们在日常生活中会体会到，逆风前进会遇到阻力，风速愈大(或前进速度愈大)受到的阻力也愈大. 我们仍然限于讨论小振动，可以认为阻力与速度成线性关系，即有

$$F_R = -R_m \frac{d\xi}{dt}, \tag{1-3-1}$$

这里的 R_m 称为**阻力系数**，也称**力阻**，是正的常数. 式中出现的负号表示阻力总是与系统的运动方向相反，将这一阻力附加到(1-2-2)式中去，振动方程就可改为如下形式

$$M_m \frac{d^2\xi}{dt^2} + R_m \frac{d\xi}{dt} + K_m \xi = 0, \tag{1-3-2}$$

或写成

$$\frac{\mathrm{d}^2\xi}{\mathrm{d}t^2} + 2\delta\frac{\mathrm{d}\xi}{\mathrm{d}t} + \omega_0^2\xi = 0, \tag{1-3-3}$$

其中 $\delta = \dfrac{R_\mathrm{m}}{2M_\mathrm{m}}$ 为引入的一个新参量,称为**衰减系数**,(1-3-2)或(1-3-3)式就是**质点的衰减振动方程**.

1.3.2　衰减振动的一般规律

方程(1-3-3)也是一个二阶齐次常微分方程,现在我们设解为复指数,即设

$$\xi = \mathrm{e}^{\mathrm{j}\gamma t}, \tag{1-3-4}$$

其中 γ 为特定常数,将此解代入方程(1-3-3)可得

$$(-\gamma^2 + 2\mathrm{j}\gamma\delta + \omega_0^2)\mathrm{e}^{\mathrm{j}\gamma t} = 0,$$

若上式对任意时间 t 都成立,则必须满足

$$\gamma^2 - 2\mathrm{j}\gamma\delta - \omega_0^2 = 0. \tag{1-3-5}$$

因而求解微分方程(1-3-3)的任务就归结为求解二次代数方程(1-3-5),解此代数方程可得

$$\gamma = \delta\mathrm{j} \pm \sqrt{-\delta^2 + \omega_0^2},$$

于是方程(1-3-3)的一般解可写成

$$\xi = \mathrm{e}^{-\delta t}(A\mathrm{e}^{\mathrm{j}\omega_0' t} + B\mathrm{e}^{-\mathrm{j}\omega_0' t})^{①}, \tag{1-3-6}$$

式中 $\omega_0' = \sqrt{\omega_0^2 - \delta^2}$,为了描述实际的衰减振动,应将(1-3-6)式化为实部,由于(1-3-6)式是复数解,因而常数 A 与 B 也可能是复数.如设 $A = \dfrac{\xi_0}{2}\mathrm{e}^{-\mathrm{j}\varphi_0}$,$B = \dfrac{\xi_0}{2}\mathrm{e}^{\mathrm{j}\varphi_0}$.

ξ_0, φ_0 也为由初始条件确定的两个实常数,这样位移就表示成

$$\xi = \xi_0\mathrm{e}^{-\delta t}\cos(\omega_0' t - \varphi_0), \tag{1-3-7}$$

或写成

$$\xi = A(t)\cos(\omega_0' t - \varphi_0), \tag{1-3-8}$$

其中 $A(t) = \xi_0\mathrm{e}^{-\delta t}$ 近似表示为衰减振动的振幅[②]. 由此可见由于存在阻力,振动质点的振幅已不再是常数了. 它将随时间做指数衰减,衰减系数愈大,振幅衰减得也愈快. 有时也用振幅衰减到初始值的 $\dfrac{1}{\mathrm{e}}$ 倍的时间来度量衰减的快慢,这一时间称为衰减模量,其单位是秒,等于 $\tau = \dfrac{1}{\delta} = \dfrac{2M_\mathrm{m}}{R_\mathrm{m}}$. 从(1-3-8)式还可看到一个与非阻尼振动的区别,这就是现在系统的固有

---

① 这里实际上已作了 $\delta^2 < \omega_0^2$ 的假定,如果 $\delta^2 \geqslant \omega_0^2$ 就要得到非振动状态的解($\delta = \delta_c = \omega_0$ 称为临界衰减系数). 如果用一称为力学品质因素的参量 $Q_\mathrm{m} = \dfrac{\omega_0 M_\mathrm{m}}{R_\mathrm{m}}$ 来表示,那么系统进行自由衰减振动的条件就归结为 $Q_\mathrm{m} > 0.5$. 关于 Q_m 的物理意义,以后将作进一步讨论.

② 严格说来(1-3-8)式表示的不是简谐函数,振动不具有周期性,因此振幅的含义不确切,但在 δ 较小而 $A(t)$ 随时间变化较慢时,为了便于描述就近似把它当作简谐振动的振幅来对待. 这里频率或周期的含义也是不严格的.

圆频率变为 ω_0',虽然它仍为取决于系统固有参量(如 M_m,K_m,R_m 等)的常数,但与非阻尼振动相比是变小了.如果力阻 R_m 很小,那么这种变化也很微小,利用级数展开

$$\omega_0' = \sqrt{\omega_0^2 - \delta^2} = \omega_0 \sqrt{1 - \frac{\delta^2}{\omega_0^2}} = \omega_0 \left(1 - \frac{1}{2}\frac{\delta^2}{\omega_0^2} + \cdots\right),$$

当 $\delta^2 \ll \omega_0^2$ 时,可近似得

$$\omega_0' \approx \omega_0 \quad \text{或} \quad f_0' \approx f_0.$$

从(1-3-7)式我们还可求出,相隔一个周期 T 时间的相邻两次振动振幅的比值为

$$\eta = \frac{A_i}{A_{i+1}} = \frac{\xi_0 e^{-\delta t_i}}{\xi_0 e^{-\delta(t_{i+1})}} = e^{\delta T}, \qquad (i = 1,2,3,\cdots)$$

i 代表振动的序数,从此也可求得第一次与第 i 次的振幅比为 $\eta_i = \frac{A_1}{A_i} = (e^{\delta T})^{i-1}$,即第一次的振幅是第 i 次的 $(e^{\delta T})^{i-1}$ 倍,可见振幅的衰减是以几何级数规律进行的,例如设 $\delta = 0.05\omega_0$,则可以算得 $\eta = 1.37$,而这时 $f_0' \approx f_0$.由此可见,在小阻尼情况下,固有频率的变化虽然甚微,但振幅的衰减却可能进行得很快.

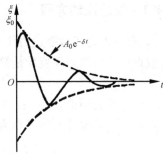

图 1-3-1 表示质点做衰减振动的规律.图中实线描述质点位移随时间 t 变化的总规律,其振幅每隔一个周期都有一定降低;虚线描述了振幅衰减规律.

1.3.3 衰减振动的能量

衰减振动在每一瞬间的总能量应等于该时刻的振动位能与动能的总和,即

图 1-3-1

$$E = \frac{1}{2}K_m\xi^2 + \frac{1}{2}M_m v^2. \qquad (1-3-9)$$

将(1-3-8)式代入可得

$$E = \frac{K_m}{2}A^2(t)\cos^2(\omega_0' t - \varphi_0) + \frac{1}{2}M_m \omega_0'^2 A^2(t)\sin^2(\omega_0' t - \varphi_0) -$$

$$\omega_0' M_m A(t)\frac{\mathrm{d}A(t)}{\mathrm{d}t}\sin(\omega_0' t - \varphi_0)\cos(\omega_0' t - \varphi_0) +$$

$$\frac{1}{2}M_m\left[\frac{\mathrm{d}A(t)}{\mathrm{d}t}\right]^2\cos^2(\omega_0' t - \varphi_0), \qquad (1-3-10)$$

在(1-3-10)式中总能量对时间 t 的关系非常复杂,不易从中看出明确的物理意义.我们从中取一个周期的平均值,并考虑到 $\delta \ll \omega_0$,$A(t)$ 随时间变化缓慢,就可近似得到

$$\overline{E} = \frac{1}{T}\int_0^T E\mathrm{d}t \approx \frac{1}{2}M_m\omega_0^2\xi_0^2 e^{-2\delta t} = \frac{1}{2}K_m\xi_0^2 e^{-2\delta t}, \qquad (1-3-11)$$

从此可见,由于阻尼的存在,质点振动系统的平均能量将近似地随时间做指数规律衰减.

从上可知,实际的振动系统由于有阻尼,如果不能从外部持续获得能量,则系统的振动就会逐渐衰减,衰减的快慢同 R_m 与 M_m 的比值有关.对一系统希望振动持续时间长些还是

短些,这取决于每一具体问题的要求.例如,对一般的乐器如锣、鼓、钢琴等等,如果振动持续时间过短,则就会失去这些乐器的音响特色,而对于电声器件,如扬声器、耳机等通常就要求振动衰减得快些,否则当加到这些电声器件上的电讯号一终止,而系统却还在继续振动,这就造成它们所谓的瞬态失真,这对于高保真要求是不利的.

1.4 质点的强迫振动

从上面讨论知道,一个振动系统受到阻力作用后振动不能维持甚久,它要渐渐衰减到停止,因此要使振动持续不停,就要不断从外部获得能量,这种受到外部持续作用而产生的振动就称为**强迫振动**.例如,扬声器的音圈——纸盆振动系统受到持续的电磁策动力作用而振动,产生声波;传声器的音膜在持续的声波作用下产生振动,感应出电压;等等.

1.4.1 强迫振动方程

设有一外力或称**强迫力**作用在一单振子系统的质量上,如图 1-4-1 所示,假设该外力随时间变化是简谐的而可以表示为

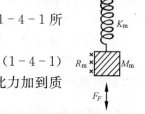

$$F_F = F_a \cos \omega t, \tag{1-4-1}$$

式中 F_a 为外力幅值,$\omega = 2\pi f$ 为外力圆频率,f 为外力的频率,将此力加到质点振动系统,其振动方程可得为

图 1-4-1

$$M_m \frac{\mathrm{d}^2 \xi}{\mathrm{d}t^2} + R_m \frac{\mathrm{d}\xi}{\mathrm{d}t} + K_m \xi = F_a \cos \omega t, \tag{1-4-2}$$

为了采用复函数求解,我们把外力改成复数形式,设

$$F_F = F_a(\cos \omega t + \mathrm{j}\sin \omega t) = F_a \mathrm{e}^{\mathrm{j}\omega t},$$

于是方程(1-4-2)可改成

$$M_m \frac{\mathrm{d}^2 \xi}{\mathrm{d}t^2} + R_m \frac{\mathrm{d}\xi}{\mathrm{d}t} + K_m \xi = F_a \mathrm{e}^{\mathrm{j}\omega t}, \tag{1-4-3}$$

或写成

$$\frac{\mathrm{d}^2 \xi}{\mathrm{d}t^2} + 2\delta \frac{\mathrm{d}\xi}{\mathrm{d}t} + \omega_0^2 \xi = H \mathrm{e}^{\mathrm{j}\omega t}, \tag{1-4-4}$$

这里 δ 和 ω_0 的表示与前相同,$H = \dfrac{F_a}{M_m}$ 为作用在单位质量上的外力幅值.以上这些方程都称为**质点强迫振动方程**.

1.4.2 强迫振动的一般规律

强迫振动方程(1-4-3)是二阶的非齐次常微分方程,其一般解应表示为该方程的一个特解与相应的齐次方程一般解之和.后者在上节已经求出,现在的主要任务是去寻求方程(1-4-3)的一个特解.设取其解的形式为

$$\xi_1 = \xi_F \mathrm{e}^{\mathrm{j}\omega t}, \tag{1-4-5}$$

其中 ξ_F 是待定常数,将此式代入方程(1-4-3)可得

$$\xi_F(-M_m\omega^2 + R_m\omega j + K_m) = F_a,$$

从此确定

$$\xi_F = \frac{-jF_a}{\omega Z_m} = \frac{F_a}{\omega |Z_m|} e^{-j(\theta_0 + \frac{\pi}{2})}, \tag{1-4-6}$$

式中 $Z_m = R_m + jX_m$ 称为**系统的力阻抗**,R_m 称**力阻**,$X_m = \left(\omega M_m - \frac{K_m}{\omega}\right)$ 称**力抗**,ωM_m 称

质量抗,$\frac{K_m}{\omega} = \frac{1}{\omega C_m}$ 称**弹性抗**或**力顺抗**,$|Z_m| = \sqrt{R_m^2 + \left(\omega M_m - \frac{K_m}{\omega}\right)^2}$ 为**力阻抗的模**(绝

对值),$\theta_0 = \arctan\dfrac{X_m}{R_m}$ 为其**幅角**. 力阻抗的单位为 N·s/m,中文名称为牛·秒每米,旧称

力欧姆. 力阻抗的定义是从电工学中类比而来,其意义以后将进一步阐明.

与方程(1-4-3)相应的齐次方程就是(1-3-2)式,其解已知为(1-3-7)式,于是方程(1-4-3)的一般解可以表示为

$$\xi = \xi_0 e^{-\delta t}\cos(\omega_0' t - \varphi_0) + \xi_F e^{j\omega t}, \tag{1-4-7}$$

因为实际外力是复数的实数部分,因而实际的位移也应还原为实部形式,即

$$\xi = \xi_0 e^{-\delta t}\cos(\omega_0' t - \varphi_0) + \xi_a\cos(\omega t - \theta), \tag{1-4-8}$$

式中

$$\xi_a = |\xi_F| = \frac{F_a}{\omega |Z_m|}, \quad \theta = \theta_0 + \frac{\pi}{2},$$

其中 ξ_0, φ_0 由初始条件决定,(1-4-8)式的第一项称为**瞬态解**,它描述了系统的自由衰减振动,此项与系统的起振条件有关,并且仅在振动的开始阶段起作用. 当时间足够长时,它的影响逐渐减弱,最终消失. 第二项称为**稳态解**,它描述了在外力作用下,系统进行强制性振动的状态,因为它的振幅恒定,所以称为**稳态振动**. 从(1-4-8)式可以看到,当外力刚加到系统上去时,质点的振动状态极为复杂,它是上述两种振动状态的合成. 这种振动状态描述了强迫振动中稳态逐渐建立的过渡过程. 当一定时间后,瞬态振动消失,系统振动仅由第二项稳态解来描述,系统达到稳定状态.

1.4.3 质点的稳态振动

对于大多数声学问题,研究稳定振动状态较有兴趣,现在就来重点分析一下稳态振动的规律. 设在足够长时间后,系统达到稳态,其位移可以表示为

$$\xi = \xi_a\cos(\omega t - \theta), \tag{1-4-9}$$

这是一种**等幅简谐振动**,振幅 ξ_a 不随时间变化,其振动频率就是外力的频率 f,θ 的存在表现了振动位移与外力之间还存在一定相位关系. 分析(1-4-9)式表明,当稳态时,系统将以外力频率做等幅简谐振动,其振幅 ξ_a 除了与外力幅值 F_a、外力圆频率 ω 有关外,还取决于系统的一些固有参量(M_m, K_m, R_m 等). 至于系统是如何开始振动的,这对稳态振动已无关紧要了.

现在先来分析一下位移振幅 ξ_a 的一些规律,已知位移振幅为

$$\xi_{\mathrm{a}} = \frac{F_{\mathrm{a}}}{\omega \mid Z_{\mathrm{m}} \mid} = \frac{F_{\mathrm{a}}}{\omega \sqrt{R_{\mathrm{m}}^{2} + \left(\omega M_{\mathrm{m}} - \dfrac{K_{\mathrm{m}}}{\omega}\right)^{2}}}, \tag{1-4-10}$$

我们引入一个新的参量 $Q_{\mathrm{m}} = \dfrac{\omega_0 M_{\mathrm{m}}}{R_{\mathrm{m}}}$，称为力学品质因素，并设 $\xi_{\mathrm{a}0} = \dfrac{F_{\mathrm{a}}}{K_{\mathrm{m}}}$ 为 $\omega = 0$ 时的位移振幅，或称静态位移振幅，以及 $z = \dfrac{\omega}{\omega_0} = \dfrac{f}{f_0}$ 为外力频率与固有频率的比值. 对(1-4-10)式作适当的变换可得位移振幅的比值为

$$A = \frac{\xi_{\mathrm{a}}}{\xi_{\mathrm{a}0}} = \frac{Q_{\mathrm{m}}}{\sqrt{z^2 + (z^2 - 1)^2 Q_{\mathrm{m}}^2}}, \tag{1-4-11}$$

我们以 A 为纵坐标，Q_{m} 为参数，z 为横坐标作曲线图 1-4-2. 从图中可以看到，在 $z \ll 1$ 的范围曲线呈现一近似的平坦区，A 值的极限值等于1，当 $Q_{\mathrm{m}} > \dfrac{1}{\sqrt{2}}$ 时，曲线在 $z = z_r$ 位置出现峰值. 在此频率位移将可能大大超过静态位移，这一现象称为系统的位移共振，与此对应的频率称为**位移共振频率**. 图 1-4-2 称为**规一化的位移频率特性曲线**，也称规一化的位移共振曲线. 从图可以看到，Q_{m} 愈大共振位移振幅也愈大，也就是说共振现象愈显著. 假定有一系统，其阻尼很小，即 $R_{\mathrm{m}} \to 0$ 以致 $Q_{\mathrm{m}} \to \infty$，于是当 $f = f_0$ 时，$\xi_{\mathrm{a}} \to \infty$，这时这一系统就表现出极

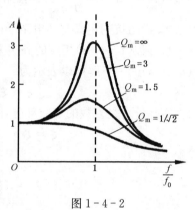

图 1-4-2

为强烈，甚至带有破坏性的共振现象. 共振现象会导致严重破坏性后果在历史上并不鲜见. 而共振现象在日常生活中也是经常遇到的，例如人们在进行荡秋千娱乐时，如果施力的频率恰当，则可使秋千愈荡愈高. 共振现象在声学中有时需要利用，有时需要抑止，例如在超声学和水声学中常用的单频声波的发射和接收系统，应使其工作频率接近换能器力学振子的共振频率，因此可以在一定的外力作用下使振子获得最大的振动，以提高系统的工作灵敏度，并增强抗干扰能力. 对于宽频带的声波发射和接收系统，如电声学中常用的扬声器、传声器等. 它们要求在一定宽度的频率范围内工作，并要求有均匀的频率特性，即对不同频率具有均匀的灵敏度. 对这些类型的电声器件，显然应该力求其振动系统避免过强的共振.

    将(1-4-11)式对 z 取一阶导数，并令其等于零，可以求得位移达到极大值的 z 值，用 z_r 来表示

$$z_r = \sqrt{1 - \frac{1}{2Q_{\mathrm{m}}^2}}, \tag{1-4-12}$$

从此式可知，仅当 $Q_{\mathrm{m}} > \dfrac{1}{\sqrt{2}}$ 时，z_r 有实根，系统才会发生共振；而 $Q_{\mathrm{m}} \leqslant \dfrac{1}{\sqrt{2}}$ 时，z_r 出现零根或虚根，共振现象消失，此时位移振幅随频率升高而单调下降，从(1-4-12)式可得位移共振频率公式为

$$f_r' = f_0 \sqrt{1 - \frac{1}{2Q_m^2}} \qquad \left(Q_m > \frac{1}{\sqrt{2}}\right). \qquad (1-4-13)$$

从该式可以看到,系统的位移共振频率与固有频率并不相等,仅当 Q_m 很大时两者才接近相等,例如有一只供测试用的电容传声器,其振膜可以看成一个等效的单振子,已知它的固有频率为 $f_0 = 8\,340\,\text{Hz}$,假定当把它做成传声器时引入一定的力阻,使该振子的力学品质因素达到 $Q_m = 0.8$,则按(1-4-13)式可算得这时的系统位移共振频率等于 $f_r = 3\,764\,\text{Hz}$.

把(1-4-12)式代入(1-4-11)式可得位移共振时的位移振幅比为

$$A_r = \frac{\xi_{ar}}{\xi_{a0}} = \frac{2Q_m^2}{\sqrt{4Q_m^2-1}} \qquad \left(Q_m > \frac{1}{\sqrt{2}}\right). \qquad (1-4-14)$$

从该式可知,当 $Q_m = 1$ 时,$A_r = 1.155$,共振峰值仅比平坦区的极限值高 0.155 倍,而在 $f = f_0$ 处(1-4-11)式可得 $A \approx 1$. 由此粗略分析表明,当系统的 Q_m 控制在 1 附近时,位移共振曲线最为均匀.

在研究各种类型声学系统时,有时还需要了解振动系统的速度与加速度规律. 例如有的电声器件力电换能机构与振动系统的位移发生响应,也有的与速度和加速度发生响应.

将(1-4-9)式对时间 t 取一阶导数,就可得到速度,取二阶导数得到加速度,它们分别为

$$v = v_a \cos\left(\omega t - \theta + \frac{\pi}{2}\right), \qquad (1-4-15)$$

$$a = a_a \cos(\omega t - \theta + \pi), \qquad (1-4-16)$$

它们的振幅分别为[①]

$$v_a = \xi_a \omega = \frac{F_a}{|Z_m|}, \qquad (1-4-17)$$

$$a_a = \xi_a \omega^2 = \frac{F_a \omega}{|Z_m|}. \qquad (1-4-18)$$

引入 Q_m 与 z 可以将它们改写成

$$v_a = \frac{F_a Q_m z}{\omega_0 M_m \sqrt{z^2 + (z^2-1)^2 Q_m^2}}, \qquad (1-4-19)$$

$$a_a = \frac{F_a Q_m z^2}{M_m \sqrt{z^2 + (z^2-1)^2 Q_m^2}}, \qquad (1-4-20)$$

现在先来分析速度振幅 v_a,为了分析方便,我们将 v_a 除以一常数 $\frac{F_a}{\omega_0 M_m}$,用一规一化的参量 B 来描述,即:

$$B = \frac{v_a \omega_0 M_m}{F_a} = \frac{Q_m z}{\sqrt{z^2 + (z^2-1)^2 Q_m^2}}, \qquad (1-4-21)$$

---

① 对简谐振动,注意位移速度和加速度有如下频率关系:$\xi_a = v_a/\omega = a_a/\omega^2$,十分有用.

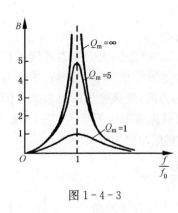

图 1 - 4 - 3

以 B 为纵坐标，z 为横坐标作曲线(图 1 - 4 - 3). 这就是规一化的速度共振曲线图. 从(1 - 4 - 21)式可以求得当 $z = 1$ 时发生速度共振，用 z_r 来记作共振时的 z 值，由此可以写出速度共振频率为

$$f_r = f_0. \tag{1-4-22}$$

把 $z_r = 1$ 代入(1 - 4 - 21)式求得共振的 B 值

$$B_r = Q_m, \tag{1-4-23}$$

从(1 - 4 - 22)式可知，速度共振频率与 Q_m 无关，并恒等于系统的固有频率. 从(1 - 4 - 23)式可知，速度的共振峰值与 Q_m 成正比. 我们还可从(1 - 4 - 21)式解得速度振幅比共振峰值下降 $\sqrt{2}$ 倍所对应的两个频率 f_1 与 f_2，这两个频率分别分布在共振频率的两边. 它们的相对差值显然代表了速度共振曲线的平坦程度.

令 $B = B_r / \sqrt{2}$，可解得对应的两个 z 值为

$$z_1 = \sqrt{x_1}, \quad x_1 = \frac{(1 + 2Q_m^2) + \sqrt{1 + 4Q_m^2}}{2Q_m^2};$$

$$z_2 = \sqrt{x_2}, \quad x_2 = \frac{(1 + 2Q_m^2) - \sqrt{1 + 4Q_m^2}}{2Q_m^2}.$$

其相对频率差可表示为

$$\frac{f_1 - f_2}{f_0} = \frac{\Delta f}{f_0} = z_1 - z_2 = \frac{1}{Q_m}. \tag{1-4-24}$$

该式表明，如果我们用 $\Delta f / f_0$ 来表示系统共振频带的宽度，那么其带宽正好等于品质因素 Q_m 的倒数，这也是引入品质因素这一参量的另一重要物理内涵. 从该式可以估计，当 $Q_m = 1$ 时，$\Delta f = f_0$；$Q_m = 0.5$ 时，$\Delta f = 2f_0$；$Q_m = 0.1$ 时，$\Delta f = 10 f_0$. 由此可见，Q_m 愈小，相对频率差 $\dfrac{\Delta f}{f_0}$ 愈大，速度共振曲线就愈平坦，反之，共振峰就愈尖锐. 图 1 - 4 - 3 也明显反映了这种结果. 下面再来分析加速度振幅 a_a 的规律. 类似地我们取用一个规一化的参量 C 来描述加速度幅值，即将 a_a 除以 $\dfrac{F_a}{M_m}$，这里 $\dfrac{F_a}{M_m}$ 为频率 f 趋于无限时的加速度幅值极限，

$$C = \frac{Q_m z^2}{\sqrt{z^2 + (z^2 - 1)^2 Q_m^2}}, \tag{1-4-25}$$

以 C 为纵坐标，Q_m 为参数，z 为横坐标作出规一化的加速度共振曲线图 1 - 4 - 4. 从图可以看出，当 $z \gg 1$ 时，曲线呈现近似平坦区，其极限值为 1. 从(1 - 4 - 25)式可以求得当发生加速度共振时，$z_r = Q_m \sqrt{\dfrac{2}{2Q_m^2 - 1}}$. 由此可得加速度共振频率为

$$f_r = Q_m f_0 \sqrt{\frac{2}{2Q_m^2 - 1}}, \tag{1-4-26}$$

从此式可以看出,仅当 $Q_m > \dfrac{1}{\sqrt{2}}$ 时,共振频率才为实数.

当 $Q_m \leqslant \dfrac{1}{\sqrt{2}}$ 时,加速度共振消失,C 值随频率单调升高

而上升,直到极限值 1. 将 $z = z_r$ 代入(1-4-25)式可以

求得 C 的峰值为

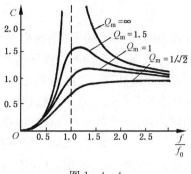

$$C_r = \frac{2Q_m^2}{\sqrt{4Q_m^2 - 1}} \quad \left[Q_m > \frac{1}{\sqrt{2}}\right], \quad (1-4-27)$$

图 1-4-4

从此可以看出,Q_m 愈大,C_r 则愈大,即加速度共振峰愈

高. 当 $Q_m = 1$ 时,则 $C_r = 1.155$,共振峰仅高出平坦区

极限值的 0.155 倍,而在 $f = f_0$ 处据(1-4-25)式可算得 $C \approx 1$. 由此粗略分析表明,当系统的力学品质因素 Q_m 控制在 1 附近,加速度共振曲线最为均匀.

从以上分析可以归纳如下:

描述一单振子系统稳态振动的量可以有位移、速度和加速度. 它们可用共振曲线来描述. 位移共振曲线在低频段($z \ll 1$)呈现一近似平坦区,速度共振曲线的近似平坦区出现在中频($z = 1$ 附近),而加速度共振曲线的近似平坦区呈现在高频段($z \gg 1$). 这些曲线都具有共振频率,并且互不相同的. 其中位移共振频率和加速度共振频率与 Q_m 有一定关系,当 $Q_m \leqslant \dfrac{1}{\sqrt{2}}$ 时共振消失. 三种曲线的共振峰高度都同 Q_m 有关,Q_m 愈大共振峰高而尖锐,Q_m 愈小共振峰低而平坦. 由此清楚说明,Q_m 是表示质点振动系统共振特性的一个重要参量,这也就是称它为力学"品质因素"的名字的重要由来.

1.4.4 强迫振动的能量

现在来讨论一下系统做强迫振动的能量关系. 在稳态振动中由于存在阻力,系统要不断损失能量. 每秒钟阻力对系统所做的功称为**损耗功率**,它表示每秒系统的能量损耗,用阻力 F_R 与速度的乘积来表示

$$W_R = F_R v, \quad (1-4-28)$$

将(1-3-1)式和(1-4-15)式代入可得

$$W_R = -R_m v^2 = -R_m v_a^2 \cos^2\left(\omega t - \theta + \frac{\pi}{2}\right), \quad (1-4-29)$$

取一周期的平均损耗功率为

$$\overline{W}_R = \frac{1}{T}\int_0^T W_R \mathrm{d}t = -\frac{1}{2}R_m v_a^2, \quad (1-4-30)$$

式中出现负号表示了系统的能量损失. (1-4-30)式表明,当速度振幅一定时系统的平均损耗功率与力阻成正比,力阻愈大损耗功率也愈大. 如果力阻是由系统向空间辐射声波所引起的,那么显然力阻愈大就表示系统向空间辐射声波的能量愈多. 由声产生的力阻称为声辐射阻,常用 R_r 来表示,关于声辐射阻将于第 6 章作详细讨论. 仔细观察(1-4-30)式还可发现一有趣规律,因为已知有 $v_a = \omega \xi_a$,所以该式还可写成

$$\overline{W}_R = -\frac{1}{2}R_m\omega^2\xi_a^2, \tag{1-4-31}$$

这式表明,假设力阻 R_m 对频率是常数,而如果要求系统平均损耗功率对各频率相同,那么频率愈低,质点振动的位移就要求愈大,频率低 10 倍,位移振幅大 10 倍,以后我们将知道,一般频率愈高声辐射阻愈大,或频率愈低声辐射愈小,因此对于一振动系统,低频的声辐射往往要比高频困难得多. 例如对一振动系统,如果要求它在高频与低频时的声的"损耗功率"相同,那么显然系统的位移振幅在低频时要比高频时大很多. 过大的位移振幅会带来声学技术上的困难,例如扬声器纸盆产生过大的位移,就会使作为弹簧的折环的弹性超出虎克定律所遵循的弹性限度范围,从而使振动系统产生非线性效应,甚至严重到使折环发生断裂.

前面已指出过,强迫振动的稳态振动为什么能持续维持,其主要原因是依靠不断从外部获得能量,而外界强迫力每秒钟向系统提供的能量,它可用强迫力每秒对系统所做的功来表示,即

$$W_F = F_F v, \tag{1-4-32}$$

将(1-4-1)和(1-4-15)式代入可得

$$W_F = F_a v_a \cos\omega t\cos\left(\omega t-\theta+\frac{\pi}{2}\right), \tag{1-4-33}$$

取一周期的平均可得

$$\overline{W}_F = \frac{1}{T}\int_0^T W_F\mathrm{d}t = \frac{1}{2}F_a v_a\sin\theta = \frac{1}{2}R_m v_a^2. \tag{1-4-34}$$

由(1-4-30)式加(1-4-34)式可得 $\overline{W}_R+\overline{W}_F=0$,这表示当系统振动达到稳态时,强迫力每秒所提供的平均能量正好补偿阻力所消耗的能量. 这是不用奇怪的,因为正是这样,系统才会维持持续不断的等幅振动.

1.4.5 振动控制:电声器件的工作原理

上面已经讨论了系统做强迫振动时,稳态振动与强迫力的关系. 进一步分析可以指出,对这种频率的依赖关系大致可分三个具有一定特征的区域,利用分析结果加以适当的技术控制,就能对一般电声器件的设计产生一定的指导作用.

从 §1.4.3 的(1-4-11),(1-4-19),(1-4-20)式可得稳态振动的位移振幅 ξ_a,速度振幅 v_a,加速度振幅 a_a 分别为:

$$\xi_a = \frac{\xi_{a0}Q_m}{\sqrt{z^2+(z^2-1)^2Q_m^2}} = \frac{F_aQ_m}{M_m\omega_0^2\sqrt{z^2+(z^2-1)^2Q_m^2}}, \tag{1-4-35}$$

$$v_a = \frac{F_aQ_m z}{\omega_0 M_m\sqrt{z^2+(z^2-1)^2Q_m^2}}, \tag{1-4-19}$$

$$a_a = \frac{F_aQ_m z^2}{M_m\sqrt{z^2+(z^2-1)^2Q_m^2}}. \tag{1-4-20}$$

1. 质量控制区

当 $f\gg f_0$ 或 $z\gg1$ 时,即强迫力频率远高于系统固有频率,位移振幅、速度振幅、加速度

振幅分别近似为:

$$\xi_a \approx \frac{F_a}{\omega^2 M_m}, \quad v_a \approx \frac{F_a}{\omega M_m}, \quad a_a \approx \frac{F_a}{M_m},$$

观察这几式可以看出,在强迫力频率远大于固有频率的区域,系统的质量对振动起着主要作用,质量愈大,振幅则愈小. 因此这一振动区称为**质量控制区**或称**惯性控制区**. 在此区域内位移振幅与频率平方成反比,速度振幅与频率一次方成反比,加速度振幅与频率无关.

2. 弹性控制区

当 $f \ll f_0$ 或 $z \ll 1$ 时,即强迫力频率远低于系统的固有频率时,位移振幅、速度振幅、加速度振幅分别近似为:

$$\xi_a \approx \frac{F_a}{K_m}, \quad v_a \approx \frac{F_a \omega}{K_m}, \quad a_a \approx \frac{F_a \omega^2}{K_m},$$

观察这几式可以看出,在强迫力频率远小于固有频率的区域,系统的弹性对振动起着主要作用,弹性系数愈大(或力顺愈小),振幅则愈小. 因此这一振动区称为**弹性控制区**或**劲度控制区**,也称**力顺控制区**. 在此区域内,位移振幅与频率无关,速度振幅与频率一次方成正比,加速度振幅与频率平方成正比.

3. 力阻控制区

当 $R_m \gg \left| \omega M_m - \dfrac{K_m}{\omega} \right|$ 或 $z > |z^2 - 1| Q_m$ 时,位移振幅、速度振幅、加速度振幅分别近似为

$$\xi_a \approx \frac{F_a}{\omega R_m}, \quad v_a \approx \frac{F_a}{R_m}, \quad a_a \approx \frac{F_a \omega}{R_m},$$

观察这几式可以看出,当系统的力阻甚大,以致在固有频率高低两边较宽的频率范围内,都能满足上述条件,即既能满足 $R_m \gg \omega_H M_m$(ω_H 为比 ω_0 高的圆频率),又能满足 $R_m \gg \dfrac{K_m}{\omega_L}$($\omega_L$ 为比 ω_0 低的圆频率),系统的振动主要受力阻的控制,所以称这一区域为**力阻控制区**. 力阻愈大,力阻控制的频率范围愈宽,即比值 $\dfrac{\omega_H - \omega_L}{\omega_0}$ 愈大. 在此区域内,位移振幅与频率一次方成反比,速度振幅与频率无关,加速度振幅与频率一次方成正比.

以上分析强迫振动的各种振动区的特性,下面我们将以一些电声器件的设计原理为例,来说明上面这些分析的实际意义.

例 1 压强式电容传声器的简单工作原理.

压强式电容传声器常作声学测试用,它的特点是工作频带宽,接收灵敏度频率特性均匀. 这种传声器的简单工作原理如图 1-4-5(a)所示,它有一接收声波的振膜作为力学振动系统,振膜与背极形成一静态电容 C_0. 这个电容串接到有直流电源 E_0 和负载电阻 R_e 的电路中,当振膜受到声波作用力 F_F 作用时就产生位移,从而使振膜与背极间已形成的静态电容发生变化,这一电容量的变化导致负载电阻中电流相应的变化,由此就在此电阻上产生与声波频率相应的交变电压输出. 简单计算可以得到,当负载电阻 R_e 甚大时,传声器的开路输出电压 E 与振膜的位移 ξ 之间有如下的关系:$E = \dfrac{E_0}{D} \xi$,其中 D 为振膜与背极之间的静态

距离,E_0 为在它们之间的极化电压.这一关系表示了电容传声器的开路输出电压与振膜的位移是成正比的,因此如果能在对频率恒定的力的振幅 F_a 作用下,使振膜产生恒定的位移振幅 ξ_a,那么传声器就能产生对频率恒定的开路输出电压幅值 E_a.根据上面对振动位移控制的分析可知,如果把振膜设计在弹性控制状态,即将振膜的固有频率设计在远高于工作频段范围,这时就可得振膜的位移振幅为 $\xi_a \approx \dfrac{F_a}{K_m}$,它与频率无关.如果再根据 §1.4.3 中的分析,使振膜的力学品质因素 Q_m 接近1,那么就可以使位移振幅对频率均匀的特性范围扩大到固有频率附近,而使电容传声器的工作频段范围更为宽广.

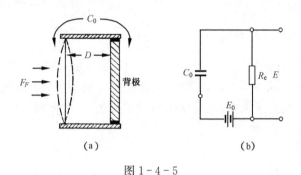

图 1-4-5

例 2   压强式动圈传声器工作原理.

图 1-4-6 是一种作为扩声或录音等用的普通压强式动圈传声器的工作原理图.传声

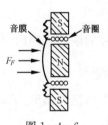

图 1-4-6

器的振动系统由音膜与音圈组成.音膜的边缘压成折环状起着弹簧的作用,音膜的球顶部分和音圈连在一起起着质量块的作用.音圈放在磁极间的缝隙中,当有一由声波而产生的力 F_F 作用在音膜上时,音膜连同音圈产生振动,音圈在磁场中切割磁力线,从而使音圈的导线感应出电压.根据电磁学原理可知,当总长为 l 的导体在磁感应通量密度为 B（单位为 Wb/m^2）的磁场中以速度 v 运动时,其感应的开路电压为 $E = Blv$. 此关系式表示了这种传声器的开路电压是与振动系统的速度成正

比的.因此如果在恒定的力作用下,使音膜产生恒定的速度振幅 v_a,那么就能使传声器产生对恒定的开路电压幅值 E_a.根据上面对振动速度控制的分析可知,如果把音膜—音圈的振动系统设计在力阻控制状态,这时系统的速度振幅可得为 $v_a \approx \dfrac{F_a}{R_m}$,它与频率无关.如果力阻愈大,则受这一力阻控制的频率范围愈宽,传声器具有均匀频率特性的频段也愈宽.根据 §1.4.3 中的分析,对力阻 R_m 的控制可以归结为对力学品质因素 Q_m 的控制,例如取 $Q_m = 0.1$,则可以使传声器频率特性的均匀范围扩大到 $\Delta f = 10 f_0$.然而由于 v_a 与 R_m 成反比,所以过大的力阻会使传声器的灵敏度受到损失,因而一般在实用上常常是适中地控制力阻,而同时又采用高低频补偿的辅助声学措施,使传声器既能保证有足够的工作频段,又能具有一定的灵敏度.因此,在现代生产的一般宽频带动圈传声器,其内部声学结构常常是较为复杂的.关于这一问题我们在第3章将再给予讨论.

例 3　动圈扬声器的工作原理.

图 1-4-7 是动圈扬声器结构示意图.

动圈扬声器的工作原理正好是动圈传声器的逆效应. 根据电磁学原理, 在扬声器音圈上通以电流 I 时, 在磁场作用下音圈将产生一电动力 $F=BlI$. 由于在频率较低时音圈的电感很小, 电阻抗主要是电阻, 所以在音圈上施加频率恒定的电压, 就意味着在其中通以频率恒定的电流, 由此产生一对频率恒定的力, 在此力作用下由音圈和纸盆等元件组成的振动系统就产生振动, 因此便向空气辐射了声波. 我们可以按 §1.4.4 的讨论求得扬声器的声辐射功率, 即消耗于声辐射部分的平均损耗功率 $\overline{W}=\dfrac{1}{2}R_r v_a^2$, 据

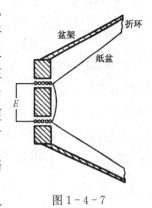

图 1-4-7

§6.5.4 的推导可求得在频率不太高时（即满足 $\dfrac{\omega a}{c_0}<0.5$ 条件）, 扬声器纸盆的声辐射阻近似等于 $R_r\approx\dfrac{\rho_0}{2\pi c_0}S^2\omega^2$（参见公式 (6-5-39)）, 其中 ρ_0 为空气密度, c_0 为空气中声速, S 为纸盆有效面积, a 为其有效半径. 由此可以看出, 对一定有效面积的纸盆, 辐射阻 R_r 与频率平方成正比. 所以, 如果纸盆的速度振幅 v_a 对频率恒定, 那么扬声器的辐射声功率将随频率而变化, 频率愈低辐射功率愈小. 因此, 为了使扬声器能在一定频率范围内产生均匀的辐射功率, 显然不应保持速度振幅的恒定. 如果我们采用加速度振幅 a_a 来描述, 那么声辐射功率可表示成 $\overline{W}\approx\dfrac{\rho_0}{4\pi c_0}S^2 a_a^2$, 这式表示声辐射功率是与加速度振幅平方成正比的. 在恒力 F_a 的作用下要保持加速度振幅的恒定, 根据上面对加速度控制区的分析可知, 必须把振动系统设计在质量控制状态, 即其固有频率应设计在远低于工作频段, 这时 $a_a\approx\dfrac{F_a}{M_m}$ 与频率无关. 如果再考虑到 §1.4.3 的分析, 控制 Q_m 在 1 附近, 则就可以使加速度振幅对频率的均匀范围扩大到固有频率附近. 例如, 对一口径为 0.2 m 的扬声器, 如果要求它在 100 Hz 低频开始就有均匀的声功率辐射, 那么可以将其振动系统的固有频率设计在 100 Hz 附近, 并使 Q_m 接近 1.

上述一些例子说明对振动系统的振动状态进行分析是很有实际意义的. 这样的例子很多, 读者可自己举例练习分析.

1.4.6　隔振原理

上面我们讨论的强迫振动, 外力是直接加在振动系统的质量块上的. 有些情况外力是通过系统中的弹簧传给质量的, 这通常是属于**隔振**问题. 如有些声学装置或者电声器件, 为了避免无关的外界振动的干扰, 常要采取一些隔振措施. 隔振问题涉及范围很广, 本书不可能对此讨论得很深入, 仅准备从振动学基础的角度出发, 简单介绍一些隔振的基本知识.

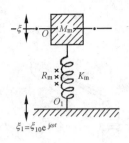

图 1-4-8

设有如图 1-4-8 所示的振动系统,质量 M_m 代表需要排除外界干扰的装置,外界振动自基础传来,在装置与基础之间插入一具有弹性系数 K_m 和力阻 R_m 的弹簧就是常见的一种隔振方式. 设弹簧与基础相连的一端坐标记作 O_1,外力通过基础加于弹簧的 O_1 端,设弹簧这一端在受力作用后产生振幅 ξ_{01},圆频率为 ω 的位移 ξ_1(相当于基础有 ξ_1 的位移),则

$$\xi_1 = \xi_{10}\, e^{j\omega t}, \tag{1-4-36}$$

取质量 M_m 的平衡位置为运动坐标原点 O,设 M_m 的位移为 ξ,速度为 v,弹簧的相对位移为 $\xi-\xi_1$,于是作用在 M_m 上的弹力应为 $F_K = -K_m(\xi-\xi_1)$,阻力为 $F_R = -R_m(v-v_1)$,由此可以写出系统的振动方程

$$M_m \frac{d^2\xi}{dt^2} + R_m \frac{d(\xi-\xi_1)}{dt} + K_m(\xi-\xi_1) = 0, \tag{1-4-37}$$

将(1-4-36)式代入便得

$$M_m \frac{d^2\xi}{dt^2} + R_m \frac{d\xi}{dt} + K_m\xi = (K_m + j\omega R_m)\xi_{10}\, e^{j\omega t}, \tag{1-4-38}$$

这一种方程的形式在 §1.4.2 中已遇到过,现在等式右边的外力可写为 $F_F = (K_m + j\omega R_m)\xi_{10}\, e^{j\omega t} = K_m\xi_{10}\sqrt{1 + \left(\dfrac{\omega R_m}{K_m}\right)^2}\, e^{j(\omega t+\theta)}, \theta = \arctan\dfrac{\omega R_m}{K_m}$. 仿照(1-4-3)式的求解结果,可求得质量 M_m 的稳态振动位移表示式为

$$\xi = \xi_a\, e^{j(\omega t-\theta_0-\pi/2+\theta)}, \tag{1-4-39}$$

其振幅为

$$\xi_a = \frac{K_m\xi_{10}\sqrt{1 + \left(\dfrac{\omega R_m}{K_m}\right)^2}}{\omega\,|Z_m|}, \tag{1-4-40}$$

其中 $|Z_m| = \sqrt{R_m^2 + X_m^2}$ 为系统的力阻抗模值,$\theta_0 = \arctan\dfrac{X_m}{R}$ 为其幅角,$X_m = \omega M_m - \dfrac{K_m}{\omega}$ 为力抗. 如果与前类似地引入 $z = \dfrac{\omega}{\omega_0}$,以及 $Q_m = \dfrac{\omega_0 M_m}{R_m}$,$\omega_0 = \sqrt{\dfrac{K_m}{M_m}}$ 为系统无阻尼时的固有圆频率,则就可以写出如下形式的位移振幅比值的表示式,

$$D_\xi = \frac{\xi_a}{\xi_{10}} = \sqrt{\frac{\left(1 + \dfrac{z}{Q_m}\right)^2}{(1-z^2)^2 + \left(\dfrac{z}{Q_m}\right)^2}}, \tag{1-4-41}$$

D_ξ 也称为位移传递比,(1-4-41)式对 z 取导数可给出位移传递比极大值时的频率为

$$f_r = Q_m\left[-1 + \left(1 + \frac{2}{Q_m^2}\right)^{\frac{1}{2}}\right]^{1/2} f_0, \tag{1-4-42}$$

图 1-4-9 为按(1-4-41)式给出的曲线图,纵坐标为 D_ξ,横坐标为 z. 曲线对应的参数为 Q_m. 分析这些曲线可以看出,当 $z = z_C = \sqrt{2}$ 时,存在一分界线,该值可由令(1-4-41)式等于

1求得,大于该值时的传递比总小于1,并随着 Q_m 的增大而愈来愈小.而小于该值时,传递比总是大于1,并且还存在峰值.因此只有当频率 $f > \sqrt{2} f_0$ 时,弹簧可以起到隔振作用,而且频率愈远离系统固有频率,隔振愈好.在这种情况下,外界的振动通过基础传递给质量 M_m 将受到很大的抑制.或者说尽管外界存在着强烈的振动,而系统却很少受到影响.但如果一不小心,使外界振动频率落入系统的共振频率上,则系统的位移甚至会超过基础所传来的外界振动位移,并且 Q_m 值愈大超过得愈多.这就是说,当系统发生共振时,质量 M_m 的振动比基础还要强烈,对于隔振问题自然这是应尽量避免的.

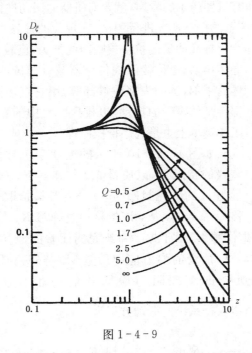

图 1-4-9

供声学研究用的特殊实验(如消声室、录音室),需要较为安静的工作环境.为了防止周围无关的声音和振动(如周围街道上行驶着的车辆和其他建筑物内开动着的机器所产生的强烈的声和振动)传入室内,就应对它采取隔声与隔振两方面的措施(关于隔声问题在第 4 章将专门讨论).根据上面分析,最简单的隔振措施就是把整个实验室置于钢弹簧上(或弹性物质上),而钢弹簧再置于地基上,并设计由此而构成的振动系统的固有频率远低于室内工作频率.例如,固有频率设计在 5 Hz 以下,那么在 20 Hz 以上整个音频范围的无关振动就可以基本上被压抑.此实验室可以基本上在无外界振动干扰的条件下进行工作.

以上述方式隔离外界振动而使其不干扰装置正常工作,通常称为被动隔振或称消极隔振.与其相对的还有一种主动隔振或积极隔振.假设有一装置,用 M_m 代表,有一简谐力 F_0 对它作用,如果该装置直接放置于基础上,则这种简谐力会经过 M_m 直接传递给基础而影响外界环境,欲要把这一振动与外界隔离也可在装置与基础中间插入一带有力阻 R_m 的弹簧,使通过弹簧传递给基础的力 F 比 F_0 大大减弱.这种隔振就是主动隔振.这种隔振系统也可用图 1-4-8 类似表示,不同的是在质量 M_m 上作用一简谐力 $F_0 = F_{10} e^{j\omega t}$,而弹簧传给基础的力为 $F = F_a e^{j(\omega t + \theta)}$,这里 θ 为两种力之间存在的相位差.有趣的是如果对这一主动隔振系统进行数学处理,则会发现其力的传递比 $D_F = \dfrac{F_a}{F_{10}}$ 正好也与(1-4-41)式一样. 自然,图 (1-4-9)也完全可以用来描述这种主动隔振的规律,只要把图中的传递比 D_ξ 换成力的传递比 D_F 就可以了. 至于详细的公式推导就不在这里进行,以留待读者自习(见习题1-33).

1.4.7　拾振原理

振动的拾取(简称**拾振**)是隔振的一个逆问题,在声学研究中常常会遇到一些需要拾取固体振动的情况. 例如,研究机器产生的噪声,就要对机器的振动进行测量;要鉴定隔振措施的有效程度,也要对声学装置的振动情况进行测试. 在现代的强噪声环境下的通信技术中,

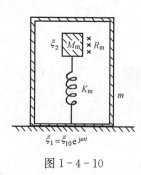

$\xi_1 = \xi_{10} e^{j\omega t}$

图 1-4-10

为了提高通话的抗空气噪声的能力,已较为普遍采用一种所谓固导传声器,也称接触式传声器或骨导传声器. 这种传声器贴在人体的某部,例如头部或喉部等,用它直接拾取讲话人通过人体内部传来的声带的振动,以排斥空气中的噪声. 这种固导传声器的工作基本上也是利用拾振原理.

如图1-4-10所示的振动系统常作拾振装置的基础. 该装置的特点是,以质量 M_m 与弹簧 K_m 构成的振动系统被一质量为 m 的外壳封闭. 这一外壳与被拾取对象相接触. 设 m 的位移为 $\xi_1 = \xi_{10} e^{j\omega t}$,该位移通过弹簧 K_m 传给质量 M_m,使原处于静止位置 O 点的 M_m 产生位移 ξ_2,由于振动系统是封闭着的,封闭腔内的空气将跟随外壳 m 一起运动,因而质量 M_m 所受的弹力应同质量 M_m 与外壳 m 的相对位移成正比,即 $F_K = -K_m(\xi_2 - \xi_1)$,而所受的摩擦阻力应同它们的相对速度成正比,即 $F_R = -R_m\left(\dfrac{d\xi_2}{dt} - \dfrac{d\xi_1}{dt}\right)$. 于是可以获得系统的振动方程为

$$M_m \frac{d^2\xi_2}{dt^2} + R_m\left(\frac{d\xi_2}{dt} - \frac{d\xi_1}{dt}\right) + K_m(\xi_2 - \xi_1) = 0, \qquad (1-4-43)$$

设 $\xi = \xi_2 - \xi_1$ 为相对位移,则可将上式改为

$$M_m \frac{d^2\xi}{dt^2} + R_m \frac{d\xi}{dt} + K_m\xi = -M_m \frac{d^2\xi_1}{dt^2}, \qquad (1-4-44)$$

我们令解为 $\xi = A e^{j\omega t}$,将它代入(1-4-44)式可得

$$A = \frac{M_m a_{10}}{j\omega Z_m} = \frac{M_m a_{10}}{\omega |Z_m|} e^{-j\left(\theta_0 + \frac{\pi}{2}\right)}, \qquad (1-4-45)$$

其中 $|Z_m|$ 和 θ_0 与前节表示相同,$a_{10} = \omega v_{10} = \omega^2 \xi_{10}$,$a_{10}$ 为外壳 m 的加速度振幅,v_{10} 为 m 的速度振幅. 由此可得相对位移

$$\xi = \xi_a e^{j\left(\omega t - \theta_0 - \frac{\pi}{2}\right)}, \qquad (1-4-46)$$

其中振幅为

$$\xi_a = \frac{M_m a_{10}}{\omega |Z_m|}, \qquad (1-4-47)$$

注意到如果以 F_a 替代这里的 $M_m a_{10}$,那么(1-4-47)式就可用图1-4-2来描述. 将

(1-4-46)式对 t 取一阶导数,可得相对速度

$$v = \frac{\mathrm{d}\xi}{\mathrm{d}t} = v_a \mathrm{e}^{\mathrm{j}(\omega t - \theta_0)}, \tag{1-4-48}$$

其中振幅为

$$v_a = \frac{M_m a_{10}}{|Z_m|}. \tag{1-4-49}$$

注意到如果以 F_a 替代这里的 $M_m a_{10}$,那么(1-4-49)式就可用图 1-4-3 来描述.

上述讨论可以作为拾振器与固导传声器等的设计原理. 一般用质量为 m 的外壳与拾取对象直接接触(这里有一前提,就是不能因整个拾振器太重以致改变了拾取对象的振动状态),而壳体内部的弹簧 K_m 与质量 M_m 一般就是拾振器的振动系统. m 的振动带动壳内 K_m 与 M_m 的振动,如果采用一定的力电换能方式,就可将此振动能转换成电能输出. 这就是一般拾振器的工作机理. 下面我们以几个例子来作些讨论.

例 1 压电加速度计的工作原理.

压电加速度计是一种利用压电材料作力电换能器的拾振器,它专门用来拾取振动物体的加速度,目前常用的压电材料有锆钛酸铅(PZT)等. 这种拾振器的工作原理示于图 1-4-11,将压电材料粘结在外壳 m 和质量 M_m 中间. 由于 M_m 和 m 之间产生相对运动,使这一压电材料受到压缩或拉伸. 因为材料具有压电效应,它就感应出相应的电压来. 一般压电材料的力电换能关系可以表示成 $E = -\tau\xi$,其中 E 为感应电压,它与压电材料的相对位移 ξ 成正比(对于厚度方向的纵振动就相当于相对的压缩或伸长),τ 为一比例常数,它同材料的性

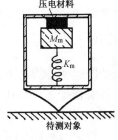

图 1-4-11

质、几何尺寸与形状以及工作状态等都有关系. 式中负号表示对材料的压缩产生正的电压. 由于振动系统 M_m 与 m 的相对位移正好与压电材料的运动方向相反,前者伸长相对位移为正,后者就压缩相对位移为负. 如果我们将(1-4-47)式代入上面的换能关系式,并设式中 ξ 代表振动系统的相对位移,则就可得到 $E_a = \tau \dfrac{M_m a_{10}}{\omega |Z_m|}$,式中 E_a 表示输出电压的幅值. E_a 与频率的关系,显然可用图 1-4-2 来描述. 因为加速度计一般要求在较宽的频率范围内,在恒定的加速度振幅 a_{10} 作用下产生均匀的电压幅值 E_a,所以应使 M_m 与 K_m 的振动系统工作在弹性控制状态,这时 $f \ll f_0$,而上式可取近似为 $E_a \approx \dfrac{\tau a_{10}}{\omega_0^2}$,或写成灵敏度的表示形式 $\dfrac{E_a}{a_{10}} \approx \dfrac{\tau}{\omega_0^2}$. 由此可见,这样的加速度计的灵敏度频率响应是均匀的. 再据以前类似的分析可知,如果将振动系统的力阻作适当的控制,而使系统的力学品质素 Q_m 接近 1,则此加速度计的灵敏度均匀范围可扩大到固有频率 f_0 附近. 从以上关系还可发现,此加速度计的灵敏度与 f_0 的平方成反比,f_0 愈高,灵敏度愈低. 这就是说,这种加速度计的工作频率范围与灵敏度之间有矛盾. 工作频率范围愈宽,灵敏度就愈低;反之工作频率范围愈窄,灵敏度就愈高.

例 2　动圈式加速度计的工作原理.

动圈式加速度计是利用电动原理拾取物体振动加速度的一种拾振器,其简单工作原理示于图 1-4-12. 其力电换能关系与前已讨论的动圈传声器一样为 $E = Blv$,这里的 v 应是 M_m 与 m 的相对速度. 将(1-4-49)式代入可得输出电压的幅值为 $E_a = Bl \dfrac{M_m a_{10}}{|Z_m|}$. 从此式可明显看出,如果要做一个动圈加速度计,那么振动系统一定要工作于力阻控制状态,这时 $E_a \approx Bl \dfrac{M_m a_{10}}{R_m}$,或以灵敏度形式表示为 $\dfrac{E_a}{a_{10}} \approx Bl \dfrac{M_m}{R_m}$. 顺便指出,如果要把它改作速度计,即专门拾取振动速度

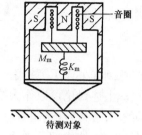

图 1-4-12

的拾振器,那么我们应将上面的关系式写成 $E_a = Bl \dfrac{M_m \omega v_{10}}{|Z_m|}$,这里 v_{10} 为 m 的速度振幅. 显然这时振动系统就应该采用质量控制而不是力阻控制了. 在这种质量控制情况下,速度计的灵敏度为 $\dfrac{E_a}{v_{10}} = Bl$. 由于现代电子技术的发展,制作一个微分电路已非难事,如果我们把这一动圈速度计的电压输出经过一个微分电路,将输出电压 E_a 转换为 $E_a \omega$,那么这种速度计又可兼作加速度计用. 当然如果经过一个积分电路,则这种速度计还可兼作拾取位移的传感器.

　　讨论到此,读者或许会提出问题,这种拾振器特别是固导传声器在工作时,会不会同时接收来自空气中的声波. 这一回答应该是肯定的,因为这些器件的振动系统原则上对任何作用力都会发生响应,它自然不会去理会这种力是从物体直接传来,还是经过空气传来. 虽然一般拾振系统都有外壳封装,它能阻挡部分声波的传入,但不能完全把声隔绝. 设在图 1-4-10 的振动系统中,有一由声波而产生的力 $F_F = F_a e^{j\omega t}$ 直接作用于质量 M_m 上,为了区别于固导情况,我们称这力为气导力,振动系统在此力作用下产生振动,这时其振动方程显然可写成如下形式:

$$M_m \frac{d^2 \xi_2}{dt^2} + R_m \frac{d\xi_2}{dt} + K_m \xi_2 = F_F, \tag{1-4-50}$$

其位移可解得为

$$\xi_2 = \xi_{2a} e^{j\left(\omega t - \theta_0 - \frac{\pi}{2}\right)}, \tag{1-4-51}$$

振幅为 $\xi_{2a} = \dfrac{F_a}{\omega |Z_m|}$. 如果将它与(1-4-47)式作比较可得

$$\frac{\xi_{2a}}{\xi_a} = \frac{F_a}{M_m a_{10}}, \tag{1-4-52}$$

如果表示成灵敏度比的形式可得

$$\frac{\dfrac{\xi_{2a}}{F_a}}{\dfrac{\xi_a}{a_{10}}} = \frac{1}{M_m}, \tag{1-4-53}$$

从此看到,这种拾振装置对两种不同作用的灵敏度比与系统的质量成反比. M_m 愈大比值愈小,反之 M_m 愈小比值愈大. 对于固导传声器应要求固导灵敏度尽量高,而气导灵敏度尽量低,这就要求质量 M_m 不能选得太轻,例如用薄膜材料来做振动系统显然是不合适的. 因此可以说,对于固导传声器几乎没有采用电容换能原理的. 与固导传声器相反,对于一般传声器或称气导传声器,主要要求接收来自空气中的声波,而不希望固导振动对它的干扰,则按 $(1-4-53)$ 式可知,这种振动系统的质量 M_m 应尽量小,即应该尽量采用轻质振膜. 例如在手提电脑中使用的内置式传声器(传声器置于机壳上),为了有效地防止由于散热电机转动而引起壳体的振动对传声器工作的干扰,大多采用了以薄膜材料做振膜的驻极体传声器,这种传声器具有良好的抗振性能.

1.5 周期力的强迫振动

前面讨论的振动问题,都认为强迫力是时间的简谐函数. 如果外力不是简谐的,而是任意的周期函数,例如呈一脉冲形式. 这时质点的强迫振动的规律是怎样呢? 本节就来作些简单的讨论.

假设有一任意周期 T 的外力作用在单振子的质量上,该外力可表示为

$$F_F(t) = F_F(t + kT) \quad (k = 0, 1, 2, \cdots).$$

在此力作用下,依照 §1.4.1 可以写出质点的振动方程:

$$M_m \frac{d^2\xi}{dt^2} + R_m \frac{d\xi}{dt} + K_m \xi = F_F(t). \tag{1-5-1}$$

我们知道根据傅里叶定理,一个任意的周期函数可以展开成傅里叶级数,即一任意周期函数可以表示成

$$F_F(t) = A_0 + \sum_{n=1}^{\infty} A_n \cos n\omega t + B_n \sin n\omega t, \tag{1-5-2}$$

式中 $\omega = \frac{2\pi}{T}$,而傅里叶系数由下式定出

$$\left. \begin{array}{l} A_0 = \dfrac{1}{T} \displaystyle\int_0^T F_F(t) \, dt, \\[3mm] A_n = \dfrac{2}{T} \displaystyle\int_0^T F_F(t) \cos n\omega t \, dt, \\[3mm] B_n = \dfrac{2}{T} \displaystyle\int_0^T F_F(t) \sin n\omega t \, dt. \end{array} \right\} \tag{1-5-3}$$

与 §1.2.2 的讨论类似,对这些系数作变换,则 $(1-5-2)$ 式也可表示成

$$F_F(t) = \sum_{n=0}^{\infty} F_n \cos(n\omega t - \varphi_n), \tag{1-5-4}$$

其中

$$\left. \begin{array}{ll} F_n = \sqrt{A_n{}^2 + B_n{}^2}, & \varphi_n = \arctan \dfrac{B_n}{A_n}, \\[3mm] A_n = F_n \cos \varphi_n, & B_n = F_n \sin \varphi_n. \end{array} \right\} \tag{1-5-5}$$

(1-5-4)式表示,一个任意周期力可表示成一系列频率为 $f = \dfrac{\omega}{2\pi} = \dfrac{1}{T}$ 整数倍的简谐力的叠加,它包括 $n=0$ 的恒力分量,$n=1$ 的基频分量与 $n>1$ 整数的谐频分量. 系数 F_n 代表这些简谐力分量的振幅,φ_n 代表相应分量的初相位.

为了运算方便,我们把外力表示成复数形式

$$F_F(t) = \sum_{n=0}^{\infty} F_n e^{j(n\omega t - \varphi_n)}, \qquad (1-5-6)$$

于是质点的振动方程就可表示为

$$M_m \frac{d^2\xi}{dt^2} + R_m \frac{d\xi}{dt} + K_m\xi = \sum_{n=0}^{\infty} F_n e^{j(n\omega t - \varphi_n)}, \qquad (1-5-7)$$

(1-5-7)式为一非齐次常微分方程,其非齐次项又为一傅里叶级数. 如果我们的兴趣是研究稳态振动的规律,那么只要去寻找该方程的一个特解就可以了,我们将这一方程的解也表示成一求和形式,即设

$$\xi = \sum_{n=0}^{\infty} \xi_n, \qquad (1-5-8)$$

将其代入(1-5-7)式可得

$$\sum_{n=0}^{\infty} \left(M_m \frac{d^2\xi_n}{dt^2} + R_m \frac{d\xi_n}{dt} + K_m\xi_n \right) = \sum_{n=0}^{\infty} F_n e^{j(n\omega t - \varphi_n)}, \qquad (1-5-9)$$

将(1-5-9)式等号两边逐一作比较就可以得到如下一系列方程

$$M_m \frac{d^2\xi_n}{dt^2} + R_m \frac{d\xi_n}{dt} + K_m\xi_n = F_n e^{j(n\omega t - \varphi_n)} \quad (n = 0, 1, 2, \cdots). \qquad (1-5-10)$$

这一方程的形式前面已多次遇到过,就是在简谐外力作用下的强迫振动方程,其解的形式可表示为

$$\xi_n = \frac{F_n}{j n\omega Z_n} e^{j(n\omega t - \varphi_n)}, \qquad (1-5-11)$$

式中

$$Z_n = R_n + jX_n = R_m + j\left(n\omega M_m - \frac{K_m}{n\omega} \right), \qquad (1-5-12)$$

称为第 n 次简谐分量的力阻抗.

因此可得总位移为

$$\xi = \sum_{n=0}^{\infty} \xi_n = \sum_{n=0}^{\infty} \frac{F_n}{j n\omega Z_n} e^{j(n\omega t - \varphi_n)}. \qquad (1-5-13)$$

现在再把它还原为实数形式

$$\xi = \sum_{n=0}^{\infty} \frac{F_n}{n\omega \, |Z_n|} \cos\left(n\omega t - \varphi_n - \theta_n - \frac{\pi}{2} \right), \qquad (1-5-14)$$

式中

$$|Z_n| = \sqrt{R_m^2 + \left(n\omega M_m - \frac{K_m}{n\omega} \right)^2},$$

$$\theta_n = \arctan \frac{X_n}{R_\mathrm{m}} = \arctan \frac{n\omega M_\mathrm{m} - \dfrac{K_\mathrm{m}}{n\omega}}{R_\mathrm{m}},$$

分别是 n 次简谐分量的力阻抗模值与幅角.(1-5-14)式表明,在任意周期力作用下,质点的稳态强迫振动,可以看成是在一系列独立的简谐力作用下产生的质点振动的线性叠加.它的每一简谐分量位移的振幅不仅决定于对应的外力简谐分量的振幅,而且还与该简谐分量的力阻抗 Z_n 有关.n 次位移简谐分量的振幅可以表示成

$$\xi_{na} = \frac{F_n}{n\omega \mid Z_n \mid}. \tag{1-5-15}$$

下面我们以一个简单的例子来作分析.

假设外力呈一矩形周期脉冲形式,如图 1-5-1 所示,它可表示为

$$F_F(t) = \begin{cases} F_\mathrm{a}, & kT \leqslant t \leqslant \left(k + \dfrac{1}{2}\right)T; \\ 0, & \left(k + \dfrac{1}{2}\right)T \leqslant t \leqslant (k+1)T \quad (k = 0,1,2,\cdots). \end{cases} \tag{1-5-16}$$

把此式代入(1-5-2)式可算得

$A_0 = \dfrac{F_\mathrm{a}}{2};$

$A_1 = A_2 = A_3 = \cdots = 0;$

$B_1 = \dfrac{2}{\pi}F_\mathrm{a}, \quad B_2 = 0,$

$B_3 = \dfrac{2}{3\pi}F_\mathrm{a}, \quad B_4 = 0, \cdots,$

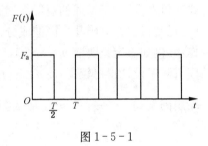

图 1-5-1

即

$$B_n = \begin{cases} \dfrac{2}{n\pi}F_\mathrm{a}, & n \text{ 为奇数}; \\ 0, & n \text{ 为偶数}. \end{cases}$$

将这些系数代入(1-5-5)式,就可求得外力的简谐分量振幅与初相位.

$$F_0 = \frac{F_\mathrm{a}}{2}, \quad F_1 = \frac{2}{\pi}F_\mathrm{a}, \quad F_3 = \frac{2}{3\pi}F_\mathrm{a}, \quad \cdots, \quad F_n = \frac{2}{n\pi}F_\mathrm{a};$$

$$\varphi_0 = 0, \quad \varphi_1 = \frac{\pi}{2}, \quad \varphi_3 = \frac{\pi}{2}, \quad \cdots, \quad \varphi_n = \frac{\pi}{2}(n \text{ 为奇数}).$$

所以在此外力作用下,质点的位移按照(1-5-14)式可表示为

$$\xi = \frac{F_\mathrm{a}}{2K_\mathrm{m}} + \frac{2F_\mathrm{a}}{\omega\pi \mid Z_1 \mid}\cos(\omega t - \theta_1 - \pi) + \frac{2F_\mathrm{a}}{9\pi\omega \mid Z_3 \mid}\cos(3\omega t - \theta_3 - \pi) + \cdots +$$

$$\frac{2F_\mathrm{a}}{n^2\pi\omega \mid Z_n \mid}\cos(n\omega t - \theta_n - \pi) \quad (n \text{ 为奇数}), \tag{1-5-17}$$

其中 $\omega = \dfrac{2\pi}{T}$. 上式表示,在这样一个矩形脉冲力作用下,质点将产生一静态位移 $\dfrac{F_{\mathrm{a}}}{2K_{\mathrm{m}}}$,此外还将产生一系列奇次的谐频振动.

现在让我们再来考虑一特殊情况,假设质点振动系统的力阻很小,几乎为零,并且设系统的固有频率 $f_0 = \dfrac{1}{2\pi}\sqrt{\dfrac{K_{\mathrm{m}}}{M_{\mathrm{m}}}}$,正好与某一次(如第三次)的谐频一致,那么从(1-5-17)式可知,这时这三次谐频振动的位移振幅将大大超过其他次振动的振幅,于是(1-5-17)式就可近似表示成

$$\xi \approx \frac{2F_{\mathrm{a}}}{9\pi\omega R_{\mathrm{m}}}\cos\left(\omega_0 t - \frac{\pi}{2}\right). \tag{1-5-18}$$

此结果说明,一个矩形周期脉冲的外力虽然可以认为是一系列简谐分力的叠加组成,但是由于振动系统对某次谐频发生共振,致使该质点仅表现出一个近似的单频简谐振动. 由此可以设想,如果这一振动系统即为某一种电声器件的一个振子,例如就是压强式电容传声器的一个振膜,那么很明显,这一传声器的输出电压波形与原来作用声波相比将产生严重失真,即外力呈矩形周期脉冲状,而质点的位移却是简谐的. 不过,如果我们再仔细观察一下(1-5-17)式还可发现,对于上述的矩形周期脉冲外力,其简谐成分的振幅是随次数 n 增高而反比减小的. 通常只要用有限几个简谐成分,而不是用无限多个就可以近似地来描述这种矩形脉冲的作用. 例如假定只要取 $n=0,1,3,5,7$ 五个简谐力分量就可近似代表它,并且将振动系统的固有频率设计得比较高,使 $f_0 > 7f$,即使这五个简谐分量都处于弹性控制状态,并且使力学品质因素 $Q_{\mathrm{m}} = \dfrac{\omega_0 M_{\mathrm{m}}}{R_{\mathrm{m}}} \approx 1$,那么振动系统的位移就可近似表示为

$$\begin{aligned}
\xi &= \frac{F_{\mathrm{a}}}{2K} + \frac{2F_{\mathrm{a}}}{\pi K_{\mathrm{m}}}\cos\left(\omega t - \frac{\pi}{2}\right) + \frac{2F_{\mathrm{a}}}{3\pi K_{\mathrm{m}}}\cos\left(3\omega t - \frac{\pi}{2}\right) \\
&\quad + \frac{2F_{\mathrm{a}}}{5\pi K_{\mathrm{m}}}\cos\left(5\omega t - \frac{\pi}{2}\right) + \frac{2F_{\mathrm{a}}}{7\pi K_{\mathrm{m}}}\cos\left(7\omega t - \frac{\pi}{2}\right).
\end{aligned}$$

很明显这样的振动系统,它的各简谐分量的位移几乎与对应的外力分量成正比,而与频率无关. 可以设想,如果我们如此地来选择振动系统的参数,那么上述的传声器在进行声电转换时,就可以基本保持这一矩形脉冲的原形.

以上举的是一个十分特殊的例子,主要为了帮助读者对任意周期力作用下质点的振动状态有一粗浅的了解,读者切不可将此例随便推广到一般. 声学中遇到的非简谐力的种类很多,甚至还有非周期性的力,像人的语言、音乐等就具有非周期性质.

在声学测试技术中还常用正弦调制脉冲,甚至单脉冲等信号,这些信号的时间函数都不是简谐的,但人们可以应用傅里叶分析方法,把这些非简谐信号分解成傅里叶级数或傅里叶积分表示. 也即不管怎样复杂的时间函数振动,都可以分解为一系列简谐振动叠加. 该系统的振动就是这一系列单频振动的总贡献. 本书不可能再作深入讨论,但在要结束本章时,仍在这里再次强调,单频简谐振动的规律是一切复杂函数振动的基础. 学习和研究这种简谐振动,不仅是本书以后各章讨论的需要,更是读者今后在深入处理各种实际声学问题时,不可或缺的重要基础.

习 题 1

1-1 有一动圈传声器的振膜可当作质点振动系统来对待,若已测得其固有频率为 600 Hz,质量为 8×10^{-4} kg,求:它的弹性系数应为多少? 力顺为多少?

1-2 设有一质量 M_m 用长为 l 的细绳铅直悬挂着,绳子一端固定构成一单摆,如图所示,假设绳子的质量和弹性均可忽略. 试问:

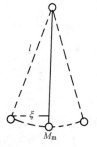

(1) 当这一质点被拉离平衡位置 ξ 时,它所受到的恢复平衡的力由何产生? 并应怎样表示?

(2) 当外力去掉后,质点 M_m 在此力作用下在平衡位置附近产生振动,它的振动频率应如何表示?

图 习题 1-2

1-3 有一长为 l 的细绳,以张力 T 固定在两端,设在位置 x_0 处,挂着一质量 M_m,如图所示. 试问:

(1) 当质量被垂直拉离平衡位置 ξ 时,它所受到的恢复平衡的力由何产生? 并应怎样表示?

(2) 当外力去掉后,质量 M_m 在此恢复力作用下产生振动,它的振动频率应如何表示?

(3) 当质量置于哪一位置时,振动频率最低?

图 习题 1-3

1-4 设有一长为 l 的细绳,它以张力 T 固定在两端,如图所示. 设在绳的 x_0 位置处悬有一质量为 M 的重物. 求该系统的固有频率. 提示:当悬有 M 时,绳子向下产生静位移 ξ_0 以保持力的平衡,并假定 M 离平衡位置 ξ_0 的振动 ξ 位移很小,满足 $\xi \ll \xi_0$ 条件.

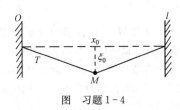

图 习题 1-4

1-5 有一质点振动系统,已知其初位移为 ξ_0,初速度为零,试求其振动位移、速度和能量.

1-6 有一质点振动系统,已知其初位移为 ξ_0,初速度为 v_0,试求其振动位移、速度和能量.

1-7 假定一质点振动系统的位移是由下列两个不同频率、不同振幅振动的叠加,$\xi = \sin \omega t + \dfrac{1}{2} \sin 2\omega t$,试问:

(1) 在什么时刻位移最大?

(2) 在什么时刻速度最大?

1-8 假设一质点振动系统的位移由下式表示

$$\xi = \xi_1 \cos(\omega t + \varphi_1) + \xi_2 \cos(\omega t + \varphi_2),$$

试证明

$$\xi = \xi_a \cos(\omega t + \varphi),$$

其中

$$\xi_a = \sqrt{\xi_1^2 + \xi_2^2 + 2\xi_1\xi_2\cos(\varphi_2 - \varphi_1)}, \quad \varphi = \arctan\frac{\xi_1\sin\varphi_1 + \xi_2\sin\varphi_2}{\xi_1\cos\varphi_1 + \xi_2\cos\varphi_2}.$$

1-9　假设一质点振动系统的位移由下式表示

$$\xi = \xi_1\cos\omega_1 t + \xi_2\cos\omega_2 t \quad (\omega_2 > \omega_1),$$

试证明

$$\xi = \xi_a\cos(\omega_1 t + \varphi),$$

其中$\xi_a = \sqrt{\xi_1^2 + \xi_2^2 + 2\xi_1\xi_2\cos(\Delta\omega t)}$，$\varphi = \arctan\dfrac{\xi_2\sin(\Delta\omega t)}{\xi_1 + \xi_2\cos(\Delta\omega t)}$，$\Delta\omega = \omega_2 - \omega_1$.

1-10　有一质点振动系统，其固有频率 f_0 为已知，而质量 M_m 与弹性系数 K_m 待求，现设法在此质量 M_m 上附加一已知质量 m，并测得由此而引起的弹簧伸长 ξ_1，于是系统的质量和弹性系数都可求得，试证明之.

1-11　有一质点振动系统，其固有频率 f_0 为已知，而质量 M_m 与弹性系数待求，现设法在此质量 M_m 上附加一已知质量 m，并测得由此而引起的系统固有频率变为 f_0'，于是系统的质量和弹性系数都可求得，试证明之.

1-12　设有如图 1-2-3 和图 1-2-4 所示的弹簧串接和并接两种系统.试分别写出它们的动力学方程，并求出它们的等效弹性系数.

1-13　有一宇航员欲在月球表面用一弹簧秤称月球上一块岩石样品.此秤已在地球上经过校验，弹簧压缩 0～100 mm 可称 0～1 kg.宇航员取得一块岩石，利用此秤从刻度上读得为 0.4 kg，然后，使它振动一下，测得其振动周期为 1 s，试问月球表面的重力加速度是多少？而该岩石的实际质量是多少？

1-14　试求证

$$a\cos\omega t + a\cos(\omega t + \delta) + a\cos(\omega t + 2\delta) + \cdots + a\cos[\omega t + (n-1)\delta]$$

$$= a\frac{\sin n\dfrac{\delta}{2}}{\sin\dfrac{\delta}{2}}\cos\left[\omega t + \frac{(n-1)}{2}\delta\right].$$

提示：利用复指数函数关系.

1-15　有一弹簧 K_m 在它上面加一重物 M_m，构成一振动系统，其固有频率为 f_0.

(1) 假设要求固有频率比原来降低一半，试问应该添加几只相同的弹簧，并怎样联接？

(2) 假设重物要加重一倍，而要求固有频率 f_0 不变，试问应该添加几只相同的弹簧，并怎样联接？

1-16　有一直径为 0.3 m 的纸盆扬声器，低频时其纸盆—音圈系统可作质点系统来对待.现已知其总质量 M_m 等于 0.04 kg，弹性系数 K_m 等于 4×10^3 N/m(纸折环的质量可忽略).

(1) 试求该扬声器的固有频率；

(2) 现将扬声器的纸折环换成橡胶折环，并已知其弹性系数变为 $K_m' = 10^3$ N/m，而橡胶折环部分的质量为 $M_s = 0.12$ kg.试问这时扬声器的固有频率将降低为多少？

1-17　原先有一个 0.5 kg 的质量悬挂在无质量的弹簧上，弹簧处于静态平衡中，后来又将一个 0.2 kg 的质量附加在其上面，这时弹簧比原来伸长了 0.04 m，当此附加质量突然拿掉后，已知这 0.5 kg 质量的振幅在 1 s 内减少到初始值的 $\dfrac{1}{e}$ 倍，试计算：

(1) 这一系统的力学参数 K_m, R_m, f_0'；

(2) 当 0.2 kg 的附加质量突然拿掉时，系统所具有的能量；

(3) 在经过 1 s 后，系统具有的平均能量.

1-18　试求当力学品质因素 $Q_m \leqslant 0.5$ 时，质点衰减振动方程的解.假设初始时刻 $\xi = 0, v = v_0$，试讨论解的结果.

1-19 有一质点振动系统,其固有频率为 50 Hz,如果已知外力的频率为 300 Hz,试求这时系统的弹性抗与质量抗之比.

1-20 有一质量为 0.4 kg 的重物悬挂在质量为 0.3 kg,弹性系数为 150 N/m 的弹簧上,试问:

(1) 这一系统的固有频率为多少?

(2) 如果系统中引入 5 kg/s 的力阻,则系统的固有频率变为多少?

(3) 当外力频率为多少时,该系统质点位移振幅为最大?

(4) 相应的速度与加速度共振频率为多少?

1-21 有一质点振动系统,被外力所策动,试证明当系统发生速度共振时,系统每周期的损耗能量与总的振动能量之比等于 $\dfrac{2\pi}{Q_{\mathrm{m}}}$.

1-22 试证明:(1) 质点做强迫振动时,产生最大的平均损耗功率的频率就等于系统的无阻尼固有频率 f_0;(2) 假定 f_1 与 f_2 为在 f_0 两侧,平均损耗功率是频率 f_0 时平均损耗功率一半所对应的两个频率,则有 $Q_{\mathrm{m}} = \dfrac{f_0}{f_2 - f_1}$.

1-23 有一质量为 0.4 kg 的重物悬挂在质量可以忽略、弹性系数为 160 N/m 的弹簧上,设系统的力阻为 2 N·s/m,作用在重物上的外力为 $F_F = 5\cos 8t$ N.

(1) 试求这一系统的位移振幅、速度与加速度振幅以及平均损耗功率;

(2) 假设系统发生速度共振,试问这时外力频率等于多少? 如果外力振幅仍为 5 N,那么这时系统的位移振幅、速度与加速度振幅、平均损耗功率将为多少?

1-24 试求出图 1-4-1 所示单振子系统,在 $t=0,\xi=v=0$ 初始条件下,强迫振动位移解的表示式,并分别讨论 $\delta=0$ 与 $\delta \ne 0$ 两种情形下,当 $\omega \to \omega_0$ 时解的结果.

1-25 有一单振子系统,设在其质量块上受到外力 $F_F = \sin^2 \dfrac{1}{2} \omega_0 t$ 的作用,试求其稳态振动的位移振幅.

1-26 试求如图所示振动系统,质量块 M 的稳态位移表示式.

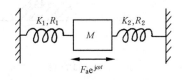

图 习题 1-26

1-27 设有如图所示的耦合振动系统,有一外力 $F_1 = F_a \mathrm{e}^{\mathrm{j}\omega t}$ 作用于质量 M_1 上,M_1 的振动通过耦合弹簧 K_{12} 引起 M_2 也随之振动. 设 M_1 和 M_2 的振动位移与振动速度分别为 ξ_1, v_1 与 ξ_2, v_2. 试分别写出 M_1 和 M_2 的振动方程,求解方程并证明当稳态振动时

$$v_1 = F_1 \frac{Z_2}{Z_1 Z_2 - Z_{12}^2} \quad \text{与} \quad v_2 = F_1 \frac{Z_{12}}{Z_1 Z_2 - Z_{12}^2},$$

其中

$$Z_1 = \mathrm{j}\left(\omega M_1 - \frac{K_1}{\omega}\right) + R_1,$$

$$Z_2 = \mathrm{j}\left(\omega M_2 - \frac{K_2}{\omega}\right) + R_2,$$

$$Z_{12} = -\frac{\mathrm{j}K_{12}}{\omega}.$$

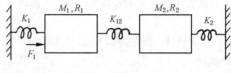

图　习题 1-27

1-28　有一所谓压差式传声器,已知由声波引起在传声器振膜上产生的作用力振幅为(参见 §7.1.2)

$$F_a = A p_a \omega,$$

其中 A 为常数, p_a 为传声器所在处声压的振幅,频率也为常数. 如果传声器采用电动换能方式(动圈式),并要求在一较宽的频率范围内,传声器产生均匀的开路电压输出,试问这一传声器的振动系统应工作在何种振动控制状态? 为什么?

1-29　对上题的压差式传声器,如果采用静电换能方式(电容式),其他要求与上题相同,试问这一传声器的振动系统应工作在何种振动控制状态? 为什么?

1-30　有一小型动圈扬声器,如果在面积为 S_0 的振膜前面加一声号筒,如图所示,已知在此情况下,振膜的辐射阻变为 $R_r = \rho_0 C_0 S_0$(参见 §5.5).试问对这种扬声器,欲在较宽的频率范围内,在频率为恒定的外力作用下,产生均匀的声功率,其振动系统应工作在何种振动控制状态? 为什么?

1-31　有一如图所示的供测试用动圈式振动台,台面 M_m 由弹簧 K_m 支撑着,现欲在较宽的频率范围内,在音圈上施加对频率恒定的电流时,能使台面 M_m 产生均匀的加速度,试问其振动系统应工作在何种振动控制状态? 为什么?

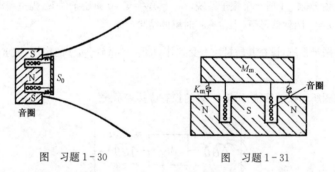

图　习题 1-30　　　　　　　　图　习题 1-31

1-32　有一实验装置的隔振台,如图所示,已知台面的质量 $M_m = 1.5 \times 10^3$ kg,台面由四组相同的弹簧支撑,每组由两只相同的弹簧串联组成. 已知每只弹簧在承受最大负荷 600 kg 时,产生静位移 3 cm,试求该隔振系统的固有频率,并问当外界基础振动的位移振幅为 1 mm、频率为 20 Hz 时,隔振台 M_m 将产生多大的位移振幅?

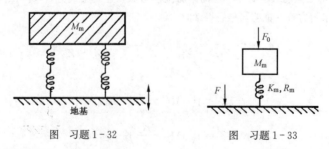

图　习题 1-32　　　　　　　　图　习题 1-33

1-33　设有如图所示的主动隔振系统,有一外力 $F_0 = F_{10} e^{j\omega t}$ 作用于质量块 M_m 上,试求传递在基础上力 F 与 F_0 的振幅比.

提示：作用在基础上的 F 应由弹簧 K_m 的弹力 F_K 和阻力 F_R 所构成.

1-34 有一振动物体产生频率为 $1\,000\,Hz$，加速度振幅 $10\,m/s^2$ 的振动，现用一动圈式加速度计去测量. 假定已知加速度计振动系统的固有频率为 $600\,Hz$，力学品质因素 Q_m 为 0.2，音圈导线总长为 $l = 3\,m$，气隙中的磁通量密度 B 为 $1\,Wb/m^2$. 试求该加速度计的开路输出电压将为多少？

1-35 设有一调制形式的外力作用于单振子系统的质量上，此外力可表示成

$$F_F = F_a(1 + h\sin\omega_1 t)\sin\omega t,$$

其中 h 为一常数，称为调制深度. 试求振动系统的位移.

1-36 设有一呈锯齿形式的外力作用于单振子的质量上，此力可表示为

$$F_F = F_a\left(1 - \frac{2t}{T}\right) \quad (kT \leqslant t \leqslant (1+k)T, k = 0,1,2,\cdots).$$

试求振动系统的位移.

1-37 设有如下形式的外力

$$F_F = \begin{cases} F_a, & kT \leqslant t \leqslant \left(k+\frac{1}{2}\right)T; \\ -F_a, & \left(k+\frac{1}{2}\right)T \leqslant t \leqslant (k+1)T; \end{cases} \quad (k = 0,1,2,\cdots).$$

作用于单振子的质量上，试求振动系统的位移.

2

弹性体振动学

　　在第 1 章中曾假设振动系统的质量是集中在一点的,弹簧的压缩与伸长是均匀的,描述系统性质的一些参量(如质量、弹性系数、力阻等)都与空间位置无关.这种系统称为集中参数系统.对于此种系统的运动只要用一个时间变量 t 就可以完全描述.但是在实际问题中物体是有一定大小的,并且物体的线度同其中振动的传播波长常常是可以相比拟的.在这种情况下"质点"的假设自然不再适用.有不少振动系统质量在空间有一连续分布,并且空间中某一部分的质量本身还包含着弹性和阻尼性质.这种系统被称为**分布参数系统**,具有这种性质的物体常称为**弹性体**.我们在第 1 章开始时提到过的高频压电陶瓷振子就是一种棒状弹性体.再例如动圈扬声器的纸盆,在低频时曾把它作为质点振动系统来对待,然而当频率逐渐升高,在纸盆的不同位置就产生不同的振动.对此如果还仅用一个时间变量 t 来描述它的运动显然是不够了,这时就必须引入空间位置的变量.当然实际的弹性体是多种多样的,这里我们只能选择几何形状比较简单,具有一定典型性,并且在声学问题中也颇有实际意义的一些弹性体,如弦、棒、膜、板等来作简要分析.

2.1　弦 的 振 动

　　弦是大家所熟悉的,例如常见的弦乐器,如提琴、胡琴、琵琶等就是依靠张紧在这些乐器上面的几根细弦的振动来发声的.所谓理想的振动弦是指用一定方式把具有一定质量、有一定长度、性质柔顺的细丝或细绳张紧,并以张力作为弹性恢复力进行振动的弹性体.一般说弹性体自身还应该具有劲度,但对弦来说,这一自身的劲度与张力相比很小,可以忽略,这就是理想弦的一个重要特点.我们在下面讨论的就是这种意义下的弦的振动.

　　本书讨论弦振动的主要目的,并非企图研究一些弦乐器的发声机理,而是因为弦的振动过程是一种较为直观的波动过程的模型,并且对这种振动过程的理论处理方法又是处理声学问题的一种基础,因此掌握对弦振动分析的基本内容,对以后各章的学习是颇有好处的.

2.1.1 弦的振动方程

设有一长为 l,两端固定并被张紧的一根细绳,它的横截面积与密度都为均匀. 在静止时,弦处于水平平衡位置,维持其平衡的是张力. 假定在某瞬间突然有一外力对它作用,而后外力就去掉,于是弦的各部分就在张力作用下开始进行与弦长垂直方向的往返振动. 因为弦是一个整体,其各部分的运动还要向其他部分施加影响,即振动要进行传播,最后在弦上形成一定的振动形状,即产生一定的振动方式. 因为弦的各部分振动与弦长垂直,而振动的传播是沿着弦长方向的,因而弦的这种振动方式称为**横振动**.

我们取弦的一个元段,如图 $2-1-1$ 所示,以 x 和 $x+\mathrm{d}x$ 表示这一元段弦的两个端点水平位置,则该元段在 x 轴的投影为 $\mathrm{d}x$. 设静止时,弦处于水平位置,垂直位移 $\eta=0$. 当弦振动时,在 x 位置的弦离开平衡的垂直位移为 η. 我们还是限于讨论小振动,即假设各元段的垂直位移 η 很小,也就是说弦上的张力是均匀的,即张力为一常数,用 T 来表示,单位为 N. 因为作用在 x 点的张力垂直分量为

$$F_x = (T\sin\theta)_x,$$

方向向下, θ 为弦在 x 点的切线方向与水平方向的夹角,它是 x 的函数;在 $x+\mathrm{d}x$ 点的垂直分量即是

$$F_{x+\mathrm{d}x} = (T\sin\theta)_{x+\mathrm{d}x}$$

方向向上. 于是作用在该元段上的垂直方向的合力就等于

$$\mathrm{d}F_x = (T\sin\theta)_{x+\mathrm{d}x} - (T\sin\theta)_x, \tag{2-1-1}$$

利用泰勒级数展开可得

$$\mathrm{d}F_x = (T\sin\theta)_x + \frac{\partial}{\partial x}(T\sin\theta)_x\mathrm{d}x - (T\sin\theta)_x$$

$$= \frac{\partial}{\partial x}(T\sin\theta)_x\mathrm{d}x. \tag{2-1-2}$$

因为已假设 η 很小,所以相应的夹角 θ 也很小. 因此可用正切 $\tan\theta$ 来代替正弦 $\sin\theta$,而 $\tan\theta = \frac{\partial\eta}{\partial x}$. 于是 $(2-1-2)$ 式就可改为

$$\mathrm{d}F_x = \frac{\partial}{\partial x}(T\frac{\partial\eta}{\partial x})\mathrm{d}x = T\frac{\partial^2\eta}{\partial x^2}\mathrm{d}x. \tag{2-1-3}$$

设弦的密度为 ρ,横截面积为 S,那么弦的单位长度的质量,即线密度为 $\delta=\rho S$,而元段的质量为 $\delta\mathrm{d}x$,于是根据牛顿第二定律,就可得该元段弦的运动方程

$$T\frac{\partial^2\eta}{\partial x^2}\mathrm{d}x = (\delta\mathrm{d}x)\frac{\partial^2\eta}{\partial t^2}, \tag{2-1-4}$$

设 $c^2 = \frac{T}{\delta}$, $(2-1-4)$ 式可写为

$$\frac{\partial^2\eta}{\partial x^2} = \frac{1}{c^2}\frac{\partial^2\eta}{\partial t^2}, \tag{2-1-5}$$

因为元段的选择有任意性,所以(2-1-5)式可以用来描述弦上任意位置的运动规律.(2-1-5)式称为**弦的振动方程**.

2.1.2 弦振动方程的一般解

弦的振动方程(2-1-5)是一个二阶偏微分方程,它的解应是两个独立变量 x 与 t 的函数.假设该方程的解具有下列形式

$$\eta(t,x) = f_1(ct-x) + f_2(ct+x), \tag{2-1-6}$$

这里 $f_1(ct-x)$ 与 $f_2(ct+x)$ 分别代表包含宗量 $(ct-x)$ 或 $(ct+x)$ 的两个任意函数.把这个解代入可以证得,它确是满足方程(2-1-5)的.

我们先研究函数 $f_1(ct-x)$ 的物理意义.设 $\eta_1 = f_1(ct-x)$,当 $t=0$ 时, $\eta_1 = f_1(-x)$.如果这时我们观察的位置为 $x=x_0$,那么 $\eta_1 = f_1(-x_0)$.假定这一函数可用图2-1-2(a)的图形来表示,在此后经过 $t=t_1$ 的时间,我们的观察点移到了 $x=x_1$,这时弦的位移就变成 $\eta_1 = f_1(ct_1-x_1)$.如果设 $f_1(ct_1-x_1) = f_1(-x_0)$,即在经过 t 时间,在 x_1 处我们将观察到与原来 $(t=0,x=x_0)$ 一致的状态,见图2-1-2(b).这时应该满足 $ct_1 - x_1 = -x_0$,由此得到 $c = \dfrac{x_1-x_0}{t}$.这就表明,在 $t=0,x=x_0$ 时弦的位移状

图2-1-2

态,在经过 $t=t_1$ 的时间后没有变化地向正 x 方向移动到了 x_1 点,其移动速度为 c.因此 $f_1(ct-x)$ 称为一种波函数,它代表了一种以传播速度 c 向正 x 方向传播的波动过程.如果 t_1 正好是弦的振动经过一个振动周期的时间,即 $t_1 = T$,那么 x_1 与 x_0 相隔的距离就为一个波长 $\lambda = cT$.可以通过类似的讨论指出,函数 $\eta_2 = f_2(ct+x)$ 代表的是一种以传播速度 c 向负 x 方向传播的波动过程.

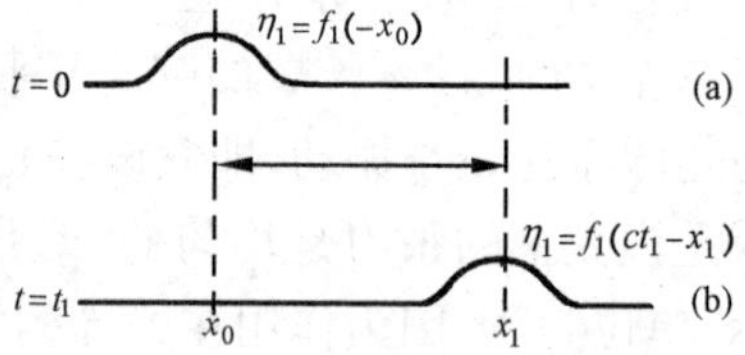

从以上讨论可知,弦中的振动传播速度为

$$c = \sqrt{\frac{T}{\delta}}, \tag{2-1-7}$$

即弦振动的传播速度是一个仅同弦的固有力学参量有关的常数.弦的张力 T 愈大(即弦张得愈紧)或线密度 δ 愈小(即密度愈小或截面愈细),传播速度 c 就愈大;反之张力 T 愈小或线密度 δ 愈大,传播速度就愈小.

在上面的弦振动一般解中,出现了两个不同方向传播的波函数.这就是说假设在初始时刻,对弦某位置施加一扰动,则这一扰动就会向两个相反方向传播.一般来说弦总是有界的,例如弦的两端被固定,因而在端点处,这种传播着的扰动会被反射回来.如果弦的两端固定,这就是指在边界处弦的位移等于零,已知弦的长度为 l,因而可以写出弦的边界条件为

$$\left.\begin{array}{l} \eta(x=0) = 0, \\ \eta(x=l) = 0. \end{array}\right\} \tag{2-1-8}$$

把此条件代入(2-1-6)式可得

$$f_1(ct) = -f_2(ct), \tag{2-1-9}$$

以及

$$f_1(ct-l) = -f_2(ct+l). \tag{2-1-10}$$

从(2-1-9)式可以看到,在上述边界条件下,描述弦振动的两个函数是形式相同而符号相反.由(2-1-9)式可推广为

$$f_1(ct+l) = -f_2(ct+l). \tag{2-1-11}$$

将此关系式代入(2-1-10)式可得

$$f_1(ct-l) = f_2(ct+l). \tag{2-1-12}$$

我们引入一个新变量 $z = ct-l$,则上式可改为

$$f_1(z) = f_1(z+2l). \tag{2-1-13}$$

此式表示,函数 f_1 是以 $2l$ 为周期的周期函数.这就是说,在有界弦中,同一时刻在整个弦上进行着的振动具有一定的空间周期性规律,即有界弦将形成驻波.

2.1.3 自由振动的一般规律——弦振动的驻波解

上面我们指出了有界弦具有驻波性质,但还没有讨论其具体的振动方式.下面我们就要提出另一种求解方程(2-1-5)的方法,称为**分离变量法**,亦称**驻波法**.

设方程(2-1-5)的解可写成如下形式

$$\eta(t,x) = X(x)T(t). \tag{2-1-14}$$

这里,$X(x)$ 是仅包含位置变量 x 的函数,$T(t)$ 是仅包含时间变量 t 的函数.将(2-1-14)式代入方程(2-1-5)式可得

$$\frac{c^2}{X(x)}\frac{\mathrm{d}^2 X(x)}{\mathrm{d}x^2} = \frac{1}{T(t)}\frac{\mathrm{d}^2 T(t)}{\mathrm{d}t^2}, \tag{2-1-15}$$

上式等号的左边仅与 x 有关,右边仅与 t 有关,而 x 和 t 都是独立变量,因而如果(2-1-15)式对任何的 x 与 t 都成立,则其等号两边应恒等于一个与 x,t 都无关的常数.如果令这一常数为 $-\mu^2$,并且 $\mu^2 > 0$,那么(2-1-15)式可写成

$$\frac{c^2}{X(x)}\frac{\mathrm{d}^2 X(x)}{\mathrm{d}x^2} = \frac{1}{T(t)}\frac{\mathrm{d}^2 T(t)}{\mathrm{d}t^2} = -\mu^2, \tag{2-1-16}$$

于是可以分别得到两个独立的方程

$$\frac{\mathrm{d}^2 T(t)}{\mathrm{d}t^2} + \mu^2 T(t) = 0; \tag{2-1-17}$$

$$\frac{\mathrm{d}^2 X(x)}{\mathrm{d}x^2} + \frac{\mu^2}{c^2} X(x) = 0. \tag{2-1-18}$$

经过上面分离变量后,就把一个偏微分方程分解成两个具有单一独立变量的常微分方程.而这种形式的微分方程我们在第1章中已遇到过,因此我们可以仿照方程(1-2-4)的求解结果,直接写出(2-1-17)与(2-1-18)方程的解为

$$T(t) = A_t \cos \mu t + B_t \sin \mu t; \tag{2-1-19}$$

$$X(x) = A_x \cos \frac{\mu}{c}x + B_x \sin \frac{\mu}{c}x. \tag{2-1-20}$$

式中 A_t, B_t, A_x, B_x 都是待定常数. 将上面两式代入(2-1-14)式可得

$$\eta(t, x) = X(x)T(t) = \left(A \cos \frac{\mu}{c}x + B \sin \frac{\mu}{c}x\right)\cos(\mu t - \varphi), \tag{2-1-21}$$

其中 A, B, φ 仍是待定常数.

如果弦的两端固定,可以利用对任意时间都满足的边界条件(2-1-8)式. 将 $\eta_{(x=0)} = 0$ 代入(2-1-21)式可以定得常数 $A = 0$,再将 $\eta_{(x=l)} = 0$ 代入(2-1-21)式可得如下关系

$$B \sin \frac{\mu}{c}l = 0, \tag{2-1-22}$$

这时 B 不能为零,否则 A 和 B 都为零,则整个弦不振动,这显然是没有意义的. 因此要得到非零解就必须令

$$\sin \frac{\mu}{c}l = 0. \tag{2-1-23}$$

要正弦函数等于零,显然应该使其宗量满足如下关系

$$\frac{\mu}{c}l = n\pi \qquad (n = 1, 2, 3, \cdots). \tag{2-1-24}$$

用一新的符号 $\omega_n = 2\pi f_n$ 来代替 μ,于是(2-1-24)式可写成

$$\omega_n = \frac{n\pi c}{l}, \tag{2-1-25}$$

或

$$f_n = \frac{nc}{2l} = \frac{n}{2l}\sqrt{\frac{T}{\delta}}. \tag{2-1-26}$$

从(2-1-21)式可知弦的位移对时间是一简谐函数,因而 ω_n 应该代表振动的圆频率,而 f_n 代表弦的振动频率. 从(2-1-26)式知,对于两端固定的弦,振动频率具有一系列特定的数值,即 $f_n = f_1, f_2, f_3, \cdots$,并且仅同弦本身的固有力学参量有关,因而称为**弦的固有频率**. 但是它与第 1 章讨论的质点振动之间有一明显区别,一个单振子系统仅有一个固有频率,而弦的固有频率不止一个,而有 n 个,亦即无限多个,并且固有频率的数值不是任意的,其变化也不是连续的,而是以 $n = 1, 2, 3, \cdots$ 的次序离散变化的,因而也称弦的这种固有频率为**简正频率**. $n = 1, f_1 = \frac{c}{2l}$,它是弦振动的最低一个固有频率,称为**弦的基频**,$n > 1$ 的各次频率称为**泛频**,例如 $n = 2, f_2 = \frac{c}{l}$ 称为弦的第一次泛频. 由于弦振动的各次泛频都为基频的整数倍,因而也称具有这样简单关系的固有频率为**谐频**,例如通常称弦的基频为第一谐频,第一泛频称第二谐频,依次类推. 因为弦振动时激发的固有频率都是谐频,所以弦乐器一般听起来的音色是和谐的.

因为弦具有一系列固有频率或简正频率,也就是说当弦做自由振动时,一般可以同时有许多振动频率,而与这一系列简正频率 f_n 对应的振动位移,按(2-1-21)式可写成

$$\eta_n = B_n \sin \frac{n\pi}{l}x \cos (2\pi f_n t - \varphi_n). \tag{2-1-27}$$

(2-1-27)式称为弦的第 n 次振动方式,或称简正振动方式,其 B_n,φ_n 是与第 n 次振动相应的待定常数.如果根据初始条件,求得一系列常数 B_n,φ_n,则对应于每一简正频率的振动情况便完全确定.

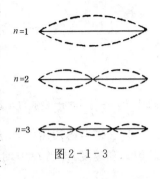

图 2-1-3 是按照(2-1-27)式计算出来的较低次数振动方式的振幅分布图.从图中可以看到当弦以基频振动时,除在两个固定端其位移振幅恒为零外,弦的其他位置都不为零.并且振

图 2-1-3

幅有一定分布,在位置 $x = \frac{1}{2}$ 处振幅极大.我们称振幅等于零的位置为**波节**,振幅极大的位置为**波腹**.例如对于基频振动存在两个波节(与两个固定端对应)和一个波腹.从(2-1-27)式可以求得第 n 次振动方式的波节与波腹.令

$$\sin \frac{n\pi}{l}x = 0, \tag{2-1-28}$$

则得

$$\frac{n\pi}{l}x_{nm} = m\pi \quad (m = 0,1,2,\cdots,n).$$

以此求得波节为

$$x_{nm} = \frac{m}{n}l. \tag{2-1-29}$$

从此式看出,对于 n 次振动有 x_{n0},x_{n1},x_{n2},$\cdots$,x_{nm} 个波节,即有 $n+1$ 个波节.例如 $n=3$ 就有 4 个波节,它们分别在 $x_{30} = 0$,$x_{31} = \frac{l}{3}$,$x_{32} = \frac{2}{3}l$,$x_{33} = l$ 位置.

令

$$\sin \frac{n\pi}{l}x = \pm 1, \tag{2-1-30}$$

则得 $\frac{n\pi}{l}x_{nm} = \left(m+\frac{1}{2}\right)\pi \quad (m = 0,1,2,3,\cdots,(n-1))$. 由此求得波腹位置为

$$x_{nm} = \frac{\left(m+\dfrac{1}{2}\right)}{n}l. \tag{2-1-31}$$

从此式看出,对于 n 次振动有 n 个波腹.例如 $n=3$ 就有 3 个波腹,它们分别在 $x_{30} = \frac{l}{6}$, $x_{31} = \frac{l}{2}$,$x_{32} = \frac{5}{6}l$ 位置.

从以上讨论可以看出,对于一定的振动方式,波节和波腹在弦上的位置是固定的,这种振动方式也称为**驻波方式**.

上面已指出,对应于每一简正频率 f_n 可以对应有一种振动方式 η_n.弦做自由振动时,一般 n 个振动方式都可能存在,所以该时刻弦振动的总效果应该是各种振动方式的叠加.从数

学上来讲,每一简正振动方式都是方程(2-1-5)的一个特解,因而该方程的一般解应是所有简正振动方式(2-1-27)的线性叠加.所以弦的总位移可以写成如下总和形式

$$\eta(t,n)=\sum_{n=1}^{\infty}\eta_n(t,x)$$

$$=\sum_{n=1}^{\infty}B_n\sin k_nx\,\cos(\omega_nt-\varphi_n),\qquad(2-1-32)$$

式中 $k_n=\dfrac{\omega_n}{c}=\dfrac{2\pi}{\lambda_n}$ 称为 n **次振动方式的波数**,λ_n 为相应的波长.

　　现在来考虑初始条件对弦振动的影响.为了普遍起见,我们假设在初始时刻有一般形式的位移和速度,即当 $t=0$ 时,有

$$\begin{cases}\eta_{(t=0)}=\eta_0(x),\\\left(\dfrac{\partial\eta}{\partial t}\right)_{t=0}=v_0(x),\end{cases}\qquad(2-1-33)$$

这里 $\eta_0(x)$ 和 $v_0(x)$ 为 x 的任意函数.为了处理方便我们将(2-1-32)式改写成如下形式

$$\eta(t,x)=\sum_{n=1}^{\infty}\sin k_nx(C_n\cos\omega_nt+D_n\sin\omega_nt),\qquad(2-1-34)$$

其中 $C_n=B_n\cos\varphi_n,D_n=B_n\sin\varphi_n$ 仍然为待定常数.将(2-1-33)条件代入可得

$$\left.\begin{array}{l}\eta_0(x)=\sum_{n=1}^{\infty}C_n\sin k_nx,\\v_0(x)=\sum_{n=1}^{\infty}D_n\omega_n\sin k_nx.\end{array}\right\}\qquad(2-1-35)$$

如果对上面两式等号两边分别乘上 $\sin k_nx\mathrm{d}x$,并对它从 0 到 l 积分,再利用正弦函数的正交性质,即

$$\int_0^\pi\sin nx\sin mx\mathrm{d}x=\int_0^\pi\cos nx\cos mx\mathrm{d}x=\begin{cases}0,&n\neq m;\\\pi/2,&n=m.\end{cases}$$

就可求得:

$$\left.\begin{array}{l}C_n=\dfrac{2}{l}\int_0^l\eta_0(x)\sin k_nx\mathrm{d}x,\\D_n=\dfrac{2}{l\omega_n}\int_0^lv_0(x)\sin k_nx\mathrm{d}x.\end{array}\right\}\qquad(2-1-36)$$

因此只要 $\eta_0(x)$ 和 $v_0(x)$ 具体函数形式已知,就可以通过(2-1-36)式求出 C_n 和 D_n,以至求出 B_n 和 φ_n,于是弦的振动位移就可以完全确定.

　　下面我们举一例子,设在 $t=0$ 时,在中央位置 $x=\dfrac{l}{2}$ 处弦被拉开一位移 η_0,如图 2-1-4,然后就释放,任其自由振动,这种情形的初始条件可写成

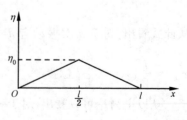

图 2-1-4

$$\eta_{(t=0)} = \begin{cases} 2\eta_0 \dfrac{x}{l} & \left(0 \leqslant x \leqslant \dfrac{l}{2}\right), \\ 2\eta_0 \dfrac{(l-x)}{l} & \left(\dfrac{l}{2} \leqslant x \leqslant l\right), \end{cases} \tag{2-1-37}$$

$$\left(\frac{\partial \eta}{\partial t}\right)_{(t=0)} = 0 \quad (0 \leqslant x \leqslant l).$$

将此条件代入(2-1-36)式可得

$$C_n = \frac{2}{l}\left[\int_0^{\frac{l}{2}} 2\eta_0 \frac{x}{l} \sin k_n x \, \mathrm{d}x + \int_{\frac{l}{2}}^l 2\eta_0 \frac{(l-x)}{l} \sin k_n x \, \mathrm{d}x\right]$$

$$= \frac{8\eta_0}{n^2\pi^2} \sin \frac{n\pi}{2};$$

$$D_n = 0.$$

再根据正弦函数的性质可以确定,当 n 为偶数时

$$C_2 = C_4 = C_6 = C_8 = \cdots = C_{2n} = 0;$$

n 为奇数时

$$C_1 = \frac{8\eta_0}{\pi^2}, \quad C_3 = -\frac{8\eta_0}{9\pi^2}, \quad C_5 = \frac{8\eta_0}{25\pi^2}, \cdots$$

由上面结果可以定得 $B_n = C_n, \varphi_n = 0$. B_n 的大小决定了各次简正振动方式的振幅.

对这例子进行分析可以发现一有趣规律,因为对应于偶数项的一些振动方式,在中央位置 $x = \dfrac{l}{2}$ 处应是波节,而这一点恰好在初始时刻被拨动,因而波节条件遭受破坏,所以就不能产生在中央位置具有波节的一些谐频振动方式.这在数学上就必然导致与其对应的常数 B_n 等于零.据以上分析可以知道,如果在初始时刻拨动弦的其他位置,则一定会有另外一些振动方式被抑制.这就是说,如果同一根弦,初始时拨动的位置不同,那么弦所产生的振动也各不相同.我们可以用同样的方法来分析在初始时刻弦的某一位置被敲击的情形.这种初始条件与弦乐器的使用情形更为接近,读者可以自行分析.

2.1.4 弦振动的能量

现在来研究弦振动的能量关系,我们可以写出每一元段 $\mathrm{d}x$ 的振动动能为

$$\mathrm{d}E_k = \frac{1}{2}\delta\mathrm{d}x\left(\frac{\partial\eta}{\partial t}\right)^2,$$

因而整个弦的动能为

$$E_k = \int \mathrm{d}E_k = \frac{1}{2}\delta\int_0^l \left(\frac{\partial\eta}{\partial t}\right)^2 \mathrm{d}x. \tag{2-1-38}$$

弦的位能可以由弦发生位移时克服张力所做的功来计算.假设弦发生位移后元段 $\mathrm{d}x$ 被拉长了,变为图 2-1-1 上的弧线 $\overset{\frown}{AB}$.因为已假设位移很小,所以弧长 $\overset{\frown}{AB}$ 可以用其弦长 $\overline{AB}$ 来近似代替,即

$$\overset{\frown}{AB} \approx \overline{AB} = \sqrt{(\mathrm{d}x)^2 + \left(\frac{\partial\eta}{\partial x}\right)^2 (\mathrm{d}x)^2} = \mathrm{d}x\sqrt{1 + \left(\frac{\partial\eta}{\partial x}\right)^2}.$$

当弦发生位移后,元段伸长为

$$\overline{AB} - \mathrm{d}x = \mathrm{d}x\left[\sqrt{1 + \left(\frac{\partial \eta}{\partial x}\right)^2} - 1\right].$$

考虑到 $\frac{\partial \eta}{\partial x}$ 为微小量,即 $\frac{\partial \eta}{\partial x} \ll 1$,利用级数展开,并保留级数的前两项可得

$$\overline{AB} - \mathrm{d}x \approx \mathrm{d}x\left[1 + \frac{1}{2}\left(\frac{\partial \eta}{\partial x}\right)^2 - 1\right] = \frac{1}{2}\left(\frac{\partial \eta}{\partial x}\right)^2 \mathrm{d}x.$$

所以当弦伸长时,张力 T 所做的功就等于

$$\mathrm{d}E_{\mathrm{P}} = T(\overline{AB} - \mathrm{d}x) = \frac{T}{2}\left(\frac{\partial \eta}{\partial x}\right)^2 \mathrm{d}x,$$

它应等于元段 $\mathrm{d}x$ 所贮存的位能,于是整个弦所贮存的位能为

$$E_{\mathrm{p}} = \int \mathrm{d}E_{\mathrm{p}} = \frac{T}{2}\int_0^l \left(\frac{\partial \eta}{\partial x}\right)^2 \mathrm{d}x, \tag{2-1-39}$$

由此可得弦振动时的总能量为

$$E = E_{\mathrm{k}} + E_{\mathrm{p}} = \frac{\delta}{2}\int_0^l \left(\frac{\partial \eta}{\partial t}\right)^2 \mathrm{d}x + \frac{T}{2}\int_0^l \left(\frac{\partial \eta}{\partial x}\right)^2 \mathrm{d}x. \tag{2-1-40}$$

我们将(2-1-32)式代入,由于

$$\frac{\partial \eta}{\partial t} = \sum_{n=1}^{\infty} -\omega_n B_n \sin k_n x \sin(\omega_n t - \varphi_n),$$

$$\frac{\partial \eta}{\partial x} = \sum_{n=1}^{\infty} k_n B_n \cos k_n x \cos(\omega_n t - \varphi_n),$$

再利用正弦函数与余弦函数的正交性质,就可求得

$$E = \sum_{n=1}^{\infty} E_n, \tag{2-1-41}$$

其中

$$E_n = \frac{n^2 \pi^2 c^2 \delta}{4l} B_n^2 = \frac{T}{4l} n^2 \pi^2 B_n^2 \tag{2-1-42}$$

代表第 n 次振动方式的能量.

如果应用前面讨论过的在初始时刻中央位置被拨动的例子,可得

$$E_1 = \frac{16T}{l\pi^2}\eta_0^2, \ E_3 = \frac{16T}{9l\pi^2}\eta_0^2, \ E_5 = \frac{16T}{25l\pi^2}\eta_0^2, \ \cdots$$

由此可以算出弦的总能量为

$$E = \sum_{n=1}^{\infty} E_n = \frac{16T\eta_0^2}{l\pi^2}\left(1 + \frac{1}{9} + \frac{1}{25} + \cdots\right)$$

$$= \frac{16T\eta_0^2}{l\pi^2}\left(\frac{\pi^2}{8}\right) = \frac{2T\eta_0^2}{l},$$

弦振动所具有的总能量是在初始时刻外界传递给它的. 我们将描述初始时刻振动状态的(2-1-37)式代入(2-1-40)式便可算得弦在初始时刻从外界获得的初能量. 计算结果也

等于 $\dfrac{2T\eta_0^2}{l}$，两种结果完全相同，这是能量守恒定律所预期的.

以上弦振动的讨论是以两端固定为边界条件作为例子的. 弦振动一般可以不限于此种固定的边界条件. 例如对于弦乐器，由于一般弦很细，其振动所辐射的声能量效率很低，通常就要通过弦的某个支点，例如琴马，将其振动传递给面积较大的板或膜，以提高其声辐射的效率，那么那些支点是不可能完全固定的. 从物理上讲，弦的支撑点可以是有质量负载的，弹性支撑的，经受阻尼作用的，甚至是近似自由的. 这些边界条件在数学上可以依次表示成：

$$T\frac{\partial \eta}{\partial x}=M\frac{\partial^2 \eta}{\partial t^2},\ T\frac{\partial \eta}{\partial x}=K\eta,\ T\frac{\partial \eta}{\partial x}=R\frac{\partial \eta}{\partial t},\ T\frac{\partial \eta}{\partial x}=0,$$

其中 M, K, R 分别代表质量、弹性系数和力阻，不同的边界条件可以产生不同的振动模式和状态. 例如一端固定、一端是质量负载的弦，它所产生的弦振动不仅其基频会与两端完全固定情况有偏离，而且其泛频也会表现出非谐频性质. 读者不妨做些自习，以加深对弦振动的理解.

2.2 棒 的 振 动

上一节讨论了弦的振动，讨论时曾对它作了理想化的假设，即假设弦是柔顺的，其恢复平衡的力主要是张力. 这一节我们研究一种称为棒的弹性体，它同柔顺弦不同，这种物体被认为是坚硬的，其恢复平衡的力主要由自身的劲度（或弹性）所产生，而张力与之相比可以忽略. 棒的振动在声学技术中也占有重要地位，例如不少水声换能器、超声换能器都呈棒状结构，电声器件也有呈棒状的. 当然研究棒的振动规律，其意义并不仅仅在于去处理这种或那种换能器的设计问题. 因为棒的振动规律可作为以后要研究的声波在弹性媒质中传播的一种简单模型，因此也是一种必备的基础.

我们要讨论的棒是截面积均匀的细棒，细的意思是指它的横向尺寸比长度要小，而在同一截面上各点的运动可以看成是均匀的，这样我们可以用棒的中心轴的坐标来代表棒的纵向位置. 棒一般可以进行两种方式的振动：纵振动与横振动. 下面我们予以分别讨论，讨论中还仅限于小振动情形.

2.2.1 棒的纵振动方程

取一长为 l、横截面积为 S 的均匀细棒，用 x 坐标表示其中心轴的位置. 假设在棒的 x 方向施以一力，它将使棒中各个位置的质点发生纵向位移，显然这一位移应是时间 t 与位置 x 的函数，记作 $\xi(t,x)$. 设在棒上取出一元段 $\mathrm{d}x$，其两端在静止时的坐标分别为 x 和 $x+\mathrm{d}x$，如图 2-2-1 所示. 假设该元段发生了纵向形变，例如产生压缩或伸长. 这时在 x 点棒的位移为 $\xi(t,x)$，在 $x+\mathrm{d}x$ 点棒的位移为 $\xi(t,x+\mathrm{d}x)$. 因而，该元段棒的总伸缩应为

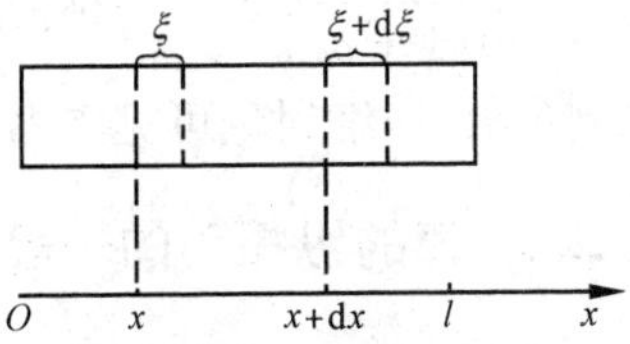

图 2-2-1

$$\xi(t, x+\mathrm{d}x) - \xi(t, x) = \frac{\partial \xi(t, x)}{\partial x}\mathrm{d}x.$$

该元段的伸缩将对其相邻元段的棒产生作用,由于棒具有劲度,因而其相邻元段反过来将对它产生纵向的弹力.设邻段对该元段 x 点的作用力为 F_x,因为棒的截面积为 S,所以单位面积的作用力为 $\frac{F_x}{S}$,称为**应力**或**胁强**,在此应力作用下,元段产生的相对伸缩

$$\frac{\left(\frac{\partial \xi}{\partial x}\right)\mathrm{d}x}{\mathrm{d}x} = \frac{\partial \xi}{\partial x}$$

称为**应变**.根据弹性体的虎克定律,应力与应变成线性关系,即有

$$\frac{F_x}{S} = -E\frac{\partial \xi}{\partial x}, \tag{2-2-1}$$

或

$$F_x = -ES\frac{\partial \xi}{\partial x}, \tag{2-2-2}$$

其中 E 为表示物质劲度的一个常数,称**杨氏模量**.式中出现的负号表示应变与应力的指向相反,例如沿正 x 方向产生正的应力会引起负的应变,即**压缩形变**.同样可以指出元段的 $x+\mathrm{d}x$ 端也会受到邻段的作用力,记为 $F_{x+\mathrm{d}x}$,于是作用在元段 $\mathrm{d}x$ 上的合力为

$$\mathrm{d}F_x = F_x - F_{x+\mathrm{d}x} = -\frac{\partial F_x}{\partial x}\mathrm{d}x. \tag{2-2-3}$$

将(2-2-2)式代入可得

$$\mathrm{d}F_x = SE\frac{\partial^2 \xi}{\partial x^2}\mathrm{d}x. \tag{2-2-4}$$

考虑到这一元段的质量为 $\rho S\mathrm{d}x$,其中 ρ 是棒的密度.根据牛顿第二定律可得

$$SE\frac{\partial^2 \xi}{\partial x^2}\mathrm{d}x = \rho S\mathrm{d}x\frac{\partial^2 \xi}{\partial t^2}. \tag{2-2-5}$$

经整理可写成

$$\frac{\partial^2 \xi}{\partial x^2} = \frac{1}{c^2}\frac{\partial^2 \xi}{\partial t^2}, \tag{2-2-6}$$

式中 $c = \sqrt{\frac{E}{\rho}}$ 是**棒的纵振动传播速度**.(2-2-6)式就是我们要导得的棒的纵振动方程.

这里需要指出的是,实际上固体棒做纵向胀缩运动时,它的横向也会相应产生一定的胀缩.但是对于细棒可以忽略这种横向运动.然而对于横向尺寸并不比纵向小的一般固体块,其纵波传播速度仍可用 $c = \sqrt{\frac{E^*}{\rho}}$ 来表示,不过这里 E^* 为等效杨氏模量,它为 $E^* = \frac{E(1-\sigma)}{(1-2\sigma)(1+\sigma)}$,其中 σ 称为材料的**泊松比**,它是表示横向压缩与纵向伸长之间关系的一个比例参数.详细讨论可见本书第 11 章.

2.2.2　棒的纵振动的一般规律

将(2-2-6)式与(2-1-5)式作一比较可以发现,棒的纵振动方程与弦的振动方程形

式完全类似,因而我们不必再施行重复的求解手续,可以仿照方程(2-1-5)的求解结果 (2-1-21)式,直接写出方程(2-2-6)的解为

$$\xi(t,x) = (A \cos kx + B \sin kx)\cos(\omega t - \varphi), \qquad (2-2-7)$$

式中 $k = \dfrac{\omega}{c}$ 称为**波数**.同弦的振动讨论类似,棒的振动也要受到边界条件和初始条件的制约.下面就来讨论边界条件对棒做纵振动的影响.

我们已指出过,棒与弦的区别在于,棒的弹性恢复力不是由张力引起的,而主要是由自身的劲度产生的,因而棒不必像弦一样一定要把它张紧,而将棒两端固定或自由悬挂都会引起振动.由此可见棒做纵振动时边界可以呈多种形式,不同的边界情形自然会产生不同的振动方式,下面我们以几种边界例子来作讨论.

例 1 两端固定的棒.

这种棒在边界处位移等于零,其边界条件可写成

$$\left.\begin{array}{l} \xi_{(x=0)} = 0, \\ \xi_{(x=l)} = 0. \end{array}\right\} \qquad (2-2-8)$$

将此条件代入(2-2-7)式,可得 $A=0$ 与

$$k_n l = n\pi \quad (n = 1,2,3,\cdots),$$

或表示成

$$\omega_n = \frac{n\pi c}{l}, \qquad (2-2-9)$$

或

$$f_n = \frac{\omega_n}{2\pi} = \frac{nc}{2l}. \qquad (2-2-10)$$

(2-2-10)式就是两端固定的棒做纵振动时的简正频率.与这些简正频率对应的振动方式按(2-2-7)式可写成

$$\xi_n(t,x) = B_n \sin k_n x \cos(\omega_n t - \varphi_n), \qquad (2-2-11)$$

由此可得棒的总位移为

$$\xi_n(t,x) = \sum_{n=1}^{\infty} B_n \sin k_n x \cos(\omega_n t - \varphi_n), \qquad (2-2-12)$$

式中常数 B_n 和 φ_n 由初始条件决定.

设在一般情形有如下初始位移和初始速度

$$\left.\begin{array}{l} \xi_{(t=0)} = \xi_0(x), \\ v_{(t=0)} = v_0(x), \end{array}\right\} \qquad (2-2-13)$$

其中 $\xi_0(x)$ 和 $v_0(x)$ 为 x 的任意函数,把这条件代入(2-2-12)式可得

$$\left.\begin{array}{l} \xi_0(x) = \displaystyle\sum_{n=1}^{\infty} B_n \sin k_n x \cos(-\varphi_n), \\ v_0(x) = \displaystyle\sum_{n=1}^{\infty} B_n \omega_n \sin k_n x \sin(-\varphi_n). \end{array}\right\} \qquad (2-2-14)$$

用与 §2.1.3 中类似的方法可以定出

$$B_n \cos(-\varphi_n) = \frac{2}{l} \int_0^l \xi_0(x) \sin k_n x \, \mathrm{d}x, \left.\begin{array}{c}\\\\\end{array}\right\}$$
$$\omega_n B_n \sin(-\varphi_n) = \frac{2}{l} \int_0^l v_0(x) \sin k_n x \, \mathrm{d}x. \tag{2-2-15}$$

知道 $\xi_0(x)$ 和 $v_0(x)$ 的具体函数形式就可以求得以上积分,从而解得常数 B_n 与 φ_n.

例2 两端自由的棒.

所谓自由即在棒的端部不受应力的作用. 由此可以写出自由端的边界条件为

$$\left(\frac{\partial \xi}{\partial x}\right)_{(x=0)} = 0, \left.\begin{array}{c}\\\\\end{array}\right\}$$
$$\left(\frac{\partial \xi}{\partial x}\right)_{(x=l)} = 0. \tag{2-2-16}$$

将此条件代入(2-2-7)式,经过与上例类似的处理可得

$$\xi(t,x) = \sum_{n=1}^{\infty} A_n \cos k_n x \cos(\omega_n t - \varphi_n), \tag{2-2-17}$$

其中简正频率为

$$f_n = \frac{nc}{2l} \quad (n = 1, 2, 3, \cdots). \tag{2-2-18}$$

由此可见两端自由与两端固定棒的简正频率是相同的.

例3 一端自由、一端固定的棒.

假设在 $x = l$ 端自由, $x = 0$ 端固定,此时可写出边界条件为

$$\left(\frac{\partial \xi}{\partial x}\right)_{(x=l)} = 0, \tag{2-2-19}$$
$$\xi_{(x=0)} = 0.$$

由此可以求得简正频率为

$$f_n = (2n-1)\frac{c}{4l} \quad (n = 1, 2, 3, \cdots). \tag{2-2-20}$$

将(2-2-10),(2-2-18)与(2-2-20)三式作一比较可以看到,一端自由、一端固定的棒的基频在同样长度 l 时要比前两种情形低一半,并且它的泛频与前两种情形的规律也不同,对这一种边界它只存在奇数的泛频. 由此可知,如果我们取同一长度的棒而加以不同的边界,两端自由或一端自由、一端固定,然后予以相同的敲击,如图2-2-2所示,则这两种棒激发的基频与泛频都不相同,以致人们感到它们发出声音的音调与音色也不一样.

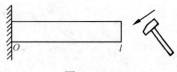

图 2-2-2

例4 一端自由、一端有质量负载的棒.

有不少情形,棒的端点常常既非完全固定又非完全自由,而具有一力学负载,例如一质量负载.

设有一棒在 $x = l$ 处负荷着一集中质量 M_m,在 $x = 0$ 处为一自由端,如图2-2-3所示.此时棒在 l 端将受到一惯性力的作用,该端的边界条件可写成:

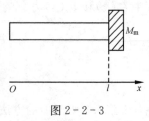

图 2-2-3

$$F_x = M_m \left(\frac{\partial^2 \xi}{\partial t^2} \right)_{(x=l)}, \qquad (2-2-21)$$

将(2-2-2)式代入可得

$$SE \left(\frac{\partial \xi}{\partial x} \right)_{(x=l)} = -M_m \left(\frac{\partial^2 \xi}{\partial t^2} \right)_{(x=l)}, \qquad (2-2-22)$$

在 $x=0$ 处为自由端,边界条件可写成

$$\left(\frac{\partial \xi}{\partial x} \right)_{(x=0)} = 0, \qquad (2-2-23)$$

将(2-2-7)式代入(2-2-22)与(2-2-23)式可得 $B=0$,并有如下关系

$$\tan kl = -\frac{\omega M_m c}{SE}. \qquad (2-2-24)$$

因为 $c^2 = \frac{E}{\rho}$,而棒的总质量为 $m = Sl\rho$,所以(2-2-24)式可写成

$$\frac{\tan kl}{kl} = -\frac{M_m}{m}. \qquad (2-2-25)$$

(2-2-25)式就是一端自由、一端有质量负载棒的频率方程. 由此式看到,这种边界的振动频率不仅与棒长 l 有关,而且还同质量比 $\frac{M_m}{m}$ 有关,下面再来作进一步分析:

(1) 当 $M_m \ll m$ 时,即负荷的质量比棒的总质量小很多,所谓重棒-轻负载情形. 此时可从(2-2-25)式近似得 $\tan kl \approx 0$,由此定得 $k_n l \approx n\pi (n=1,2,3,\cdots)$ 或 $f_n \approx \frac{nc}{2l}$. 由此可见,其振动状态近似于两端自由情形.

(2) 当 $M_m \gg m$ 时,所谓轻棒-重负载情形. 此时可得近似 $\cot kl \approx 0$,由此求得 $k_n l \approx \frac{(2n-1)}{2}\pi$ 或 $f_n \approx \frac{(2n-1)}{4l}c$ $(n=1,2,3,\cdots)$,这近似于一端自由、一端固定棒的振动情形.

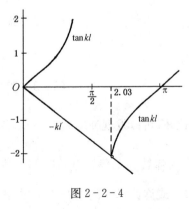

图 2-2-4

(3) 当 $M_m = m$ 时,$\tan kl = -kl$,这一频率方程可用图解法求解. 设 $x=kl, y_1 = \tan x, y_2 = -x$,分别作出以 x 为横坐标,y_1 和 y_2 为纵坐标的函数图. 这两个函数图的交点所对应的 x 值就是此频率方程的解,从图2-2-4可解得 $x_1 = 2.03, x_2 = 4.91, x_3 = 7.98, \cdots, x_n \approx \left(n - \frac{1}{2}\right)\pi (n > 3)$,并得简正频率为

$$f_1 = \frac{2.03}{2l\pi}c, \quad f_2 = \frac{4.91}{2l\pi}c,$$

$$f_3 = \frac{7.98}{2l\pi}c, \cdots, f_n \approx \frac{\left(n - \frac{1}{2}\right)}{2l}c \ (n > 3).$$

从以上分析可以归纳如下:

第一,一端自由、一端有质量负载的棒的振动基频介于两端自由与一端自由、一端固定

两种情形之间. 这说明当棒一端负荷着质量时, 棒的基频会发生漂移, 其漂移程度取决于质量比 $\frac{M_{m}}{m}$. 当棒的总质量一定时, 质量负载愈大, 基频愈向低频方向移动, 其极限接近于固定端情形.

第二, 简正频率的泛频一般已不是基频的整数倍, 例如对于 $\frac{M_{m}}{m}=1$ 时, 第一泛频与基频的比为 $\frac{4.91}{2.03}=2.42$. 这时棒所发出的声音已不再具有和谐的感觉.

第三, 棒上的节点一般也将发生漂移, 例如 $\frac{M_{m}}{m}=1$ 时可以算出, 对 $n=1$ 次的振动方式其节点为 $x=0.77l$, 而对于两端自由棒其对应的节点为 $x=\frac{1}{2}l$.

例 5 一端固定、一端有质量负载的棒.

与例 4 类似, 我们可以写出在 $x=l$ 处的边界条件为 $\left(\frac{\partial \xi}{\partial x}\right)=-M_{m}\frac{\partial^{2}\xi}{\partial t^{2}}$, 而在 $x=0$ 处的边界条件为 $\xi=0$. 经过类似于例 4 的处理, 我们可以求得如下频率方程

$$\gamma\tan\gamma=\beta, \tag{2-2-26}$$

这里 $\gamma=kl$, $\beta=\frac{M_{S}}{M_{m}}$, 而 $M_{S}=\rho Sl$ 为棒的总质量. 当 $\beta\ll1$ 时, 频率方程(2-2-26)的最小一个根值应是远小于 1 的量, 故可取近似为 $\gamma\tan\gamma=\gamma\left(\gamma+\frac{\gamma^{3}}{3}\right)=\gamma^{2}+\frac{\gamma^{4}}{3}$, 而(2-2-26)式可简化为

$$\gamma^{2}+\frac{\gamma^{4}}{3}=\beta. \tag{2-2-27}$$

求解这一代数方程, 并考虑到 β 很小, 而仅保留其二级小量, 则可得到如下的近似关系,

$$\gamma^{2}=\beta\left(1-\frac{\beta}{3}\right). \tag{2-2-28}$$

由此式可以确定, 棒的最小一个固有频率近似为

$$f_{0}=\frac{1}{2\pi}\left(\frac{K_{m}}{M_{m}+M_{S}/3}\right)^{\frac{1}{2}}. \tag{2-2-29}$$

式中 $K_{m}=\frac{ES}{l}$ 为整个棒的等效弹性系数. 与(1-2-28)式比较, 可以发现一端固定、一端负有质量的短棒 $\left(kl=\frac{2\pi l}{\lambda}\ll1\right)$ 相当于一根弹性系数为 K_{m} 的弹簧与负载质量 M_{m} 加上棒自身的有效质量 $M_{S}/3$ 一起构成一等效的集中参数振动系统. 或许读者会问, (2-2-29)式的导出是以 $\beta=\frac{M_{S}}{M_{m}}\ll1$ 为前提的. 如果 M_{m} 为零, 自然这一条件不成立, 那么上述这种等效的振动状态是否还成立. 回答是肯定的. 这时在 $x=l$ 处的边界条件应改为 $\frac{\partial \xi}{\partial x}=0$. 由此经

过类似计算,就可以导得频率方程为 $\cot\gamma = 0$. 当 γ 很小时,$\cot\gamma = \dfrac{1}{\gamma} - \dfrac{\gamma}{3}$,从而可以求得

$f_0 = \dfrac{1}{2\pi}\left(\dfrac{K_{\mathrm{m}}}{M_S/3}\right)^{\frac{1}{2}}$. 这相当于(2-2-29)式在 $M_{\mathrm{m}} = 0$ 时的简化结果. 因此可以认为单根的

短棒本身就可以看成一个等效的集中参数振动系统,其等效质量为棒自身质量的 1/3.

例 6 一端自由、一端受简谐外力作用的棒.

设棒在 $x = 0$ 端自由,在 $x = l$ 端受有一简谐外力的持续作用,外力可表示成

$$F = F_{\mathrm{a}}\cos(\omega t - \varphi),$$

其中 F_{a} 与 ω 分别为外力的幅值与圆频率,φ 为一初相位,对于稳定的外力其初相位有任意性,并且对系统的稳态振动不起影响,这里引入主要为了以后计算的便利,并不失去讨论的一般性. 这时边界条件为

$$\left(\dfrac{\partial\xi}{\partial x}\right)_{x=0} = 0 \quad \text{与} \quad \left(\dfrac{\partial\xi}{\partial x}\right)_{(x=l)} = -\dfrac{F_{\mathrm{a}}}{ES}\cos(\omega t - \varphi),$$

将(2-2-7)式代入可得 $B = 0(k > 0)$,并求得

$$\xi = A\cos kx\cos(\omega t - \varphi), \tag{2-2-30}$$

其中 $A = \dfrac{F_{\mathrm{a}}}{ESk\sin kl}$ $(k > 0)$. 从此式看出,这时振动位移振幅将随频率变化,当 $kl = n\pi(n = 1,2,\cdots)$ 时,$A \to \infty$,棒的位移趋向无限,当然这是不可想像的. 显然出现这一结果主要是在以上分析时没有考虑阻尼因素而造成的. 回想在第 1 章讨论质点衰减振动时曾指出,一般说阻尼总是存在的,只是大小不同而已. 如果计及阻尼,那么这里的位移就不会出现无限大,而仅是达到有限的极大值. 因此这里的位移达到无限大,实际上就是指出现了位移达到极大值的共振现象. 从以上讨论可以计算出共振频率 $f_r = f_n = \dfrac{nc}{2l}$,它正好等于两端自由棒的简正频率.

我们再来分析(2-2-30)式,如果假设棒的长度较短或者外力频率较低,使 $kl \ll 1$,因此 $\sin kl \approx kl$ 而 $\cos kl \approx 1$,于是(2-2-30)式可近似得

$$\xi \approx \dfrac{F_{\mathrm{a}}}{ESk^2 l}\cos(\omega t - \varphi), \tag{2-2-31}$$

因为已知 $k = \dfrac{\omega}{c}$ 与 $c = \sqrt{\dfrac{E}{\rho}}$,所以上式可化为

$$\xi \approx \dfrac{F_{\mathrm{a}}}{m\omega^2}\cos(\omega t - \varphi), \tag{2-2-32}$$

可以发现这时棒就相当于质点振动系统中的一个质量. 这也就是说质点振动系统中的质量块可以看成这里所讨论的棒在低频下的一个近似. 这一结论在第 1 章论述质点的基本概念时已提及过,这里是以一个特例来简单证实以前的假设. 读者如有兴趣,还可分析一端固定、一端受简谐力作用的情形,这时可以证得,在低频时棒相当于弹性系数为 $\dfrac{ES}{l}$ 的一集中弹簧. 这一物理事实读者应该也是可以想像到的.

例 7 复合棒的振动.

声学中也常常会遇到复合棒的振动问题. 设有如图
2-2-5所示的, 由两根不同杨氏模量、密度、声速、长度与横
截面积所构成的复合棒. 这些参量可依次表示为 E_i, ρ_i, C_i, l_i
与 S_i, 其中 $i=1,2$, 代表属于棒1与棒2. 现在坐标原点取在
两棒的连接处, 时间简谐函数用复指数 $e^{j\omega t}$ 表示, 我们可以分
别写出在棒1与棒2中的位移表示式为:

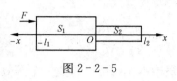

图 2-2-5

$$\left.\begin{array}{l}\xi_1 = (A \sin k_1 x + B \cos k_1 x)e^{j\omega t}, \\ \xi_2 = (C \sin k_2 x + D \cos k_2 x)e^{j\omega t}.\end{array}\right\} \tag{2-2-33}$$

假设在棒1的一端($x=-l$处)作用一外力 $F=F_a e^{j\omega t}$, 而在棒2的另一端为自由的. 我们可
以写出在此两端处的边界条件为: $E_1 S_1 \dfrac{\partial \xi_1}{\partial x}\Big|_{x=-l_1} = F_a e^{j\omega t}$ 与 $\dfrac{\partial \xi_2}{\partial x}\Big|_{x=l_2} = 0$. 此外尚需计及两
棒连接处的连接条件, 即 $x=0$ 处应满足位移连续与力平衡条件, 它们可分别表示为 $\xi_1 =$
$\xi_2\big|_{x=0}$ 与 $E_1 S_1 \dfrac{\partial \xi_1}{\partial x} = E_2 S_2 \dfrac{\partial \xi_2}{\partial x}\Big|_{x=0}$. 将这些条件代入(2-2-33)式, 就可确定 $A=$
$\dfrac{F_a}{E_1 S_1 k_1 \cos k_1 l_1} - B\tan k_1 l_1, B=D, C=D\tan k_2 l_2$ 和 $A = C\dfrac{E_2 S_2 k_2}{E_1 S_1 k_1}$. 将这些常数代入(2-2-33)
式, 便可得到在复合棒中具体的位移表达式. 为了简化讨论, 我们假设两根棒都用相同材料
做成, 长度也相同, 仅是截面积不同, 并且 $S_{21} = \dfrac{S_1}{S_2} > 1$. 这样, 将上面所确定的常数代入
(2-2-33)式后, 复合棒中的位移就可表示成

$$\left.\begin{array}{l}\xi_1 = \dfrac{F_a}{(1+S_{21})ES_1 k \cos kl} \sin kx \\ \qquad + \dfrac{S_{21}F_a}{(1+S_{21})ES_1 k \sin kl} \cos kx, \\ \xi_2 = \dfrac{S_{21}F_a}{(1+S_{21})ES_1 k \cos kl} \sin kx \\ \qquad + \dfrac{S_{21}F_a}{(1+S_{21})ES_1 k \sin kl} \cos kx.\end{array}\right\} \tag{2-2-34}$$

为了表达简单, 在上式中对时间的简谐函数都省去.

假设我们取 $kl = \left(n+\dfrac{1}{2}\right)\pi, l = (2n+1)\dfrac{\lambda}{4}$, 即每一棒长等于棒中 1/4 波长的奇数倍时,
我们可以分别求得 $x=-l$ 以及 $x=l$ 处的位移振幅比为

$$\frac{|\xi_1|_{-l}}{|\xi_2|_l} = \frac{1}{S_{21}}. \tag{2-2-35}$$

让我们观察(2-2-34)式, $kl = \left(n+\dfrac{1}{2}\right)\pi$ 的条件, 实际上表示复合棒发生共振, 这时它们
的振幅将趋于无限大, 当然如果我们引入阻尼, 则它们将达到一定的有限值. (2-2-35)式
的结果表明, 当复合棒发生共振时, 如果第二棒的截面积小于第一棒, 则在第二棒的端部的

位移振幅将大于第一棒的 $\dfrac{S_1}{S_2}$ 倍. 也就是说,复合棒起到了增强振动幅度的作用或者说起到了聚能的作用. 这就是在超声波加工等应用中常采用的变幅棒(也称变幅杆)原理的基本思路. 从(2-2-34)式可以看到, $kl = n\pi$ 的条件也能使复合棒发生共振,但是这时两棒端部的振幅比却为 1,而并不起到增幅作用. 当然实际的变幅棒设计并非这样简单. 一般第一棒本身就是一压电换能器,而第二棒的截面可以是不均匀的即变截面,例如截面呈指数变化规律等等. 本书不可能在这里作更深入地展开了.

2.2.3 棒的横振动方程

上面我们讨论的是在棒的轴向施力作用,以致引起棒的纵振动,现在假设棒受到一个与棒轴垂直方向的力的作用,则棒就会发生弯曲,由于棒的劲度,这种弯曲形变要恢复其平衡状态,由此就引起了棒的与轴相垂直方向的振动,棒的这种振动形式称为**棒的横振动**.

我们还是取一长为 l、横截面积为 S 的均匀细棒,设棒轴方向用 x 坐标表示,棒在静止时处于水平位置. 假设棒受到一垂直作用力,使它发生弯曲,如图 2-2-6(a),我们在棒上取一元段 $\mathrm{d}x$,其两端坐标为 x, $x + \mathrm{d}x$. 由于棒的弯曲,就会产生弯矩,下面就来分析这种弯矩与棒的弯曲程度的关系. 我们用图 2-2-6(b)来表示该元段的纵截面,由于棒的弯曲,如果其上半部被拉长,则下半部就被压缩,而在中间必有一个既不拉长也不缩短的中性面. 在图 2-2-6(b) 中取中线 AB 为中性面在 (x, y) 平面上的投影,因为中线长度不变,所以 $AB = \mathrm{d}x$. 设在棒的纵截面上距 AB 为 r 的距离处取一薄层 $\mathrm{d}r$,这一薄层的伸长为 δx,因而其相对伸长为 $\dfrac{\delta x}{\mathrm{d}x}$. 据图 2-2-6(b)的几何关系知有 $\delta x = r\varphi$,$\mathrm{d}x = R\varphi$,这里 R 为中线 AB 的曲率

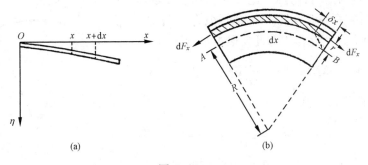

图 2-2-6

半径,φ 为 AB 的张角. 由此可得 $\dfrac{\delta x}{\mathrm{d}x} = \dfrac{r}{R}$. 设 $\mathrm{d}S$ 为 $\mathrm{d}r$ 薄层的横截面积,根据弹性物体的虎克定律,作用在 $\mathrm{d}S$ 面上的纵向力(x 方向的力)应为 $\mathrm{d}F_x = -E\dfrac{r}{R}\mathrm{d}S$. 在中线 AB 以上 $r > 0$,$\mathrm{d}F_x < 0$,对该薄层产生拉力,表示为负;在 $r < 0$ 处,$\mathrm{d}F_x > 0$,对该薄层产生压力,表示为正. 因为中性面的上半部和下半部是对称的,所以作用在该元段上总的纵向力正负抵消,合力为零. 然而在此纵向力作用下弯矩不为零,设在 r 处截面 $\mathrm{d}S$ 上的纵向力 $\mathrm{d}F_x$ 对中线的弯

矩为 $\mathrm{d}M_x = r\mathrm{d}F_x = -\dfrac{E}{R}r^2\mathrm{d}S$，因此整个 x 截面上的弯矩为积分

$$M_x = \int_s -\frac{E}{R}r^2\mathrm{d}S = -\frac{E}{R}SK^2, \qquad (2-2-36)$$

其中 $K^2 = \dfrac{1}{S}\displaystyle\int_s r^2\mathrm{d}S$，对于一定横截面形状的棒是一常数，$K$ 称为**截面回转半径**. 例如厚度为 h 横截面为矩形的棒，计算可得 $K^2 = \dfrac{h^2}{12}$，对于半径为 a 的圆形截面 $K^2 = \dfrac{a^2}{4}$.

设 η 为棒上各点离开平衡位置的距离，按曲率半径 R 的数学表示可得

$$R = \frac{\left[1 + \left(\dfrac{\partial\eta}{\partial x}\right)^2\right]^{3/2}}{\dfrac{\partial^2\eta}{\partial x^2}}.$$

在弯曲比较小的情形下，$\dfrac{\partial\eta}{\partial x} \ll 1$，可以略去 $\left(\dfrac{\partial\eta}{\partial x}\right)^2$ 二阶微量项，得曲率半径的近似式为

$$R \approx \frac{1}{\dfrac{\partial^2\eta}{\partial x^2}}.$$

将此式代入(2-2-36)式可得

$$M_x = -EK^2S\frac{\partial^2\eta}{\partial x^2}. \qquad (2-2-37)$$

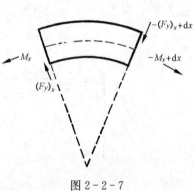

图 2-2-7

很明显弯矩 M_x 是坐标 x 的函数，设 $\mathrm{d}x$ 的左邻段作用于 x 面上的弯矩为逆时针方向，记为 M_x，而右邻段作用于 $x+\mathrm{d}x$ 面上的弯矩为顺时针方向，记为 $-M_{x+\mathrm{d}x}$，如图 2-2-7 所示，于是作用在此元段上总弯矩为

$$M_x - M_{x+\mathrm{d}x} = -\frac{\partial M_x}{\partial x}\mathrm{d}x. \qquad (2-2-38)$$

将(2-2-37)式代入可得

$$-\frac{\partial M_x}{\partial x} = EK^2S\frac{\partial^3\eta}{\partial x^3}. \qquad (2-2-39)$$

以上分析了作用在元段 $\mathrm{d}x$ 上纵向力产生的弯矩. 由于棒的弯曲，在棒的每一横截面上还会产生**切力**，或称**剪力**，其指向与 x 轴垂直，也称**横向力**. 若 $\mathrm{d}x$ 元段的左邻段作用于 x 面的切力向上，记作 $(F_y)_x$. 按照牛顿第三定律，右邻段作用于 $x+\mathrm{d}x$ 面上的切力方向就向下，记作 $(F_y)_{x+\mathrm{d}x}$，见图 2-2-7. 因为我们考虑的是小弯曲振动，可以认为棒不发生转动(据弹性理论，元段的转动与振动相比为更高级的微量). 于是根据动量矩守恒定律，由纵向力引起的弯矩应同切力产生的力矩相平衡，则

$$F_y\mathrm{d}x = \frac{-\partial M_x}{\partial x}\mathrm{d}x,$$

由此就可得到

$$F_y = \frac{-\partial M_x}{\partial x} = EK^2 S \frac{\partial^3 \eta}{\partial x^3}, \qquad (2-2-40)$$

由于切力 F_y 一般也是 x 的函数,故作用在整个 dx 元段上的总切力为

$$dF_y = (F_y)_x - (F_y)_{x+dx} = -\frac{\partial F_y}{\partial x} dx = -EK^2 S \frac{\partial^4 \eta}{\partial x^4} dx. \qquad (2-2-41)$$

(2-2-41)式表示的是作用在元段 dx 上的总横向力,在此力作用下,质量为 $(\rho S dx)$ 的元段产生横向加速度 $\frac{\partial^2 \eta}{\partial t^2}$,按牛顿第二定律可得

$$dF_y = (\rho S dx) \frac{\partial^2 \eta}{\partial t^2}. \qquad (2-2-42)$$

将(2-2-41)式代入,经过整理就可得到

$$\frac{\partial^4 \eta}{\partial x^4} + \frac{1}{c^2 K^2} \frac{\partial^2 \eta}{\partial t^2} = 0, \qquad (2-2-43)$$

其中 $c^2 = \dfrac{E}{\rho}$.(2-2-43)式就是棒的横振动方程.

2.2.4 棒的横振动的边界条件

从(2-2-43)式看到,在棒的横振动方程中出现了对 x 的四阶导数,因此该方程的一般解将出现四个待定常数.这就是说为了能完全地确定棒的振动状态,就需要有四个边界条件.然而棒仅有两个边界,因而每个边界应该也必定同时存在两个边界条件.下面我们就来对一些简单的,但也是常见的边界情况作些分析.

1. 钳定边界

假设棒的一端刚性钳定,如图2-2-8(a)所示.这时棒在该端点横向位移等于零,此外在该点棒的切线同钳定界面垂直,因而其位移曲线的斜率也等于零.由此可以写出钳定边界有如下两个条件.

$$\left.\begin{array}{l} \eta = 0, \\ \dfrac{\partial \eta}{\partial x} = 0. \end{array}\right\} \qquad (2-2-44)$$

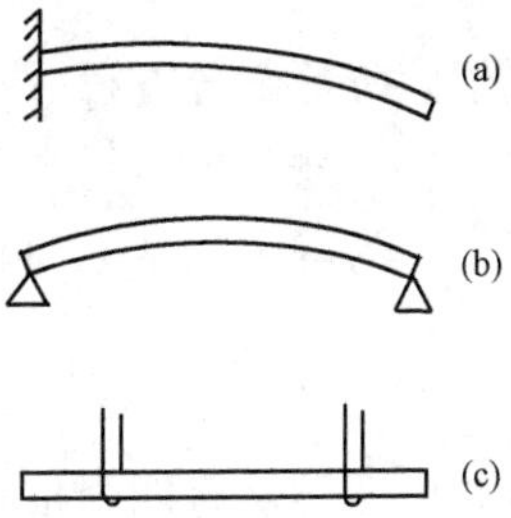

2. 刚性支撑边界

假设棒在一端被刚性支撑,如图2-2-8(b)所示.这时棒在该端点横向位移仍为零,此外由于在该端面不存在纵向力,因而该端的弯矩(或曲率)等于零.由此可以写出支撑边界有如下两个条件:

$$\left.\begin{array}{l} \eta = 0, \\ \dfrac{\partial^2 \eta}{\partial x^2} = 0. \end{array}\right\} \qquad (2-2-45)$$

图 2-2-8

3. 自由边界

假设棒的两端是自由的,如图 $2-2-8(c)$ 所示. 此时棒在两端点不受外界作用,因此其弯矩和切力矩都应等于零,由此可以写出自由边界有如下两个条件:

$$\left.\begin{aligned}\frac{\partial^2 \eta}{\partial x^2} &= 0, \\ \frac{\partial^3 \eta}{\partial x^3} &= 0.\end{aligned}\right\} \tag{2-2-46}$$

2.2.5 棒的横振动的一般规律

我们仍用分离变量方法来求解,令

$$\eta(t,x) = Y(x)T(t). \tag{2-2-47}$$

将此式代入方程$(2-2-43)$得

$$-\frac{c^2 K^2}{Y(x)}\frac{\mathrm{d}^4 Y(x)}{\mathrm{d}x^4} = \frac{1}{T(t)}\frac{\mathrm{d}^2 T(t)}{\mathrm{d}t^2}, \tag{2-2-48}$$

与棒的纵振动方程求解方法类似,要使$(2-2-48)$等式成立,必须使等号两边恒等于一常数,设此常数为$-\omega^2(\omega^2 > 0)$,于是$(2-2-48)$式就可分成两个独立的常微分方程:

$$\frac{\mathrm{d}^2 T(t)}{\mathrm{d}t^2} + \omega^2 T(t) = 0, \tag{2-2-49}$$

$$\frac{\mathrm{d}^4 Y(x)}{\mathrm{d}x^4} - \frac{\omega^2}{c^2 K^2}Y(x) = 0, \tag{2-2-50}$$

其中方程$(2-2-49)$的形式我们已多次遇到过,其解可写成如下形式

$$T(t) = A_t \cos(\omega t - \varphi), \tag{2-2-51}$$

对于四阶常微分方程$(2-2-50)$,我们采用指数函数作为试探解,令

$$Y(x) = \mathrm{e}^{\gamma x}, \tag{2-2-52}$$

其中 γ 为待定的常数. 将此解代入方程$(2-2-50)$可得如下关系

$$\gamma^4 = \frac{\omega^2}{c^2 K^2}, \tag{2-2-53}$$

由此可解得 γ 有四个根,即

$$\left\{\begin{aligned}\gamma &= \pm\sqrt{\frac{\omega}{cK}} = \pm\frac{\omega}{\nu}, \\ \gamma &= \pm\mathrm{j}\sqrt{\frac{\omega}{cK}} = \pm\mathrm{j}\frac{\omega}{\nu}.\end{aligned}\right. \tag{2-2-54}$$

其中 $\nu = \sqrt{\omega cK}$,$j = \sqrt{-1}$. 由此可得 $Y(x)$ 有四个特解,即

$$\mathrm{e}^{\frac{\omega}{\nu}x}, \mathrm{e}^{-\frac{\omega}{\nu}x}, \mathrm{e}^{\mathrm{j}\frac{\omega}{\nu}x}, \mathrm{e}^{-\mathrm{j}\frac{\omega}{\nu}x}.$$

然而我们知道这些指数函数还可以表成三角函数与双曲函数,它们之间有如下关系:

$$\left.\begin{array}{l} \cos\theta = \dfrac{1}{2}(e^{j\theta} + e^{-j\theta}), \\[2mm] \sin\theta = -\dfrac{j}{2}(e^{j\theta} - e^{-j\theta}), \\[2mm] \cosh\theta = \dfrac{1}{2}(e^{\theta} + e^{-\theta}), \\[2mm] \sinh\theta = \dfrac{1}{2}(e^{\theta} - e^{-\theta}). \end{array}\right\} \qquad (2-2-55)$$

这就是说,$\cos\theta,\sin\theta,\cosh\theta,\sinh\theta$ 这四个函数也可作为方程的特解,下面我们就取用它们来作方程的解,于是方程(2-2-55)的一般解就可表示成

$$Y(x) = A_x \cosh\frac{\omega}{\nu}x + B_x \sinh\frac{\omega}{\nu}x$$
$$+ C_x \cos\frac{\omega}{\nu}x + D_x \sin\frac{\omega}{\nu}x. \qquad (2-2-56)$$

合并(2-2-51)与(2-2-56)式可得

$$\eta(t,x) = \left[A\cosh\frac{\omega}{\nu}x + B\sinh\frac{\omega}{\nu}x + C\cos\frac{\omega}{\nu}x \right.$$
$$\left. + D\sin\frac{\omega}{\nu}x \right]\cos(\omega t - \varphi). \qquad (2-2-57)$$

下面以几种例子作些讨论.

例1 一端钳定、一端自由的棒.

设棒在 $x=0$ 端钳定,$x=l$ 端自由,利用边界条件(2-2-44)与(2-2-46)式可得

$$\left.\begin{array}{l} \eta_{x=0} = 0, \quad \left(\dfrac{\partial\eta}{\partial x}\right)_{x=0} = 0; \\[3mm] \left(\dfrac{\partial^2\eta}{\partial x^2}\right)_{x=l} = 0, \quad \left(\dfrac{\partial^3\eta}{\partial x^3}\right)_{x=l} = 0. \end{array}\right\} \qquad (2-2-58)$$

将(2-2-57)式代入可求得 $A=-C,B=-D$,并有如下关系

$$\left.\begin{array}{l} A\left(\cosh\dfrac{\omega}{\nu}l + \cos\dfrac{\omega}{\nu}l\right) + B\left(\sinh\dfrac{\omega}{\nu}l + \sin\dfrac{\omega}{\nu}l\right) = 0, \\[3mm] A\left(\sinh\dfrac{\omega}{\nu}l - \sin\dfrac{\omega}{\nu}l\right) + B\left(\cosh\dfrac{\omega}{\nu}l + \cos\dfrac{\omega}{\nu}l\right) = 0. \end{array}\right\} \qquad (2-2-59)$$

这是一个二元一次代数方程组,若 A,B 为非零解,则它们的系数行列式应等于零,即

$$\begin{vmatrix} \cosh\dfrac{\omega}{\nu}l + \cos\dfrac{\omega}{\nu}l & \sinh\dfrac{\omega}{\nu}l + \sin\dfrac{\omega}{\nu}l \\[3mm] \sinh\dfrac{\omega}{\nu}l - \sin\dfrac{\omega}{\nu}l & \cosh\dfrac{\omega}{\nu}l + \cos\dfrac{\omega}{\nu}l \end{vmatrix} = 0, \qquad (2-2-60)$$

由此可化得

$$\cosh\frac{\omega}{\nu}l \cos\frac{\omega}{\nu}l = -1, \qquad (2-2-61)$$

这是一频率方程,可用图解法求解. 设 $\mu = \dfrac{\omega}{\nu}l$,并用简正值 μ_n $(n=1,2,3,\cdots)$ 代表 μ 的一系列根值. 若干低次 n 的简正值 μ_n 列于表 2-2-1,当 $n>3$ 时可用 $\mu_n = \dfrac{1}{2}(2n-1)\pi$ 来近似,从 μ_n 的值可得简正频率为

$$f_n = \frac{cK}{2\pi l^2}\mu_n^2, \tag{2-2-62}$$

从此式可以看出,一端钳定、一端自由的棒做横振动时,其简正频率同棒长 l 的平方成反比,l 缩小一半简正频率提高 4 倍. 我们把若干低次 n 的泛频与基频的比值也列于表 2-2-1 中. 从此表可以看出,这时 n 次的泛频已不是基频的整数倍,并且 n 增大,比值递增更快. 很明显如果敲击此棒,它发出的频率将包含比基频高得多的一些泛频,因而人们感到由它发出的声音常常是音调尖而不和谐. 但是一般说来,棒做振动时总会受到阻尼而产生衰减,而且频率愈高衰减得愈快,所以开始时由棒的振动而发出的音调尖而带有刺耳感的声音,很快就变成几乎全是基频的纯音了. 常用作标准频率的音叉就可以认为是由两根下端钳定而上端自由的棒构成的. 由音叉发出的声音是较为纯净的单频声.

表 2-2-1

n	μ_n	$\dfrac{f_n}{f_1}$
1	1.875	1
2	4.695	6.267
3	7.855	17.55
4	10.996	34.39

与第 n 次简正频率对应的简正振动方式可以写成

$$\eta_n(t,x) = \left[A_n\left(\cosh\frac{\mu_n}{l}x - \cos\frac{\mu_n}{l}x\right) + B_n\left(\sinh\frac{\mu_n}{l}x - \sin\frac{\mu_n}{l}x\right)\right]\cos(\omega_n t - \varphi_n), \tag{2-2-63}$$

其中常数 A_n 与 B_n 之间还存在联系. 按 (2-2-59) 式可得

$$B_n = A_n\left(\frac{\sin\mu_n - \sinh\mu_n}{\cos\mu_n + \cosh\mu_n}\right). \tag{2-2-64}$$

棒做横振动时的总位移应表示为所有简正振动方式的叠加,即

$$\eta(t,x) = \sum_{n=1}^{\infty} A_n Y_n(x)\cos(\omega_n t - \varphi_n), \tag{2-2-65}$$

其中

$$Y_n(x) = \left(\cosh\frac{\mu_n}{l}x - \cos\frac{\mu_n}{l}x\right) + \left(\frac{\sin\mu_n - \sinh\mu_n}{\cos\mu_n + \cosh\mu_n}\right)\left(\sinh\frac{\mu_n}{l}x - \sin\frac{\mu_n}{l}x\right), \tag{2-2-66}$$

称为简正函数,从此式可以求出第 n 次振动方式的节点位置. 令 $Y_n(x)=0$,即得

$$\left(\cosh\frac{\mu_n}{l}x-\cos\frac{\mu_n}{l}x\right)(\cos\mu_n+\cosh\mu_n)$$

$$=\left(\sinh\frac{\mu_n}{l}x-\sin\frac{\mu_n}{l}x\right)(\sin\mu_n-\sinh\mu_n). \qquad (2-2-67)$$

用图解法解此方程可得节点的位置 x_{nm0}. 计算所得的 $n=1$ 到 $n=4$ 次简正振动的节点位置列于表 $2-2-2$ 中,它们的振动形状示于图 $2-2-9$.

表 2-2-2

$\dfrac{x_{nm0}}{l}$	n \ m	1	2	3	4
	1	0			
	2	0	0.773 9		
	3	0	0.500 1	0.867 2	
	4	0	0.356 1	0.644 2	0.905 6

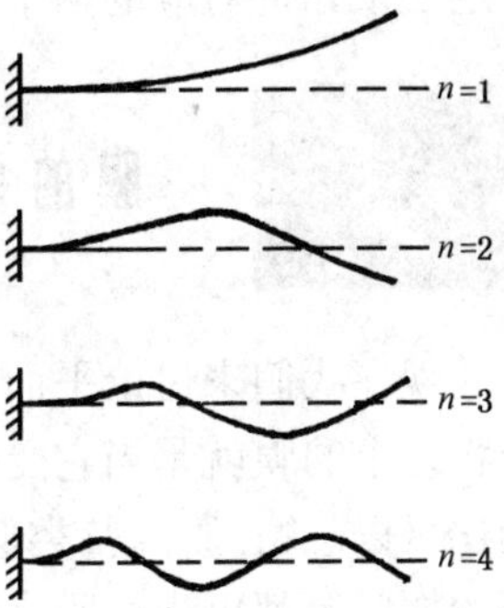

例 2 两端支撑的棒.

设棒在 $x=0$ 与 $x=l$ 两端都被刚性支撑着. 利用边界条件 $(2-2-45)$式可得

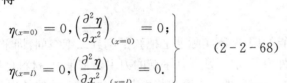

$$\left.\begin{array}{l}\eta_{(x=0)}=0,\left(\dfrac{\partial^2\eta}{\partial x^2}\right)_{(x=0)}=0;\\[2mm]\eta_{(x=l)}=0,\left(\dfrac{\partial^2\eta}{\partial x^2}\right)_{(x=l)}=0.\end{array}\right\} \qquad (2-2-68)$$

图 2-2-9

将$(2-2-57)$式代入就可求得 $A=C=0$,并且有如下关系

$$\left.\begin{array}{l}B\sinh\dfrac{\omega}{\nu}l+D\sin\dfrac{\omega}{\nu}l=0,\\[2mm]B\sinh\dfrac{\omega}{\nu}l-D\sin\dfrac{\omega}{\nu}l=0.\end{array}\right\} \qquad (2-2-69)$$

由此可得非零解的关系为

$$\sinh\frac{\omega}{\nu}l\,\sin\frac{\omega}{\nu}l=0. \qquad (2-2-70)$$

上式中如果 $\sinh\dfrac{\omega}{\nu}l=0$,则$\dfrac{\omega}{\nu}l=0$,即 $\omega=0$ 代入$(2-2-57)$式则得无意义的解. 因此,要使$(2-2-70)$等式成立,必须满足

$$\sin\frac{\omega}{\nu}l=0, \qquad (2-2-71)$$

这就是两端支撑做横振动时的频率方程. 解此正弦函数方程可得

$$\mu_n=\frac{\omega_n}{\nu}l=n\pi,\ (n=1,2,3,\cdots)$$

由此得到简正频率为

$$f_n = n^2 \frac{cK\pi}{2l^2}, \qquad (2-2-72)$$

例如,基频 $f_1 = \frac{cK\pi}{2l^2}$,第 1 次泛频 $f_2 = \frac{2cK\pi}{l^2}$,第 2 次泛频 $f_3 = \frac{9cK\pi}{2l^2}$ 等等. 在两端支撑条件下,泛频是基频的整数倍,并且泛频与基频的比值是 n 的平方.

按照 (2-2-69) 式关系以及当 $\omega > 0$ 时 $\sinh \frac{\omega}{\nu}l > 0$ 的条件,可以求得 $B = 0$,因此得到第 n 次的简正振动方式为

$$\eta_n(t,x) = D_n \sin \frac{\mu_n}{l} x \cos(\omega_n t - \varphi_n), \qquad (2-2-73)$$

分析一下这种状态的振动颇有意思. 例如我们注意一下棒中央位置 $x = \frac{l}{2}$ 的位移振幅,当 n 为奇数时,其振幅达到极大值 D_n,而当 n 为偶数时振幅为零. 这就是说在同一位置,对于这一种振动方式它可以是波腹,而对于另一种振动方式它可以是波节. 当然要完全确定振动情况还必须知道对应的两个常数 D_n 与 φ_n,这就要求知道初始条件,这里就不多加讨论了.

2.3　膜 的 振 动

现在我们来讨论平面膜的振动. 膜实际上是把弦推广到二维空间,即平面坐标情况. 所谓物理上的膜就是当它受外力扰动后,恢复其平衡的力主要是张力,材料自身的劲度同张力相比可以忽略. 膜与弦类似,一定要把它张紧才能引起振动. 鼓上蒙的鼓皮和电容传声器上绷的振膜等都可当作膜来处理.

2.3.1　膜的振动方程

设有一张紧着的平面薄膜,在平衡时膜处于 xy 平面上. 设想在膜上割出一直线,则在直线两边的膜必定要互相牵引,每单位长度直线所受的**牵引力**称为**张力**. 假设张力在整个膜上为常值,记为 T,单位为 N/m(注意这里张力的单位与弦中不同). 当膜受到一个与 xy 面相垂直方向的外力扰动后,膜就发生形变,例如凸起来或凹下去,然后在张力 T 作用下产生垂直方向的横振动. 我们在膜上取一面元 $dxdy$,当该面元发生形变时,在其边缘都要受到相邻元段的张力作用,如图 2-3-1 所示. 我们把此面元看成是长为 dx,宽为 1 个单位的无数根弦元所组成,作用在该弦元上的张力与其切线方向一致,张力 T 与 x 坐标成 α 角,因此在 x 端作用在该弦元上的张力垂直分量为 $T \sin \alpha$,对小振动情形 α 较小,可以取 $\sin \alpha \approx \tan \alpha$. 设 η 为膜上一点离开平衡位置的垂直方向位移,因此就有 $\tan \alpha = T\left(\frac{\partial \eta}{\partial x}\right)_x$. 于是作用在整个 dy 边缘上的垂直方向的

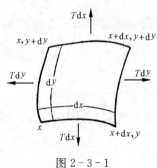

图 2-3-1

力为 $T\left(\dfrac{\partial \eta}{\partial x}\right)_x \mathrm{d}y$，而在 $x+\mathrm{d}x$ 端的垂直方向力应为 $T\left(\dfrac{\partial \eta}{\partial x}\right)_{x+\mathrm{d}x} \mathrm{d}y$，由此得作用在该面元的 x

与 $x+\mathrm{d}x$ 边缘上垂直方向的合力为

$$T\left(\frac{\partial \eta}{\partial x}\right)_{x+\mathrm{d}x} \mathrm{d}y - T\left(\frac{\partial \eta}{\partial x}\right)_x \mathrm{d}y = T\left(\frac{\partial^2 \eta}{\partial x^2}\right)\mathrm{d}x\mathrm{d}y, \qquad (2-3-1)$$

同样可以求得作用在另外两边的垂直合力为

$$T\left(\frac{\partial \eta}{\partial y}\right)_{y+\mathrm{d}y} \mathrm{d}x - T\left(\frac{\partial \eta}{\partial y}\right)_y \mathrm{d}x = T\left(\frac{\partial^2 \eta}{\partial y^2}\right)\mathrm{d}x\mathrm{d}y, \qquad (2-3-2)$$

所以作用在整个面元上的总垂直力为

$$F_z = T\left(\frac{\partial^2 \eta}{\partial x^2} + \frac{\partial^2 \eta}{\partial y^2}\right)\mathrm{d}x\mathrm{d}y. \qquad (2-3-3)$$

设 σ 为单位面积膜的质量，称为面密度，$\sigma\mathrm{d}x\mathrm{d}y$ 为面元的质量，根据牛顿第二定律可写出面元的运动方程

$$T\left(\frac{\partial^2 \eta}{\partial x^2} + \frac{\partial^2 \eta}{\partial y^2}\right)\mathrm{d}x\mathrm{d}y = \sigma\mathrm{d}x\mathrm{d}y\left(\frac{\partial^2 \eta}{\partial t^2}\right),$$

经过整理可得

$$\nabla^2 \eta = \frac{1}{c^2}\frac{\partial^2 \eta}{\partial t^2}, \qquad (2-3-4)$$

式中 $c = \sqrt{\dfrac{T}{\sigma}}$，$\nabla^2 = \dfrac{\partial^2}{\partial x^2} + \dfrac{\partial^2}{\partial y^2}$ 为二维直角坐标的拉普拉斯算符.（2-3-4）式就是膜的振动方程.

2.3.2 圆膜对称振动的一般解

现在来分析一种常见的圆形膜的振动. 这里采用极坐标，如图 2-3-2 所示，r 为离极点的径向距离，称为**极径**，θ 为极径 r 与**极轴**（例如选择 x 轴为极轴）所夹的角，称为**极角**. 极坐标与直角坐标之间的关系为

$$x = r\cos \theta, \quad y = r\sin \theta.$$

在极坐标下拉普拉斯算符可表示为

$$\nabla^2 = \frac{1}{r}\frac{\partial}{\partial r}\left(r\frac{\partial}{\partial r}\right) + \frac{1}{r^2}\frac{\partial^2}{\partial \theta^2}. \qquad (2-3-5)$$

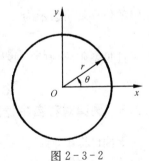

图 2-3-2

于是，在极坐标下膜振动方程可表示成

$$\frac{1}{r}\frac{\partial}{\partial r}\left(r\frac{\partial}{\partial r}\right) + \frac{1}{r^2}\frac{\partial^2}{\partial \theta^2} = \frac{1}{c^2}\frac{\partial^2 \eta}{\partial t^2}. \qquad (2-3-6)$$

在大多数声学问题中有兴趣的是圆对称情形，即圆膜振动时位移与极角 θ 无关，即可以认为位移 η 仅是径向距离 r 的函数，而 $\dfrac{\partial \eta}{\partial \theta} = 0$. 这样方程（2-3-6）可简化为

$$\frac{\partial^2 \eta}{\partial r^2} + \frac{1}{r}\frac{\partial \eta}{\partial r} = \frac{1}{c^2}\frac{\partial^2 \eta}{\partial t^2}, \qquad (2-3-7)$$

此方程也是二阶偏微分方程,仍用分离变量方法求解,令 $\eta(t,r)=R(r)T(t)$. 但是考虑到我们讨论的是属于简谐振动,因而可令其对于时间 t 部分的解为简谐函数,这样可以简化运算. 选用复变数函数形式,即令 $T(t)=\mathrm{e}^{\mathrm{j}\omega t}$,于是把试探解

$$\eta(t,r)=R(r)\mathrm{e}^{\mathrm{j}\omega t} \qquad (2-3-8)$$

代入方程 $(2-3-7)$,可得关于 r 的二阶常微分方程

$$\frac{\mathrm{d}^2 R}{\mathrm{d}r^2}+\frac{1}{r}\frac{\mathrm{d}R}{\mathrm{d}r}+k^2 R=0, \qquad (2-3-9)$$

其中 $k=\dfrac{\omega}{c}$. 我们再施行变量变换,令 $kr=z$,则 $(2-3-9)$ 式就化成

$$\frac{\mathrm{d}^2 R}{\mathrm{d}z^2}+\frac{1}{z}\frac{\mathrm{d}R}{\mathrm{d}z}+R=0, \qquad (2-3-10)$$

这一方程是**零阶柱贝塞尔方程**的标准形式,其有两个特解,一个为 $\mathrm{J}_0(z)$ 称为**零阶柱贝塞尔函数**,另一个为 $\mathrm{N}_0(z)$ 称为**零阶柱诺依曼函数**. 方程的一般解为上述两个函数的线性组合,则

$$R(z)=A\mathrm{J}_0(z)+B\mathrm{N}_0(z), \qquad (2-3-11)$$

考虑到柱诺依曼函数 $\mathrm{N}_0(z)$ 具有一个在零点发散的特性,即当 $z=0$ 时,$\mathrm{N}_0(0)\to\infty$. 而对于一般圆形膜情形,在圆心 $r=0$ 处振动总是有限的,并且这一点是不能回避的(对于环状膜可以回避圆心位置),因此要使 $(2-3-11)$ 的解能描述圆膜的实际振动规律,必须要令常数 $B=0$. 圆心振动为有限这一条件实际上是广义的边界条件,也称"自然"条件. 由此 $(2-3-11)$ 式可简化为

$$R(z)=A\mathrm{J}_0(z), \qquad (2-3-12)$$

而膜的位移就可表示为

$$\eta(t,r)=A\mathrm{J}_0(kr)\mathrm{e}^{\mathrm{j}\omega t}. \qquad (2-3-13)$$

关于柱贝塞尔函数的一些性质和关系在附录中有简要介绍,并列有图表以供读者查阅和使用.

2.3.3 圆膜对称自由振动的一般规律

上面已指出,膜产生振动主要靠张力,即要使膜产生振动一定得把膜张紧,对于圆形膜就得把周界固定. 这就可以定出圆形膜的边界条件为

$$\eta_{(r=a)}=0, \qquad (2-3-14)$$

这里 a 为膜的周界半径. 据 $(2-3-13)$ 式上述条件可归结为

$$\mathrm{J}_0(ka)=0. \qquad (2-3-15)$$

这就是说,圆形膜周界固定的物理条件,数学上就归结为求零解柱贝塞尔函数的根值. 设 $ka=\mu$,据附录中列出的图表可查得,满足 $\mathrm{J}_0(\mu)=0$ 的 μ 值有 n 个,并用 $\mu_n(n=1,2,3,\cdots)$ 表示,而 $\mu_1=2.405,\mu_2=5.520,\mu_3=8.654,\cdots$. 这一结果表明,对于圆形膜的振动 ka 的值不是任意的,而只能取一些特定的数值,用 $k_n a$ 表示,因为 k_n 中包含频率 f_n,这就表示振动频率不是任意的,而只能取一些特定的值. 这种情况在上面讨论弦和棒的振动时已遇到过,可以说是弹性体的一个共性. $(2-3-15)$ 式也可称为周界固定的圆形膜的频率方程. f_n 称为

简正频率,据 $k_n a = \mu_n$ 的关系可得

$$f_n = \mu_n \frac{c}{2\pi a} = \frac{\mu_n}{2\pi a}\sqrt{\frac{T}{\sigma}}, \tag{2-3-16}$$

其中

$$f_1 = \frac{2.405}{2\pi a}\sqrt{\frac{T}{\sigma}} \tag{2-3-17}$$

为基频,由此式可以看到,圆膜振动的基频与半径 a 成反比. 在相同张力和面密度时,膜的半径愈大,相应的基频就愈低,由此发出的声音就愈低沉. 鼓是大家所熟悉的一种乐器,一般来说大的鼓比小的鼓发出的声音低沉. 此外膜的基频也同张力 T 与面密度 σ 有关,膜绷得愈紧,即张力愈大以及膜材料的密度愈小或膜愈薄,即面密度愈小,那么基频就愈高. 圆膜做自由振动时存在一系列简正频率,与这些简正频率对应的简正振动方式为

$$\eta_n(t,r) = A_n \mathrm{J}_0\left(\frac{\mu_n}{a}r\right)\mathrm{e}^{\mathrm{j}\omega t}, \tag{2-3-18}$$

取其实部为

$$\eta_n(t,r) = A'_n \mathrm{J}_0\left(\frac{\mu_n}{a}r\right)\cos(\omega_n t - \varphi_n). \tag{2-3-19}$$

从此式可求圆膜对称振动的节线位置. 令

$$\mathrm{J}_0\left(\frac{\mu_n}{a}r\right) = 0, \tag{2-3-20}$$

解得零阶柱贝塞尔函数的根值,

$$\frac{\mu_n}{a}r = \mu_l \quad (l = 1,2,3,\cdots),$$

其中 $\mu_1 = 2.405, \mu_2 = 5.520, \cdots$. 由此就可求得节线的位置为

$$r_l = \frac{\mu_l}{\mu_n}a. \tag{2-3-21}$$

例如,对于基频振动 $n = 1, \mu_1 = 2.405$,而 $l = 1$,则 $r_1 = a$,即节线仅有一条,并且就在周界 a 处,对于 $n = 2$ 次振动,$\mu_2 = 5.520$,于是 $l = 1, r_1 = \dfrac{2.405}{5.520}a = 0.436a$,而 $l = 2, r_2 = a$,即第二次振动方式有两个节线,一个在半径为 $0.436a$ 处,见图 2-3-3. 这种节线仅同半径 r 有关,形成同心圆,所以也称节圆.

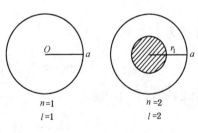

图 2-3-3

2.3.4 圆膜振动的等效集中参数

上面已看到圆膜振动与其他弹性体一样,也是一种分布参数系统,它的振动位移与径向位置有关. 这就是说当圆膜振动时,在同一时刻,不同径向位置的位移是不均匀的. 这一振动特性显然与第 1 章讨论的集中参数系统不同. 然而对于集中参数系统,其处理方法有很多简便之处,这一点在下一章讨论电-力-声类比时会进一步显示出来,因此不少问题常常希望能

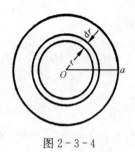

图 2-3-4

将分布参数系统等效成集中参数系统. 下面就来简单地介绍一下"等效"处理方法.

　　所谓等效集中参数, 是指一个分布参数系统的动能和位能与另一与其等效的集中参数系统相等, 此时这一集中参数系统的质量和弹性系数便称为该分布参数系统的**等效参数**. 很明显为了获得等效参数首先必须计算出分布系统的动能或位能. 设在圆膜上取一径向距离为 $(r, r+dr)$ 的一个面元, 如图 2-3-4 所示. 该面元的质量 $2\pi\sigma r dr$, 其第 n 次振动方式的振动动能为

$$dE_{kn} = \frac{1}{2}(2\pi\sigma r\, dr)\left(\frac{d\eta_n}{dt}\right)^2, \tag{2-3-22}$$

对它进行一个周期时间的平均可得

$$\overline{dE_{kn}} = \frac{1}{T}\int_0^T \pi\sigma\left(\frac{d\eta_n}{dt}\right)^2 r\,dr\,dt. \tag{2-3-23}$$

将 (2-3-19) 式代入可算得

$$\overline{dE_{kn}} = \frac{1}{2}\pi\sigma\omega_n^2 A_n'^2 J_0^2\left(\frac{\mu_n}{\alpha}r\right)r\,dr, \tag{2-3-24}$$

因而整个圆膜的第 n 次振动的平均动能就等于

$$\overline{E_{kn}} = \int \overline{dE_{kn}} = \frac{1}{2}\pi\sigma\omega_n^2 A_n'^2 \int J_0^2\left(\frac{\mu_n}{\alpha}r\right)r\,dr, \tag{2-3-25}$$

根据附录中的柱贝塞尔函数关系可得

$$\overline{E_{kn}} = \frac{1}{4}(\pi\alpha^2\sigma)\omega_n^2 A_n'^2 J_1^2(\mu_n), \tag{2-3-26}$$

其中 $J_1(\mu_n)$ 为一阶柱贝塞尔函数.

　　我们假设把膜的振动等效为圆心处有一等效的集中质量 M_{en} 在等效集中弹簧 K_{en} 作用下进行振动, 在 $r=0$ 处的振动位移按 (2-3-19) 式可知为

$$\eta_{n(r=0)} = A_n'\cos(\omega_n t - \varphi_n), \tag{2-3-27}$$

振速为

$$v_{n(r=0)} = \left(\frac{\partial\eta_n}{\partial t}\right)_{(r=0)} = -A_n'\omega_n\sin(\omega_n t - \varphi_n), \tag{2-3-28}$$

于是, 等效平均动能为

$$\overline{E_{kn}} = \frac{1}{T}\int_0^T \frac{M_{en}}{2}\left(\frac{\partial\eta_n}{\partial t}\right)^2_{(r=0)} dt = \frac{1}{4}M_{en}\omega_n^2 A_n'^2, \tag{2-3-29}$$

令 (2-3-26) 与 (2-3-29) 两式相等就得圆膜的等效质量

$$M_{en} = m J_1^2(\mu_n), \tag{2-3-30}$$

其中 $m = \pi\alpha^2\sigma$ 为膜片的实际质量.

　　对于不同的振动方式其等效质量并不相同. 例如

$$M_{e1} = m J_1^2(2.405) = 0.27m;$$
$$M_{e2} = m J_1^2(5.520) = 0.12m.$$

知道了圆膜的等效质量 M_{en},也可求得等效弹簧的等效弹性系数 K_{en}.对于集中参数系统振动的固有频率可表示为 $f_0 = \dfrac{1}{2\pi}\sqrt{\dfrac{K_{m}}{M_{m}}}$,由此可以类比得到等效的弹性系数为

$$K_{en} = \omega_n^2 M_{en} = m\omega_n^2 J_1^2(\mu_n),\qquad(2-3-31)$$

上面是通过对动能的等效来求得等效质量,然后再求等效弹性系数.同样也可以通过对位能的等效来求得等效弹性系数,然后再求等效质量.两种方法应该得到相同的结果,读者可以自习.我们已指出过,将分布参数系统等效成集中参数系统,可以提供不少处理上的方便,这里举一例子就足以说明.

设在圆膜中心附加一集中质量 M_{m} 随圆膜一起振动,现欲求出这一振动系统的基频.如果按照分布系统的处理方法,这就必须定出在圆心处具有附加质量 M_{m} 的"边界"条件,才能将这一附加质量引入到方程的解中去.对这样一个问题的求解就不是很方便的.但是如果利用上面的等效方法,就显得十分简单.设在圆心处等效质量为 M_{e1},等效弹性系数为 K_{e1},现在在该处附加一质量 M_{m},因而等效总质量为 $M_{e1}+M_{m}$,于是利用集中参数系统的固有频率关系立刻可得

$$f_1 = \frac{1}{2\pi}\sqrt{\frac{K_{e1}}{M_{e1}+M_{m}}},$$

由此可见,在圆心处附加质量使系统的固有频率变低,从物理上这是可以理解的.

上面我们是将圆膜振动等效于圆心一点的振动,当然也可等效于另外一些位置,这时等效参数显然将不相同.这就是说,弹性体的等效参数与所取参考位置有关,这一点读者务必注意,以免在处理实际问题时引起差错.

2.3.5 圆膜的强迫振动

假设膜片表面受到一均匀的简谐外力作用,例如电容传声器的振膜受声波的作用.设在膜片表面受到一声压为

$$p = p_a e^{j\omega t}$$

的声波作用,其中 p_a 为声压的振幅(单位为 $\mathrm{N/m^2}$),ω 为声波的圆频率,那么在 $\mathrm{d}x\mathrm{d}y$ 的膜片面元上就受到如下的外力作用

$$F_F = p\mathrm{d}x\mathrm{d}y,$$

现将这一外力附加到(2-3-3)式中去,就可得到圆膜的强迫振动方程

$$\nabla_r^2 \eta - \frac{1}{c^2}\frac{\partial^2 \eta}{\partial t^2} = \frac{-p}{c^2\sigma},\qquad(2-3-32)$$

其中

$$\nabla_r^2 = \frac{\partial^2}{\partial r^2} + \frac{1}{r}\frac{\partial}{\partial r}.\qquad(2-3-33)$$

令解为

$$\eta(t,r) = R(r)e^{j\omega t},\qquad(2-3-34)$$

代入方程(2-3-32)式可得对于径向变量 r 的方程为

$$\nabla_r^2 R + k^2 R = -\frac{p_a}{T}. \tag{2-3-35}$$

这是一个二阶非齐次常微分方程,它的一般解应由两部分组成,一是该方程的一个特解 R_1,另一是对应的齐次方程的通解 R_2. 后一解在以前已遇到过,现在的任务就是去找该方程的一个特解. 观察方程(2-3-35)可以发现,如果取 R_1 为一常数,它是可以满足此方程的,因此可得特解为

$$R_1(r) = -\frac{p_a}{k^2 T},$$

因此方程(2-3-35)的一般解就可表示成

$$R_1(r) = A J_0(kr) - \frac{p_a}{k^2 T}. \tag{2-3-36}$$

将此式代入(2-3-34)式可得圆膜强迫振动的位移表示式

$$\eta(t,r) = \left[A J_0(kr) - \frac{p_a}{k^2 T} \right] e^{j\omega t}, \tag{2-3-37}$$

利用边界条件,在 $r = a$ 处应有 $\eta_{(r=a)} = 0$,代入上式便可定得

$$A = \frac{p_a}{k^2 T} \left[\frac{1}{J_0(ka)} \right],$$

由此得

$$\eta(t,r) = \eta_a e^{j\omega t}, \tag{2-3-38}$$

其中

$$\eta_a = \frac{p_a}{k^2 T} \left[\frac{J_0(kr)}{J_0(ka)} - 1 \right], \tag{2-3-39}$$

是位移的振幅. 此式表明,当膜进行强迫振动时,它的位移振幅也与径向位置有关. 实际常需要对其取位置的平均

$$\overline{\eta}_a = \frac{1}{\pi a^2} \int_0^a 2\pi \eta_a r dr = \frac{2\pi}{\pi a^2} \int_0^a \frac{p_a}{k^2 T} \left[\frac{J_0(kr)}{J_0(ka)} - 1 \right] r dr$$

$$= \frac{p_a}{k^2 T} \cdot \frac{J_2(ka)}{J_0(ka)}, \tag{2-3-40}$$

其中 $J_2(ka)$ 为二阶柱贝塞尔函数. 从此式看出,平均位移振幅是强迫力频率的复杂函数. 当 $ka = \mu_n$ 时($\mu_1 = 2.405, \mu_2 = 5.520, \cdots$ 是零阶柱贝塞尔函数的一系列根植),$J_0(\mu_n) = 0$,于是 $\overline{\eta}_a \to \infty$,位移达到无限大(实际上因为总存在着阻尼,振幅只能达到有限的极大值),表示系统发生共振. 从以上结果可以求得共振频率为 $f_m = \mu_n \dfrac{c}{2\pi a}$,将它与(2-3-16)式比较可知圆膜的共振频率等于其简正频率.

仔细观察(2-3-40)式还可发现,对于圆膜振动还存在平均位移为零的一些频率,称为反共振频率. 令 $J_2(ka) = 0$,从中求得二阶柱贝塞尔函数的一系列根值 μ_{2n}($\mu_{21} = 5.136$, $\mu_{22} = 8.417, \cdots$),由此得到反共振的频率为 $f_{an} = \mu_{2n} \dfrac{c}{2\pi a}$. 值得注意的是,第一个反共振频

率 f_{a1} 与第二个共振频率 f_{r2} 是靠得十分近的.

当频率较低,即满足 $ka < 0.5$ 时,我们可取近似

$$\frac{\mathrm{J}_2(ka)}{\mathrm{J}_0(ka)} \approx \frac{\dfrac{(ka)^2}{8}\left[1 - \dfrac{(ka)^2}{12}\right]}{1 - \dfrac{(ka)^2}{4}} \approx \frac{(ka)^2}{8}\left[1 + \frac{(ka)^2}{6}\right] \approx \frac{(ka)^2}{8},$$

因此可得近似式

$$\bar{\eta}_a \approx \frac{p_a a^2}{8T}. \tag{2-3-41}$$

从此式看到,如果强迫力频率足够低以致满足 $ka < 0.5$ 时,膜的平均位移振幅近似与频率无关. 因为圆模的第一共振频率由 $\mu_{01} = 2.405$ 所决定,所以这里的低频条件必然满足 $ka < 0.5 < \mu_{01}$,即 $ka \ll \mu_{01}$,由此可以决定膜的平均位移振幅与频率无关的区域,其频率应该满足

$$f \ll f_{r1} = \frac{2.405}{2\pi a}\sqrt{\frac{T}{\sigma}}. \tag{2-3-42}$$

这相当于质点振动系统中的弹性控制区,由此可见,如果要使测试用电容传声器的膜片,在对频率恒定的声压振幅作用下,其平均位移振幅与频率无关,则必须使膜片工作在上述的弹性控制区,此结论与第 1 章质点振动学所得的结论是一致的.

从(2-3-42)式可知,决定弹性控制区界限的第一共振频率 f_{r1} 与膜片半径 a 成反比,与张力 T 的平方根成正比,与面密度 σ 平方根成反比. 例如要扩大弹性控制区的频率范围,就得提高 f_{r1},这就要求减小膜片的半径 a,或把膜片绷得更紧,即增大 T,或使膜片减薄,即减小 σ(材料密度变小也可使 σ 减小),然而(2-3-41)式将指出,半径 a 小,张力 T 大,则在同样声压振幅 p_a 作用下,位移振幅就小,也即传声器的灵敏度变低. 这也是一对矛盾现象,即传声器的工作频带宽度与灵敏度的矛盾. 在具体设计传声器的振膜时,应该根据对传声器的使用要求,予以统筹兼顾. 下面的例题希望有助于读者了解有关圆膜振动方面的一些数量概念.

例 设有一外径为 24 mm 的测试用电容传声器,其振动膜片的有效直径为 $2a = 2 \times 10^{-2}$ m,膜片由镍做成,厚为 $h = 10^{-5}$ m. 假定膜片能承受的最大张应力,即单位横截面上能承受的最大力为 $P = 4 \times 10^8$ N/m^2,已知镍的密度为 $\rho = 8\,800$ kg/m^3. 试问:(1)镍膜的最大张力 T 为多少?(2)如果以这一张力绷紧膜片,那么膜片的基频为多少?(3)若有一频率为 $f = 200$ Hz,声压振幅为 $p_a = 1$ Pa 的声波作用,圆膜中心处产生的位移振幅为多少?(4)在同样的声波作用下,圆膜的平均位移振幅为多少?

解 (1)因为镍膜材料能承受最大应力为 P,而膜厚为 h,所以圆膜的最大张力应是
$$T = Ph = 4 \times 10^8 \times 10^{-5} = 4 \times 10^3 \ (\text{N/m}).$$

(2)据公式(2-3-17),膜片的基频为

$$f_1 = \frac{2.405}{2\pi a}\sqrt{\frac{T}{\sigma}},$$

面密度为 $\sigma = \rho h = 8.8 \times 10^{-2}$ kg/m^3,于是计算得

$$f_1 = \frac{2.405}{2\pi \times 10^{-2}} \sqrt{\frac{4 \times 10^3}{8.8 \times 10^{-2}}} = 8\ 146\ (\text{Hz}).$$

（3）据公式（2-3-39）圆膜的振幅为

$$\eta_a = \frac{p_a}{k^2 T} \left[\frac{J_0(kr)}{J_0(ka)} - 1 \right].$$

因为

$$c = \sqrt{\frac{T}{\sigma}} = \sqrt{\frac{4 \times 10^3}{8.8 \times 10^{-2}}} = 213\ (\text{m/s}),$$

而当 $f = 200\ \text{Hz}$ 时

$$ka = \frac{2\pi \times 200 \times 10^{-2}}{213} = 0.059 \ll 1.$$

在此条件下可以利用近似

$$J_0(ka) \approx 1 - \left(\frac{ka}{2}\right)^2,$$

于是可得位移振幅的近似式

$$\eta_a \approx \frac{p_a}{k^2 T} \left[\frac{k^2}{4} (a^2 - r^2) \right] = \frac{p_a}{4T} (a^2 - r^2),$$

在 $r = 0$ 位置可得

$$(\eta_a)_{(r=0)} \approx \frac{p_a a^2}{4T} = \frac{1 \times 10^{-4}}{4 \times 4 \times 10^3} = 6.26 \times 10^{-9}\ (\text{m}).$$

（4）在 $ka < 0.5$ 条件下可以利用（2-3-41）式计算得

$$\bar{\eta}_a \approx \frac{p_a a^2}{8T} = \frac{1 \times 10^{-4}}{8 \times 4 \times 10^3} = 3.13 \times 10^{-9}\ (\text{m}).$$

由计算可见，电容传声器振膜的位移通常是相当微小的.

2.3.6 媒质对膜振动的影响

到目前为止，我们所讨论的膜振动（包括前面的弦、棒等振动）都没有涉及周围媒质对它的影响，好像这些振动物体是处于真空之中的. 如果膜是处于空气等实际媒质中，膜的振动会带动媒质振动，从而将膜的振动能转换成声能向周围辐射出去. 这时对膜来说，相当于受到媒质对它产生的阻尼作用. 此外，如果像通常的鼓或者电容传声器那样，膜是蒙在一背腔上，如图 1-4-5 所示，那么这些背腔中的空气犹如一空气弹簧对膜也会产生反作用. 凡此种种说明，一般涉及声学问题，媒质对膜等振动的影响是不能轻易忽视的. 这里让我们以膜振动为例，对这种影响的处理作一简单介绍.

一般可以将媒质对膜的反作用力直接计入到方程（2-3-32）中去，例如设媒质的单位面积阻力系数为 R，而将阻力项 $-\frac{R}{c^2 \sigma} \frac{\partial \eta}{\partial t}$ 直接加入到方程（2-3-32）的等式右端即可. 并且读者不难发现，计及阻力项后的该方程的解，形式上同样可以用（2-3-37）式来表示，只是现在应将 $\bar{k} = k - j \dfrac{R\omega}{c^2 \sigma}$ 来替代该式中的 k. 然而这样解的形式看上去简单，物理上却不能给出较直观的图像. 为了揭示这种媒质影响的基本规律, 我们就来作些简化处理. 我们假定媒质的声波传播速度远大于膜中横振动传播速度或声波波长比振动膜的尺寸大很多(这些条件在实际声学问题中是经常会遇到的). 这样, 媒质对膜的反作用可以看成对整个面上是近似均匀的, 并且与其平均位移有关. 因此当计及媒质对膜反作用时, 膜振动方程(2-3-32)可以改为如下形式:

$$\nabla_r^2 \eta - \frac{1}{c^2}\frac{\partial^2 \eta}{\partial t^2} = -\left(\frac{Z}{\sigma c^2}\frac{\partial \bar{\eta}}{\partial t} + \frac{p}{\sigma c^2}\right). \tag{2-3-43}$$

为了一般起见, 这里我们引入单位面积力阻抗 $Z = R + jX$. 与§1.4.2中讨论类似, 这里 R 代表单位面积力阻, 它可以由摩擦阻与辐射阻所贡献, X 代表单位面积力抗, 一般可以由质量抗和弹性抗组成. 式中 $\bar{\eta}$ 代表膜振动位移对整个面的平均, 它可表示成

$$\bar{\eta} = \frac{1}{\pi a^2}\int_0^a 2\pi r \eta \, \mathrm{d}r. \tag{2-3-44}$$

对于稳态振动, 方程(2-3-43)可以不难找到一试探解, 当然它必须是 $r=a$ 处满足 $\eta=0$ 的边界条件, 这一解可以表示为

$$\eta = A[\mathrm{J}_0(kr) - \mathrm{J}_0(ka)]\mathrm{e}^{j\omega t}, \tag{2-3-45}$$

将此解代入方程(2-3-43), 并计及(2-3-44)式就可确定常数 A 为:

$$A = \frac{p_a/(k^2 T)}{\mathrm{J}_0(ka) + j\dfrac{Z\omega}{k^2 T}\mathrm{J}_2(ka)}, \tag{2-3-46}$$

或者

$$A = \frac{p_a/(k^2 T)}{\mathrm{J}_0(ka) - \dfrac{Z\omega}{k^2 T}\mathrm{J}_2(ka) + j\dfrac{R\omega}{k^2 T}\mathrm{J}_2(ka)}. \tag{2-3-47}$$

如果力阻比较小, 膜振动处于共振状态时的频率可由如下频率方程

$$\mathrm{J}_0(ka) = \beta \mathrm{J}_2(ka) \tag{2-3-48}$$

来近似确定, 这里 $\beta = \dfrac{\omega}{k^2 T}X$. 如果 $X=0$, 则 $\beta=0$. (2-3-48)式就退化到§2.3.5中对无阻尼膜振动的结果, 即 $\mu = ka = \mu_n$, $\mu_1 = 2.40$ 等等, 而其最低一个共振频率, 也是膜的自由振动的最低一个固有频率为 $f_1 = 2.4\dfrac{C}{2\pi a}$. 如果力抗不为零, 则从(2-3-48)式可知, 共振频率将会在原有值附近发生偏移. 由于力抗 X 可由弹性抗和质量抗组成, 而前者为负值, 后者为正值. 因而不同的力抗性质对共振频率偏移的趋向也不同. 为了能简单地描述这种偏移的趋向. 我们假定力抗很小, 以致 β 很小, 因而可以取(2-3-48)等式的右边近似为原值, 即 $\beta \mathrm{J}_2(\mu) \simeq \beta \mathrm{J}_2(\mu_n)$, 而其左边为 $\mathrm{J}_0(\mu_n + \mathrm{d}\mu_n) = \mathrm{J}_0(\mu_n) + \dfrac{\mathrm{d}\mathrm{J}_0(\mu)}{\mathrm{d}\mu}\Big|_{\mu_n}\mathrm{d}\mu_n$, 因为 $\mathrm{J}_0(\mu_n) = 0$, 所以可得 $\mathrm{d}\mu_n = -\beta\dfrac{\mathrm{J}_2(\mu_n)}{\mathrm{J}_1(\mu_n)}$. 例如对于 $\mu_n = \mu_1 = 2.4$, 则有 $\mathrm{d}\mu_1 = -0.83\beta$. 而对于不同 μ_n 值, 其

所对应的 $\dfrac{J_2(\mu_n)}{J_1(\mu_n)}$ 比值都为正值. 因此如果力抗主要表现为弹性抗, β 为负, 则 $\mathrm{d}\mu_n$ 为正, 即共振频率增高; 反之如果表现为质量抗, β 为正, 则 $\mathrm{d}\mu_n$ 为负, 即共振频率降低. 例如一般电容传声器膜片背面的腔体的存在会使膜片的共振峰向高频偏移.

2.3.7　圆膜振动的非对称振动

上面所讨论的圆膜的振动都假设是圆对称的, 即振动只与径向距离 r 有关而与极角 θ 无关, 然而在实际声学问题中也会常常遇到非圆对称的振动情况. 例如, 用槌击鼓, 就不可能使鼓膜振动维持圆对称状态. 扬声器纸盆的振动也因为激励力不可能保持严格的对称作用方式, 而导致非对称振动模式的产生等等. 这一节我们对非圆对称振动作一简单介绍, 希望对要求在这方面作更深入学习和研究的读者有所帮助.

如果对振动不作圆对称的假设, 则圆膜振动方程应该采用 $(2-3-6)$ 式的一般形式. 假定振动还是取简谐方式, 即可设其试探解为 $\eta(r,\theta,t)=\eta_a(r,\theta)\mathrm{e}^{j\omega t}=R(r)H(\theta)\mathrm{e}^{j\omega t}$, 那么从 $(2-3-6)$ 式便可得到如下两个方程

$$\left.\begin{aligned}\frac{\mathrm{d}^2 R}{\mathrm{d}r^2}+\frac{1}{r}\frac{\mathrm{d}R}{\mathrm{d}r}+\left(k^2-\frac{m^2}{r^2}\right)R=0,\\[2mm]\frac{\mathrm{d}^2 H}{\mathrm{d}\theta^2}+m^2 H=0.\end{aligned}\right\} \qquad (2-3-49)$$

这里 m^2 是由分离变量而引入的常数.

$(2-3-49)$ 式的第一个方程是 m 阶的柱贝塞尔方程, 它的解由 m 阶的柱贝塞尔函数 $J_m(kr)$ 和柱诺依曼函数 $N_m(kr)$ 组成. 而第二个方程的解熟知为正弦函数 $\sin m\theta$ 和余弦函数 $\cos m\theta$ 所组成, 并且因为它们在 θ 与 $2\pi+\theta$ 处应是同一值, 所以 m 必须为正整数, 即 $m=1$, $2,3,\cdots$. 对于圆膜, 与对称振动类似, 考虑到 $r=0$ 处, m 阶柱诺依曼函数趋向无限的自然条件, 所以 $(2-3-6)$ 式的解可表示成

$$\eta_{am}(r,\theta)=J_m(kr)(C_m\cos m\theta+D_m\sin m\theta), \qquad (2-3-50)$$

或者通过 $A_m=\sqrt{C_m^2+D_m^2}$ 与 $\varphi_m=\arctan D_m/C_m$, 将 $(2-3-50)$ 式表示成

$$\eta_{am}(r,\theta)=A_m J_m(kr)\cos(m\theta-\varphi_m). \qquad (2-3-51)$$

如果考虑是圆周固定的膜, 即应满足当 $r=a$ 时, $\eta_{am}=0$ 的条件, 则如下关系应满足:

$$J_m(ka)=0 \text{ 或 } \cos(m\theta-\varphi_m)=0. \qquad (2-3-52)$$

上式中第一式代表一般圆膜振动的频率方程. $m=0$ 代表的是圆对称振动的频率方程, 而 $m>0$ 则代表的是非圆对称振动的频率方程. 显然对应不同的 m 值, 有不同的柱贝塞尔函数根值, 即 $ka=k_{mn}a=\mu_{mn}$. 表 $2-3-1$ 列出 m 阶柱贝塞尔函数的一些根值.

表 2-3-1　$J_m(\mu)=0$ 的根值 μ_{mn}

m \ n	0	1	2	3
1	2.405	3.832	5.135	6.379
2	5.520	7.016	8.417	9.760
3	8.654	10.173	11.620	13.017

因为有 $k_{mn}a = \mu_{mn}$,即 $\omega_{mn} = \mu_{mn}\dfrac{c}{a}$,所以不同的根值 μ_{mn} 对应着不同的膜振动固有频率及其振动模式. 我们已知道与 $m=0$ 对应的振动模式都是圆对称的,其振动的节线位置仅与径向距离有关(如图 2-3-3),而与极角 θ 无关. 然而对于 $m>0$ 的非对称情况,振动的节线位置不仅与径向距离有关,它可由 $J_m(k_{mn}r) = 0$ 来确定,还与极角有关,它可由 $\cos(m\theta - \varphi_m)$ 来确定. 因为 θ 角的参考坐标可以任选的,为了简单起见,我们可以取初相位 $\varphi_m = 0$,因而与极角 θ 有关的节线位置,或称为节径可由 $\cos m\theta = 0$ 来确定,图 2-3-5 表示了若干 $m>0$ 的振动模式的示意图,实线代表节线位置. m 确定了节径数,而 n 确定了节圆数. 图中带斜线部分表示与白底部分振动相位相反,如前者表示振动位移向上状态,则后者该时刻正处于位移向下状态.

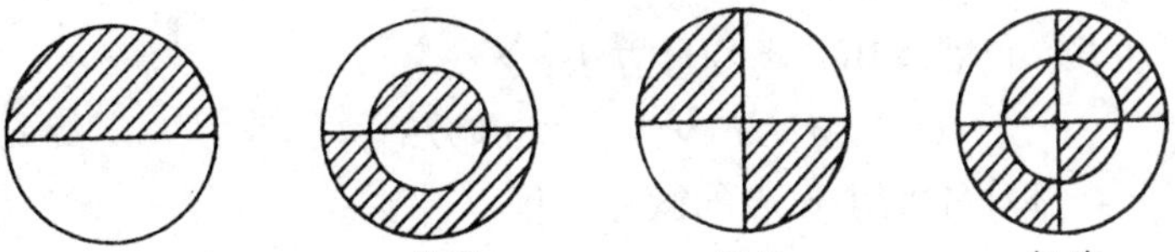

(1, 1)　　　　(1, 2)　　　　(2, 1)　　　　(2, 2)

图 2-3-5

2.4 板的振动

板与膜在物理上的区别同棒与弦类似. 板恢复其平衡的力主要由自身的劲度产生,而膜主要靠张力. 膜是弦在二维空间的推广,而板则为棒在二维空间的推广. 但是板弯曲时会产生更为复杂类型的弹性应力而引起复杂的应变,例如板在横向受压缩时,它在纵向却会伸长. 单位长度的横向压缩与纵向伸长之比称为**泊松比**,常用 σ 表示(在 §2.2.1 中已提到). 对于若干种固体的泊松比数值列于附录的表中. 板中泊松比的存在使得板的杨氏模量发生 E 到 $\dfrac{E}{1-\sigma^2}$ 的等效变化. 板的振动在声学中也是常见的. 例如,电磁式耳机的振动系统就是一块金属板;用压电材料做成的电声器件,其压电换能振子本身就可以看成一块板状结构.

2.4.1 板的振动方程

我们所要研究的还是"薄"的平板,并且主要分析其做横振动的情形. 所谓薄,指的是板的厚度相对于板表面尺寸较小,并且与板材料中相应的波长相比也小得多. 由于板很薄,所以可以认为板沿厚度方向的应力为常数,即板的内应力仅是平面坐标的函数,但仍可以近似地看作在中心面内所有质点都进行垂直方向的振动,所以可用中心面的位移来代表板的位移,而其位移 η 只是平面坐标与时间的函数. 这样一来,虽然板是有一定厚度的,但其振动问题就简化为平面问题了. 板的振动方程推导要涉及许多弹性力学方面的知识,而且推导极为繁琐,本书不准备为之花费篇幅. 关于这方面的详细推导,读者可在不少关于"弹性力学"的专著中找到. 如果我们粗略考虑杨氏模量等效地变为 $\dfrac{E}{1-\sigma^2}$, 而把一维的棒推广到二维的板的振动, 就可简便地(非严格的)得到板的振动方程

$$\frac{EK^2}{\rho(1-\sigma^2)} \nabla^4 \eta + \frac{\partial^2 \eta}{\partial t^2} = 0, \tag{2-4-1}$$

式中 $\eta(t, x, y)$ 代表板中心面上任何一点在垂直方向的位移.

$$\nabla^4 = \left(\frac{\partial^2}{\partial x^2} + \frac{\partial^2}{\partial y^2}\right)^2 = \left(\frac{\partial^4}{\partial x^4} + 2\frac{\partial^2}{\partial x^2}\frac{\partial^2}{\partial y^2} + \frac{\partial^4}{\partial y^4}\right),$$

是直角坐标系的一种算符, 式中其他量在讨论棒的横振动时都已遇到过. 对于均匀厚度的平板, 其截面回转半径 $K = \dfrac{h}{\sqrt{12}}$, h 为板的厚度.

　　求解这一振动方程仍然采用分离变量方法, 令

$$\eta(t, x, y) = \eta_a(x, y) e^{j\omega t}, \tag{2-4-2}$$

将此代入方程(2-4-1), 可得对于 η_a 的微分方程

$$\nabla^4 \eta_a = k^4 \eta_a, \tag{2-4-3}$$

或写成

$$(\nabla^4 - k^4)\eta_a = 0, \tag{2-4-4}$$

其中

$$k^4 = \frac{\omega^2 \rho(1-\sigma^2)}{K^2 E}. \tag{2-4-5}$$

进一步我们将算符$(\nabla^4 - k^4)$用代数因式分解方法, 分解成$(\nabla^2 + k^2)(\nabla^2 - k^2)$, 于是方程(2-4-4)又可写成

$$(\nabla^2 + k^2)(\nabla^2 - k^2)\eta_a = 0, \tag{2-4-6}$$

这种形式的方程表明, 它的解 η_a 可以用方程

$$(\nabla^2 + k^2)\eta_a^{\mathrm{I}} = 0, \tag{2-4-7}$$

以及

$$(\nabla^2 - k^2)\eta_a^{\mathrm{II}} = 0, \tag{2-4-8}$$

来求得. 而方程(2-4-6)的一般解应该是 η_a^{I} 与 η_a^{II} 的线性组合.

2.4.2　周界钳定圆形板对称振动的一般规律

　　我们讨论的是圆形板, 因此要采用极坐标系, 考虑到极轴对称, 上面两个方程(2-4-7)与(2-4-8)可改写成

$$\left(\frac{\mathrm{d}^2}{\mathrm{d}r^2} + \frac{1}{r}\frac{\mathrm{d}}{\mathrm{d}r} + k^2\right)\eta_a^{\mathrm{I}} = 0, \tag{2-4-9}$$

与

$$\left(\frac{\mathrm{d}^2}{\mathrm{d}r^2} + \frac{1}{r}\frac{\mathrm{d}}{\mathrm{d}r} - k^2\right)\eta_a^{\mathrm{II}} = 0, \tag{2-4-10}$$

方程(2-4-9)与圆膜方程(2-3-9)形式完全相同, 因而可以写出其解的形式为

$$\eta_a^{\mathrm{I}} = A_{\mathrm{I}} \mathrm{J}_0(kr). \tag{2-4-11}$$

对于方程(2-4-10)，我们设 $jk = k'$，将它变换成

$$\left(\frac{\mathrm{d}^2}{\mathrm{d}r^2} + \frac{1}{r}\frac{\mathrm{d}}{\mathrm{d}r} + k'^2 \right) \eta_a^{\mathrm{II}} = 0, \tag{2-4-12}$$

经此变换后，此方程的形式已与方程(2-4-9)相同，因此可类似地获得其解为

$$\eta_a^{\mathrm{II}} = A_{\mathrm{II}} \mathrm{J}_0(jkr) = A_{\mathrm{II}} \mathrm{I}_0(kr), \tag{2-4-13}$$

式中 $\mathrm{I}_0(kr)$ 称为**零阶虚宗量柱贝塞尔函数**. 这一函数的主要性质及其数值表可见本书附录. 显然零阶虚宗量柱贝塞尔函数可以将零阶柱贝塞尔函数中的宗量 x 以 jx 置换而得到.

(2-4-11)式与(2-4-13)式为方程(2-4-6)的两个特解，因而其一般解可表示成

$$\eta_a = A\mathrm{J}_0(kr) + B\mathrm{I}_0(kr). \tag{2-4-14}$$

对于板，其边界条件与棒的横振动类似，可以有几种典型方式. 例如钳定、支撑、自由等. 这里我们仅讨论一种最简单的边界——周界钳定. 在周界钳定时，可以写出边界条件为

$$\left. \begin{array}{l} (\eta_a)_{(r=a)} = 0; \\ \left(\dfrac{\partial \eta_a}{\partial r} \right)_{(r=a)} = 0. \end{array} \right\} \tag{2-4-15}$$

将此条件用于(2-4-14)式，再考虑一些柱函数的关系，就可得到

$$\left. \begin{array}{l} A\mathrm{J}_0(ka) + B\mathrm{I}_0(ka) = 0, \\ -A\mathrm{J}_1(ka) + B\mathrm{I}_1(ka) = 0, \end{array} \right\} \tag{2-4-16}$$

式中 $\mathrm{I}_1(ka)$ 为一阶虚宗量柱贝塞尔函数. 因为上式中常数 A 与 B 不能同时为零，所以其系数行列式应等于零，即

$$\begin{vmatrix} \mathrm{J}_0(ka) & \mathrm{I}_0(ka) \\ -\mathrm{J}_1(ka) & \mathrm{I}_1(ka) \end{vmatrix}$$
$$= \mathrm{J}_0(ka)\mathrm{I}_1(ka) + \mathrm{I}_0(ka)\mathrm{J}_1(ka) = 0. \tag{2-4-17}$$

根据附录中列出的柱函数的值，可以用图解法求得频率方程(2-4-17)的一些根值，设 $ka = \mu$，则可得 $k_n a = \mu_n$，而 $\mu_1 = 3.20$，$\mu_2 = 6.30$，$\mu_3 = 9.44$，…. 当 $n > 3$ 时可用近似式表示 $\mu_n = n\pi$. 从(2-4-5)式可得板振动的简正频率

$$f_n = \frac{\mu_n^2 h}{4\pi a^2} \sqrt{\frac{E}{3\rho(1-\sigma^2)}}, \tag{2-4-18}$$

其基频为

$$f_1 = \frac{(3.20)^2 h}{4\pi a^2} \sqrt{\frac{E}{3\rho(1-\sigma^2)}} = 0.467 \frac{h}{a^2} \sqrt{\frac{E}{\rho(1-\sigma^2)}}, \tag{2-4-19}$$

泛频为 $f_2 = \left(\dfrac{6.30}{3.20} \right)^2 f_1 = 3.91 f_1$，$f_3 = 8.75 f_1$ 等等. 例如，有一电磁式耳机，其振动板是由厚为 $h = 2 \times 10^{-4}$ m 的薄圆钢片做成，已知其杨氏模量 $E = 19.5 \times 10^{10}$ N/m^2，密度 $\rho = 7\,700$ kg/m^3，泊松比 $\sigma = 0.28$，钢片的钳定直径为 4×10^{-2} m，则据(2-4-19)式可以求得此振动板的基频 $f_1 = 1\,233$ Hz.

对应于各简正频率的振动位移可表示成

$$\eta_n = \left[A_n J_0\left(\frac{\mu_n}{\alpha}r\right) + B_n I_0\left(\frac{\mu_n}{\alpha}r\right) \right] e^{j\omega_n t}. \qquad (2-4-20)$$

对于基频有

$$\eta_1 = \left[A_1 J_0\left(\frac{3.20}{a}r\right) + B_1 I_0\left(\frac{3.20}{a}r\right) \right] e^{j2\pi f_1 t}. \qquad (2-4-21)$$

据(2-4-16)式有如下关系

$$B_1 = -A_1 \frac{J_0(3.20)}{I_0(3.20)} = 0.055\,5A_1,$$

代入上式可得

$$\eta_1 = A_1\left[J_0\left(\frac{3.20}{a}r\right) - 0.055\,5 I_0\left(\frac{3.20}{a}r\right) \right] e^{j2\pi f_1 t}. \qquad (2-4-22)$$

2.4.3　圆板振动的等效集中参数

处理方法与圆膜类似. 取圆板上 $(r, r+dr)$ 的一个面元,该面元的质量为 $2\pi h\rho r dr$,其第 n 次振动方式的平均振动动能为

$$\overline{dE_{kn}} = \frac{1}{T}\int_0^T \frac{1}{2}(2\pi h\rho r dr)(\frac{d\eta_n}{dt})^2 dt = \frac{\pi}{2}\omega_n^2 h\rho \eta_n^2 r dr, \qquad (2-4-23)$$

因而整个圆板的平均动能为

$$\overline{E_{kn}} = \int \overline{dE_{kn}} = \frac{\pi}{2}\omega_n^2 h\rho\left[\int_0^a A_n^2 J_0^2\left(\frac{\mu_n}{a}r\right)r dr + \int_0^a B_n^2 I_0^2\left(\frac{\mu_n}{a}r\right)r dr \right.$$

$$\left. + \int_0^a 2A_n B_n J_0\left(\frac{\mu_n}{a}r\right)I_0\left(\frac{\mu_n}{a}r\right)r dr \right]. \qquad (2-4-24)$$

根据附录中的柱函数关系可得第一个积分为

$$\int_0^a J_0^2\left(\frac{\mu_n}{a}r\right)r dr = \frac{a^2}{2}\left[J_0^2(\mu_n) + J_1^2(\mu_n)\right];$$

第二个积分为

$$\int_0^a I_0^2\left(\frac{\mu_n}{\alpha}r\right)r dr = \frac{a^2}{2}\left[I_0^2(\mu_n) + I_1^2(\mu_n)\right];$$

第三个积分为

$$\int_0^a J_0\left(\frac{\mu_n}{a}r\right)I_0\left(\frac{\mu_n}{a}r\right)r dr = \int_0^a J_0\left(\frac{\mu_n}{a}r\right)J_0\left(j\frac{\mu_n}{a}r\right)r dr.$$

设 $\alpha = \frac{\mu_n}{a}, \beta = j\frac{\mu_n}{a}$,代入上一积分,可化为

$$\int_0^a J_0(\alpha r)J_0(\beta r)r dr = \frac{r}{\alpha^2 - \beta^2}\left[-\beta J_0(\alpha r)J_1(\beta r) + \alpha J_0(\beta r)J_1(\alpha r)\right]_0^a$$

$$= \frac{a^2}{2\mu_n}\left[J_0(\mu_n)I_1(\mu_n) + I_0(\mu_n)J_0(\mu_n)\right] = 0,$$

将这些积分结果代入(2-4-24)式,再利用(2-4-16)与(2-4-17)式可得

$$\overline{E}_{kn} = \frac{\pi a^2}{4} \omega_n^2 h \rho A_n^2 \left\{ J_0^2(\mu_n) + J_1^2(\mu_n) + \frac{J_0^2(\mu_n)}{I_0^2(\mu_n)} [I_0^2(\mu_n) - I_1^2(\mu_n)] \right\}$$

$$= \frac{\pi a^2}{2} \omega_n^2 h \rho A_n^2 [J_0^2(\mu_n)], \tag{2-4-25}$$

在 $r=0$ 处的振动位移按 $(2-4-20)$ 式可知为

$$\eta_{n(r=0)} = (A_n + B_n) e^{j\omega_n t} = A_n \left[1 - \frac{J_0(\mu_n)}{I_0(\mu_n)} \right] e^{j\omega_n t}, \tag{2-4-26}$$

而振速为

$$v_{n(r=0)} = j\omega_n A_n \left[1 - \frac{J_0(\mu_n)}{I_0(\mu_n)} \right] e^{j\omega_n t}. \tag{2-4-27}$$

设在圆心处有一等效质量 M_{en} 在进行振动,其平均动能为

$$\overline{E}'_{kn} = \frac{1}{4} M_{en} \omega_n^2 A_n^2 \left[1 - \frac{J_0(\mu_n)}{I_0(\mu_n)} \right]^2, \tag{2-4-28}$$

令 $(2-4-25)$ 与 $(2-4-28)$ 两式相等,可求得等效质量

$$M_{en} = \frac{[2J_0^2(\mu_n)]}{\left[1 - \dfrac{J_0(\mu_n)}{I_0(\mu_n)} \right]^2} \times m \approx [2J_0^2(\mu_n)]m, \tag{2-4-29}$$

其中 $m = \pi a^2 h \rho$ 为圆板的实际质量. 对于基频 $M_{e1} \approx 0.20m$.

习 题 2

2-1 有一质量为 $0.001\,\mathrm{kg}$,长为 $1\,\mathrm{m}$ 的细弦以 $1\,\mathrm{N}$ 的张力张紧. 试问:

(1) 当弦做自由振动时其基频为多少?

(2) 设弦中点位置基频的位移振幅是 $0.01\,\mathrm{m}$,求基频振动的总能量;

(3) 距细弦一端的 $0.25\,\mathrm{m}$ 处的速度振幅为多少?

2-2 长为 l 的弦两端固定,在距一端为 x_0 处拉开弦以产生 η_0 的静位移,然后释放.

(1) 求解弦的振动位移;

(2) 以 $x_0 = l/3$ 为例,比较前三个振动方式的能量.

2-3 长为 l 的弦两端固定,在初始时刻以速度 v_0 敲击弦的中点,试求解弦的振动位移.

2-4 试证明上题外力传给弦的初动能等于弦做自由振动时所有振动方式振动能的总和.

2-5 设有一根弦,一端固定而另一端延伸到无限远(即认为没有反射波回来). 假设在离固定端距离 l 处,施加一垂直于弦的力 $F = F_a e^{j\omega t}$. 试求在 $x=l$ 力作用点的左、右两方弦上的位移表达式.

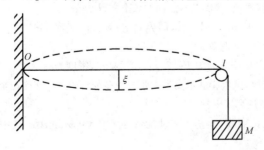

图 习题 2-6

提示:在弦的力作用点处,应有连接条件:

$$\xi_1 = \xi_2 \text{ 和 } T\frac{\partial \xi_1}{\partial x} - T\frac{\partial \xi_2}{\partial x} = F,$$

其中 ξ_1 与 ξ_2 分别代表力作用点左、右两方弦的位移.

2-6 有长为 l、线密度为 σ 的弦. 其一端经一无摩擦的滑轮悬挂一重物 M. 已知弦所受的张力 T,如图所示. 试求

(1) 该弦做自由振动时的频率方程;

(2) 假设此重物 M 比弦的总质量大很多时,求该弦的基频近似值.

2-7 有一长为 l,一端固定、一端自由的细棒,如果在初始时刻有沿棒的轴向力作用于自由端,使该端产生静位移 ξ_0,然后释放. 试求棒做纵振动时各次振动方式的位移振幅.

2-8 有一长 1 m,截面为 $1\times10^{-4}\,\mathrm{m}^2$ 的铝棒($\rho=2.7\times10^3\,\mathrm{kg/m}^3$),两端自由.

(1) 试求棒做纵振动时的基频,并指出在棒的哪一位置位移振幅最小?

(2) 如果在一端负载着 0.054 kg 的重物,试问棒的基频变为多少? 位移振幅最小的位置变到何处?

2-9 有一长为 l 的棒一端固定,一端有一质量负载 M_m.

(1) 试求棒做纵振动时的频率方程;

(2) 如果棒的参数与 2-8 相同,试求其基频,并指出在棒的哪一位置位移振幅最大?

2-10 试分别画出两端自由和两端固定的棒,做 $n=1,2$ 模式的自由纵振动时,它们的位移振幅随位置 x 的分布图.

2-11 设有一长为 l、两端自由的棒做纵振动. 假设其初始时刻的位移分布为 $\xi_0(x) = \cos\frac{\pi}{l}x$,初速度 $v_0(x)=0$. 求该棒振动位移表示式.

2-12 设有一端自由、一端固定的细棒在做纵振动. 假设固定端取在坐标的原点,即 $x=0$ 处,而自由端取在 $x=l$ 处. 试求该棒做自由振动时的简正频率,并与(2-2-20)式作一比较.

2-13 长为 l 的棒一端固定,一端受沿棒轴方向的简谐力作用($F = F_\mathrm{a} \cdot \cos\omega t$).

(1) 试求棒做纵振动时的位移表示式;

(2) 证明当频率较低或棒较短时此棒相当于集中系统的一个弹簧,其弹性系数为

$$K_\mathrm{m} = \frac{ES}{l}.$$

2-14 长为 l 的棒一端钳定,一端自由在进行横振动. 设已知基频时自由端的位移振幅为 η_0,试求以 η_0 来表示的棒的基频位移.

2-15 长为 l 的棒一端钳定,一端自由,如果初始时刻使棒具有位移 $\eta_{t=0} = \frac{\eta_0}{l}x$,试解棒做横振动的位移表示式.

2-16 长为 l 的棒两端自由,求棒做横振动的频率方程.

2-17 长为 l 的棒两端钳定,求棒做横振动的频率方程.

2-18 有一半径为 0.015 m 的圆形膜,周界固定,设其面密度为 $\sigma=2\,\mathrm{kg/m}^2$,如果希望其基频低于 5 000 Hz,试问该膜的张力至多应是多少?

2-19 已知铝能承受最大张应力为 $P=2.4\times10^8\,\mathrm{N/m}^2$,密度为 $\rho=2.7\times10^3\,\mathrm{kg/m}^3$. 如果现用这种材料制成厚度为 $5\times10^{-5}\,\mathrm{m}$ 的膜,试求膜能承受最大张力为多少? 如果将其绷在半径为 0.02 m 的框架上,试问这种膜振动的基频最能达到多少?

2-20 证明周界固定的圆膜,其基频振动能量等于 $0.135\pi a^2 \omega_1^2 A_1^2 \sigma$,其中 A_1 为圆膜中心处的位移振幅.

2-21　求解周界固定的矩形膜做自由振动时的简正频率以及简正振动方式. 如果膜的边长为 $1:2$, 试计算最小的四个泛频与基频的比值.

2-22　设周界固定的圆膜表面受均匀的摩擦阻力作用, 若单位膜表面所受阻力为 $-R_m\dfrac{\partial\eta}{\partial t}$, 试证明圆膜振动时其位移振幅将按指数规律衰减.

2-23　设有一圆环形膜, 其在外周 $r=a$ 与内周 $r=b$ 处固定. 试证明该圆环膜自由振动的频率方程为 $J_0(\varphi y)N_0(y)-J_0(y)N_0(\varphi y)=0$, 其中 $\varphi y=ka$, $y=kb$. 设膜为铝质材料做成, 若取 $a=2\times10^{-2}\,\mathrm{m}$, $b=10^{-2}\,\mathrm{m}$, 膜的张力 $T=5.4\times10^3\,\mathrm{N/m}$, 密度 $\sigma=5.4\times10^{-2}\,\mathrm{kg/m^2}$, 试求其基频 f_1 为多少.

2-24　取一外周半径为 a, 内周半径为 b 的圆环形膜. 外周固定, 而在内径 b 处受一简谐外力 $F=F_A\mathrm{e}^{j\omega t}\,\mathrm{N}$ 作用. 试求该圆环振动的位移表示式.

提示: 在 $r=b$ 处有 $F=2\pi T(\dfrac{\partial\xi}{\partial r}\mathrm{d}r)$ 的边界条件.

2-25　证明边界钳定的圆形薄板以基频振动时, 整个表面的平均位移为 $0.309\eta_0$, 其中 η_0 是圆板中心的位移.

3

电-力-声类比

　　电磁振荡、力学振动和声振动作为不同的物理现象,都有它们各自的研究对象,构成了它们的特殊性;另一方面,它们虽然属于不同的领域,表面上似乎是互不关联,但仔细研究它们的规律时,在数学上往往都归结为相同形式的微分方程.集中参数系统用常微分方程表示,分布参数系统用偏微分方程表示.数学是从具体物理过程(以及其他实际问题)中抽象出来的"空间的形式和数量的关系",因此,数学形式上的相似必然在一定程度上反映了物理本质上存在着某些共同的规律性.

　　既然电振荡、力振动存在某些共同规律,那么自然可以推断:在处理这些问题的方法上一定也有某些可以互相借用之处.历史上对力学振动现象的比较透彻的研究曾经大大促进了对电振荡规律的认识,例如用力学共振图像来解释电的谐振现象等,然而近几十年来,由于电磁学方面发展较快,对电振荡的研究比较深入,特别是电路理论的迅速发展和电路图的成功的运用,对电振荡的分析方法得以大大简化.例如,在无线电原理中经常广泛地采用电路图来描述元件与元件之间的关系,通过对电路图的分析,可以直观地、迅速地分析出系统的工作状态和特点,而不必再去求解微分方程(对于复杂的系统,直接建立微分方程往往是十分困难的).即使要作定量的研究,则通过形象化的电路图利用基尔霍夫电路定律再去建立一些代数方程也简便得多.那么人们自然会提出问题,对电振荡的这种简单有效的分析方法能否借用到力学、声学现象的研究中去? 回答是肯定的,在现在的力振动、声振动的研究中,人们也常采用类似于电路图的力学线路图、声学线路图,从而简单地分析出这两种系统的运动规律,甚至可以用已掌握的电路特性来预测和设计力学振动或声振动系统(如电声器件、声滤波器、减震器的设计等).当然这方面也并不是绝对的,反过来借用的情形也是有的.这种在不同的领域互相借用的处理方法称为类比.

　　在研究像扬声器、传声器等这些电声器件时,由于同时要考虑到电、力、声的振动问题,这时运用电-力-声类比方法将更显示出优越性.当然,电、力、声的问题,因为各有不同的研究对象,必然有它们的特殊性,所以也不能盲目地运用类比方法.

　　类比线路图最容易应用于集中参数系统,因为集中参数系统的唯一变量是时间,而分布参数系统中的自变量可以多到三个空间变量和一个时间变量(例如,弦、棒、膜、板等的振动,以及以后要讨论的声波的传播问题等),对于后者,类比线路图就不容易想像,而是要借用电路中传输线的概念,所以对于分布参数系统,主要应用数学处理上的类比方法(即微分方程的类比).本章将只讨论集中元件的类比,并且以能正确和迅速画出力学振动和声振动系统的类比线路图为主要任务.

3.1 电路中的基本概念

在无线电原理所运用的等效电路图中,电路元件主要有电阻、电感、电容、变压器等四种,此外还有电源,它可以是恒压的或恒流的.描述系统特性的参量有两个,即元件两端的电压 E 及流过元件的电流 I.它们的简单关系列在表 3-1-1 中.

表 3-1-1

名　称	符　号	意　　　义
恒 压 源	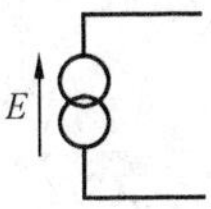 E	恒压源,E 与负载无关,箭头表示电压源方向
恒 流 源	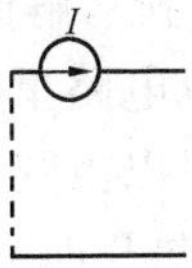 I	恒流源,I 与负载无关,箭头表示电流源方向
电阻性元件	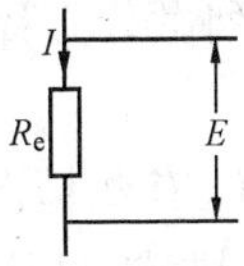 I R_e E	$E = IR_e$
电容性元件	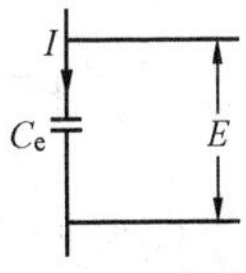 I C_e E	瞬态: $E = \dfrac{1}{C_e} \int I dt$ 稳态: $E = \dfrac{I}{j\omega C_e}$
电感性元件	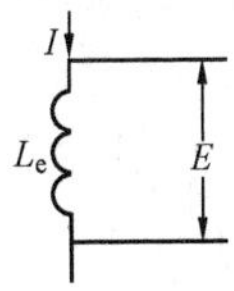 I L_e E	瞬态: $E = L_e \dfrac{dI}{dt}$ 稳态: $E = j\omega L_e I$
变压器元件	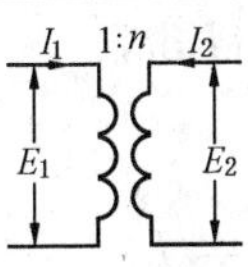 I_1 $1:n$ I_2 E_1 E_2	$E_2 = nE_1, I_1 = nI_2,$ $\dfrac{E_2}{I_2} = n^2 \dfrac{E_1}{I_1}$

在一般情况下,电路元件常常不止是一个,而是电阻、电感、电容、变压器等的复杂组合. 在电路中任意两点之间各种元件串联或并联的组合结果,其特性可用电阻抗 Z_e 来表示

$$Z_e = \frac{E}{I} = R_e + jX_e,$$

式中下角符号"e"代表电学量. 一般情况下 Z_e 是个复数,其实部 R_e 为电阻,虚部 X_e 为电抗.

现在首先以最简单的串联电路为例,对电路工作情况作些一般分析. 图 3-1-1 是一个最基本的振荡电路,如果电源是电动势为 $E = E_a e^{j\omega t}$ 的稳态振荡,则由电路中各元件的物理性质可列出电路运动方程为:

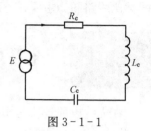

图 3-1-1

$$L_e \frac{dI}{dt} + R_e I + \frac{1}{C_e} \int I dt = E_a e^{j\omega t}. \qquad (3-1-1)$$

解微分方程(3-1-1)式可得回路中的电流为

$$I = \frac{E}{Z_e}, \qquad (3-1-2)$$

式中 Z_e 为回路的电阻抗,它等于

$$Z_e = R_e + j\left(\omega L_e - \frac{1}{\omega C_e}\right). \qquad (3-1-3)$$

事实上,通常分析电路工作情况时已无需列出和求解微分方程(3-1-1)式,而是由电路图 3-1-1 出发. 考虑到电阻、电感、电容在交流电路里的阻抗分别为 $R_e, j\omega L_e, 1/j\omega C_e$, 它们在这个回路里是串联,因而阻抗相加,这样就可以由图 3-1-1 经过代数运算直接求得回路总电阻抗,从而求得回路中的电流为电源电动势与回路总电阻抗之比,这样也可以得到 (3-1-2)式. 显然由电路图求解电路工作状况比列微分方程要简便得多. 在复杂的电路中,用电路图的方法将显示出更大的优越性.

应当指出,这里是用电阻抗来描述电路的特性,有些情况下也采用电导纳来表征. 例如考虑如图 3-1-2 所示的并联电路,如用电阻抗来描述,显然有

$$I = \frac{E}{Z_e}, \qquad (3-1-4)$$

其中

$$Z_e = \frac{1}{\dfrac{1}{R_e} + j\omega C_e + \dfrac{1}{j\omega L_e}}. \qquad (3-1-5)$$

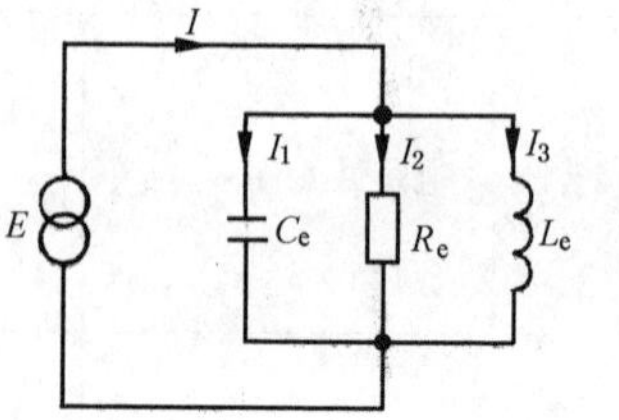

如果采用电导纳来描述,则因为

$$E = \frac{1}{C_e} \int I_1 dt = I_2 R_e = L_e \frac{dI_3}{dt},$$

图 3-1-2

所以有

$$I_1 = C_e \frac{dE}{dt}, \quad I_2 = \frac{E}{R_e}, \quad I_3 = \frac{1}{L_e} \int E dt,$$

因此回路中总电流:

$$I = I_1 + I_2 + I_3 = I_a e^{j\omega t},$$

即
$$C_e \frac{dE}{dt} + \frac{1}{R_e}E + \frac{1}{L_e}\int E dt = I_a e^{j\omega t}, \tag{3-1-6}$$

由此解得
$$E = \frac{I}{\dfrac{1}{R_e} + j\omega C_e + \dfrac{1}{j\omega L_e}},$$

或写成
$$I = EY_e. \tag{3-1-7}$$

其中 Y_e 称为电导纳,它等于

$$Y_e = \frac{I}{E} = \frac{1}{R_e} + j\omega C_e + \frac{1}{j\omega L_e}. \tag{3-1-8}$$

比较(3-1-5)及(3-1-8)两式,可见电导纳与电阻抗互为倒数.

在电路中流过各元件的量是电流,元件的两端量是电压,所以测量电压是将电压表的接线并接在元件的两端,而不必插入电路内;测量电流则必须把电流表接线串接在电路内. 这个特点在后面讨论力学线路和声学线路的类比时是有重要意义的.

3.2 力学元件与基本力学振动系统

单振子系统是一种基本的力学振动系统,它的振动规律在第 1 章中已作了较详细的讨论,这里略作简单的回顾. 设有一质量 M_m 的物体,缚在弹性系数为 K_m 的无质量的弹簧上,它在外力 $F = F_a e^{j\omega t}$ 的作用下运动,运动时质量所受的摩擦力阻为 R_m (参看图 1-4-1),则系统的运动方程为

$$M_m \frac{d^2\xi}{dt^2} + R_m \frac{d\xi}{dt} + K_m \xi = F_a e^{j\omega t}. \tag{1-4-3}$$

因为质点速度 $v = \dfrac{d\xi}{dt}$,并引用力顺 $C_m = \dfrac{1}{K_m}$,则上式可改写为

$$M_m \frac{dv}{dt} + R_m v + \frac{1}{C_m}\int v dt = F_a e^{j\omega t}. \tag{3-2-1}$$

求解微分方程(3-2-1)得到质点运动速度为

$$v = \frac{F}{Z_m}, \tag{3-2-2}$$

式中 $Z_m = R_m + j\left(\omega M_m - \dfrac{1}{\omega C_m}\right)$ 为系统的力阻抗.

将上述微分方程(3-2-1)式及其解(3-2-2)式与 §3.1 中电路的微分方程(3-1-1)式及其解(3-1-2)式相比较. 可以看出,电振荡与质点振动,表面上似乎是毫不相关的两种物理现象,但它们的微分方程却具有完全相同的形式,它们各自的物理量 I 和 v 随时间也有类似的变化规律,这就反映了两种现象具有某些共同的规律性.

从微分方程(3-1-1)式与(3-2-1)式形式上的相似性也直接揭示出力学元件与电学元件之间的一种类比关系为

$$F - E; v - I; M_m - L_e; C_m - C_e; R_m - R_e.$$

在这种类比中,力学系统的力阻抗 Z_m 类比于电路系统的电阻抗 Z_e,故称为阻抗型类比,也称正类比.

另外,如果进一步考察力学振动系统可以发现,在力学系统中可以利用拾振器来测量系统中任一点的振动速度,而不必扰动系统的运动,但是要测量力却非要将测力计插入于系统内不可,这就表明,"流"过元件的是力,而元件两端呈现的是速度差.这说明似乎也可以将力类比于电流,将速度差类比于电压.事实上,如果将方程(3-2-1)式与方程(3-1-6)式相比较,就可以发现存在如下的类比关系

$$F-I;\ v-E;\ M_m-C_e;\ C_m-L_e;\ R_m-\frac{1}{R_e}.$$

在这种类比中,力学系统的力阻抗 Z_m 类比于电路系统的电导纳 Y_e,故称为导纳型类比,也称为反类比.

由上述可见,对同一个力学系统,既可以采用阻抗型类比,也可以采用导纳型类比.

以上已经讨论了力学振动与电振荡的微分方程及其解的相似性,接着的任务就是要说明在力学问题中如何像电路中一样借助于线路图来求解.当然首先必须正确地画出类比于电路图的力学线路图,为此这里再深入讨论一下力学元件与电路元件之间的类比性质.

1. 质量 M_m

质量是一种物理量,它是物体具有惯性的量度.当有外力对它作用时,它就获得加速度,加速度的大小与外力成正比,与物体的质量成反比,按牛顿第二定律

$$F=M_m\frac{\mathrm{d}v}{\mathrm{d}t}.$$

因为讨论的是简谐振动,故稳态时有

$$F=\mathrm{j}\omega M_m v. \tag{3-2-3}$$

回忆在电路系统中也有类似的关系式

$$E=\mathrm{j}\omega L_e I. \tag{3-2-4}$$

质量 M_m 与电感 L_e 不仅在数学形式上可以类比,而且在物理意义上也具有类同性质,这两个量都表征系统具有惯性,显然这种类比关系是阻抗型类比.

如果我们将(3-2-3)式改写为

$$v=\frac{F}{\mathrm{j}\omega M_m}, \tag{3-2-3a}$$

并将它与电路系统中的

$$E=\frac{I}{\mathrm{j}\omega C_e} \tag{3-2-5}$$

相类比,则元件之间的类比关系成为 $v-E;F-I;M_m-C_e$. 这一种类比关系是导纳型类比.

因为在阻抗型类比时,质量类比于电感,因而在阻抗型力学线路图中质量元件的符号也是借用电感的符号(如图 3-2-1(a)),"流"过它的速度是 v,它的两端量是力 F,在这种类比时,质量元件不"接地".在导纳型类比时质量类比于电容,因而在导纳型力学线路图中质量元件的符号是借用电容的符号(如图 3-2-1(b)),"流"过它的是力 F,它的两端量是速度差 $v=v_1-v_0$,因为速度具有相对性,如果取参考坐标为不动的地面(惯性系,$v_0=0$),则质量的速度都是相对于零速度的,所以在导纳型力学线路图中质量元件的一端"接地".

2. 力顺 C_m

力顺指一物理结构,它描述系统具有弹性性质,当受力作用时,它的位移大小与力成正比,按照虎克定律有

$$F = \frac{1}{C_m}\xi.$$

对随时间简谐变化的过程,上式为

$$F = \frac{v}{j\omega C_m}, \qquad (3-2-6)$$

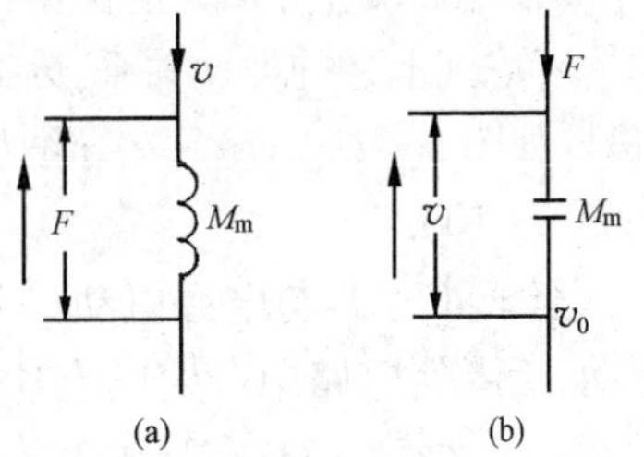

回忆在电路系统中也有类似的关系式

$$E = \frac{I}{j\omega C_e}, \qquad (3-2-7)$$

图 3-2-1

力顺 C_m 与电容 C_e 不仅在数学形式上可以类比,而且在物理意义上也具有类同性质,这两个量都表征了系统具有贮存能量的本领,显然这种类比关系是阻抗型类比.

如果将(3-2-6)式改写为

$$v = j\omega C_m F, \qquad (3-2-6a)$$

并将它与电路系统中的

$$E = j\omega L_e I \qquad (3-2-8)$$

相类比,则元件之间的类比关系为:$v-E; F-I; C_m-L_e$. 这一种类比关系是导纳型类比.

因为在阻抗型类比时,力顺类比于电容,因而在阻抗型力学线路图中力顺元件的符号也是借用电容的符号(如图 3-2-2(a)),"流"过它的是速度 v,它的两端量是力 F,在这种类比时,力顺元件一端不"接地". 在导纳型类比时,力顺类比于电感,因而在导纳型力学线路图中,力顺元件的符号也是借用电感的符号(如图 3-2-2(b)),"流"过它的是力 F,它的两端量是速度差

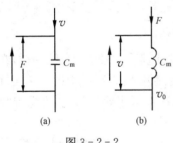

图 3-2-2

$$v = v_1 - v_0,$$

如果物体相对于不动的地面运动,则 $v_0 = 0$,这时力顺元件一端"接地".

3. 力阻 R_m

力阻也是一种物理结构,它表征了系统具有摩擦损耗,当它受力作用时,它的相对运动速度大小与力成正比,当运动速度较小时,按阻力定律有

$$F = R_m v, \qquad (3-2-9)$$

回忆在电路系统中有类似的关系式

$$E = R_e I. \qquad (3-2-10)$$

力阻 R_m 与电阻 R_e 不仅在数学形式上可类比,而且在物理意义上也具有类同性质,它们都表征了系统中有能量的耗损,显然这种类比关系是阻抗型类比.

如果将(3-2-9)式改写为

$$v = G_m F, \qquad (3-2-9a)$$

其中 $G_m = \dfrac{1}{R_m}$ 称为**力导**. 将(3-2-9a)式与(3-2-10)式相类比,则元件之间的类比关系为:

$v-E;F-I;G_m-R_e$. 这种类比是导纳型类比.

考虑到上述的类比关系,因此在阻抗型力学类比线路图里,力阻元件的符号是借用电阻的符号(如图 3-2-3(a));在导纳型力学线路图里,力导元件的符号也是借用电阻的符号(如图 3-2-3(b)).

至于外力 F 与电源电动势 E,在物理意义上都是使系统产生运动的外因,前者使物体运动,后者使电路中产生电流,因此在阻抗型力学线路图里,恒力源 F 就借用恒压源的符号(如图 3-2-4(a));在导纳型力学线路图里,它就借用恒流源符号(如图 3-2-4(b)).

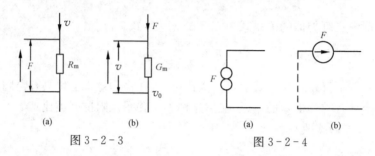

图 3-2-3   图 3-2-4

知道了力学元件与电学元件的类比关系以及相应的类比符号,那么对具体的力学振动系统就有可能画出它的力学类比线路图,这个工作留在 §3.4 中进行.

3.3　声学元件与基本声学振动系统

对声波物理过程的研究虽然要从下一章才真正开始,但像处理质点振动的方法一样,在声学中如果声学元件的线度比声波波长小得多时,也可以暂时避开声的传播,而把声学元件中各部分的运动看作是均匀的,也就是看作是集中参数系统,这样就很容易与电、力情况相类比,从而画出类比的声学线路图.

先分析一个最简单也是最基本的声振动系统,如图 3-3-1 所示的一只赫姆霍兹共鸣器,它由截面积为 S(半径为 a)、长度为 l_0 的短管与容积为 V_0 的腔体相连通而组成. 同时假设:

(1) 共鸣器的线度远小于声波波长,即 $a,l_0,\sqrt[3]{V_0} \ll \lambda$.

(2) 短管体积远小于腔体体积,即 $Sl_0 \ll V_0$.

(3) 腔体内媒质压缩和膨胀时,腔壁不会变形,即腔壁是刚性的,它不会把腔内媒质的疏密过程传递到腔外去.

现在来分析如果有声波作用于管口时,这样一个声振动系统中各部分将如何运动. 首先讨论短管内包含的一部分空气,根据假设(1),即短管的线度远小于波长,所以短管中各部分空气都同属于波长 λ 的一个很小的区域,因而它们的振动情况可近似认为是相同的,也就是说短管内的空气犹如一个"活塞"一样做整体振动,这个"活塞"的质量为 $M_m = \rho_0 l_0 S$,如果考虑到这个空气柱振动时还要向空间辐射声波,结果等效于有一个附加质量 M_r 负载于空气柱上,这时

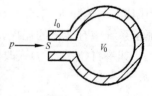

图 3-3-1

相当于短管的管长增加为 $l = l_0 + \Delta l = l_0 + 1.7a$（参见第 6 章）.

当然空气柱 M_m 做整体振动时，有可能受到管壁的摩擦，其力阻设为 R_m. 此外如果计及空气柱振动时向空间辐射声波，对振动系统来讲还相当于有一个由于辐射声波而引起的力阻 R_r 存在（参见第 6 章）.

至于腔体内的空气，当短管的空气柱向腔内方向运动引起腔内质量增加时，因为腔壁是刚性的，腔内的空气没有别的去处，结果形成压缩，引起腔内压强的增加；而当短管内空气柱向腔外方向运动的瞬间，腔内的空气膨胀，引起腔内压强的降低. 这种因短管内空气柱运动引起的腔内压强的升高和降低（相对于大气压强 P_0 的逾量）也可以定量地求得. 假设腔体内空气的压缩和膨胀过程是绝热的（第 4 章中将会说明对于声振动过程，这种假设是正确的），据气体绝热过程的物态方程 $PV^\gamma = \text{const}$，式中 γ 为定压比热与定容比热之比，const 表示常数. 再设短管中空气柱位移 ξ 时，腔内压强由原来的大气压强 P_0 变化为 $P_0 + p_1$，则据物态方程就有

$$(P_0 + p_1)(V_0 - \xi S)^\gamma = P_0 V_0^\gamma,$$

即

$$\frac{P_0 + p_1}{P_0} = \left(\frac{V_0}{V_0 - \xi S}\right)^\gamma = \left(1 - \frac{\xi S}{V_0}\right)^{-\gamma}.$$

对一般声振动过程，位移 ξ 很小，故有 $\xi S \ll V_0$. 运用级数展开则可得到

$$\frac{P_0 + p_1}{P_0} = \left(1 - \frac{\xi S}{V_0}\right)^{-\gamma} \approx 1 + \gamma \frac{S\xi}{V_0},$$

因此求得

$$p_1 \approx \rho_0 C_0^2 \frac{S\xi}{V_0},$$

式中 $C_0 = \sqrt{\dfrac{\gamma P_0}{\rho_0}}$，以后将知道它就是空气中的声速.

另一方面，这种由于短管内空气柱运动引起的腔内压强的变化又会反过来影响空气柱的运动，结果短管中的空气柱又受到一个由腔内逾量压强引起的附加力，它等于

$$F = -p_1 S = -\frac{\rho_0 C_0^2 S^2}{V_0} \xi,$$

可见该力大小与位移 ξ 成正比，而方向相反. 显然腔体作用在短管空气柱上的这个力相当于由一个弹簧产生的弹力，这说明腔体里的空气似乎起了一个弹簧的作用，只不过它并不是一个力学弹簧，而是由腔体里的空气形成的"空气弹簧"，其弹性系数为 $K_m = \dfrac{\rho_0 C_0^2 S^2}{V_0}$，有时也用它的倒数力顺表示

$$C_m = \frac{1}{K_m} = \frac{V_0}{\rho_0 C_0^2 S^2},$$

可见腔体体积 V_0 愈大，则弹性系数越小，或者说力顺越大.

通过以上分析，可见如图 3-3-1 所示的赫姆霍兹共鸣器包含了质量、力阻及力顺三个元件. 现在来研究当管口受声压为 $p = p_a e^{j\omega t}$ 的声波作用时，共鸣器这样一个声振动系统的振动情况. 显然，短管中空气柱的运动方程为

$$M_m \frac{d^2 \xi}{dt^2} = S p_a e^{j\omega t} - R_m \frac{d\xi}{dt} - \frac{1}{C_m} \xi. \tag{3-3-1}$$

这里为了简单起见,暂时忽略了管口辐射声波引起的附加质量 M_r 及力阻 R_r,今后如果需要计及声辐射的影响,则只要将 M_m 及 R_m 分别用 $M_m + M_r$ 及 $R_m + R_r$ 代替就可以了.(3-3-1)式也可改写为

$$M_m \frac{dv}{dt} + R_m v + \frac{1}{C_m} \int v dt = S p_a e^{j\omega t}. \qquad (3-3-1a)$$

式中 $v = \frac{d\xi}{dt}$ 为短管空气柱的运动速度.然而在声振动系统中,对讨论有意义的不是力 F 及线速度 v,而是逾量压强 p 及单位时间内的体积流,即体积速度 $U = vS$,因此有必要将方程(3-3-1a)改写为

$$\frac{M_m}{S^2} \frac{dU}{dt} + \frac{R_m}{S^2} U + \frac{1}{C_m S^2} \int U dt = p_a e^{j\omega t}. \qquad (3-3-2)$$

如果令

$$M_a = \frac{M_m}{S^2}, \ R_a = \frac{R_m}{S^2}, C_a = C_m S^2, \qquad (3-3-3)$$

这里 M_a, R_a, C_a 分别称为声质量、声阻及声容(或声顺).这就是说,对赫姆霍兹共鸣器以及其他的声振动系统,以后均采用声质量、声阻、声容等元件描述,则(3-3-2)式又可重写为

$$M_a \frac{dU}{dt} + R_a U + \frac{1}{C_a} \int U dt = p_a e^{j\omega t}. \qquad (3-3-4)$$

求解这个方程可得到

$$U = \frac{p}{Z_a}, \qquad (3-3-5)$$

式中 $Z_a = \frac{p}{U} = R_a + j\left(\omega M_a - \frac{1}{\omega C_a}\right)$ 称为**声阻抗**,其单位为 $Pa \cdot s/m^3$,中文名称为帕秒每三次方米.

比较方程(3-3-4)及(3-1-1)两式不难发现,电振荡与声振动表面上似乎是毫不相关的两种物理现象,但它们的微分方程形式上却完全类同,它们的物理量随时间也有类似的变化规律,无疑这就表征了两种现象具有某些共同规律.由微分方程(3-3-4)及(3-1-1)两式形式上的相似性,也直接揭示出声振动系统与电路系统之间的一种类比关系,即:

$$p - E; \ U - I; \ M_a - L_e; \ C_a - C_e; \ R_a - R_e.$$

在这种类比关系中,声阻抗 Z_a 类比于电阻抗 Z_e,故称为**阻抗型类比**.

上述由微分方程形式上的相似总结出来的元件之间的类比关系也直接反映了物理意义上的类似特征.例如,声质量 M_a 是由短管中的空气柱质量决定的,因而与电感一样也是反映了系统具有惯性;声容 C_a 代表刚性腔体内空气的弹性作用,因而与电容一样也反映了系统具有贮存能量的本领;声阻 R_a 与电阻 R_e 一样反映了系统存在能量的耗损;声压 p 则与电源电动势 E 一样都是使系统产生运动的外因.

当然声质量 M_a、声容 C_a 及声阻 R_a 与力学质量 M_m、力顺 C_m 及力阻 R_m 并不完全是一回事,(3-3-3)式既反映了力学量与声学量之间的联系,也反映了它们之间的区别.由(3-3-3)式可见,M_m 与 M_a,C_m 与 C_a,R_m 与 R_a 的量纲是不一致的,这一点必须引起注意,特别是今后讨论力学系统与声学系统的耦合时必须考虑到.

鉴于声振动系统与电路系统的类似性,今后研究集中参数的声振动系统时,也可以像电

路中一样借助于线路图来讨论. 而在画类比的阻抗型声学线路图时, 声质量 M_a 就借用电感的符号, 声容 C_a 就借用电容的符号, 声阻 R_a 就借用电阻的符号, 总声压就借用恒压源的符号. "流"经各元件的是体积速度 U, 元件的两端量是压强差 $p = p_2 - p_1$, 对应于大气压强 P_0 的端点, 压强不随时间改变, 可作为"接地".

以后将会看到, 在声学中最合理和最方便的是阻抗型类比, 故另外的一种所谓导纳型类比关系这里就从略了.

3.4　电-力-声线路类比

总结前面的讨论, 我们可以列出一张电-力-声类比表, 见表 3-4-1.

如果能熟练掌握了这些电-力-声类比关系, 那么对具体的力学振动系统、声学振动系统, 就可以很快画出相应的力学类比线路图和声学类比线路图, 再根据熟知的电路定律, 由图求解出系统的运动规律.

下面就来介绍一种能正确、迅速地画出类比线路图的方法.

表 3 - 4 - 1

电　学	力　学		声　学
	阻抗型类比元件及符号	导纳型类比元件及符号	阻抗型类比元件及符号
恒压源 E	恒力源 F	恒速源 v	恒压源 p
恒流源 I	恒速源 v	恒力源 F	恒流源 U
"流"过元件的量　电流 I	速度 v	力 F	体速度 U
元件两端的量　电压 E	力 F	速度 v	声压 p
电感 L_e	质量 M_m	力顺 C_m	声质量 M_a
电容 C_e	力顺 C_m	质量 M_m	声容 C_a
电阻 R_e	力阻 R_m	力导 G_m	声阻 R_a

3.4.1　电路图的分析

阻抗型电路图是大家非常熟悉的,归纳起来,阻抗型电路图有如下特点:

(1) 电流线:流经各元件的量是电流 I. 因此,电路图是以一条电流线(电流通量)来连贯各个元件的,当电流线从某一元件流向另外一些元件时,如果电流分支,则这些元件相互并联;如果不分支,则相互串联.

(2) 电位的相对性:跨越元件的两端的量是电位差,零电位端即"接地"端.

(3) 在分支点符合克希霍夫第一电路定律,即 $\sum_{i=1}^{n} I_i = 0$.

3.4.2　力学系统的类比线路图

与上述电路图的分析相比较,可以发现对力学系统也具有类似的特点:

(1) 力线:由§3.2讨论可知,在力学系统中测量力一定要将测力计串联接在元件之间,这表明力是贯穿着各个元件的,因此在力学系统中,可以找到一条同电路中电流线类似的线,即力线.

(2) 速度的相对性:因为力学元件的运动速度具有相对性,因此在力学系统中可以找到与电路中相似的"元件两端的量"即速度差. 如选取惯性坐标系,则元件都是相对于零速度运动的,对应于零速度的端点看作是"接地".

(3) 在力点符合动力学平衡条件 $\sum_{i=1}^{n} F_i = 0$.

显然根据这三个特点,用力线与电流线相类比画出的力学线路图应该是导纳型的. 下面我们举几个例子以帮助读者熟悉运用力线画出力学线路图的方法.

例1　设有如图 3-4-1(a)所示的力学振动系统(即第1章中曾讨论过的单振子强迫振动系统),质量 M_m 被一弹簧 C_m 系住,弹簧一端固定于刚性壁上,质量可以沿着刚性的地面运动,它与地面间的摩擦系数为 R_m,如果质量 M_m 受简谐外力 F 的作用,试求解这个系统的运动.

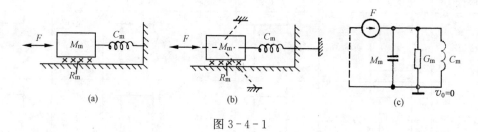

图 3-4-1

我们从外力 F(即恒流源)出发,引出一条力线,力线到达 M_m 时分成三支,分别与三个力相平衡:一支穿过 M_m,与惯性力相平衡,终止于刚性壁(因元件的速度都是相对于惯性坐标系的,所以力线穿过元件 M_m 到达零速度的刚性壁);另一支穿过力阻元件 R_m,与摩擦力相平衡,终止于刚性壁(力阻 R_m 与质量 M_m 一起运动,因而其速度也是相对于惯性坐标系的);还有一支穿过弹簧 C_m,与弹性力相平衡,终止于刚性壁(力顺元件 C_m 的速度也是相对于惯性坐标系的).这三条分支线最后都汇合于刚性壁,即都连接于"接地"端,图 3-4-1(b)中把力线路径上穿过的力学结构改成该元件的类比符号,就可得到系统的导纳型力学线路图 3-4-1(c).

从物理上来看,质量 M_{m}、力阻 R_{m}、力顺 C_{m} 三个元件的速度都相同,因此它们在导纳型类比线路图中应是并联的.

由类比线路图 3-4-1(c),运用克希霍夫电路定律,可以很快写出这系统的运动方程,这只要分别求出各支路的"电流",这个类比电路共有三条支路,流过 M_{m} 支路的"电流" F_1 等于"电压" v 与该支路阻抗 $\dfrac{1}{\mathrm{j}\omega M_{\mathrm{m}}}$ 之比,即 $\mathrm{j}\omega M_{\mathrm{m}}v$,其余类推,然后运用 $\sum\limits_{i=1}^{3}F_i=0$ 得

$$\mathrm{j}\omega M_{\mathrm{m}}v+R_{\mathrm{m}}v+\frac{1}{\mathrm{j}\omega C_{\mathrm{m}}}v=F. \tag{3-4-1}$$

略加整理得

$$M_{\mathrm{m}}\frac{\mathrm{d}^2\xi}{\mathrm{d}t^2}+R_{\mathrm{m}}\frac{\mathrm{d}\xi}{\mathrm{d}t}+K_{\mathrm{m}}\xi=F_a\mathrm{e}^{\mathrm{j}\omega t}, \tag{3-4-2}$$

显然这正是方程(1-4-3)式.

当然对这样一个简单质点振动系统,直接分析质点 M_{m} 的受力情况也可很快列出它的运动方程,正如在第 1 章中已经介绍过的求解过程.这里举这样一个例子,其目的是帮助读者练习画出力学类比路图,并了解运用它来解决具体问题的方法,同时也验证了这种方法的正确性.对更复杂的振动系统,类比方法将显示出更大的优越性,因为在那些复杂系统中,通过繁琐的力的分析往往得到一个微分方程组,而由类比线路图得到的是代数方程组,显然求解代数方程比求解微分方程要容易得多.

例 2 设有如图 3-4-2(a)所示的一种隔振系统,外力 F 作用于弹簧的一端.我们从外力作用处引出一条力线,到达弹簧时只有一个弹簧的弹力与它相连,故力线在这里不分支.力线穿过弹簧 C_{m} 以后达到质量 M_{m},力线在这里分成两支,一支穿过质量与惯性力相平衡,终止于刚性壁(相对于惯性坐标系).另一支穿过力阻 R_{m} 与摩擦力相平衡,终止于刚性壁(相对于惯性坐标系).这两条分支最后汇合于刚性壁,即联结于"接地"端.图 3-4-2(b)表示了各条力线的路径.将图 3-4-2(b)中各力线路径上的力学结构改成相应的类比符号,就可得到导纳型力学线路图 3-4-2(c).

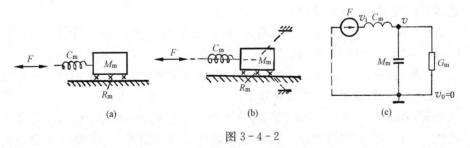

图 3-4-2

从物理上看,质量与力阻元件的速度相同,都为 v,并且都是相对于惯性坐标系,因而它们在导纳型类比线路图中应该并联,并且一端"接地";而弹簧一端的速度与质量、力阻元件的速度 v 相同,另一端受外力引起的速度 v_1 控制,因而弹簧两端的速度差应是 v_1-v,这在

线路图中也得到了反映.

由图 3-4-2(c),应用克希霍夫电路定律,在 C_m 路径中有

$$F = \frac{v_1 - v}{j\omega C_m},\tag{3-4-3}$$

在 C_m 后面的分支点有

$$F = j\omega M_m v + R_m v,\tag{3-4-4}$$

合并两式即得

$$\frac{v_1 - v}{j\omega C_m} = j\omega M_m v + R_m v.\tag{3-4-5}$$

经过适当整理就得到与(1-4-38)式类似形式的方程

$$M_m \frac{d^2\xi}{dt^2} + R_m \frac{d\xi}{dt} + K_m\xi = K_m\xi_1.$$

例 3 设有如图 3-4-3(a)所示的双弹簧振子系统,其力线路径图为图 3-4-3(b),导纳型类比线路图为图 3-4-3(c).

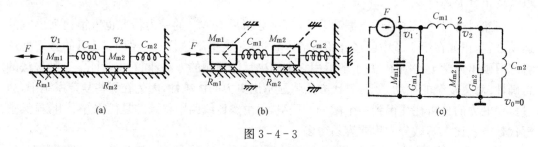

图 3-4-3

由图 3-4-3(c),应用克希霍夫电路定律,在分支点"1"有

$$F = j\omega M_{m1} v_1 + R_{m1} v_1 + \frac{v_1 - v_2}{j\omega C_{m1}};\tag{3-4-6}$$

在分支点"2"有

$$\frac{v_1 - v_2}{j\omega C_{m1}} = j\omega M_{m2} v_2 + R_{m2} v_2 + \frac{v_2}{j\omega C_{m2}}.\tag{3-4-7}$$

解联列方程(3-4-6)与(3-4-7)两式,即可求得质点 M_{m1} 和 M_{m2} 的速度 v_1 和 v_2,显然这比通过建立运动方程来求解要简便得多.

例 4 设有如图 3-4-4(a)所示的系统,按照以上所述的原则可得到力线路径图 3-4-4(b),将力线路径上的力学结构改成相应的类比符号,则得到类比线路图 3-4-4(c),剩下的工作就是由图 3-4-4(c)出发,应用电路定律求解"M_m"分支上的"电压",即速度差,大家对此已很熟悉,这里就无需要赘述了.

例 5 设有如图 3-4-5(a)所示的装置,它包含一个质量为 M_{m1} 的活塞,它在质量为 M_{m2} 的圆柱体内涂有润滑油的内表面上滑动,这圆柱体本身又沿着在坚硬物体上刻出的润滑槽上滑动,这两种滑动的粘滞摩擦力阻分别为 R_{m1} 和 R_{m2},圆柱体还被力顺为 C_m 的弹簧所系住,如果有一个能产生恒定大小的简谐线速度 v 的发动机策动活塞 M_{m1},希望求解这个系统的运动.按照画图原则,我们很快就可画出这个系统的导纳型力学线路图 3-4-5(b),由

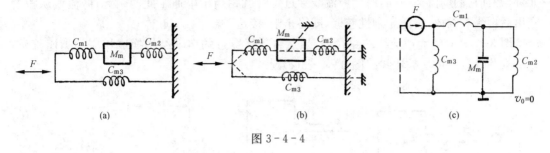

图 3-4-4

图就不难求得 M_{m1} 和 M_{m2} 的速度.

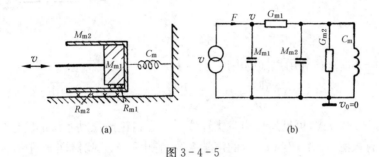

图 3-4-5

以上我们通过几个例子,介绍了画力学类比线路图的原则和方法,由此看到运用类比线路图来讨论集中参数的力学振动问题不仅是可能的,而且还是很简捷的.

3.4.3 声学系统的类比线路图

在 §3.3 中已经指出了声学元件与电路元件之间的类比关系,为了正确、迅速地画出类比的声学线路图,还需要说明画图的原则和方法.为此必须对声学系统作进一步的分析.可以指出,同电学、力学系统一样,在声学系统中也存在着类似的特点:

(1) 声流线:因为声学元件都是连通的,例如图 3-3-1 所示的共鸣器,其短管中空气的流动总量一定等于体腔中空气的增加或减少量,故在声学系统中可以找出一条声流-体积速度流线,它流过(贯穿着)各个声学元件.

(2) 压强的相对性:在元件两端是压强差,对应于大气压强 P_0 的端点,压强不随时间改变,可认为是"接地"端.

(3) 在元件交界处有流量守恒定律,即在交界处满足

$$\sum_{i=1}^{n} U_i = 0.$$

显然根据这些特点,用声流线与电流线相类比画出的图一定是阻抗型的.

现举几个例子,以帮助读者运用和掌握画声学类比线路图的方法.

例 1 设有如图 3-4-6(a) 所示的共鸣器声学系统,它由短管(相当于声质量元件 M_a)和腔体(相当于声容元件 C_a)连接而成,在短管的开端受有一简谐逾压的作用.

我们从外加逾压处引出一条声流线,相当于从恒压源流出的"电流线",因为在开端处只有一个短管元件,因而流线不分支地穿入短管,但由于此管包括了声质量 M_a 和声阻 R_a 两个

元件,并且它们的流速恒同,所以声流线穿过短管就相当于串通了此两个元件,流线从短管穿出后再流入腔体,终止于刚性腔壁,即终止于"接地"端.[①]

图 3-4-6(b)为声流线的路径图,然后将流线穿过的声学结构换成相应的类比符号,就得到共鸣器的声学类比线路图 3-4-6(c).

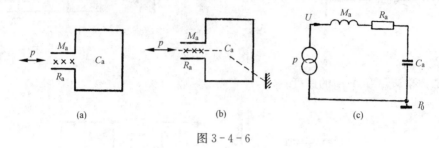

图 3-4-6

由图 3-4-6(c),再利用熟知的电路定律得

$$M_a \frac{\mathrm{d}U}{\mathrm{d}t} + R_a U + \frac{1}{C_a}\int U \mathrm{d}t = p_a \mathrm{e}^{\mathrm{j}\omega t}. \tag{3-4-8}$$

显然这正是(3-3-4)式,可见运用声学类比线路图来讨论声振动系统的特性也是可能的.

例2 设有如图 3-4-7(a)所示的声学系统,它由两个共鸣器连通而成.

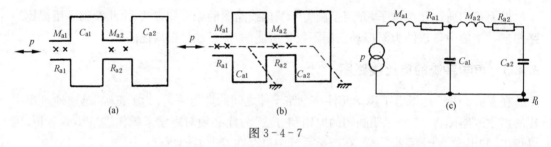

图 3-4-7

从外加逾压处引出一条声流线,不分支地穿过第一个短管(M_{a1} 和 R_{a1}),当流线从此短管穿出后,因为流出的声体积流一部分使腔体(C_{a1})内空气的质量发生变化,同时另一部分还会使第二个短管中的空气发生运动,所以流线在这里就要分支,一支穿过声容 C_{a1},终止于腔壁("接地"),另一支穿过第二个短管(M_{a2} 和 R_{a2}),然后穿过第二个腔体(C_{a2}),终止于刚性壁,图 3-4-7(b)为该系统的声流线路径图.将声流线路径上的声学结构改为相应的类比符号,就得到声学类比线路图 3-4-7(c).

例3 设有如图 3-4-8(a)所示的声学系统,相当于多节共鸣器连接而成.

仿照例2中进行的分析,可得到该系统的声流线路径图3-4-8(b),将声流线路径上的声学结构改为相应的类比符号就可得到声学类比线路图 3-4-8(c).

由电路理论知道,图 3-4-8(c)实际上是一个滤波器网络,这就反映了图 3-4-8(a)所示的声学结构具有滤波器的功能.也就是说如果有包含各种频率的声波同时进入第一个短管时,只有某些频率的声波可以通过系统到达另一端点,而另外一些频率的声波则不可能通

---

① 因为腔体壁是刚性的,所以腔体内的逾压总是相对于大气压强 P_0 计算的,流线终止于刚性壁也就相当于大气压强 P_0.

过系统,这种具有滤波功能的声学结构叫声滤波器.

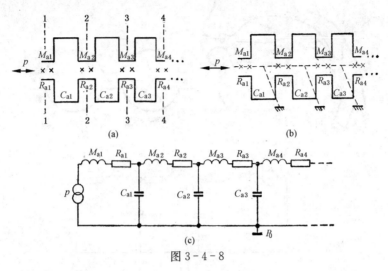

图 3-4-8

例 4 人在发音时,从肺部来的直流气流在喉头声门处被声带振动所调制,成为一串随时间"准"周期变化的三角形波,此后这股气流经过声门到口唇之间的声道时,实际上就是通过了一个声滤器系统.舌位高度不一样,滤波器的尺寸就不一样,由口唇发出的声音也就不一样.例如,发汉语元音[i:]时,舌位的前面部分比较高(如图 3-4-9(a)所示意),因而声道的前腔(口腔部分)直径很小,已退化为一个管子,后腔(咽腔部分)仍然是一个腔体,这时发音系统可用理想化图 3-4-9(b)表示.显然其结构基本上与图 3-4-8(a)中的某一节相同,因此其声流线路径图及声类比线路图就分别与图 3-4-8(b)及图 3-4-8(c)中相应的一节相同.只是因结构尺寸大小不一样,因而类比线路里元件数值也不一样.

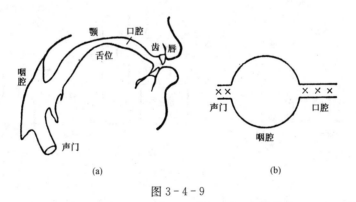

图 3-4-9

再如发汉语元音[u]时,舌位后面部分比较高(如图 3-4-10(a)所示意),舌位将声道分隔成两个腔体,即咽腔和口腔,成为一个双腔共鸣器,其声流线路径图及类比线路图分别为图 3-4-10(b),(c).

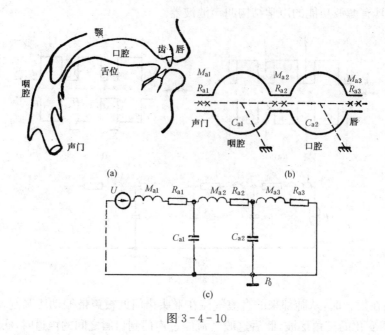

图 3 - 4 - 10

例5 前面的几个例题都是根据已知的声学结构,画出它们的类比线路图.此外运用类比方法还可以反过来根据已知的线路图设计出声学结构.图 3 - 4 - 11(a)是"T"形低通滤波器电路图,如果希望得到与它的性能相同的声学系统,具体设计步骤如下:

(1) 将"T"形电路图根据元件类比关系改成"T"形声学线路图 3 - 4 - 11(b).

(2) 在声学线路图中标出声流线的路径,然后将声流线穿过的声学元件符号改成声学结构,即可绘出声学系统的结构图 3 - 4 - 11(c).

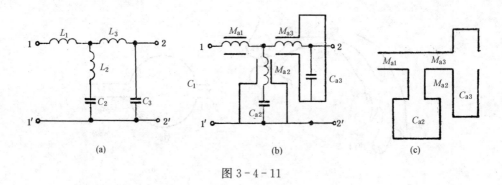

图 3 - 4 - 11

3.4.4 阻抗型和导纳型类比线路图的互相转换

从前面的讨论看到,对力学振动系统,用力线方法最直接画出的是导纳型类比线路;而对声振动系统,运用声流线方法最直接得到的是阻抗型类比线路.如果有一种力学、声学共存的系统,甚至还可能有像扬声器、传声器等电声器件这种电、力、声共存的系统,则画出的是阻抗型、导纳型混杂的类比线路,对于这种混杂的线路,处理很困难,最好在运算前先施行统一线路类型的手续,要么将其中阻抗型线路全转换成导纳型的,要么将其中导纳型线路全转换成阻抗型的.

在 §3.2 讨论力学振动系统的类比时,已初步看到,对同一个力学结构,在作阻抗型和导纳型类比时表现的元件特性是互易的,深入对照两种类比方法的这些特点就可以总结出它们之间的转换规律如下:

(1)一种类比线路中的"电感"性元件相当于另一种类比线路里的"电容"性元件,一种类比线路里的"电阻"性元件相当于另一种类比线路里的"电导"性元件,一种类比线路里的"恒压"源相当于另一种类比线路里的"恒流"源.因而在线路类型转换时就必须将"电感"与"电容"、"电阻"与"电导"、"恒压"源与"恒流"源的符号互换.

(2)一种类比线路中的串联元件相当于另一种类比线路中的并联元件,因而在线路类型转换时,串联、并联关系要互换.

(3)一种类比线路中各串联元件两端的"电压"之和相当于另一种类比线路中一分支点的"电流"总和.

例如,如果希望将图3-4-3(c)的导纳型力学线路转换成阻抗型的,按照以上所述原则,"M_{m1}"和"M_{m2}"的"电容"符号必须换成"电感"符号,"C_{m1}"和"C_{m2}"的"电感"符号必须换成"电容"符号,"电导"元件 G_{m1} 和 G_{m2} 必须换成电阻元件 R_{m1} 和 R_{m2}.此外"M_{m1}"和"G_{m1}"原来是并联,在新的线路里就是串联,同样 M_{m2},

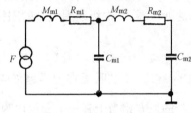

图 3-4-12

R_{m2} 和 G_{m2} 在新线路里也是串联;而原线路里 G_{m1} 的两端量是"电压"差 $v_1 - v_2$,转换成阻抗型以后,流过 C_{m1} 的"电流"就是 $v_1 - v_2$.经过这些转换以后,图3-4-3(c)就化为如图3-4-12所示的阻抗型线路.

读者不妨对其他线路自行练习转换,以进一步体会和熟悉这些转换规律,如转换正确,还可根据同样的规则还原为原线路.

3.4.5 变量器

前面已分别讨论了力学振动系统、声学振动系统的类比问题,如果存在由力学振动策动声振动的系统,例如一些电声器件就是如此,则从力学线路的输出端应连接着声学线路,但是因为力阻抗与声阻抗的量纲不一致,所以这两种线路不能直接相连,必须经过一个能完成阻抗变换的结构——**变量器**.

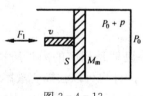

图 3-4-13

设有如图3-4-13所示的力学-声学综合系统,外加简谐力 F_1 作用在面积为 S、质量为 M_m 的活塞上,使活塞振动,振动速度为 v.活塞振动时压迫空气进入腔内,单位时间内流入腔内的流量为 U,腔内空气质量的增加就形成了逾压,并假设腔内的逾压 p 处处是均匀的.

现在就来分析活塞与腔体接触的界面处的力学与声学特性.设活塞振动时推动腔内空气的力为 F_2,那么从腔体向活塞方向看去,活塞这个力学系统呈现的力阻抗为 $\dfrac{F_2}{v}$;而从活塞向腔体方向看去,腔体这个声学系统呈现的声阻抗为 $\dfrac{p}{U}$. 当然这里的力学系统和声学系统存在一定的联系. 例如,显然有 $U = vS$;此外,由于作用力等于反作用力,所以活塞作用于腔中气体的力在数值上等于腔中逾压作用在活塞上的力 pS, 即有 $F_2 = pS$. 考虑到这些联系,就可求得声学系统在界面处的声阻抗为

$$\frac{p}{U} = \frac{F_2/S}{vS} = \frac{F_2}{v}\frac{1}{S^2},\qquad\qquad (3-4-9)$$

即

$$Z_a = \frac{1}{S^2}Z_m.\qquad\qquad (3-4-10)$$

这就是在力学系统与声学系统相耦合的地方,声阻抗与力阻抗之间的关系. 细察(3-4-10)式,可以发现这阻抗转换关系其实是并不陌生的,例如在无线电线路中,如图 3-4-14(a) 所示的变压器,其次级线圈两端的阻抗就等于初级线圈两端的阻抗乘以匝数比的平方,即

$$Z_2 = n^2 Z_1.\qquad\qquad (3-4-11)$$

比较(3-4-10)及(3-4-11)两式,可见(3-4-10)式说明了在力学系统与声学系统相耦合的地方相当于有一个变量比为 $n = \dfrac{1}{S}$ 的"变压器"存在,通常称为力声变量器. 因此,对有力、声共存的系统,在阻抗型力学线路图和阻抗型声学线路图中间要加入一个变量比为 $\dfrac{1}{S}$ 的变量器,如图 3-4-14(b).

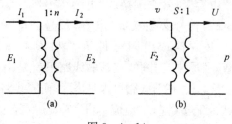

图 3-4-14

根据上述原则,对图 3-4-13 所示的力-声综合系统,就可以画出一个完整的类比线路图 3-4-15(a),由此就可按电路定律进行进一步的计算. 例如,如果希望去掉变量器,把后面的声学部分反映到力学线路端来,这只要在力学线路里加进由于后面的声学线路反映到前面来的力阻抗,即

$$Z_m = S^2 Z_a = S^2 \frac{1}{j\omega C_a} = \frac{1}{j\omega C_m},$$

这就是说声容 C_a 反映到力学线路里就是相应的力顺

$$C_m = C_a/S^2,$$

如图 3-4-15(b). 完全类似的讨论可知声质量反映到力学线路里就是相应的力学质量 $M_m = S^2 M_a$, 声阻反映到力学线路里就是相应的力阻 $R_m = S^2 R_a$, 同样也可以去掉变量器,将前面的力学线路反映到后面的声学线路中去,这只要将力学元件 R_m, M_m, C_m 换成相应的声学元件 R_a, M_a, C_a 引进声学线路中,并把力源化为压强源反映至声学端,这样即可完成线路的转换,如图 3-4-15(c).

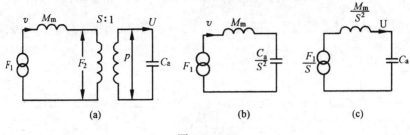

图 3 - 4 - 15

3.5 电-力-声类比线路应用举例

电-力-声类比的方法在声学,特别在电声器件的分析和设计中得到广泛的应用,现略举几个例子:

例1 闭箱式扬声器.

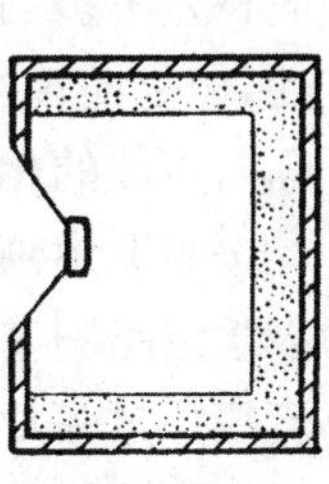

现代在设计高音质扬声器系统时,为了改善低频辐射效果,常将扬声器单元放在一只密闭的木质箱子中,组成一个闭箱式扬声器系统(如图 3-5-1).这里设由于电-力换能,结果作用在纸盆振动系统上的简谐力为 F.

首先考虑力学系统,因为纸盆振动系统具有质量、力阻及力顺,由力 F 流出的力线作用在纸盆上分成三支,分别与惯性力、阻尼力、弹性力相平衡,因而在画出的导纳型力学线路图里质量 M_m、力阻 R_m 及力顺 C_m 是并联的,如图 3-5-2(a)所示,将它转换为阻抗型力学线路图,则成为图 3-5-2(b).

图 3-5-1

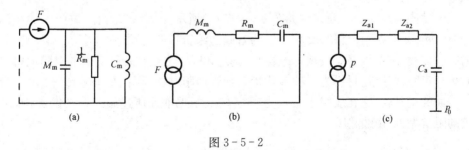

图 3 - 5 - 2

再考虑声学部分,因纸盆振动就产生了体积流,声流线就从纸盆出发,穿过附加在膜前、膜后的声辐射阻抗 Z_{a1} 和 Z_{a2},再穿过由于腔体贡献的声容 C_a 中止于刚性壁,声学部分的阻抗型线路图为 3-5-2(c),其中 p 为由于纸盆振动在紧靠纸盆处产生的声压.

在阻抗型力学线路图和阻抗型声学线路图之间加进一个力声变量器,就可以得到闭箱系统的阻抗型力-声线路图 3-5-3(a),其中 S 为膜片的有效面积.为了计算方便,可去掉变量器,得到总的阻抗型力学线路图 3-5-3(b).

如果由图 3-5-3(b),再结合电路部分就可以对闭箱的电声性能进行详细的讨论.这里仅指出一点：由图 3-5-3(b) 看到，把扬声器单元放于密闭箱子里以后，由闭箱的空气弹性贡献的力顺 $\dfrac{C_a}{S^2}$ 将附加在纸盆本身的顺性 C_m 上，并且它们是串联的，它们的等效力顺就决定了闭箱系统的固有共振频率.

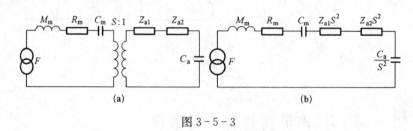

图 3-5-3

例 2 倒相箱式扬声器.

所谓倒相箱式扬声器，实际上就是在闭箱的安装扬声器的面板上再开一个与扬声器纸盆面积差不多的孔，如图 3-5-4(a)．由于扬声器纸盆振动在前后方引起的空气振动是反相位的，但是向箱内辐射的声波经过箱体的作用，再通过孔向外辐射时，它的相位与纸盆前面所辐射声波的相位可以非常接近，于是扬声器向外辐射的声波可以得到加强.

按照上述画类比线路图的原则，这种结构的声学线路图基本上类似于图 3-5-2(c)，但声流线穿过膜片前面与后面的辐射阻抗 Z_{a1} 与 Z_{a2} 以后分成两支，一支穿过腔体贡献的声容 C_a 终止于箱壁，另一支穿过开孔的声质量 M_{a3} 和辐射阻抗 Z_{a3}，汇合于大气压强 P_0，因而倒相箱的声学部分线路如图 3-5-4(b)．

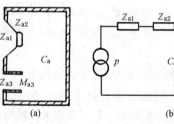

图 3-5-4

例 3 压强式动圈传声器.

压强式动圈传声器的一般结构如图 3-5-5(a) 所示，图中 F 是由声波产生的作用在音膜上的力，M_m 为音膜加音圈的质量，C_m 为音膜边缘折环的力顺，R_m 为其力阻，V_1 为音膜背面的腔体体积，它在线路中表现为声容 C_{a1}，M_{a1} 和 R_{a1} 为装在音膜后面的声阻尼材料贡献的声质量和声阻(声阻尼材料为一种多孔状毛细管声阻结构，可以是羊毛毡等)，V_2 为声阻尼材料后面的空气腔，它在线路中表现为声容 C_{a2}．根据前面所述画线路图的原则，可画出该系统的阻抗型力-声线路图 3-5-5(b)．

图 3-5-6(a) 是统一为阻抗型的力学线路图．假设由于 V_2 比较大，因而 $\dfrac{1}{\omega C_{a2}}$ 很小，可以忽略，则可以由图 3-5-6(a) 求得动圈传声器的等效输入力学阻抗为

$$Z_m = R'_m + \mathrm{j}X'_m, \tag{3-5-1}$$

其中

$$R'_m = R_m + \frac{S^2 R_{a1}/C_{a1}^2}{R_{a1}^2 \omega^2 + M_{a1}^2(\omega_1^2 - \omega^2)^2},$$

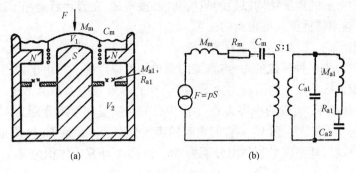

图 3-5-5

$$X'_m = \omega M_m - \frac{1}{\omega C_m} + S^2 \frac{\dfrac{\omega}{C_{a1}}\left[M_{a1}^2(\omega_1^2 - \omega^2) - R_{a1}^2\right]}{R_{a1}^2\omega^2 + M_{a1}^2(\omega_1^2 - \omega^2)^2},$$

$$\omega_1^2 = \frac{1}{M_{a1}C_{a1}}.$$

因而音膜-音圈系统的振动速度幅值为

$$v_a = \frac{F_a}{|Z_m|} = \frac{p_a S}{|Z_m|}, \tag{3-5-2}$$

式中 $|Z_m| = \sqrt{R_m^2 + X_m'^2}$. 因为动圈传声器的开路输出电压 E 与音圈的速度成正比,即 $E = Blv$,因而输出电压的幅值为

$$E_a = Bl\frac{p_a S}{|Z_m|}. \tag{3-5-3}$$

如果 p_a 对各频率都相同,则传声器的频率特性就仅同 $\dfrac{1}{|Z_m|}$ 有关. 一般要求传声器的频响均匀,因此必须使输入力阻抗 $|Z_m|$ 与频率无关. 这就需要对传声器结构的力学和声学元件参数进行适当的设计.

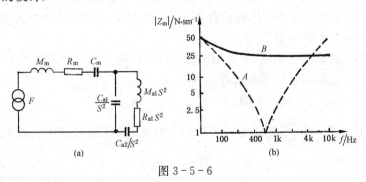

图 3-5-6

例如,有一传声器,它的参数为 $R_m = 1\mathrm{N} \cdot \mathrm{s/m}$,$R_{a1}S^2 = 24\mathrm{N} \cdot \mathrm{s/m}$,$C_m = 10^{-4}\mathrm{m/N}$,$\dfrac{C_{a1}}{S^2} = 10^{-6}\mathrm{m/N}$,$M_m = 6 \times 10^{-4}\mathrm{kg}$,$M_{a1}S^2 = 3 \times 10^{-4}\mathrm{kg}$. 图 3-5-6(b)中曲线 A 表示振子 (M_m, C_m, R_m) 单独存在时,也就是单谐振回路的阻抗曲线,曲线 B 表示按上列数据设计了

如图 3-5-5(a) 所示的声学结构以后的阻抗曲线. 很明显, 在膜片后附加了适当的声学结构以后, 传声器的频率特性可获得很大的改善.

例 4 耳机.

图 3-5-7(a) 为一种耳机的力-声系统的简单结构原理图. 设: 由于采用某种电-力换能方式得到的作用在振动片上的简谐力为 F; 振动片的等效集中参数为 M_m, C_m 及 R_m, 有效面积为 S; 前腔体积 V_1 贡献的声容为 C_{a1}; 出声孔的声质量和声阻分别为 M_{a1} 和 R_{a1}; 阻尼板将后腔分成两个小腔 V_{21} 和 V_{22}, 它们贡献的声容分别为 C_{a21} 和 C_{a22}; 阻尼板上有两个小圆板, 贴上阻尼材料, 其声质量和声阻分别为 M_{a2} 和 R_{a2}; 耳腔的体积为 V_3, 其声容为 C_{a3}.

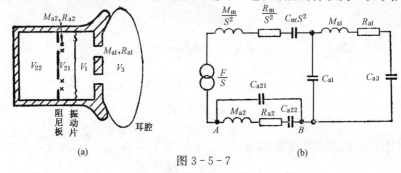

图 3-5-7

按上述画图原则, 可以很快画出该耳机的阻抗型声学线路图 3-5-7(b), 其中已经去掉变量器, 把力学部分反映到声学线路中了.

如果引入阻尼板是为了能降低共振峰的高度, 而不影响共振峰频率的位置, 那么由图 3-5-7(b) 看出, 必须设计 V_{21} 较小, V_{22} 较大, 使在系统共振频率处, C_{a21} 支路近于开路, C_{a22} 近于短路, 进而选用阻尼材料的 M_{a2} 也较小, 那么图中 AB 两点间的阻抗近似为纯阻, 即 $Z_{AB} \approx R_{a2}$, 这样就相当于在力学系统中附加串联了一个纯阻, 从而达到预期目的.

例 5 压差传声器.

图 3-5-8(a) 为一种压差式传声器的力-声结构原理图, 这种传声器有两个进声孔, 它们的声质量和声阻分别为 M_{a1}, R_{a1} 和 M_{a2}, R_{a2}; 振动片的有效面积为 S, 其等效集中参数为 M_m, C_m 和 R_m; 振动片两面的腔体体积分别为 V_1 和 V_2, 它们在线路中表现为声容 C_{a1} 和 C_{a2}; 设两个进声孔处的声压分别为 p_1 和 p_2.

按以上画类比线路图的原则, 可以画出该传声器的阻抗型声学线路图 3-5-8(b).

如果振动片两面的声学结构是对称的, 即

$$M_{a1} = M_{a2} = M_a, \quad C_{a1} = C_{a2} = C_a,$$

并且假设声阻 R_{a1}, R_{a2} 及 $\dfrac{R_m}{S^2}$ 都很小, 可以忽略, 则可由图求得振动片的速度为

$$v = \frac{p_1 - p_2}{SZ_a}, \tag{3-5-4}$$

式中

$$Z_a = \frac{j\omega C_m S^2}{1 - \omega^2 \left(\dfrac{1}{\omega_1^2} + \dfrac{1}{\omega_0^2} + 2M_a S^2 C_m \right) + \dfrac{\omega^4}{\omega_0^2 \omega_1^2}},$$

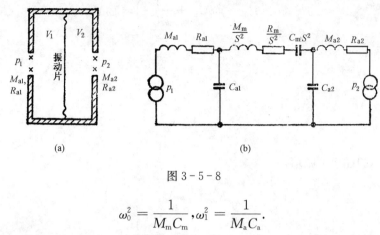

图 3-5-8

$$\omega_0^2 = \frac{1}{M_\mathrm{m} C_\mathrm{m}}, \omega_1^2 = \frac{1}{M_\mathrm{a} C_\mathrm{a}}.$$

将振动片的振动通过某种力-电换能方式就可转化为电输出,由(3-5-4)式可见,该传声器的灵敏度频率特性主要决定于 Z_a,适当调节力学和声学参数,就可获得所希望的频率特性.

例 6 拾振器.

图 3-5-9(a)是§1.4曾经讨论过的拾振装置,运用类比线路也可以分析这种装置的拾振原理.当外壳 m 随着被拾取的对象一起运动时,装在外壳里的由弹簧 C_m 和质量 M_m 组成的振动系统也发生运动.力线从弹簧与外壳的接触处出发,穿过弹簧 C_m 到达 M_m. 力线在

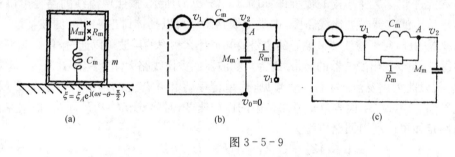

图 3-5-9

这里分成两支,一支穿过 M_m 与惯性力相平衡,终止于刚性壁;另一支穿过力阻元件到达壳内空气.这里必须注意,因为壳内空气随外壳 m 一起运动,所以它的速度不是零,因此这支力线不是终止于刚性壁而是终止于 v_1. 将力线路径上的力学元件换成该元件在导纳型线路里的类比符号,就得到该系统的导纳型力学线路图 3-5-9(b),一般将它转换为较习惯的形式,即图 3-5-9(c).

据克希霍夫第一电路定律,在 A 点有

$$\frac{v_1 - v_2}{\mathrm{j}\omega C_\mathrm{m}} + \frac{v_1 - v_2}{1/R_\mathrm{m}} = \frac{v_2}{1/\mathrm{j}\omega M_\mathrm{m}}, \tag{3-5-5}$$

经整理后得

$$(v_1 - v_2)\left(R_\mathrm{m} + \frac{1}{\mathrm{j}\omega C_\mathrm{m}}\right) = \mathrm{j}\omega M_\mathrm{m} v_2, \tag{3-5-6}$$

或写成

$$(v_1 - v_2)\left(R_{\mathrm{m}} + \mathrm{j}\omega M_{\mathrm{m}} + \frac{1}{\mathrm{j}\omega C_{\mathrm{m}}}\right) = \mathrm{j}\omega M_{\mathrm{m}} v_1, \tag{3-5-7}$$

如引用相对坐标 $\xi = \xi_2 - \xi_1$，上式成为

$$\xi = \frac{\mathrm{j}\omega M_{\mathrm{m}}}{Z_{\mathrm{m}}}\xi_1 = \xi_{\mathrm{a}} \mathrm{e}^{\mathrm{j}(\omega t - \theta_0 - \frac{\pi}{2})}, \tag{3-5-8}$$

其中

$$\xi_{\mathrm{a}} = \frac{M_{\mathrm{m}} a_{10}}{\omega |Z_{\mathrm{m}}|},$$

a_{10} 为被测物体的加速度幅值，

$$|Z_{\mathrm{m}}| = \sqrt{R_{\mathrm{m}}^2 + \left(\omega M_{\mathrm{m}} - \frac{1}{\omega C_{\mathrm{m}}}\right)^2}$$

$$\theta_0 = \arctan \frac{\omega M_{\mathrm{m}} - \dfrac{1}{\omega C_{\mathrm{m}}}}{R_{\mathrm{m}}}.$$

显然(3-5-8)式正是(1-4-46)式.

例7 声滤波器.

在噪声控制技术中，经常应用各种结构的声滤波器. 例如，在声传播管道中加接一段截面积较大的管子，构成所谓扩张管式消音器，如果管子尺寸比波长小很多，扩张管可以看成一个集中参数元件 C_{a}，这种结构的模型即如图 3-4-8(a)所示. 按照声流线的路径可以很容易地画出这些声滤波器的类比线路图，由类比线路图就可以具体讨论它们的滤波特性.

像电滤波器一样，对声滤波器最关心的也是要知道什么频率的声波可以通过，什么频率的声波不可能通过，即要找出滤波器的通带. 因为声滤波器的类比线路大体上具有图 3-4-8(c)的形状，我们就以此为出发点. 为了一般起见，这里记串臂和并臂上的声阻抗分别为 Z_1 和 Z_2，得到图 3-5-10，设 U_n 代表第 n 节回路中的体积速度，对第 n 节 $CDEF$ 回路，根据克希霍夫第二电路定律可以列出回路方程

$$(U_n - U_{n-1})Z_2 + U_n Z_1 + (U_n - U_{n+1})Z_2 = 0, \tag{3-5-9}$$

化简得

$$-Z_2\left(\frac{U_{n-1}}{U_n} + \frac{U_{n+1}}{U_n}\right) + (Z_1 + 2Z_2) = 0. \tag{3-5-10}$$

如果令

$$\frac{U_{n-1}}{U_n} = \frac{U_n}{U_{n+1}} = \cdots = \mathrm{e}^{\theta} = \mathrm{e}^{\alpha + \mathrm{j}\beta}, \tag{3-5-11}$$

其中 α 称为声滤波器传输衰减系数，β 称为相位系数. 则(3-5-10)式可改写为

$$\frac{Z_1 + 2Z_2}{2Z_2} = \frac{1}{2}(\mathrm{e}^{\theta} + \mathrm{e}^{-\theta}), \tag{3-5-12}$$

或者写成

$$\cosh\theta = 1 + \frac{Z_1}{2Z_2}. \tag{3-5-13}$$

在通频带里，要求衰减系数 α 趋近于零，因而

$$\cosh\theta = \cosh \mathrm{j}\beta = \cos\beta = 1 + \frac{Z_1}{2Z_2},$$

考虑到余弦函数的性质,即可得到通频带条件为

$$-1 \leqslant 1 + \frac{Z_1}{2Z_2} \leqslant 1,$$

或写成

$$-1 \leqslant \frac{Z_1}{4Z_2} \leqslant 0. \tag{3-5-14}$$

这就是说,对如图 3-5-10 所示的网络,在使串臂、并臂声阻抗满足(3-5-14)式的频率范围内为通带,在其他的频率则为阻带. 对具体结构的声滤波器,只要知道了其类比线路中串臂、并臂的阻抗 Z_1 和 Z_2,即可代入(3-5-14)式求得通带.

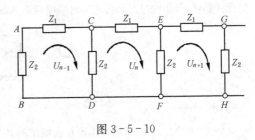

图 3-5-10

例如,对图 3-4-8(a)所示的扩张管,由类比线路图 3-4-8(c)可见,

$$Z_1 = \mathrm{j}\omega M_\mathrm{a}, \quad Z_2 = \frac{1}{\mathrm{j}\omega C_\mathrm{a}},$$

这里假设 $M_{\mathrm{a}1} = M_{\mathrm{a}2} = \cdots = M_\mathrm{a}$,$C_{\mathrm{a}1} = C_{\mathrm{a}2} = \cdots = C_\mathrm{a}$,并假设阻尼很小,可忽略,由(3-5-14)式得

$$0 \leqslant f \leqslant \frac{1}{\pi}\sqrt{\frac{1}{M_\mathrm{a}C_\mathrm{a}}}, \tag{3-5-15}$$

这就是说图 3-4-8(a)中的任何一节,例如,AB 两点间的声学结构实际是一节低通声滤波器,其截止频率由(3-5-15)式给出.

再如图 3-5-11(a)所示的声学系统,假设其主导管截面积较大,因而声质量 $M_\mathrm{a} = \dfrac{M_\mathrm{m}}{S^2}$ 很小,可近似认为是零. 这系统的类比线路图为图 3-5-11(b),由图可见,

$$Z_1 \approx 0, \quad Z_2 = \mathrm{j}\left(\omega M_\mathrm{a} - \frac{1}{\omega C_\mathrm{a}}\right),$$

代入(3-5-14)式解得此声滤波器的通带为除

$$f_0 = \frac{1}{2\pi}\sqrt{\frac{1}{M_\mathrm{a}C_\mathrm{a}}}$$

以外的所有频率,这也就相当于中心频率为

$$f_0 = \frac{1}{2\pi}\sqrt{\frac{1}{M_\mathrm{a}C_\mathrm{a}}}$$

的阻带滤波器. 这从图 3-5-11(b)也可直接看出,因为并联支路在频率为 f_0 时发生串联谐振,阻抗为零,该频率的声波被旁路.

如果声学结构的尺寸与声波波长可以比拟,这时

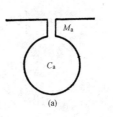
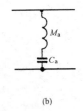

(a)

(b)

图 3-5-11

不能看作集中参数,而要考虑到声波在管状结构中的传播特性,这些将在第 5 章中详细讨论.

习 题 3

3-1 如图 3-4-2 所示的隔振系统,试画出其阻抗型类比线路图,并运用线路图来讨论此系统的隔振性能.

3-2 有一如图所示的隔振系统,系统的弹簧置于阻尼物质中,其力阻为 R_{m1},试画出该系统的导纳型类比线路图,并由线路图分析 R_{m1} 对隔振性能的影响.

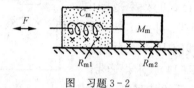

图 习题 3-2

3-3 试画出如图所示的弹簧并联相接的力学系统的导纳型类比线路图,并从线路图求出系统的等效弹性系数.

3-4 试画出如图所示力学系统的阻抗型类比线路图,并求出 M_{m1} 和 M_{m2} 的速度.

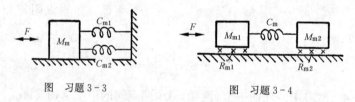

图 习题 3-3   图 习题 3-4

3-5 试画出如图所示力学系统的导纳型类比线路图(力阻都忽略不计).

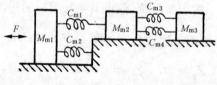

图 习题 3-5

3-6 有一动圈扬声器,其振动系统如图所示,M_{m1} 为音圈质量,M_{m2} 为纸盆的质量,C_{m2} 为折环的力顺,C_{m3} 为定位弹簧的力顺,C_{m1} 为音圈与纸盆中间插入的一个弹簧的力顺,试画出扬声器力学系统的导纳型类比线路图,并讨论 C_{m1} 的作用.

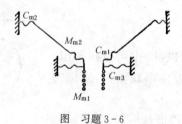

图 习题 3-6

3-7 图中示意画出了自行车的简化力学模型,如果由于路面的不平整,使一只轮胎得到一垂直方向的速度 $v = v_a \cos\omega t$,试画出该系统的导纳型力学类比线路图.

3-8 机器 M_m 与地基之间垫有弹簧 K_m,设机器工作时发出频率为 f 的强烈单频振动,为了避免这种振动通过弹簧 K_m 传到地基,可在机器 M_m 上加装一质量为 M_{m1}、弹性系数为 K_{m1} 的振动系统,如图所示,如果设计附加振动系统的固有频率就等于机器 M_m 发出的振动频率,则就可以大大减弱强烈振动向地基的传递.试用类比线路图解释之.

3-9 有一简单的护耳罩结构如图所示,耳罩与人头之间形成一体积为 V 的空腔,耳罩的质量为 M_m,有效面积为 S,它与人头之间以弹性系数为 K_m 的软垫接触.假设耳罩外有一声压为 p 的声波作用,在耳罩内产生的声压为 p_v,试求出耳罩的传声比 $\left|\dfrac{p_v}{p}\right|$,并分析护耳罩的传声规律.

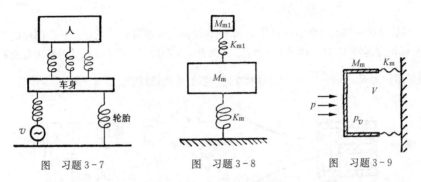

图 习题 3-7   图 习题 3-8   图 习题 3-9

3-10 设有一体积为 V_0 的刚性壁小腔,现将一表面平整的电容传声器置换该小腔的某一壁面,若已知该传声器表面的等效机械抗在低频时近似为 $1/\mathrm{j}\omega C_a$,试问该小腔的等效体积将变为多少?

3-11 有一耳机,其振膜的固有频率原设计在 $1.2\ \mathrm{kHz}$,测试时将耳机压紧在一个模仿人耳体腔的 $V = 6\ \mathrm{cm}^3$ 的小盒子上进行,如图所示.求这时系统的固有频率.设振膜有效质量为 $4\times10^{-4}\ \mathrm{kg}$,有效面积为 $1.2\times10^{-3}\ \mathrm{m}^2$.

3-12 有一声波作用于赫姆霍兹共鸣器管口,假设声波的频率等于共鸣器的共振频率,证明共鸣器里面的声压幅度等于外加声波幅度的 Q_a 倍,其中 $Q_a = \dfrac{\omega_0 M_a}{R_a}$ 为共鸣器的品质因素.

图 习题 3-11

3-13 某柴油发动机排气管道发出的噪声能量主要集中在 $f = 200\ \mathrm{Hz}$ 附近,试讨论用声滤波器降低这一噪声的方案.

3-14 试画出如图所示带通声滤波器的类比线路图,并求出其截止频率.

3-15 如图为一带有低频补偿管的压强式动圈传声器原理简图,试画出其类比线路图,并讨论低频补偿管的 M_{a2},R_{a2} 的作用.

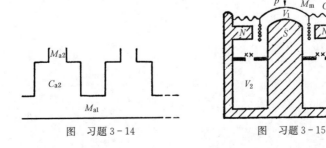

图 习题 3-14   图 习题 3-15

3-16 如图为一压强式电容传声器结构示意图,背电极上打有许多小孔,构成声阻尼元件 M_{a1}, R_{a1}, 试画出其类比线路图.

3-17 如图为压强与压差复合式传声器的结构示意图,设膜片的力阻抗为 Z_m,试画出此系统的声学类比线路图.

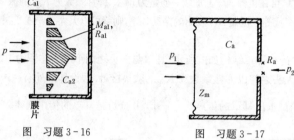

图 习题 3-16   图 习题 3-17

3-18 号筒式扬声器的简单结构如图(a)所示,由动圈式换能得到的交变力 F 作用在振膜上,振膜的质量、力顺及面积分别为 M_m, C_m 和 S,C_{a1} 和 C_{a2} 分别为前室和后室的声容,S_0 为号筒喉部面积,假设已知喉部的声辐射阻抗为 $R_{ra} = \dfrac{\rho_0 C_0}{S_0}$,试画出号筒式扬声器的类比线路图.[答案见图(b)]

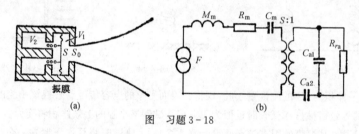

图 习题 3-18

4

声波的基本性质

4.1 概 述

前面几章已分别讨论了一些物体的振动规律,那里我们已指出过,物体的振动往往伴随着产生声音.例如,提琴的弦的振动能产生悦耳的音乐,收音机借助于扬声器纸盆的振动播放出语言和音乐节目,绷紧的鼓皮的振动会发出"咚咚咚"的声音等.那么人们不禁要问:物体的振动何以会在人们的耳朵中感觉为声音? 这个有趣的问题实际上包含着两方面的内容:一是物体的振动如何传到人们的耳朵,从而使人耳的鼓膜发生振动;另一是人耳鼓膜的振动如何使人们主观上感觉为声音.关于后一问题属于生理声学的范畴,这里不准备讨论,我们将重点讨论第一个方面的问题,即物体的振动是如何在媒质中传播的.

设想由于某种原因(例如就是前面讲到的一个物体的振动)在弹性媒质的某局部地区激发起一种扰动,使此局部地区的媒质质点 A 离开平衡位置开始运动.这个质点 A 的运动必然推动相邻媒质质点 B,亦即压缩了这部分相邻媒质,如图 $4-1-1$(a).由于媒质的弹性作用,这部分相邻媒质被压缩时会产生一个反抗压缩的力,这个力作用于质点 A 并使它恢复到原来的平衡位置.另一方面,因为质点 A 具有质量也就是具有惯性,所以质点 A 在经过平衡位置时会出现"过冲",以至又压缩了另一侧面的相邻媒质,该相邻媒质中也会产生一个反抗压缩的力,使质点 A 又回过来趋向平衡位置.可见由于媒质的弹性和惯性作用,这个最初得到扰动的质点 A 就在平衡位置附近来回振动起来.由于同样的原因,被 A 推动了的质点 B 以至更

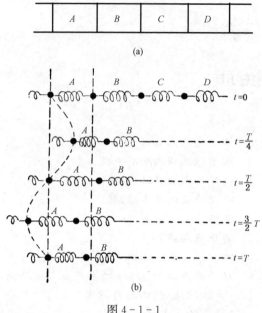

图 4 - 1 - 1

远的质点 C, D，…也都在平衡位置附近振动起来，只是依次滞后一些时间而已. 这种媒质质点的机械振动由近及远的传播就称为**声振动的传播**或称为**声波**. 可见声波是一种**机械波**. 适当频率和强弱的声波传到人的耳朵，人们就感受到了声音.

　　弹性媒质里这种质点振动的传播过程，十分类似于多个振子相互耦合形成的质量→弹簧→质量→弹簧……的链形系统中，一个振子的运动会影响其他振子跟着运动的过程. 图 4 - 1 - 1(b)表示振子 A 的质量在四个不同时间的位置，其余振子的质量也都在平衡位置附近做类似的振动，只是依次滞后一些时间.

　　由以上讨论可见，弹性媒质的存在是声波传播的必要条件. 人们很早做过的一个简单实验也清楚地证明了这一点，把电铃放在玻璃罩中，抽去罩中作为弹性媒质的空气，结果只能看到电铃的小锤在振动，却听不到由它发出的电铃声.

　　本书只讨论声波的宏观性质，不涉及媒质的微观特性，所以本书中讨论的媒质均认为是"连续媒质"，即认为它是由无限多连续分布的质点所组成的. 当然这里所谓质点只是在宏观上是足够小，以至各部分物理特性可看作是均匀的一个小体积元，实际上质点在微观上却包含有大量数目的分子. 显然这样的质点(媒质微团)既具有质量又具有弹性.

　　本书着重讨论气体、液体等流体媒质. 其中，理想流体媒质的弹性主要表现在体积改变时出现的恢复力，不会出现切向恢复力，所以理想流体媒质中声振动传播的方向与质点振动方向是一致的，本书重点讨论的也就是这类**纵声波**.

4.2　声压的基本概念

　　前节已定性讨论了声波的物理图像，为了进一步定量研究声波的各种性质，就需要确定用什么物理量来描述声波过程. 我们已经知道,连续媒质可以看作是由许多紧密相连的微小体积元 dV 组成的物质系统,这样,体积元内的媒质就可以当作集中在一点、质量等于 ρdV 的"质点"来处理,ρ 是媒质的密度. 但这种"质点"又同我们在第 1 章所讲的刚性质点不同,因为 ρ 是随时间和坐标而变化的量. 本书主要讨论平衡态下的物质系统内的声学现象,在平衡态时系统可用体积 V_0(或密度 ρ_0)、压强 P_0 及温度 T_0 等状态参数来描述. 在这种状态下,组成媒质的分子等微粒虽然不断地运动着,但就任一个体积元来讲,在时间 t 内流入的质量等于流出的质量,因此体积元内的质量是不随时间变化的. 如有声波作用时,在组成媒质的微粒的杂乱运动中附加了一个有规律的运动,使得体积元内有时流入的质量多于流出的质量,有时又反过来,即体积元内的媒质一会儿稠密,一会儿又稀疏. 所以声波的传播实际上也就是媒质内稠密和稀疏的交替过程. 显然这样的变化过程可以用体积元内压强、密度、温度以及质点速度等的变化量来描述.

设体积元受声扰动后压强由 P_0 改变为 P_1,则由声扰动产生的**逾量压强**(简称为**逾压**)

$$p = P_1 - P_0$$

就称为**声压**. 因为声传播过程中,在同一时刻,不同体积元内的压强 p 都不同;对同一体积元,其压强 p 又随时间而变化,所以声压 p 一般地是空间和时间的函数,即 $p = p(x,y,z,t)$. 同样地由声扰动引起的密度的变化量 $\rho' = \rho - \rho_0$ 也是空间和时间的函数,即 $\rho' = \rho'(x,y,z,t)$.

此外,既然声波是媒质质点振动的传播,那么媒质质点的振动速度自然也是描述声波的合适的物理量之一. 但由于声压的测量比较容易实现,通过声压的测量也可以间接求得质点速度等其他物理量,所以声压已成为目前人们最为普遍采用的描述声波性质的物理量.

存在声压的空间称为**声场**. 声场中某一瞬时的声压值称为**瞬时声压**. 在一定时间间隔中最大的瞬间声压值称为**峰值声压**或**巅值声压**. 如果声压随时间的变化是按简谐规律的,则峰值声压也就是声压的振幅. 在一定时间间隔中,瞬时声压对时间取均方根值称为**有效声压**

$$p_e = \sqrt{\frac{1}{T}\int_0^T p^2 \, dt},$$

式中下角符号"e"代表有效值,T 代表取平均的时间间隔,它可以是一个周期或比周期大得多的时间间隔. 一般用电子仪表测得的往往就是有效声压,因而人们习惯上指的声压,也往往是指有效声压.

声压的大小反映了声波的强弱,声压的单位为 Pa(帕):

$$1\,\text{Pa} = 1\,\text{N/m}^2,$$

有时也用 bar(巴)作单位,1 bar=100 kPa.

为了使读者对声压的大小有一直观概念,下面举出一些有效声压大小的典型例子:

人耳对 1 kHz 声音的可听阈(即刚刚能觉察到它存在时的声压)约 2×10^{-5} Pa,微风轻轻吹动树叶的声音约 2×10^{-4} Pa,在房间中的高声谈话声(相距 1 m 处)约 0.05 Pa～0.1 Pa,交响乐演奏声(相距 5 m～10 m 处)约 0.3 Pa,飞机的强力发动机发出的声音(相距 5 m 处)约 200 Pa. 图 4-2-1 给出了若干声音的声压和频率的范围.

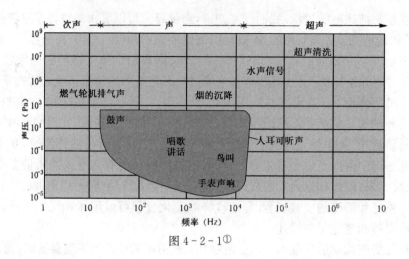

图 4 - 2 - 1①

4.3　理想流体媒质中的声波方程

我们已经知道,声场的特征可以通过媒质中的声压 p、质点速度 v 以及密度的变化量 ρ' 来表征. 以声压为例,在声传播过程中,对同一时刻,声场中各不同位置都有不同的数值,也就是声压随着位置有一个分布;另一方面,声场中每个位置的声压又在随时间而变化,也就是说声压随位置的分布还随时间而变化. 本节就是要根据声波过程的物理性质,建立声压随空间位置的变化和随时间的变化两者之间的联系,这种联系的数学表示就是**声波动方程**.

4.3.1　理想流体媒质的三个基本方程

虽然我们的目的旨在推导关于描述声波的任一参量,例如,声压 p 的波动方程,但我们不应该孤立地单纯考察声压 p 的变化,因为从 §4.2 所述声波的物理过程我们已经看到,在声扰动过程中,声压 p、质点速度 v 及密度增量 ρ' 等量的变化是互相关联着的,所以我们必须首先找出它们之间的联系.

声振动作为一个宏观的物理现象,必然要满足三个基本的物理定律,即牛顿第二定律、质量守恒定律及描述压强、温度与体积等状态参数关系的物态方程. 我们很快就会看到,运用这些基本定律,就可以分别推导出媒质的运动方程,即 p 与 v 之间的关系;连续性方程,即 v 与 ρ' 之间的关系;以及物态方程,即 p 与 ρ' 之间的关系.

为了使问题简化,必须对媒质及声波过程作出一些假设,虽然这些假设给结果的应用带来一定的局限性,但这些假设既可以使数理分析简化,又可以使阐述声波传播的基本规律和特性简单明了. 而且今后我们将证明,这些假设在相当普遍的情况下还是能很好被满足的,因此,这里得出的结果并不失去普遍意义. 至于某些特殊情况,则在以后有关的章节里再作相应的阐述.

这些假设是:

---

① 本图引自《物理百科全书》,科学出版社,1996.

(1)媒质为理想流体,即媒质中不存在粘滞性,声波在这种理想媒质中传播时没有能量的耗损.

(2)没有声扰动时,媒质在宏观上是静止的,即初速度为零.同时媒质是均匀的,因此媒质中静态压强 P_0、静态密度 ρ_0 都是常数.

(3)声波传播时,媒质中稠密和稀疏的过程是绝热的,即媒质与毗邻部分不会由于声过程引起的温度差而产生热交换.也就是说,我们讨论的是绝热过程.

(4)媒质中传播的是小振幅声波,各声学变量都是一级微量,声压 p 远小于媒质中静态压强 P_0,即 $p \ll P_0$;质点速度 v 远小于声速 c_0,即 $v \ll c_0$;质点位移 ξ 远小于声波波长 λ,即 $\xi \ll \lambda$;媒质密度增量远小于静态密度 ρ_0,即 $\rho' \ll \rho_0$;或密度的相对增量 $s_\rho = \dfrac{\rho'}{\rho_0}$ 远小于 1,即 $s_\rho \ll 1$.

现在先考虑一维情形,即声场在空间的两个方向上是均匀的,只需考虑在一个方向,例如,在 x 方向上的运动.

1. 运动方程

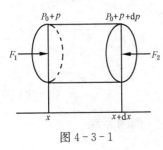

图 4-3-1

设想在声场中取一足够小的体积元,如图 4-3-1 所示,其体积为 $S\mathrm{d}x$(S 为体积元的垂直于 x 轴的侧面的面积),由于声压 p 随位置 x 而异,因此作用在体积元左侧面与右侧面上的力是不相等的,其合力就导致这个体积元里的质点沿 x 方向的运动.当有声波传过时,体积元左侧面处的压强为 $P_0 + p$,所以作用在该体积元左侧面上的力为 $F_1 = (P_0 + p)S$,因为在理想流体媒质中不存在切向力,内压力总是垂直于所取的表面,所以 F_1 的方向是沿 x 轴正方向;体积元右侧面处的压强为 $P_0 + p + \mathrm{d}p$,其中 $\mathrm{d}p = \dfrac{\partial p}{\partial x}\mathrm{d}x$ 为位置从 x 变到 $x + \mathrm{d}x$ 以后声压的改变量,于是作用在该体积元右侧面上的力为 $F_2 = (P_0 + p + \mathrm{d}p)S$,其方向沿负 x 方向;考虑到媒质静态压强 P_0 不随 x 而变,因而作用在该体积上沿 x 方向的合力为 $F = F_1 - F_2 = -S\dfrac{\partial p}{\partial x}\mathrm{d}x$.该体积元内媒质的质量为 $\rho S\mathrm{d}x$,它在力 F 作用下得到沿 x 方向的加速度 $\dfrac{\mathrm{d}v}{\mathrm{d}t}$,因此据牛顿第二定律有

$$\rho S\mathrm{d}x \frac{\mathrm{d}v}{\mathrm{d}t} = -\frac{\partial p}{\partial x}S\mathrm{d}x,$$

整理后可得

$$\rho \frac{\mathrm{d}v}{\mathrm{d}t} = -\frac{\partial p}{\partial x}. \tag{4-3-1}$$

这就是有声扰动时媒质的运动方程,它描述了声场中声压 p 与质点速度 v 之间的关系.

2. 连续性方程

连续性方程实际上就是质量守恒定律,即媒质中单位时间内流入体积元的质量与流出该体积元的质量之差应等于该体积元内质量的增加或减少.

仍设想在声场中取一足够小的体积元,如图 4-3-2 所示,其体积为 $S\mathrm{d}x$,如在体积元

左侧面 x 处，媒质质点的速度为 $(v)_x$，密度为 $(\rho)_x$，则在单位时间内流过左侧面进入该体积元的质量应等于截面积为 S、高度为 $(v)_x$ 的柱体体积内所包含的媒质质量，即 $(\rho v)_x S$；在同一单位时间内从体积元经过右侧面流出的质量为 $-(\rho v)_{x+dx}S$，负号表示流出，取其泰勒展开式的一级近似，即为 $-\left[(\rho v)_x + \dfrac{\partial(\rho v)_x}{\partial x}dx\right]S$. 因此，单位时间内流

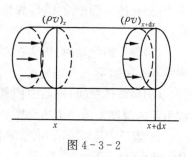

图 4-3-2

入体积元的净质量为 $-\dfrac{\partial(\rho v)}{\partial x}S dx$（$\rho$，$v$ 都是 x 的函数，式中不再注下标 x）. 另一方面，体积元内质量增加，则说明它的密度增大了，设它在单位时间内的增加量为 $\dfrac{\partial \rho}{\partial t}$，那么在单位时间内体积元质量的增加则为 $\dfrac{\partial \rho}{\partial t}S dx$. 由于体积元内既没有产生质量的源，又不会无缘无故地消失，所以质量是守恒的. 因此，在单位时间内体积元的质量的增加量必然等于流入体积元的净质量，则

$$-\frac{\partial(\rho v)}{\partial x}S dx = \frac{\partial \rho}{\partial t}S dx,$$

整理后可得

$$-\frac{\partial}{\partial x}(\rho v) = \frac{\partial \rho}{\partial t}. \tag{4-3-2}$$

这就是声场中媒质的连续性方程，它描述媒质质点速度 v 与密度 ρ 间的关系.

3. 物态方程

我们仍考察媒质中包含一定质量的某体积元，它在没有声扰动时的状态以压强 P_0、密度 ρ_0 及温度 T_0 来表征，当声波传过该体积元时，体积元内的压强、密度、温度都会发生变化. 当然这三个量的变化不是独立的，而是互相联系的，这种媒质状态的变化规律由热力学状态方程所描述. 因为即使在频率较低的情况下，声波过程进行得还是比较快的，体积压缩和膨胀过程的周期比热传导需要的时间短得多，因此在声传播过程中，媒质还来不及与毗邻部分进行热量的交换，因而声波过程可以认为是绝热过程，这样，就可以认为压强 P 仅是密度 ρ 的函数，即

$$P = P(\rho).$$

因而由声扰动引起的压强和密度的微小增量则满足

$$dP = \left(\frac{dP}{d\rho}\right)_s d\rho,$$

这里下标"s"表示绝热过程.

考虑到压强和密度的变化有相同的方向，当媒质被压缩时，压强和密度都增加，即 $dP > 0, d\rho > 0$，而膨胀时压强和密度都降低，即 $dP < 0, d\rho < 0$，所以系数 $\left(\dfrac{dP}{d\rho}\right)_s$ 恒大于零，现以 c^2 表示，即

$$dP = c^2 d\rho, \tag{4-3-3}$$

这就是理想流体媒质中有声扰动时的物态方程，它描述声场中压强 P 的微小变化与密度 ρ 的微小变化之间的关系. 关于

$$c^2 = \left(\frac{\mathrm{d}P}{\mathrm{d}\rho}\right)_s,$$

现在暂且认为是引入的一个符号,下一节解出波动方程以后将会看到,它实际上代表了声传播的速度. 它在一般情况下并非常数,仍可能是 P 或 ρ 的函数,其值决定于具体媒质情况下 P 对 ρ 的依赖关系.

例如我们知道,理想气体的绝热物态方程为

$$PV^\gamma = \text{const.} \tag{4-3-4}$$

而对一定质量的理想气体,上式成为

$$\frac{P}{\rho^\gamma} = \text{const,}$$

由此可求得

$$c^2 = \frac{\gamma P}{\rho}, \tag{4-3-5}$$

可见 c 仍是 P 及 ρ 的函数.

对于一般流体(包括液体),其压强和密度之间的关系比较复杂,不可能求得类似于(4-3-4)式那样的解析表达式,这时常可通过媒质的压缩系数(或体积弹性系数)来求得 c,因为由定义

$$c^2 = \left(\frac{\mathrm{d}P}{\mathrm{d}\rho}\right)_s = \frac{\mathrm{d}P}{\left(\dfrac{\mathrm{d}\rho}{\rho}\right)_s \rho},$$

考虑到媒质质量一定,则有 $\rho\mathrm{d}V + V\mathrm{d}\rho = 0$,即

$$\left(\frac{\mathrm{d}\rho}{\rho}\right)_s = -\left(\frac{\mathrm{d}V}{V}\right)_s,$$

代入 c^2,则得到

$$c^2 = \frac{\mathrm{d}P}{\left(\dfrac{\mathrm{d}\rho}{\rho}\right)_s \rho} = \frac{\mathrm{d}P}{-\left(\dfrac{\mathrm{d}V}{V}\right)_s \rho} = \frac{1}{\beta_s \rho} = \frac{K_s}{\rho}. \tag{4-3-6}$$

其中 $\dfrac{\mathrm{d}V}{V}$ 为体积的相对增量;$\beta_s = -\dfrac{\dfrac{\mathrm{d}V}{V}}{\mathrm{d}P}$ 为**绝热体积压缩系数**,表示绝热情况下,单位压强变化引起的体积相对变化,负号表示压强和体积的变化方向相反;$K_s = \dfrac{1}{\beta_s} = \dfrac{\mathrm{d}P}{-\dfrac{\mathrm{d}V}{V}}$ 为**绝热体积弹性系数**. 由(4-3-6)式可见,对液体等一般媒质,c^2 通常也还是 ρ 的函数.

4.3.2 小振幅声波一维波动方程

前面已经求得了有声扰动存在时理想流体媒质的三个基本方程,但这些方程中各声学量之间的关系都是非线性的,因此还不可能从这些方程中消去某些物理量以得到用单一参量表示的声波方程. 但是如果我们考虑到 §4.3.1 中曾经作出的一些假设,即声波的振幅比

较小,声波的各参量 p,v,ρ' 以及它们随位置、随时间的变化量都是微小量,并且它们的平方项以上的微量为更高级的微量,因而可以忽略. 那么,三个基本方程即可得到简化,下面分别叙述.

1. 运动方程

已知媒质运动方程为

$$\rho \frac{\mathrm{d}v}{\mathrm{d}t} = -\frac{\partial p}{\partial x}. \tag{4-3-1}$$

这里的 $\rho = \rho_0 + \rho'$,它仍是一个变量. 至于媒质质点的加速度 $\frac{\mathrm{d}v}{\mathrm{d}t}$,它实际包含了两部分:一部分是在空间指定点上,由于该位置的速度随时间而变化所取得的加速度,即**本地加速度** $\frac{\partial v}{\partial t}$,另一部分是由于质点迁移一空间距离以后,因速度随位置而异取得的速度增量而得到的加速度,它等于 $\frac{\partial v}{\partial x} \frac{\mathrm{d}x}{\mathrm{d}t} = v \frac{\partial v}{\partial x}$,即**迁移加速度**. 因此(4-3-1)式成为

$$(\rho_0 + \rho')\left(\frac{\partial v}{\partial t} + v \frac{\partial v}{\partial x}\right) = -\frac{\partial p}{\partial x},$$

略去二级以上的微量就得到简化了的方程

$$\rho_0 \frac{\partial v}{\partial t} = -\frac{\partial p}{\partial x}. \tag{4-3-1a}$$

2. 连续性方程

已知连续性方程为

$$-\frac{\partial}{\partial x}(\rho v) = \frac{\partial \rho}{\partial t}, \tag{4-3-2}$$

因为 $\rho = \rho_0 + \rho'$,其中 ρ_0 为没有声扰动时媒质的静态密度,它既不随时间变化,也不随位置而变化,将 ρ 代入(4-3-2)式,略去二级以上的微量即可得到简化方程

$$-\rho_0 \frac{\partial v}{\partial x} = \frac{\partial \rho'}{\partial t}. \tag{4-3-2a}$$

3. 物态方程

前面我们已经提到,物态方程(4-3-3)式中的系数 $c^2 = \left(\frac{\mathrm{d}P}{\mathrm{d}\rho}\right)_s$ 一般讲并非常数,仍可能是 P 或 ρ 的函数. 但如果是小振幅声波,ρ' 较小,这时可将 $\left(\frac{\mathrm{d}P}{\mathrm{d}\rho}\right)_s$ 在平衡态 (P_0,ρ_0) 附近展开

$$\left(\frac{\mathrm{d}P}{\mathrm{d}\rho}\right)_s = \left(\frac{\mathrm{d}P}{\mathrm{d}\rho}\right)_{s,0} + \frac{1}{2}\left(\frac{\mathrm{d}^2 P}{\mathrm{d}\rho^2}\right)_{s,0}(\rho - \rho_0) + \cdots$$

这里下角符号"0"表示取平衡态时的数值. 因 $\rho - \rho_0$ 很小,上式可忽略第二项以后的所有项得 $\left(\frac{\mathrm{d}P}{\mathrm{d}\rho}\right)_s \approx \left(\frac{\mathrm{d}P}{\mathrm{d}\rho}\right)_{s,0}$,并以 c_0^2 来表示,则有

$$c_0^2 = \left(\frac{\mathrm{d}P}{\mathrm{d}\rho}\right)_{s,0}.$$

可见对小振幅声波，c_0^2 近似为一常数.

例如，对理想气体，由(4-3-5)式知 $c^2 = \dfrac{\gamma P}{\rho}$，取平衡态时的数值则得

$$c_0^2 \approx \left(\frac{\mathrm{d}P}{\mathrm{d}\rho}\right)_{s,0} = \frac{\gamma P_0}{\rho_0}. \tag{4-3-5a}$$

对液体等一般流体，由(4-3-6)式知 $c^2 = \left(\dfrac{\mathrm{d}P}{\mathrm{d}\rho}\right)_s = \dfrac{1}{\beta_s \rho}$，取平衡态时的数值则得到

$$c_0^2 \approx \left(\frac{\mathrm{d}P}{\mathrm{d}\rho}\right)_{s,0} = \frac{1}{\beta_s \rho_0}. \tag{4-3-6a}$$

经过上述近似，再考虑到对于小振幅声波，(4-3-3)式中压强的微分即声压 p，密度的微分即密度增量 ρ'，因而媒质物态方程可简化为

$$p = c_0^2 \rho'. \tag{4-3-3a}$$

总之，对小振幅声波，经过略去二级以上微量的所谓线性化手续以后，媒质三个基本方程都已简化为线性方程了，它们是

$$\rho_0 \frac{\partial v}{\partial t} = -\frac{\partial p}{\partial x}; \tag{4-3-1a}$$

$$\rho_0 \frac{\partial v}{\partial x} = -\frac{\partial \rho'}{\partial t}; \tag{4-3-2a}$$

$$p = c_0^2 \rho'. \tag{4-3-3a}$$

根据这一方程组，即可消去 p, v, ρ' 中的任意两个. 例如将(4-3-3a)式对 t 求导后代入(4-3-2a)式得

$$\rho_0 c_0^2 \frac{\partial v}{\partial x} = -\frac{\partial p}{\partial t},$$

将此式对 t 求导得

$$\rho_0 c_0^2 \frac{\partial^2 v}{\partial t \partial x} = -\frac{\partial^2 p}{\partial t^2},$$

然后将(4-3-1a)式代入上式即得

$$\frac{\partial^2 p}{\partial x^2} = \frac{1}{c_0^2} \frac{\partial^2 p}{\partial t^2}. \tag{4-3-7}$$

这就是均匀的理想流体媒质中小振幅声波的波动方程. 此外，如果由方程组(4-3-1a)，(4-3-2a)，(4-3-3a)消去 p, ρ' 或 p, v，则也可得到关于 v 或 ρ' 的类似于(4-3-7)式的波动方程.

必须指出，声波方程(4-3-7)式是在忽略了二级以上微量以后得到，故称为**线性声波方程**，所以从方程(4-3-7)出发研究声场规律时，必须意识到方程(4-3-7)赖以成立的前提. 本书除非特别说明，大部分内容均限于理想流体媒质中的线性声学方面的课题，至于实际媒质中粘滞性对声传播的影响、大振幅声波以及存在切变弹性系数的固体中声的传播等将分别在第 9 章、第 10 章、第 11 章中再作专门的讨论.

4.3.3 三维声波方程

以上我们都假设声场在 y, z 方向是均匀的，从而导得了一维声波方程. 为了普遍起见，

现在讨论三维情形,即声场在 x, y, z 三个方向上都不均匀,此时媒质的三个基本方程乃至波动方程的推导完全类似于一维情形,不同的只是现在还要计及 y, z 方向压强的变化而作用在体积元上的力,体积元的速度也不恰好在 x 方向,而是空间的一个矢量. 为避免重复,这里不再逐一推导,只把一维情况的结果简单地推广到三维情况.

对应于(4-3-1)式、(4-3-2)式的三维运动方程和连续性方程分别为

$$\rho \frac{\mathrm{d}v}{\mathrm{d}t} = - \operatorname{grad} p, \tag{4-3-8}$$

$$- \operatorname{div}(\rho v) = \frac{\partial \rho}{\partial t}. \tag{4-3-9}$$

其中 grad 为梯度算符,它代表 $\frac{\partial}{\partial x}\boldsymbol{i} + \frac{\partial}{\partial y}\boldsymbol{j} + \frac{\partial}{\partial z}\boldsymbol{k}$,如作用于 p 就得到声压 p 沿波阵面法线方向的梯度,即 $\operatorname{grad} p = \frac{\partial p}{\partial x}\boldsymbol{i} + \frac{\partial p}{\partial y}\boldsymbol{j} + \frac{\partial p}{\partial z}\boldsymbol{k}$;div 为散度算符,它作用于矢量 ρv 时得到 $\operatorname{div}(\rho v)$ $= \frac{\partial(\rho v_x)}{\partial x} + \frac{\partial(\rho v_y)}{\partial y} + \frac{\partial(\rho v_z)}{\partial z}$,这里 v_x, v_y, v_z 分别为速度 v 沿三个坐标轴的分量. 至于物态方程形式上仍为(4-3-3)式.

在小振幅情况下,经过线性化近似,得到相应于(4-3-1a)式与(4-3-2a)式的三维线性方程为

$$\rho_0 \frac{\partial v}{\partial t} = - \operatorname{grad} p, \tag{4-3-8a}$$

$$- \operatorname{div}(\rho_0 v) = \frac{\partial \rho'}{\partial t}. \tag{4-3-9a}$$

物态方程形式是仍为(4-3-3a)式,其中的系数 c_0^2 已是取决于媒质平衡态参数的一个常数.

消去 v, ρ',例如将(4-3-9a)式两边对 t 求导得

$$- \operatorname{div}(\rho_0 \frac{\partial v}{\partial t}) = \frac{\partial^2 \rho'}{\partial t^2}.$$

将物态方程两边对 t 求导,会同(4-3-8a)式一起代入上式,并考虑到 $\operatorname{div}(\operatorname{grad} p) = \nabla^2 p$,即可得到均匀的理想流体媒质里,小振幅声波声压 p 的三维波动方程为

$$\nabla^2 p = \frac{1}{c_0^2} \frac{\partial^2 p}{\partial t^2}. \tag{4-3-10}$$

其中"∇^2"为拉普拉斯算符,它在不同的坐标系里具有不同的形式,在直角坐标系里

$$\nabla^2 = \frac{\partial^2}{\partial x^2} + \frac{\partial^2}{\partial y^2} + \frac{\partial^2}{\partial z^2}.$$

4.3.4 速度势

前面已经导得了关于声压 p 的声波方程,至于质点速度 v,它通常可以在求得声压 p 以后,再应用运动方程(4-3-8)式而得到,即

$$v_x = -\frac{1}{\rho_0} \int \frac{\partial p}{\partial x} \mathrm{d}t,$$

$$v_y = -\frac{1}{\rho_0} \int \frac{\partial p}{\partial y} \mathrm{d}t, \left.\right\}$$

$$v_z = -\frac{1}{\rho_0} \int \frac{\partial p}{\partial z} \mathrm{d}t.$$

(4-3-11)

现在来分析一下声波的速度场有什么特点. 由(4-3-11)式不难发现恒有

$$\frac{\partial v_x}{\partial y} - \frac{\partial v_y}{\partial x} = 0,$$

$$\frac{\partial v_x}{\partial z} - \frac{\partial v_z}{\partial x} = 0,$$

$$\frac{\partial v_y}{\partial z} - \frac{\partial v_z}{\partial y} = 0.$$

也就是

$$\mathrm{rot}\, v = 0.$$

(4-3-12)

这里 rot 为旋度算符,它作用于速度 v 就得到

$$\mathrm{rot}\, v = (\frac{\partial v_z}{\partial y} - \frac{\partial v_y}{\partial z})\boldsymbol{i} + (\frac{\partial v_x}{\partial z} - \frac{\partial v_z}{\partial x})\boldsymbol{j} + (\frac{\partial v_y}{\partial x} - \frac{\partial v_x}{\partial y})\boldsymbol{k}.$$

此式说明了理想流体媒质中小振幅声场是无旋场.

另一方面,由矢量分析知识可以知道,如果某一矢量的旋度等于零,则这一矢量必为某一标量函数的梯度,而此矢量的分量则是该标量函数对相应坐标的偏导数. 现在既然 rot $v=0$,因此,速度 v 必为某一标量函数 Φ 的梯度,这一点只要在适当改变一下(4-3-11)式的形式以后将立即可以得到证明. 由(4-3-11)式有

$$v_x = -\frac{1}{\rho_0} \int \frac{\partial p}{\partial x} \mathrm{d}t = -\frac{\partial}{\partial x} \int \frac{p}{\rho_0} \mathrm{d}t,$$

$$v_y = -\frac{1}{\rho_0} \int \frac{\partial p}{\partial y} \mathrm{d}t = -\frac{\partial}{\partial y} \int \frac{p}{\rho_0} \mathrm{d}t,$$

$$v_z = -\frac{1}{\rho_0} \int \frac{\partial p}{\partial z} \mathrm{d}t = -\frac{\partial}{\partial z} \int \frac{p}{\rho_0} \mathrm{d}t.$$

如果定义一个新的标量函数 Φ, 它等于

$$\Phi = \int \frac{p}{\rho_0} \mathrm{d}t,$$

(4-3-13)

则上式成为

$$v_x = -\frac{\partial \Phi}{\partial x},$$

$$v_y = -\frac{\partial \Phi}{\partial y},$$

$$v_z = -\frac{\partial \Phi}{\partial z},$$

或者合并成为

$$v = -\operatorname{grad}\Phi.\tag{4-3-14}$$

可见质点速度 v 果然可以表示成一个标量函数的梯度,这个标量函数 Φ 就称为**速度势**,其值即为(4-3-13)式所定义,由(4-3-13)式可见,速度势 Φ 在物理上反映了由于声扰动使媒质单位质量具有的冲量.

可以证明,速度势 Φ 也具有与(4-3-10)式形式相类似的波动方程.例如由(4-3-13)式解得

$$p = \rho_0 \frac{\partial \Phi}{\partial t}.\tag{4-3-15}$$

然后将物态方程(4-3-3a)式两边对时间求导得

$$\frac{\partial p}{\partial t} = -c_0^2 \frac{\partial \rho'}{\partial t},\tag{4-3-16}$$

将连续性方程(4-3-9a)式代入上式可得

$$\frac{\partial p}{\partial t} = -c_0^2 \operatorname{div}(\rho_0 v),\tag{4-3-17}$$

再将(4-3-15)式两边对 t 求导,代入上式便得

$$\rho_0 \frac{\partial^2 \Phi}{\partial t^2} = -c_0^2 \operatorname{div}(\rho_0 v),$$

最后将(4-3-14)式代入上式得

$$\nabla^2 \Phi = \frac{1}{c_0^2} \frac{\partial^2 \Phi}{\partial t^2}.\tag{4-3-18}$$

由于速度势 Φ 像声压一样也是一个标量,所以用它来描述声场也很方便,只要从波动方程(4-3-18)式出发解得 Φ,那么很容易由(4-3-14)式及(4-3-15)式经过简单的微分运算,即可求得质点速度 v 及声压 p.

4.4　特殊形式的声波方程

方程(4-3-7)式是一维声波方程,如果实际声场不仅在 x 方向,而且在 y 与 z 方向也不均匀,则一般地来讲就必须求解三维空间的波动方程(4-3-10)式.但是在某些情况下,如果已知波阵面的形状在传播过程中保持一定,并且传播方向不变(例如均匀球面波,其波阵面形状为一球面,传播方向即为矢径 r 方向),则我们可从具体波形出发,考虑一维情形,而得到简单的特殊形式的波动方程,从而使问题得到简化.

设有一任意形状波阵面的声波在空间传播,波阵面的法线方向即声波传播方向为 r 方向.选择相距为 dr 的两个波阵面被一个很小的立体角所割出的空间作为分析的小体积元,此体积元的纵剖面如图 4-4-1 所示.

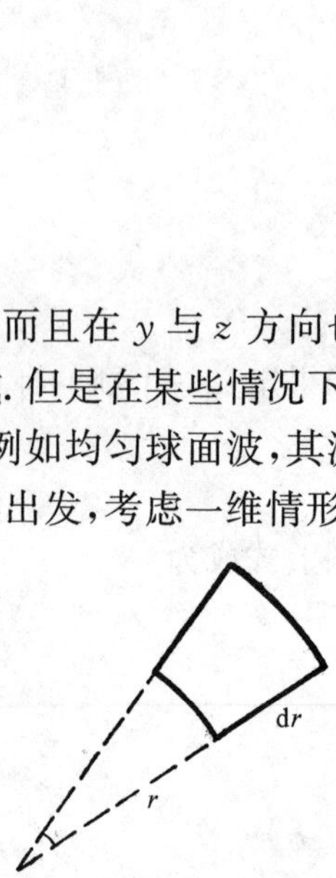

因为传播仅在 r 方向,而且仍考虑小振幅情形,此时线性化了的

图 4-4-1

运动方程成为

$$\rho_0 \frac{\partial v}{\partial t} = -\frac{\partial p}{\partial r}. \tag{4-4-1}$$

物态方程与所取体积元的形状无关,所以仍为

$$p = c_0^2 \rho'. \tag{4-3-3a}$$

至于连续性方程,由于声波传播过程中,虽然波阵面形状不变,但波阵面面积却随 r 不断改变,因此媒质的连续性方程将不同于原来的(4-3-2)式,而应重新考虑.

设在 r 处波阵面的面积为 S,质点速度为 v,密度为 ρ,所以单位时间内流入该体积的质量为 $\rho v S$;在 $r+\mathrm{d}r$ 处,ρ,v,S 值都已变化,所以单位时间内流出该体积元的质量为 $\rho v S + \frac{\partial(\rho v S)}{\partial r}\mathrm{d}r$,两者之差 $-\frac{\partial(\rho v S)}{\partial r}\mathrm{d}r$ 即为进入该体积元的净质量. 另一方面,因为所取体积元很小,所以该体积元的质量近似等于 $\rho S\mathrm{d}r$,体积元在单位时间内质量的变化为 $\frac{\partial(\rho S\mathrm{d}r)}{\partial t}$. 最后根据质量守恒定律,进入体积元内的净质量应等于体积元内质量的增加,即

$$-\frac{\partial(\rho v S)}{\partial r}\mathrm{d}r = \frac{\partial(\rho S\mathrm{d}r)}{\partial t}.$$

因为 $\rho = \rho_0 + \rho'$,考虑到 ρ_0 不随时间改变,对小振幅声波,上式可简化为

$$-\rho_0 \frac{\partial(v S)}{\partial r} = S\frac{\partial \rho'}{\partial t}. \tag{4-4-2}$$

这就是现在特殊情况下的连续性方程,其中波阵面面积 S 随 r 变化,所以不能作为常数提至导数符号外.

联立(4-4-1)式、(4-4-2)式及(4-3-3a)三式,例如将(4-4-2)式展开,并在方程的两边同乘以 $\frac{c_0^2}{S}$ 得

$$-\rho_0 \frac{c_0^2}{S}\left(S\frac{\partial v}{\partial r} + v\frac{\partial S}{\partial r}\right) = c_0^2 \frac{\partial \rho'}{\partial t}.$$

将物态方程(4-3-3a)两边对 t 求导后代入上式得

$$\frac{\partial p}{\partial t} = -\rho_0 c_0^2\left(\frac{\partial v}{\partial r} + v\frac{\partial(\ln S)}{\partial r}\right).$$

这里 $\ln$ 是以 e 为底的自然对数. 再将此式对时间 t 求导,把运动方程(4-4-1)式对 r 求导,两者联立消去 v 即得

$$\left(\frac{\partial^2 p}{\partial r^2} + \frac{\partial p}{\partial r}\frac{\partial(\ln S)}{\partial r}\right) = \frac{1}{c_0^2}\frac{\partial^2 p}{\partial t^2}. \tag{4-4-3}$$

这就是当声波波阵面形状不变的特殊情况下的波动方程,在具体问题中只要知道了波阵面的形状 $S(r)$,即可由它来求解声压 p.

4.5　平面声波的基本性质

由 §4.3 可以看出,声学波动方程只是在应用了媒质的基本物理特性以后导得的,并没

有计及具体声源的振动状况及边界上的状况,因此它反映的是理想媒质中声波这个物理现象的共同规律,至于具体的声传播特性还必须结合具体声源及具体边界状况来确定. 在数学上就是由波动方程(4-3-7)或(4-3-10)式出发,来求满足**边界条件**的解.

为了描述清楚起见,我们先选择一种波型比较简单的例子来进行分析,这就是声波仅沿 x 方向传播,而在 yz 平面上所有质点的振幅和相位均相同的情况,因为这种声波的波阵面是平面,所以称为**平面波**.

4.5.1 波动方程的解

设想在无限均匀媒质里有一个无限大平面刚性物体沿法线方向来回振动,这时所产生的声场显然就是平面声波. 讨论这种声场,归结为求解一维声波方程

$$\frac{\partial^2 p}{\partial x^2} = \frac{1}{c_0^2} \frac{\partial^2 p}{\partial t^2}. \tag{4-3-7}$$

这种形式的方程在第 2 章中已经遇见过,这里再次根据现在具体的物理情况,运用分离变量法来求解这个二阶线性偏微分方程.

关于声场随时间变化的部分,我们有兴趣的主要是在稳定的简谐声源作用下产生的稳态声场. 这有两方面的原因:一方面声学中相当多的声源是随时间做简谐振动的;另一方面,根据傅里叶分析,任意时间函数的振动(例如脉冲声波等)原则上都可以分解为许多不同频率的简谐函数的叠加(或积分),所以只要对简谐振动分析清楚了,就可以通过不同频率的简谐振动的叠加(或积分)来求得这些复杂时间函数的振动的规律. 因此随时间简谐变化的声场将是分析随时间复杂变化的声场的基础.

基于上述原因,我们不妨设方程(4-3-7)式有下列形式的解

$$p = p(x)\mathrm{e}^{\mathrm{j}\omega t}, \tag{4-5-1}$$

其中 ω 为声源简谐振动的圆频率. 对一般情况,上式中还应引入一个初相角,但它对稳态声传播性质的影响不大,这里为简单起见就将它忽略了.

将(4-5-1)式代入方程(4-3-7)式,即可得到关于空间部分 $p(x)$ 的常微分方程

$$\frac{\mathrm{d}^2 p(x)}{\mathrm{d}x^2} + k^2 p(x) = 0, \tag{4-5-2}$$

其中 $k = \dfrac{\omega}{c_0}$ 称为**波数**.

常微分方程(4-5-2)的一般解可以取正弦、余弦的组合,也可以取复数组合. 对于讨论声波向无限空间传播的情形,下面将指出,取成复数的解更为适宜,即

$$p(x) = A\mathrm{e}^{-\mathrm{j}kx} + B\mathrm{e}^{\mathrm{j}kx}, \tag{4-5-3}$$

其中 A 和 B 为两个任意常数,由边界条件决定.

将(4-5-3)式代入(4-5-1)式得

$$p(t,x) = A\mathrm{e}^{\mathrm{j}(\omega t - kx)} + B\mathrm{e}^{\mathrm{j}(\omega t + kx)}. \tag{4-5-4}$$

下面很快将证明,(4-5-4)式的第一项代表了沿正 x 方向行进的波,第二项代表了沿负 x 方向行进的波. 现在既然讨论无限媒质中平面声波的传播,因此可假设在波传播途径上没有反射体,这时就不出现反射波,因而 $B = 0$,所以(4-5-4)式就简化为:

$$p(t,x) = A\mathrm{e}^{\mathrm{j}(\omega t - kx)}.$$

再设 $x = 0$ 的声源振动时,在毗邻媒质中产生了 $p_\mathrm{a}\mathrm{e}^{\mathrm{j}\omega t}$ 的声压,这样就求得 $A = p_\mathrm{a}$,于是就求得了声场中的声压为

$$p(t,x) = p_\mathrm{a}\mathrm{e}^{\mathrm{j}(\omega t - kx)}. \tag{4-5-5}$$

求得了声压,再运用(4-3-11)式即可求得质点速度

$$v(t,x) = v_\mathrm{a}\mathrm{e}^{\mathrm{j}(\omega t - kx)}, \tag{4-5-6}$$

式中 $v_\mathrm{a} = \dfrac{p_\mathrm{a}}{\rho_0 c_0}$. 因考虑到媒质起初是静止的,所以这里的积分常数为零,即 $t = 0$ 时的质点速度 $v(0) = 0$,(4-5-5)式及(4-5-6)式就是均匀的理想媒质中一维小振幅声波的声压和质点速度. 当然取复数形式的解只是为了运算的方便,真正有物理意义的应该是它们的实部(当然如取它的虚部也是可以的),这一点以后就不再另加说明了.

下面就来分析一下以(4-5-5)式及(4-5-6)式表示的声场所具有的特性.

(1) 首先讨论任一瞬间 $t = t_0$ 时位于任意位置 $x = x_0$ 处的波经过 Δt 时间以后位于何处? 在还没有确切知道以前,不妨假设经过 Δt 时间以后,它传播到了 $x_0 + \Delta x$ 处,最后如果求得 $\Delta x = 0$,则说明经过 Δt 时间以后波仍在原处;如 $\Delta x > 0$,则说明波沿正 x 方向移动了 Δx 距离;如 $\Delta x < 0$,则说明波沿负 x 方向移动了 Δx 距离. 这个假设意味着 $t_0 + \Delta t$ 时位于 $x_0 + \Delta x$ 处的波就是 t_0 时位于 x_0 处的波,即

$$p(t_0, x_0) = p(t_0 + \Delta t, x_0 + \Delta x),$$

将(4-5-5)式代入上式,经过化简得到

$$\mathrm{e}^{\mathrm{j}(\omega \Delta t - k\Delta x)} = 1,$$

因此解得

$$\Delta x = c_0 \Delta t. \tag{4-5-7}$$

因为时间间隔 Δt 总是大于零的,所以有 $\Delta x > 0$,这说明(4-5-5)式表征了沿正 x 方向行进的波.

类似的讨论可以证明,(4-5-4)式中的第二项代表了沿负 x 方向行进的波即反射波.

由此也可以说明当初在写出方程(4-5-2)式的一般解时为什么要取成复数形式的特解的组合,很明显,这种形式的解可以很方便地将前进波和反射波分离开来.

(2) 可看出,任一时刻 t_0 时,具有相同相位 φ_0 的质点的轨迹是一个平面. 只要令

$$\omega t_0 - kx = \varphi_0,$$

即可解得

$$x = \frac{\omega t_0 - \varphi_0}{k} = \mathrm{const.}$$

这就是说,这种声波传播过程中,等相位面是平面,所以通常就称为平面波.

(3) 由(4-5-7)式可得

$$c_0 = \frac{\Delta x}{\Delta t},$$

可见 c_0 代表单位时间内波阵面传播的距离,也就是声传播速度,简称为声速.

总之,以(4-5-5)式及(4-5-6)式描述的声场是一个波阵面为平面、沿正 x 方向以速

度 c_0 传播的平面行波. 从(4-5-5)式及(4-5-6)式可以看出,平面声波在均匀的理想媒质中传播时,声压幅值 p_a、质点速度幅值 v_a 都是不随距离改变的常数,也就是声波在传播过程中不会有任何衰减. 这也是很容易理解的,因为本章一开始就曾经假设媒质是理想的,没有粘滞存在,这就保证了声传播过程中不会发生能量的耗损;同时平面声波传播时波阵面又不会扩大,因而能量也不会随距离增加而分散.

此外,还可以指出,平面声场中任何位置处,声压和质点速度都是同相位的.

最后必须提请注意的是:声波以速度 c_0 传播出去,并不意味着媒质质点由一处流至远方. 事实上,由(4-5-6)式可求得质点位移为

$$\xi = \int v \mathrm{d}t = \frac{v_a}{\mathrm{j}\omega} \mathrm{e}^{\mathrm{j}(\omega t - kx)}.$$

任意位置 x_0 处质点的位移为

$$\xi = \frac{v_a}{\omega} \mathrm{e}^{-\mathrm{j}(kx_0 + \frac{\pi}{2})} \mathrm{e}^{\mathrm{j}\omega t} = \xi_a \mathrm{e}^{\mathrm{j}(\omega t - \alpha)},$$

这里 ξ_a 及 α 都是常数. 可见 x_0 处的质点只是在平衡位置附近来回振动,并没有流至远方. 实际上也正是通过媒质质点的这种在平衡位置附近的来回振动,又影响了周围以至更远的媒质质点也跟着在平衡位置附近来回振动起来,从而把声源振动的能量传播出去.

4.5.2　声波传播速度

通过对波动方程的解的分析已经看到,在 §4.3 推导媒质状态方程时引入的、出现在波动方程里的常数 c_0,原来就是声波的传播速度. 这也是自然的,因为常数 c_0 当初被定义为 $c_0 = \sqrt{\left(\dfrac{\mathrm{d}P}{\mathrm{d}\rho}\right)_{s,0}}$,可见它反映了媒质受声扰动时的压缩特性. 如果某种媒质可压缩性较大(例如气体),即压强的改变引起的密度变化较大,显然按定义 c_0 值较小,在物理上就是因为媒质的可压缩性较大,那么一个体积元状态的变化需要经过较长的时间才能传到周围相邻的体积元,因而声扰动传播的速度就较慢. 反之,如果某种媒质的可压缩性较小(例如液体),即压强的改变引起的密度变化较小,这时按定义 c_0 值就较大,在物理上就是因为媒质的可压缩性较小,所以一个体积元状态的变化很快就传递给相邻的体积元,因而这种媒质里的声扰动传播速度就较快. 极限情况就是在理想的刚体内,媒质不可压缩,这时 c_0 趋于无穷大. 也就是一个体积元状态的变化立刻传递给其他的体积元,实际上这时物体各部分将以相同的相位运动,显然这就相当于第一章中讨论的"质点". 由此可见,媒质的压缩特性在声学上通常表现为声波传播的快慢.

对理想气体中的小振幅声波,我们已经求得其声速

$$c_0^2 = \frac{\gamma P_0}{\rho_0}. \tag{4-3-5a}$$

例如,对于空气:$\gamma = 1.402$,在标准大气压 $P_0 = 1.013 \times 10^5\ \mathrm{Pa}$、温度为 0℃时,$\rho_0 = 1.293\ \mathrm{kg/m^3}$,按(4-3-5a)式可算得 $c_0(0℃) = 331.6\ \mathrm{m/s}$.

早在 1687 年,牛顿运用波义耳定律,也就是假设在声扰动下气体状态的变化是等温过

程,因此有 $PV = \text{const}$,计算得到空气中声速理论值为 $c_0(0℃) = \sqrt{\dfrac{P_0}{\rho_0}} = 297\,\text{m/s}$,这数值与实验结果相差很大;直至 1816 年拉普拉斯对牛顿的理论进行了修正,假设气体按绝热过程变化,运用气体绝热物态方程,得到的声速公式(即 §4.3 中解得的结果),其理论计算值与实验结果符合得相当好,从而人们最后确认了声振动过程确实是绝热的. 后来对除了空气以外的其他气体进行的类似的声速理论值与实验值的比较也有力地支持了这一结论.

下面再来讨论声速 c_0 与媒质温度的关系. 我们已经知道声速 c_0 与媒质平衡状态的参数有关,所以温度改变了,声速大小也不一样. 对理想气体有克拉柏龙公式

$$PV = \frac{M}{\mu}RT,$$

其中 P, V, T 为 M 千克气体的压强、体积和绝对温度,μ 为气体摩尔量,对空气 $\mu = 29 \times 10^{-3}\,\text{kg/mol}$,$R = 8.31\,\text{J/K·mol}$ 为气体常数.

因此,(4-3-5a)式可改写为

$$c_0 = \sqrt{\frac{\gamma P_0}{\rho_0}} = \sqrt{\frac{\gamma R}{\mu}T_0}, \tag{4-5-8}$$

由此可见,声速与无声扰动时媒质平衡状态的绝对温度 T_0 的平方根成正比. 如采用摄氏温标 $t℃$,因为 $T_0 = 273 + t$,则温度为 $t℃$ 时的声速为

$$c_0(t℃) = \sqrt{\frac{\gamma R}{\mu}(273 + t)} \approx c_0(0℃) + \frac{c_0(0℃)}{273 \times 2}t. \tag{4-5-9}$$

这里 $c_0(0℃) = \sqrt{\dfrac{\gamma R}{\mu}273} = 331.6\,\text{m/s}$. 将此值代入上式得

$$c_0(t℃) \approx 331.6 + 0.6t(\text{m/s}). \tag{4-5-10}$$

例如,空气中温度为 20℃时的声速可算得为 $c_0(20℃) = 344\,\text{m/s}$.

对于水,20℃时 $\rho_0 = 998\,\text{kg/m}^3$,$\beta_s = 45.8 \times 10^{-11}\,\text{m}^2/\text{N}$,则按(4-3-6a)式算得 $c_0(20℃) = 1\,480\,\text{m/s}$. 由于水中压强和密度间的物态关系比较复杂,从理论上计算声速值与温度的关系比较困难,往往根据实验测定再总结出经验公式,通常水温升高 1℃,声速约增加 $4.5\,\text{m/s}$.

值得注意的是,声速 c_0 代表的是声振动在媒质中的传播速度,它与媒质质点本身的振动速度 v 是完全不同的两个概念. 由(4-5-6)式可知,质点速度的幅值为 $v_a = \dfrac{p_a}{\rho_0 c_0}$,如果设 $p_a = 0.1\,\text{Pa}$(约相当于人们大声讲话时的声压),可求得 $v_a = \dfrac{p_a}{\rho_0 c_0} \approx 2.5 \times 10^{-4}\,\text{m/s}$,可见 v 与 c_0 完全是两回事. 由此也可看出有 $v \ll c_0$,这也正好说明了我们在 §4.3 中所作的小振幅声波的假设在通常情况下是可以很好地成立的.

4.5.3 声阻抗率与媒质特性阻抗

在第 3 章讨论声振动系统时,曾引入过声阻抗,它定义为 $Z_a = \dfrac{p}{U}$,在研究空间的声场

时,体积速度 U 的含义是不明确的,因而在这种情形下,通常不用 U 而用质点速度 v,也就是定义声场中某位置的声压与该位置的质点速度的比值为该位置的声阻抗率,即

$$Z_s = \frac{p}{v}. \qquad (4-5-11)$$

声场中某位置的声阻抗率 Z_s 一般来讲可能是复数,像电阻抗一样,其实数部分反映了能量的损耗. 在理想媒质中,实数的声阻率也具有"损耗"的意思,不过它代表的不是能量转化成热,而是代表着能量从一处向另一处的转移,即"传播损耗".

根据声阻抗率的定义(4-5-11)式,对平面声波情况,应用(4-5-5)式、(4-5-6)式,可求得平面前进声波的声阻抗率为

$$Z_s = \rho_0 c_0. \qquad (4-5-12)$$

对沿负 x 方向传播的反射波情形,通过类似的讨论可求得

$$Z_s = -\rho_0 c_0. \qquad (4-5-13)$$

由此可见,在平面声场中,各位置的声阻抗率数值上都相同,且为一个实数. 这反映了在平面声场中各位置上都无能量的贮存,在前一个位置上的能量可以完全地传播到后一个位置上去.

注意到乘积 $\rho_0 c_0$ 值是媒质固有的一个常数,以后(例如§4.10 讨论声波的反射时)会看到,它的数值对声传播的影响比起 ρ_0 或 c_0 单独的作用还要大,所以这个量在声学中具有特殊的地位,正因为此,又考虑到它具有声阻抗率的量纲,所以称 $\rho_0 c_0$ 为媒质的特性阻抗. 单位为 N·s/m³ 或 Pa·s/m.

对空气,当温度为 0 ℃、压强为标准大气压 $P_0 = 1.013 \times 10^5$ Pa 时,$\rho_0 = 1.293$ kg/m³,$c_0 = 331.6$ m/s,$\rho_0 c_0 = 428$ N·s/m³;当温度为 20 ℃时,$\rho_0 = 1.21$ kg/m³,$c_0 = 343$ m/s,$\rho_0 c_0 = 415$ N·s/m³. 对于水,当温度为20℃时,$\rho_0 = 998$ kg/m³,$c_0 = 1480$ m,$\rho_0 c_0 = 1.48 \times 10^6$ N·s/m³. 书末附录给出了若干种常见材料的声学特性参数.

由(4-5-12)式及(4-5-13)式可见,平面声波的声阻抗率数值上恰好等于媒质的特性阻抗,如果借用电路中的语言来形象地描述此时的传播特性的话,可以说平面声波处处与媒质的特性阻抗相匹配.

4.6　声场中的能量关系

声波传到原先静止的媒质中,一方面使媒质质点在平衡位置附近来回振动起来,同时在媒质中产生了压缩和膨胀的过程,前者就使媒质具有了振动动能,后者使媒质具有了形变位能,两部分之和就是由于声扰动使媒质得到的声能量. 扰动传走,声能量也跟着转移,因此可以说声波的传递过程实质上就是声振动能量的传播过程.

4.6.1　声能量与声能量密度

设想在声场中取一足够小的体积元,其原先的体积为 V_0,压强为 P_0,密度为 ρ_0,由于声扰动使该体积元得到的动能为

$$\Delta E_k = \frac{1}{2}(\rho_0 V_0)v^2. \tag{4-6-1}$$

此外,由于声扰动,该体积元压强从 P_0 升高为 $P_0 + p$,于是该体积元里具有了位能

$$\Delta E_p = -\int_0^p p \mathrm{d}V, \tag{4-6-2}$$

式中负号表示在体积元内压强和体积的变化方向相反,例如压强增加时体积将缩小,此时外力对体积元做功,使它的位能增加,即压缩过程使系统贮存能量;反之,当体积元对外做功时,体积元里的位能就会减小,即膨胀过程使系统释放能量.

下面就来具体计算(4-6-2)式.因为媒质体积的变化与压强的变化是互相联系的,也就是由物态方程(4-3-3a)式所描述的关系.微分(4-3-3a)式的两边得

$$\mathrm{d}p = c_0^2 \mathrm{d}\rho'. \tag{4-6-3}$$

考虑到体积元在压缩和膨胀的过程中质量保持一定,则体积元体积的变化和密度的变化之间存在着关系 $\dfrac{\mathrm{d}\rho}{\rho} = -\dfrac{\mathrm{d}V}{V}$,也就是 $\dfrac{\mathrm{d}\rho'}{\rho} = -\dfrac{\mathrm{d}V}{V}$,对小振幅声波,则可简化为 $\dfrac{\mathrm{d}\rho'}{\rho_0} = -\dfrac{\mathrm{d}V}{V_0}$,将它代入(4-6-3)式

$$\mathrm{d}p = -\frac{\rho_0 c_0^2}{V_0}\mathrm{d}V,$$

由此解出 $\mathrm{d}V$,代入(4-6-2)式,再对 p 积分得

$$\Delta E_p = \frac{V_0}{\rho_0 c_0^2}\int_0^p p\mathrm{d}p = \frac{V_0}{2\rho_0 c_0^2}p^2.$$

体积元里总的声能量为动能与位能之和,即

$$\Delta E = \Delta E_k + \Delta E_p = \frac{V_0}{2}\rho_0\left(v^2 + \frac{1}{\rho_0^2 c_0^2}p^2\right). \tag{4-6-4}$$

单位体积里的声能量称为**声能量密度** ε,即

$$\varepsilon = \frac{\Delta E}{V_0} = \frac{1}{2}\rho_0\left(v^2 + \frac{1}{\rho_0^2 c_0^2}p^2\right). \tag{4-6-5}$$

附带指出,虽然本章绝大部分都是以平面波为例来分析声波的特性,但在导出(4-6-5)式时并未对声场作出特殊的限制,因而(4-6-5)式是一个既适用于平面声波,也适用于球面波及其他类型声波的普遍表达式.

下面我们仍回到平面行波情形.将平面行波的声压(4-5-5)式及质点速度(4-5-6)式取实部以后代入(4-6-4)式即可得到

$$\Delta E = \frac{V_0}{2}\rho_0\left[\frac{p_a^2}{\rho_0^2 c_0^2}\cos^2(\omega t - kx) + \frac{p_a^2}{\rho_0^2 c_0^2}\cos^2(\omega t - kx)\right]$$

$$= V_0 \frac{p_a^2}{\rho_0 c_0^2}\cos^2(\omega t - kx). \tag{4-6-6}$$

从这里可以看出,平面声场中任何位置上动能与位能的变化是同相位的,动能达到最大值时位能也达到最大值,因而总声能量随时间由零值变到最大值 $V_0 \dfrac{p_a^2}{\rho_0 c_0^2}$,它是动能或位能最大值的两倍.这种能量随时间变化的规律显然与第1章讨论的质点自由振动情形不同,这是因

为这里讨论的已不是保守系统,能量不是贮存在系统中,而是具有传递特性的,这也是自由行波的一个特征.

(4-6-6)式代表体积元内声能量的瞬时值,如果将它对一个周期取平均,则得到声能量的时间平均值

$$\overline{\Delta E} = \frac{1}{T} \int_0^T \Delta E \mathrm{d}t = \frac{1}{2} V_0 \frac{p_a^2}{\rho_0 c_0^2}.$$

单位体积里的平均声能量称为**平均声能量密度**,即

$$\bar{\varepsilon} = \frac{\overline{\Delta E}}{V_0} = \frac{p_a^2}{2\rho_0 c_0^2} = \frac{p_e^2}{\rho_0 c_0^2}. \tag{4-6-7}$$

这里 $p_e = \frac{p_a}{\sqrt{2}}$ 为有效声压. 因为在理想媒质平面声场中,声压幅值是不随距离改变的常数,所以平均声能量密度处处相等,这也是理想媒质中平面声场的又一特征.

4.6.2 声功率与声强

单位时间内通过垂直于声传播方向的面积 S 的平均声能量就称为**平均声能量流**或称为**平均声功率**. 因为声能量是以声速 c_0 传播的,因此平均声能量流应等于声场中面积 S、高度为 c_0 的柱体内所包括的平均声能量,即

$$\overline{W} = \bar{\varepsilon} c_0 S, \tag{4-6-8}$$

平均声能量流的单位为 W(瓦),1 W=1 J/s.

通过垂直于声传播方向的单位面积上的平均声能量流就称为平均声能量流密度或称为**声强**,即

$$I = \frac{\overline{W}}{S} = \bar{\varepsilon} c_0. \tag{4-6-9}$$

根据声强的定义,它还可用单位时间内、单位面积的声波向前进方向毗邻媒质所做的功来表示,因此它也可写成:

$$I = \frac{1}{T} \int_0^T \mathrm{Re}(p) \mathrm{Re}(v) \mathrm{d}t, \tag{4-6-10}$$

式中 Re 代表取实部,声强的单位是 $\mathrm{W/m^2}$.

对沿正 x 方向传播的平面声波,无论将(4-6-7)式代入(4-6-9)式,或是将(4-5-5)式及(4-5-6)式代入(4-6-10)式都可以得到

$$I = \frac{p_a^2}{2\rho_0 c_0} = \frac{p_e^2}{\rho_0 c_0} = \frac{1}{2} \rho_0 c_0 v_a^2 = \rho_0 c_0 v_e^2 = \frac{1}{2} p_a v_a = p_e v_e, \tag{4-6-11}$$

式中 v_e 为有效质点速度 $v_e = \frac{v_a}{\sqrt{2}}$.

对沿负 x 方向传播的反射波情形,可求得

$$I = -\bar{\varepsilon} c_0 = -\frac{p_a^2}{2\rho_0 c_0} = -\frac{1}{2} \rho_0 c_0 v_a^2. \tag{4-6-12}$$

这时声强是负值,这表明声能量向负 x 方向传递. 可见声强是有方向的量,它的指向就是声

传播的方向. 可以预料, 当同时存在前进波与反射波时, 总声强应为 $I = I_+ + I_-$, 如果前进波与反射波相等, 则 $I = 0$, 因而在有反射波存在的声场中, 声强这一量往往不能反映其能量关系, 这时必须用平均声能量密度 $\bar{\varepsilon}$ 来描述.

由(4-6-11)式及(4-6-12)式可见, 声强与声压幅值或质点速度幅值的平方成正比; 此外在相同质点速度幅值的情况下, 声强还与媒质的特性阻抗成正比, 例如在空气和水中有两列相同频率、相同速度幅值的平面声波, 这时水中的声强要比空气中的声强约大 3 600 倍, 可见在特性阻抗较大的媒质中, 声源只需用较小的振动速度就可以发射出较大的能量, 从声辐射的角度来看这是很有利的.

4.7 声压级与声强级

现在讨论声压和声强的度量问题. 因为声振动的能量范围极其广阔, 人们通常讲话的声功率约只有 10^{-5} W, 而强力火箭的噪声声功率可高达 10^9 W, 两者相差十几个数量级. 显然对如此广阔范围的能量如使用对数标度要比绝对标度方便些; 另一方面从声音的接收来讲, 人的耳朵有一个很"奇怪"的特点, 当耳朵接收到声振动以后, 主观上产生的"响度感觉"并不是正比于强度的绝对值, 而是更近于与强度的对数成正比. 基于这两方面的原因, 在声学中普遍使用对数标度来度量声压和声强, 称为**声压级**和**声强级**, 其单位常用 dB(分贝)表示.

1. 声压级

声压级以符号 SPL 表示, 其定义为

$$SPL = 20\lg \frac{p_e}{p_{ref}} (dB)^*, \qquad (4-7-1)$$

式中 p_e 为待测声压的有效值; p_{ref} 为参考声压.

在空气中, 参考声压 p_{ref} 国际上取为 2×10^{-5} Pa, 这个数值是正常人耳对 1 kHz 声音刚刚能觉察其存在的声压值, 也就是 1 kHz 声音的可听阈声压. 一般讲, 低于这一声压值, 人耳就再也不能觉察出这声音的存在了. 显然该可听阈声压的声压级即为零分贝.

2. 声强级

声强级用符号 SIL 表示, 其定义为

$$SIL = 10\lg \frac{I}{I_{ref}} (dB), \qquad (4-7-2)$$

式中 I 为待测声强, I_{ref} 为参考声强.

在空气中, 参考声强 I_{ref} 国际上取 10^{-12} W/m². 这一数值是与参考声压 2×10^{-5} Pa 相对应的声强(计算时取空气的特性阻抗为 400 N·s/m), 这也是 1 kHz 声音的可听阈声强.

声压级与声强级数值上近于相等, 因为由(4-6-11)式知:

---

* 1 dB(分贝) $= \dfrac{1}{10}$ BL(贝尔), 1BL(贝尔) $= \lg \dfrac{I}{I_{ref}}$.

$$\text{SIL} = 10\lg \frac{I}{I_{\text{ref}}} = 10\lg\left(\frac{p_e^2}{\rho_0 c_0} \cdot \frac{400}{p_{\text{ref}}^2}\right)$$

$$= \text{SPL} + 10\lg \frac{400}{\rho_0 c_0}.$$

如果在测量时条件恰好是 $\rho_0 c_0 = 400$, 则 $\text{SIL} = \text{SPL}$; 对一般情况, 声强级与声压级将相差一个修正项 $10\lg \dfrac{400}{\rho_0 c_0}$, 它通常是比较小的.

为了使读者对声压级的大小有一个粗略数量概念, 举一些典型例子: 人耳对频率为 1 kHz 声音的可听阈为 0 dB, 微风轻轻吹动树叶的声音约 14 dB, 在房间中高声谈话声(相距 1 m 处)约 68 dB~74 dB, 交响乐队演奏声(相距 5 m 处)约 84 dB, 飞机强力发动机的声音(相距 5 m 处)约 140 dB, 一声音比另一声音声压大一倍时大 6 dB, 人耳对声音强弱的分辨能力约为 0.5 dB.

4.8 响度级与等响曲线

前面提到人耳接收声振动以后, 主观上产生的"响度感觉"近似与强度的对数成正比. 专门的研究表示, 人的耳朵作为一个声接收器还具有许多独特的性质, 例如它能接收声波的频率范围可以从 20 Hz~20 kHz, 宽达 10 个倍频程(在此听觉频率范围以外的, 低于 20 Hz 的声振动通常称为**次声波**, 高于 20 kHz 的声波通常称为**超声波**); 它灵敏度很高, 能接收空气中质点位移振幅小到近于分子大小的微弱振动, 而另一方面又能正常地听到强度比这大 10^{12} 倍的很强的声振动; 耳和大脑相配合, 还能从有本底噪声的环境中听出某些频率的声音(所谓"酒会效应"), 也就是人的听觉系统具有滤波器的功能; 此外还能判别声音的音调、音色以及声源的方位等. 至少直至今天, 还没有一个人工的仪器能达到人耳的这些奇妙的性能. 当然人耳的响应已不纯粹是个物理问题, 而是包含了神经、心理、生理等因素, 因为它涉及到主观感觉, 所以实际上是人耳和大脑组成的听觉系统的响应问题, 详细的讨论已超出本书的范围, 我们仅讨论与上一节"声强级"有联系的、人们通常所讲的声音"有多响"的问题.

众所周知, 炮弹的爆炸声是"很响"的, 而一个人在远处的谈话声就是"不很响"的, 这种直观上的"响"与"不很响"的感觉在声学上如何定量描述呢? 这个问题的复杂性在于人耳感觉的"响"或"不响"与声波的强度既有关, 又不完全是一回事. 实验表明, 它不仅与声波强度的对数近于成正比, 而且与声波的频率也有关, 例如对两个声压同为 0.002 Pa, 但频率不相同的纯音, 如分别为 100 Hz 及 1 000 Hz, 人耳听起来却不一样响, 因为人耳对 100 Hz 声音的灵敏度比 1 000 Hz 声音的灵敏度要低得多, 所以 100 Hz 的声音听起来比同样声压的 1 000 Hz 的声音要轻得多. 实验表明, 要使 100 Hz 的纯音听起来和 0.002 Pa 的 1 000 Hz 纯音同样响, 它大约应有 0.025 Pa 的声压.

实用上为了定量地确定某一声音的轻与响的程度, 最简单的方法就是把它和另一个标准的声音(通常为 1 000 Hz 纯音)相比较, 调节 1 000 Hz 纯音的声压级, 使它和所研究的声音听起来有同样的响, 这时 1 000 Hz 纯音的声压级就被定义为该声音的**响度级**, 响度级的单位称为方. 例如, 当 1 000 Hz 纯音的声压级为 80 dB(相对于 2×10^{-5} Pa)时与某一扬声器发出的声音听起来同样地响, 那么不管扬声器声音的声压级为多少, 它的响度级被认为是 80 方. 按照以上规定, 显然对 1 000 Hz 的纯音, 其以分贝计的声压级与以方计的响度级数值上是相等的.

人们曾做过很多实验以测定响度级与频率及声压级的关系. 图 4-8-1 就是一般人对不同频率的纯音感觉为同样响的响度级与频率的关系曲线, 通常称为**等响曲线**. 由于这些曲线的纵坐标是测量靠近耳朵处的声强级, 这时外耳道的腔共振提高了 4 000 Hz 附近的灵敏度; 如果纵坐标是测量耳膜处的声强级, 那么人耳对 1 000 Hz 声音最灵敏, 对低频及高频声波的灵敏度都要大大降低.

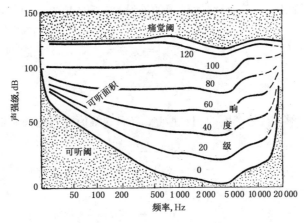

图 4-8-1

人耳刚刚能听到的声音, 其响度级即零响度级曲线称为**可听阈**. 一般来讲, 低于此曲线的声音就不能听到; 图中最上面的曲线是痛觉的界限, 称为**痛觉阈**, 超过此曲线的声音, 人们的耳朵感到的更多的是痛觉. 由曲线可以看出, 人耳能感受为声音的声能量范围达 10^{12} 倍 (相当于 120 dB).

从人耳的等响曲线可以看出一个很有趣的结果, 即当一个复音(包括许多频率纯音的声音)的全部频率成分的强度都提高或降低同样数值时, 会使它的音色改变. 例如一个乐队演奏, 假如低频声和高频声都在 100 dB 左右录音, 因为这时的等响曲线差不多是水平的, 所以低频声和高频声听起来有差不多同样的响度. 而如果还音时强度级较低, 例如为 50 dB, 这时 50 Hz 的声音才刚刚能听到, 而 1 000 Hz 的声音听起来却有 50 方响, 其他不同频率的声音都有不同的响度级, 因此听起来就感到低频声和高频声都损失了, 也就是原来的音色已经改变了. 所以在还音时为了不改变原始音色, 就要按照图 4-8-1 所示的等响曲线对不同频率声音作不同程度的补偿.

4.9 从平面声波的基本关系检验线性化条件

前面已经比较详细地讨论了平面声波的许多性质, 当然讨论是以线性波动方程(4-3-7)

式为出发点的. 我们知道, 线性波动方程是在假设声波为小振幅的前提下, 对媒质运动方程、连续性方程及物态方程进行了线性化近似以后得到的. 关于声波为小振幅的假设, 前面已经作过一些说明, 例如 §4.2 中列举的一些声压大小的典型例子, 可见都远小于大气压强 P_0; 再如 §4.5.2 中曾经指出通常情况下有 $v \ll c_0$. 至于小振幅假定中另外两个限制, 即 $\xi \ll \lambda$ 及 $\rho' \ll \rho_0$ 等尚未说明, 不过可以证明, 小振幅假设中的几个限制本身是等价的, 只要其中一个成立, 其他几个也自然成立.

以平面声波为例, 对平面声波已知有

$$p = p_a \mathrm{e}^{\mathrm{j}(\omega t - kx)}, \tag{4-5-5}$$

$$v = v_a \mathrm{e}^{\mathrm{j}(\omega t - kx)}, \tag{4-5-6}$$

式中 $v_a = \dfrac{p_a}{\rho_0 c_0}$. 再利用 $v = \dfrac{\mathrm{d}\xi}{\mathrm{d}t}$ 及线性化了的连续性方程 (4-3-2a) 式可得

$$\xi = \frac{v_a}{\mathrm{j}\omega} \mathrm{e}^{\mathrm{j}(\omega t - kx)} = \xi_a \mathrm{e}^{\mathrm{j}(\omega t - kx - \frac{\pi}{2})},$$

$$s_\rho = \frac{\rho'}{\rho_0} = \frac{\omega}{c_0} \xi_a \mathrm{e}^{\mathrm{j}(\omega t - kx)} = s_{\rho a} \mathrm{e}^{\mathrm{j}(\omega t - kx)},$$

这里 ξ 为媒质质点位移, s_ρ 为密度的相对增量. 它们的幅值之间的关系概括起来有

$$\left. \begin{aligned} v_a &= \frac{p_a}{\rho_0 c_0}, \\ \xi_a &= \frac{v_a}{\omega}, \\ s_{\rho a} &= \frac{\omega}{c_0} \xi_a. \end{aligned} \right\} \tag{4-9-1}$$

考虑到理想气体中声速为 $c_0 = \sqrt{\dfrac{\gamma P_0}{\rho_0}}$, 代入上式则有

$$\frac{v_a}{c_0} = \frac{p_a}{\gamma p_0} = \frac{2\pi \xi_a}{\lambda} = s_{\rho a}. \tag{4-9-2}$$

由此可见, 小振幅假设中的几个限制本身就是等价的.

下面再来检验一下, 根据小振幅假设, 忽略诸如 $\left| v \dfrac{\partial v}{\partial x} \right|$ 等二级以上微量的合理性. 回忆在对运动方程进行简化时曾利用了如下近似

$$\left| v \frac{\partial v}{\partial x} \right| \ll \left| \frac{\partial v}{\partial t} \right|.$$

事实上在平面行波情况, 因为有 (4-5-6) 式, 所以

$$\left| v \frac{\partial v}{\partial x} \right| = \frac{\omega v_a^2}{c_0},$$

$$\left| \frac{\partial v}{\partial t} \right| = \omega v_a,$$

因此

$$\frac{\left|v\dfrac{\partial v}{\partial x}\right|}{\left|\dfrac{\partial v}{\partial t}\right|} = \frac{v_a}{c_0}.$$

可见只要假设为小振幅声波,即 $\dfrac{v_a}{c_0} \ll 1$,则 $\left|v\dfrac{\partial v}{\partial x}\right|$ 与 $\left|\dfrac{\partial v}{\partial t}\right|$ 相比确可以忽略.对 §4.3.2 中所有其他的近似进行类似的检验,都得到相同的结论,即只要是小振幅声波,那么 §4.3.2 中的线性化近似就是合理的.

4.10 声波的反射、折射与透射

前面讨论了平面声波在无限空间里自由传播的规律,然而声波在传播路径上常会遇到各种各样的"障碍物".例如,声波从一种媒质进入另一种媒质时,后者对前一种媒质所传播的声波来讲就是一种障碍物.本节就讨论声波在两种媒质的平面分界面上的一些现象.众所周知,当投掷一个物体时,物体碰到一块挡板以后就会弹了回来,但是如果在声的传播路径上放置一块挡板,则一般地来讲,会有一部分声波反射回来,同时也有一部分声波会透射过去.例如,一堵普通的砖墙既可以隔掉部分声音,但又不能把全部的声音都隔掉;一堵木板墙将有更多的声音被透射进去.声波的这种反射、透射现象也是声传播的一个重要特征.

4.10.1 声学边界条件

声波的反射、折射及透射都是在两种媒质的分界面处发生的,因而首先必须讨论在分界面存在些什么声学特性和规律,即声学边界条件是什么?

设有两种都延伸到无限远的理想流体,其特性阻抗分别为 $\rho_1 c_1$ 和 $\rho_2 c_2$,如图 4-10-1 所示那样互相接触.

设想在分界面上割出一块面积为 S、厚度足够薄的质量元,其左右两个界面分别位于两种媒质里,其质量设为 ΔM.如果在分界面附近两种媒质里的压强分别为 $p(1)$ 和 $p(2)$,它们的压强差就引起质量元的运动,按牛顿第二定律,其运动方程为

$$[P(1) - P(2)]S = \Delta M \frac{\mathrm{d}v}{\mathrm{d}t}.$$

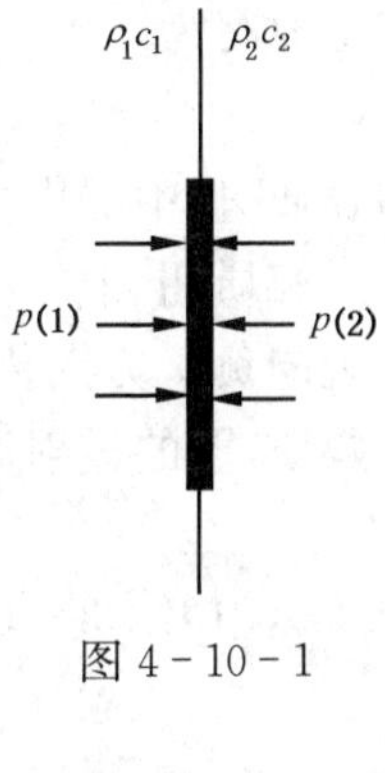

图 4-10-1

因为分界面是无限薄的,即这个质量元的厚度乃至质量 ΔM 是趋近于零的,而质量元的加速度不可能趋于无限大,所以要上式成立就必须存在

$$P(1) - P(2) = 0 \qquad\qquad (4-10-1)$$

关系.此式对有无声波的情况都成立,当无声波存在时,(4-10-1)式给出两媒质中的静压强在分界面处是连续的

$$P_0(1) = P_0(2). \qquad\qquad (4-10-2)$$

当有声波存在时,考虑到 $P(1) = P_0(1) + p_1$,$P(2) = P_0(2) + p_2$,则有

$$p_1 = p_2, \tag{4-10-3}$$

即两种媒质中的声压在分界面处是连续的.

此外,如果分界面两边的媒质由于声扰动得到的**法向速度**(垂直于分界面的速度)分别为 v_1 和 v_2,因为两种媒质保持恒定接触,所以两种媒质在分界面处的法向速度相等,即

$$v_1 = v_2. \tag{4-10-4}$$

实际上,对于紧密相连的两种媒质间的无限薄分界面,它的质点的法向速度既可以看作是媒质 Ⅰ 的法向质点速度在分界面上的数值,也可以看作是媒质 Ⅱ 的法向质点速度在分界面上的数值,因为分界面上质点的法向速度作为一个有意义的物理量只能是单值的,所以这两个量实际上是同一个量.

(4-10-3)式及(4-10-4)式就是媒质分界面处的声学边界条件.

4.10.2 平面声波垂直入射时的反射和透射

设媒质 Ⅰ 和媒质 Ⅱ 的特性阻抗分别为 $\rho_1 c_1$ 和 $\rho_2 c_2$,它们分界面的坐标为 $x = 0$(见图 4-10-2),如果一列声压为 $p_i = p_{ia} e^{j(\omega t - kx)}$ 的平面声波从媒质 Ⅰ 垂直入射到分界面上,由于分界面两边的特性阻抗不一样,一般来讲就会有一部分声波反射回去,另一部分透入媒质 Ⅱ 中.现在就分别来求解媒质 Ⅰ 和媒质 Ⅱ 中的声场.

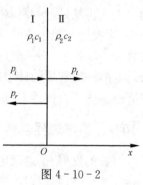

图 4-10-2

在媒质中求解一维声波方程(4-3-7)式可得声压 p_1 的形式,为

$$p_1 = A e^{j(\omega t - k_1 x)} + B e^{j(\omega t + k_1 x)}. \tag{4-10-5}$$

由 §4.5 的讨论可知,上式第一项代表沿 x 方向前进的波,也就是原来已知的入射波 p_i,所以这里的常数 A 就是入射波的幅值 p_{ia};第二项代表向负 x 方向行进的波,它实际代表了入射波遇到分界面以后在媒质 Ⅰ 中产生的反射波,记为 p_r,即有 $p_r = p_{ra} e^{j(\omega t + k_1 x)}$,因此(4-10-5)式可改写为

$$p_1 = p_i + p_r = p_{ia} e^{j(\omega t - k_1 x)} + p_{ra} e^{j(\omega t + k_1 x)}, \tag{4-10-6}$$

即媒质 Ⅰ 中的声场为入射波与反射波之和.

媒质 Ⅱ 中的声场 p_2 的一般解形式上仍为(4-10-5)式,但由于媒质 Ⅱ 无限延伸,不会出现向负 x 方向传播的波,所以这里只需保留(4-10-5)式中的第一项,它实际上代表了透入媒质 Ⅱ 的透射波,记为 p_t,即得

$$p_2 = p_t = p_{ta} e^{j(\omega t - k_2 x)}. \tag{4-10-7}$$

运用(4-3-11)式可求得媒质 Ⅰ、媒质 Ⅱ 中的质点速度 v_1 及 v_2 分别为

$$\left. \begin{array}{l} v_1 = v_{ia} e^{j(\omega t - k_1 x)} + v_{ra} e^{j(\omega t + k_1 x)}, \\ v_2 = v_{ta} e^{j(\omega t - k_2 x)}, \end{array} \right\} \tag{4-10-8}$$

式中

$$v_{ia} = \frac{p_{1a}}{\rho_1 c_1}, \quad v_{ra} = -\frac{p_{ra}}{\rho_1 c_1}, \quad v_{ta} = \frac{p_{ta}}{\rho_2 c_2}.$$

现在通过声学边界条件来确定反射、透射的大小.据声学边界条件知,在 $x = 0$ 的分界

面处应有声压连续及法向质点速度连续

$$(p_1)_{x=0} = (p_2)_{x=0}, \\ (v_1)_{x=0} = (v_2)_{x=0}.$$

(4 - 10 - 9)

将(4 - 10 - 6)式、(4 - 10 - 7)式及(4 - 10 - 8)式代入(4 - 10 - 9)式得到

$$p_{ia} + p_{ra} = p_{ta}, \\ v_{ia} + v_{ra} = v_{ta}.$$

(4 - 10 - 10)

联合(4 - 10 - 8)式及(4 - 10 - 10)式即可求得在分界面上反射波声压与入射波声压之比 r_p、反射波质点速度与入射波质点速度之比 r_v、透射波声压与入射波声压之比 t_p 以及透射波质点速度与入射波质点速度之比 t_v 分别为

$$r_p = \frac{p_{ra}}{p_{ia}} = \frac{R_2 - R_1}{R_2 + R_1} = \frac{R_{12} - 1}{R_{12} + 1}, \\ r_v = \frac{v_{ra}}{v_{ia}} = \frac{R_1 - R_2}{R_1 + R_2} = \frac{1 - R_{12}}{1 + R_{12}}, \\ t_p = \frac{p_{ta}}{p_{ia}} = \frac{2R_2}{R_1 + R_2} = \frac{2R_{12}}{1 + R_{12}}, \\ t_v = \frac{v_{ta}}{v_{ia}} = \frac{2R_1}{R_1 + R_2} = \frac{2}{1 + R_{12}},$$

(4 - 10 - 11)

式中

$$R_1 = \rho_1 c_1, \quad R_2 = \rho_2 c_2, \quad R_{12} = \frac{R_2}{R_1}, \quad R_{21} = \frac{R_1}{R_2}.$$

由此可见,声波在分界面上反射与透射的大小仅决定于媒质的特性阻抗,这再次说明媒质的特性阻抗对声传播有着重要的影响. 现分几种情况讨论:

1. $R_1 = R_2 (R_{12} = 1)$

由(4 - 10 - 11)式得

$$r_p = r_v = 0, \\ t_p = t_v = 1.$$

这表明声波没有反射,即全部透射,也就是说即使存在着两种不同媒质的分界面,但只要两种媒质的特性阻抗相等,那么对声的传播来讲,分界面就好像不存在一样.

2. $R_2 > R_1 (R_{12} > 1)$

由(4 - 10 - 11)式得

$$r_p > 0, r_v < 0; \\ t_p > 0, t_v > 0.$$

因为 $R_2 > R_1$,媒质 Ⅱ 比媒质 Ⅰ 在声学性质上更"硬",这种边界称为**硬边界**. 在硬边界附近,当入射波质点速度 v_i 指向边界面,使这里的媒质 Ⅰ 呈压缩相时,入射波的质点速度在碰到分界面时好像弹性碰撞一样,变成一个反向的速度,结果反射波的质点速度 v_r 也使这里的媒质 Ⅰ 呈压缩相,所以在硬边界面上,反射波质点速度与入射波质点速度相位相差 180°,反射波声压与入射波声压同相位.

3. $R_2 < R_1 (R_{12} < 1)$

由(4-10-11)式得

$$r_p < 0, r_v > 0;$$
$$t_p > 0, t_v > 0.$$

因为 $R_2 < R_1$，媒质 Ⅱ 比媒质 Ⅰ 在声学性质上较"软"，这种边界称为**软边界**. 在软边界面附近，当入射波质点速度 v_i 指向边界面使这里的媒质 Ⅰ 呈压缩相时，入射波的质点速度在碰到分界面时好像非弹性碰撞一样，还会"过冲"，结果反射波的质点速度 v_r 就使界面处的媒质 Ⅰ 呈稀疏相，所以在软边界面上，反射波质点速度与入射波质点速度同相位，反射波的声压与入射波的声压相位相差180°.

4. $R_2 \gg R_2 (R_{12} \gg 1)$

由(4-10-11)式得

$$r_p \approx 1, r_v \approx -1;$$
$$t_p \approx 2, t_v \approx 0.$$

因为 $R_2 \gg R_1$，媒质 Ⅱ 相对于媒质 Ⅰ 来说十分"坚硬"，入射波质点速度 v_i 碰到分界面以后完全弹回媒质 Ⅰ，所以反射波的质点速度 v_r 与入射波的质点速度 v_i 大小相等，相位相反，结果在分界面上合成质点速度为零；而反射波声压与入射波声压大小相等，相位相同，所以在分界面上的合成声压为入射声压的两倍. 实际上这时发生的是全反射，在媒质 Ⅰ 中入射波与反射波叠加形成了驻波，分界面处恰是速度波节和声压波腹. 至于在媒质 Ⅱ 中，这时并没有声波传播，媒质 Ⅱ 的质点并未因媒质 Ⅰ 质点的冲击而运动 ($t_v = 0$)，媒质 Ⅱ 中存在的压强也只是分界面处的压强 ($p_t = 2p_i$) 的静态传递，并不是疏密交替的声压.

声波从空气入射到空气-水的分界面上的情况就近于"十分坚硬"的分界面.

类似的当 $R_2 \ll R_1 (R_{12} \ll R_1)$ 时，由(4-10-11)式有 $r_p \approx -1, r_v = 1, t_p \approx 0, t_v = 2$，可见声波在这种"十分柔软"的分界面上也会发生全反射，在媒质 Ⅰ 中也形成驻波，不过这时分界面处是质点速度波腹和声压波节. 声波从水入射到水-空气的分界面上的反射就近于这种情况.

最后讨论一下声波通过分界面时的能量关系. 因为反射波与透射波都仍是平面波，应用(4-6-11)式可求得反射波声强与入射波声强大小之比即声强反射系数 r_I，以及透射波声强与入射波声强之比即声强透射系数 t_I 分别为

$$r_I = \frac{I_r}{I_i} = \frac{|p_{ra}|^2}{2\rho_1 c_1} \Big/ \frac{|p_{ia}|^2}{2\rho_1 c_1} = \left(\frac{R_2 - R_1}{R_2 + R_1}\right)^2$$

$$= \left(\frac{R_{12} - 1}{R_{12} + 1}\right)^2;　　　　　　　(4-10-12)$$

$$t_I = \frac{I_t}{I_i} = \frac{|p_{ta}|^2}{2\rho_2 c_2} \Big/ \frac{|p_{ia}|^2}{2\rho_1 c_1}$$

$$= 1 - r_I = \frac{4R_1 R_2}{(R_1 + R_2)^2}$$

$$= \frac{4R_{12}}{(1 + R_{12})^2}.　　　　　　　(4-10-13)$$

从(4-10-12)式可以看出,因为公式里 R_1 与 R_2 是对称的,所以声波不论从媒质 Ⅰ 入射到媒质 Ⅱ 或者相反,声强反射系数都是相等的. 例如,对 $R_2 \gg R_1$ 或 $R_2 \ll R_1$ 两种情况,由(4-10-12)式都可求得 $r_I \approx 1$,从而 $t_I \approx 0$. 这一结果从能量的角度证明了前面讨论过的全反射现象.

4.10.3　平面声波斜入射时的反射与折射

前面讨论了声波垂直入射于分界面的情况,着重分析的是媒质特性阻抗对声波反射、透射现象的影响. 现在讨论斜入射情况,这时一部分声波将按一定的角度反射回原先媒质,另一部分也将透入第二媒质,但是一般地来讲,声波穿过分界面时会偏离原来的入射方向,形成折射. 这时反射波、折射波的大小不仅与分界面两边媒质的特性阻抗有关,而且与声波入射角有关,出现许多新的现象.

为了处理方便,我们把分界面的坐标取为 $x=0$,如图 4-10-3 所示. 设有一入射平面波,其行进方向与分界面的法线即 x 轴有一个夹角 θ_i,因为波的行进方向不再像前面几节那样是恰好沿着 x 轴的,所以现在的入射平面波也不可能写成像(4-5-5)式那样简单的形式. 那么应如何描述一列不是沿 x 轴而是沿空间任意方向行进的平面波呢?

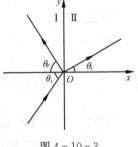

图 4-10-3

我们知道,当平面声波的传播方向也就是波阵面的法线方向与 x 轴相一致时,平面波的表示式为

$$p = p_\mathrm{a} \mathrm{e}^{\mathrm{j}(\omega t - kx)}. \qquad (4-5-5)$$

这时同一波阵面上不同位置的点 (x,y,z) 因为有相同的 x 坐标,因此声压的振幅和相位均相同,即这些位置上的声压都以(4-5-5)式描述. 仔细分析一下,发现(4-5-5)式中的 x 值实际上代表的是位置矢量 $\boldsymbol{r}$ 在波阵面法线方向(这里恰巧为 x 轴)上的投影,如图 4-10-4(a).

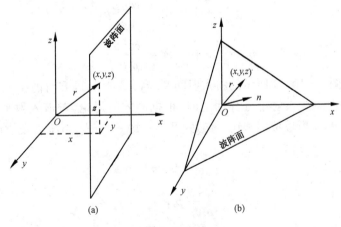

(a)　　　　　　　　(b)

图 4-10-4

如果设想一列沿空间任意方向行进的平面波,也会发现,那时波阵面上的不同位置也因为位置矢量在波阵面法线方向上的投影相等而具有相同的声压,见图 4-10-4(b). 所以我们可

以把 $(4-5-5)$ 式中的 x 一般化地理解为声场某点的位置矢量 r 在波阵面法线上的投影,它等于波阵面法线的单位矢量 $n = \cos\alpha \, i + \cos\beta \, j + \cos\gamma \, k$ 与位置矢量 $r = xi + yj + zk$ 的标量积,即

$$x = n \cdot r,$$

这里的 α, β, γ 为波阵面法线与 x, y, z 三个坐标轴间的夹角,$\cos\alpha, \cos\beta, \cos\gamma$ 为该法线的方向余弦. 只是在现在的法线方向与 x 轴重合的情况有 $\alpha = 0°, \beta = \gamma = 90°$. 这样 $(4-5-5)$ 式就可一般化地写成

$$p = p_a e^{j(\omega t - kn \cdot r)}.$$

如果令 $kn = k$,它代表波阵面法线方向上长度为 k 的矢量,称为**波矢量**(简称**波矢**),则上式成为

$$p = p_a e^{j(\omega t - k \cdot r)}, \tag{4-10-14}$$

这就是我们由 $(4-5-5)$ 式推广得到的沿空间任意方向行进的平面波的表示式,其中 k 为波矢,r 为位置矢量.

因为

$$k \cdot r = kn \cdot r = k\cos\alpha x + k\cos\beta y + k\cos\gamma z,$$

所以 $(4-10-14)$ 式也可写成

$$p = p_a e^{j(\omega t - kx\cos\alpha - ky\cos\beta - kz\cos\gamma)}. \tag{4-10-15}$$

今后只要已知平面波传播方向的方向余弦 $\cos\alpha, \cos\beta, \cos\gamma$,就可以用 $(4-10-15)$ 式表示空间一点 (x, y, z) 的声压.

由声压 p,应用 $(4-3-11)$ 式即可求得空间任意一点 (x, y, z) 的质点速度沿三个坐标的分量

$$\left.\begin{aligned}
v_x &= -\frac{1}{\rho_0}\int \frac{\partial p}{\partial x}\mathrm{d}t = \frac{\cos\alpha}{\rho_0 c_0}p, \\
v_y &= -\frac{1}{\rho_0}\int \frac{\partial p}{\partial y}\mathrm{d}t = \frac{\cos\beta}{\rho_0 c_0}p, \\
v_z &= -\frac{1}{\rho_0}\int \frac{\partial p}{\partial z}\mathrm{d}t = \frac{\cos\gamma}{\rho_0 c_0}p.
\end{aligned}\right\} \tag{4-10-16}$$

现在再回到图 $4-10-3$ 所示的斜入射问题. 当有一列行进方向仍在 xy 平面内,但与 x 轴夹角为 θ_i 的平面声波入射于分界面上时,根据刚才的讨论,对该入射平面波有 $\alpha = \theta_i$, $\beta = 90° - \theta_i, \gamma = 90°$,所以按 $(4-10-15)$ 式及 $(4-10-16)$ 式,声压 p 及质点速度沿 x 方向的分量分别为

$$\left.\begin{aligned}
p_i &= p_{ia} e^{j(\omega t - k_1 x\cos\theta_i - k_1 y\sin\theta_i)}, \\
v_{ix} &= \frac{\cos\theta_i}{\rho_1 c_1}p_i,
\end{aligned}\right\} \tag{4-10-17}$$

式中 $k_1 = \dfrac{\omega}{c_1}$. 反射波的行进方向仍在 xy 平面内,但与 x 轴有一夹角,设为 $\alpha = \pi - \theta_r$,如图 $4-10-3$,显然有 $\beta = 90° - \theta_r, \gamma = 90°$,所以反射波声压及质点速度沿 x 方向的分量分别可表示为

$$p_r = p_{ra} e^{j(\omega t + k_1 x \cos\theta_r - k_1 y \sin\theta_r)}, \left. \right\}$$
$$v_{rx} = -\frac{\cos\theta_r}{\rho_1 c_1} p_r, \qquad\qquad \tag{4-10-18}$$

因此,媒质 Ⅰ 中的声场就为入射波与反射波之和

$$p_1 = p_i + p_r = p_{ia} e^{j(\omega t - k_1 x \cos\theta_i - k_1 y \sin\theta_i)} + p_{ra} e^{j(\omega t + k_1 x \cos\theta_r - k_1 y \sin\theta_r)}, \left. \right\}$$
$$v_{1x} = v_{ix} + v_{rx} = \frac{\cos\theta_i}{\rho_1 c_1} p_{ia} e^{j(\omega t - k_1 x \cos\theta_i - k_1 y \sin\theta_i)} - \frac{\cos\theta_r}{\rho_1 c_1} p_{ra} e^{j(\omega t + k_1 x \cos\theta_r - k_1 y \sin\theta_r)}. $$

$$\tag{4-10-19}$$

在媒质 Ⅱ 中就简单地只有一列折射波,设折射波前进方向与 x 轴夹角为 θ_t,则 $\alpha = \theta_t, \beta = 90° - \theta_t, \gamma = 90°$,所以折射波声压及质点速度沿 x 方向的分量分别可表示为

$$p_t = p_{ta} e^{j(\omega t - k_2 x \cos\theta_t - k_2 y \sin\theta_t)}, \left. \right\}$$
$$v_{tx} = \frac{\cos\theta_t}{\rho_2 c_2} p_t, \qquad\qquad \tag{4-10-20}$$

式中

$$k_2 = \frac{\omega}{c_2}.$$

现在的问题就是应用 $x = 0$ 处的声学边界条件确定反射波、折射波的大小及方向.

据(4-10-3)式及(4-10-4)式,在分界面处应满足声压及法向质点速度连续,即 $x = 0$ 处有

$$p_i + p_r = p_t, \left. \right\}$$
$$v_{ix} + v_{rx} = v_{tx}. $$

将(4-10-19)式及(4-10-20)式代入上式即得

$$p_{ia} e^{-jk_1 y \sin\theta_i} + p_{ra} e^{-jk_1 y \sin\theta_r} = p_{ta} e^{-jk_2 y \sin\theta_t}, \left. \right\}$$
$$\frac{\cos\theta_i}{\rho_1 c_1} p_{ia} e^{-jk_1 y \sin\theta_i} - \frac{\cos\theta_r}{\rho_1 c_1} p_{ra} e^{-jk_1 y \sin\theta_r} = \frac{\cos\theta_t}{\rho_2 c_2} p_{ta} e^{-jk_2 y \sin\theta_t}. \qquad \tag{4-10-21}$$

要使(4-10-21)式对 $x = 0$ 平面上任意 y 值都成立,必要条件是各项的指数因子相等,即

$$k_1 \sin\theta_i = k_1 \sin\theta_r = k_2 \sin\theta_t,$$

由此解得

$$\theta_i = \theta_r, \left. \right\}$$
$$\frac{\sin\theta_i}{\sin\theta_t} = \frac{k_2}{k_1} = \frac{c_1}{c_2}. \qquad \tag{4-10-22}$$

这就是著名的**斯奈尔声波反射与折射定律**.它说明声波遇到分界面时,反射角等于入射角,而折射角的大小与两种媒质中声速之比有关,媒质 Ⅱ 的声速愈大,则折射波偏离分界面法线的角度愈大.

考虑到(4-10-22)式,则(4-10-21)式可简化为

$$p_{ia} + p_{ra} = p_{ta}, \left. \right\}$$
$$\frac{\cos\theta_i}{\rho_1 c_1} p_{ia} - \frac{\cos\theta_i}{\rho_1 c_1} p_{ra} = \frac{\cos\theta_t}{\rho_2 c_2} p_{ta}. \qquad \tag{4-10-23}$$

由此解得分界面上反射波声压与入射波声压之比 r_p,以及透射波声压与入射波声压之比 t_p

分别为

$$r_p = \frac{p_{ra}}{p_{ia}} = \frac{\rho_2 c_2 \cos\theta_i - \rho_1 c_1 \cos\theta_t}{\rho_2 c_2 \cos\theta_i + \rho_1 c_1 \cos\theta_t} = \frac{\dfrac{\rho_2 c_2}{\cos\theta_t} - \dfrac{\rho_1 c_1}{\cos\theta_i}}{\dfrac{\rho_2 c_2}{\cos\theta_t} + \dfrac{\rho_1 c_1}{\cos\theta_i}}, \\ t_p = \frac{p_{ta}}{p_{ia}} = \frac{2\rho_2 c_2 \cos\theta_i}{\rho_2 c_2 \cos\theta_i + \rho_1 c_1 \cos\theta_i} = \frac{2\dfrac{\rho_2 c_2}{\cos\theta_t}}{\dfrac{\rho_2 c_2}{\cos\theta_t} + \dfrac{\rho_1 c_1}{\cos\theta_i}}. \left.\right\} \tag{4-10-24}$$

现设

$$Z_{s1} = \frac{p_i}{v_{ix}} = \frac{\rho_1 c_1}{\cos\theta_i}, \\ Z_{s2} = \frac{p_t}{v_{tx}} = \frac{\rho_2 c_2}{\cos\theta_t}, \left.\right\} \tag{4-10-25}$$

这里的 Z_{s1} 和 Z_{s2} 分别为入射波及折射波的声压与相应质点速度的法向分量的比值,称为**法向声阻抗率**,它既与媒质特性阻抗有关,又与声波传播方向有关,那么(4-10-24)式可改写为

$$r_p = \frac{Z_{s2} - Z_{s1}}{Z_{s2} + Z_{s1}}, \\ t_p = \frac{2Z_{s2}}{Z_{s2} + Z_{s1}}. \left.\right\} \tag{4-10-26}$$

将现在斜入射时的结果(4-10-26)式与垂直入射时的结果(4-10-11)式相比较,可见两种情况下的 r_p 及 t_p 形式上都相似,只是斜入射时要用法向声阻抗率 Z_s 代替垂直入射时的声阻率 R. 实际上(4-10-11)式只是(4-10-26)式在 $\theta_i = 0$ 时的特例,所以也可以把(4-10-11)式中的 R_1 与 R_2 理解为声波的**法向声阻抗率**,只是那时 $\theta_i = \theta_t = 0$,$\cos\theta_i = 1$,所以垂直入射时的法向声阻抗率恰等于媒质的特性阻抗.

关于媒质特性阻抗对声波反射及透射的影响,在 §4.10.2 中已经作了详细讨论,现在主要考察声波入射角对反射现象的影响. 为了书写方便,引入符号

$$m = \frac{\rho_2}{\rho_1}, \\ n = \frac{k_2}{k_1} = \frac{c_1}{c_2}, \left.\right\} \tag{4-10-27}$$

前者称为**密度比**,后者称为**媒质 Ⅱ 对媒质 Ⅰ 的折射率**,则(4-10-24)式可改写为

$$r_p = \frac{\rho_2 c_2 \cos\theta_i - \rho_1 c_1 \cos\theta_t}{\rho_2 c_2 \cos\theta_i + \rho_1 c_1 \cos\theta_t} = \frac{m\cos\theta_i - \sqrt{n^2 - \sin^2\theta_i}}{m\cos\theta_i + \sqrt{n^2 - \sin^2\theta_i}}, \\ t_p = \frac{2\rho_2 c_2 \cos\theta_i}{\rho_2 c_2 \cos\theta_i + \rho_1 c_1 \cos\theta_t} = \frac{2m\cos\theta_i}{m\cos\theta_i + \sqrt{n^2 - \sin^2\theta_i}}. \left.\right\} \tag{4-10-28}$$

现分几种情况讨论:

1. 全透射

当声波入射角 θ_i 满足 $m\cos\theta_i - \sqrt{n^2 - \sin^2\theta_i} = 0$，也就是入射角为

$$\sin\theta_{i0} = \sqrt{\frac{m^2 - n^2}{m^2 - 1}}. \tag{4-10-29}$$

此时 $r_p = 0, t_p = 1$，即声波以 θ_{i0} 入射时不会出现反射，声波全部透进媒质 II，所以 θ_{i0} 称为**全透射角**. 当然并不是对任意两种媒质（即任意的 m 和 n 值）都可能出现全透射现象的，这可由 (4-10-29) 式看出，只有从该式解得实数的 θ_{i0} 值时，才会发生全透射，即必须满足条件 $0 \leqslant \dfrac{m^2 - n^2}{m^2 - 1} \leqslant 1$，解此不等式得

$$\left.\begin{array}{l} \text{当 } m > 1 \text{ 时}, m > n > 1; \\ \text{当 } m < 1 \text{ 时}, m < n < 1. \end{array}\right\} \tag{4-10-30}$$

前者对应于 $\rho_2 c_2 < \rho_1 c_1$，同时 $c_1 > c_2$ 的情况；后者对应于 $\rho_2 c_2 < \rho_1 c_1$，同时 $c_1 < c_2$ 的情况.

2. 全反射

由反射与折射定律 (4-10-22) 式看出，当 $c_2 \leqslant c_1(n \geqslant 1)$ 时恒有 $\theta_t \leqslant \theta_i$. 这说明当媒质 II 的声速 c_2 小于媒质 I 中的声速 c_1 时，无论入射角 θ_i 为多少，均有正常的折射波存在，其折射角小于入射角. 当 $c_2 > c_1$ 时恒有 $\theta_t > \theta_i$，这说明当媒质 II 中的声速大于媒质 I 中的声速时，折射角总是大于入射角. 那么可以想像，当入射角 θ_i 由 $0°$ 逐渐增大时，折射角自然也随之增大，当入射角大到等于某一定角度 θ_{ic} 时，有 $\theta_t = 90°$，即这时折射波沿着分界面传播. 如果入射角再增大，以至 $\theta_i > \theta_{ic}$，这时 $\sin\theta_t > 1$，也就是不存在实数角 θ_t，这意味着在媒质 II 中没有通常意义的折射波. 这时反射角仍等于入射角，而反射系数变成一复数，其绝对值恒等于1，即反射波幅值等于入射波幅值，所以入射声波的能量全部反射回媒质 I 中，只是相对于入射波而言产生了一个相位跃变，因此称此现象为**全内反射**. θ_{ic} 称为**全内反射临界角**，它等于

$$\theta_{ic} = \arcsin\frac{c_1}{c_2}. \tag{4-10-31}$$

例如，当声波由空气入射于水面上时，$n = \dfrac{c_1}{c_2} \approx 0.23$，可求得 $\theta_{ic} \approx 13°23'$. 声波的全内反射现象也为实验所证实.

3. 掠入射

当声波以 $\theta_i = 90°$ 入射时称为**掠入射**. 据 (4-10-28) 式可以看出，这时不管媒质 I 和 II 的特性阻抗如何，也不管是由媒质 I 向媒质 II 入射或相反，都有 $|r_p| \approx 1$，即都会全反射. 其实如果 $c_2 > c_1(n < 1)$，因为掠入射角肯定已大于全内反射临界角 θ_{ic}，所以由全反射的讨论知这时早已发生全反射，至于对 $c_2 < c_1(n > 1)$ 情况，却只有在 $\theta_i = 90°$ 时才会全反射.

4. 垂直透射

假定媒质 II 的声速比媒质 I 的声速小很多，即 $c_2 \ll c_1$，则由反射与折射定律 (4-10-22) 式看出，对任意的入射角 θ_i，均有 $\theta_t \approx 0°$，即折射波总是垂直于分界面的. 声波入射于多孔状吸声材料时（见 §5.6.4），相当于现在这种情况.

最后再来讨论一下声波斜入射时的能量关系. 由(4-10-24)式可以求得反射波声强与入射波声强大小之比即声强反射系数 r_I, 以及透射波声强与入射波声强之比即声强透射系数 t_I 分别为

$$\left.\begin{array}{l} r_I = \dfrac{|p_{ra}|^2/2\rho_1 c_1}{|p_{ia}|^2/2\rho_1 c_1} = \dfrac{(\rho_2 c_2 \cos\theta_i - \rho_1 c_1 \cos\theta_t)^2}{(\rho_2 c_2 \cos\theta_i + \rho_1 c_1 \cos\theta_t)^2}; \\[4mm] t_I = \dfrac{|p_{ta}|^2/2\rho_2 c_2}{|p_{ia}|^2/2\rho_1 c_1} = \dfrac{4\rho_1 c_1 \rho_2 c_2 \cos^2\theta_i}{(\rho_2 c_2 \cos\theta_i + \rho_1 c_1 \cos\theta_t)^2}. \end{array}\right\} \qquad (4-10-32)$$

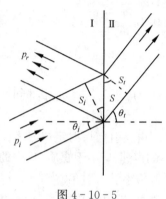

不难发现这时 $r_I + t_I \neq 1$, 这似乎与能量守恒定律发生了矛盾. 但事实上, 因为斜入射时声束面积会变宽或变窄(如图4-10-5), 所以声强透射系数并不能完全反映透射的能量关系. 这时必须来考察平均声能量流.

考虑到入射声束与折射声束的面积分别为 S_i 与 S_t, 可求得平均声能量流透射系数为

$$t_w = \frac{I_t S_t}{I_i S_i} = \frac{t_I \cos\theta_t}{\cos\theta_i}$$
$$= \frac{4\rho_1 c_1 \rho_2 c_2 \cos\theta_i \cos\theta_t}{(\rho_2 c_2 \cos\theta_i + \rho_1 c_1 \cos\theta_t)^2}. \qquad (4-10-33)$$

至于反射波, 因为反射角等于入射角, 所以反射波声束面积等于入射波声束面积, 因而

图 4-10-5

$$r_w = r_I. \qquad (4-10-34)$$

这时可以证明 $t_w + r_w = 1$, 即反射波平均声能量流与透射波平均声能量流之和等于入射波的平均声能量流, 这是从能量守恒定律早就预料到的.

4.10.4　声波通过中间层的情况

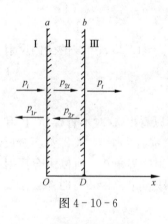

图 4-10-6

前面在讨论声波反射与折射时假定媒质 Ⅰ 与媒质 Ⅱ 都无限延伸, 以突出分界面对声传播的影响. 实际中有更多的是声波通过中间层的情况, 这里主要讨论垂直入射.

设有一厚度为 D、特性阻抗为 $R_2 = \rho_2 c_2$ 的中间层媒质置于特性阻抗为 $R_1 = \rho_1 c_1$ 的无限媒质中(如图4-10-6), 当一列平面声波 (p_i, v_i) 垂直入射到中间层界面上时, 一部分发生反射回到媒质 Ⅰ 中, 即形成了反射波 (p_{1r}, v_{1r}); 另一部分透入中间层, 记为 (p_{2t}, v_{2t}). 当声波 (p_{2t}, v_{2t}) 行进到中间层的另一界面上时, 由于特性阻抗的改变, 一部分又会反射回中间层, 记为 (p_{2r}, v_{2r}), 其余部分就透入中间层后面的 $\rho_1 c_1$ 媒质中去, 记为 (p_t, v_t). 由于这里的 $\rho_1 c_1$ 媒质延伸到无限远, 所以透射波 (p_t, v_t) 不会再发生反射.

如图 4-10-6 所示, 选取坐标, 则各列波可具体表示为:

$$p_i = p_{ia} e^{j(\omega t - k_1 x)} ,$$
$$v_i = v_{ia} e^{j(\omega t - k_1 x)} ,$$
$$p_{1r} = p_{1ra} e^{j(\omega t + k_1 x)} ,$$
$$v_{1r} = v_{1ra} e^{j(\omega t + k_1 x)} ,$$
$$p_{2t} = p_{2ta} e^{j(\omega t - k_2 x)} ,$$
$$v_{2t} = v_{2ta} e^{j(\omega t - k_2 x)} ,$$
$$p_{2r} = p_{2ra} e^{j(\omega t + k_2 x)} ,$$
$$v_{2r} = v_{2ra} e^{j(\omega t + k_2 x)} ,$$
$$\tag{4-10-35}$$

式中
$$k_1 = \frac{\omega}{c_1}, \quad k_2 = \frac{\omega}{c_2}.$$

至于透射波 (p_t, v_t)，它沿 x 正方向传播，所以其表示式原则上与 (4-5-5) 式类似，只不过现在相当于坐标原点左移了一段距离 D，因此 (p_t, v_t) 的表示式应写成

$$p_t = p_{ta} e^{j[\omega t - k_1(x - D)]} ,$$
$$v_t = v_{ta} e^{j[\omega t - k_1(x - D)]} .$$
$$\tag{4-10-36}$$

中间层左面媒质中的声场就是 (p_i, v_i) 与 (p_{1r}, v_{1r}) 的叠加，中间层中的声场就是 (p_{2t}, v_{2t}) 与 (p_{2r}, v_{2r}) 的叠加，中间层右面媒质中的声场就仅为 (p_t, v_t). 下面就应用 $x = 0, x = D$ 处的声学边界条件来确定反射及透射的大小.

应用 $x = 0$ 的声压连续与法向质点速度连续条件得

$$p_{ia} + p_{1ra} = p_{2ta} + p_{2ra} ,$$
$$v_{ia} + v_{1ra} = v_{2ta} + v_{2ra} ;$$
$$\tag{4-10-37}$$

应用 $x = D$ 处的声压连续与法向质点速度连续条件得

$$p_{2ta} e^{-jk_2 D} + p_{2ra} e^{jk_2 D} = p_{ta} ,$$
$$v_{2ta} e^{-jk_2 D} + v_{2ra} e^{jk_2 D} = v_{ta} .$$
$$\tag{4-10-38}$$

因为各列波都是平面波，所以有

$$v_{ia} = \frac{p_{ia}}{R_1}, \quad v_{1ra} = -\frac{p_{1ra}}{R_1} ;$$
$$v_{2ta} = \frac{p_{2ta}}{R_2}, \quad v_{2ra} = -\frac{p_{2ra}}{R_2} ;$$
$$v_{ta} = \frac{p_{ta}}{R_1} .$$
$$\tag{4-10-39}$$

将 (4-10-39) 式代入 (4-10-37) 式与 (4-10-38) 式，经过一些代数运算即可求得透射波 (p_t, v_t) 在 $x = D$ 界面上的声压与入射波 (p_i, v_i) 在 $x = 0$ 界面上的声压之比

$$t_p = \left| \frac{p_{ta}}{p_{ia}} \right| = \frac{2}{[4\cos^2 k_2 D + (R_{12} + R_{21})^2 \sin^2 k_2 D]^{1/2}} , \tag{4-10-40}$$

式中
$$R_{12} = \frac{R_2}{R_1}, R_{21} = \frac{R_1}{R_2}.$$

由此也可求得透射波声强与入射波声强之比,即声强透射系数

$$t_I = \frac{I_t}{I_i} = \frac{|p_{ta}|^2/2\rho_1 c_1}{|p_{ia}|^2/2\rho_1 c_1} = \frac{4}{4\cos^2 k_2 D + (R_{12} + R_{21})^2 \sin^2 k_2 D}; \quad (4-10-41)$$

以及反射波声强与入射波声强大小之比,即声强反射系数

$$r_I = \frac{|p_{1ra}|^2/2\rho_1 c_1}{|p_{ia}|^2/2\rho_1 c_1} = 1 - t_I. \quad (4-10-42)$$

(4-10-41)及(4-10-42)式表明,声波通过中间层时的反射波及透射波的大小不仅与两种媒质的特性阻抗 R_1, R_2 有关,而且还同中间层的厚度与其中传播的波长之比 $\frac{D}{\lambda_2}$ 有关. 现分几种情况讨论:

(1) $k_2 D = \frac{2\pi D}{\lambda_2} \ll 1.$

此时 $\cos k_2 D \approx 1, \sin k_2 D \approx 0,$ 由(4-10-41)式得
$$t_I \approx 1.$$

这说明如果在媒质中插入一中间层,而且这中间层的厚度 D 与层中的声波波长 λ_2 相比很小,那么这中间层在声学上就好像是不存在一样,声波仍旧可以全部透过. 例如,有一些电声器件,为了防止外界湿气进入,在振膜前加了一层薄膜材料,它既可以防潮,但又不妨碍声波的进入. 当然必须注意,中间层的厚度是相对于声波波长 λ_2 而言的,对一定的厚度 D,如果频率高了(即 λ_2 小),那么透声效果就会较差. 例如,舞台演出时用的无线传声器,演员把这种传声器佩戴在外衣口袋内,由于外衣对高频的透声比低频差,因而使用这种传声器就会使高频灵敏度下降. 为了补偿这一传声损失,在设计传声器时,必须预先使其高频灵敏度有一相应的提升.

(2) $k_2 D = n\pi \ (n = 1, 2, 3, \cdots).$

这种情况相当于 $D = \frac{\lambda_2}{2}n$,即中间层厚度为半波长的整数倍. 由(4-10-41)式得
$$t_I \approx 1.$$

这说明在现在这种情况下,声波也可以全部透过,好像不存在隔层一样. 这就是在超声技术中常采用的半波透声片的透声原理.

(3) $k_2 D = (2n-1)\frac{\pi}{2}, R_1 \ll R_2.$

这相当于 $D = (2n-1)\frac{\lambda_2}{4} \ (n = 1, 2, 3, \cdots)$,即中间层厚度为 1/4 波长的奇数倍. 由(4-10-41)式得
$$t_I \approx 0.$$

这说明在现在情况下,声波全然不能透过去,中间层完全隔绝了声波.

比较(2),(3)两种情况可以推断,如果将一固定厚度的中间层插入无限媒质中去,并且中间层的特性阻抗与无限媒质特性阻抗不同,那么中间层的透声本领将随频率而变化,这种

变化具有周期性. 图 $4-10-7$ 表示了用铝和有机玻璃板插在水中时, 声强透声系数 t_I 随 $\dfrac{D}{\lambda_2}$ 的变化曲线, 其中水与铝的特性阻抗比为 $R_{21} = 0.094$, 水与有机玻璃特性阻抗比为 $R_{21} = 0.454$.

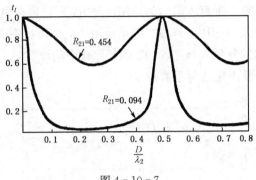

图 $4-10-7$

值得指出的是, $(4-10-40)$ 式、$(4-10-41)$ 式是基于连续波假设得到的结果, 事实上, 连续波在中间层中传播时, 由于前后分界面的反射, 在中间层中已经形成了驻波. 现在在薄板无损检测技术中, 也常使用正弦调制脉冲 (猝发波), 当脉冲宽度远小于声波在中间层中来回传播的时间时, 中间层中不再产生驻波, 此时穿过中间层的透射波就相当于经过两次无限大平面分界面时的透射. 这时声压透射系数就不应用 $(4-10-40)$ 式而应用下式表示:

$$t_p = \left| \frac{p_{ta}}{p_{ia}} \right| = \frac{4R_1R_2}{(R_1 + R_2)^2}.$$

另外一种很有实用价值的情况是第一和第三种媒质不相同, 即声波由第一种媒质入射到第二种媒质再进入第三种媒质. 采用本节所述的波动方程结合声学边界条件的方法, 不难得到类似于 $(4-10-41)$ 式的声强透射系数.

$$t_I = \frac{4R_1R_3}{(R_1 + R_3)^2 \cos^2 k_2 D + \left(R_2 + \dfrac{R_1R_3}{R_2} \right)^2 \sin^2 k_2 D}. \qquad (4-10-43)$$

仔细分析 $(4-10-43)$ 式可以发现: 当 $k_2 D = (2n-1)\dfrac{\pi}{2}$, 即中间层厚度为 $1/4$ 波长的奇数倍 $D = (2n-1)\dfrac{\lambda_2}{4}(n = 1, 2, 3, \cdots)$, 且 $R_2 = \sqrt{R_1 R_3}$ 时, $t_I = 1$, 这意味着如果遇到声波由一种媒质进入另一种媒质, 而且它们的声阻抗不完全匹配, 因而总有一部分声能量反射回第一种媒质. 但如果适当加入一片中间匹配层, 而且正确选取匹配层的厚度及声阻抗率, 即有可能实现声能量的全透射, 这就是超声技术常用的 $\dfrac{\lambda}{4}$ 波片匹配全透射技术.

如果平面声波的传播方向不是垂直于中间层, 而是与分界面的法线有一个夹角也就是斜入射时, 讨论这种情况下声波反射及透射的大小, 其处理方法原则上与垂直入射时完全一样, 不同的只是现在要应用沿空间任意方向传播的平面波表示式 $(4-10-15)$, 并且各列波的声压与法向质点速度间的关系也应该用一般表示式(4-10-16). 通过与垂直入射时类似的讨论即可求得反射声压及透射声压的大小关系.

这里不必再作繁琐的推导,我们只需注意一下,声波在两种无限延伸媒质的分界面上垂直入射时和斜入射时的两种结果(4-10-11)式及(4-10-26)式,它们的区别只在于斜入射时的法向声阻抗率 Z_s 代替了垂直入射时的声阻抗率 R,所以现在也可以根据垂直入射于中间层的结果(4-10-40)及(4-10-41)式,简单地用法向声阻抗率 Z_s 代替原式中的声阻率 R,并用波矢量在 x 方向的分量 $k_2' = k_2 \cos \theta_{2t}$ 代替原式中的波数 k_2,这样就直接得到声波斜入射于中间层上时的 t_p 及声强透射系数 t_I 为

$$\left.\begin{array}{l} t_p = \dfrac{p_{ta}}{p_{ia}} = \dfrac{2}{\left[4\cos^2 k_2'D + \left(\dfrac{z_2}{z_1} + \dfrac{z_1}{z_2}\right)^2 \sin^2 k_2'D\right]^{1/2}}, \\[4mm] t_I = \dfrac{I_t}{I_i} = \dfrac{4}{4\cos^2 k_2'D + \left(\dfrac{z_2}{z_1} + \dfrac{z_1}{z_2}\right)^2 \sin^2 k_2'D}, \end{array}\right\} \qquad (4-10-44)$$

式中 $Z_1 = \dfrac{\rho_1 c_1}{\cos \theta_i}, Z_2 = \dfrac{\rho_2 c_2}{\cos \theta_{2t}}, \theta_{2t}$ 为中间层中的折射角.

4.11 隔声的基本规律

从前面的讨论已经看到,加入中间层一般可以隔掉部分声波,但有时却并不妨碍声的传播. 在有些声学问题中要求透声良好,但是,有些则要求隔声良好. 例如,建筑物的隔墙就要求有满意的隔声能力,以使住户免受室外噪声的干扰;再如骨导式传声器的外壳要求能隔掉较多的气导噪声等等. 所以对于这些问题,更有意义的是隔声的本领.

在讨论隔声问题时,绝大多数情况中间层都是固体. 理论证明,当声波垂直入射,或者中间层比较薄甚至是斜入射,都可认为层中只有纵波传播,因而这里关于流体中间层的讨论可以推广到固体中间层去.

4.11.1 单层墙的隔声

描述隔声的本领,通常不再用透射系数 t_I,而是用它的倒数 $\eta_I = \dfrac{1}{t_I}$,实用中常用分贝来度量. 用分贝表示的隔声大小的量称为**隔声量**或称**传声损失**,用符号 TL 表示,定义为

$$\mathrm{TL} = 10\lg\eta_I = 10\lg\frac{1}{t_I}(\mathrm{dB}).$$

对一般建筑物,因为采用的隔墙的特性阻抗总要比空气的大得多,所以有 $R_{21} \ll 1$;同时如果隔墙厚度满足 $k_2 D = \dfrac{2\pi D}{\lambda_2} < 0.5$,于是由(4-10-41)式,并利用近似 $\sin k_2 D \approx k_2 D, \cos k_2 D \approx 1$,可得

$$\mathrm{TL} = 10\lg\left[1 + \frac{1}{4}R_{12}^2(k_2D)^2\right] = 10\lg\left[1 + \left(\frac{\omega M_2}{2R_1}\right)^2\right] \text{(dB)}.$$

式中 $M_2 = \rho_2 D$ 为单位面积隔墙的质量,单位为 $\mathrm{kg/m^2}$. 对于一般的所谓重隔墙,例如砖墙,常能满足 $\dfrac{\omega M_2}{2R_1} \gg 1$, 于是上式还可简化为

$$\mathrm{TL} = 10\lg\left(\frac{\omega M_2}{2R_1}\right)^2 = -42 + 20\log_{10}f + 20\log_{10}M_2 \text{(dB)}. \qquad (4\text{-}11\text{-}1)$$

这就是建筑声学中常用的质量作用定律. 例如,有一堵砖墙,厚度 $D = 0.1\,\mathrm{m}$, $\rho_2 = 2\,000$ $\mathrm{kg/m^3}$,则对于 $f = 1\,000\,\mathrm{Hz}$ 的声波可求得 $\mathrm{TL} \approx 64\,\mathrm{dB}$. 这样的墙已能较满意地隔掉通常的谈话声或不太高的室外噪声.

由质量作用定律(4-11-1)式看到,对一定频率的声波,一个密实单层墙的隔声量,唯一的决定因素是单位面积的质量. 也就是说,为了提高墙的隔声能力,当墙的材料已经决定时就只有采用增加隔墙厚度的办法. 此外由质量作用定律还可以看出,同一堵墙对不同频率的声波隔声量不一样,一般来讲,低频的隔声比高频的隔声要困难些.

(4-11-1)式是平面声波垂直入射时的隔声量. 如果声波是斜入射,并假设隔墙的特性阻抗也比较大,隔墙厚度比其中声波波长小很多,即有 $R_{21} \approx 0$, $k_2'D = \dfrac{2\pi\cos\theta_{2t}}{\lambda_2}D < 0.5$, 此外还假设满足重隔墙条件,即 $\dfrac{\omega M_2\cos\theta_i}{2R_1} \gg 1$, 这时由(4-10-43)式可求得入射角为 θ_i 时的隔声量

$$(\mathrm{TL})_{\theta_i} = 10\lg\left(\frac{\omega M_2\cos\theta_i}{2R_1}\right)^2. \qquad (4\text{-}11\text{-}2)$$

可见隔声量与入射角有关,以 $\theta_i = 0$ 即垂直入射时的隔声量为最大. 在实际的房间中,声波不可能全是垂直入射的,而是从各个方向向墙壁入射,即漫入射,这时实际隔声量比(4-11-1)式的计算结果要低.

此外实际房间中免不了有门和窗户,一般的门窗结构的隔声能力要比砖墙差得多. 进一步的研究表明,这种房间的隔声效果常常主要由隔声效果较差的门和窗户所决定,所以为了提高房间的隔声量,单纯追求墙的隔声效果已无意义,而应该注意处理好门和窗的隔声,特别是对一些隔声要求比较高的房间,这一点尤为重要.

4.11.2 双层墙的隔声

前面讨论了单层墙隔声的一般规律. 对于一些隔声要求比较高的情况,例如供声学测试用的消声室、录音室等,常希望室内的本底噪声尽量低,这就要求房间的隔声效果尽量好. 但是从质量作用定律(4-11-1)式看到,如使用相同的材料,墙的厚度增加一倍,隔声量只增加6 dB;厚度再增加一倍,隔声量也还只增加6 dB,显然越是到后来,为了得到 6 dB 的隔声量付出的代价就愈大,自然也愈不经济,所以如何能用较少的材料获得足够的隔声能力,这就成为大家所关心的问题. 目前常用的双层墙就是一个比较行之有效的方法.

关于双层墙隔声的讨论,原则上可以按照与单层墙相同的方法进行,但这时声波要穿过

四个分界面,运用声学边界条件就得到八个方程,所以求解过程非常繁琐.但如果假设隔墙的厚度相对于波长来讲足够薄,也就是认为墙像活塞一样做整体振动,那么讨论就可以得到简化,当然结果具有局限性,但在一般实用范围内近似程度已足够满意了.

设两墙相距为 D,墙本身的厚度暂不考虑,墙单位面积的质量均为 M.根据前面几节的讨论可知,在区间 I 中存在着平面入射波和反射波,记为 p_i 和 p_{1r};在区间 II 中一般也存在着沿 x 正方向和 x 负方向传播的波,分别记为 p_{2t} 及 p_{2r};在区间 III 中只存在沿正 x 方向传播的波,记为 p_{3t}.如图 4-11-1 选取坐标,则各列波可分别表示为

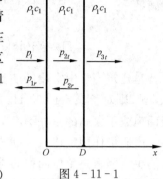

图 4-11-1

$$\left.\begin{array}{l} p_i = p_{ia}\mathrm{e}^{-jkx}, \\ p_{1r} = p_{1ra}\mathrm{e}^{+jkx}, \\ p_{2t} = p_{2ta}\mathrm{e}^{-jkx}, \\ p_{2r} = p_{2ra}\mathrm{e}^{+jkx}, \\ p_{3t} = p_{3ta}\mathrm{e}^{-jk(x-D)}. \end{array}\right\} \qquad (4-11-3)$$

这里考虑到各列波的时间因子都是简谐变化,故因子 $\mathrm{e}^{j\omega t}$ 均已略去不写.

a 墙左界面处的声压为 $p_{1ia}+p_{1ra}$,a 墙右界面处的声压为 $p_{2ta}+p_{2ra}$.b 墙左界面处的声压为 $p_{2ta}\mathrm{e}^{-jkD}+p_{2ra}\mathrm{e}^{jkD}$,$b$ 墙右界面处的声压为 p_{3ta}.

先讨论 $x=0$ 处 a 墙的运动.由于作用在墙左界面和右界面的声压不相等,使墙得到加速度 $\dfrac{\mathrm{d}v_1}{\mathrm{d}t}$,因此单位面积墙的运动方程为

$$M\frac{\mathrm{d}v_1}{\mathrm{d}t} = (p_{1ia}+p_{1ra})-(p_{2ta}+p_{2ra}). \qquad (4-11-4)$$

在墙的左界面上与右界面上都有法向质点速度连续条件,而且因为墙很薄,所以区间 I 与 II 在 $x=0$ 处的质点速度都等于 a 墙运动速度 v_1,即

$$\frac{p_{1ia}-p_{1ra}}{R_1} = v_1 = \frac{p_{2ta}-p_{2ra}}{R_1}, \qquad (4-11-5)$$

合并(4-11-4)式及(4-11-5)式,并考虑到 $\dfrac{\mathrm{d}v_1}{\mathrm{d}t}=j\omega v_1$,则得到

$$\frac{j\omega M}{R_1}(p_{1ia}-p_{1ra}) = \frac{j\omega M}{R_1}(p_{2ta}-p_{2ra}) = (p_{1ia}+p_{1ra})-(p_{2ta}+p_{2ra}).$$
$$(4-11-6)$$

类似地考虑 $x=D$ 处 b 墙的运动,可得到

$$\frac{j\omega M}{R_1}(p_{2ta}\mathrm{e}^{-jkD}-p_{2ra}\mathrm{e}^{jkD}) = \frac{j\omega M}{R_1}p_{3ta} = (p_{2ta}\mathrm{e}^{-jkD}+p_{2ra}\mathrm{e}^{jkD})-p_{3ta}. \quad (4-11-7)$$

联立(4-11-6)式和(4-11-7)式,例如由(4-11-7)式得

$$p_{2ta}\mathrm{e}^{-jkD} = \left(1+\frac{\mathrm{j}\omega M}{2R_1}\right)p_{3ta},$$

$$p_{2ra}\mathrm{e}^{jkD} = \frac{\mathrm{j}\omega M}{2R_1}p_{3ta}. \tag{4-11-8}$$

将(4-11-8)式代入(4-11-6)式,过程虽然是比较麻烦,然而纯粹是代数的运算,即可得到 p_{1ia} 与 p_{3ta} 之比为

$$\frac{1}{t_p} = \frac{p_{1ia}}{p_{3ta}} = \left(1+\frac{\mathrm{j}\omega M}{R_1}\right)\cos kD + \mathrm{j}\left[1+\frac{\mathrm{j}\omega M}{R_1}-\frac{1}{2}\left(\frac{\omega M}{R_1}\right)^2\right]\sin kD, \tag{4-11-9}$$

因而双层墙的隔声量为

$$\mathrm{TL} = 10\lg\left|\frac{p_{1ia}}{p_{3ta}}\right|^2 = 10\lg\left|\left(1+\frac{\mathrm{j}\omega M}{R_1}\right)\cos kD + \mathrm{j}\left[\left(1+\frac{\mathrm{j}\omega M}{R_1}\right)-\frac{1}{2}\left(\frac{\omega M}{R_1}\right)^2\right]\sin kD\right|^2. \tag{4-11-10}$$

当频率很低时,有 $\cos kD \approx 1, \sin kD \approx 0$, 则(4-11-10)式可简化为

$$\mathrm{TL} \approx 10\lg\left(1+\frac{\omega^2 M^2}{R_1^2}\right). \tag{4-11-11}$$

比较(4-11-11)式与质量作用定律(4-11-1)式可以看出,这相当于将两垛墙合并成一垛墙的隔声量,也就是说在频率很低时,双层墙不比用同样材料合在一起的单层墙优越.

对于中等频率情况,有 $\sin kD \approx kD, \cos kD \approx 1$, 则(4-11-10)式可简化为

$$\mathrm{TL} \approx 10\lg\left|1-\frac{\omega MkD}{R_1}+\mathrm{j}\left[\frac{\omega M}{R_1}+kD-\frac{1}{2}kD\left(\frac{\omega M}{R_1}\right)^2\right]\right|^2. \tag{4-11-12}$$

如果是重隔墙,即 $\frac{\omega M}{R_1} \gg 1$, 上式可简化为

$$\mathrm{TL} \approx 20\lg\frac{1}{2}kD\left(\frac{\omega M}{R_1}\right)^2 = 20\lg\frac{\omega M}{R_1}+20\lg\frac{\omega M}{2R_1}kD. \tag{4-11-13}$$

由质量作用定律知,(4-11-13)式的第一项相当于用双层墙相等的材料合并为一垛墙时的隔声量,可见分成双层墙砌时隔声量得到一定的提高. 不过这里过于近似的理论似乎表明,两墙间的距离越大,隔声量就愈大,深入一步的理论将证明,两墙间的距离有一个最佳值.

由(4-11-12)式可见,当虚数项为零,也就是当

$$\omega_r = \rho_1 c_1 \sqrt{\frac{2}{M\rho_1 D}} \tag{4-11-14}$$

时隔声量最小,这意味着墙中间的空气作为弹簧与墙的质量发生共振,使隔声量随频率的关系出现一个谷,在两墙中间加填多孔性柔软材料可以适当地抑制这种共振.

4.12　声波的干涉

前面大部分内容着重以一列自由行波为例,分析声波的基本性质,虽然上节讨论声波的反射时出现过两列波的叠加,但那里重点在于讨论两种媒质的分界面对声传播的影响. 至于

两列以至多列声波同时存在时的合成声场具有些什么性质,还基本上没有涉及,这一节就来讨论这个问题.

关于多个声源同时存在时,其他声源对某个声源振动状况的影响,将在第 6 章中专门讨论.这里暂不涉及声源情况,而假设各声源同时存在时各自辐射的声波分别为 $p_1, p_2, \cdots,$ p_n,这里就讨论由这些声波合成的声场所具有的性质.

4.12.1 叠加原理

描述小振幅声波传播规律的波动方程(4-3-7)式及(4-3-10)式从数学上讲是线性方程,这就反映了小振幅声波满足叠加原理,这是很容易证明的.

这里先以两列波的叠加为例,然后再推广到多列波的情况.设有两列声波,它们的声压分别为 p_1 和 p_2,其合成声场的声压设为 p.因为导出声波方程(4-3-10)式时只是应用了媒质的基本特性,所以现在的合成声场 p 一定也满足波动方程,即

$$\nabla^2 p = \frac{1}{c_0^2}\frac{\partial^2 p}{\partial t^2}. \tag{4-12-1}$$

另一方面,声压 p_1 及 p_2 自然应分别满足声波方程,即

$$\nabla^2 p_1 = \frac{1}{c_0^2}\frac{\partial^2 p_1}{\partial t^2},$$

$$\nabla^2 p_2 = \frac{1}{c_0^2}\frac{\partial^2 p_2}{\partial t^2}.$$

将上面两式相加,由于每个方程都是线性的,所以得到

$$\nabla^2(p_1 + p_2) = \frac{1}{c_0^2}\frac{\partial^2(p_1 + p_2)}{\partial t^2}. \tag{4-12-2}$$

比较(4-12-1)式及(4-12-2)式,并考虑到声学边界条件也是线性的,所以得到

$$p = p_1 + p_2. \tag{4-12-3}$$

这就是说两列声波合成声场的声压等于每列声波的声压之和,这就是**声波的叠加原理**.显然此结论可以推广到多列声波同时存在的情况.

回忆§4.10.2中我们具体求解了媒质 Ⅰ 中的声场,结果为入射波与反射波之和($p_i +$ p_r),其实这从叠加原理是早就预料到的.

4.12.2 驻 波

先讨论一个特殊情况,即由两列相同频率但以相反方向行进的平面波叠加的合成声场.我们知道,两列沿相反方向行进的平面波可分别表示为

$$p_i = p_{ia}\mathrm{e}^{\mathrm{j}(\omega t - kx)};$$

$$p_r = p_{ra}\mathrm{e}^{\mathrm{j}(\omega t + kx)}.$$

根据叠加原理,合成声场的声压为

$$p = p_i + p_r = 2p_{ra}\cos kx\,\mathrm{e}^{\mathrm{j}\omega t} + (p_{ia} - p_{ra})\mathrm{e}^{\mathrm{j}(\omega t - kx)}. \tag{4-12-4}$$

可见合成声场由两部分组成,第一项代表一种**驻波场**,各位置的质点都做同相位振动,

但振幅大小却随位置而异,当 $kx = n\pi$,即 $x = n\dfrac{\lambda}{2}(n = 1, 2, \cdots)$ 时,声压振幅最大,称为**声压波腹**,而当 $kx = (2n-1)\dfrac{\pi}{2}$,即 $x = (2n-1)\dfrac{\lambda}{4}(n = 1, 2, \cdots)$ 时,声压振幅为零,称为**声压波节**;第二项代表向 x 方向行进的平面行波,其振幅为原先两列波的振幅之差.

从上面简单的分析可以得出一个重要的规律,如果存在沿相反方向行进的波的叠加,例如在房间中入射波与由墙壁产生的反射波相叠加,则空间中合成声压的振幅将随位置出现极大和极小的变化,这样就破坏了平面自由声场的性质,如果反射波愈强,p_{ra} 愈大,则第一项比第二项的作用更大,即自由声场的条件愈不成立.特别是如果反射波的振幅等于入射波的振幅(全反射),$p_{ra} = p_{ia}$,则 $(4-12-4)$ 式的第二项为零,只剩下第一项,这时的合成声场就是一个纯粹的"驻波",亦称**定波**.

4.12.3   声波的相干性

现在讨论两列具有相同频率、固定相位差的声波的叠加,这时会发生干涉现象.

设到达空间某位置的两列声波分别为

$$p_1 = p_{1a}\cos(\omega t - \varphi_1),$$
$$p_2 = p_{2a}\cos(\omega t - \varphi_2),$$

并设两列声波到达该位置时的相位差 $\Psi = \varphi_2 - \varphi_1$ 不随时间变化,也就是说两列声波始终以一定的相位差到达该处,当然 Ψ 可能随位置而不同.[①]

由叠加原理,合成声场的声压为

$$p = p_1 + p_2 = p_{1a}\cos(\omega t - \varphi_1) + p_{2a}\cos(\omega t - \varphi_2)$$
$$= p_a\cos(\omega t - \varphi), \tag{4-12-5}$$

式中

$$\left.\begin{array}{l} p_a^2 = p_{1a}^2 + p_{2a}^2 + 2p_{1a}p_{2a}\cos(\varphi_2 - \varphi_1), \\[2mm] \varphi = \arctan\dfrac{p_{1a}\sin\varphi_1 + p_{2a}\sin\varphi_2}{p_{1a}\cos\varphi_1 + p_{2a}\cos\varphi_2}. \end{array}\right\} \tag{4-12-6}$$

$(4-12-5)$ 式及 $(4-12-6)$ 式说明,该位置上合成声压仍然是一个相同频率的声振动,但合成声压的振幅并不等于两列声波声压的振幅之和,而是与两列声波的相位差 Ψ 有关.

我们知道,声压振幅的平方反映了声场中平均能量密度的大小,而它们的关系可由 $(4-6-7)$ 式描述.因此将 $(4-12-6)$ 式对时间取平均可得合成声波的平均能量密度为:

$$\bar{\varepsilon} = \bar{\varepsilon}_1 + \bar{\varepsilon}_2 + \dfrac{p_{1a}p_{2a}}{\rho_0 c_0^2}\cos\Psi, \tag{4-12-7}$$

式中 $\bar{\varepsilon}_1$ 及 $\bar{\varepsilon}_2$ 分别为 p_1 及 p_2 的平均能量密度.$(4-12-7)$ 式说明声场中各位置的平均能量密度与两列声波到达该位置时的相位差 Ψ 有关.

如果某些位置上有 $\Psi = 0, \pm 2\pi, \pm 4\pi, \cdots$,这意味着两列声波始终以相同的相位到达,

---

[①] 这里重要的是两列声波到达该位置时的相位差 Ψ,至于振幅是否是常数,倒是无关紧要的,所以本节的讨论原则上也适用于球面波等其他波型情况.

则

$$
\left.\begin{array}{l}
p_a = p_{1a} + p_{2a}, \\
\bar{\varepsilon} = \bar{\varepsilon}_1 + \bar{\varepsilon}_2 + \dfrac{p_{1a}p_{2a}}{\rho_0 c_0^2}.
\end{array}\right\} \tag{4-12-8}
$$

如果另外一些位置上有 $\Psi = \pm\pi, \pm 3\pi, \cdots$，这意味着两列声波始终以相反相位到达，则

$$
\left.\begin{array}{l}
p_a = p_{1a} - p_{2a}, \\
\bar{\varepsilon} = \bar{\varepsilon}_1 + \bar{\varepsilon}_2 - \dfrac{p_{1a}p_{2a}}{\rho_0 c_0^2}.
\end{array}\right\} \tag{4-12-9}
$$

(4-12-8)式及(4-12-9)式说明，在两列同频率、具有固定相位差的声波叠加以后的合成声场中，任一位置上的平均能量密度并不简单地等于两列声波的平均能量密度之和，而是与两列声波到达该位置时的相位差有关. 特别在某些位置上，声波加强，合成声压幅值为两列声波幅值之和，平均声能量密度为两列声波平均声能量密度之和还要加上一个增量 $\dfrac{p_{1a}p_{2a}}{\rho_0 c_0^2}$，如果 $p_{1a} = p_{2a}$，那么这些位置上，合成声压幅值为每列声压幅值的 2 倍，平均声能量密度为每列声波平均声能量密度的 4 倍. 在另外一些位置上，声波互相抵消，合成声压幅值为两列声波幅值之差，平均能量密度比两列声波平均能量密度之和要差一个数值 $\dfrac{p_{1a}p_{2a}}{\rho_0 c_0^2}$，如果 $p_{1a} = p_{2a}$，那么这些位置上，合成声压幅值及平均声能量密度为零. 这就是声波的干涉现象，这种具有相同频率且有固定相位差的声波称为**相干波**.

下面考察一个特例. 如果合成声场中处处有 $\Psi = 0$（或 $\pm 2\pi, \pm 4\pi, \cdots$），则 $\bar{\varepsilon} = 4\bar{\varepsilon}$，因而合声场中平均声能量则为每列声波平均声能量的 4 倍，而不是 2 倍. 乍一看来，这似乎是不可思议的. 实际上声场中处处 $\Psi = 0$，这相当于两个同相声源彼此靠得很近时的辐射情况，在第 6 章 §6.3.3 中将会看到，这时两个声源将发生相互作用，如果使各声源仍保持恒定振动速度，从而保证了两声源同时存在时每个声源辐射的能量比它们单独存在时增加一倍，因而总能量为单个声源单独存在时辐射能量的 4 倍.

值得指出的是，如果两列声波的频率不同，那么即使具有固定的相位差，也不可能发生干涉现象. 例如，设到达声场中某位置的两列声波分别为：

$$
\left.\begin{array}{l}
p_1 = p_{1a}\cos(\omega_1 t - \varphi_1), \\
p_2 = p_{2a}\cos(\omega_2 t - \varphi_2),
\end{array}\right\} \tag{4-12-10}
$$

从(4-12-10)式可得合成声场的平均声能密度为

$$
\bar{\varepsilon} = \bar{\varepsilon}_1 + \bar{\varepsilon}_2 + \frac{2p_{1a}p_{2a}}{\rho_0 c_0^2}\overline{\cos(\omega_1 t - \varphi_1)\cos(\omega_2 t - \varphi_2)},
$$

式中第三项横线代表对时间取平均. 不难证明，对于足够长的时间，该项结果为零，所以上式变为

$$
\bar{\varepsilon} = \bar{\varepsilon}_1 + \bar{\varepsilon}_2. \tag{4-12-11}
$$

可见具有不同频率的声波是不相干波.

4.12.4　具有无规相位的声波的叠加

直到现在，我们讨论的声波其相位都是随时间作规则变化的，然而实际问题中常常还有

另外一种情况. 例如, 声波在形状不甚规则、壁面吸收比较小的大房间中传播, 此时由于声波在壁面上无数次反射的结果, 对房间内任何一个位置, 在某时刻的声压有可能是从各个方向传来的反射波的叠加, 而且它们的相位都是随时间无规变化的. 人们感兴趣的是那些具有一定统计规律的无规变化. 为简单计, 先以两列具有相同频率, 但都有无规变化相位的声波为例, 讨论其合成声场的性质.

设某瞬时到达声场中某位置的两列声波分别为

$$p_1 = p_{1a}\cos(\omega t - \varphi_1),$$
$$p_2 = p_{2a}\cos(\omega t - \varphi_2),$$

其中 φ_1 及 φ_2 分别为该时刻到达该位置的两列声波的相位的瞬时值. 在另一个时刻, 它们的瞬时值虽然无规改变, 但遵循一定的统计规律, 例如它们在任一瞬时都可能等几率地取 $0 \sim 2\pi$ 之间的任一数值.

据叠加原理, 在该位置上瞬时声压值形式上仍为(4-12-5)式及(4-12-6)式, 即

$$p = p_1 + p_2 = p_a\cos(\omega t - \varphi), \tag{4-12-5}$$

其中

$$\left. \begin{array}{l} p_a^2 = p_{1a}^2 + p_{2a}^2 + 2p_{1a}p_{2a}\cos(\varphi_2 - \varphi_1), \\ \varphi = \text{arc tan}\dfrac{p_{1a}\sin\varphi_1 + p_{2a}\sin\varphi_2}{p_{1a}\cos\varphi_1 + p_{2a}\cos\varphi_2}. \end{array} \right\} \tag{4-12-6}$$

但必须注意, 这里 φ_1, φ_2 以及 φ 的瞬时值都随时间无规变化.

运用(4-6-7)式可求得合成声场的平均声能量密度为

$$\bar{\varepsilon} = \frac{\overline{p_a^2}}{2\rho_0 c_0^2} = \bar{\varepsilon}_1 + \bar{\varepsilon}_2 + \frac{p_{1a}p_{2a}}{\rho_0 c_0^2}\overline{\cos(\varphi_2 - \varphi_1)}. \tag{4-12-12}$$

首先直观地分析一下, 在一段足够长的时间里 $\cos(\varphi_2 - \varphi_1)$ 的平均值为多少. 由于 φ_1 及 φ_2 都随时间无规变化, 每一瞬时都等几率地取 $(0 \sim 2\pi)$ 之间的任意一个值, 那么 $\Psi = \varphi_2 - \varphi_1$ 也是一个随机变化量, 每一瞬时也是等几率地取 $0 \sim 2\pi$ 之间的任意一个值.

在取平均的时间里, 设想抽样读取 N 个数值(N 是个很大的数), 在这个 N 个 Ψ 值中, 如果有一个值为 Ψ_i, 则必定以差不多相等的几率出现另一个值 $\Psi_i' = \Psi_i + \pi$, 这两个瞬时值的余弦相加也为零, 即 $\cos\Psi_i + \cos\Psi_i' = 0$(见图4-12-1); 其余类推, 因此在平均的时间足够长(N 足够大)以后就有 $\overline{\cos(\varphi_2 - \varphi_1)} = 0$.

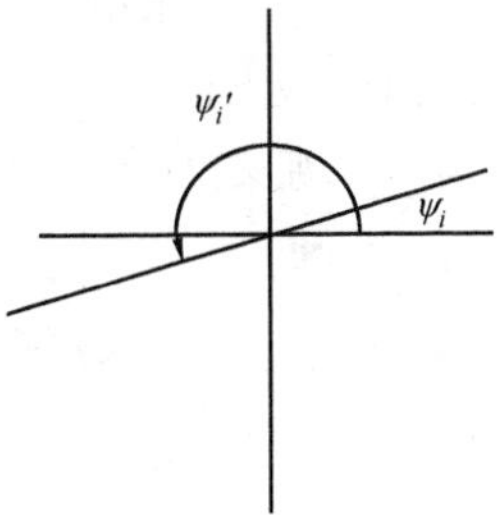

事实上, 在传声器测量的时间里, 对 Ψ 所有可能取的值进行平均, 则有

$$\frac{1}{2\pi}\int_0^{2\pi}\cos\Psi\,d\Psi = 0,$$

图 4-12-1

因此(4-12-12)式成为

$$\bar{\varepsilon} = \bar{\varepsilon}_1 + \bar{\varepsilon}_2. \tag{4-12-13}$$

这说明两列具有相同频率且有无规变化相位的声波叠加以后的合成声场, 其平均声能量密度等于每列声波平均能量密度之和, 也就是不发生干涉现象. 这种具有相同频率且有无规变化相位的声波也是不相干波.

采用与 §4.12.3 中类似的讨论可知,两列不同频率且有无规变化相位的声波显然也是不会发生干涉的.

以上关于两列声波叠加的讨论可以类似地推广到多列声波叠加的情况,通常由各种杂乱无章的声源发出的声音形成的噪声场,例如剧场里演出前观众各自无关地讲话形成的语噪声就属于这种情况,这时合成声场的平均声能量密度等于各列声波的平均声能量密度之和,或者用声压表示,即为

$$p_e^2 = p_{1e}^2 + p_{2e}^2 + \cdots + p_{ne}^2, \tag{4-12-14}$$

式中 p_e 为合成声场有效声压,$p_{je}(j = 1, 2, \cdots, n)$ 为各列声波有效声压.

例如设房间内有 5 个人在各自无关地朗读,每个人单独朗读时在某位置均产生 70 dB 声压级,根据刚才的讨论即可求得 5 个人同时朗读时在该位置上产生的总声压级.

因为对每个人发出的声波,其有效声压与声压级的关系就是熟知的(4-7-1)式,$L_j = 20\lg \dfrac{p_{je}}{p_{ref}}$,这里 L_j 代表第 j 列声波的声压级. 由此可解得每个人产生的有效声压为

$$p_{je} = p_{ref} 10^{\frac{L_j}{20}}.$$

因为由各人发出的声波是互不相干的,所以由(4-12-14)式可得合成声场的有效声压为

$$p_e = \sqrt{\sum_{j=1}^{5} p_{ref}^2 10^{L_j/10}} = p_{ref} \sqrt{5 \times 10^{L_j/10}},$$

总声压级为

$$L = 20\lg \frac{p_e}{p_{ref}} = 20\lg(5 \times 10^{L_j/10})^{1/2} \approx 77 (\text{dB}).$$

习 题 4

4-1 试分别在一维及三维坐标里,导出质点速度 v 的波动方程.

4-2 如果媒质中存在体积流源,单位时间内流入单位体积里的质量为 $\rho_0 q(x, y, z, t)$,试导出有流源分布时的声波方程.

4-3 如果媒质中有体力分布,设作用在单位体积媒质上的体力为 $F(x, y, z, t)$,试导出有体力分布时的声波方程.

4-4 如果在没有声扰动时媒质静态密度是不均匀的,即 $\rho_0 = \rho_0(x, y, z)$,试证明这种情况下的声波方程为

$$\nabla^2 p - \frac{1}{c_0^2} \frac{\partial^2 p}{\partial t^2} = \text{grad } p \cdot \text{grad } (\ln\rho_0).$$

4-5 一无限长圆柱形声源沿半径方向做均匀胀缩振动时,其辐射声波波阵面是圆柱形的,设径向半径为 r,单位长度圆柱形波阵面面积 $S = 2\pi r$,试求出这种声场里声波方程的具体形式.

4-6 如果声波的波阵面按幂指数规律变化,即 $S = S_0(1 + a_n x)^n$,其中 S_0 为 $x = 0$ 处的面积,a_n 为常数,试导出这时声波方程的具体形式.

4-7 试问夏天(温度高达 40℃)空气中声速比冬天(设温度为 ℃)时高出多少? 如果平面波声压保持不变,媒质密度也近似认为不变,求上述两种情况下声强变化的百分率及声强级差.

4-8 如果两列声脉冲到达人耳的间隔时间约在(1/20) s 以上时,听觉上可以区别出来,试问人离一垛高墙至少要多远的距离才能听到自己讲话的回声?

4-9 (1) 试导出空气中由于声压 p 引起的绝对温度的升高 ΔT 的表示式.

(2) 试问在 20 ℃、标准大气压的空气里,80 dB 的平面声波引起的温度变化幅值为多少?

4-10 在 20℃ 的空气里,求频率为 1 000 Hz、声压级为 0 dB 的平面声波的质点位移幅值、质点速度幅值、声压幅值及平均能量密度各为多少? 如果声压级为 120 dB,上述各量又为多少? 为了使空气质点速度有效值达到与声速相同的数值,借用线性声学结果估计需要多大的声压级?

4-11 在 20℃ 的空气里,有一平面声波,已知其声压级为 74 dB,试求其有效声压、平均声能量密度与声强.

4-12 如果在水中与空气中具有同样的平面波质点速度幅值,问水中声强将比空气中声强大多少倍?

4-13 欲在声级为 120 dB 的噪声环境中通电话,假设耳机在加一定电功率时在耳腔中能产生 110 dB 的声压,如果在耳机外加上的耳罩能隔掉 20 dB 噪声,问此时在耳腔中通话信号声压比噪声大多少倍?

4-14 已知两声压幅度之比为 2,5,10,100,求它们声压级之差. 已知两声压级之差为 1 dB,3 dB,6 dB,10 dB,求声压幅值之比.

4-15 20 ℃时空气和水的特性阻抗分别为 415 Pa·s/m 及 1.48×10⁶ Pa·s/m,计算平面声波由空气垂直入射于水面上时反射声压大小及声强透射系数.

4-16 水和泥沙的特性阻抗分别为 1.48×10⁶ Pa·s/m 及 3.2×10⁶ Pa·s/m,求声波由水垂直入射于泥沙时,在分界面上反射声压与入射声压之比及声强透射系数.

4-17 声波由空气以 $\theta_i = 30°$ 斜入射于水中,试问折射角为多大? 分界面上反射波声压与入射波声压之比为多少? 平均声能量流透射系数为多少?

4-18 试求空气中厚为 1 mm 的铁板对 200 Hz 及 2 000 Hz 声波的声强透射系数 t_I(考虑垂直入射).

4-19 空气中有一木质板壁,厚为 1 cm,问其对 1 000 Hz 声波的隔声量有多少? 如果换成 1 cm 厚的铝板,试问隔声量将提高多少?

4-20 一骨导送话器的外壳用 1 mm 的铁皮做成,试求这外壳对 1 000 Hz 气导声波的隔声量.

4-21 房间隔墙厚度 20 cm,密度 $\rho = 2\,000$ kg/m³,试求 100 Hz 及 1 000 Hz声波的隔声量分别为多少? 如墙的厚度增加 1 倍,100 Hz 声波的隔声量为多少? 如不是增加厚度,而是用相同材料砌成双层墙,中间距 10 cm,这时对 100 Hz 声波的隔声量为多少?

4-22 试用类比线路的方法推导单层重隔墙的隔声公式(4-11-1).

4-23 试导出三层媒质的声强透射系数(4-10-43)式.

4-24 有不同频率的两列平面声波,它们的声压可分别表示为 $p_1 = p_{1a}\cos(\omega_1 t - k_1 x - \varphi_1)$,$p_2 = p_{2a}\cos(\omega_2 t - k_2 x - \varphi_2)$,这里初相位角 φ_1 及 φ_2 为常数,试求它们的合成声场的平均能量密度.

4-25 试计算入射声波与反射声波振幅相等的平面驻波声场中的平均能量密度.

4-26 设有一沿 x 方向的平面驻波,其驻波声压可表示为 $p = p_{ia}\mathrm{e}^{\mathrm{j}(\omega t - kx)} + p_{ra}\mathrm{e}^{\mathrm{j}(\omega t + kx)}$,若已知 $p_{ra} = p_{ia}\mathrm{e}^{\mathrm{j}\frac{\pi}{2}}$,试求该驻波声场的平均声能量密度 $\bar{\varepsilon}$ 和平均声能量流密度(声强) I.

4-27 某测试环境本底噪声声压级 40 dB,若被测声源在某位置上产生声压级 70 dB,试问置于该位置上的传声器接收到的总声压级为多少? 如本底噪声也为 70 dB,总声压级又为多少?

4-28　房间内有 n 个人各自无关地朗读,假如每个人单独朗读时在某位置均产生 L_i(dB)的声音,那么 n 个人同时朗读时在该位置上总声压级应为多少?

4-29　如果测试环境的本底噪声声压级比信号声压级低 n dB,证明由本底噪声引起的测试误差(即指本底噪声加信号的总声压级比信号声压级高出的分贝数)为

$$\Delta L = 10\lg(1 + 10^{-\frac{n}{10}})(\text{dB}).$$

若 $n = 0$ 即噪声声压级与讯号声压级相等,此时 $\Delta L =$?为了使 $\Delta L < 1$ dB,n 至少要多大?为了使 $\Delta L < 0.1$ dB,n 至少要多大?

4-30　在一信号与噪声共存的声场中,已知信号加噪声的总声压级为 L,假设还已知本底噪声声压级 L_2,它们的声压级差为 $\Delta L_2 = L - L_2$,证明这时信号声压级比总声压级 L 低

$$\Delta L_1 = -10\lg(1 - 10^{-\frac{\Delta L_2}{10}})(\text{dB}).$$

5

声波在管中的传播

在声学研究中常会遇到管道的传声问题. 例如有不少发声器件就是做成管状的（或箱状），如木管乐器、号筒式扬声器、箱式扬声器等等. 我们在上一章里知道，平面声波具有一个很重要的特性，就是其振幅是不随距离而变化的，因此平面声波各声学量之间的关系较为简单. 但是正如我们在第 6 章将要指出的，在实际的自由空间中，利用一般声源往往获得的不是平面波，而是波阵面逐渐扩张，致使振幅随距离逐渐减弱的球面波. 那么平面声波会在哪里存在呢？ 这一章将介绍管道是平面声波传播的一种良好环境. 人们常有这种感觉，如果二人在自由空间相距约 10 m 远处对话，那么因为声音很轻，双方听起来都感到非常吃力，然而如果利用 10 m 长的管道来传声，则对话者就仿佛近在咫尺. 大家知道，还在电子技术远远没有今天这样发展之前，医生就已能用简易的听诊器来听取病者心肺产生的微弱病态声音. 这种听诊器的原理就是将人的心肺运动的声音引聚到较细的管道中，使能量不发散并有效地传入人耳. 由于管道传声的这种独特功效，使这种较为原始的听诊器至今还被人们袭用着. 也由于管道中能获得平面波，致使管道已成为目前声学中一个较为重要的研究环境. 例如，吸声材料的声阻抗与吸声系数的测量，传声器灵敏度的校正，以及对一些其他声学参量的测量与对一些声学现象的研究观察，在管道中常常要比在自由空间中简便得多. 此外，由于现代工业技术的发展，特别是大型强力风机、燃气轮机、喷气装置的不断发展，带来了日益严重的强噪声的危害，消除或减弱由这些系统和设备的进排气传播的强噪声，即管道消声问题也已成为管道传声研究的一个重要课题.

经过上面简述，读者对管道传声问题的重要性已有初步认识，但是管道中为什么能传播平面波，这对一个尚未接触管内声场的读者来说仍是一个不解的问题. 然而考虑到学习上的方便，我们还是要求读者在本章的前面几节，先承认管中是以平面声波方式进行传播的这一前提，而在后面再来研究如何在管中获得平面波以及当平面波不能单纯存在时管中的声传播特性等.

5.1 均匀的有限长管

设有一平面声波在一根有限长的、截面积均匀的管子中传播,管的截面积为 S. 如果管子末端有一任意声学负载,它的表面法向声阻抗为 Z_a(或法向声阻抗率为 $Z_s = SZ_a$),一般应是复数,由声阻 R_a 与声抗 X_a(或声阻率 R_s 与声抗率 X_s)组成,即 $Z_a = R_a + jX_a$(或 $Z_s = R_s + jX_s$). 由于管端有声负载,一部分声波要受到反射,一部分声波要被负载所吸收,因此,管中的原始平面行波声场就要受到负载的影响.

5.1.1 管内声场

为了处理方便,我们把坐标原点取在管末端的负载处,如图 5-1-1 所示. 设入射波与反射波的形式分别为

$$p_i = p_{ai} e^{j(\omega t - kx)}, \qquad (5-1-1)$$

$$p_r = p_{ar} e^{j(\omega t + kx)}. \qquad (5-1-2)$$

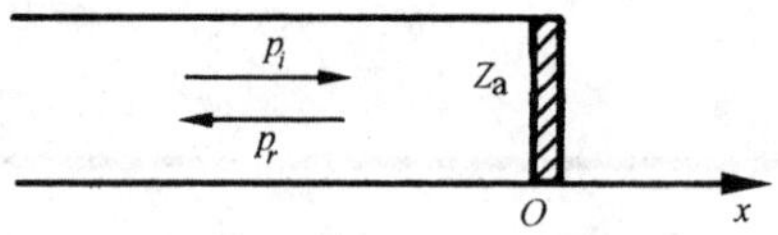

反射波 p_{ar} 的产生是由管端的声学负载引起的,它同入射波 p_{ai} 之间不仅大小不同,而且还可能存在相位差,一般可表示为

图 5-1-1

$$\frac{p_{ar}}{p_{ai}} = r_p = |r_p| e^{j\sigma\pi}, \qquad (5-1-3)$$

这里 r_p 称为**声压的反射系数**,$|r_p|$ 表示它的绝对值,$(\sigma\pi)$ 表示反射波与入射波在界面处的相位差. 把(5-1-1)和(5-1-2)两式相加就得到管中的总声压

$$p = p_i + p_r = p_{ai}[e^{-jkx} + |r_p| e^{j(kx+\sigma\pi)}]e^{j\omega t} = |p_a| e^{j(\omega t+\psi)}, \qquad (5-1-4)$$

其中

$$|p_a| = p_{ai} \left| \sqrt{1 + |r_p|^2 + 2|r_p| \cos 2k\left(x + \sigma\frac{\lambda}{4}\right)} \right| \qquad (5-1-5)$$

为总声压振幅,ψ 为引入的一个固定相位,它对声场的能量大小没有影响,这里就不予讨论. 分析(5-1-5)式可以发现,当 $2k\left(x + \sigma\frac{\lambda}{4}\right) = \pm(2n+1)\pi$ $(n = 0,1,2,\cdots)$ 时,总声压有极小值;当 $2k\left(x + \sigma\frac{\lambda}{4}\right) = 2n\pi$ $(n = 0,1,2,\cdots)$ 时,总声压有极大值. 我们用 G 来表示声压极大值与极小值的比值,称为**驻波比**,可得

$$G = \frac{|p_a|_{\max}}{|p_a|_{\min}} = \sqrt{\frac{1 + |r_p|^2 + 2|r_p|}{1 + |r_p|^2 - 2|r_p|}} = \frac{1 + |r_p|}{1 - |r_p|}, \qquad (5-1-6)$$

或写成如下形式

$$|r_p| = \frac{G-1}{G+1}. \qquad (5-1-7)$$

假设末端的声负载是全吸声体,把入射声波全部吸掉,则有 $|r_p| = 0$ 或 $|p_a| = p_{ai}$. 这

时管中只存在入射的平面波,驻波比 $G=1$. 如果声负载是一刚性反射面,把入射声波全部反射,则 $|r_p|=1,\sigma=0$,于是有 $|p_a|=2p_{ai}|\cos kx|$,这时管中出现了纯粹的驻波(我们曾经称它为定波),即驻波比 $G=\infty$. 对于一般负载驻波比 G 介于 $1\sim\infty$ 之间. (5-1-7)式把 G 与反射系数 $|r_p|$ 联系起来,这就启示我们,可以通过对驻波比的测量来确定声负载的声压反射系数. 从此又可求得负载的**声能透射系数**或称**吸声系数**,参见(5-1-23)式. 公式(5-1-7)就是声学中常采用的驻波管测量吸声材料反射系数与吸声系数方法的理论依据.

从(5-1-5)式我们还可以确定管中声压极小值的位置,由

$$\cos 2k\left(x+\sigma\frac{\lambda}{4}\right)=-1,$$

可得

$$(-x)=\left[(2n+1)+\sigma\right]\frac{\lambda}{4} \quad (n=0,1,2,\cdots), \tag{5-1-8}$$

这里 x 前面引入一负号,是因为我们坐标原点取在管的末端,所以管中的任意位置 x 都是负值,而 $(-x)$ 就是取正值的意思. 从(5-1-8)式看到,$n=0$ 对应于一个最靠近声负载处的极小值,我们称为第一个极小值,它等于

$$(-x)=(1+\sigma)\frac{\lambda}{4}. \tag{5-1-9}$$

由此我们可以通过测量第一个极小值位置,来求得管端反射波与入射波的相位差 $(\sigma\pi)$.

5.1.2 阻抗图

我们知道,管末端声学负载的声学特性是由其表面法向声阻抗 Z_a 来表征的,因而管末端的声波反射系数自然应与声负载的声阻抗有关. 如果建立这样的关系,就可以通过已知的 Z_a 来确定负载的声压反射系数以及吸声系数,或者反过来通过对声压反射系数的测量来确定负载的表面法向声阻抗 Z_a.

据(5-1-4)式可以求得管中的质点速度

$$v=\frac{p_{ai}}{\rho_0 c_0}\left[e^{-jkx}-|r_p|e^{j(kx+\sigma\pi)}\right]e^{j\omega t}, \tag{5-1-10}$$

从(5-1-4)与(5-1-10)式可得管中的声阻抗,并由此获得在 $x=0$ 处的声阻抗率

$$Z_s=\left(\frac{1+|r_p|e^{j\sigma\pi}}{1-|r_p|e^{j\sigma\pi}}\right)\rho_0 c_0, \tag{5-1-11}$$

或声阻抗

$$Z_a=\left(\frac{1+|r_p|e^{j\sigma\pi}}{1-|r_p|e^{j\sigma\pi}}\right)\frac{\rho_0 c_0}{S}. \tag{5-1-12}$$

设 $\xi=\dfrac{Z_s}{\rho_0 c_0}=\dfrac{Z_a S}{\rho_0 c_0}$,称为**负载的声阻抗率比**,可将(5-1-11)式化为

$$|r_p|e^{j\sigma\pi}=\frac{\xi-1}{\xi+1}. \tag{5-1-13}$$

因为 $Z_s=R_s+jX_s$,所以声阻抗率比还可表示成

$$\xi = x_s + \mathrm{j}y_s, \tag{5-1-14}$$

其中 $x_s = \dfrac{R_s}{\rho_0 c_0}, y_s = \dfrac{X_s}{\rho_0 c_0}$ 分别称为**声阻率比**与**声抗率比**. 将(5-1-14)式代入(5-1-13)式可得

$$|r_p|\mathrm{e}^{\mathrm{j}\sigma\pi} = \frac{(x_s-1)+\mathrm{j}y_s}{(x_s+1)+\mathrm{j}y_s}$$

$$= \sqrt{\frac{(x_s-1)^2+y_s^2}{(x_s+1)^2+y_s^2}}\mathrm{e}^{\mathrm{j}\arctan\frac{2y_s}{x_s^2+y_s^2-1}}, \tag{5-1-15}$$

由此可以分别得到

$$|r_p|^2 = \frac{(x_s-1)^2+y_s^2}{(x_s+1)^2+y_s^2}, \tag{5-1-16}$$

与

$$\sigma\pi = \arctan\frac{2y_s}{x_s^2+y_s^2-1}. \tag{5-1-17}$$

从(5-1-16)式可化为

$$\left(x_s - \frac{1+|r_p|^2}{1-|r_p|^2}\right)^2 + y_s^2 = \left(\frac{2|r_p|}{1-|r_p|^2}\right)^2, \tag{5-1-18}$$

从(5-1-17)式可化为

$$x_s^2 + [y_s - \cot(\sigma\pi)]^2 = \cot^2(\sigma\pi) + 1. \tag{5-1-19}$$

(5-1-18)式是以 $\left(\dfrac{1+|r_p|^2}{1-|r_p|^2}, 0\right)$ 为圆心, 半径为 $\dfrac{2|r_p|}{1-|r_p|^2}$ 的圆方程; 而(5-1-19)式是

以 $(0, \cot(\sigma\pi))$ 为圆心, 半径为 $\sqrt{\cot^2(\sigma\pi)+1}$ 的圆方程. 由此可以看出, 如果我们已知 $|r_p|$ 与 σ 的数值, 就可由上面两个圆方程求得 x_s 与 y_s, 从而也就求得负载的声阻抗率或声阻抗. 通常为了使用方便, 我们可以预先以一定的 $|r_p|$ 与 σ 值为参数, 以 x_s 为横坐标, y_s 为纵坐标, 按(5-1-18)与(5-1-19)两式分别作两簇圆形曲线, 如图 5-1-2 所示, 然后通过测量

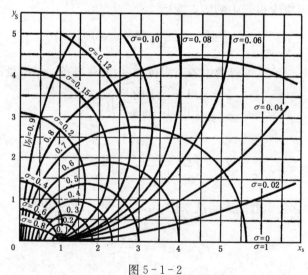

图 5-1-2

驻波比 G 与管中第一个声压极小值的位置 $(-x)$,求得 $|r_p|$ 与 σ,再在图 $5\text{-}1\text{-}2$ 的两个圆形曲线簇中找到与该 $|r_p|$,σ 值相应的交点,这一交点的坐标 x_s 与 y_s 就是我们欲求负载的声阻率比与声抗率比. 例如,我们在一根内充空气的均匀的管子末端放置一吸声材料,假设已知管中的驻波比 $G=5$,而第一个声压极小值的位置为 $(-x)=\dfrac{3\lambda}{8}$,那么我们可以从 $(5\text{-}1\text{-}7)$ 与 $(5\text{-}1\text{-}9)$ 式算得 $|r_p|=0.67$,$\sigma=\dfrac{1}{2}$,然后在图 $5\text{-}1\text{-}2$ 中找得与此 $|r_p|$ 与 σ 对应的圆交点,从而确定 $x_s=0.40$ 与 $y_s=0.92$,如果取 $\rho_0 c_0=415\,\text{Pa}\cdot\text{s/m}$,就可求得该吸声材料的声阻抗率为 $Z_s=415(0.40+\text{j}0.92)\,\text{Pa}\cdot\text{s/m}$.

5.1.3 声负载的吸声系数

我们再来研究一下 $(5\text{-}1\text{-}16)$ 式,可以指出该式就是声负载的声强反射系数

$$r_I=|r_p|^2=\frac{(x_s-1)^2+y_s^2}{(x_s+1)^2+y_s^2},\qquad(5\text{-}1\text{-}20)$$

或写成

$$r_I=\frac{(R_s-\rho_0 c_0)^2+X_s^2}{(R_s+\rho_0 c_0)^2+X_s^2},\qquad(5\text{-}1\text{-}21)$$

也可表示成

$$r_I=\frac{\left(R_a-\dfrac{\rho_0 c_0}{S}\right)^2+X_a^2}{\left(R_a+\dfrac{\rho_0 c_0}{S}\right)^2+X_a^2}.\qquad(5\text{-}1\text{-}22)$$

从此可以按能量守恒定律求得负载的吸声系数

$$\alpha=1-r_I=\frac{4R_s\rho_0 c_0}{(R_s+\rho_0 c_0)^2+X_s^2},\qquad(5\text{-}1\text{-}23)$$

或表示成

$$\alpha=\frac{4R_a S\rho_0 c_0}{(R_a S+\rho_0 c_0)^2+X_a^2 S^2}.\qquad(5\text{-}1\text{-}24)$$

从此可以看到声负载的吸声系数与它的声阻抗之间的关系是十分密切的.

5.1.4 共振吸声结构

下面我们以赫姆霍兹共鸣器作为负载的例子来作些分析. 设在管末端刚性壁前,放置着开有小孔的一块平板,板与刚性壁相距为 D,构成 $V=SD$ 的腔体,其声容为 $C_a=\dfrac{V}{\rho_0 c_0^2}$,

图 $5\text{-}1\text{-}3$

板上穿孔部分构成一声质量 $M_a=\dfrac{\rho_0 l}{S_0}$ 与声阻 R_a(l 为板厚度,S_0 为小孔面积). 这一 M_a,R_a 与 C_a 就构成一个赫姆霍兹共鸣器,如图 $5\text{-}1\text{-}3$ 所示. 我们设

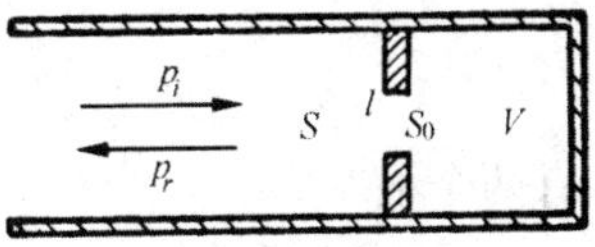

$x_s = \dfrac{R_a S}{\rho_0 c_0}$ 与 $y_s = \dfrac{X_a S}{\rho_0 c_0}$，于是 $(5-1-24)$ 式可改成

$$\alpha = \frac{4x_s}{(1+x_s)^2 + y_s^2}. \qquad (5-1-25)$$

当 $y_s = 0$ 或 $f = f_r = \dfrac{1}{2\pi}\sqrt{\dfrac{1}{M_a C_a}}$ 时，即共鸣器发生共振时，吸声系数达到极大值

$$\alpha_r = \frac{4x_s}{(1+x_s)^2}. \qquad (5-1-26)$$

将 $(5-1-26)$ 式代入 $(5-1-25)$ 式可得如下形式

$$\alpha = \frac{\alpha_r}{1 + \dfrac{y_s^2}{(1+x_s)^2}}. \qquad (5-1-27)$$

我们引入**频率比** $z = \dfrac{f}{f_r}$，以及共振式吸声结构的品质因素 Q_R，与单振子系统中品质因素定义（见 §1.4）类似，这里也定义 $Q_R = \dfrac{\omega_r M_a}{R'}$. 而目前的声阻除了小孔的声阻 R_a 外，尚应包括小孔向管中辐射平面波的声辐射阻 $\rho_0 c_0 / S$，即 $R' = R_a + \rho_0 c_0 / S$. 经过换算，不难证明它可等于

$$Q_R = \frac{\lambda_r}{(1+x_s)2\pi D}, \qquad (5-1-28)$$

这里 $\lambda_r = \dfrac{c_0}{f_r}$ 为与共鸣器共振频率对应的声波波长. $(5-1-27)$ 式可化为

$$\alpha = \frac{\alpha_r z^2}{z^2 + [(z^2-1)Q_R]^2}. \qquad (5-1-29)$$

$(5-1-29)$ 式表示了共振式吸声结构的吸声系数，以 Q_R 为参数的频率关系. 从此式还可求得这种吸声结构的吸声频带宽度，为此我们来求与 $\dfrac{\alpha_r}{2}$ 相对应的 z 值，即令 $\alpha = \dfrac{\alpha_r}{2}$，代入 $(5-1-29)$ 式得

$$\left[\frac{(z^2-1)Q_R}{z}\right]^2 = 1.$$

由此解得

$$z = \sqrt{\left(\frac{1}{2Q_R}\right)^2 + 1} \pm \frac{1}{2Q_R},$$

z 有两个根

$$\left.\begin{array}{l} z_1 = \sqrt{\left(\dfrac{1}{2Q_R}\right)^2 + 1} + \dfrac{1}{2Q_R}; \\[3mm] z_2 = \sqrt{\left(\dfrac{1}{2Q_R}\right)^2 + 1} - \dfrac{1}{2Q_R}. \end{array}\right\} \qquad (5-1-30)$$

从(5-1-30)式确定吸声频带宽度为

$$z_1 - z_1 = \frac{1}{Q_R},$$

或表示成

$$\frac{f_1 - f_2}{f_r} = \frac{1}{Q_R}. \tag{5-1-31}$$

由此可见共振式吸声结构的频带宽度由品质因素 Q_R 来决定. Q_R 愈大,吸声频带愈窄;反之 Q_R 愈小,吸声频带愈宽.

共振式吸声结构在现代的厅堂、剧院、录音室等的声学设计中已获得广泛应用. 实用上是做成穿孔结构形式,常称穿孔板共振吸声结构. 这种结构就是在离壁面一定距离处,装上具有一定穿孔率的板状物,它相当于许多共鸣器的并联组成,参见本章习题 5-4.

5.2　突变截面管

5.2.1　声波在两根不同截面的管中传播

假设声波从一根截面积为 S_1 的管中传来,在该管的末端装着另一根截面积为 S_2 的管子,如图 5-2-1 所示. 一般来说,后面的 S_2 管对前面的 S_1 管是一个声负载,因而也会引起部分声波的反射和透射. 设在 S_1 管中有一入射波 p_i 和一反射波 p_r,而 S_2 管无限延伸,仅有透射波 p_t. 假定坐标原点取在 S_1 管与 S_2 管的接口处,我们可以分别写出上述三种波的声压表示式

$$\left. \begin{aligned} p_i &= p_{ai}\mathrm{e}^{\mathrm{j}(\omega t - kx)}, \\ p_r &= p_{ar}\mathrm{e}^{\mathrm{j}(\omega t + kx)}, \\ p_t &= p_{at}\mathrm{e}^{\mathrm{j}(\omega t - kx)}, \end{aligned} \right\} \tag{5-2-1}$$

以及它们的质点速度

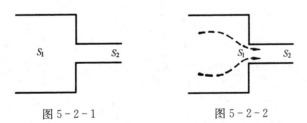

图 5-2-1　　　　　　　图 5-2-2

$$\left. \begin{aligned} v_i &= \frac{p_{ai}}{\rho_0 c_0}\mathrm{e}^{\mathrm{j}(\omega t - kx)}, \\ v_r &= -\frac{p_{ar}}{\rho_0 c_0}\mathrm{e}^{\mathrm{j}(\omega t + kx)}, \\ v_t &= \frac{p_{at}}{\rho_0 c_0}\mathrm{e}^{\mathrm{j}(\omega t - kx)}. \end{aligned} \right\} \tag{5-2-2}$$

我们知道这三种波不是各自独立,而是相互有联系的.这种联系的关键在两根管子的接口处,也即两根管子的界面处.为此我们就要像 §4.10.1 中类似地来观察一下这种界面存在的声学边界条件.可以指出,对于上述情形在 $x = 0$ 处应存在如下两种边界条件:

(1)声压连续.即

$$p_{ai} + p_{ar} = p_{at}, \tag{5-2-3}$$

这一条件的获得,依据同 §4.10.1 中完全一样.

(2)体积速度连续.在界面处因为截面有突变,所以可以想像这里的质点不会再是单向的.图 5-2-2 为这种运动的示意图.这就是说,在界面附近声场是非均匀的(这一现象读者在经过 §5.7 的学习后会更清楚).因而这里如果提出法向速度连续的条件是不确切的.然而我们知道在界面处质点不会积聚,根据质量守恒定律,体积速度总应连续.我们假设这一声场不均匀区远小于声波波长,因而可以把这一区域看成一点,而在此区域以外声波仍恢复平面波传播,所以我们可以近似地获得体积速度连续的条件为

$$S_1(v_i + v_r) = S_2 v_t, \tag{5-2-4}$$

将(5-2-2)式代入并取 $x = 0$ 可得

$$S_1(p_{ai} - p_{ar}) = S_2 p_{at}, \tag{5-2-5}$$

联立(5-2-3)与(5-2-5)两式,可解得声压比

$$r_p = \frac{p_{ar}}{p_{ai}} = \frac{S_{21} - 1}{S_{21} + 1}, \tag{5-2-6}$$

其中 $S_{21} = \dfrac{S_1}{S_2}$.由此可见,声波的反射与两根管子的截面积比值有关.当 $S_2 < S_1$,即第二根管子比第一根细时,$r_p > 0$,这就相当于 §4.10.2 中讨论的声波遇到"硬"边界情形;当 $S_2 > S_1$,$r_p < 0$,它相当于声波遇到"软"边界.如果 $S_2 \ll S_1$,$r_p \approx 1$,相当于声波遇到刚性壁;而 $S_2 \gg S_1$,$r_p \approx -1$,这好像声波遇到"真空"边界.

从(5-2-6)式可以得到声强的反射系数与透射系数

$$r_I = \left(\frac{S_{21} - 1}{S_{21} + 1}\right)^2, \tag{5-2-7}$$

$$t_I = \frac{I_t}{I_i} = \frac{4}{(S_{12} + 1)^2}. \tag{5-2-8}$$

为了能反映突变截面管中的声传播的能量关系,还可写出平均声能流或功率的透射系数

$$t_W = \frac{I_t S_2}{I_i S_1} = \frac{4 S_{12}}{(1 + S_{12})^2}, \tag{5-2-9}$$

而声功率反射系数与声强反射系数相同 $r_W = r_I$.因此,可以得到 $t_W + r_W = 1$,这就是能量守恒的关系.

5.2.2 中间插管的传声特性

现在我们再来研究在传声主管中插入一根面积扩张管(或收缩管)的传声情形.设主管的截面积为 S_1,中间插管的截面积为 S_2,长度为 D,见图 5-2-3 所示.按照上面分析可知,两根管子截面积不同的传声特性与两种不同媒质的传声情形相类似.如果我们令 $S_{12} = $

R_{21}，则(5-2-9)式就与(4-10-13)式完全相同. 因此如果我们把现在中间插管类比于§4.10.4中的中间插入层，那么只要把公式(4-10-41)中的R_{ij}换成$S_{ji}(i,j=1,2)$，就可绕过繁琐的重复的计算过程，而得到中间插管情形的声强透射系数公式

$$t_I = \frac{4}{4\cos^2 kD + (S_{21} + S_{12})^2 \sin^2 kD}.$$

$$(5-2-10)$$

从此式看到，声波经过中间插管的透射，不仅同主管与插管的截面积比值有关，而且还与插管的长度有关. 当$kD = (2n-1)\frac{\pi}{2}$，即$D = (2n-1)\frac{\lambda}{4}(n=1,2,\cdots)$时，透射系数最小并等于$(t_I)_{\min} = \frac{4}{(S_{12}+S_{21})^2}$. 这就是说当中间插管的长度等于声波波长1/4的奇数倍时，声波的透射本领最差，或者说反射本领最强，这就构成了对某些频率的滤波作用.

5.2.3 扩张管式消声器

目前在通风系统和某些动力设备进排气管道中普遍采用的减弱强声波传播的措施，就是设计消声器，而这里讨论的中间插管的滤波原理就是这种消声器的重要理论依据之一. 至于中间插入的是扩张还是收缩管，在理论上并无区别，然而在实用上为了减少对气流的阻力，常用的是扩张管，因此，这样的消声器也常称为扩张管式消声器. 我们已知，这种滤波原理只是使声波反射回去，而并不消耗声能，因而由这种原理设计的消声器也称为抗性消声器. 消声器的消声程度一般用消声量来描述，它的定义为管中声强透射系数的倒数，用分贝来表示，即$\mathrm{TL} = 10\lg\frac{1}{t_I}$. 将(5-2-10)式代入便可得扩张管式消声器的消声量公式

$$\mathrm{TL} = 10\lg\left[1 + \frac{1}{4}(S_{12} - S_{21})^2\sin^2 kD\right](\mathrm{dB}). \qquad (5-2-11)$$

当$kD=(2n-1)\frac{\pi}{2}$或$D=(2n-1)\frac{\lambda}{4}$ $(n=1,2,\cdots)$时，消声量达到极大值，即

$$\mathrm{TL}_{\max} = 10\lg\left[1 + \frac{1}{4}(S_{12} - S_{21})^2\right](\mathrm{dB}). \qquad (5-2-12)$$

再来看看$kD = n\pi$或$D = n\frac{\lambda}{2}(n=1,2,\cdots)$的情形，这时据(5-2-11)式可知消声量等于零. 这就是说，当插管的长度等于声波波长的1/2整数倍时，声波将可以全部通过，与这一波长对应的频率称为消声器的通过频率. 由此可见，扩张管式消声器具有较强的频率选择性，所以它特别适宜用于消除声波中一些声压级特别高的频率成分. 为了展宽消声的频率范围，可采取插入多节扩张管的方法，各节扩张管的长度可互不相同，例如可使一节扩张管具有最大消声量的频率正好是另一节扩张管的通过频率，以此来互相补偿.

最后要指出一点，上述的消声原理存在一低频极限. 如果消声器中的扩张管以及它的前

后连接管的长度都比声波波长小很多,那么这些管子已不再是分布参数系统而成为集中参数系统的声学元件了.这时的滤波原理就不再遵循(5-2-11)式的规律,而应服从第3章中讨论的声滤波器的规律.上面提到的多节扩张管系统在低频时相当于一种多节低通声滤波器,关于这种声滤波器在第3章中已作过介绍,这里不再重复.

5.3 有旁支的管

5.3.1 旁支对传声的影响

在有些声波传播的管道中常存在一些旁支,这种旁支的存在必然对声波的传播产生影响.图 5-3-1 是一典型的有旁支的声管.设主管的截面积为 S,旁支管的截面积为 S_b.假设旁支管口的声阻抗已知为 $Z_b = R_b + jX_b$.设有一平面波 p_i 从主管中传来,由于旁支口的影响,一般来说主管中将产生反射波 p_r,当然也可能产生透射波 p_t,在旁支中也会产生漏入波 p_b.如果旁支口的线度远比声波波长小,则可以把旁支口看作是一点.我们把坐标原点选在有旁支的位置,于是可以写出在该点的各种声波的声压与质点速度表示式

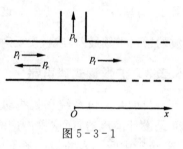

图 5-3-1

$$
\left.
\begin{aligned}
p_i &= p_{ai}e^{j\omega t}, & v_i &= \frac{p_i}{\rho_0 c_0}; \\
p_r &= p_{ar}e^{j\omega t}, & v_r &= -\frac{p_r}{\rho_0 c_0}; \\
p_t &= p_{at}e^{j\omega t}, & v_t &= \frac{p_t}{\rho_0 c_0}; \\
p_b &= p_{ab}e^{j\omega t}, & v_b &= \frac{p_b}{S_b Z_b}.
\end{aligned}
\right\}
\tag{5-3-1}
$$

在主管与旁支的连接处,应有声压连续条件

$$
p_i + p_r = p_t = p_b, \tag{5-3-2}
$$

以及体积速度连续条件

$$
U_i + U_r = U_t + U_b. \tag{5-3-3}
$$

将(5-3-1)式中质点速度表示式代入上式可得

$$
\frac{Sp_i}{\rho_0 c_0} - \frac{Sp_r}{\rho_0 c_0} = \frac{Sp_t}{\rho_0 c_0} + \frac{p_b}{Z_b}, \tag{5-3-4}
$$

再将(5-3-2)与(5-3-4)两式相除得

$$
\frac{S}{\rho_0 c_0}\left(\frac{p_{ai} - p_{ar}}{p_{ai} + p_{ar}}\right) = \frac{S}{\rho_0 c_0} + \frac{1}{Z_b}, \tag{5-3-5}
$$

从此解得声压反射系数

$$|r_p| = \left|\frac{p_{ar}}{p_{ai}}\right| = \left|\frac{-\rho_0 c_0/2S}{\rho_0 c_0/2S + Z_b}\right|;\qquad(5-3-6)$$

将该式代入(5-3-2)式得声压透射系数 $|t_p| = \left|\dfrac{p_{at}}{p_{ai}}\right|$，从而求得声强透射系数

$$t_I = |t_p|^2 = \frac{R_b^2 + X_b^2}{\left(\dfrac{\rho_0 c_0}{2S} + R_b\right)^2 + X_b^2}.\qquad(5-3-7)$$

从此可见,声强透射系数与旁支的声阻抗关系甚为密切.

5.3.2 共振式消声器

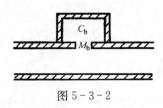

图 5-3-2

现在假设旁支是一赫姆兹共鸣器,如图 5-3-2,并认为其声阻很小可以忽略,其声抗为 $X_b = \omega M_b - \dfrac{1}{\omega C_b}$,这里 $M_b = \dfrac{l\rho_0}{S_b}$ 为共鸣器短管的声质量,l 为短管长度,$C_b = \dfrac{V_b}{\rho_0 c_0^2}$ 为共鸣器腔体声容,V_b 为腔体积. 把共鸣器的声阻抗 X_b 代入(5-3-7)式可得

$$t_I = \frac{1}{1 + \dfrac{(\rho_0 c_0)^2}{4S^2\left(\omega M_b - \dfrac{1}{\omega C_b}\right)^2}},\qquad(5-3-8)$$

从此式看到,当 $f = f_r = \dfrac{1}{2\pi}\sqrt{\dfrac{1}{M_b C_b}}$,即共鸣器共振时 $t_I = 0$. 透射系数等于零表示入射声波被共鸣器旁支所阻拦,旁支起了滤波作用. 这就是目前在管道消声问题中广泛采用的一种共振式消声器的原理. 因为我们假设了旁支的声阻 R_b 等于零,所以旁支并不消耗声能,而仅是对声波起了阻拦作用. 因此,这种共振式消声器也是一种抗性消声器. 同扩张管式消声器类似,我们可以写出共振式消声器的消声量公式

$$\mathrm{TL} = 10\lg\frac{1}{t_I} = 10\lg\left[1 + \frac{\beta^2 z^2}{(z^2-1)^2}\right](\mathrm{dB}),\qquad(5-3-9)$$

这里 $\beta = \dfrac{\omega_r V_b}{2c_0 S}$,$z = \dfrac{f}{f_r}$. 图 5-3-3 表示了以 β 为参数的消声量 TL 与频率比 z 的关系曲线. 从此图看出,β 值愈小曲线愈尖锐,TL 随频率比 z 增大而迅速减小. 此一结果说明,β 值愈小消声频带愈窄,因此为了展宽消声频带,必须选择 β 足够大,例如要求偏离共振一个倍频程,即 $z = 2$ 时消声量还不低于 10 dB,那么从图 5-3-3 可以看出 β 值应选择为 5 左右. 共振式消声器的特点也是频率选择性强,因此这种消声器也特别适宜消除声波中一些声压级特别高的频率成分. 为了展宽消声频率范围,也可以在主管上装上共振频率各不相同的多个共鸣器.

上面导出的共振式消声量公式(5-3-9)及其讨论都没有考虑到声阻的存在. 如果共鸣器的声阻 R_b 不是很小以至于必须计及它的影响,则消声量公式应改为

$$TL = 10\lg\left[1 + \frac{1 + 4x_s}{4x_s^2 + \dfrac{1}{\beta^2 z^2}(z^2 - 1)^2}\right].$$

$$(5-3-10)$$

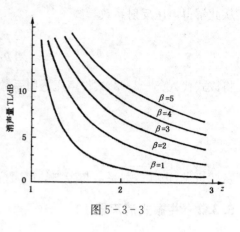

图 5-3-3

式中 $x_s = \dfrac{R_b S}{\rho_0 C_0}$. (5-3-10)式的推导留给读者自习.

5.4　管中输入阻抗(声传输线阻抗转移公式)

前面几节讨论了末端(或者中端)声负载对管中声传播的影响,这种影响必然会波及管的入口(或输入端). 如果管口处有一声源,那么管的末端的负载甚至会对管口声源的振动产生制约,本节就要来讨论这种影响.

设管口位于坐标原点,管长 l,在末端 l 处有一声负载,其声阻抗为 Z_{al}(或声阻抗率 Z_{sl}). 在管中存在入射波 p_i 与反射波 p_r,如图 5-4-1 所示. 入射波与反射波声压仍可用(5-1-1)式与(5-1-2)式表示,它们的质点速度可写成如下形式

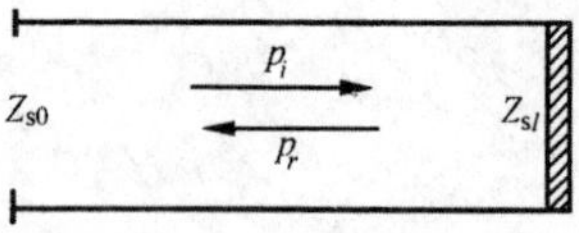

图 5-4-1

$$v_i = v_{ai}e^{j(\omega t - kx)}, \quad (5-4-1)$$

$$v_r = v_{ar}e^{j(\omega t + kx)}, \quad (5-4-2)$$

其中 $v_{ai} = \dfrac{p_{ai}}{\rho_0 c_0}, v_{ar} = -\dfrac{p_{ar}}{\rho_0 c_0}$. 在管中任一点的总声压为

$$p = p_i + p_r, \quad (5-4-3)$$

质点速度为

$$v = v_i + v_r = \frac{p_i}{\rho_0 c_0} - \frac{p_r}{\rho_0 c_0}, \quad (5-4-4)$$

所以管中任一点的声阻抗率为

$$Z_s = \frac{p}{v} = \rho_0 c_0 \frac{p_{ai}e^{-jkx} + p_{ar}e^{jkx}}{p_{ai}e^{-jkx} - p_{ar}e^{jkx}}. \quad (5-4-5)$$

因为已知 l 处的声阻抗率为 Z_{sl},所以

$$Z_{sl} = \rho_0 c_0 \frac{p_{ai}\mathrm{e}^{-jkl} + p_{ar}\mathrm{e}^{jkl}}{p_{ai}\mathrm{e}^{-jkl} - p_{ar}\mathrm{e}^{jkl}}. \qquad (5-4-6)$$

将 $x = 0$ 代入(5-4-5)式可得管口的声阻抗率

$$Z_{s0} = \rho_0 c_0 \frac{p_{ai} + p_{ar}}{p_{ai} - p_{ar}}. \qquad (5-4-7)$$

联合(5-4-6)与(5-4-7)式得到

$$Z_{s0} = \rho_0 c_0 \frac{Z_{sl} + j\rho_0 c_0 \tan kl}{\rho_0 c_0 + jZ_{sl}\tan kl}, \qquad (5-4-8)$$

或者用声阻抗表示

$$Z_{a0} = \frac{\rho_0 c_0}{S} \frac{Z_{al} + j\dfrac{\rho_0 c_0}{S}\tan kl}{\dfrac{\rho_0 c_0}{S} + jZ_{al}\tan kl}, \qquad (5-4-9)$$

Z_{s0} 与 Z_{a0} 称为管的**输入声阻抗率**与**输入声阻抗**. (5-4-8)与(5-4-9)式就是我们要导得的传输线声阻抗转移公式. 从该两式可以看到,管的输入阻抗不仅与管末端的负载阻抗有关,并且也取决于管的长度.

为了使读者对这一阻抗转移公式的意义有一定的认识,我们举一些例子来作些分析.

例 1 假定管的末端被刚性壁封闭,即在 $x = l$ 处有 $Z_{sl} \to \infty$ 或 $Z_{al} \to \infty$,这样(5-4-8)式与(5-4-9)式可以简化为

$$Z_{s0} \approx -j\rho_0 c_0 \cot(kl), \qquad (5-4-10)$$

与

$$Z_{a0} \approx -j\frac{\rho_0 c_0}{S}\cot(kl). \qquad (5-4-11)$$

下面分两种情形来讨论:

(1) 当 $kl < 0.5$,即 $\dfrac{2\pi l}{\lambda} < 0.5$ 时,利用近似 $\cot x \approx \dfrac{1}{x}$,(5-4-11)式可取如下形式

$$Z_{a0} \approx -j\frac{\rho_0 c_0}{Skl} = -j\frac{1}{\omega C_a},$$

式中 $C_a = \dfrac{V}{\rho_0 c_0^2}$ 就是我们已经熟悉的腔体声容表示式,这里 $V = Sl$ 为闭管的体积. 这一结果表明,一根一端刚性封闭的管子当其管长比声波波长小很多时(相当于管子很短或频率很低的情形),管口的声阻抗表现为声容性质. 由此可见,我们在第 3 章把赫姆霍兹共鸣器的体腔作为声容,实际上就是封闭短管在低频的一个近似. 这就是说,那里是集中参数系统,而这里讨论分布参数系统的一种低频近似.

应该指出,这里我们假设 $kl < 0.5$,而对余切函数仅取一级近似,如果频率适当提高或管子适当增长,达到 $1 > kl > 0.5$,这时我们应对余切函数取二级近似,即 $\cot x \approx \dfrac{1}{x} - \dfrac{x}{3}$,

于是

$$Z_{a0} \approx -\mathrm{j}\,\frac{\rho_0 c_0}{Skl}\left[1 - \frac{(kl)^2}{3}\right] = -\mathrm{j}\,\frac{1}{\omega C_a} + \mathrm{j}\omega\,\frac{l\rho_0}{3S}.$$

在此近似下,封闭管相当于一个声容和一个声质量的串联,而该附加声质量数值等于 1/3 封闭腔空气的声质量. 读者可以回忆,这一结果与 §1.2.5 中得到的结果相似.

(2) 当 $kl = (2n-1)\dfrac{\pi}{2}$ 或 $kl = n\pi$ 时,从 (5-4-10) 式可得

$$Z_{a0} \approx \begin{cases} 0, kl = (2n-1)\dfrac{\pi}{2} & (n=1,2,3,\cdots); \\ \infty, kl = n\pi & (n=1,2,3,\cdots). \end{cases}$$

这一结果表明,假设管长固定,声波的频率逐渐升高,以至使 (kl) 变到 $(2n-1)\dfrac{\pi}{2}$ 或者 $n\pi$ 时,管口表现的声阻抗特性再也不是一个声容或者一个声容加一声质量,而是产生一系列零值或无限大值. 可以设想如果管口有一声源,那么其负载阻抗将发生从零到无限大的变化,阻抗为零相当于"短路",阻抗为无限大相当于"开路",后者将导致声源的制动而声辐射停止. 例如一背壁没有铺上吸声材料层的闭箱式扬声器,其辐射的高频特性常会出现一系列谷点,其原因就在此. 要使这一扬声器系统不受背壁的影响,必须在背壁上铺置吸声材料,将扬声器向箱内辐射的声波吸掉,使箱子在低频时能保持其容抗特性,而在中高频时就相当于一无限长管子,因为一般多孔材料的吸声性能总是高频优于低频.

例 2　假设管子末端打开. 为了简化分析,可以认为管末端装在无限大障板上. 这样,管末端的声负载可以近似用无限大障板上的活塞辐射器来代表,如果限于低频即满足 $ka < 0.5$,这里 a 为末端开口半径,那么按 §6.5.4 可以得到管末端的声阻抗为

$$Z_{al} = R_{al} + \mathrm{j}X_{al} \approx \mathrm{j}X_{al},$$

其中 $R_{al} \approx \dfrac{\rho_0 c_0}{2S}(ka)^2$,$X_{al} \approx \dfrac{8}{3\pi S}\rho_0 c_0 (ka)$. 下面分两种情形来讨论:

(1) 当 $kl < 0.5$,即 $\dfrac{2\pi l}{\lambda} < 0.5$ 时利用 $\tan x \approx x$ 的近似,从 (5-4-9) 式得

$$Z_{a0} \approx \mathrm{j}\,\frac{8}{3\pi S}\rho_0 c_0 ka + \mathrm{j}\,\frac{\rho_0 c_0}{S}kl = \mathrm{j}(\Delta l + l)\frac{\rho_0 \omega}{S} = \mathrm{j}\omega M_a,$$

其中 $\Delta l = \dfrac{8}{3\pi}a = 0.85a$. 从此可知末端打开的管低频时近似一声质量的作用,管口表现为一质量抗. 由此可见,我们在第 3 章把赫姆霍兹共鸣器的短管作为声质量,这实际上就是开管在低频的一个近似. 然而管的有效长度要比实际长度 l 增加 Δl,这 Δl 的增量是由管末端的辐射质量引起的(关于辐射质量的物理意义将在第 6 章予以阐述),常称**管端修正**. 这里仅考虑管末端向管外一面的辐射,如果考虑到管口的振动也要直接向管外辐射声波,也存在辐射质量,那么短管的总修正应该为 $\Delta l = 2 \times \dfrac{8}{3\pi}a = 1.7a$.

(2) 当 $kl = (2n-1)\dfrac{\pi}{2}$ 时,据(5-4-9)式可得

$$Z_{a0} \approx \frac{(\rho_0 c_0)^2}{Z_{al}S^2} = \frac{(\rho_0 c_0)^2}{S^2}\left(\frac{1}{R_{al}+\mathrm{j}X_{al}}\right) = R_{a0}-\mathrm{j}X_{a0},$$

其中
$$R_{a0} = \left(\frac{\rho_0 c_0}{S}\right)^2\left(\frac{R_{al}}{X_{al}^2}\right), \quad X_{a0} = \left(\frac{\rho_0 c_0}{S}\right)^2\left(\frac{1}{X_{al}}\right).$$

我们知道声阻抗的实数部分表示声能的传输损耗. 这里管口处出现声阻就表明声源将向管内辐射声能. 假设声源做活塞式振动,并且其面积与管子面积相同,振速为 $u = u_a \mathrm{e}^{\mathrm{j}\omega t}$,那么根据 §1.4.4 可以计算出声源向管内的输出平均声功率为

$$\overline{W} = \frac{1}{2}R_r u_a^2 = \frac{1}{2}(R_{a0}S^2)u_a^2 \approx \frac{1}{4}\left(\frac{3\pi}{8}\right)^2\rho_0 c_0 S u_a^2.$$

我们设想,如果这一管子不存在或者说管子的长度趋于零,那么该声源就直接向无限空间辐射声波,其辐射声功率可表示为

$$\overline{W}_{(l\to0)} \approx \frac{1}{2}(R_{al}S^2)u_a^2 \approx \frac{1}{4}S\rho_0 c_0 (ka)^2 u_a^2,$$

由于前提为 $ka < 0.5$,所以

$$\overline{W} \gg \overline{W}_{(l\to0)}.$$

这一结果表明,当声源的振速幅值 u_a 保持恒定时,在声源前加一长度等于 1/4 波长奇数倍的管子,可以大大提高声的辐射功率. 显然这可作为一种较为简便的增加单频辐射功率的办法,在声学测试技术中已被广为利用.

例3 上面两个例子说明,应用阻抗转移公式可以解释不少有趣的声学现象. 现在再以处理中间插管的透声问题为例来指出,应用此公式还可简化一些声学公式的推导.

公式(5-1-24)告诉我们,当一平面声波入射到某一界面时,如果知道该界面的声阻抗,则就可以按此公式算得声波通过该界面的透射系数. 对于中间插管情形(见图 5-2-3),只要知道 $x=0$ 处的输入声阻抗,就可按(5-1-24)式求得吸声系数. 由于后面的 S_1 管子延伸无限,因而 $x=l$ 处的声阻抗为 $Z_{al} = \dfrac{\rho_0 c_0}{S_1}$,将它代入(5-4-9)式可得 $x=0$ 处的输入声阻抗为

$$Z_{a0} = R_{a0}+\mathrm{j}X_{a0},$$

其中

$$R_{a0} = \frac{\rho_0 c_0}{S_2}\left[\frac{S_{21}}{S_{21}^2\cos^2 kl + \sin^2 kl}\right],$$

$$X_{a0} = \frac{\rho_0 c_0}{S_2}\left[\frac{(S_{21}-1)\cos kl \sin kl}{S_{21}^2\cos^2 kl + \sin^2 kl}\right].$$

把上式代入(5-1-24)式,并注意(5-1-24)式中的面积 S 应改为 S_1,于是经过计算就可得到

$$t_I = \alpha = \frac{4}{4\cos^2 kl + (S_{21}+S_{12})^2\sin^2 kl}.$$

如果以 D 取代 l,则上式与(5-2-10)式完全相同.利用类似方法我们还可以比较简捷地处理多节扩张管的消声以及多层媒质的透声等问题.

5.5　截面积连续变化的管(声号筒)

通过**号筒**(也称喇叭)能"放大"声音这一常识早为大家所熟悉.远在古代人们就知道利用牛角做号筒来吹响进军号.一个铜管乐队比一个规模相仿的交响乐队在演奏时声音要响得多,因为铜管乐队基本上是由各种喇叭状吹奏乐器所组成.在现代声学技术中,各种号筒式扬声器(也称喇叭式扬声器)的应用已十分广泛.号筒就是截面积连续变化的管子,要了解号筒式扬声器的声学特性,自然就得对声波在截面积连续变化的管中的传播规律作一番研究.常见的号筒形状多种多样,如呈指数形、锥形、双曲线形等等.这里我们准备着重研究指数形的号筒,弄清楚这一类型号筒的声传播特性,并且掌握了对它的理论处理方法,读者就不难对其他类型的号筒进行分析.

5.5.1　号筒中声场的一般解

设有一管子,其截面积是管轴坐标 x 的函数,即 $S = S(x)$.为了简单起见,我们假设其中传播的声波,其波阵面也按截面的规律变化.这时声的传播规律应该遵循特殊形式的波动方程,按(4-4-3)式

$$\frac{\partial^2 p}{\partial x^2} + \left(\frac{\partial \ln S}{\partial x}\right)\frac{\partial p}{\partial x} = \frac{1}{c_0^2}\frac{\partial^2 p}{\partial t^2},$$

这里坐标选用 x.令解 $p = p(x)\mathrm{e}^{\mathrm{j}\omega t}$,代入可得对于变量 x 的常微分方程

$$\frac{\mathrm{d}^2 p(x)}{\mathrm{d}x^2} + \frac{S'}{S}\frac{\mathrm{d}p(x)}{\mathrm{d}x} + k^2 p(x) = 0, \tag{5-5-1}$$

其中 $k = \dfrac{\omega}{c_0}, S' = \dfrac{\mathrm{d}S}{\mathrm{d}x}$.因为 $\dfrac{S'}{S}$ 是 x 的函数,所以(5-5-1)式为一变系数常微分方程.对于 $\dfrac{S'}{S}$ 为常数的方程在以前已遇到过,其解可表示为常系数的指数函数(参见§1.3.2),而对于这里的情形,我们设想其解的形式可以表示为变系数的指数函数,即

$$p(x) = A(x)\mathrm{e}^{\pm \mathrm{j}\gamma x}, \tag{5-5-2}$$

其中 $A(x)$ 与 γ 都待确定.将此解代入(5-5-1)式可得如下关系

$$\left[A''(x) + \frac{S'}{S}A'(x) + (k^2 - \gamma^2)A(x)\right]$$

$$+ \mathrm{j}\left[2\gamma A'(x) + \gamma\frac{S'}{S}A(x)\right] = 0, \tag{5-5-3}$$

其中 $A'(x) = \dfrac{\mathrm{d}A(x)}{\mathrm{d}x}, A''(x) = \dfrac{\mathrm{d}^2 A(x)}{\mathrm{d}x^2}$.要使(5-5-3)式恒成立,必须使其实部与虚部分别等于零,由此可得如下两个方程

$$2A'(x) + \frac{S'}{S}A(x) = 0,$$

$$A''(x) + \frac{S'}{S}A'(x) + (k^2 - \gamma^2)A(x) = 0. \tag{5-5-4}$$

假设管子截面呈圆形,即其截面积可以表示成 $S = \pi r^2$,r 为截面的半径,那么 $\frac{S'}{S} = \frac{2r'}{r}$,于是(5-5-4)式的第一式可积分得,

$$A(x) = \frac{1}{r}, \tag{5-5-5}$$

再将此结果代入方程(5-5-4)的第二式可得

$$\frac{r''}{r} = k^2 - \gamma^2. \tag{5-5-6}$$

从(5-5-5)与(5-5-6)两式可知,只要知道管子截面的半径 r 随 x 的变化规律,就可以求得 $A(x)$ 与 γ,从而获得方程(5-5-1)的解.因为在导得(5-5-5)与(5-5-6)式时,并没有对截面积随 x 变化规律作任何限定,因而这一求解方法原则上对任意形状的号筒都适用.

5.5.2 指数形号筒的传声特性

现在我们来研究指数形号筒,如图5-5-1.其截面积变化规律为

$$S(x) = S_0 \mathrm{e}^{\delta x}, \tag{5-5-7}$$

S_0 为号筒喉部的面积,δ 称为蜿蜒指数,是决定截面积变化快慢的一个参数.设号筒截面呈圆形,号筒喉部半径为 a_0,出口半径为 a_l.在某一 x 位置截面半径用 r 表示,于是(5-5-7)式可化为

$$r(x) = \sqrt{\frac{S_0}{\pi}}\mathrm{e}^{\frac{\delta}{2}x}. \tag{5-5-8}$$

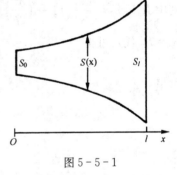

图5-5-1

将(5-5-8)式代入(5-5-5)与(5-5-6)两式可得

$$A(x) = \sqrt{\frac{\pi}{S_0}}\mathrm{e}^{-\frac{\delta}{2}x}, \tag{5-5-9}$$

$$\gamma = \pm\sqrt{k^2 - \left(\frac{\delta}{2}\right)^2}, \tag{5-5-10}$$

将此结果代入(5-5-2)式可得指数号筒中声压的一般表示式

$$p = A\mathrm{e}^{-\frac{\delta}{2}x + \mathrm{j}\left(\omega t - \sqrt{k^2 - \frac{\delta^2}{4}}x\right)} + B\mathrm{e}^{-\frac{\delta}{2}x + \mathrm{j}\left(\omega t + \sqrt{k^2 - \frac{\delta^2}{4}}x\right)}, \tag{5-5-11}$$

其中 A 与 B 为两个常系数.式中,第一项代表向 x 正方向传播的前进波,第二项代表向 x 反方向传播的反射波.

1. 无限长号筒

前面已求得指数形号筒中声压的一般解.为了分析简单起见,我们先假设这一指数形号筒是无限长的.设在号筒的喉部有一活塞式声源,它在其表面产生圆频率为 ω,声压振幅为

p_a 的声波. 因为管子为无限长, 不存在反射波, 所以可以取 $B = 0$, 再根据上述声源处的边界条件可以定得 $A = p_a$, 于是 (5-5-11) 式就简化为

$$p = p_a e^{-\frac{\delta}{2}x} e^{j\left(\omega t - \sqrt{k^2 - \frac{\delta^2}{4}}x\right)}. \tag{5-5-12}$$

从此可以求得管中质点速度

$$v = -\frac{1}{\rho_0} \int \frac{\partial p}{\partial x} dt = v_a e^{j\left(\omega t - \sqrt{k^2 - \frac{\delta^2}{4}}x\right)}, \tag{5-5-13}$$

其中

$$v_a = \frac{\frac{\delta}{2} + j\sqrt{k^2 - \frac{\delta^2}{4}}}{jk\rho_0 c_0} p_a e^{-\frac{\delta}{2}x}, \tag{5-5-14}$$

而质点速度振幅为

$$|v_a| = \frac{p_a}{\rho_0 c_0} e^{-\frac{\delta}{2}x}. \tag{5-5-15}$$

从 (5-5-12) 与 (5-5-13) 式可得号筒中声阻抗

$$Z_a(x) = \frac{p}{vS} = \frac{j\rho_0 c_0 k}{S\left[\frac{\delta}{2} + j\sqrt{k^2 - \frac{\delta^2}{4}}\right]} = R_a(x) + jX_a(x), \tag{5-5-16}$$

其中 $R_a(x) = \frac{\rho_0 c_0}{S}\sqrt{1 - \left(\frac{\delta^2}{2k}\right)^2}$, $X_a(x) = \frac{\rho_0 c_0^2 \delta}{2S\omega}$. 我们来观察一下喉部的声阻抗, 将 $x = 0$, $S = S_0$ 代入可得

$$Z_a(0) = R_{a0} + jX_{a0}, \tag{5-5-17}$$

这里

$$\left. \begin{array}{l} R_{a0} = \frac{\rho_0 c_0}{S_0}\sqrt{1 - \left(\frac{\delta}{2k}\right)^2}, \\[3mm] X_{a0} = \frac{\rho_0 c_0^2 \delta}{2S_0\omega}. \end{array} \right\} \tag{5-5-18}$$

号筒喉部的声阻抗就是加到喉部声源上的负载阻抗, 其实部声阻 R_{a0} 的存在表示了这一声源将出现辐射损耗. 由此可以求得声源产生的平均损耗功率为

$$\overline{W} = \frac{1}{2}(R_{a0}S_0^2)u_a^2 = \frac{1}{2}\rho_0 c_0 S_0 \sqrt{1 - \left(\frac{\delta}{2k}\right)^2} u_a^2, \tag{5-5-19}$$

其中 u_a 为声源的速度振幅. 因为我们讨论的前提是理想媒质, 因而这里出现的损耗功率自然只是代表了声的辐射. 损耗功率愈大, 表示声源向号筒输送的声能愈多. 注意一下 (5-5-19) 式还可发现, 由于式中有平方根因子, 因而只有在满足 $\frac{\delta}{2k} < 1$ 条件时, 平方根为实数, 损耗才有实际意义. 上述条件也可写作 $f > f_c = \frac{\delta c_0}{4\pi}$, f_c 称为指数号筒的临界频率或截止频率.

这一结果表明,一个声源要在指数号筒中输送声波是有条件的,仅当它的频率大于号筒截止频率时,号筒才起传输声波的作用. 进一步还可发现,如果满足 $\dfrac{\delta}{2k} \ll 1$, 或 $f \gg f_c$ 时,从 (5-5-19)式可得

$$\overline{W} = \frac{1}{2}\rho_0 c_0 S_0 u_a^2. \tag{5-5-20}$$

这时声源向号筒的辐射声达到最大值(假设 u_a 不变),声源的负载阻或称号筒的辐射阻为 $\rho_0 c_0 S_0$. 我们设想,如果在声源前没有加装指数号筒,那么其辐射阻应该用活塞辐射阻来代替,据 §6.5.4 知,当 $ka_0 < 0.5$ 时,无限大障板上的活塞辐射阻为 $R_{a0}S_0^2 = \dfrac{\rho_0 c_0}{2}S_0(ka_0)^2$,这时声源的平均辐射功率为 $\overline{W} = \dfrac{1}{4}\rho_0 c_0 S_0 (ka_0)^2 u_a^2$. 显然这一功率值比(5-5-20)表示的要小很多. 从此表明,当喉部的声源频率比号筒截止频率高得多时,而且满足 $ka_0 < 0.5$ 条件,那么在声源前加上号筒比不加号筒会大大提高声波的辐射效率,这就是号筒为什么能"放大"声音的基本原理.

但是读者一定要问,上面我们讨论的是无限长号筒,而一般号筒的长度总是有限的,那么在有限长的情形下是否还有上述结果呢? 下面就来研究这一问题.

2. 有限长号筒

现在假设号筒是有限长的,即号筒存在一出声口,这一出声口对号筒来说就是管的末端. 根据 §5.4 讨论知道,这时声波在号筒中传播就要受到出声口负载的影响,这一影响会波及号筒的喉部. 由于号筒出声口的负载存在,在号筒中可能存在反射波,于是(5-5-12)式中的系数 B 就不应为零. 因此,有限长号筒中的声压一般表示式应为

$$p = Ae^{-\frac{\delta}{2}x + j\left(\omega t - \sqrt{k^2 - \frac{\delta^2}{4}}x\right)} + Be^{-\frac{\delta}{2}x + j\left(\omega t + \sqrt{k^2 - \frac{\delta^2}{4}}x\right)} = Ae^{j\omega t}e^{-\frac{\delta}{2}x}\left(e^{-j\gamma x} + \frac{B}{A}e^{j\gamma x}\right),$$

$$\tag{5-5-21}$$

从此可得质点速度为

$$v = \frac{A}{\rho_0 c_0 k}\left[\left(\gamma - j\frac{\delta}{2}\right)e^{-j\gamma x} - \frac{B}{A}\left(\gamma + j\frac{\delta}{2}\right)e^{j\gamma x}\right]e^{-\frac{\delta}{2}x}e^{j\omega t}, \tag{5-5-22}$$

这时管中的声阻抗为

$$Z_a(x) = \frac{p}{vS} = \frac{\rho_0 c_0 k}{S}\left[\frac{e^{-j\gamma x} + \dfrac{B}{A}e^{j\gamma x}}{\left(\gamma - j\dfrac{\delta}{2}\right)e^{-j\gamma x} - \dfrac{B}{A}\left(\gamma + j\dfrac{\delta}{2}\right)e^{j\gamma x}}\right]. \tag{5-5-23}$$

设 $x = l$ 处为号筒出口,截面积为 S_l,假设出口的声阻抗已知为 Z_{al},于是从(5-5-23)式可得

$$Z_{al} = Z_a(l) = \frac{\rho_0 c_0 k}{S_l}\left[\frac{e^{-j\gamma l} + \dfrac{B}{A}e^{j\gamma l}}{\left(\gamma - j\dfrac{\delta}{2}\right)e^{-j\gamma l} - \dfrac{B}{A}\left(\gamma + j\dfrac{\delta}{2}\right)e^{j\gamma l}}\right]. \tag{5-5-24}$$

从此可求得

$$B = A \frac{e^{-2j\gamma l}\left[Z_{al}e^{-j\theta} - \dfrac{\rho_0 c_0}{S_l} \right]}{Z_{al}e^{j\theta} + \dfrac{\rho_0 c_0}{S_l}},\tag{5-5-25}$$

其中

$$\theta = \arctan\frac{\delta}{2\gamma}.\tag{5-5-26}$$

将(5-5-25)式代入(5-5-23)式,并取 $x=0$ 可得号筒喉部的声阻抗为

$$Z_{a0} = \frac{\rho_0 c_0}{S_0}\left[\frac{Z_{al}\cos(\gamma l+\theta)+j\dfrac{\rho_0 c_0}{S_l}\sin\gamma l}{\dfrac{\rho_0 c_0}{S_l}\cos(\gamma l-\theta)+jZ_{al}\sin\gamma l} \right].\tag{5-5-27}$$

从此式看出,有限长号筒的喉部声阻抗不仅依赖于长度 l、蜿蜒指数 δ、频率 f,而且还与号筒出口声阻抗 Z_{al} 有关. 如果我们假设出口装在一个无限大的障板上,那么它的声阻抗可用无限大障板上半径为 a_l 的活塞辐射声阻抗来近似代表.

对于一般情况,(5-5-27)式的函数关系比较复杂,一般得借助曲线图来描述. 如果我们假定号筒出声口的半径 a_l 比较大,以至在所研究的频率范围内满足 $ka_l>5$,那么可据(6-5-41)式得近似式

$$Z_{al} \approx \frac{\rho_0 c_0}{S_l},$$

再假设 $f\gg f_c$,据(5-5-26)式得 $\theta\approx0$,于是喉部声阻抗(5-5-27)式可近似为

$$Z_{a0} \approx \frac{\rho_0 c_0}{S_0}.\tag{5-5-28}$$

这一声阻抗就同无限长号筒的结果完全一样了. 从此可以得出结论,如果我们所选取的号筒出声口的半径足够大,并且工作频率远大于号筒截止频率,那么无限长号筒中的声传输特点在有限长号筒中仍得以保持. 应该指出,上面利用 $ka_l>5$ 的条件是理论上的要求,在实用上通常只要满足 $ka_l>3$ 就可有足够的近似. 下面我们取一组号筒的参数作为例子,以帮助读者对号筒的声学性能有一简单的认识.

设有一号筒,其喉部半径 $a_0 = 0.02$ m,出口半径 $a_l = 0.4$ m,号筒长 $l=1.6$m,蜿蜒指数 $\delta=3.7$,由此可以估计出截止频率 $f_c = \dfrac{\delta c_0}{4\pi} \approx 100$ Hz,而 $ka_l>3$ 可以解得 $f = \dfrac{3c_0}{2\pi a_l} \approx$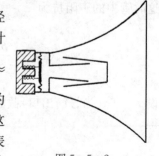

410 Hz. 这就是说对于上面一组号筒的参数,工作频率在约 400 Hz以上就可获得较高的输送效率. 但是号筒要求那么长,这在使用上是很不便利的,所以一般都做成折叠式,图 5-5-2 表示一种折叠式号筒扬声器的示意图,这样做可以在不加大多少体积的情形下,有效地增加号筒的长度.

图 5-5-2

　　本节主要以指数型号筒为例来讨论声号筒中的声传播特性. 实际应用时号筒可以有多种形状, 而且不同形状的号筒会有不同的传播特性. 例如, 呈圆锥形的号筒就不存在截止频率. 读者可以藉本节的处理方法, 自行尝试处理不同形状号筒中的声传播规律.

5.6 声波在管中的粘滞阻尼

　　在前面讨论管中声波传播时, 认为媒质是理想的, 不存在热损耗. 而如果所研究的管子比较粗或者声波的频率比较低, 这种假设是允许的, 但是如果管子比较细或者声波的频率比较高, 那么管壁对媒质质点的运动就要产生影响, 这种影响将引起声传播过程的热损耗. 下面就来研究这一问题.

5.6.1 管中粘滞运动方程

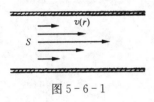

图 5-6-1

　　设有一平面声波沿着半径为 a 的圆柱形管的 x 方向传播. 假定管壁是刚性的, 管壁附近的媒质质点粘附于管壁, 速度为零, 而离管壁越远, 媒质质点受管壁的约束愈小, 速度就愈大, 于是管中就产生速度梯度, 如图 5-6-1. 这样各层媒质之间将产生相对运动, 而媒质质点就因此受到内摩擦力或称粘滞力的作用. 这一粘滞力的大小显然应该与媒质层之间的速度梯度以及媒质层的接触面积成正比. 设媒质层的径向距离用 r 表示, 径向速度梯度表示为 $\dfrac{\partial v(r)}{\partial r}$, 于是粘滞力可表示为

$$F_\eta = -\eta \frac{\partial v}{\partial r} \mathrm{d}\sigma, \tag{5-6-1}$$

式中 $\mathrm{d}\sigma$ 为媒质层的接触面元面积, η 为一比例系数, 称为流体的切变粘滞系数. 公式中的负号表示正的速度梯度将产生负的粘滞力. 例如运动速度慢的一层对速度快的一层媒质产生拉力, 即呈阻力性质. 我们观察长为 $\mathrm{d}x$ 的一个段元的运动规律. 由于管中粘滞的存在, 作用于该段元上的力除了前已考虑到的媒质弹性力(由压强引起)外, 还要受到粘滞力的作用.

一般来说在管的横截面上速度梯度并不均匀, 即 $\dfrac{\partial v}{\partial r}$ 不为常数, 因此粘滞力各层也不同, 于是我们再将圆形管沿径向分割成许多环元. 设取一环元, 如图 5-6-2 所示. 环元的内表面积为 $\mathrm{d}\sigma = 2\pi r \mathrm{d}x$, 体积为 $\mathrm{d}V = 2\pi r \mathrm{d}r \mathrm{d}x$. 作用在该环元内表面上的粘滞力可表示为

$$F_\eta = -\eta \frac{\partial v}{\partial r} 2\pi r \mathrm{d}x, \tag{5-6-2}$$

作用在该环元上的净粘滞力应为

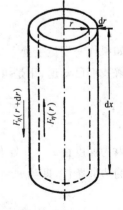

图 5-6-2

$$\mathrm{d}F_\eta = F_\eta(r) - F_\eta(r+\mathrm{d}r) = \frac{\partial}{\partial r}\left(2\pi\eta\mathrm{d}x\,\frac{\partial v}{\partial r}r\right)\mathrm{d}r, \qquad (5-6-3)$$

而作用在该环元上净弹性力可表示为

$$\mathrm{d}F_K = -\frac{\partial p}{\partial x}2\pi r\mathrm{d}r\mathrm{d}x. \qquad (5-6-4)$$

所以作用在环元上的总力为 $\mathrm{d}F = \mathrm{d}F_K + \mathrm{d}F_\eta$，在此总力作用下环元产生加速度，按牛顿第二定律可得

$$\mathrm{d}F = \rho_0\mathrm{d}V\frac{\partial v}{\partial t}. \qquad (5-6-5)$$

将(5-6-3)与(5-6-4)式代入可得

$$\frac{1}{r}\frac{\partial}{\partial r}\left(r\frac{\partial v}{\partial r}\right) - \frac{\rho_0}{\eta}\frac{\partial v}{\partial t} = \frac{1}{\eta}\frac{\partial p}{\partial x}. \qquad (5-6-6)$$

上式是考虑管壁粘滞作用时，管中媒质所遵循的运动方程. 从此方程可以看到，一般来说，媒质质点速度不仅与轴向坐标 x 有关，而且也是径向坐标 r 的函数. 我们先来固定 x 而确定速度 v 随 r 变化的关系. 令

$$p = p_a(x)\mathrm{e}^{\mathrm{j}\omega t},$$
$$v = v_a(x,r)\mathrm{e}^{\mathrm{j}\omega t}.$$

代入(5-6-6)式得

$$\left(\frac{\partial^2}{\partial r^2} + \frac{1}{r}\frac{\partial}{\partial r} + K^2\right)v_a = \frac{1}{\eta}\frac{\partial p_a}{\partial x}, \qquad (5-6-7)$$

式中

$$K^2 = -\mathrm{j}\frac{\rho_0\omega}{\eta} \quad \text{或} \quad K = (1-\mathrm{j})\sqrt{\frac{\rho_0\omega}{2\eta}}.$$

方程(5-6-7)是一个非齐次常微分方程. 它的一般解应是该方程的一个特解加上对应的齐次方程一般解所组成. 容易看出方程的特解为

$$v_{a1} = \frac{1}{\eta K^2}\frac{\partial p_a}{\partial x}.$$

如果作一变量变换令 $z = Kr$，则对应的齐次方程可化成标准形式的零阶柱贝塞尔方程，其解我们已知道，于是可得方程(5-6-7)的一般解为

$$v_a = A\mathrm{J}_0(Kr) + B\mathrm{N}_0(Kr) + \frac{\dfrac{\partial p_a}{\partial x}}{\eta K^2}. \qquad (5-6-8)$$

因为速度在 $r=0$ 处有限，而诺依曼函数在零点发散，所以应令 $B=0$，再考虑到刚性管壁的边界条件，即当 $r=a$ 时 $v_a=0$，可定得

$$A = \frac{\dfrac{\partial p_a}{\partial x}}{\eta K^2}\left[-\frac{1}{\mathrm{J}_0(Ka)}\right],$$

于是(5-6-8)式可化为

$$v_a = \frac{\partial p_a}{\eta K^2 \partial x}\left[1 - \frac{J_0(Kr)}{J_0(Ka)}\right]. \tag{5-6-9}$$

将(5-6-9)式对整个横截面取平均可得

$$\overline{v_a} = \frac{1}{\pi a^2}\int_0^a 2\pi r v_a \mathrm{d}r = \frac{2\left(\frac{\partial p_a}{\partial x}\right)}{\eta K^2 a^2}\int_0^a\left[1 - \frac{J_0(Kr)}{J_0(Ka)}\right]r\mathrm{d}r = \frac{\partial p_a}{\eta K^2 \partial x}\left[1 - \frac{2J_1(Ka)}{KaJ_0(Ka)}\right]. \tag{5-6-10}$$

从此式看出,在这种情况下质点平均速度将是 Ka 的复杂函数. 如果设 $|Ka| = \mu$,而 $\mu = a\beta^{-1}$,$\beta = \sqrt{\dfrac{\nu}{\omega}}$. 这里 $\nu = \eta/\rho$ 称为动力学粘滞系数,β 称为边界层厚度,这是在流体动力学中引入的、考虑边界对流体运动影响的一个很重要的参量. 由于实际流体存在切变粘滞,从而在边界附近形成一很薄的边界层. 在这一层内,流动速度很快地从边界处的零值增加到与远离边界处的正常速度值相接近. 因此 μ 值的大小就反映了边界层对管中声波运动的影响,频率愈高,这一边界层就愈薄. 而在同一频率时,水要比空气的边界层薄. 下面我们分三种情况进行分析.

5.6.2 细管中声波传播特性

我们假设管子的半径满足 $|Ka| = \mu > 10$ 或者 $a > 10\sqrt{\dfrac{\eta}{\rho_0\omega}}$ 的条件,这时相对来说边界层的影响可以认为不是很大. 此时利用柱贝塞尔函数的大宗量近似(参见附录),可以证明 $\dfrac{J_1(Ka)}{J_0(Ka)} \approx -j$,于是(5-6-10)式可近似得

$$\overline{v_a} \approx \frac{\partial p_a}{\eta K^2 \partial x}\left(1 + j\frac{2}{Ka}\right), \tag{5-6-11}$$

或者写成

$$-\frac{\partial p_a}{\partial x} \approx -\eta K^2\left(1 + j\frac{2}{Ka}\right)^{-1}\overline{v_a} \approx -\eta K^2\left(1 - j\frac{2}{Ka}\right)\overline{v_a}$$

$$= \left[j\rho_0\omega + \frac{\sqrt{2\eta\rho_0\omega}}{a}(1 + j)\right]\overline{v_a}. \tag{5-6-12}$$

引入符号

$$\rho = \rho_0\left(1 + \frac{1}{a}\sqrt{\frac{2\eta}{\rho_0\omega}}\right), \quad R = \frac{1}{a}\sqrt{2\eta\rho_0\omega},$$

(5-6-12)式可改为

$$-\frac{\partial p_a}{\partial x} = (j\rho\omega + R)\overline{v_a}, \tag{5-6-13}$$

或者

$$-\frac{\partial p}{\partial x} = \rho \frac{\partial \overline{v}}{\partial t} + R\overline{v}. \tag{5-6-14}$$

(5-6-14)式就是满足条件 $|Ka| > 10$ 时管中的媒质运动方程. 其中 R 称为细管的阻尼系数, ρ 称为有效静态密度, 由于细管的粘滞效应使媒质静态密度产生一等效的增量. 考虑到流体的物态方程(4-3-3a)与连续性方程(4-3-2a)仍应成立, 不过这里的质点速度应该用平均值来代替, 因此有

$$p = c_0^2 \rho', \tag{5-6-15}$$

$$\rho_0 \frac{\partial \overline{v}}{\partial x} = -\frac{\partial \rho'}{\partial t}. \tag{5-6-16}$$

联合上面三式, 可导得用平均速度来表示的管中波动方程

$$\rho_0 c_0^2 \frac{\partial^2 \overline{v}}{\partial x^2} = \rho \frac{\partial^2 \overline{v}}{\partial t^2} + R\frac{\partial \overline{v}}{\partial t}. \tag{5-6-17}$$

因为已知 $\overline{v} = \overline{v_a} e^{j\omega t}$, 所以上式可化为

$$\frac{\partial^2 \overline{v_a}}{\partial x^2} = \left(-\frac{\omega^2}{c^2} + j\frac{\omega R}{\rho c^2}\right)\overline{v_a}. \tag{5-6-18}$$

这里 $c^2 = c_0^2 \frac{\rho_0}{\rho}$. 设

$$\overline{v_a} = \overline{v_0} e^{-jk'x}, \tag{5-6-19}$$

其中 $\overline{v_0}$ 为 $x = 0$ 处平均质点速度振幅, k' 为一复数, 可以表示成 $k' = k - j\alpha$, 将(5-6-19)式代入(5-6-18)式可得如下关系

$$\frac{\omega^2}{c^2} - j\frac{\omega R}{\rho c^2} = -\alpha^2 - 2j\alpha k + k^2. \tag{5-6-20}$$

对于一般情况, α 比 k 小得多, 可以略去上式中的 α^2 项. 于是从(5-6-20)式就可确定

$$k = \frac{\omega}{c}, \tag{5-6-21}$$

以及

$$\alpha = \frac{\omega R}{2\rho c^2 k} = \frac{1}{ac_0}\sqrt{\frac{\eta\omega}{2\rho}} \approx \frac{1}{ac_0}\sqrt{\frac{\eta\omega}{2\rho_0}}. \tag{5-6-22}$$

代入(5-6-19)式就可得到平均速度表示式

$$\overline{v} = \overline{v_0} e^{-\alpha x} e^{j(\omega t - kx)}, \tag{5-6-23}$$

从此可以清楚看出, α 是**声波衰减系数**或称细管粘滞吸收系数, α 愈大, 声波随 x 距离衰减得愈快. $k = \frac{\omega}{c}$ 是细管中的波数, c 是细管中声速, 它等于

$$c = c_0\sqrt{\frac{\rho_0}{\rho}} \approx c_0\left(1 - \frac{1}{2a}\sqrt{\frac{2\eta}{\rho_0\omega}}\right). \tag{5-6-24}$$

从(5-6-22)式可知细管吸收系数与管子的半径 a 成反比, 与频率的平方根成正比. 管子愈细或者频率愈高, 这种由粘滞产生的吸收效应就愈显著. 这就是细管的声波传播特性.

这里应该指出,在上面的公式推导中我们曾用过两个假设,现在必须来考察其合理性.

(1) 我们曾用过假设 $a > 10\sqrt{\dfrac{\eta}{\rho_0 \omega}}$. 对于空气在 20℃时有 $\dfrac{\eta}{\rho_0} = 15.6 \times 10^{-6}$ m²/s, 因此估计半径应满足 $a > \sqrt{\dfrac{15}{\omega}} \times 10^{-2}$ m. 例如,对于 $f = 1\,000$ Hz 的声波,那么半径 a 应大于 5×10^{-4} m. 而对于水,其在同样温度下有 $\dfrac{\eta}{\rho_0} = 1 \times 10^{-6}$ m²/s, 所以半径应满足 $a > \sqrt{\dfrac{1}{\omega}} \times 10^{-2}$ m, 对于 $f = 1\,000$ Hz 的声波,那么半径应大于 1.3×10^{-4} m. 显然对于通常的声学研究工作,上述条件是能够满足的.

(2) 我们还曾用过 $\alpha \ll \dfrac{\omega}{c}$ 的条件,现在将 (5-6-22) 与 (5-6-24) 式代入,得 $\alpha \dfrac{c}{\omega} \approx \dfrac{1}{a}\sqrt{\dfrac{\eta}{2\rho_0 \omega}}$, 由于前提为 $a > 10\sqrt{\dfrac{\eta}{\rho_0 \omega}}$, 所以可以估计 $\alpha \dfrac{c}{\omega} < \dfrac{1}{10\sqrt{2}}$, 即在所讨论的管子条件下 α 确比 $\dfrac{\omega}{c}$ 小一个数量级.

实际的声管中除了上面处理的管壁粘滞引起的声吸收系数外,尚需考虑媒质与管壁之间的热交换而产生的热损耗. 按照瑞利的考虑,这时 (5-6-22) 式中的 η 应以 η_e 来替代,而 $\eta_e = \eta\left[1 + (\gamma-1)\sqrt{\dfrac{\kappa}{\gamma c_p \eta}}\right]$. 式中 γ 为媒质的比热比, κ 为热传导率, c_p 为定压比热容.[①]

5.6.3 细管的声阻抗

在第 3 章研究赫姆霍兹共鸣器时,我们曾假设细管的声质量元件还具有声阻特性. 这种声阻由两方面原因所引起:一是由于媒质运动时管内发生内摩擦,二是由于媒质运动向管外辐射声波. 上面讨论的细管中声波的粘滞作用,就是细管表现有声阻特性的第一种物理原因. 下面我们就来对这种由粘滞产生的声阻作一些定量描述.

我们知道 $-\dfrac{\partial p}{\partial x}$ 是管中单位长度上存在的压强差,而 $-\dfrac{\partial p}{\partial x}S$ 就是作用在单位长度管上的净力,所以可以定义单位长度管子的力阻抗为

$$Z'_m = \frac{-\dfrac{\partial p}{\partial x}S}{\bar{v}}. \tag{5-6-25}$$

将细管的关系式 (5-6-14) 式代入可得

$$Z'_m = RS + \mathrm{j}\rho\omega S, \tag{5-6-26}$$

这里 $S = \pi a^2$ 为管子的横截面积. 假设管子的长度 l 比声波波长小很多,则该细短管的力阻抗可表示为

$$Z_m = Z'_m l = RlS + \mathrm{j}\rho l S\omega, \tag{5-6-27}$$

---

① 参见 Kinsler, L. E., *et al*. Fundamentals of Acoustics [M]. 3rd ed. New York: Wiley, 1982: 209.

再将该力阻抗除以管子的面积的 S 或 S 的平方,可得细短管的声阻抗率

$$Z_s = \frac{Z_m}{S} = R_s + jX_s, \tag{5-6-28a}$$

或者声阻抗

$$Z_a = \frac{Z_m}{S^2} = R_a + jX_a, \tag{5-6-28b}$$

其中

$$\left.\begin{array}{l} R_a = \dfrac{l}{\pi a^3}\sqrt{2\eta\omega\rho_0}, \\[3mm] X_a = \dfrac{d}{\pi a^2}\omega, \end{array}\right\} \tag{5-6-29}$$

分别代表细管的声阻与声抗. 声抗表现为声质量抗,这在以前已有明确结果,不过在计及粘滞作用后应把密度 ρ_0 换为有效值 ρ. 然而由于 ρ_0 与 ρ 差别甚小,所以这一修正常常可以不予考虑. 这里我们感兴趣的是声阻 R_a,从该式可以看出,细短管的声阻与管长 l、管径 a、声波频率 f 等都有关,管子愈长,管子愈细,频率愈高,声阻就愈大.

5.6.4 毛细管中声波传播特性

如果管子非常细,以至满足 $|Ka| < 1$ 或 $a < \sqrt{\dfrac{\eta}{\rho_0\omega}}$ 的条件,这时边界层几乎充满整个管子,这时管子我们称为毛细声管. 在此条件下可以取柱贝塞尔函数的小宗量近似,使(5-6-10)式简化

$$-\frac{\partial p_a}{\partial x} = \eta K^2\left\{\frac{8\left[1 - \dfrac{(Ka)^2}{6}\right]}{[Ka]^2}\right\}\overline{v_a} = (R + j\rho\omega)\,\overline{v_a}, \tag{5-6-30}$$

其中 $R = \dfrac{8\eta}{a^2}$ 称为毛细声管的阻尼系数,$\rho = \dfrac{4}{3}\rho_0$ 为有效密度.

我们可以采用与§5.6.2中类似的方法,导得毛细管中的声波方程,不过还需作一小的修正. 因为现在我们研究的毛细管,从管壁到管轴的距离已非常短,管壁与大气相连,保持恒温,所以当声波在管中传播时,管内外热传导进行很快,于是声波稀疏与稠密过程基本上可以看成是等温的而不再是绝热的. 这样在波动方程中出现的绝热过程声速应改为等温过程的声速更合适. 以空气为例,c_0 应改成 $c_T = \dfrac{c_0}{\sqrt{\gamma}}$,因而所导得的声波方程应表示成

$$\frac{\rho_0 c_0^2}{\gamma}\frac{\partial^2 \overline{v}}{\partial x^2} = \frac{4}{3}\rho_0\frac{\partial^2 \overline{v}}{\partial t^2} + R\frac{\partial \overline{v}}{\partial t}. \tag{5-6-31}$$

由于 $\overline{v} = \overline{v_a}e^{j\omega t}$,所以方程(5-6-31)可化为

$$\frac{\rho_0 c_0^2}{\gamma}\frac{\partial^2 \overline{v_a}}{\partial x^2} = \left(-\frac{4}{3}\rho_0\omega^2 + j\omega R\right)\overline{v_a}. \tag{5-6-32}$$

因为我们的前提是 $a < \sqrt{\dfrac{\eta}{\rho_0\omega}}$,所以可以估计 $\dfrac{4}{3}\rho_0\omega$ 要比 R 小得多,如果把方程中右面第一

项略去,那么该方程还可简化为

$$\frac{\partial^2 \overline{v_a}}{\partial x^2} = j \frac{\gamma R \omega}{\rho_0 c_0^2} \overline{v_a}. \tag{5-6-33}$$

令解

$$\overline{v_a} = \overline{v_0} e^{-jk'x}, \tag{5-6-34}$$

而 $k' = k - j\alpha$,将其代入(5-6-33)式可得如下关系

$$k'^2 = -\frac{\gamma R \omega}{\rho_0 c_0^2} j, \tag{5-6-35}$$

或者表示成

$$k' = (1-j)\sqrt{\frac{\gamma R \omega}{2\rho_0 c_0^2}}. \tag{5-6-36}$$

从此关系可解得毛细管中的吸收系数与声速分别为

$$\alpha = \frac{2}{c_0 a}\sqrt{\frac{\gamma \eta \omega}{\rho_0}}, \tag{5-6-37}$$

$$c = \frac{c_0 a}{2}\sqrt{\frac{\rho_0 \omega}{\gamma \eta}}. \tag{5-6-38}$$

因为条件是 $a < \sqrt{\dfrac{\eta}{\rho_0 \omega}}$,所以管子必须很细,例如对于空气在20℃时可以估计为 $a < \sqrt{\dfrac{15}{\omega}} \times$ 10^{-3} m,假设 $f = 1000\,\text{Hz}$,那么半径 a 应小于 15×10^{-5} m. 因为管子很细,吸收系数 α 就很大,而声速 c 却要比无界空间的情况小很多 $\left(c < \dfrac{c_0}{2\sqrt{\gamma}} \right)$. 这些现象都体现了毛细声管中的声波传播特性. 这样细的管子当然在一般声学研究中是不易遇到的,但是有一些常用的吸声材料,如玻璃棉、木丝板、金属网、羊毛毡等都是呈多孔状物质,它们的内部结构可以看成是由许多毛细管组成. 声波在这些物质中传播时,将近似地表现出毛细管中的声学特性. 我们知道,作为一种吸声材料一般应该满足两方面的要求,一是这些材料的特性阻抗应尽量与外界媒质的特性阻抗相接近,这样能使入射到这些材料上的声波尽量多地透入到材料中去;二是传入到这些材料中的声波应受到较强的吸收. 而这两方面要求,多孔状物质都具备了. 因为一般多孔状物质的密度总要比空气大,但毛细管中的声速却比无界空间小,所以其总效果就可导致二者的特性阻抗互相接近,此外毛细管中的声波吸收系数是很大的,这自然会对声波产生强烈的吸收.

5.6.5 毛细管的声阻抗

不论吸声材料还是声阻材料,统称为**声学材料**,其声学性能往往是通过材料的声阻抗来反映的. 为此我们来考察一下毛细管的声阻抗,采用与 §5.6.3 中类似方法,通过毛细管中的一些关系可导得毛细管的声阻抗为

$$Z_a = R_a + j\omega M_a, \tag{5-6-39}$$

式中毛细管的声阻与声质量分别等于

$$R_a = \frac{8\eta l}{\pi a^4},$$
$$M_a = \frac{4}{3}\left(\frac{l\rho_0}{\pi a^2}\right). \tag{5-6-40}$$

因为声学材料是由许多毛细管组成,所以一根毛细管的声阻抗还不能充分反映其声学特性.现在假设声学材料由许多平行的毛细管组成,声波入射方向与毛细管轴平行,即声波垂直入射于材料表面.设每单位面积材料有 N 根毛细管,或称在单位表面材料上有 N 个毛细孔数.每个毛细管的横截面积为 $S_0 = \pi a^2$,所以可以引入单位面积上的毛细孔面积为 $\sigma = NS_0$,并称为穿孔面积比.因为每一毛细管都是入射声波体积流的一个分支流,按第 3 章关于声学类比线路的讨论知,这一材料的声阻抗应该是各个毛细管声阻抗的并联结果,由此可得材料的声阻抗为

$$\overline{Z}_a = \frac{Z_a}{\sigma} = \overline{R}_a + j\omega\overline{M}_a, \tag{5-6-41}$$

其中声阻与声质量分别为

$$\overline{R}_a = \frac{8\pi\eta l}{S_0^2\sigma},$$
$$\overline{M}_a = \frac{4}{3}\left(\frac{l\rho_0}{S_0\sigma}\right). \tag{5-6-42}$$

从上面结果可以看出,声学材料的声阻通常是与毛细孔长 l 成正比,与毛细孔面积 S_0 的平方、穿孔面积比 σ 成反比.这就是说在同样面积时,材料愈厚或孔隙愈少,其声阻愈大.经验表明,上述定性规律与实际情况是大致符合的.然而由于大多数实际声学材料,毛细管的排列绝非很有规则,而往往是纵横交叉,杂乱无章,并且毛细管的壁通常也不是坚硬到能看成刚性的,毛细管的截面自然也不会均匀.凡此种种原因使这一简单理论远不能完全反映一般声学材料的声学特性,更不能有效地用来定量描述.目前这方面的数据主要还以实际测量为依据.

5.6.6   微孔管的声阻抗

我们已讨论了 $|Ka|<1$ 与 $|Ka|>10$ 两种极端情况的声阻抗.至于 $1<|Ka|<10$ 的中间情况,由于函数关系的复杂性(见(5-6-10)式),长期以来一直缺乏详细的讨论及实际应用,而我国著名声学家马大猷在 20 世纪 60 年代便开始研究微穿孔吸声结构,并巧妙地获得适用于上述情况的声阻抗近似公式[1],并进而发展了新的微穿孔吸声结构[2],这种微孔管的声阻抗率的近似公式可表示为

$$Z_a \approx \frac{8\eta l}{\pi a^4}\sqrt{1+\frac{|Ka|^2}{32}} + j\frac{\omega\rho_0 l}{\pi a^2}\left\{1+\frac{1}{\sqrt{3^2+\frac{|Ka|^2}{2}}}\right\}. \tag{5-6-43}$$

---

① 马大猷. 微穿孔吸声结构的理论和设计[J]. 中国科学,1975(1):38~50.

② Dah—you Maa. Potential of microperforated panel absorber[J]. Acoust. soc. Am., 1998,104(5):2861~2866.

可以验证这一公式与准确结果相比,误差不大于 6%. 实际上,在一定的近似程度下,(5-6-43)式可以成为适用于所有 $|Ka|$ 值的声阻抗公式. 因为当 $|Ka|$ 很小时,(5-6-43)式将趋近于(5-6-39)式,而当 $|Ka|$ 很大时该式又可趋近于(5-6-28)式.

对于空气媒质,当频率为 1 000 Hz 时我们可以估计 $|K|$ 值约 2×10^4,因此上述条件就归结为 0.5 mm $> a >$ 0.005 mm. 我们称符合这种条件孔径的管子为微孔管. 显然,用微孔管构成的穿孔板与普通细(孔)管的穿孔板相比,在同样穿孔比(穿孔面积与材料总面积比)的情况下,其声质量要小,而声阻要大很多. 这就是目前在管道消声器设计中已获广泛应用的宽带微穿孔吸声结构的重要理论依据.

5.7　声波导管理论

在前几节中我们都假设了在管中传播的是沿管轴方向的一维平面波,但是在管中这种平面波是如何获得的呢? 我们已经提及过,一般声源在无界空间中辐射的常常是波阵面逐渐发散的球面波,现在将声的辐射约束在管子中,自然管子的形状、尺寸以及管壁材料还有声源的状态等都会对管中声波的传播产生影响. 在这样复杂的因素下声波传播的方式怎么反而变得更简单呢? 要回答这一问题就必须对管子的波导性质作一番研究,下面就来简要介绍. 为了简单起见,我们主要介绍在一般声学研究中常遇到的两种形状的声管——矩形与圆形,并且假设它们的管壁是刚性的.

5.7.1　矩形声波导管

设有如图 5-7-1 所示的一矩形管,其宽度为 l_y,高为 l_x,管长用 z 坐标表示. 设管口取在 $z=0$ 处,另一端延伸到无限远. 在这样的管中一般来说声压在 x,y,z 方向是不均匀的,因而声波方程应采用三维坐标,按(4-3-10)式三维直角坐标波动方程为

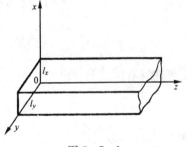

图 5-7-1

$$\frac{\partial^2 p}{\partial x^2}+\frac{\partial^2 p}{\partial y^2}+\frac{\partial^2 p}{\partial z^2}=\frac{1}{c_0^2}\frac{\partial^2 p}{\partial t^2}. \qquad (5-7-1)$$

现令解

$$p = p_a(x,y,z)e^{j\omega t}, \qquad (5-7-2)$$

代入方程(5-7-1)可得

$$\frac{\partial^2 p_a}{\partial x^2}+\frac{\partial^2 p_a}{\partial y^2}+\frac{\partial^2 p_a}{\partial z^2}+k^2 p_a=0, \qquad (5-7-3)$$

这里 $k=\dfrac{\omega}{c_0}$. 对方程(5-7-3)再作分离变量,设

$$p_a(x,y,z) = X(x)Y(y)Z(z). \qquad (5-7-4)$$

于是得到三个独立坐标的常微分方程

$$\left.\begin{array}{l} \dfrac{\partial^2 X(x)}{\partial x^2} + k_x^2 X(x) = 0, \\[2mm] \dfrac{\partial^2 Y(y)}{\partial y^2} + k_y^2 Y(y) = 0, \\[2mm] \dfrac{\partial^2 Z(z)}{\partial z^2} + k_z^2 Z(z) = 0, \end{array}\right\} \qquad (5-7-5)$$

其中 k_x, k_y, k_z 为三个待定常数,它们之间满足如下关系

$$k^2 = k_x^2 + k_y^2 + k_z^2. \qquad (5-7-6)$$

考虑到管子的 x, y 方向是有界的,将存在驻波,因而方程(5-7-5)中的第一与第二方程取解为如下形式:

$$X(x) = A_x \cos k_x x + B_x \sin k_x x, \qquad (5-7-7\text{a})$$
$$Y(y) = A_y \cos k_y y + B_y \sin k_y y, \qquad (5-7-7\text{b})$$

对第三方程考虑到 z 方向无限,没有反射波,因而取行波解为

$$Z(z) = A_z \mathrm{e}^{-\mathrm{j}k_z z}. \qquad (5-7-7\text{c})$$

从(5-7-7a)与(5-7-7b)式可求得 x, y 方向上的质点速度

$$v_x = \frac{-1}{\mathrm{j}\rho_0 \omega} \frac{\partial p}{\partial x} = \frac{-1}{\mathrm{j}\rho_0 \omega} Y(y) Z(z) \left[\frac{\partial X(x)}{\partial x}\right] \mathrm{e}^{\mathrm{j}\omega t}$$
$$= \frac{\mathrm{j}k_x}{\rho_0 \omega} Y(y) Z(z)(-A_x \sin k_x x + B_x \cos k_x x) \mathrm{e}^{\mathrm{j}\omega t}, \qquad (5-7-8\text{a})$$

$$v_y = \frac{\mathrm{j}k_y}{\rho_0 \omega} X(x) Z(z)(-A_y \sin k_y y + B_y \cos k_y y) \mathrm{e}^{\mathrm{j}\omega t}. \qquad (5-7-8\text{b})$$

根据刚性管壁边界条件

$$(v_x)_{(x=0,l_x)} = 0,$$
$$(v_y)_{(y=0,l_y)} = 0,$$

代入(5-7-8)式可得

$$\left.\begin{array}{l} B_x = 0, k_x l_x = n_x \pi \quad (n_x = 0,1,2,\cdots); \\ B_y = 0, k_y l_y = n_y \pi \quad (n_y = 0,1,2,\cdots). \end{array}\right\} \qquad (5-7-9)$$

于是(5-7-2)式解的形式可取作

$$p_{n_x n_y} = A_{n_x n_y} \cos k_x x \cos k_y y\, \mathrm{e}^{\mathrm{j}(\omega t - k_z z)}. \qquad (5-7-10)$$

这里 $p_{n_x n_y}$ 为与每一组 $(n_x n_y)$ 数值对应的方程(5-7-1)的一个特解,它表示了在声波导管中可能存在的沿 z 方向传播的一种声波.这种声波的圆频率为 ω,传播速度为 $c_z = \dfrac{\omega}{k_z}$,振幅由 $A_{n_x n_y} \cos k_x x \cos k_y y$ 决定.根据(5-7-6)与(5-7-9)式可以写出

$$k_z = \left[k^2 - (k_x^2 + k_y^2)\right]^{\frac{1}{2}} = \left(\frac{\omega^2}{c_0^2} - \beta_{n_x n_y}^2\right)^{\frac{1}{2}}, \qquad (5-7-11)$$

而

$$\beta_{n_x n_y}^2 = \left[\left(\frac{n_x}{l_x} \right)^2 + \left(\frac{n_y}{l_y} \right)^2 \right] \pi^2. \tag{5-7-12}$$

我们知道仅当 k_z 为实数时,在 z 方向才表现有波的传播. 而从(5-7-11)式可以看到,这一 k_z 并不在任何条件下都为实数,因此欲在 z 方向传播声波就必须满足如下条件

$$\frac{\omega^2}{c_0^2} > \beta_{n_x n_y}^2 = \left[\left(\frac{n_x}{l_x} \right)^2 + \left(\frac{n_y}{l_y} \right)^2 \right] \pi^2. \tag{5-7-13}$$

如果 $\frac{\omega^2}{c_0^2} < \beta_{n_x n_y}^2$,那么(5-7-11)式应化成 $k_z = -j\alpha_{n_x n_y}$ [①],其中 $\alpha_{n_x n_y} = \sqrt{\beta_{n_x n_y}^2 - \frac{\omega^2}{c_0^2}}$ 为正的实数,于是(5-7-10)式就变成

$$p_{n_x n_y} = A_{n_x n_y} \cos \frac{n_x \pi}{l_x} x \cos \frac{n_y \pi}{l_y} y \, e^{-\alpha_{n_x n_y} z} \, e^{j\omega t}. \tag{5-7-14}$$

此式显然代表的不是沿 z 方向传播的声波,而是表示在 z 方向媒质做衰减的整体振动.

由此我们可以把管中产生沿 z 方向传播声波的条件归结为

$$f > f_{n_x n_y}, \tag{5-7-15}$$

这里

$$f_{n_x n_y} = \frac{c_0}{2} \sqrt{\left(\frac{n_x}{l_x} \right)^2 + \left(\frac{n_y}{l_y} \right)^2}, \tag{5-7-16}$$

称为**声波导管的简正频率**.

1. 管中平面声波的获得

分析(5-7-10)式可知,对于不同的一组 (n_x, n_y) 数值将得到不同的波. 我们称对应于 (n_x, n_y) 的波为 (n_x, n_y) 次的简正波. 例如对应于 $n_x = 0, n_y = 0$ 的波称为 $(0,0)$ 次波,其声压表示为

$$p_{00} = A_{00} e^{j(\omega t - kz)}. \tag{5-7-17}$$

显然 $(0,0)$ 次波就是沿 z 轴方向波阵面为平面的一维平面波. 我们在以前各节都是以这种波作为讨论前提的. 现在看来,在管中这种平面波仅是可能存在的多种多样波中的一个,而不是唯一的一个. 再例如 $(0,1)$ 次波为

$$p_{01} = A_{01} \cos \frac{\pi}{l_y} y \, e^{j\left[\omega t - \sqrt{\left(\frac{\omega}{c_0} \right)^2 - \left(\frac{\pi}{l_y} \right)^2} \, z \right]}. \tag{5-7-18}$$

从此看出,对于 $(0,1)$ 次波在垂直于 z 轴的平面上振幅将随 y 的位置而变化. 为了加以区别,我们称 $(0,0)$ 次波为主波,除 $(0,0)$ 次以外的波称高次波. 从上面分析可以指出,只有当声源的激发频率 f 比管中某个简正频率 $f_{n_x n_y}$ 高时,才能在管中激发出对应的 (n_x, n_y) 次波. 可以设想,如果声源的频率低于管中除零以外的最低一个简正频率,那么管中所有的高次波都不能出现. 因为 $(0,0)$ 次简正频率 $f_{00} = 0$,所以只要有声源存在,任何频率都总是大于零的,因此这时管中只可能传播唯一的 $(0,0)$ 次波. 为之我们称除零以外的一个最低简正频率为声波导管的截止频率,简称管子的截止频率. 这就是说如果有一声管,已确定其截止频率,那么

---

① 这时 k_z 应有正负两个根,其中正根不合理:如果取正根,则当 $z \to \infty$ 时,$p_{n_x n_y} \to \infty$,这是不符合物理事实的. 所以这里仅取负根.

只要声源的工作频率比它低,在这一管中就只能传播唯一的$(0,0)$次波. 例如,有一矩形管内充空气,管子的宽度 $l_x = 0.1\,\text{m}$,高度 $l_y < l_x$,于是可确定声波导管的截止频率为 $f_c = f_{10} =$ $\dfrac{343}{2}\sqrt{\left(\dfrac{1}{0.1}\right)^2} = 1715\,\text{Hz}$,所以可知只要声源的频率低于 $1\,715\,\text{Hz}$,在管中就能产生唯一的沿 z 轴的平面波.

2. 管中高次波的传播

对于 $(0,0)$ 次平面波我们是很熟悉的. 现在就来观察一下高次波的传播特性,把$(5-7-11)$与$(5-7-12)$两式代入$(5-7-10)$式,可以把 (n_x, n_y) 次高次波表示为

$$p_{n_x n_y} = A_{n_x n_y} \cos\frac{n_x\pi}{l_x}x \cos\frac{n_y\pi}{l_y}y \, \text{e}^{\,\text{j}\left[\omega t - \sqrt{\left(\frac{\omega}{c_0}\right)^2 - \left(\frac{n_x\pi}{l_x}\right)^2 - \left(\frac{n_y\pi}{l_y}\right)^2}\,z\right]}. \qquad (5-7-19)$$

为了简化分析,我们来考察 $(n_x, 0)$ 次波. 这样$(5-7-19)$式可简化为

$$p_{n_x 0} = A_{n_x 0} \cos\frac{n_x\pi}{l_x}x \, \text{e}^{\,\text{j}\left[\omega t - \sqrt{\left(\frac{\omega}{c_0}\right)^2 - \left(\frac{n_x\pi}{l_x}\right)^2}\,z\right]}. \qquad (5-7-20)$$

假如我们引入一个表示角度的量 θ,并设 $\dfrac{n_x\pi}{l_x} = \dfrac{\omega}{c_0}\cos\theta$,于是 $\cos\theta = \dfrac{n_x\pi c_0}{l_x\omega}$,而 $\sin\theta = \sqrt{1-\cos^2\theta} = \sqrt{1-\left(\dfrac{n_x\pi c_0}{l_x\omega}\right)^2}$. 把这些关系代入$(5-7-20)$式可得

$$p_{n_x 0} = A_{n_x 0} \cos\left(\frac{\omega x\cos\theta}{c_0}\right) \text{e}^{\,\text{j}\left[\omega t - \left(\frac{\omega}{c_0}\sin\theta\right)z\right]}, \qquad (5-7-21)$$

再利用余弦函数与复指数的关系,上式可化为

$$p_{n_x 0} = \frac{1}{2}A_{n_x 0}\text{e}^{\,\text{j}\left[\omega t - \frac{\omega}{c_0}(z\sin\theta + x\cos\theta)\right]} + \frac{1}{2}A_{n_x 0}\text{e}^{\,\text{j}\left[\omega t - \frac{\omega}{c_0}(z\sin\theta - x\cos\theta)\right]}. \qquad (5-7-22)$$

据 §4.10.3 的分析可知,$(5-7-22)$式就是代表两束波的叠加,一束是向 x 正方向与 x 轴成 θ 角传播的平面波,另一束是向 x 负方向与 x 轴成 θ 角传播的平面波. 因而这一种 $(n_x, 0)$ 次高次波实质上就是一束与 x 轴成 θ 方向斜向传播,并经壁面不断反射而行进着的平面波. 也就是说,$(n_x, 0)$ 次高次波不是沿 z 轴直线传播,而是以 θ 角经过壁面不断反射,而曲折地向 z 方向行进的平面波,如图 $5-7-2$ 所示. 这种波的传播方向同声波的频率 f 以及管子的宽度 l_x 等有关,根据这一关系我们也可确定 $(n_x, 0)$ 次波的截止频率. 例如,$\cos\theta = 1$,即 $\theta = 0$,这时声波就不能向 z 方向前进了,与此角对应的条件是 $\dfrac{n_x\pi c_0}{l_x\omega} = 1$,

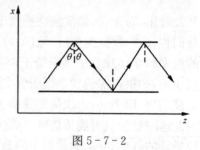

图 5-7-2

由此可得 $(n_x, 0)$ 次波的截止频率为 $f_{n_x 0} = \dfrac{n_x c_0}{2l_x}$,这与前述结果完全一致. 同理我们可以指出,$(0, n_y)$ 次波是一个与 y 轴成斜向传播着的平面波,而 (n_x, n_y) 次波是两个倾斜入射平面波的叠加.

3. 高次波的传播速度

声波在管中传播时,其频率由声源决定,对于不同的简正波,频率都相同.因为简正波的传播速度为 $c_z = \dfrac{k_z}{\omega}$,由于声波频率相同,所以不同的简正波声速将不同.

我们知道,在自由空间中声波的传播速度 c_0 是与频率无关的常数.但在管中由于管壁的约束,声波是不自由的,当然其传播速度将有别于自由空间.在管中只有沿 z 轴传播的 $(0,0)$ 次平面波,因为 $k_z = k$ 才有 $c_z = c_0$.这是可以理解的,因为对于这样的平面波管壁存在与否,已经关系不大.对高次波,传播速度的关系变得较为复杂.下面我们借助于声波传播的几何图像来看一看高次波传播速度的物理含义.这里还是以 $(n_x,0)$ 次波为例.

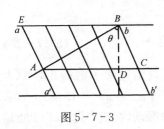

图 5 - 7 - 3

平面声波的传播可用波束的运动来表示,其运动速度为 c_0.根据前述,高次波就是一束与管轴成一角度、斜向传播着的平面波.设有一斜向传播的高次波,其传播方向用 AB 表示,如图 5 - 7 - 3.它的波阵面可用图中的 aa' 与 bb' 等平行线表示.假设我们所观察的波阵面相当于**幅相**(声压达到幅值时的相位),那么当波阵面在 aa' 位置时,达到管壁处的幅相为 E 点.经过 t 时间后波沿着波束方向(与波阵面垂直方向)运动了距离 AB,波阵面移到了 bb'.但 $\triangle EAB$ 为直角三角形,EB 为斜边,$EB > AB$,所以沿管壁的相位移动速度大于 c_0,同样从 A 点运动到 C 点的速度也大于 c_0,因此说高次波的相位速度,简称相速,恒大于自由空间平面波的速度 c_0.按照图中几何关系我们也可以求得高次波的相速为

$$c_z = \frac{c_0}{\sin\theta} = \frac{c_0}{\sqrt{1 - \dfrac{\pi^2 c_0^2}{\omega^2}\left(\dfrac{n_x}{l_x}\right)^2}}. \tag{5-7-23}$$

这与从 $(5-7-11)$ 式得到的结果一致.式中 c_z 大于 c_0 的结果是十分明显的.如果声波垂直入射于壁面 $\theta = 0°$,则 $c_z = \infty$,如果声波平行于管轴即 $\theta = 90°$,则 $c_z = c_0$.我们称 c_z 为**相速**,是因为它代表的是**高次波的相位传播速度**,但是它并不反映声能量的实际传播情况.实际上声波所携带的能量是沿着波束运动方向前进的,也就是图中的 AB 方向,所以能量沿管轴方向的传播距离仅为 AD,显然能量传播速度要比 c_0 小,我们也可从图中几何关系得到高次波的**能量传播速度**或称**群速**为

$$c_g = c_0 \sin\theta = c_0 \sqrt{1 - \frac{\pi^2 c_0^2}{\omega^2}\left(\frac{n_x}{l_x}\right)^2}. \tag{5-7-24}$$

当 $\theta = 0°$ 时,$c_g = 0$,这表示沿管轴方向没有声能的传播;当 $\theta = 90°$ 时,$c_g = c_0$.由此可见,对于沿管轴自由行进的 $(0,0)$ 次平面波,它的相速与群速相同,并都等于自由空间中声速,这时我们就不必对相速与群速加以区别.相速与频率有关的现象称为声色散或声频散.自由空间中的声速与频率无关,故也称它为非色散媒质.

4. 高次振动的衰减

我们知道与 $(5-7-10)$ 式中某一组 (n_x,n_y) 数对应的一个解,仅是方程 $(5-7-1)$ 的一个特解,与该特解相应的一简正波只是在管中可能存在的一种波.方程的一般解应是所有简

正波,其中包括$(0,0)$次主波与所有其余(n_x,n_y)次高次波的叠加,因此管中总声压可表示为

$$p = \sum_{n_x n_y} P_{n_x n_y} = \sum_{n_x}^{\infty} \sum_{n_y}^{\infty} A_{n_x n_y} \cos k_{n_x} x \cos k_{n_y} y \mathrm{e}^{\mathrm{j}(\omega t - k_z z)}. \qquad (5-7-25)$$

正如上面讨论的,只有当声源的激发频率f高于管子的某一简正频率$f_{n_x n_y}$时,即$f > f_{n_x n_y}$时,才能激发起相应的$(n_x n_y)$次的高次波,而符合$f < f_{n_x n_y}$条件的那些$(n_x n_y)$波就变成沿z轴的高次衰减振动.下面我们来看一看,高次振动的衰减情况.设在$f < f_{n_x n_y}$条件下,可以表示如下

$$k_z = -\mathrm{j}\alpha_{n_x n_y} = -\mathrm{j}\sqrt{\beta_{n_x n_y}^2 - \left(\frac{\omega}{c_0}\right)^2},$$

将其代入$(5-7-25)$式,则总声压可改写成

$$p = \sum_{n_x=0}^{\infty} \sum_{n_y=0}^{\infty} A_{n_x n_y} \mathrm{e}^{-\alpha_{n_x n_y} z} \cos \frac{n_x \pi}{l_x} x \cos \frac{n_y \pi}{l_y} y \mathrm{e}^{\mathrm{j}\omega t}. \qquad (5-7-26)$$

例如有一内充空气的矩形管横截面积为$0.15 \times 0.15 \ \mathrm{m}^2$,则可以估计管子的截止频率为$f_0 = 1\,146 \ \mathrm{Hz}$.如果管口声源的频率为$f = 573 \ \mathrm{Hz}$,那么可以算得$\alpha_{10} = \alpha_{01} = 18 \ \mathrm{m}^{-1}$,如果$z = 0.1 \ \mathrm{m}$,则$\mathrm{e}^{-\alpha_{01} z} = \mathrm{e}^{-1.8} = 0.166$,即对于$(0,1)$与$(1,0)$次的振动,在离声源$0.1 \ \mathrm{m}$处其振幅已受到很大的衰减.可以估计对于比$(0,1)$与$(1,0)$次更高次的振动将衰减得更厉害,于是在离声源的一定距离处,管中的总声压将几乎只剩下与$\alpha_{00} = \mathrm{j}k = \mathrm{j}\dfrac{2\pi \times 573}{c_0}$对应的一种主波,即

$$p \approx A_{00} \mathrm{e}^{\mathrm{j}2\pi \times 573 \left(t - \frac{z}{c_0}\right)}.$$

如果声源的频率与声波导管截止频率相接近,例如f也等于$1\,146 \ \mathrm{Hz}$,那么可以算得$\alpha_{10} = \alpha_{01} = 0$,而$\alpha_{00}$仍等于$\mathrm{j}k$.于是管中总声压可近似表示成

$$p \approx A_{00} \mathrm{e}^{\mathrm{j}2\pi \times 1\,146 \left(t - \frac{z}{c_0}\right)} + A_{10} \cos \frac{\pi}{0.15} x \mathrm{e}^{\mathrm{j}2\pi \times 1\,146 t} + A_{01} \cos \frac{\pi}{0.15} y \mathrm{e}^{\mathrm{j}2\pi \times 1\,146 t}.$$

这一式子表明,此时虽然管中仅有$(0,0)$次主波,但是在此平面波上还叠加着$(0,1)$与$(1,0)$次几乎不衰减的振动,这种振动实际上就是在x,y方向上的声驻波.因此实际的声场就变得极为复杂,自然不能再认为在管中仅存在一种纯净的z向平面声场了.从此例说明,如果我们希望在声管中获得一种比较纯净的平面声场,那么声源的频率不仅要比声管的截止频率低,而且还要低得更多一些,低得愈多,在管中获得纯净的平面声场的区域愈大.

5. 声源振动分布的影响

上面的讨论仅限于管子的几何尺寸对声传播的影响.实际上,如果声源振动状态不同,管内声波的传播方式也将随之变化.我们知道在前面的声压表示式中,出现的常系数$A_{n_x n_y}$是决定相应简正波振幅大小的重要量,例如$A_{n_x n_y} = 0$,就表示相应的简正波不存在.而这一量的大小主要取决于管口的声源振动状态,也即取决于管口的声学边界条件.

设在管口$z = 0$处有一声源,假设已知声源表面的振动速度的分布不均匀,可用如下函数来表示

$$u = u_\mathrm{a}(x,y) \mathrm{e}^{\mathrm{j}\omega t}. \qquad (5-7-27)$$

这里 $u_a(x,y)$ 表示为 x,y 的任意函数. 因为在总声压表示式中出现的仅是余弦函数的乘积项,因而我们把这里 $u_a(x,y)$ 函数展开成如下形式的傅里叶级数

$$u_a(x,y) = \sum_{n_x=0}^{\infty} \sum_{n_y=0}^{\infty} B_{n_x n_y} \cos\frac{n_x\pi}{l_x}x \cos\frac{n_y\pi}{l_y}y. \qquad (5-7-28)$$

利用余弦函数的正交性质,可以定得它们的系数为

$$\left.\begin{aligned}
B_{n_x n_y} &= \frac{4}{l_x l_y}\int_0^{l_x}\int_0^{l_y} u_a(x,y)\cos\frac{n_x\pi}{l_x}x\cos\frac{n_y\pi}{l_y}y\,\mathrm{d}x\mathrm{d}y,\\
B_{n_x 0} &= \frac{2}{l_x l_y}\int_0^{l_x}\int_0^{l_y} u_a(x,y)\cos\frac{n_x\pi}{l_x}x\,\mathrm{d}x\mathrm{d}y,\\
B_{0 n_y} &= \frac{2}{l_x l_y}\int_0^{l_x}\int_0^{l_y} u_a(x,y)\cos\frac{n_y\pi}{l_y}y\,\mathrm{d}x\mathrm{d}y,\\
B_{00} &= \frac{1}{l_x l_y}\int_0^{l_x}\int_0^{l_y} u_a(x,y)\,\mathrm{d}x\mathrm{d}y.
\end{aligned}\right\} \qquad (5-7-29)$$

按(5-7-25)式我们可以写出管中的 z 方向质点速度为

$$v_z = \frac{\mathrm{j}}{\rho_0\omega}\frac{\partial p}{\partial z} = \sum_{n_x=0}^{\infty}\sum_{n_y=0}^{\infty}\frac{k_z}{\rho_0\omega}A_{n_x n_y}\cos\frac{n_x\pi}{l_x}x\cos\frac{n_y\pi}{l_y}y\mathrm{e}^{\mathrm{j}(\omega t - k_z z)}. \qquad (5-7-30)$$

当 $z=0$ 时上式变为

$$v_{z(Z=0)} = \sum_{n_x=0}^{\infty}\sum_{n_y=0}^{\infty}\frac{k_z}{\rho_0\omega}A_{n_x n_y}\cos\frac{n_x\pi}{l_x}x\cos\frac{n_y\pi}{l_y}y\mathrm{e}^{\mathrm{j}\omega t}. \qquad (5-7-31)$$

根据质点速度连续条件,(5-7-31)式应与(5-7-27)式相等,因此可定得

$$A_{n_x n_y} = \omega\frac{\rho_0}{k_z}B_{n_x n_y}. \qquad (5-7-32)$$

因为 $B_{n_x n_y}$ 可由(5-7-29)式定出,所以如果管口声源的振动分布函数 $u_a(x,y)$ 已知,则 $B_{n_x n_y}$ 以至于 $A_{n_x n_y}$ 就可完全确定.

例 1 设在管口存在一个与管子截面相同的活塞式声源,即在 $z=0$ 处有 $u_a(x,y) =$ 常数,将此代入(5-7-29)式得 $B_{00} =$ 常数,其余的 $B_{n_x n_y}$ 都等于零. 这一例子告诉我们,在上述的声源情况,不论管子的尺寸如何,在管中只能产生唯一的(0,0)次平面波.

例 2 设在 $z=0$ 有 $u_a(x,y) = u_0\cos\frac{\pi}{l_x}x$,从(5-7-29)式可算得 $B_{10} = u_0$,而其余的 $B_{n_x n_y}$,包括 B_{00} 在内都等于零. 这时唯一能在管中存在的是以振幅为 $A_{10} = \frac{\rho_0\omega}{k_z}u_0$,并以 $\theta = \arccos\frac{\pi c_0}{\omega l_x}$ 方向斜向传播的平面波. 这一例子告诉我们,如果声源设计得当,可以在管中抑制(0,0)次波并获得单一的斜向传播的高次波.

5.7.2 圆柱形声波导管

现在再来研究圆柱形波导管. 因为圆柱形管声波传播特性与矩形管有相似性,因而我们就不去过多讨论它的传播的物理过程,而将着重于导得它的一些有意义的解析结果.

设有一半径为 a 的圆柱形管,一端延伸无限远. 圆柱形管的声波方程应以柱坐标系来描

述. 设管的径向坐标为 r, 极角为 θ, 管轴用 z 表示, 如图
5-7-4 所示. 直角坐标与柱坐标之间有如下关系

$$x = r\cos\theta,$$
$$y = r\sin\theta,$$
$$z = z.$$

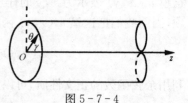

图 5-7-4

而柱坐标系的拉普拉斯算符可表示为

$$\nabla^2 = \frac{1}{r}\frac{\partial}{\partial r}\left(r\frac{\partial}{\partial r}\right) + \frac{1}{r^2}\frac{\partial^2}{\partial\theta^2} + \frac{\partial^2}{\partial z^2},$$

于是方程 (5-7-1) 就可变换成

$$\frac{1}{r}\frac{\partial}{\partial r}\left(r\frac{\partial p}{\partial r}\right) + \frac{1}{r^2}\frac{\partial^2 p}{\partial\theta^2} + \frac{\partial^2 p}{\partial z^2} = \frac{1}{c^2}\frac{\partial^2 p}{\partial t^2}. \tag{5-7-33}$$

令解

$$p = R(r)\Theta(\theta)Z(z)\mathrm{e}^{\mathrm{j}\omega t},$$

代入 (5-7-33) 式可得如下三个常微分方程

$$\left.\begin{array}{l} \dfrac{\mathrm{d}^2 Z}{\mathrm{d}z^2} + k_z^2 Z = 0, \\[2mm] \dfrac{\mathrm{d}^2 \Theta}{\mathrm{d}\theta^2} + m^2 \Theta = 0, \\[2mm] \dfrac{\mathrm{d}^2 R}{\mathrm{d}r^2} + \dfrac{1}{r}\dfrac{\mathrm{d}R}{\mathrm{d}r} + \left(k_r^2 - \dfrac{m^2}{r^2}\right)R = 0, \end{array}\right\} \tag{5-7-34}$$

其中

$$k^2 = \frac{\omega^2}{c^2} = k_z^2 + k_r^2. \tag{5-7-35}$$

对于 Z 的方程取行波解为

$$Z(z) = A_z \mathrm{e}^{-\mathrm{j}k_z z}; \tag{5-7-36}$$

对于 Θ 的方程可取解为

$$\Theta(\theta) = A_\theta \cos(m\theta + \varphi_m), \tag{5-7-37}$$

因为应该满足 $\Theta(\theta) = \Theta(\theta + 2\pi)$ 的关系, 所以式中 m 一定要为正整数.

对于 R 的方程我们作一适当变换, 令 $k_r r = x$, 则方程就化为

$$\frac{\mathrm{d}^2 R}{\mathrm{d}x^2} + \frac{1}{x}\frac{\mathrm{d}R}{\mathrm{d}x} + \left(1 - \frac{m^2}{x^2}\right)R = 0. \tag{5-7-38}$$

这是一个标准的 m 阶柱贝塞尔方程, 其一般解可表示为

$$R(k_r r) = A_r \mathrm{J}_m(k_r r) + B_r \mathrm{N}_m(k_r r), \tag{5-7-39}$$

这里 $\mathrm{J}_m(k_r r)$ 与 $\mathrm{N}_m(k_r r)$ 分别代表宗量为 $(k_r r)$ 的 m 阶柱贝塞尔函数与柱诺依曼函数. 按照柱诺依曼函数在零点发散的性质, 式中应取 $B_r = 0$, 于是 (5-7-39) 式简化为

$$R(k_r r) = A_r \mathrm{J}_m(k_r r), \tag{5-7-40}$$

由此求得管中声压解为

$$p_m = A_m \mathrm{J}_m(k_r r)\cos(m\theta - \varphi_m)\mathrm{e}^{\mathrm{j}(\omega t - k_z z)}, \tag{5-7-41}$$

对应的径向速度为

$$v_{rm} = \frac{j}{\rho_0 \omega} \frac{\partial p_m}{\partial r} = A_m \frac{jk_r}{\rho_0 \omega} \left[\frac{dJ_m(k_r r)}{d(k_r r)} \right] \cos(m\theta - \varphi_m) e^{j(\omega t - k_z z)}. \qquad (5-7-42)$$

设管壁为刚性,即在 $r = a$ 处有 $v_r = 0$,由此条件可得如下关系

$$\left[\frac{dJ_m(k_r r)}{d(k_r r)} \right]_{(r=a)} = 0.$$

按照柱贝塞尔函数的递推关系(参见附录)

$$\frac{dJ_m(x)}{dx} = \frac{1}{2} [J_{m-1}(x) - J_{m+1}(x)],$$

$$\frac{dJ_0(x)}{dx} = -J_1(x),$$

可得如下函数方程

$$J_{m-1}(k_r a) = J_{m+1}(k_r a) \quad (m > 0),$$

与

$$J_1(k_r a) = 0 \quad (m = 0).$$

从这些方程解得一系列根值,部分根值示于表 $5-7-1$. 此结果说明,在刚性壁条件下, k_r 应有一系列特定的数值,此特定值可用下标 m 与 n 两个正整数表示,我们写成 $k_r = k_{mn}$. 例如, $m = 0, n = 1, k_{01} = \frac{3.832}{a}$; $m = 0, n = 2, k_{02} = \frac{7.015}{a}$ 等等. 于是声压解又可写成如下形式

$$p_{mn} = A_{mn} \cos(m\theta - \varphi_m) J_m(K_{mn} r) e^{j(\omega t - k_z z)}, \qquad (5-7-43)$$

其中

$$k_z = \sqrt{k^2 - k_{mn}^2}. \qquad (5-7-44)$$

表 5-7-1

$k_r a = k_{mn} a$	$m = 0$	$m = 1$	$m = 2$
$n = 0$	0	1.841	3.054
$n = 1$	3.832	5.322	6.705
$n = 2$	7.015	8.536	9.965

$(5-7-43)$式代表圆柱形波导管中的 (m, n) 次简正波,例如, $m = 0, n = 0$ 时,

$$p_{00} = A_{00} e^{j(\omega t - kz)}, \qquad (5-7-45)$$

就是沿 z 轴直线传播的 $(0,0)$ 次平面波,其余称为 (m, n) 次高次波. 例如, $(0,1)$ 次高次波可表示成

$$p_{01} = A_{01} J_0(K_{01} r) e^{j(\omega t - \sqrt{k^2 - k_{01}^2} z)}. \qquad (5-7-46)$$

我们可以与矩形管类似地确定圆柱形管中声波导管的截止频率为

$$f_c = f_{10} = k_{10} \frac{c_0}{2\pi} = 1.84 \frac{c_0}{2\pi a}. \qquad (5-7-47)$$

如果已知声源做极轴对称的振动,则 $m = 0$,于是可以确定

$$f_c = f_{01} = k_{01} \frac{c_0}{2\pi} = 3.832 \frac{c_0}{2\pi a}. \qquad (5-7-48)$$

可见如果能采用轴对称振动的声源,则管中的截止频率可以大大提高,然而要制作一种能严格满足这一条件的声源是不容易的.

5.8   非刚性壁管

在前面讨论中都是认为管壁是刚性的,现在要进一步来考虑管壁非刚性对声传播的影响. 例如,在管子内壁铺上一层吸声材料,则在此材料表面的法向质点速度就不等于零. 因此,可以预料,声波在其中的传播规律自然有别于刚性壁的情形. 下面我们将仅限于讨论矩形管.

5.8.1   非刚性壁管中声波方程的解

我们假设管的截面呈矩形,其宽 l_x,高为 l_y,长度方向 z 延伸无限. 假设管的内壁铺上一层均匀的吸声材料,其法向声阻抗率为 Z_s. 对于这种情形,管中的波动方程(5-7-1)仍有效. 我们可以与前节类似地获得如下三个解

$$
\left.
\begin{aligned}
X(x) &= A_x\cos\frac{2\pi g_x}{l_x}x + B_x\sin\frac{2\pi g_x}{l_x}x, \\
Y(y) &= A_y\cos\frac{2\pi g_y}{l_y}y + B_y\sin\frac{2\pi g_y}{l_y}y, \\
Z(z) &= A_z\mathrm{e}^{-\mathrm{j}k_z z},
\end{aligned}
\right\}
\tag{5-8-1}
$$

其中

$$
k_z^2 = \frac{\omega^2}{c_0^2} - \left(\frac{2\pi g_x}{l_x}\right)^2 - \left(\frac{2\pi g_y}{l_y}\right)^2.
\tag{5-8-2}
$$

由于管壁的非刚性,如果选取的坐标仍与以前一样,那么方程组中的常系数 B_x, B_y 将不再等于零. 这样,在声压解中出现的函数就比较复杂了. 现在我们把坐标原点移到管子的截面中心,而边界坐标移到 $x = \pm\frac{l_x}{2}, y = \pm\frac{l_y}{2}$. 由于 x, y 的简正函数是偶函数或奇函数,因此在边界处的解具有对称或反对称性质. 对于对称情形应满足如下边界条件

$$
\left.
\begin{aligned}
X\left(\frac{l_x}{2}\right) &= X\left(-\frac{l_x}{2}\right), \\
Y\left(\frac{l_y}{2}\right) &= Y\left(-\frac{l_y}{2}\right).
\end{aligned}
\right\}
\tag{5-8-3}
$$

将此条件应用于(5-8-1)式,就可定得 $B_x = B_y = 0$,于是管中声压可表示成

$$
p = A\cos\frac{2\pi g_x}{l_x}x\cos\frac{2\pi g_y}{l_y}y\,\mathrm{e}^{\mathrm{j}(\omega t - k_z z)},
\tag{5-8-4}
$$

从此可得 x, y 方向的质点速度 v_x 与 v_y. 再使用边界条件就可得到如下方程

$$
\left.
\begin{aligned}
\tan\pi g_x &= \mathrm{j}\left(\frac{l_x}{\lambda}\right)\left(\frac{\eta_s}{g_x}\right), \\
\tan\pi g_y &= \mathrm{j}\left(\frac{l_y}{\lambda}\right)\left(\frac{\eta_s}{g_y}\right),
\end{aligned}
\right\}
\tag{5-8-5}
$$

这里 $\eta_s = \dfrac{\rho_0 c_0}{Z_s}$ 称为**法向声导纳率比**. 原则上只要管壁的声阻抗率 Z_s 知道,就可从此方程求得 g_x 与 g_y. 但是注意到(5-8-5)式是一个包含复数的超越方程,一般不易得到解析形式的结果. 为了使读者对非刚性壁管中的声传播特性有一较为明晰的物理图像,而不仅仅是抽象的数学形式,我们将对问题作一简化,并且着重去讨论 $(0,0)$ 次波,即主波的传播.

5.8.2 管中主波的传播

我们假设 $\left(\dfrac{l_x}{\lambda}\right)\eta_s$ 与 $\left(\dfrac{l_y}{\lambda}\right)\eta_s$ 为很小. 利用正切函数的性质,当 $x < 0.5$ 时,有 $\tan(x+n\pi) = \tan x \approx x$ $(n = 0, 1, 2, \cdots)$. 我们就可从(5-8-5)式得到如下关系

$$\mathrm{j}\left(\frac{l_x}{\lambda}\right)\left(\frac{\eta_s}{g_s}\right) + n\pi = \pi g_x,$$

或写成

$$g_x^2 - n g_x - \mathrm{j}\left(\frac{l_x}{\lambda}\right)\left(\frac{\eta_s}{\pi}\right) = 0. \tag{5-8-6}$$

这是一个一元二次代数方程,容易求解. 从此方程可以看到,对应于一个 n 值可以解得一相应的 g_x 值,我们用 g_{xn} 来表示,与此 g_{xn} 相应的声压就是管中的一个简正波. 与刚性壁情形类似,这时管中可能存在一系列简正波. 现取 $n = 0$,这时(5-8-6)式可简化为

$$g_{x0}^2 = \mathrm{j}\left(\frac{l_x}{\lambda}\right)\left(\frac{\eta_s}{\pi}\right). \tag{5-8-7}$$

用类似的方法可以得到

$$g_{y0}^2 = \mathrm{j}\left(\frac{l_y}{\lambda}\right)\left(\frac{\eta_s}{\pi}\right). \tag{5-8-8}$$

将上两式代入(5-8-2)式便可得

$$k_z^2 = k_{00}^2 = \left(\frac{\omega}{c_0}\right)^2 - \mathrm{j}\frac{2\omega}{c_0}\eta_s\left(\frac{1}{l_x} + \frac{1}{l_y}\right), \tag{5-8-9}$$

或表示成

$$k_{00} = \frac{\omega}{c_0}\sqrt{1 - \mathrm{j}\frac{2c_0\eta_s}{\omega}\left(\frac{1}{l_x} + \frac{1}{l_y}\right)} \approx \frac{\omega}{c_0}\left[1 - \mathrm{j}\frac{c_0\eta_s}{\omega}\left(\frac{1}{l_x} + \frac{1}{l_y}\right)\right]$$

$$= \frac{\omega}{c_0}\left[\left(1 + \frac{c_0\delta}{2S\omega}L\right) - \mathrm{j}\frac{c_0\sigma}{2S\omega}L\right]. \tag{5-8-10}$$

式中 $S = l_x l_y$ 为管子的横截面积,$L = 2(l_x + l_y)$ 为管子的横截面周长,而

$$\left.\begin{array}{l} \sigma = \dfrac{x_s}{x_s^2 + y_s^2}, \\[3mm] \delta = \dfrac{-y_s}{x_s^2 + y_s^2} \end{array}\right\} \tag{5-8-11}$$

分别表示壁面声导纳率比的实数与虚数部分,$x_s = \dfrac{R_s}{\rho_0 c_0}$ 与 $y_s = \dfrac{X_s}{\rho_0 c_0}$ 是壁面的声阻率比与声抗率比. 于是得到 $(0,0)$ 次波的声压表示式

$$p_{00} = A_{00} \cos \frac{2\pi g_{x0}}{l_x} x \cos \frac{2\pi g_{y0}}{l_y} y \mathrm{e}^{-\frac{\sigma L}{2S}z} \mathrm{e}^{\mathrm{j}\left[\omega t - \left(\frac{\omega}{c} - \frac{\sigma L}{2S}\right)z\right]}$$

$$\approx A_{00} \mathrm{e}^{-\frac{\sigma L}{2S}z} \mathrm{e}^{\mathrm{j}(\omega t - kz)}. \qquad (5-8-12)$$

由此可以看到,由于管壁的非刚性,(0,0)次波将随 z 轴的传播而逐渐衰减,其衰减程度由一
衰减系数或称**吸收系数** $\alpha_{00} = \dfrac{\sigma L}{2S}$ 来决定. $\dfrac{L}{S}$ 的比值愈大或壁面的声导纳率的实数部分 σ 愈
大,声波衰减得愈厉害. 在管的内壁铺上一层吸声材料会使管中声波受到衰减,这就是在管
道消声问题中常用的所谓阻性消声器的理论依据. 我们还可进一步分析高次波的传播,分析
将指出,对于高次波其衰减系数将都大于(0,0)次波. 因此在阻性消声器的设计中,主要估计
的是(0,0)次波(也称主波)的消声量,因为只要主波消声量足够,其他高次波将更符合要求.
从(5-8-12)式可求得主波的声强表示公式

$$I = I_0 \mathrm{e}^{-2\alpha_{00}z}, \qquad (5-8-13)$$

其中 I_0 为管中 $z = 0$ 处的声强,$2\alpha_{00} = \dfrac{\sigma L}{S}$ 称为声强衰减系数或声强吸收系数. 假设铺有吸
声材料的一段管子长为 l,那么可以从(5-8-13)式求得声波经 l 距离后的声强衰减量,或
称阻性消声器的消声量为

$$\mathrm{TL} = 10\lg \frac{I_0}{I_l} = 4.34 \frac{\sigma l L}{S} (\mathrm{dB}). \qquad (5-8-14)$$

5.9　　一维电声传输线类比

　　我们曾经在第 3 章介绍过电声集中系统的类比. 由于可以类比,我们可以方便地将电系
统中的规律和研究成果应用到声系统中来. 现在我们已经学习了声波传播问题,自然会提
出,对于分布系统,电声能否类比,如何类比. 为了简单起见,本书仅限于一维传输线类比的
讨论,也就是说电、声传输都限于一维平面波的情形. 例如我们已知在截止频率下的管中声
波传播可以看成一维平面波束问题. 此外,活塞辐射声场,在离声源较近的区域,也能近似看
成是一种平均的平面波束传播等等. 关于活塞辐射的声场我们将会在下一章作详细介绍.

5.9.1　电传输线方程

　　我们已知对于一维电传输线,有著名的电报方程,它可表示如下

$$\frac{\partial E}{\partial x} = -RI - L\frac{\partial I}{\partial t}, \qquad (5-9-1)$$

与

$$\frac{\partial I}{\partial x} = -GE - C\frac{\partial E}{\partial t}, \qquad (5-9-2)$$

式中 E 和 I 分别代表电压和电流,而 L,C,R 和 G 分别表示在电传输系统中的单位长度的电
感、电容、电阻和电导. 这里电导是与传输线中电解质的损耗有关的参数. 从(5-9-1)
和(5-9-2)两式我们可以获得关于电传输线的波动方程

$$\frac{\partial^2 E}{\partial x^2} = RGE + (RC + GL)\frac{\partial E}{\partial t} + LC\frac{\partial^2 E}{\partial t^2}, \tag{5-9-3}$$

假设我们考虑的是稳态情况,则可设 $E = E(x)\mathrm{e}^{\mathrm{j}\omega t}$,于是代入方程(5-9-3)并可求得其解为

$$E = (A\mathrm{e}^{-\mathrm{j}\bar{k}x} + B\mathrm{e}^{\mathrm{j}\bar{k}x})\mathrm{e}^{\mathrm{j}\omega t}, \tag{5-9-4}$$

或

$$I = \left(\frac{A}{Z_0}\mathrm{e}^{-\mathrm{j}\bar{k}x} - \frac{B}{Z_0}\mathrm{e}^{\mathrm{j}\bar{k}x}\right)\mathrm{e}^{\mathrm{j}\omega t}, \tag{5-9-5}$$

式中 A, B 可由边界条件确定,而 $\bar{k}$ 和 Z_0 称为电传播常数和传输线特性阻抗,它们一般是复数并可表示为

$$\bar{k} = \mathrm{j}\sqrt{(R + \mathrm{j}\omega L)(G + \mathrm{j}\omega C)} \tag{5-9-6}$$

和

$$Z_0 = \sqrt{\frac{R + L\omega\mathrm{j}}{G + C\omega\mathrm{j}}}. \tag{5-9-7}$$

5.9.2 电声传输线类比

对于一维声波传输系统,例如管中平面波的传播,如果我们考虑管中的管壁粘滞影响,则管中声波可由(5-6-14)式来描述.考虑到管壁粘滞引起的声波吸收关系(5-6-22)式,(5-6-14)式可表示为

$$\frac{\partial p}{\partial x} = 2\rho_0 c_0 \alpha v - \rho_0\frac{\partial v}{\partial t}, \tag{5-9-8}$$

这里我们省略了质点速度 v 上面的横杠,但是还是应把它看成是一平均值.同样我们还应有连续性方程,考虑到 $p = \rho_0 c_0^2 S'$ 关系,它可表示为

$$\frac{\partial v}{\partial x} = -\frac{1}{\rho_0 c_0^2}\frac{\partial p}{\partial t}. \tag{5-9-9}$$

显然,如果将(5-9-1),(5-9-2)两式分别与(5-9-8),(5-9-9)两式比较,可以看到,如果令电系统中的 L, C, R, I 和 E 与声系统中的 $\rho_0, \dfrac{1}{\rho_0 c_0^2}, 2\rho_0 c_0 \alpha, v$ 和 p 依次类比,并取 $G = 0$,则上述两种系统完全可以等价,或者说(5-9-1)和(5-9-2)式也可以用来描述声传输系统.如果我们利用上述类比关系,并将这些关系代入(5-9-6)和(5-9-7)式,则在 $\alpha \ll k = \dfrac{\omega}{c_0}$ 条件下,可得

$$\bar{k} \approx \frac{\omega}{c} - \mathrm{j}\alpha, \tag{5-9-10}$$

与

$$Z_0 \approx \rho_0 c_0. \tag{5-9-11}$$

而(5-9-3)式可化为

$$\frac{\partial^2 p}{\partial x^2} = \frac{1}{c_0^2}\frac{\partial^2 p}{\partial t^2} + \frac{2}{c_0}\alpha\frac{\partial p}{\partial t}, \tag{5-9-12}$$

此式正是管中声波方程(5-6-17)的一种等价形式.因此可以说电报方程(5-9-1)与(5-9-2),电传输方程(5-9-3)及其解(5-9-5)等一系列重要结果,在利用电声类比关

系后,都完全可以借用来描述声传输线的规律.

这里我们要顺便指出,声波在管中传播时,除了管壁的粘滞引起的吸收,还应计及因与管壁的热交换而产生的热传导吸收(见§5.6.2).而除此以外,实际上还应考虑媒质本身的吸收,因此上述的吸收系数一般应表示为 $\alpha = \sum_i \alpha_i$,即应将所有的吸收损耗都计及在内.声学中的吸收损耗远比电传输系统复杂.不同媒质,不同频率,差距很大.关于媒质本身引起的声吸收,我们将在本书第 9 章予以详细讨论.但是不管声吸收数值有何不同,它与电传输线中的类比关系 $R = 2\rho_0 c_0 \alpha$ 是不变的.

5.9.3　不均匀传输线

在电传输线中,电学参数的空间不均匀性是常常存在的,因而不均匀电传输线的传输规律的研究比声传输要深入.为了简单起见,我们可以忽略电阻的存在.这并不失去讨论的一般性,因为对于声传输线而言,一般声吸收的存在仅需将声传播常数 k 换成 $\bar{k} = k - \mathrm{j}\alpha$,而特性阻抗 Z_0 近似维持为常数 $\rho_0 c_0$ [见(5-9-9)与(5-9-10)式]即可.

设电传输线参数都是坐标 x 的函数,并假设传输线是电无损的,即 $R = 0$,则传输线方程可表示为

$$\frac{\partial E}{\partial x} = -L(x)\frac{\partial I}{\partial t}, \tag{5-9-13}$$

与

$$\frac{\partial I}{\partial x} = -C(x)\frac{\partial E}{\partial t}. \tag{5-9-14}$$

对(5-9-13)和(5-9-14)两式分别取 x 与 t 的偏导数,再联合该两式,便可得一维不均匀电传输线方程为

$$\frac{\partial^2 E}{\partial x^2} = \frac{\mathrm{d}\ln L(x)}{\mathrm{d}x}\frac{\partial E}{\partial x} + L(x)C(x)\frac{\partial^2 E}{\partial t^2}, \tag{5-9-15}$$

显然如果我们将电声类比关系予以替代,则便可得一维不均匀媒质的声波方程为

$$\frac{\partial^2 p}{\partial x^2} = \frac{1}{c_0^2}\frac{\partial^2 p}{\partial t^2} + \frac{\mathrm{d}\ln\rho_0}{\mathrm{d}x}\frac{\partial p}{\partial x}, \tag{5-9-16}$$

式中媒质密度 ρ_0 与声速 c_0 都应是 x 坐标的函数(读者可以将(5-9-16)式与第 4 章中习题 4-4 作比较).

5.9.4　传输线中反射系数

在连续不均匀或者分段不均匀电传输线中电波因电阻抗的不匹配而经受反射,致使电波不能良好传送.为了研究电波的反射规律,在电传输线理论中曾导得反射系数方程.假设 $E_i = E_{ia}\mathrm{e}^{\mathrm{j}(\omega t - kx)}$ 和 $E_r = E_{ra}\mathrm{e}^{\mathrm{j}(\omega t + kx)}$ 分别代表在一维传输线中的入射和反射电波,而设 $r(x) = \dfrac{E_{ra}}{E_{ia}}$ 为反射系数,则通过电传输线中的一些关系可以导得如下著名的反射系数方程

$$\frac{\mathrm{d}r(x)}{\mathrm{d}x} - 2\mathrm{j}k(x)r(x) + \frac{1}{2}\frac{\mathrm{d}[\ln Z_0(x)]}{\mathrm{d}x}[1 - r(x)^2] = 0. \tag{5-9-17}$$

虽然在声学著作中,很少见到这种反射系数方程,但是不难相信,我们完全有可能从声波的一些基本关系式导得形式上与(5-9-17)式完全类同的声传输线反射系数方程.然而我们不准备在这里进行这种推导,而是留给读者去自习.因为我们已知电声系统有类比关系,所以只要将(5-9-17)式中的电学量换成对应的声学量,如这里的 $r(x)$ 就看作为声压反射系数,$k(x)$ 就是声波传播常数,而 $Z_0(x)$ 代表声学媒质的特性阻抗,即 $Z_0(x) = R_0(x) = \rho_0 c_0$,自然这时的 $\rho_0 c_0$ 也可以是 x 的函数,那么(5-9-17)式就完全可以用来描述声的反射,并称之为声反射系数方程.

现在我们作为应用例子来讨论一下三层不同媒质中的声透射问题,这一问题已在本书第 4 章中讨论过,正好可以作一比较.设平面声波从 R_{01} 媒质经过厚度为 l,特性阻抗为 R_{02} 的媒质而透射到 R_{03} 媒质中去.我们先将方程(5-9-17)在 R_{01} 与 R_{02} 分界面附近求解,即对 (5-9-17)方程施行 x 积分,并将积分的上下限取为 $x = 0^-$ 与 0^+. 这里的上标—与＋代表在 $x = 0$ 的左与右两边附近位置(如图 5-9-1 所示).注意到,因为 $k(x)$ 总是有限的,如果反射系数 $|r(x)| < 1$ 的条件满足,则如下积分必定成立

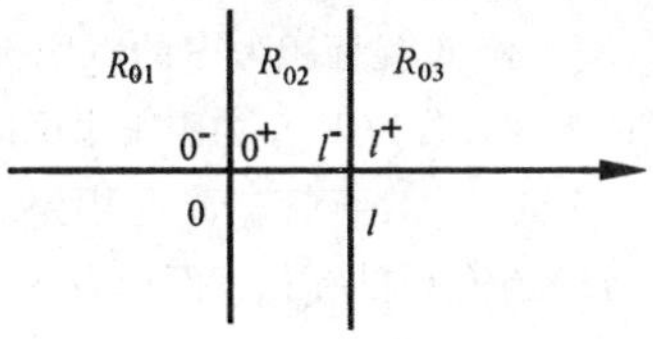

图 5-9-1

$$\int_{0^+}^{0^-} \frac{2r(x)}{1-r^2(x)} k(x)\mathrm{d}x = 0, \qquad (5-9-18)$$

因而方程(5-9-17)可以求解得

$$r(0^-) = \left[1 - \left(\frac{R_{01}}{R_{02}}\right)\frac{1-r(0^+)}{1+r(0^+)}\right]\left[1 + \left(\frac{R_{01}}{R_{02}}\right)\frac{1-r(0^+)}{1+r(0^+)}\right]^{-1}, \qquad (5-9-19)$$

$r(0^-)$ 和 $r(0^+)$ 分别代表在 $x = 0$ 端左、右两边的反射系数.显然 $r(0^-)$ 的反射系数与 R_{01} 与 R_{02} 的比值有关,也取决于在其右端的反射系数 $r(0^+)$. 同理我们可以得到 l 端左、右两边的反射系数关系式,它是

$$r(l^-) = \left[1 - \left(\frac{R_{02}}{R_{03}}\right)\frac{1-r(l^+)}{1+r(l^+)}\right]\left[1 + \left(\frac{R_{02}}{R_{03}}\right)\frac{1-r(l^+)}{1+r(l^+)}\right]^{-1}. \qquad (5-9-20)$$

由于 R_{03} 媒质延伸无限,$r(l^+) = 0$,因此(5-9-20)式可简化为

$$r(l^-) = \frac{R_{03} - R_{02}}{R_{03} + R_{02}}. \qquad (5-9-21)$$

现在接下来的目的是要确定 $r(l^-)$ 与 $r(0^+)$ 之间的关系,因为这两个量是在同一媒质中,可以由(5-9-17)式,并令 $Z_0(x) = R_0(x) = \rho_2 c_2 =$ 常数和 $k(x) = k_2 =$ 常数后,直接积分解得为

$$r(0^+) = r(l^-)\mathrm{e}^{-2\mathrm{j}k_2 l} = r(l^-)(\cos 2k_2 l - \mathrm{j}\sin 2k_2 l), \qquad (5-9-22)$$

将(5-9-21)和(5-9-22)式代入(5-9-19)式便可求得 $r(0^-)$,然后利用能量守恒关系,即声强透射系数 $t_I(0^-) = 1 - |r(0^-)|^2$ 来确定从 R_{01} 媒质,通过 R_{02} 媒质向 R_{03} 媒质传送的声能量的比例.不难证明,经过整理,这里得到的声强透射系数结果会与第 4 章中(4-10-43)式完全一致.这是不奇怪的,因为它们是同样的物理问题.再例如我们取 $2k_2 l = \pi$,或 $l = \frac{1}{4}\lambda_2$,则从上面得到的一些公式便可容易地确定,如要求 $r(0^-) = 0$ 或 $t_I(0^-) = 1$,则 $R_{02}^2 =$

$R_{01}R_{03}$ 条件必须满足. 这一结果我们也已在第 4 章中讨论过, 我们用这一已有解答的例子, 似乎并不反映反射系数公式(5-9-17)的更多优点. 但是读者要注意, 在这例子中, 中间媒质是均匀的. 如果这一中间层不均匀而遵循坐标 x 的一定规律, 那么在研究这样的声传输线的透射规律时, 声反射系数公式将发挥出不可替代的作用. 很可惜, 我们在本书不可能更深入地展开了. 习题5-34可以提供读者作一练习.

习　题　5

5-1　有一声管在末端放一待测吸声材料, 现用频率为 500 Hz 的平面声波, 测得管中声压的驻波比 G 等于 10, 并确定离材料表面 0.25 m 处出现第一个声压极小值. 试求该吸声材料的法向声阻抗率以及法向吸声系数.

5-2　试求在末端有声学负载的声管中, 相邻的声压极大值与极小值之间的距离.

5-3　设在面积为 S 的声管的末端装一面积为 S_1 的活塞式振子, 如图所示. 假定活塞质量为 M_m, 弹簧的弹性系数为 K_m, 力阻很小可以忽略. 试求管中的声压反射系数.

5-4　设在声管末端的刚性壁前 D 距离处放一穿孔板, 见图所示. 穿孔板的面积与声管面积相同都为 S, 假定穿孔板的穿孔总面积为 S_0, 板的厚度为 l. 试证明该穿孔板共振结构的共振频率为

$$f_r = \frac{c_0}{2\pi}\sqrt{\frac{\sigma}{Dl}},$$

其中 $\sigma = \dfrac{S_0}{S}$ 称为穿孔率.

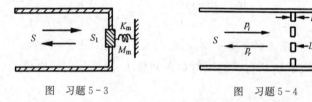

图　习题 5-3　　　　　　　　图　习题 5-4

5-5　设共振式吸声结构的品质因素 $Q_R = \dfrac{\omega_r M_a}{R'}$, 其中总声阻 $R' = R_a + \rho_0 c_0/S$. 试证明它与(5-1-28)式等效.

5-6　设在声管末端放一穿孔板共振吸声结构, 见 5-4 题的图, 已知其共振频率为 500 Hz, 空腔深度 $D = 5$ cm, 假定要求该吸声结构的吸声频带宽度为 2, 试求该结构的声阻率比 x_s 以及在频率为 250, 500, 1 000 Hz时的吸声系数.

5-7　设有一长为 l 的声管, 管末端 l 处为刚性壁, 管口有一声源在管中激励平面波. 试分别以下列两种情况求该声管中的声场表示式:

(1) 声源保持恒定的振速振幅 u_a.

(2) 声源的力阻抗为 $Z_m = R_m + jX_m$, 并且施加于声源上的力振幅保持恒定.

5-8　设在面积为 S_1 的管中充有 $\rho_1 c_1$ 的流体, 而在面积为 S_2 的管中充有 $\rho_2 c_2$ 的流体, 而两根管子用极薄的材料隔开, 假定声波从 S_1 管中传来, S_2 管延伸无限, 见图所示. 试求在 S_2 管中的声功率透射系数.

5-9　试画出 $S_{12} = 10$ 与 $S_{12} = 5$ 两种情形扩张管式消声器的消声量 TL 随 (kl) 的变化曲线.

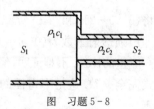

图　习题 5-8

5-10 设在一通风管道中传播着一频率为 1 000 Hz 的声波,声压级为 100 dB. 现准备采用扩张式消声器,把该声音消去 20 分贝,试问扩张管的长度,扩张管与主管的面积比应如何设计?

5-11 欲在一面积为 S 的通风管道中设计一共振式消声器,要求在偏离共振频率 f_r 的一个倍频程范围内消声量不低于 12 dB,试问这时消声器的腔体 V_b 应如何选择?

5-12 试证明在计及声阻 R_b 时,共振式消声器的消声量公式为

$$TL = 10lg\left[1 + \frac{1+4x_s}{4x_s^2 + \frac{1}{\beta^2 z^2}(z^2-1)^2} \right],$$

其中 $x_s = \dfrac{R_b S}{\rho_0 c_0}$.

5-13 设在一面积为 S 的主管的旁侧装一面积为 S_b,长为 l 的封闭管,如图所示. 试求主管中消声量公式,并指出在什么情况下消声量达到极大值.

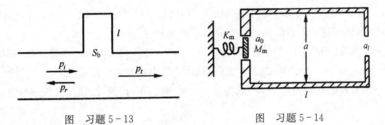

图 习题 5-13   图 习题 5-14

5-14 设有一半径为 a 的圆形声管,在管口装有一半径为 a_0 的活塞式声源,已知其质量为 M_m,弹簧的弹性系数为 K_m,力阻很小,可以忽略,作用在活塞上的力为 $F = F_a e^{j\omega t}$. 如果管末端为一半径为 a_l 的开口,见图所示,并已知其符合 $ka_l < 0.5$ 条件. 试求当管长 $l = \dfrac{\lambda}{4}$ 时该活塞源的平均声辐射功率.

5-15 有一如图所示的双节扩张管,已知它们的长为 $l_1 = \dfrac{\lambda}{2}, l_2 =$

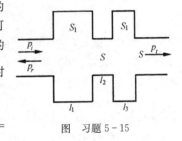

图 习题 5-15

$\dfrac{\lambda}{4}, l_3 = \dfrac{\lambda}{4}$,主管面积为 S,两扩张管面积都为 S_1,试求消声量 TL.

5-16 试从声阻抗转移公式(5-4-8)导出中间层声强透射系数公式(4-10-41).

5-17 有一指数号筒其喉部半径 $a_0 = 2$ cm,已知在离喉部 1 m 远处号筒的面积为喉部面积的 100 倍,试问号筒的蜿蜒指数应为多少? 对这样的号筒其截止频率为多少?

5-18 在上题的号筒喉部装一面积相同的活塞声源,其振动频率为 1 000 Hz. 如果已知它向号筒中辐射的平均声功率为 1 W,试求活塞声源的位移振幅. 如果将号筒拿掉,把活塞置于一块大的障板上,并且使活塞的位移振幅保持不变,试问这时它能向空间辐射多少平均声功率?

5-19 有一锥形号筒,其截面积变化规律为 $S(x) = S_0\left(1 + \dfrac{x}{h}\right)^2$,其中 S_0 为喉部面积,h 为表示锥形扩张程度的一个参数. 试求该号筒中的声压表示式(行波),并问这种号筒是否存在截止频率.

5-20 有一悬链线形号筒,其面积变化规律已知为

$$S(x) = S_0 \cos h^2 \frac{x}{h}.$$

试求该号筒中的声压表示式(行波),并问这种号筒是否存在截止频率.

5-21 设有一末端为刚性封闭的有限长细管,如果计及管壁的粘滞作用,在管中的总声压可表示成

如下形式

$$p = p_0 \mathrm{e}^{-\alpha x} \mathrm{e}^{\mathrm{j}(\omega t - kx)} + p_0 \mathrm{e}^{\alpha x} \mathrm{e}^{\mathrm{j}(\omega t + kx)}.$$

试证明总声压的振幅可表示成如下形式

$$p_\mathrm{a} = 2p_0 (\cosh^2 \alpha x \cos^2 kx + \sinh^2 \alpha x \sin^2 kx)^{1/2},$$

并求出声压波节与波腹的位置以及对应的振幅.

5-22　有一半径为 2 cm 的细管, 内充空气, 试算出频率为 1 000 Hz, 5 000 Hz, 10 000 Hz 时管壁的粘滞吸收系数, 并指出在经过 1 m 距离后管中声压将分别衰减多少分贝.

5-23　赫姆霍兹共鸣器的短管声阻已知由粘滞与辐射两部分贡献. 假定辐射阻可用无限大障板上的活塞辐射阻来代替, 试证明这两部分贡献相等时频率与短管的几何参数之间存在如下关系

$$f = \frac{1}{\pi a^2} \sqrt[3]{\eta^2 c_0^2 / \rho_0},$$

其中 a 为短管半径, l 为管长.

5-24　有一专供测试空气中吸声材料用的矩形管, 已知管的截面积 $0.4 \times 0.4 \ \mathrm{m}^2$. 测试时要求在管内产生单一 (0,0) 次波, 试问这一声管的测试频率应低于多少 Hz?

5-25　有一矩形管内充空气, 管子的截面积为 $l_x \times l_y = 0.1 \times 0.08 \ \mathrm{m}^2$, 在管口有一声源产生频率从 1 000 Hz～2 000 Hz 的振动, 管的另一端延伸无限. 试讨论管中声波的传播情况.

5-26　有一矩形管截面积为 $l_x \times l_y$. 设在管口 $z = 0$ 处有一声源, 已知其振速分布为

$$u(t) = \begin{cases} u_0 \mathrm{e}^{\mathrm{j}\omega t} & (0 \leqslant x \leqslant \dfrac{l_x}{2}), \\[2mm] 0 & (\dfrac{l_x}{2} < x \leqslant l_x), \end{cases}$$

其中 u_0 为常数, 试求前三个简正波的声压振幅.

5-27　假设在一矩形管的管口 $z = 0$ 处声源的振速分布为

$$u(t) = u_0 \sin \frac{\pi}{l_x} x \mathrm{e}^{\mathrm{j}\omega t},$$

试求前三个简正波的声压振幅.

5-28　有一直径为 0.1 m 的圆形声管内充空气. 测试要求管中产生单一 (0,0) 次波, 假设已知声源振动不是轴对称的, 试求声管的截止频率. 如果测试用一面积很小的探管式传声器沿管轴进行, 试问测试频率能否提高?

5-29　试画出圆柱形管中 (0,1) 次波的声压振幅沿径向分布图.

5-30　有一半径为 a 的圆柱形管, 在管口 $z = 0$ 处有一声源, 已知其振速分布为

$$u(t) = \begin{cases} u_0 \mathrm{e}^{\mathrm{j}\omega t} & (0 \leqslant r \leqslant a_1), \\ 0 & (a_1 < r \leqslant a). \end{cases}$$

试求前三个简正波的声压振幅.

5-31　有一通风管道在管壁均匀铺上一层吸声材料, 如果材料的吸声系数已知为 α, 并知道其声阻率比声抗率大很多, 而且声阻率比 $\dfrac{R_\mathrm{s}}{\rho_0 c_0}$ 大于 1. 试证明这时阻性消声器的消声量公式等于

$$\mathrm{TL} = 4.34 \frac{1 - \sqrt{1 - \alpha}}{1 + \sqrt{1 - \alpha}} \left(\frac{Ll}{S} \right).$$

5-32　假设不均匀媒质的特性阻抗为坐标 x 的函数, 记为 $R_0(x)$, 试导出不均匀媒质中一维声反射系数方程 [见 (5-9-17) 式].

提示:将声反射系数公式(5-1-13)和阻抗转移公式(5-4-8)应用于不均匀媒质的元段 $\mathrm{d}x$,它们分别可表示为

$$r_p(x) = \frac{Z(x) - R_0(x)}{Z(x) + R_0(x)}$$

和

$$Z(x + \mathrm{d}x) = R_0(x)\,\frac{Z(x) + k(x)R_0(x)\,\mathrm{d}x}{R_0(x) + \mathrm{j}Z(x)k(x)\,\mathrm{d}x}.$$

5-33　设有一长为 l 的均匀声管,管中媒质特性阻抗 R_0 和波数 k 都是常数.假设在终端 l 处的声反射系数已知为 $r_p(l)$,试按声反射系数方程(5-9-17),求出管中任意一位置 x 处的声反射系数.

5-34　设有一长为 l 段的不均匀媒质,已知其媒质特性阻抗随坐标 x 变化呈指数规律,即 $R_0(x) = R_l \exp\left(\beta\frac{l-x}{l}\right)$, β 为一正的常数,而波数 k 可近似看作不变的常数,假设在 l 端的反射系数为已知 $r_p(l)$,试求解反射系数方程,并证明其解为

$$r_p(x) = \frac{r_+(r_p(l) - r_-) - r_-(r_p(l) - r_+)\mathrm{e}^{\frac{\beta}{2\varepsilon}(l-x)/l}}{(r_p(l) - r_-) - (r_p(l) - r_+)\mathrm{e}^{\frac{\beta}{2\varepsilon}(l-x)/l}},$$

其中

$$r_+ = -\frac{2\mathrm{j}kl}{\beta} + \sqrt{1 - \left(\frac{2kl}{\beta}\right)^2},\quad r_- = -\frac{2\mathrm{j}kl}{\beta} - \sqrt{1 - \left(\frac{2kl}{\beta}\right)^2},$$

$$\varepsilon = \frac{1}{\sqrt{1 - \left(\frac{2kl}{\beta}\right)^2}}.$$

6

声波的辐射

第 4 章的一开始我们就曾经指出过，物体在弹性媒质中振动时会在周围媒质中激发起声波. 第 4,5 两章就是讨论这些已经被激发起来的声波在传播过程中的各种特性，至于声波与声源本身的振动状态有些什么联系，基本上还没有涉及，本章就来讨论声源的这种辐射特性.

讨论声波的辐射主要涉及两个方面：一是研究当声源振动时，辐射声场的各种规律，例如声场中声压与声源的关系，声压随距离的变化以及声源的指向性等；二是研究由声源激发起来的声场反过来对声源振动状态的影响，也就是由于辐射声波而附加于声源的辐射阻抗.

实际声源的形状是多种多样的，例如人的嘴、扬声器的纸盆、各种机器等，要想从数学上严格求解这些形状不规则的具体声源产生的声场，那是十分困难的，因此在理论处理时往往将它们理想化，即在一定条件下把它们近似看作为平面、球面等理想化的声源，这样既避免了繁琐的数学计算，所得结果又可揭示出声辐射的基本规律.

6.1　脉动球源的辐射

脉动球源是进行着均匀涨缩振动的球面声源，也就是在球源表面上各点沿着径向做同振幅、同相位的振动. 显然这是一种理想的辐射情况，虽然在实际生活中很少遇到，但对它的分析具有一定的启发意义，特别是如果应用点源（小脉动球源）的组合来处理任何复杂的面声源，那么这种球源就可以说是最基本的声源了.

6.1.1　球面声场

设有一半径为 r_0 的球体，其表面做均匀的微小涨缩振动，也就是它的半径在 r_0 附近以微量 $\xi = dr$ 作简谐的变化，从而在周围的媒质中辐射了声波. 因为球面的振动过程具有各向均匀的脉动性质,因而它所产生的声波波阵面是球面,辐射的是均匀球面波.

显然,取球坐标系比较简单,如图 6-1-1,坐标原点取在球心.因为波阵面是球面的,所以在距离 r 处的波阵面面积就是球面面积 $S=4\pi r^2$.在这种情况下可以方便地运用特殊形式的波动方程(4-4-3)式:

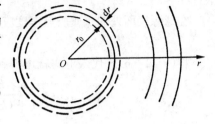

图 6-1-1

$$\frac{\partial^2 p}{\partial r^2}+\frac{\partial p}{\partial r}\frac{\partial \ln S}{\partial r}=\frac{1}{c_0^2}\frac{\partial^2 p}{\partial t^2},\quad (4-4-3)$$

将 $S=4\pi r^2$ 代入上式,则成为

$$\frac{\partial^2 p}{\partial r^2}+\frac{2}{r}\frac{\partial p}{\partial r}=\frac{1}{c_0^2}\frac{\partial^2 p}{\partial t^2}.\quad (6-1-1)$$

现在作一变量变换,令 $Y=pr$,那么(6-1-1)式就可化为:

$$\frac{\partial^2 Y}{\partial r^2}=\frac{1}{c_0^2}\frac{\partial^2 Y}{\partial t^2}.\quad (6-1-2)$$

显然这方程与(4-3-7)式的形式相同,因此可以直接得到(6-1-2)式的一般解为

$$Y=Ae^{j(\omega t-kr)}+Be^{j(\omega t+kr)},\quad (6-1-3)$$

其中 A 和 B 为两个待定常数.

解得 Y 就可求得(6-1-1)式的一般解为

$$p=\frac{A}{r}e^{j(\omega t-kr)}+\frac{B}{r}e^{j(\omega t+kr)}.\quad (6-1-4)$$

根据第 4 章的知识,我们知道上式第一项代表向外辐射(发散)的球面波;第二项代表向球心反射(会聚)的球面波.我们现在讨论向无界空间辐射的自由行波,因而没有反射波,这里常数 $B=0$.这样(6-1-4)式就成为

$$p=\frac{A}{r}e^{j(\omega t-kr)},\quad (6-1-5)$$

其中 A 一般讲可能是复数,$\frac{A}{r}$ 的绝对值即为声压振幅.

按径向质点速度与声压的关系(4-3-1a)式,可以求得径向质点速度为

$$v_r=-\frac{1}{j\omega\rho_0}\frac{\partial p}{\partial r}=\frac{A}{r\rho_0 c_0}\Big(1+\frac{1}{jkr}\Big)e^{j(\omega t-kr)},\quad (6-1-6)$$

其中 $\frac{A}{r\rho_0 c_0}\Big(1+\frac{1}{jkr}\Big)$ 的绝对值即为速度的振幅.

(6-1-5)式及(6-1-6)式就是脉动球源辐射声场的一般形式.

6.1.2 声辐射与球源大小的关系

以上求得的脉动球辐射一般解中尚包含有一个待定常数 A,它取决于边界条件,也就是取决于球面振动情况,这在物理上是显然的,因为声场是由于球源振动而产生的,所以声场的特征自然也应与球面的振动情况有关.

设球源表面的振动速度为

$$u=u_a e^{j(\omega t-kr_0)},$$

式中 u_a 为振速幅值,指数中$-kr_0$ 是为了运算方便而引入的初相位角,它并不影响讨论的一般性.

在球源表面处的媒质质点速度应等于球源表面的振动速度,即有如下边界条件

$$(v_r)_{r=r_0} = u. \tag{6-1-7}$$

将(6-1-6)式代入上式就可得到

$$A = \frac{\rho_0 c_0 kr_0^2}{1+(kr_0)^2} u_a (kr_0 + \mathrm{j}) = |A| \mathrm{e}^{\mathrm{j}\theta}, \tag{6-1-8}$$

其中

$$|A| = \frac{\rho_0 c_0 kr_0^2 u_a}{\sqrt{1+(kr_0)^2}},$$

$$\theta = \arctan\left(\frac{1}{kr_0}\right).$$

把求得的 A 值代入(6-1-5)式就可最后求得脉动球源辐射声压为

$$p = p_a \mathrm{e}^{\mathrm{j}(\omega t - kr + \theta)}, \tag{6-1-9}$$

式中

$$p_a = \frac{|A|}{r}.$$

将 A 值代入(6-1-6)式就得到脉动球辐射声场的质点速度为

$$v_r = v_{ra} \mathrm{e}^{\mathrm{j}(\omega t - kr + \theta + \theta')}, \tag{6-1-10}$$

式中

$$v_{ra} = p_a \frac{\sqrt{1+(kr)^2}}{\rho_0 c_0 kr}, \quad \theta' = \arctan\left(\frac{-1}{kr}\right),$$

这里 v_{ra} 即为径向质点速度幅值.

由 (6-1-9)式可见,在离脉动球源距离为 r 的地方,声压幅值的大小就取决于$|A|$值,而由(6-1-8)式知$|A|$值不仅与球源的振速 u_a 有关,而且还与辐射声波的频率(或波长)、球源的半径等有关. 当球源半径比较小或者声波频率比较低,以至有 $kr_0 \ll 1$,满足这种条件的脉动球源有时特别称为**点源**,这里$|A|_L \approx \rho_0 c_0 kr_0^2 u_a$;而当球源半径比较大或声波频率比较高,以至有 $kr_0 \gg 1$ 时,$|A|_H \approx \rho_0 c_0 r_0 u_a$. 显然,

$$|A|_L \ll |A|_H,$$

这说明在以同样大小的速度 u_a 振动时,如果球源比较小或者频率比较低,则辐射声压较小;如果球源比较大或者频率比较高,则辐射声压较大. 因此当球源大小一定时,频率愈高则辐射声压愈大,频率愈低则辐射声压愈小. 而对于一定的频率,球源半径愈大则辐射声压愈大,半径愈小则辐射声压愈小.

这种辐射声场与球源大小、声波频率的关系具有普遍意义. 一般来说,只要振动速度一定,凡声源振表面大的,向空间辐射的声压也大,反之就小. 例如,弦乐器如果没有助声膜或板,而仅有单根弦的振动,那么所发出的声音是很微弱的,因此弦乐器必须将单根弦的振动通过一定的耦合方式带动助声膜或板一起振动而发声(例如胡琴用蛇皮等做成助声膜,提琴则用优质的木料做成助声板),而且一般讲来,振动面越大,低频声越丰富. 再例如小口径的扬声器辐射低频声比较困难,而大口径的扬声器就比较容易些,也就是这个道理.

6.1.3 声场对脉动球源的反作用——辐射阻抗

前面已经看到,当球源大小或声波频率不一样时,辐射声压是不一样的,这里我们采用**辐射阻抗**这样一个物理量来描述声源的声辐射特性.

脉动球源在媒质中振动时,使媒质发生了稀密交替的形变,从而辐射了声波;另一方面,声源本身也处于由它自己辐射形成的声场之中,因此它必然受到声场对它的反作用,这个反作用力等于

$$F_r = -S_0\, p_{r=r_0},\tag{6-1-11}$$

式中 S_0 为声源表面积,负号表示这个力的方向与声压的变化方向相反.例如,声源表面沿法线正方向运动,使表面附近媒质压缩,声压为正,而这时声场对声源的反作用力则与法线方向相反.

将(6-1-5)式及(6-1-8)式代入(6-1-11)式即可求得

$$F_r = \left(-\rho_0 c_0\, \frac{k^2 r_0^2}{1+k^2 r_0^2}S_0 - \mathrm{j}\rho_0 c_0\, \frac{kr_0}{1+k^2 r_0^2}S_0\right)u.$$

如果令

$$\left.\begin{aligned}
R_r &= \rho_0 c_0\, \frac{k^2 r_0^2}{1+k^2 r_0^2}S_0,\\
X_r &= \rho_0 c_0\, \frac{kr_0}{1+k^2 r_0^2}S_0,\\
Z_r &= R_r + \mathrm{j}X_r,
\end{aligned}\right\}\tag{6-1-12}$$

这里 R_r 及 X_r 分别称为**辐射阻**和**辐射抗**,Z_r 称为**辐射阻抗**,则反作用力 F_r 可写成

$$F_r = -Z_r u.\tag{6-1-13}$$

为了说明 R_r,X_r 及 Z_r 的物理意义,现在来讨论一下当考虑到声场的反作用力 F_r 以后,球源表面作为一个力学系统的运动情况.设球源振动表面的质量为 M_m,力学系统的弹性系数为 K_m,受到的摩擦力阻为 R_m,策动其振动的外力为 $F=F_\mathrm{a}\mathrm{e}^{\mathrm{j}(\omega t - kr_0)}$,声场的反作用力已由上面求得为 F_r,因此振动表面的运动方程为

$$M_\mathrm{m}\frac{\mathrm{d}u}{\mathrm{d}t} = F + F_r - R_\mathrm{m}u - K_\mathrm{m}\int u\,\mathrm{d}t.$$

将(6-1-13)式代入上式,经过整理可得

$$M_\mathrm{m}\frac{\mathrm{d}u}{\mathrm{d}t} + R_\mathrm{m}u + K_\mathrm{m}\int u\,\mathrm{d}t + Z_r u = F,\tag{6-1-14}$$

因为 u 是时间 t 的简谐函数,求解上式可得

$$u = \frac{F}{Z_\mathrm{m}+Z_r},\tag{6-1-15}$$

其中

$$Z_\mathrm{m}+Z_r = (R_\mathrm{m}+R_r) + \mathrm{j}\left(X_r + \omega M_\mathrm{m} - \frac{K_\mathrm{m}}{\omega}\right).\tag{6-1-16}$$

将现在的振动方程(6-1-14)式及其解(6-1-15)式与§1.4中的结果相比较,可以发

现,由于考虑到声场对声源的反作用,对声源振动系统来讲,相当于在原来的力学振动系统上附加了一个力阻抗 $Z_r = R_r + jX_r$,这种由于声辐射引起的附加于力学系统的力阻抗就称为**辐射力阻抗**,简称为**辐射阻抗**.

由(6-1-16)式可见,声场对声源的反作用表现在两个方面:一是增加了系统的阻尼作用,除原来的力阻 R_m 外还增加了 R_r,辐射阻 R_r 像摩擦力阻 R_m 一样,也反映了力学系统存在着能量的耗损,不过它不是转化为热能,而是转化为声能,以声波的形式传输出去;另一是在系统中增加了一项抗,因为 X_r 是正的,所以辐射抗表现为惯性抗,如果把(6-1-16)式改写成

$$Z_m + Z_r = (R_m + R_r) + j\left[\omega\left(M_m + \frac{X_r}{\omega}\right) - \frac{K_m}{\omega}\right], \qquad (6-1-17)$$

那么就可以清楚地看出辐射抗 X_r 对力学系统的影响相当于在声源本身的质量 M_m 上附加了一个**辐射质量** $M_r = \dfrac{X_r}{\omega}$,由于这部分附加辐射质量的存在,好像声源加重了,似乎有质量为 M_r 的媒质层粘附在球源面上,随球源一起振动,因此这部分附加的辐射质量也称为**同振质量**. $M_m + M_r$ 称为**有效质量**.

辐射阻抗是个很重要的参量. 例如,在电声器件的设计中,除了要知道电声器件振动系统本身的动力学参数如质量、弹性系数和力阻外,还必须知道由辐射声场对声源的反作用而产生的附加辐射阻抗和同振质量.

应用辐射阻抗概念还可以方便地研究声源的辐射特性. 由(1-4-30)式可以得到脉动球源平均辐射声功率为

$$\overline{W}_r = \frac{1}{2}R_r u_a^2. \qquad (6-1-18)$$

由此可见,如果声源振速恒定,那么平均辐射声功率仅取决于辐射阻.

对于脉动球源,由(6-1-12)式可见,如果球源比较小或者频率比较低,以至有 $kr_0 \ll 1$,即满足点源条件时,

$$\left.\begin{array}{l} R_r \approx \rho_0 c_0 (kr_0)^2 S_0, \\ X_r \approx \rho_0 c_0 kr_0 S_0. \end{array}\right\} \qquad (6-1-19)$$

因而平均辐射声功率 $\overline{W}$ 与频率的平方成正比,而且因为 $kr_0 \ll 1$,所以总的平均辐射声功率是很小的. 至于同振质量,显然有 $M_r \approx \rho_0 r_0 S_0 = 3\left(\dfrac{4}{3}\pi r_0^3 \rho_0\right) = 3M_0$,这相当于球源排开的同体积媒质质量的 3 倍,所以为了使球源表面振动,尚需要克服这一部分附加惯性力而做功,但这部分能量不是向外辐射的声能,而是贮藏在系统中.

当 $kr_0 \gg 1$ 时,

$$\left.\begin{array}{l} R_r \approx \rho_0 c_0 S_0, \\ X_r \approx 0. \end{array}\right\} \qquad (6-1-20)$$

这说明当球源半径较大或者频率比较高时,球源的辐射阻达到最大值,而辐射抗为零,即同振质量为零.

由以上讨论可见,声源平均辐射声功率的大小并不是取决于声源绝对尺寸的大小,而是取

决于声源尺寸与声波波长的相对大小. 脉动球源辐射阻抗随 kr_0 值的变化如图 6-1-2 所示.

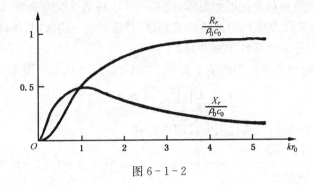

图 6-1-2

6.1.4 辐射声场的性质

我们已经求得了脉动球源在空间辐射的声压为

$$p = \frac{|A|}{r} e^{j(\omega t - kr + \theta)}. \tag{6-1-9}$$

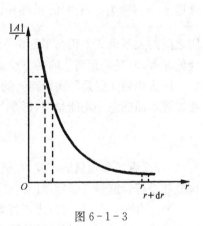

图 6-1-3

由此可见,声压振幅随径向距离反比地减小,即在球面声场中,离声源愈远的地方声音愈弱(见图 6-1-3),这是球面声场的一个重要特征. 例如,人嘴讲话,当频率较低时可近似看成是一个球源,所以距离较近时,听起来声音较响,离得愈远,听起来就愈轻,这已是人所共知的事实. 如果用声压级来表示,设在离嘴 4 cm 处的声压级为 94 dB(约相当于一般人在打电话时送到传声器的声压级),则在离嘴 40 cm 的地方声压级就是 74 dB,而在离嘴 4 m 处就只有 54 dB 了,更远的地方声压级将更低,过低声压级的声音就容易被环境噪声所掩蔽,以至无法听清楚了.

因为(6-1-9)式是假设空间中不存在反射波的情况下导得的,因此这一结果也常常用来作为自由声场的考核. 例如,要鉴定消声室是否符合自由声场条件,则只要测定当传声器离声源的距离变化时,它的声压是否符合随距离呈反比变化的规律就可以了.

此外,因为球面波中声压振幅为 $p_a = \dfrac{|A|}{r}$,因此可以求得当距离改变 dr 时,声压幅值的变化为 $dp_a = -\dfrac{|A|}{r^2}dr$,或写成 $\dfrac{dp_a}{p_a} = -\dfrac{1}{r}dr$. 这里负号表示声压的变化方向与距离的变化方向相反,即声压随距离增加而衰减. 从这两式可以看出一个重要的事实:当 r 足够大以至 $\dfrac{dr}{r} \ll 1$ 时,$\dfrac{dp_a}{p_a} \approx 0$. 例如在 $r=1$ m 的地方,当距离变化 1 m,则声压幅值相对变化 100%,声压级改变 6 dB;而在 $r=10$ m 的地方,距离同样改变 1 m,声压幅值只改变 10%,声压级只改变 0.8 dB;至于在 r 更远的地方,距离变化 1 m 引起的声压幅值的变化就更微

小了. 这说明球面波在 r 足够大的地方, 声压幅值的变化已很缓慢, 所以在距离变化不太大的范围内, 声压幅值的相对变化近似为零, 或者说声压幅值近似为常数. 就这个意义讲, 球面波特性已近于平面波了. 其实也可以这样来理解, 球面波在 r 很大时, 波阵面已经很大, 所以在局部范围内, 球面已近似可看作为平面了.

下面我们来讨论球面声场中的能量关系. 由 $(4-6-10)$ 式知声强为

$$I = \frac{1}{T}\int_0^T \mathrm{Re}(p)\,\mathrm{Re}(v_r)\mathrm{d}t, \qquad (4-6-10)$$

将 $(6-1-9)$ 式及 $(6-1-10)$ 式代入上式即可得到

$$I = \frac{1}{T}\int_0^T p_a^2 \frac{\sqrt{1+(kr)^2}}{\rho_0 c_0 kr}\cos(\omega t-kr+\theta)\cos(\omega t-kr+\theta+\theta')\mathrm{d}t = p_a^2 \frac{\sqrt{1+(kr)^2}}{\rho_0 c_0 kr}\frac{\cos\theta'}{2}.$$

因为 $\cos\theta' = \dfrac{kr}{\sqrt{1+(kr)^2}}$, 故得

$$I = \frac{p_a^2}{2\rho_0 c_0} = \frac{p_e^2}{\rho_0 c_0}, \qquad (6-1-21)$$

这里 $p_e = \dfrac{p_a}{\sqrt{2}}$ 为有效声压. 由 $(6-1-21)$ 式可见, 在球面声场中, 声强与声压幅值或有效声压之间的关系形式上仍与平面声场的一样, 但因为现在 p_a 及 p_e 与 r 成反比, 因而声强不再处处相等, 而是随距离 r 的平方反比地减小.

因为声强 I 仅是径向距离 r 的函数, 故声强乘上以 r 为半径的球面面积, 就可得到声波通过该球面的总平均能量流, 即平均声功率为

$$\overline{W} = 4\pi r^2 I = 4\pi r^2 \frac{p_e^2}{\rho_0 c_0} = \frac{2\pi}{\rho_0 c_0}\mid A\mid^2. \qquad (6-1-22)$$

可见, 球面声源所辐射的声波, 在任何距离的球面上其平均能量流都是与距离无关的常数, 这显然是符合能量守恒定律的.

另一方面, $(6-1-22)$ 式正好等于将 $(6-1-12)$ 式代入 $(6-1-18)$ 式得到的 $\overline{W}_r$, 这自然也是成立的, 因为声场中的能量来自声源, 因此声源每秒钟内辐射的平均声能量必然等于声场中的平均声能量流. 正因为如此, 就使人们可以通过对声场的测量来确定声源的平均辐射声功率. 例如, 对于球面声场, 我们只要在某一径向距离上, 用测试传声器测得该位置的有效声压, 即可按 $(6-1-22)$ 式求得声源平均辐射声功率.

6.2 声偶极辐射

声偶极子是由两个相距很近, 并以相同的振幅而相位相反 (即相差 $180°$) 的小脉动球源 (即点源) 所组成的声源. 例如, 没有安装在障板上的纸盆扬声器, 在低频时就可以近似看作是这种声源.

6.2.1 偶极辐射声场

设有两个小脉动球源, 相距为 l, 它们振动的振幅相等而相位相反, 如图 $6-2-1(a)$. 现

在来求解这种组合声源的辐射声场. 由于每一小球源在空间产生的声压已知为(6-1-5)式, 故求声偶极子的辐射只要把这两个小球源在空间辐射的声压叠加起来就可以了, 考虑到它们的相位相反, 故可得

$$p = \frac{A}{r_+} \mathrm{e}^{\mathrm{j}(\omega t - kr_+)} - \frac{A}{r_-} \mathrm{e}^{\mathrm{j}(\omega t - kr_-)}. \qquad (6-2-1)$$

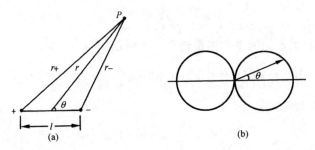

图 6-2-1

如果仅考虑离声源较远处的声场, 即假设 $r \gg l$, 则由两个小球源辐射的声波到达观察点 P 时, 振幅的差别甚小, 因此可把(6-2-1)式中振幅部分的 r_+ 及 r_- 都近似地用 r 来代替, 但它们的相位差异不能忽略. 由图可见有如下近似关系:

$$\left.\begin{aligned} r_+ &\approx r + \frac{l}{2} \cos\theta, \\ r_- &\approx r - \frac{l}{2} \cos\theta. \end{aligned}\right\} \qquad (6-2-2)$$

将此关系代入(6-2-1)式的相位部分就可得到

$$p \approx \frac{A}{r} \mathrm{e}^{\mathrm{j}(\omega t - kr)} (\mathrm{e}^{\mathrm{j}\frac{kl\cos\theta}{2}} - \mathrm{e}^{-\mathrm{j}\frac{kl\cos\theta}{2}}) = \frac{A}{r} \mathrm{e}^{\mathrm{j}(\omega t - kr)} \left(-2\mathrm{j}\sin\frac{kl\cos\theta}{2} \right). \qquad (6-2-3)$$

因为两个小球源相距很近, 当频率不是很高时, 可认为有 $kl < 1$, 则(6-2-3)式可简化为

$$p \approx -\mathrm{j}\frac{kAl}{r} \cos\theta \mathrm{e}^{\mathrm{j}(\omega t - kr)}. \qquad (6-2-4)$$

从(6-2-4)式可知, 偶极辐射声场在离声源较远处的声压也随距离成反比地减小, 但偶极声源辐射声场与脉动球源辐射声场有一个很重要的区别是, 偶极辐射与 θ 角有关, 即在声场中同一距离、不同方向的位置上声压不一样. 例如, 在 $\theta = \pm 90°$ 的方向上, 从两个小球源来的声波恰好幅值相等, 相位相反, 因而全部抵消, 合成声压为零; 而在 $\theta = 0°, 180°$ 的方向上, 从两个小球源来的声波幅值及相位都近于相等, 因而叠加加强, 合成声压最大. 为了描述声源辐射随方向而异的这种特性, 我们定义任意 θ 方向的声压幅值与 $\theta = 0°$ 轴上的声压幅值之比为该声源的辐射指向特性, 即

$$D(\theta) = \frac{(p_a)_\theta}{(p_a)_{\theta=0}}. \qquad (6-2-5)$$

对偶极声源, 由(6-2-4)式可得其指向特性为

$$D(\theta) = |\cos\theta|, \qquad (6-2-6)$$

这在极坐标图上是∞字形,如图 6-2-1(b).

由(6-2-4)式可求得径向质点速度为

$$v_r \approx \mathrm{j} \frac{kAl}{\rho_0 c_0 r} \left(1 + \frac{1}{\mathrm{j}kr}\right) \cos\theta \mathrm{e}^{\mathrm{j}(\omega t - kr)}. \tag{6-2-7}$$

由(6-2-4)与(6-2-7)式可求得偶极辐射声强为

$$I = \frac{1}{T}\int_0^T \mathrm{Re}p\,\mathrm{Re}v_r\,\mathrm{d}t = \frac{|A|^2 k^2 l^2}{2\rho_0 c_0 r^2}\cos^2\theta. \tag{6-2-8}$$

通过以 r 为半径的球面的平均能量流即平均声功率为

$$\overline{W} = \iint_s I\mathrm{d}S = \iint Ir^2\sin\theta\mathrm{d}\theta\mathrm{d}\varphi = \frac{2\pi}{3\rho_0 c_0}|A|^2 k^2 l^2, \tag{6-2-9}$$

将(6-1-8)式代入上式便得

$$\overline{W} = \frac{2}{3}\pi\rho_0 c_0 k^4 r_0^4 l^2 u_\mathrm{a}^2. \tag{6-2-10}$$

(6-2-10)式表明平均声功率与 r 无关,这也正是能量守恒定律所要求的.

6.2.2 等效辐射阻

偶极声源向空间辐射声波,声波对声源会产生反作用,这就在声源力学振动系统上附加了一项辐射阻抗. 要直接确定偶极声源辐射阻抗比较困难,一般可将它比拟为一振动球源以后再来求得. 这里我们采用另一简便的方法来求它们的等效辐射阻.

如果我们把偶极声源看作是一个振速为 u_a,辐射阻为 R'_r 的等效动脉动球源,那么它的平均辐射声功率为

$$\overline{W} = \frac{1}{2}R'_r u_\mathrm{a}^2. \tag{6-2-11}$$

而实际偶极声源的平均声功率已经求得为(6-2-10)式,既然它们是等效的,它们的平均辐射声功率应相等,即

$$\frac{1}{2}R'_r u_\mathrm{a}^2 = \frac{2}{3}\pi\rho_0 c_0 k^4 r_0^4 l^2 u_\mathrm{a}^2.$$

由此求得偶极声源在 $kl < 1$ 情况下的等效辐射阻为

$$R'_r = \frac{4}{3}\pi\rho_0 c_0 k^4 r_0^4 l^2. \tag{6-2-12}$$

由此可见,偶极声源辐射阻与 ω^4 成正比,而由(6-1-19)式知小脉动球源辐射阻与 ω^2 成正比. 事实上,由(6-1-19)式及(6-2-12)式可求得 $\dfrac{R'_r}{R_r} = \dfrac{k^2 l^2}{3} \ll 1$,这就是说,在低频时,偶极声源的辐射本领比小脉动球源要差得多. 这是很自然的,因为组成偶极声源的两个小球源的振动相位相反,其中一个小球源的周围呈压缩相时,另一个小球源的周围就呈稀疏相,而且这两个不同相位的区域又靠得很近,在低频时振动进行得如此缓慢,以至压缩区的媒质质点来得及流向稀疏区,从而抵消了压缩和稀疏形变,这样总的声辐射就减弱了. 例如,一个没有安装在障板上的扬声器,其纸盆振动时,纸盆一边压缩媒质形成稠密,另一边就成为稀疏,这就好比一个偶极声源,低频时由于纸盆前后方媒质的疏、密形变来得及抵消,所以低频

辐射功率较小. 如将这扬声器安装在一块很大的障板上,使扬声器前、后方的辐射隔开,那么可以预计,这种情况下的低频辐射本领将会显著提高. 经验告诉我们,如果把一只纸盆扬声器装进收音机盒子中时,就会发现低频以至总音量都增强了,这就是因为收音机盒子起到一些把纸盆前、后方媒质隔开的作用. 当然一般收音机盒的大小是有限的,靠它来改善扬声器的低频辐射性能也是有限的. 因此,在现代高音质放声系统中,从改善低频辐射特性着眼,往往把扬声器放在助音箱中. 助音箱一般为优质木料做成,有闭箱式或倒相箱式等,实际上就是为了在低频时能把扬声器前、后方辐射隔开或者造成两者同相位辐射,从而增加低频辐射声功率.

根据上述道理,我们自然就可理解,在测试和评定扬声器单元性能时,为什么常常把扬声器安装在一个具有统一标准尺寸的大障板上进行,而且扬声器测试频率愈低,要求障板的尺寸也愈大.

6.3　同相小球源的辐射

前面讨论了两个靠得很近的反相小脉动球的辐射,现在我们讨论两个同相小脉动球源的组合辐射,它是构成声柱和声阵辐射的最基本模型.

6.3.1　两个同相小球源的辐射声场

设有两个相距为 l 的小脉动球源,它们振动的频率、振幅及相位均相同(如图 $6-3-1$). 由于每一小球源的辐射声压已知为($6-1-5$)式所示,因此只要把两个小球源的辐射声压叠加起来,就可以得到合成声场的声压为

$$p = \frac{A}{r_1}e^{j(\omega t - kr_1)} + \frac{A}{r_2}e^{j(\omega t - kr_2)}. \qquad (6-3-1)$$

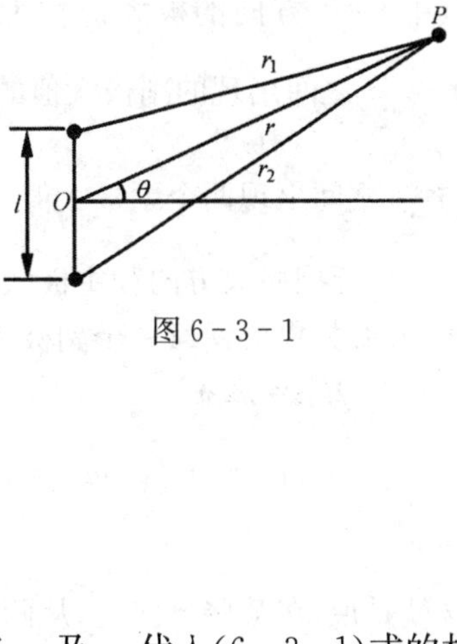

图 $6-3-1$

对 $r \gg l$ 的远场,像讨论偶极辐射一样,忽略两个小球源到达观察点的声波的振幅差别,而保留它们的相位差异. 如果取两小球源连线的法线为 $\theta=0°$,那么由图可见有如下近似关系

$$r_1 \approx r - \Delta,$$
$$r_2 \approx r + \Delta,$$

其中 $\Delta = \dfrac{l}{2}\sin\theta$ 为两个小球源到观察点的声程差的一半. 将 r_1 及 r_2 代入($6-3-1$)式的相位部分则得到

$$p = \frac{A}{r}e^{j(\omega t - kr)}[e^{-jk\Delta} + e^{jk\Delta}] = \frac{A}{r}e^{j(\omega t - kr)} \cdot 2\cos k\Delta,$$

或改写为

$$p = \frac{A}{r}e^{j(\omega t - kr)}\frac{\sin 2k\Delta}{\sin k\Delta}. \qquad (6-3-2)$$

由(6-3-2)式可见,两个同相小球源组合辐射时,远场的声压也随距离反比衰减,但在相同距离、不同 θ 的方向上声压幅值却不相同,也就是呈现出指向性. 这是这种组合声源辐射声场的一个重要特征.

6.3.2 指向特性

因为
$$p_{(\theta=0)} = \frac{2A}{r} e^{j(\omega t - kr)},$$

所以这种组合声源的指向特性为

$$D(\theta) = \frac{(p_a)_\theta}{(p_a)_{\theta=0}} = \left| \frac{\sin 2k\Delta}{2\sin k\Delta} \right|. \qquad (6-3-3)$$

可见,指向特性同声程差与波长的比值有关.

1. 当 $k\Delta = m\pi$

即 $l\sin\theta = m\lambda$ $(m=0,1,2,\cdots)$ 时,

$$D(\theta) = 1.$$

这就是说,在某些方向上,从两个小球源传来的声波,其声程差恰为波长的整数倍,因此在这些位置上振动为同相,合成声压的幅值为极大值.

由上述条件也可解得辐射出现极大值的方向为

$$\theta = \arcsin \frac{m\lambda}{l} \quad (m=0,1,2,\cdots), \qquad (6-3-4)$$

其中 $\theta=0°$ 方向的极大值称为主极大值,其余的称为副极大值. 由(6-3-4)式知道,在 $0 \sim \frac{\pi}{2}$ 之间出现的副极大值的个数恰好等于比值 $\frac{l}{\lambda}$ 的整数部分. 例如,当 $\frac{l}{\lambda} = 2.5$ 时,在 0 与 $\frac{\pi}{2}$ 之间出现两个副极大值.

由于副极大方向和主极大方向的声能量是相等的,这种能量的分散在实用中常常是不希望的. 如果要使第一个副极大值不出现,那就必须使振源间的距离小于声波波长.

2. $2k\Delta = m'\pi$

即 $l\sin\theta = m'\frac{\lambda}{2}$ $(m'=1,3,5,\cdots)$ 时,(6-3-3)式的分子为零,但分母不为零,因而

$$D(\theta) = 0.$$

这就是说,在某些方向上,从两个小球源传来的声波,其声程差恰为半波长的奇数倍,因此在这些位置上两声压反相位,互相抵消,结果合成声压为零.

由上述条件也可解得辐射出现零值的方向为

$$\theta = \arcsin \frac{m'\lambda}{2l} \quad (m'=1,3,5,\cdots). \qquad (6-3-5)$$

我们把第一次出现零辐射的角度定义为主声束角度宽度(张角)的一半,所以主声束的角宽度为

$$\bar{\theta} = 2\arcsin \frac{\lambda}{2l}. \qquad (6-3-6)$$

对一定的频率,l 愈大,$\bar{\theta}$ 愈小,主声束愈窄;反之 l 愈小,$\bar{\theta}$ 愈大. 特别是当 $l < \dfrac{\lambda}{2}$ 时,θ 无解,这时不出现辐射为零值的方向.

3. 当 $kl \ll 1$ 时

因为 $k\Delta = k\dfrac{l}{2}\sin\theta$,所以必然有

$$k\Delta \ll 1,$$

因此由(6-3-3)式得

$$D(\theta) = 1.$$

这说明当两个小球源靠得很近时,辐射无指向性.

事实上,在 $kl \ll 1$ 情况下由(6-3-2)式知合成声压为

$$p \approx \frac{2A}{r}\mathrm{e}^{\mathrm{j}(\omega t - kr)}.$$

这表明当两个小球源靠得很近时,组合声源已经相当于一个幅值加倍的脉动球辐射了. 既是脉动球,自然无辐射指向性.

通过以上讨论可见,抑制副极大与减小主声束角宽度是互相矛盾的,如 $l < \lambda$,固然可以不出现副极大,但主声束比较宽,不小于 $60°$;反之 l 愈大,主声束可以变窄,但可能出现副极大.

两个同相位小球源相距 $l = \dfrac{\lambda}{2}$,λ,$\dfrac{3}{2}\lambda$,2λ 时的指向性图示于图 6-3-2.

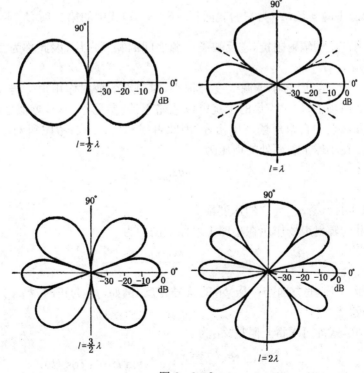

图 6-3-2

6.3.3　自辐射阻抗和互辐射阻抗

我们已经知道,当两个同相小球源组合在一起辐射时,合成声场就是它们各自产生的声场的叠加,而两个小球源本身也处于这个合成声场之中,就每一个小球源而言,它的振动状态必然受到这个合成声场的影响. 也就是说,它不仅受到自己产生的声场的反作用,还会受到另一个小球源产生的声场的影响.

以小球源Ⅰ为例,设由它辐射的声场作用在它自身表面上的力为 F_{11},由小球源Ⅱ辐射的声场作用在它表面上的力为 F_{12},于是合成声场作用在小球源Ⅰ表面上的合力 F_1 为

$$F_1 = F_{11} + F_{12}.$$

根据§6.1.3的讨论,计及声场对小球源Ⅰ的作用力 F_1 就相当于在它的振动系统上附加了一项辐射阻抗.据(6-1-13)式它应等于

$$Z_1 = \frac{-F_1}{u_1} = Z_{11} + Z_{12}, \qquad (6-3-7)$$

式中 $Z_{11} = \dfrac{-F_{11}}{u_1}$ 为小球源Ⅰ自身的辐射阻抗,故称为**自辐射阻抗**,简称为**自阻抗**. 这种阻抗在§6.1.13 中已经作了讨论,据(6-1-19)式它等于

$$\left. \begin{aligned} Z_{11} &= \frac{-F_{11}}{u_1} = R_{11} + jX_{11}, \\ R_{11} &= \rho_0 c_0 S_1 (kr_{10})^2, \\ X_{11} &= \rho_0 c_0 S_1 kr_{10}. \end{aligned} \right\} \qquad (6-3-8)$$

这里 r_{10} 为小球源Ⅰ的半径,S_1 为它的表面积. (6-3-7)式中的第二项 $Z_{12} = \dfrac{-F_{12}}{u_1}$ 为小球源Ⅱ在小球Ⅰ上产生的辐射阻抗,它反映了声源之间的相互作用,因此称为**互辐射阻抗**,简称为**互阻抗**.

现在就来计算 Z_{12}. 因为小球源线度都很小,对声波的散射作用很微弱,所以声源Ⅰ放在声源Ⅱ产生的声场中时,对声场的干扰可以忽略不计(参见§7.2),近似地认为小球Ⅰ表面所受的声压和该点的自由声场声压相等,因此由(6-1-9)式,考虑到 $kr_{20} \ll 1$,可得到小球Ⅱ的辐射声场在小球Ⅰ表面处的声压为

$$p_{12} = j\frac{k\rho_0 c_0 u_{2a}}{l} r_{20}^2 e^{j(\omega t - kl)}, \qquad (6-3-9)$$

这里 r_{20} 为小球Ⅱ的半径,u_{2a} 为它的速度幅值.

因此小球Ⅱ的辐射声场作用在小球Ⅰ表面上的力为

$$F_{12} = -p_{12} S_1 = -j\frac{k\rho_0 c_0 u_{2a} r_{20}^2}{l} S_1 e^{j(\omega t - kl)}, \qquad (6-3-10)$$

这里的负号表示力 F_{12} 的方向与声压 p_{12} 的符号相反. 例如,p_{12} 为正时,F_{12} 的方向与小球Ⅰ的法线方向相反.

由(6-3-10)式即可求得互阻抗 Z_{12} 为

$$Z_{12} = \frac{-F_{12}}{u_1} = \frac{k\rho_0 c_0 r_{20}^2 S_1}{l} \cdot \frac{u_{2a}}{u_{1a}} (\sin kl + j\cos kl). \qquad (6-3-11)$$

可见互阻抗与两个小球源的表面积、它们之间的距离以及它们振速的相对大小都有关系. 对最简单的情况, 两个小球源的振动完全相同, 此时 $r_{10}=r_{20}=r_0$, $S_1=S_2=S_0$, $u_{1a}=u_{2a}=u_a$, 则(6-3-11)式可简化为

$$
\left.
\begin{aligned}
Z_{12} &= R_{12} + jX_{12}, \\
R_{12} &= \rho_0 c_0 S_0 (kr_0)^2 \frac{\sin kl}{kl}, \\
X_{12} &= \rho_0 c_0 S_0 (kr_0)^2 \frac{\cos kl}{kl}.
\end{aligned}
\right\} \tag{6-3-12}
$$

结合(6-3-8)式及(6-3-12)式, 即可求得小球源 I 的总辐射阻抗为

$$
\left.
\begin{aligned}
Z_1 &= R_1 + jX_1, \\
R_1 &= R_{11}\left(1 + \frac{\sin kl}{kl}\right), \\
X_1 &= X_{11}\left(1 + kr_0\,\frac{\cos kl}{kl}\right).
\end{aligned}
\right\} \tag{6-3-13}
$$

当然包括在 R_{11} 及 X_{11} 里的 r_{10} 和 S_1 均要用 r_0 和 S_0 代替. (6-3-13)式表明, 由于两个小球源间的相互作用, 使小球源 I 除了具有自阻抗 Z_{11} 以外, 还增加了一项互阻抗, 这一增加的互阻抗随两个球源间距离的增大而起伏变化.

互阻抗的阻部分反映了小球源 I 辐射能量的变化. 当正弦函数为正值时, 互辐射阻为正, 表示小球 II 对小球源 I 的影响表现为"阻力", 这时小球源 I 除了要克服自身声场的"阻力"以外, 还要克服小球源 II 对它的"阻力", 结果辐射阻增加, 从而辐射声功率增加; 当正弦函数为负值时, 互辐射阻为负, 这时小球源 I 振动需要克服的"阻力"减小, 即辐射阻减小, 从而辐射声功率减少.

互阻抗的抗部分反映了小球源 I 的同振质量的变化, 当(6-3-13)式中余弦函数为正时, 小球源 II 的声场对小球源 I 的影响表现为惯性的作用, 这时小球源 I 的同振质量增加; 当余弦函数为负值时, 小球源 II 的声场对小球源 I 的影响表现为弹性力的作用, 这时小球源 I 的同振质量将减小.

这种组合声源与单个小脉动球源的辐射阻、辐射抗之比 $\dfrac{R_1}{R_{11}}$ 和 $\dfrac{X_1}{X_{11}}$, 随 $\dfrac{l}{\lambda}$ 的变化示于图 6-3-3 中.

最后, 我们来定量地讨论一下这种组合声源中每个小球源的辐射声功率. 据(6-3-13)式, 小球源 I 的平均辐射声功率为

$$
\overline{W}_1 = \frac{1}{2} R_1 u_a^2 = \frac{1}{2} \rho_0 c_0 S_0 (kr_0)^2 \left(1 + \frac{\sin kl}{kl}\right) u_a^2. \tag{6-3-14}
$$

这时辐射声功率将随两小球间的距离与波长的比值而起伏变化(如图 6-3-3). 如果频率比较低或

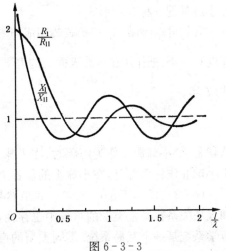

图 6-3-3

者两个小球靠得比较近,以至满足 $kl \ll 1$,这时 $\dfrac{\sin kl}{kl}$ 的值趋近于 1,所以

$$\overline{W}_1 \approx \rho_0 c_0 S_0 (kr_0)^2 u_a^2. \qquad (6-3-15)$$

可以看出,这等于小球源单独存在时以同样振速振动所辐射声功率的 2 倍. 类似的讨论可知小球Ⅱ的辐射功率也因为相互作用增加 1 倍,所以当两个小球源组合在一起辐射时,低频辐射功率为每个小球源单独存在时的 4 倍. 不难验证这与前面导得的 $kl \ll 1$ 时合成声场 $p \approx \dfrac{2A}{r} \mathrm{e}^{\mathrm{j}(\omega t - kr)}$ 所具有的能量是相等的.

当两个小球间的距离比波长大,以至 $kl \gg 1$,这时 $\dfrac{\sin kl}{kl}$ 值趋近于零,所以

$$\overline{W}_1 \approx \frac{1}{2} \rho_0 c_0 S_0 (kr_0)^2 u_a^2. \qquad (6-3-16)$$

这已相当于小球源单独存在时的辐射功率. 也就是说,当两个小球间距离较远或者频率较高时,两个小球间的影响已经小得可以忽略. 这时组合声源辐射功率等于两个小球单独存在时的辐射功率之和.

6.3.4 互易原理

以上我们详细讨论了小球源Ⅱ的辐射声场对小球源Ⅰ的影响,显然球源间的影响是相互的,通过完全类似的讨论可以得到小球源Ⅰ的辐射声场作用在小球源Ⅱ表面上的力为

$$F_{21} = -p_{21} S_2 = -\mathrm{j} \frac{k \rho_0 c_0 u_{1a} r_{10}^2}{l} S_2 \mathrm{e}^{\mathrm{j}(\omega t - kl)}. \qquad (6-3-17)$$

比较 (6-3-10) 式与 (6-3-17) 式,可以看出有

$$\frac{F_{21}}{u_1} = \frac{F_{12}}{u_2}. \qquad (6-3-18)$$

这就是说,小球源Ⅰ以速度 u_1 振动时辐射的声波,其在小球源Ⅱ表面上的力 F_{21},与小球源Ⅱ以速度 u_2 振动时辐射的声波作用在小球源Ⅰ表面上的作用力 F_{12} 互成比例. 这就是声场互易原理的一种表示形式.

我们可以将 (6-3-18) 式改写成声学上常见的形式,也就是将声源的振速 u 换成为体积速度 $U = uS$,把作用在球源表面上的力 F 换成为球表面附近的声压 $p = \dfrac{F}{S}$,那么 (6-3-18) 式成为

$$\frac{p_{21}}{U_1} = \frac{p_{12}}{U_2}. \qquad (6-3-19)$$

这就是说,小球源Ⅰ作为声源时,在小球Ⅱ的位置上产生的声压与小球源Ⅰ体积速度之比等于小球Ⅱ作为声源时,在小球Ⅰ的位置上产生的声压与小球源Ⅱ体积速度之比.

(6-3-18) 式和 (6-3-19) 式虽然是在小球源辐射的球面声场下导得的,可以证明,这种互易关系在其他类型的声场中也存在,这反映了在线性声学范围内,从发射到接收之间的声学系统是一个互易系统. 不同类型的声场,(6-3-19) 式中的比值不一样,对球面声场,根据 (6-3-9) 式可以求得

$$\frac{1}{J} = \left| \frac{p_{12}}{U_2} \right| = \frac{\rho_0 f}{2l}. \qquad (6-3-20)$$

这里 J 称为**球面声场互易参量**.

6.3.5 镜像原理

作为前面讨论的组合声源的例子,我们讨论无限大刚性壁面前一个小球源的辐射声场.

设离刚性壁面 $\dfrac{l}{2}$ 处有一个小脉动球源Ⅰ(如图 6-3-4),显然空间中任意位置 P 点的声压包含着两部分:一是从小球源Ⅰ直接到达该观察点的声波,另一是从球源Ⅰ出发,经过边界面反射以后再到达该观察点的声波.由于球面波阵面

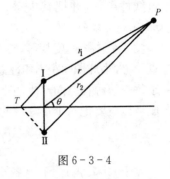

图 6-3-4

与平面分界面几何形状的不一致,所以严格求解这种反射声波,在数学上比较麻烦,这里采用一个较为简便的方法.

我们知道,在现在情况下求解声场,实际上就是要求出既满足波动方程,又符合在刚性平面分界面上法向振速恒为零这个边界条件的解.为此,我们不妨假设:在分界面的另一侧,与小球源相对称的位置上,存在着一个设想的小球源Ⅱ,它的振动状况与小球源Ⅰ完全一样.这样一个由小球源Ⅰ与Ⅱ组成的"组合"声源,其产生的声压据(6-3-1)式为

$$p = \frac{A}{r_1} e^{j(\omega t - k r_1)} + \frac{A}{r_2} e^{j(\omega t - k r_2)}. \qquad (6-3-1)$$

(6-3-1)式满足波动方程是显然的.再由于对称性的原因,由小球源Ⅰ,Ⅱ发出的声波到达边界面上任意一点(例如图中 T 点)时,径向质点速度沿边界面法向的分量都大小相等、方向相反,因而法向合成速度为零,这就是说由(6-3-1)式表示的声场也满足刚性平面边界条件.根据波动方程解的唯一性,可以确信(6-3-1)式就是现在问题的唯一正确的解.由此可见,对于刚性壁面前一个小球源的辐射声场,可以看作该小球源以及一个在对称位置上的"虚源"(即镜像)所产生的合成声场,也就是说刚性壁面对声源的影响等效于一个虚声源的作用,这就是所谓**镜像**原理.

从上面的讨论可以看出,当一个声源靠近刚性壁面时,由于壁面的影响,使辐射情况与在自由空间的情况是不一样的,按镜像原理,这时相当于它本身以及一个虚声源组成的"组合"声源的辐射,因而一般具有指向性,低频时辐射功率也会增加.

当声源接近绝对软边界时,边界面也会影响声源的辐射情况.运用类似的讨论可知,这时镜像原理也成立,只不过这时虚声源的相位与真实声源相位相反.

6.3.6 声 柱

从§6.3.2 的讨论可见,由两个同相小球源组成的组合声源,其指向特性有很大的局限性.例如,为了避免能量的分散,希望不出现副极大,这时就必须满足 $l < \lambda$,但在 $l < \lambda$ 的情况下,主声束仍比较宽,角宽度不小于 $60°$.所以对这种结构的组合声源,抑制副极大和

主声束的宽度是互相矛盾的. 为了得到所希望的指向特性, 必须从结构上作进一步的改进, 现代已经发展起来许多强指向性的声辐射器. 例如, 电声技术中广泛应用着的由许多小扬声器单元按直线或曲线排列而成的声柱就是一种例子. 为了简单起见, 这里主要讨论直线性声柱, 并把其中每一个小扬声器单元都看作是小脉动球源.

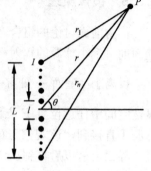

图 6-3-5

设 n 个体积速度相等、相位相同的小脉动球源均匀分布在一直线上, 小球源间距 l, 声柱总长度 $L=(n-1)l$ (如图 6-3-5). 由于每一球源在空间产生的声压可以用 (6-1-5) 式表示, 因此合成声压只要把每个小球源的辐射声压叠加起来就可以了, 即

$$p = \sum_{i=1}^{n} \frac{A}{r_i} e^{j(\omega t - k r_i)}. \qquad (6-3-21)$$

对于 $r \gg L$ 的远场, 从各小球源传到观察点的声波, 其振幅可以近似认为是相等的, 即 (6-3-21) 式中振幅部分的 r_i 可近似用声柱中心到观察点的距离 r 来代替. 至于相位部分, 由图可见有 $r_2 = r_1 + l\sin\theta, r_3 = r_2 + l\sin\theta = r_1 + 2l\sin\theta, \cdots, r_n = r_1 + (n-1)l\sin\theta$. 如果记 $\Delta = \frac{l}{2}\sin\theta$, 则 (6-3-21) 式成为

$$p = \frac{A}{r} e^{j(\omega t - k r_1)} \left[1 + e^{-j2k\Delta} + \cdots + e^{-j2k(n-1)\Delta} \right]$$

$$= \frac{A}{r} e^{j(\omega t - k r_1)} \frac{(1 - e^{-j2nk\Delta})}{1 - e^{-j2k\Delta}}$$

$$= \frac{A}{r} e^{j[\omega t - k r_1 - k(n-1)\Delta]} \cdot \frac{\sin kn\Delta}{\sin k\Delta}$$

$$= \frac{A}{r} e^{j(\omega t - kr)} \cdot \frac{\sin kn\Delta}{\sin k\Delta}. \qquad (6-3-22)$$

由此可见, 由于从各个小球源辐射的声波到达观察点时, 声程不一样, 干涉的结果就使声场随方向而异, 即出现指向性. 因为

$$(p)_{\theta=0} = n \frac{A}{r} e^{j(\omega t - kr)},$$

所以声柱的指向性为

$$D(\theta) = \frac{(p_A)_\theta}{(p_A)_{\theta=0}} = \left| \frac{\sin kn\Delta}{n \sin k\Delta} \right|. \qquad (6-3-23)$$

由此可见, 指向特性同声程差与波长的比值及小球源的个数有关.

1. 当 $k\Delta = m\pi$

即 $l\sin\theta = m\lambda \ (m=0,1,2,\cdots)$ 时,

$$D(\theta) = 1,$$

则在这些方向上声压幅值出现极大 (对 $n=4$ 情形, 如图 6-3-6). 也可解得辐射出现极大值的方向为

$$\theta = \arcsin \frac{m\lambda}{l} \quad (m=0,1,2,\cdots), \qquad (6-3-24)$$

其中对应于 $\theta = 0$ 的为主极大值,其余为副极大值. 为了使第一个副极大值不出现,必须满足 $l < \lambda$ 的条件.

2. 当 $nk\Delta = m'\pi$

即 $l\sin\theta = \dfrac{m'}{n}\lambda$ (m' 为除了 n 的整数倍以外的整数)时,(6-3-23)式的分子为零,但分母不为零,因而

$$D(\theta) = 0,$$

则在这些方向上声压抵消为零(如图 6-3-6). 也可解得辐射出现零值的方向为

$$\theta = \arcsin \frac{m'\lambda}{nl}. \qquad (6-3-25)$$

第一次出现零值的角度即主声束角宽度的一半,所以主声束的角宽度为

$$\bar{\theta} = 2\arcsin \frac{\lambda}{nl}. \qquad (6-3-26)$$

这说明增加小球源的个数 n,可以减小主声束的宽度,但 n 愈大,声柱的长度也会增加. 这也是一个矛盾,实用中必须统筹兼顾.

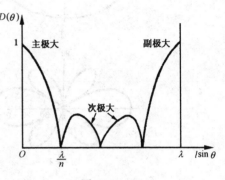

图 6-3-6

3. 当 $kn\Delta = (2m''+1)\dfrac{\pi}{2}$

即 $\qquad l\sin\theta = \dfrac{(2m''+1)}{2n}\lambda \quad (m''=1,2,\cdots)$

时,(6-3-23)式的分子数值为 1. 在这些方向上声压也出现极大值,但它们的数值比主极大值小,故称为**次极大**(如图 6-3-6).

靠近主极大的第一个次极大是次极大值中最大者,它的位置由下式决定

$$l\sin\theta = \frac{3\lambda}{2n}. \qquad (6-3-27)$$

第一次极大与主极大的比值为

$$D_1 = \frac{1}{\left| n\sin\dfrac{3\pi}{2n} \right|}. \qquad (6-3-28)$$

实用中自然希望这一比值尽可能地小. 由(6-3-28)式可见这就需要尽量增加小球源的个数 n. 当 n 较大时,(6-3-28)式可近似为

$$D_1 \approx \frac{2}{3\pi}. \qquad (6-3-29)$$

这就是说,对直线声柱,主极大值和次极大值最多相差 13.5 dB.

对于 $n=4$，$L=\dfrac{\lambda}{2}$，λ，$\dfrac{3}{2}\lambda$，2λ 等情况，$D(\theta)$ 的极坐标图示于图 6-3-7 中．由图可见，由于都满足 $l<\lambda$，故都不出现副极大，仅出现次极大．

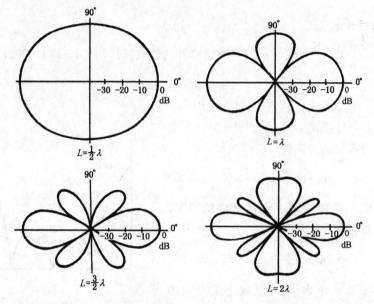

图 6-3-7

总之，增加声柱总长度 L 可以减小主声束的宽度，但必须同时增加小球源的个数，以保证不出现副极大；而当总长度 L 一定时，增加小球源的个数 n，既可以减小主声束的宽度，还可以减小次极大数值．

最后讨论一下声柱的能量关系．如果记 $p_a=\dfrac{A}{r}$ 为每个小球源在观察点产生的声压幅值，那么（6-3-22）式可以改写为

$$p = np_a \mathrm{e}^{\mathrm{j}(\omega t-kr)} \cdot D(\theta). \tag{6-3-30}$$

也可求得满足 $r\gg L$ 的远声场中质点速度为

$$v = \frac{np_a}{\rho_0 c_0}\mathrm{e}^{\mathrm{j}(\omega t-kr)} \cdot D(\theta). \tag{6-3-31}$$

因此，声强为

$$I = \frac{n^2 p_a^2}{2\rho_0 c_0}[D(\theta)]^2. \tag{6-3-32}$$

$\theta=0$ 方向的最大声强为

$$I = \frac{n^2 p_a^2}{2\rho_0 c_0}. \tag{6-3-33}$$

可以看出，声柱的辐射声场主要具有两个特点：

（1）n 个小球源组成声柱以后，在 $\theta=0$ 方向的声强比 n 个小球源未作为声柱而是分散使用时的声强提高 n 倍（因为后者只是简单的能量相加 $I_0 = n\dfrac{p_0^2}{2\rho_0 c_0}$）．这就是说，由于声柱

中各小球源产生的声波的干涉效应,使能量聚集在 $\theta=0°$ 的方向上.正因为声柱具有这种指向特性,所以目前在厅堂、剧院扩声系统中得到非常广泛的应用.应用声柱的指向性,将主声束射到观众座位上,而不是分散地射向墙壁、天花板,这样可以既节省声能量的消耗,又使观众座位上直达声比例增加,有利于提高听音清晰度.如果调节主声束射向后排座位,就可以补偿这些位置上由于声强随 r^2 下降造成的直达声级过低,从而可使全场直达声级大致均匀;此外应用声柱的辐射指向性,还可以有效地防止声反馈现象的发生.因为如果声源是无指向性的,那么从声源辐射出来的声波会直接进入舞台上的传声器,再经过电放大器、扬声器又传到传声器,这样多次循环放大,引起在某些最灵敏的频率上发生啸叫,结果就不得不降低电放大器的放大倍数,使室内声级不能提高.如果采用声柱,就可以调节声柱辐射声压低的方向对准传声器,这样回输(即反馈)就很小,可以有效地抑制上述声反馈现象的发生.

(2) 当频率较低时,$D(\theta)\approx 1$,声柱为无指向性.由(6-3-32)式可见,这时声柱辐射功率相当于 n 个小球源单独辐射时总功率的 n 倍,这就是说,使用声柱可使低频辐射功率增加.对于这一特点,在计及声源之间的相互作用以后是不难理解的.我们可以采用与§6.3.3相似的讨论,求得 n 个相同的小球源同时辐射时的每个小球源的辐射阻抗,这里就不再重复了,而直接由(6-3-13)式推广得到小球 I 的辐射阻抗为

$$Z_1 = R_{11}\Big(1+\sum_{i=2}^{n}\frac{\sin kl_{1i}}{kl_{1i}}\Big)+jX_{11}\Big(1+\sum_{i=2}^{n}kr_0\frac{\cos kl_{1i}}{kl_{1i}}\Big), \qquad (6-3-34)$$

式中 l_{1i} 为第 i 个小球与小球源 I 之间的距离.

当频率较低时,则有

$$R_1 \approx nR_{11}, \qquad (6-3-35)$$

即由于相互作用,每个小球源的辐射功率增加为单独存在时功率的 n 倍.

总之,使用声柱可以在一定程度上提高和改善电声系统的音响效果,这就是目前声柱得到愈来愈广泛的应用的原因.

6.3.7 不相干小球源的线阵

前面的声柱实际上是由一系列互相相干小球源所组成的有限长线阵.现在假设构成这一线阵的小球是互不相干的,并且其长度可以延伸至无限.这种情况相当于高速公路上繁忙行驶着的车辆所产生噪声的一种物理模拟.假设行驶着的车辆间相隔一固定距离 b,而每一车辆相当于一个小球源,它所产生的噪声功率都相同为 $\overline{W}$,并且它们之间的相位关系是无规的.这时在观察点的总平均平方声压应等于每一球源的平均平方声压的叠加.设取线阵上的某点源位置为参考原点.而观察点为 P,其连线为 r_0.线阵上第 n 个声源与 P 点所构成的连线用 r_n 代表,而 $r_n^2=r_0^2+(nb)^2$,$n=0,\pm 1,\pm 2,\cdots$.线阵在观察点产生的总平均平方声压应等于

$$\overline{p^2} = \frac{\overline{W}\rho_0 c_0}{4\pi}\sum_{n=-\infty}^{\infty}(r_0^2+n^2 b^2)^{-1}$$

$$= \frac{\overline{W}\rho_0 c_0}{4\pi}\Big[r_0^{-2}+2\sum_{n=1}^{\infty}(r_0^2+n^2 b^2)^{-1}\Big]. \qquad (6-3-36)$$

设 $x = \dfrac{r_0}{b}$，则(6-3-36)式可写成

$$\overline{p^2} = \frac{\overline{W}\rho_0 c_0}{4\pi}\left[r_0^{-2} + \sum_{n=1}^{\infty}\frac{2b^{-2}}{x^2 + n^2}\right] = \frac{\overline{W}\rho_0 c_0}{4br_0}\coth\left(\pi\,\frac{r_0}{b}\right). \qquad (6-3-37)$$

而当 $\pi x = \pi\dfrac{r_0}{b} \gg 1$ 时，$\coth\pi x \approx 1$，(6-3-37)式近似为

$$\overline{p^2} = \frac{\overline{W}\rho_0 c_0}{4br_0}, \qquad (6-3-38)$$

或者

$$p_{\mathrm{e}} = \sqrt{\overline{p^2}} = \frac{1}{2}\sqrt{\frac{\overline{W}\rho_0 c_0}{br_0}}. \qquad (6-3-39)$$

对于不相干球源的无限长线阵，它所产生的有效声压在远场是随距离 r_0 平方根的倒数衰减的，而相干线源一般是随 r_0 倒数衰减的，显然前者比后者衰减要慢很多. 这对于防治高速公路交通噪声的污染，无疑会增加不少困难. 如果取 $\pi\dfrac{r_0}{b} \ll 1$ 的近似 $\coth x \approx \dfrac{1}{x}$，则 $\overline{p^2} \approx \dfrac{\overline{W}\rho_0 c_0}{4\pi r_0^2}$，相当于仅是单个小球源的贡献. 这是可以理解的，因为相比之下其他所有球源都离得更远，它们的贡献都可以忽略不计了，而剩下的仅是最靠近的那个声源起主要作用了. 不相干小球源集合所产生声场的另一特点是辐射声场不具有指向性，因为各声源在观察点产生的声场是不会产生干涉现象的.

6.4　　点声源

前面已提到，所谓**点声源**是指半径 r_0 比声波波长小很多，即满足 $kr_0 \ll 1$ 条件的脉动球源. 其辐射本领及辐射声场的特征在 §6.1 已基本讨论过了，这里再来专门研究点声源的目的，主要是准备用点源的组合来处理较复杂声源(例如活塞)的辐射.

我们已经求得了脉动球源在空间所辐射的声压为(6-1-9)式，当 $kr_0 \ll 1$ 时，$\theta \approx \dfrac{\pi}{2}$，则(6-1-9)式成为

$$p \approx \mathrm{j}\,\frac{k\rho_0 c_0}{4\pi r}Q_0 \mathrm{e}^{\mathrm{j}(\omega t - kr)}, \qquad (6-4-1)$$

其中 $Q_0 = 4\pi r_0^2 u_{\mathrm{a}}$ 为小脉动球的体积速度幅值，通常称为**点源强度**.

如果是向半空间辐射，例如球源被嵌在无限大障板上(如图6-4-1)，则仅有半个圆球的振动对半空间声场有贡献，这时点源强度为 $Q_0 = 2\pi r_0^2 u_{\mathrm{a}}$，而(6-4-1)式可改写为

$$p \approx \mathrm{j}\,\frac{k\rho_0 c_0}{2\pi r}Q_0 \mathrm{e}^{\mathrm{j}(\omega t - kr)}. \qquad (6-4-2)$$

图 6-4-1

现在假设有一个任意形状的面声源,其表面各点振动的振幅和相位一般来说可能是各不相同的,我们可以设想把该声源表面 S 分成无限多个小面元 dS,在每个面元 dS 上,各点的振动则可看成是均匀的,从而把这些面元 dS 都看成是点声源. 设位于 (x,y,z) 处点源的振动规律为

$$u = u_a(x,y,z) e^{[\omega t - \alpha(x,y,z)]},$$

这里 $u_a(x,y,z)$ 为该面元的振动速度幅值,$\alpha(x,y,z)$ 为该面元的初相位,一般地讲,它们都是位置的函数. 该点源的强度为 $dQ_0 = u_a(x,y,z)dS$,于是该面元振动时在半空间产生的声压据 $(6-4-1)$ 式为

$$dp = j \frac{k\rho_0 c_0}{2\pi h(x,y,z)} dQ_0 e^{j[\omega t - kh(x,y,z) - \alpha(x,y,z)]}, \qquad (6-4-3)$$

其中 $h(x,y,z)$ 为该面元到观察点的距离.

因为 S 面上各面元对半空间声场都有贡献,所以将它们的贡献叠加起来即可得到总声压

$$p = \iint_S j \frac{k\rho_0 c_0}{2\pi h(x,y,z)} e^{j[\omega t - kh(x,y,z) - \alpha(x,y,z)]} dQ_0. \qquad (6-4-4)$$

所以 $(6-4-4)$ 式是处理一般面声源向半空间辐射声场的基础. 这里我们限于讨论向半空间辐射声场,实际上是对理论和了简化的限定. 因为如果在平面声源边缘不加一个大的障板,那么因为声波会产生衍射效应,声波会绕过声源的边缘向背后辐射出去,这在数学上就会产生处理上很大的困难和麻烦;而加上这无限大障板,将声源前后隔开,将声辐射限于半空间内,这样既简化了数学处理,又不失去对辐射声场的主要特性的描述. 当然 $(6-4-4)$ 式可以适用于任意形状的面声源,如圆形、矩形等.

6.5 无限大障板上圆形活塞的辐射

所谓**活塞式声源**,是指一种平面状的振子,当它沿平面的法线方向振动时,其面上各点的振动速度幅值和相位都是相同的. 研究这种声源的意义,主要在于有许多常见的声源,例如扬声器纸盆、共鸣器或号筒开口处的空气层等,在低频时都可以近似看作活塞振动.

我们讨论嵌在无限大障板上的圆形活塞的辐射,加障板的原因在 §6.2 中已经作了讨论,实用中只要障板的尺寸比声波在媒质中的波长大很多,就可认为是无限大障板. 无限大障板上的活塞辐射是声学中常遇见的一种辐射情况.

6.5.1 远声场特性

设在无限大平面障板上嵌有一个半径为 a 的圆形平面活塞,静止时活塞表面与障板表面在同一平面上,当活塞以速度 $u = u_a e^{j\omega t}$ 振动时,就向障板前面的半空间辐射声波. 由于声源形状与描述空间中声场的坐标(常取球坐标)的不一致,企图从求解波动方程得到满足边界条件的解是比较困难的. 在 §6.4 中我们曾经指出,用点源的组合原则上可以解决任何面声源的辐射问题,这里就采用这种方法.

取活塞中心为坐标原点,活塞所在的平面为 xy 平面,显然声场相对于穿过活塞中心的 z 轴是旋转对称的,因此可以不失一般性地设声场中的观察点 P 就位于 xz 平面内,它离开原点的距离为 r,位置矢量 r 与 z 轴的夹角为 θ(如图 6-5-1).

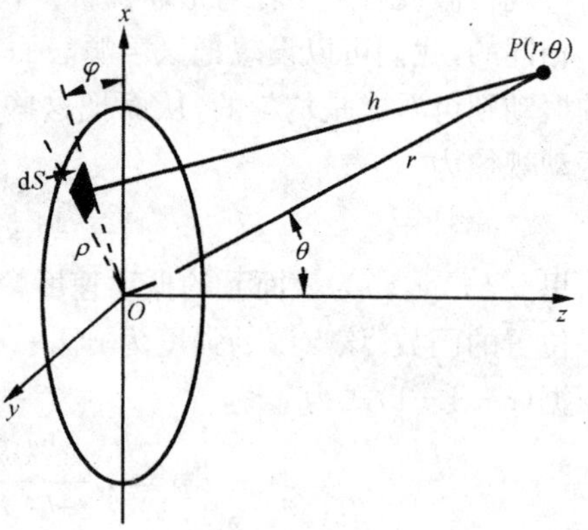

现在设想将活塞表面分成无限多个小面元,每一个小面元都看作为一个点源. 例如位于极径为 ρ、极角为 φ 处的面元 $\mathrm{d}S$,其点源强度为 $\mathrm{d}Q_0 = u_a \mathrm{d}S$,该面元在观察点 P 产生的声压据(6-4-3)式为

$$\mathrm{d}p = \mathrm{j}\frac{k\rho_0 c_0}{2\pi h}u_a \mathrm{d}S\mathrm{e}^{\mathrm{j}(\omega t - kh)}, \quad (6-5-1)$$

图 6-5-1

这里 h 是从面元 $\mathrm{d}S$ 到空间中观察点 P 的距离,并且因为各面元同相位振动,所以可以简单地设 $\alpha(x, y, z) = 0$. 按(6-4-4)式,将所有这些点源辐射的声波叠加起来,也就是对 $\mathrm{d}S$ 积分,就可得到整个活塞的辐射声压为

$$p = \iint \mathrm{d}p = \iint_S \mathrm{j}\frac{k\rho_0 c_0}{2\pi h}u_a \mathrm{e}^{\mathrm{j}(\omega t - kh)}\mathrm{d}S, \quad (6-5-2)$$

其中 $\mathrm{d}S = \rho\mathrm{d}\rho\mathrm{d}\varphi$. 被积函数中 h 是 ρ 及 φ 的函数,也就是对活塞上不同(不同的 ρ 及 φ 值)的面元,其到观察点的距离也不一样,只要找出 h 随 ρ 及 φ 的变化规律,即 $h(\rho, \varphi)$ 的具体形式,即可代入(6-5-2)式进行积分.

对 $r \gg a$ 的区域,从活塞上各面元发出的声波到达观察点时振幅的差异很小,也就是(6-5-2)式中振幅部分的 h 可近似用活塞中心到观察点的距离 r 来代替. 至于相位部分,由图 6-5-1 看出有

$$h^2 = r^2 + \rho^2 - 2r\rho\cos(\overset{\wedge}{\boldsymbol{\rho}, \boldsymbol{r}}),$$

或改写为 $h = r\sqrt{1 - \dfrac{2\rho}{r}\cos(\overset{\wedge}{\boldsymbol{\rho}, \boldsymbol{r}}) + \dfrac{\rho^2}{r^2}}$. 当 $r \gg a$ 时,上式可近似为

$$h \approx r - \rho\cos(\overset{\wedge}{\boldsymbol{\rho}, \boldsymbol{r}}). \quad (6-5-3)$$

将(6-5-3)式代入(6-5-2)式,则得到

$$p = \mathrm{j}\frac{\omega\rho_0 u_a}{2\pi r}\mathrm{e}^{\mathrm{j}(\omega t - kr)}\iint \mathrm{e}^{\mathrm{j}k\rho\cos(\overset{\wedge}{\boldsymbol{\rho}, \boldsymbol{r}})}\rho\mathrm{d}\rho\mathrm{d}\varphi. \quad (6-5-4)$$

下面就来计算这个积分. 因为 $\boldsymbol{\rho} = |\rho|(\cos\varphi\boldsymbol{i} + \sin\varphi\boldsymbol{j})$,$\boldsymbol{r} = |r|(\sin\theta\boldsymbol{i} + \cos\theta\boldsymbol{k})$,由解析几何知道它们夹角的余弦为

$$\cos(\overset{\wedge}{\boldsymbol{\rho}, \boldsymbol{r}}) = \frac{\boldsymbol{\rho} \cdot \boldsymbol{r}}{|\rho||r|} = \sin\theta\cos\varphi,$$

将它代入(6-5-4)式则得到

$$p = \mathrm{j}\frac{\omega\rho_0 u_a}{2\pi r}\mathrm{e}^{\mathrm{j}(\omega t - kr)}\int_0^a \rho\mathrm{d}\rho\int_0^{2\pi}\mathrm{e}^{\mathrm{j}k\rho\sin\theta\cos\varphi}\mathrm{d}\varphi. \quad (6-5-5)$$

根据柱贝塞尔函数的性质(参见附录)有如下关系

$$J_0(x) = \frac{1}{2\pi}\int_0^{2\pi} e^{jx\cos\varphi}\,d\varphi,$$

$$\int xJ_0(x)\,dx = xJ_1(x),$$

则对(6-5-5)式积分后即可得

$$p = j\omega\frac{\rho_0 u_a a^2}{2r}\left[\frac{2J_1(ka\sin\theta)}{ka\sin\theta}\right]e^{j(\omega t - kr)}. \qquad (6-5-6)$$

由此也可求得质点径向速度为

$$v_r = -\frac{1}{j\omega\rho_0}\frac{\partial p}{\partial r} = \frac{1}{\rho_0 c_0}\left(1+\frac{1}{jkr}\right)p. \qquad (6-5-7)$$

据(4-6-10)式也可求得声强为

$$I = \frac{1}{T}\int_0^T \mathrm{Re}\,p\,\mathrm{Re}\,v_r\,dt$$

$$= \frac{1}{8}\rho_0 c_0 u_a^2(ka)^2\frac{a^2}{r^2}\left[\frac{2J_1(ka\sin\theta)}{ka\sin\theta}\right]^2. \qquad (6-5-8)$$

从(6-5-6)式及(6-5-8)式可以看到,在离活塞较远的区域,像脉动球辐射一样,声压随距离反比衰减,声强随距离平方反比衰减.但在相同距离不同方向的位置上,声压是不均匀的,也就是由于从活塞上不同位置的面元发出的声波到达观察点时相位不一样,干涉的结果使声场出现指向性.

6.5.2 辐射的指向特性

现在就来具体分析一下活塞式声源的指向特性.由贝塞尔函数的性质知,当 $x=0$ 时,$\dfrac{J_1(x)}{x} = \dfrac{1}{2}$,所以活塞的指向特性为

$$D(\theta) = \frac{(p_a)_\theta}{(p_a)_{\theta=0}} = \left|\frac{2J_1(ka\sin\theta)}{ka\sin\theta}\right|. \qquad (6-5-9)$$

可见指向特性同活塞的尺寸与波长的相对比值有关.图6-5-2分别为 $ka=1,ka=3,ka=4$ 及 $ka=10$ 四种情况下,以分贝为单位的指向性图.

当 $ka<1$ 时,因为 $J_1(x)\approx\dfrac{x}{2}$,由(6-5-9)式得 $D\approx1$,也就是当活塞尺寸相对于媒质中波长来讲比较小时,辐射几乎是各向均匀的,这在图6-5-2中也得到反映,此时指向性图差不多是一个圆.

随着 ka 值的增大,即随着活塞尺寸的加大或辐射频率的提高,指向性愈来愈尖锐.

当 ka 值超过一阶贝塞尔函数的第一个根值3.83以后,辐射开始具有更为复杂的指向特性.例如在

$$\theta = \arcsin\frac{3.83}{ka} = \arcsin 0.61\frac{\lambda}{a}$$

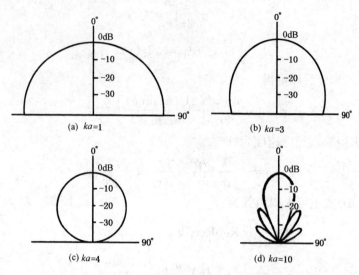

图 6-5-2

的方向上,$D=0$,即辐射为零(参见图6-5-3),超过这个角度,辐射又逐渐增加,并在某个角度达到次极大,此后辐射又逐渐减小,从而在指向图上就表现为除主瓣以外还会出现一些旁瓣. 图6-5-2(d)表示$ka=10$时的情形,这时除了一个主瓣外还有两个旁瓣,并当$ka\sin\theta=3.83,7.02,10.2$(相应于一阶贝塞尔函数的头三个根值)等数值时,$D=0$,即在相应于这些值的$\theta$角方向没有辐射.

然而,相对于主瓣而言,旁瓣的辐射强度是很弱的,例如由附录中$J_1(x)$曲线可以查得,图6-5-3中第一个次极大的幅值约为0.14,因为能量正比于声压的平方,所以第一个旁瓣的声强大约为$\theta=0°$的主瓣声强的0.02倍. 因此,对于高频来说(ka值很大),辐射主要集中在$\theta=0$的方向上,它形成了一个张角为$2\theta=\arcsin 0.61\dfrac{\lambda}{a}$的锥形射线束,活塞尺寸愈大,

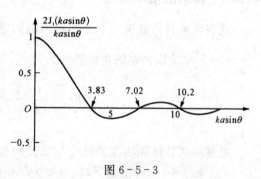

图 6-5-3

或者声波频率愈高,则锥顶角愈小,即指向性愈强.

活塞辐射的这种指向特性,在某些情况下会给使用带来不利因素. 例如,在室外使用扬声器时,由于扬声器辐射在低频时是各向均匀的,但是高频部分却只有坐在扬声器正前方的听众才能听到,因而对于坐在边上的听众讲来,就缺少了高频信息,使语言和音乐的传送带来失真. 在另外一些情况,辐射指向特性又常为人们所利用. 例如,对于远距离广播,一般采用大口径号筒式扬声器,使其指向性加强,尽量将声能量集中在一较窄的锥角内辐射,从而大大提高传送效率.

下面再对活塞在低频时的无指向性辐射情况作些讨论. 因为$ka<1$时,$D\approx1$,于是(6-5-6)式简化为

$$p_{\mathrm{L}} \approx \mathrm{j}\omega \frac{\rho_0 u_{\mathrm{a}} a^2}{2r} \mathrm{e}^{\mathrm{j}(\omega t - kr)}. \tag{6-5-10}$$

如果注意到现在的体积流即源强为 $Q_0 = \pi a^2 u_{\mathrm{a}}$，那么(6-5-10)式与点源辐射声压(6-4-2)式完全一样，这就是说当 $ka < 1$ 时，活塞式声源可近似看作为一个点源. 这正符合 §6.4 中得到的普遍结论.

由(6-5-8)式，低频时声强为

$$I_{\mathrm{L}} \approx \frac{1}{8}\rho_0 c_0 u_{\mathrm{a}}^2 (ka)^2 \frac{a^2}{r^2}. \tag{6-5-11}$$

结合(6-5-10)式与(6-5-11)式，可得

$$I_{\mathrm{L}} = \frac{p_{\mathrm{La}}^2}{2\rho_0 c_0} = \frac{p_{\mathrm{Le}}^2}{\rho_0 c_0}, \tag{6-5-12}$$

这里 p_{La} 为 $ka < 1$ 时活塞辐射声压幅值，p_{Le} 为相应的有效声压.

因为声强与 θ 无关，因此声强乘以半空间总面积就得到低频时活塞辐射声场中总的平均能量流为

$$\overline{W}_{\mathrm{L}} = 2\pi r^2 I_{\mathrm{L}}. \tag{6-5-13}$$

根据能量守恒定律，声场中平均能量流应等于声源的平均辐射声功率，即

$$\overline{W}_{\mathrm{rL}} = 2\pi r^2 I_{\mathrm{L}} = 2\pi r^2 \frac{p_{\mathrm{Le}}^2}{\rho_0 c_0}. \tag{6-5-14}$$

(6-5-14)式反映了低频时活塞平均辐射声功率与空间有效声压之间的联系. 如采用 dB 单位，它可以改写为

$$\mathrm{SWL} = \mathrm{SPL} + 10\lg \frac{2\pi}{\rho_0 c_0} + 20\lg r + 26 \ (\mathrm{dB}).$$

这里 SWL 为声功率级，其定义为 $\mathrm{SWL} = 10\lg \dfrac{\overline{W}}{W_{\mathrm{ref}}}$，$W_{\mathrm{ref}} = 10^{-12} \ \mathrm{W}$ 为参考功率. 如果取 $\rho_0 c_0 = 400 \ \mathrm{N \cdot s/m^3}$，$r = 1 \ \mathrm{m}$，则上式成为

$$\mathrm{SWL} = \mathrm{SPL} + 8 \ (\mathrm{dB}). \tag{6-5-15}$$

由此可以看到，低频时活塞辐射声功率级与 1 m 远处的声压级仅差一个常数，如果测得扬声器在空间某点(例如轴上 1 m 处)的声压级，即可立刻通过(6-5-15)式算得它的辐射声功率级. 而且由于这两个量之间是线性关系，因此测得的声压级对频率的关系曲线也直接反映了扬声器辐射声功率级的频率特性，这就是通常测试扬声器电声性能的常用方法.

不过应该注意，上面关系是在声源没有指向性的条件下导得的，如频率逐渐升高，则声源的指向性也愈来愈明显，这时如果仅测扬声器轴上的声压级频率特性，就不能直接反映出声源功率级的频率特性. 例如，即使测得轴上的声压级频率特性是均匀的，则由于高频具有较强的指向性，因而可以预知，扬声器的输出声功率在高频时将下降.

6.5.3 近声场特性

前面讨论了离活塞声源较远处的声场，现在来研究声源附近的声场规律. 这时活塞上不同部分辐射的声波到达观察点时，其振幅与相位都不一样，因而干涉图像比较复杂. 计算这

种声场在数学上比较困难,并且不能得到简明的解析表达式.所以这里主要研究沿活塞中心轴上的声场,知道了轴上声场的规律,也可预计偏离轴向的位置上声场的一些规律.对于沿声源轴上的声场,在声学的实际问题中常常是很有趣的,例如大多数电声器件如扬声器、传声器等,沿声源中心轴的测量,常常是极为重要的一个技术指标.

选取活塞中心为坐标原点,过中心的轴线为 z 轴,现计算轴线上坐标为 z 的位置上的声压.

设想在活塞上取出一个内径为 ρ 外径为 $\rho+\mathrm{d}\rho$ 的环元(如图 $6-5-4$),由于 $\mathrm{d}\rho$ 极其微小,因此可以认为环元上所有点到 z 点的距离均为 $h=\sqrt{\rho^2+z^2}$,因此环元上所有点源辐射的声波到达 z 处时,其振幅相等、相位相同,叠加起来就是环元 $\mathrm{d}S$ 在 z 处产生的声压,据($6-4-5$)式它等于

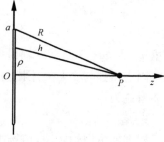

$$\mathrm{d}p = \mathrm{j}\frac{k\rho_0 c_0}{2\pi h}u_a \mathrm{d}S \mathrm{e}^{\mathrm{j}(\omega t - kh)}, \qquad (6-5-16)$$

这里 $\mathrm{d}S=2\pi\rho\mathrm{d}\rho$ 为环元面积.

将所有环元对声场的贡献叠加起来,也就是对 ρ 积分,即得 z 处的总声压为

$$p = \mathrm{j}k\rho_0 c_0 u_a \mathrm{e}^{\mathrm{j}\omega t}\int_0^a \frac{\mathrm{e}^{-\mathrm{j}kh}}{2\pi h}2\pi\rho\mathrm{d}\rho. \qquad (6-5-17)$$

图 $6-5-4$

因为对固定的 z 值,有 $2\rho\mathrm{d}\rho=2h\mathrm{d}h$,代入上式便得

$$p = \mathrm{j}k\rho_0 c_0 u_a \mathrm{e}^{\mathrm{j}\omega t}\int_z^R \mathrm{e}^{-\mathrm{j}kh}\mathrm{d}h$$

$$= -\rho_0 c_0 u_a \mathrm{e}^{\mathrm{j}\omega t}\mathrm{e}^{-\mathrm{j}k\frac{R+z}{2}}(\mathrm{e}^{\mathrm{j}k\frac{z-R}{2}} - \mathrm{e}^{-\mathrm{j}k\frac{z-R}{2}})$$

$$= 2\rho_0 c_0 u_a \sin\frac{k}{2}(R-z)\mathrm{e}^{\mathrm{j}\left[\omega t - \frac{k}{2}(R+z)+\frac{\pi}{2}\right]}, \qquad (6-5-18)$$

式中 $R=\sqrt{a^2+z^2}$.($6-5-18$)式是没有经过任何近似导得的,因此它是活塞轴上声场的严格解.对其中正弦函数部分取绝对值得 $\left|\sin\frac{k}{2}(R-z)\right|$,用它可以描述轴上声压振幅随离开活塞中心的距离而变化的规律.

当 z 比较小,也就是声源的附近,在

$$\frac{k}{2}(R-z) = n\pi \quad (n=1,2,\cdots)$$

的位置上声压幅值为零,在

$$\frac{k}{2}(R-z) = \left(n+\frac{1}{2}\right)\pi \quad (n=0,1,2,\cdots)$$

的位置上声压幅值为极大.而且即使距离 z 改变很少,乘上 $\frac{k}{2}$ 因子以后仍可能使正弦函数的幅角改变很多,因此极大值与极小值的分布很密集.随着距离的增加,极大与极小的位置相隔愈来愈宽(见图 $6-5-5$).

当 z 比较大,以至 $z>2a$ 时,正弦函数中的幅角可以展开成级数,并取其近似,得到

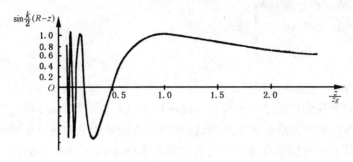

图 6-5-5

$$\sin\frac{k}{2}(R-z) \approx \sin\frac{ka^2}{4z} = \sin\frac{\pi}{2}\frac{z_g}{z}, \tag{6-5-19}$$

其中

$$z_g = \frac{a^2}{\lambda}. \tag{6-5-20}$$

由(6-5-19)式可见,在 $z=z_g$ 的位置上声压振幅为极大;越过 z_g,即在 $z>z_g$ 的位置上,由于幅角很小,正弦函数可近似用它的幅角来代替,即有

$$\sin\frac{\pi}{2}\frac{z_g}{z} \approx \frac{\pi z_g}{2z}. \tag{6-5-21}$$

这说明声压振幅已开始像球面波一样随距离 z 反比地减弱了.

由此可见,出现最后一个极大值的位置 z_g 具有特别重要的意义,它可以看作活塞辐射从近场过渡到远场的分界线,因此 z_g 也可称为活塞声源的**近远场临界距离**.

活塞辐射在近场区所出现的声压振幅起伏的特性,在实际问题中应引起足够的重视. 例如,测量扬声器电声性能时,就不能将传声器放得离声源太近,而应该放在大于 z_g 的距离处. 否则由于声场本身有起伏,测试结果将随传声器的位置而变化,这样的测量结果显然不能真实反映扬声器的性能.

如此来讲,活塞辐射近场区似乎是一个令人麻烦的区域,其实也不尽然,现代发展起来的所谓扬声器低频测试技术就正是基于近场与远场之间某些规律性的联系为基础的.

我们先来考虑活塞中心附近的声场. 将 $z=0$ 代入(6-5-18)式得到

$$p_N = 2\rho_0 c_0 u_a \sin\frac{ka}{2} e^{j\left(\omega t - \frac{ka}{2} + \frac{\pi}{2}\right)}. \tag{6-5-22}$$

当 $ka<1$,即讨论低频情况,则

$$p_N = 2\rho_0 c_0 u_a \frac{ka}{2} e^{j\left(\omega t - \frac{ka}{2} + \frac{\pi}{2}\right)}, \tag{6-5-23}$$

所以低频时,活塞中心附近的声压幅值为

$$p_{Na} = \rho_0 c_0 ka u_a. \tag{6-5-24}$$

其次,再考虑远声场,即在 $z>2a$ 且 $z>z_g$ 的区域,据(6-5-18)式可得

$$p_{Fa} \approx 2\rho_0 c_0 u_a \frac{ka^2}{4z} = \frac{\rho_0 c_0}{2z} ka^2 u_a, \tag{6-5-25}$$

显然它对 $ka<1$ 情况也是成立的.

比较(6-5-24)式与(6-5-25)式可得

$$\frac{p_{Fa}}{p_{Na}} = \frac{a}{2z}. \tag{6-5-26}$$

可见低频时活塞轴上远场声压和活塞中心附近的声压之间存在着简单的联系,它们的比值是一个常数. 这就为我们提供了一个可以测试扬声器低频性能的方法. 现代电声系统发展很快,对扬声器低频性能的要求也愈来愈高,因此扬声器低频性能的测试是当前一个重要的课题. 而扬声器测试必须在模拟自由声场的消声室内进行,但是消声室一般都有一个自由声场低频极限,如希望这个极限频率愈低,消声室建造的代价和技术要求也就愈高,因此这就给甚低频声的测试带来了困难. 然而由(6-5-26)式看出,我们可以通过测量扬声器很近处($z=0$)的声压,然后乘以 $\frac{a}{2z}$,就可以很快换算到常规测试的远场声压. 而且声源辐射在 $z=0$ 附近产生的声压级较高,相比之下环境噪声包括测试室墙面的反射声可以忽略,因而近场测试技术可以不受自由声场条件的限制,甚至可以在普通的房间内进行.

当然这种技术也有局限性,因为它只能限于低频测量,即要求 $ka<1$ 条件,超过这一界限,在活塞声源中心处的声压也将随频率产生起伏现象,测试结果就不可靠了. 因此它不能用于扬声器全频带性能的测试,但作为辅助的低频测试,尤其是当消声室的低频性能不能符合要求时,这种方法还是颇可取的.

这里还应指出,上面讨论的是活塞中心轴上的近声场. 可以设想,在活塞轴外各点的近声场,干涉图像更加复杂. 有趣的是,经过数值计算以后发现,在垂直于活塞轴线的足够大的(与活塞大小可以相比拟的)平面上平均得到的声压几乎随距离 z 很少改变,也就是声压振幅近似是个常数,就这个意义讲,活塞在近场区辐射的是一束平均的平面声束.

图 6-5-6 就是对 $ka = \dfrac{2\pi a}{\lambda} = 200, a = 0.02\text{ m}$ 的情况,在与活塞轴垂直并且大小与活

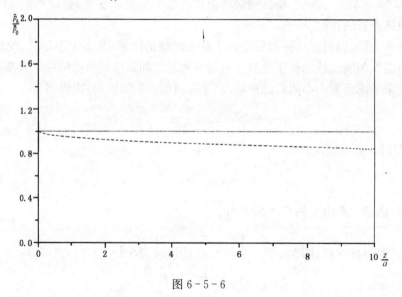

图 6-5-6

塞相同的截面上取声压振幅平均值 $\overline{p}_a$ 随距离变化关系的计算结果. 图中, $\overline{p}_0$ 为活塞的起点 $z=0$ 处的平均声压振幅. 可以发现声束实际上平均说来总有一定的扩散, $\overline{p}_a$ 有一定的减小, 但近似看来声束中声压振幅的平均值是变化很小的.

6.5.4 声场对活塞声源的反作用——活塞辐射阻抗

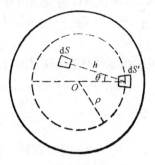

图 6 - 5 - 7

活塞声源振动时, 在周围媒质中产生了声场, 同时活塞本身自然也处于它自己所辐射的声场之中, 因此它一定也会受到声场的反作用.

我们知道, 当活塞振动时, 活塞表面附近各处的声压是不均匀的, 因而表面各处所受声场的作用力也是不一样的. 设想将活塞表面分割成无限多个小面元(如图 6 - 5 - 7), 设由于面元 dS 的振动在面元 dS' 附近的媒质中产生的声压为 dp, 根据 (6 - 4 - 5)式, 它等于

$$dp = j\frac{k\rho_0 c_0}{2\pi h}u_a e^{j(\omega t - kh)}dS, \qquad (6 - 5 - 27)$$

式中 h 为 dS 与 dS' 之间的距离.

活塞上所有的面元在 dS' 附近产生的总声压则为

$$p = \int dp = j\frac{k\rho_0 c_0}{2\pi}u_a e^{j\omega t}\iint_S \frac{e^{-jkh}}{h}dS. \qquad (6 - 5 - 28)$$

因此面元 dS' 受到声场的反作用力为

$$dF_r = -pdS', \qquad (6 - 5 - 29)$$

这里负号的引入表示 dF_r 的方向与 dS' 的运动方向相反.

对 dS' 积分, 则得整个活塞表面受声场的总反作用力为

$$F_r = \int dF_r = -\iint_S pdS' = -j\frac{\omega\rho_0 u_a}{2\pi}e^{j\omega t}\iint_S dS'\iint_S \frac{e^{-jkh}}{h}dS. \qquad (6 - 5 - 30)$$

原则上只要积分上式, 即可得到声场对活塞的反作用力, 但要直接从(6 - 5 - 30)式积分是极为困难的. 然而可以注意到, 在(6 - 5 - 30)式的积分号中, 每一对面元(如 dS 和 dS')的相互作用力都是出现了两次, 一次是由于 dS 的振动在 dS' 上所产生的力, 另一次是由于 dS' 的振动在 dS 上所产生的力. 由于这两个力大小是相等的, 因此我们如果只考虑这一对面元的相互作用力中的一个, 例如只考虑 dS 对 dS' 产生的力, 然后再乘以 2, 则就等于(6 - 5 - 30)式的结果了.

问题归结为在对(6 - 5 - 30)式积分时, 必须适当选择积分限, 使得在积分号中的每一面元仅用到一次. 例如, 如果在对 dS 积分时只考虑从圆心到 dS' 所在处的距离 ρ 为半径一个圆内的面积, 然后在对 dS' 积分时, 从圆心扩至整个活塞面积, 则就能实现上述目的. 读者可以设想, 如果不这样选择积分限便会怎样呢? 很显然, 如果在计算活塞某一层圆环上的一个面元 dS' 时, 以 dS' 位置的 ρ 为半径的圆内的所有面积对它作用了一次; 而当考虑比这个圆稍为里面的一层时, 如果还再计及外层环对它作用的话, 则这两层的环元面积就互相作用两次了.

先考虑对 dS 积分. 令 θ 为 dS 到 dS′ 之间的直线 h 与通过 dS′ 的一根直径之间的夹角, 因此有 $dS = hd\theta dh$, 只要使 θ 由 $-\dfrac{\pi}{2}$ 变化到 $\dfrac{\pi}{2}$, h 由零变化到 $2\rho\cos\theta$(沿 θ 方向的最大值), 那么 dS 就可以遍及圆内整个面积.

至于 dS′ 的积分, 则应包括整个活塞的面积, 令

$$dS' = \rho d\rho d\varphi,$$

使 ρ 由零变化到 a, φ 由零变化到 2π 即可完成.

如此对 dS 和 dS′ 积分以后, 再乘以 2 便得到

$$F_r = -\mathrm{j}\frac{\omega\rho_0 u_a}{\pi}\mathrm{e}^{\mathrm{j}\omega t}\int_0^a \rho d\rho \int_0^{2\pi} d\varphi \int_{-\frac{\pi}{2}}^{\frac{\pi}{2}} d\theta \int_0^{2\rho\cos\theta} \mathrm{e}^{-\mathrm{j}kh} dh. \tag{6-5-31}$$

对 (6-5-31) 式的积分可以逐步求出. 先对 h 积分得

$$\int_0^{2\rho\cos\theta} \mathrm{e}^{-\mathrm{j}kh} dh = \frac{-\mathrm{j}}{k}(1 - \mathrm{e}^{-\mathrm{j}2k\rho\cos\theta}).$$

然后对 θ 积分, 因为

$$\int_{-\frac{\pi}{2}}^{\frac{\pi}{2}} \mathrm{e}^{-\mathrm{j}2k\rho\cos\theta} d\theta = 2\int_0^{\pi/2} \mathrm{e}^{-\mathrm{j}2k\rho\cos\theta} d\theta = 2\Big[\int_0^{\pi/2} \cos(2k\rho\cos\theta) d\theta - \mathrm{j}\int_0^{\pi/2} \sin(2k\rho\cos\theta) d\theta\Big].$$

我们知道, 上式中两个积分正好是两个特殊函数, 即

$$\int_0^{\pi/2} \cos(x\cos\theta) d\theta = \frac{\pi}{2}\mathrm{J}_0(x),$$

$$\int_0^{\pi/2} \sin(x\cos\theta) d\theta = \frac{\pi}{2}\mathrm{K}_0(x),$$

其中 $\mathrm{K}_0(x) = \dfrac{2}{\pi}\left(x - \dfrac{x^3}{1^2 \times 3^2} + \dfrac{x^5}{1^2 \times 3^2 \times 5^2} - \cdots\right)$ 称为零阶修正贝塞尔函数. 于是得积分

$$\frac{-\mathrm{j}}{k}\int_{-\frac{\pi}{2}}^{\pi/2}(1 - \mathrm{e}^{-\mathrm{j}2k\rho\cos\theta}) d\theta = \frac{-\mathrm{j}}{k}\pi[1 - \mathrm{J}_0(2k\rho) + \mathrm{j}\mathrm{K}_0(2k\rho)].$$

再对 ρ 积分 $\quad \dfrac{-\mathrm{j}}{k}\pi\int_0^a [1 - \mathrm{J}_0(2k\rho) + \mathrm{j}\mathrm{K}_0(2k\rho)]\rho d\rho = -\dfrac{\mathrm{j}\pi a^2}{2k}\left[1 - \dfrac{2\mathrm{J}_1(2ka)}{2ka} + \mathrm{j}\dfrac{2\mathrm{K}_1(2ka)}{(2ka)^2}\right]$,

其中

$$\mathrm{K}_1(x) = \int_0^x \mathrm{K}_0(x) x dx = \frac{2}{\pi}\left[\frac{x^3}{3 \times 1^2} - \frac{x^5}{5 \times 3^2 \times 1^2} + \frac{x^7}{7 \times 5^2 \times 3^2 \times 1^2} - \cdots\right].$$

称为一阶修正贝塞尔函数.

最后对 φ 积分得 2π, 因此

$$F_r = -\rho_0 c_0 \pi a^2 u_a\left[1 - \frac{2\mathrm{J}_1(2ka)}{2ka} + \mathrm{j}\frac{2\mathrm{K}_1(2ka)}{(2ka)^2}\right]\mathrm{e}^{\mathrm{j}\omega t}. \tag{6-5-32}$$

如果引入两个新函数

$$\left.\begin{aligned}R_1(x) &= 1 - \frac{2\mathrm{J}_1(x)}{x} = \frac{x^2}{2 \times 4} - \frac{x^4}{2 \times 4^2 \times 6} + \frac{x^6}{2 \times 4^2 \times 6^2 \times 8} - \cdots, \\ X_1(x) &= \frac{2\mathrm{K}_1(x)}{x^2} = \frac{4}{\pi}\left(\frac{x}{3} - \frac{x^3}{3^2 \times 5} + \frac{x^5}{3^2 \times 5^2 \times 7} - \cdots\right),\end{aligned}\right\} \tag{6-5-33}$$

于是(6-5-32)式可改写成

$$F_r = -\rho_0 c_0 \pi a^2 u_a [R_1(2ka) + jX_1(2ka)] e^{j\omega t}, \qquad (6-5-34)$$

其中 $R_1(x)$ 称为**活塞的阻函数**,$X_1(x)$ 称为**活塞的抗函数**,图 6-5-8 表示了它们随 x 的变化规律. 这些函数有如下一些性质:

当 $x<1$ 时,保留级数的第一项得

$$\left.\begin{array}{l} R_1 \approx \dfrac{x^2}{8}, \\[2mm] X_1 \approx \dfrac{4x}{3\pi}, \end{array}\right\} \qquad (6-5-35)$$

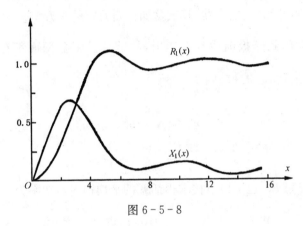

图 6-5-8

当 $x>10$ 时,由于有

$$\lim_{x\to\infty} J_1(x) \approx \sqrt{\frac{2}{\pi x}} \sin\left(x - \frac{\pi}{4}\right),$$

$$\lim_{x\to\infty} K_1(x) \approx \frac{2x}{\pi},$$

因此

$$\left.\begin{array}{l} R_1(x) \approx 1, \\[2mm] X_1(x) \approx \dfrac{4}{\pi x}. \end{array}\right\} \qquad (6-5-36)$$

正如在 §6.1 中曾经指出过的一样,由于(6-5-34)式所示的声场的反作用力的存在,对活塞振动系统来讲,相当于在系统原来的力学阻抗上附加了一项辐射阻抗,它等于

$$Z_r = \frac{-F_r}{u} = \rho_0 c_0 \pi a^2 [R_1(2ka) + jX_1(2ka)]. \qquad (6-5-37)$$

这个附加辐射阻抗的存在,将使活塞的振速发生变化,活塞振动系统的共振频率也要发生偏移.

从(6-5-37)式可见,活塞的辐射阻抗由实部和虚部组成,它们分别被称为**辐射阻 R_r** 和**辐射抗 X_r**.

$$\left.\begin{array}{l} R_r = \rho_0 c_0 \pi a^2 R_1(2ka), \\[2mm] X_r = \rho_0 c_0 \pi a^2 X_1(2ka). \end{array}\right\} \qquad (6-5-38)$$

当 $ka < 1$ 时

$$R_r \approx \frac{\rho_0 c_0 k^2}{2\pi}(\pi a^2)^2, \left.\begin{matrix} \\ \\ \end{matrix}\right\}$$
$$X_r \approx \rho_0 c_0 \pi a^2 \left(\frac{8}{3\pi}ka\right). \qquad (6-5-39)$$

这时的同振质量可求得为

$$M_r = \frac{X_r}{\omega} = \frac{8}{3}\rho_0 a^3. \qquad (6-5-40)$$

同振质量的存在将使系统的共振频率降低. 这一现象在电声器件的设计中往往不能忽视, 例如一般 20.32 cm(8 英寸)纸盆扬声器, 其纸盆加音圈的质量约为 $M_m = 0.01$ kg, 而同振质量 $M_r = 2 \times \frac{8}{3}\rho_0 a^3$ (考虑到障板前后都有辐射, 故应计及纸盆两面都存在同振质量) 约为 0.006 4 kg, 它已接近于 M_m 的数值了.

当 $ka > 5$ 时,

$$R_r \approx \rho_0 c_0 \pi a^2, \left.\begin{matrix} \\ \\ \end{matrix}\right\}$$
$$X_r \approx \frac{2\rho_0 a^3}{(ka)^2}\omega. \qquad (6-5-41)$$

知道了活塞辐射阻 R_r, 也可以直接求得活塞的平均辐射声功率为

$$\overline{W} = \frac{1}{T}\int_0^T \text{Re}(-F_r)\text{Re}(u)\mathrm{d}t = \frac{1}{2}R_r u_a^2. \qquad (6-5-42)$$

当 $ka < 1$ 时, 运用 (6-5-39) 式可得低频辐射功率

$$\overline{W}_{rL} = \frac{\rho_0 c_0 k^2}{4\pi}(\pi a^2)^2 u_a^2. \qquad (6-5-43)$$

可以验证, 这与 (6-5-31) 式中得到的活塞向半空间辐射的平均声能量流 $\overline{W}_L = 2\pi r^2 I_L$ 是一致的, 这也正是能量守恒定律所预期的.

从 (6-5-39) 式及 (6-5-43) 式可以看出, 在低频时, 辐射阻以及平均辐射声功率正比于 S^2, 这又一次说明了在 §6.1 中曾经指出过的增加声源面积可以明显增加低频声辐射这一规律. 事实上, 增大活塞面积, 相当于增加了许多靠得很近的点源, 根据 §6.3.3 的讨论, 低频时这些点源相互作用的结果, 使每个点源的辐射声功率都增加, 所以活塞的源强(以及声压)虽然只扩大为 S 倍[参见 (6-5-10) 式], 但平均辐射声功率却扩大为 S^2 倍.

当 $ka > 5$ 时, 利用 (6-5-41) 式可得高频辐射功率

$$\overline{W}_{rH} = \frac{1}{2}\rho_0 c_0 \pi a^2 u_a^2. \qquad (6-5-44)$$

可见当活塞尺寸比较大, 或者频率比较高的时候, 声源的平均辐射功率是与频率无关的常数, 并且达到一极限值. (6-5-44) 式与平面声波的平均声功率结果相同, 这意味着高频时由活塞辐射出来的声波具有尖锐的指向特性, 它几乎是集中在半径为 a 的圆柱形管内行进的.

6.6 有限束超声辐射场

上一节介绍了活塞式声源产生的辐射声场,活塞式声源产生的声场是十分复杂的,而它的应用却是极为广泛并重要的.例如目前大多数高频超声应用中所用的声源,都可以看作为活塞式辐射器.正如在上一节已知,活塞式声场具有两个特点,一是在近场区声场具有严重的空间不均匀性,然而平均地却可以看成是近似的平面波束;二是在远场区,这一声束逐渐发散,并且除了辐射主瓣外,还存在辐射旁瓣.

近声场的空间不均匀性对某些超声检测应用常常是有害的,例如待测目标处于不均匀声场中,它所产生的回波信号显然会与所处的位置有关;而远声场中存在的旁瓣会使这些方向上的非待测目标产生回波干扰.活塞式声场表现出这些弱点,常常阻碍着超声应用的发展,因此探索更为理想的超声场特性长期以来一直成为声学工作者追求的动力.

本书将从声学基础的角度,简要地介绍有关有限束超声场当代研究中的一些探索性成果.

6.6.1 有限束超声场方程

从本章前面几节已经知道,求解声源的辐射声场主要有两种方法:一是求解波动方程的满足边界条件(声源处)的解,求解脉动球源辐射声场就是采用了这种方法;另一途径是用点源辐射叠加的方法,上一节求解活塞辐射声场就是采用的这种方法.对于活塞辐射,没有采用第一种方法,主要因为声源是平面,又是有限大小,因而很难在合适的坐标系里写出确切的边界条件,即声源形状与坐标系统的不一致,迫使我们放弃了第一种方法.

然而从活塞辐射声场特征知道,当 $ka \gg 1$ 时,声波在相当一段距离内基本上集中在以圆形活塞为底面的一个圆柱内,这就启发了人们不妨选择柱坐标,采用第一种方法试图求解圆形声源辐射声场.对一般有限束超声场的研究就是从这一方向出发的.

在大多数超声波应用中一般都使用圆形声源,基于前面所述的考虑,这里我们将从圆柱坐标系下声波方程出发,当然这并不失去其处理方法的一般性.为简单起见,假设声源的振动是圆对称的,因此声场也应是极轴对称的,即与极角 θ 无关.此时在圆柱坐标系下的声波方程(4-3-10)式可表示为

$$\frac{\partial^2 p}{\partial z^2} + \frac{1}{\rho}\frac{\partial}{\partial \rho}\left(\rho\frac{\partial p}{\partial \rho}\right) = \frac{1}{c_0^2}\frac{\partial^2 p}{\partial t^2}, \qquad (6-6-1)$$

其中 z 为轴向坐标,ρ 为径向坐标.因为我们处理的是辐射问题,并假设辐射是向自由空间进行的,没有因受干扰而存在反射波,因此我们所要求的应是一行波解.考虑到行波传播的特点,我们对方程作一坐标变换,并引入无量纲坐标,设 $\tau = \omega\left(t - \dfrac{z}{c_0}\right), \xi = \dfrac{\rho}{a}, \sigma = \dfrac{z}{r_0}$,其中 τ 称为延滞时间,它是由波动问题伴随产生的量.a, r_0 为参考坐标,a 选择为声源半径,$r_0 = \dfrac{ka^2}{2}$ 称为瑞利距离,k 为波数.瑞利距离定义也来自活塞辐射,它与那里的临界距离 z_g [见

(6-5-20)式]有如下关系 $r_0 = 2\pi z_g$. 作坐标变换后有如下关系

$$\frac{\partial}{\partial \rho} = \frac{1}{a}\frac{\partial}{\partial \xi}, \frac{\partial}{\partial t} = \omega \frac{\partial}{\partial \tau}, \frac{\partial}{\partial z} = -\frac{\omega}{c_0}\frac{\partial}{\partial \tau} + \frac{1}{r_0}\frac{\partial}{\partial \sigma}. \tag{6-6-2}$$

坐标变换后,在新的无量纲坐标表示下的声波方程可化为

$$4\frac{\partial^2 p}{\partial \sigma \partial \tau} - \nabla_\perp^2 p - \frac{4}{(ka)^2}\frac{\partial^2 p}{\partial \sigma^2} = 0, \tag{6-6-3}$$

其中 $\nabla_\perp^2 = \frac{1}{\xi}\frac{\partial}{\partial \xi}\left(\xi\frac{\partial}{\partial \xi}\right)$,代表径向坐标的拉普拉斯算子符号.

显然,如果我们所研究的问题,能满足 $ka \gg 1$,那么上面方程中的第三项应是很小的量并可以忽略,因此可以得到如下近似方程

$$4\frac{\partial^2 p}{\partial \sigma \partial \tau} - \nabla_\perp^2 p = 0. \tag{6-6-4}$$

$ka \gg 1$ 的条件在一般高频超声应用中是较容易满足的,例如取 $f = 2 \times 10^6$ Hz, $a = 10^{-2}$ m, $c_0 = 1\,500$ m/s, $ka = 84$. 因为方程(6-6-4)是在高频及有限大小声源条件下近似获得的,它所描述的声场不会像点声源那样向四周扩张,而是以有限束的方式沿轴向方向传播,所以方程(6-6-4)可称为有限束超声场方程[1],实际上它能描述的声场仅限于偏离轴向不远的区域,有时也称为近轴近似或抛物线近似.

下面将试图求解方程(6-6-4)式. 对于简谐声行波,一般可以设 $p(\tau,\sigma,\xi) = \bar{p}(\sigma,\xi)e^{j\tau}$, 则方程(6-6-4)式中关于时间变化部分可以化掉,而得到关于空间变化部分的方程

$$4j\frac{\partial}{\partial \sigma}\bar{p} - \nabla_\perp^2 \bar{p} = 0. \tag{6-6-5}$$

剩下的任务是求解(6-6-5)式. 对径向坐标 ξ,我们可以利用一种傅里叶-贝塞尔积分关系, 它可表示为[2]

$$\left.\begin{array}{l} f(\xi) = \displaystyle\int_0^\infty f^*(S)J_0(\xi S)S\mathrm{d}S, \\[3mm] f^*(S) = \displaystyle\int_0^\infty f(\xi)J_0(\xi S)\xi\mathrm{d}\xi. \end{array}\right\} \tag{6-6-6}$$

(6-6-6)式也称为亨格尔变换对(变换及其逆变换),将其中第一式应用于方程(6-6-5), 再考虑到有贝塞尔方程关系,即 $(\nabla_\perp^2 - S^2)J_0(\xi S) = 0$,便可得到 $\bar{p}^*$ 对于坐标 σ 的方程为

$$4j\frac{\partial}{\partial \sigma}\bar{p}^*(\sigma,S) + S^2 \bar{p}^*(\sigma,S) = 0, \tag{6-6-7}$$

解此方程可得

$$\bar{p}^*(\sigma,S) = \bar{p}^*(0,S)e^{j\frac{S^2}{4}\sigma}, \tag{6-6-8}$$

这里 $\bar{p}^*(0,S)$ 为与 $\sigma = 0$ 即声源处对应的量,它可由边界条件求得. 让我们设在 $\sigma = 0$ 处,声

---

[1] 该方程也称为线性化的 KZK 方程. Khokhlov, Zabolotskaya 和 Kuznetsov 三位前苏联声学家曾在 20 世纪 70 年代导得非线性有限束声波方程,80 年代中期经国际声学界认同称为 KZK 方程. 如忽略其非线性项,则简化为(6-6-4)式的形式.

[2] 参见梁昆淼. 数学物理方法[M]. 第 2 版. 北京:人民教育出版社,1979,371.

压表面的法向振速为 $u_0(\xi')$，这里用 ξ' 来表示声源表面处的径向坐标. 声场在声源处的法向振速应与声源连续，即 $v(0,\xi') = u_0(\xi')$. 在上述 $ka \gg 1$ 的近似下，我们不难证明（留给读者去自习）有近似关系 $\overline{p}(\sigma,\xi) \doteq \rho_0 c_0 v(\sigma,\xi)$，因此有 $\overline{p}(0,\xi') = \rho_0 c_0 v(0,\xi')$ 或者 $\overline{p}^*(0,S) = \rho_0 c_0 v^*(0,S)$，而 $v^*(0,S)$ 可由 $v^*(0,\xi')$ 通过亨格尔逆变换求得. 这就是说(6-6-8)式中声源处的量 $\overline{p}^*(0,S)$ 是可以通过边界条件 $u_0(\xi')$ 求得的.

将由(6-6-8)式求得的 $\overline{p}^*(\sigma,S)$ 代回(6-6-6)式的第一式，即可得到

$$\overline{p}(\sigma,\xi) = \rho_0 c_0 \int_0^\infty u_0(\xi')\mathrm{d}\xi' \int_0^\infty \mathrm{e}^{\mathrm{j}\frac{S^2}{4}\sigma} \mathrm{J}_0(\xi S)\mathrm{J}_0(\xi' S)S\mathrm{d}S. \qquad (6-6-9)$$

再利用如下贝塞尔函数的积分关系

$$\int_0^\infty \mathrm{e}^{-Q^2 x^2} \mathrm{J}_0(\alpha x)\mathrm{J}_0(\beta x) x\mathrm{d}x = \frac{1}{2Q^2}\exp\left(-\frac{\alpha^2+\beta^2}{4Q^2}\right)\mathrm{J}_0\left(\mathrm{j}\frac{\alpha\beta}{2Q^2}\right), \qquad (6-6-10)$$

便可最后得到有限束超声辐射场的解为

$$\overline{p}(\sigma,\xi) = \rho_0 c_0 \int_0^\infty \frac{2\mathrm{j}}{\sigma} u_0(\xi')\exp\left(-\mathrm{j}\frac{\xi^2+\xi'^2}{\sigma}\right)\mathrm{J}_0\left(\frac{2\xi\xi'}{\sigma}\right)\xi'\mathrm{d}\xi', \qquad (6-6-11)$$

此解表示只要声源处的法向振速分布 $u_0(\xi')$ 已知，声场的分布就可以完全由单一积分式确定.

6.6.2　有限束超声场举例（活塞、高斯型与贝塞尔型超声场）

1.　活塞辐射超声场

对于活塞式声源，其表面法向振速可表示为

$$u_0(\xi') = \begin{cases} u_0, & 0 \leqslant \xi' \leqslant 1; \\ 0, & \xi' > 1. \end{cases} \qquad (6-6-12)$$

将此式代入(6-6-11)式，便可得如下积分

$$\overline{p}(\sigma,\xi) = \frac{2\mathrm{j}\rho_0 c_0 u_0}{\sigma}\int_0^1 \exp\left(-\mathrm{j}\frac{\xi^2+\xi'^2}{\sigma}\right)\mathrm{J}_0\left(\frac{2\xi\xi'}{\sigma}\right)\xi'\mathrm{d}\xi', \qquad (6-6-13)$$

(6-6-13)式是适用于整个声场的. 设 $\xi=0$，则由(6-6-13)式可以获得活塞辐射的轴上声场为

$$\overline{p}(\sigma,0) = 2\mathrm{j}\rho_0 c_0 u_0 \sin\frac{1}{2\sigma}\mathrm{e}^{-\mathrm{j}\frac{1}{2\sigma}},$$

与(6-5-18)式相比较可以发现，它与该式当 $z > 2a$ 时的结果完全一致. 再假设 $\sigma \gg 1$，即考虑远声场，可取近似 $\mathrm{e}^{-\mathrm{j}\frac{\xi'^2}{\sigma}} \approx 1$，则可求得

$$\overline{p}(\sigma,\xi) = \frac{2\mathrm{j}\rho_0 c_0 u_0}{\sigma}\mathrm{e}^{-\mathrm{j}\frac{\xi^2}{\sigma}}\frac{\mathrm{J}_1\left(\frac{2\xi}{\sigma}\right)}{\frac{2\xi}{\sigma}}.$$

因为考虑的声场应限于偏离轴向不远的区域，故可认为近似有 $\frac{\rho}{z} \ll 1$，$\sin\theta \approx \frac{\rho}{z}$，$z \approx r$，这样上面的远声场解也就同(6-5-6)式结果完全一致.

2. 高斯型超声场

假设我们设计声源的振速分布是一高斯函数,即

$$u_0(\xi') = u_0 e^{-B\xi'^2}, \tag{6-6-14}$$

这里 B 称为声源高斯系数. 它为正的实数,而且一般应是远大于 1 的,以至于尽管声源尺寸是有限的,其半径为 a,而(6-6-14)式中的 ξ' 可近似延拓到无限远. 将(6-6-14)式代入(6-6-11)式,并利用如下积分关系

$$\int_0^\infty e^{-Q^2 x^2} J_0(\beta x) x \mathrm{d}x = \frac{1}{2Q^2} e^{-\frac{\beta^2}{4Q^2}}, \tag{6-6-15}$$

便可直接积分得高斯型超声场表达式为

$$\overline{p}(\sigma, \xi) = \frac{\rho_0 c_0 u_0}{\sqrt{1 + B^2 \sigma^2}} \exp\left(-\frac{B\xi^2}{1 + B^2 \sigma^2}\right) \exp(\mathrm{j}\gamma), \tag{6-6-16}$$

其中

$$\gamma = \frac{B^2 \sigma \xi^2}{1 + B^2 \sigma^2} - \arctan(B\sigma) + \frac{\pi}{2}.$$

可以发现,这一超声场具有一重要特点,其声压振幅分布始终遵循高斯函数规律,不像活塞辐射式声场那样,在近场具有空间的不均匀性而在远场具有旁瓣辐射. 同时其整个声场的规律都可用一解析式(6-6-16)来描述,表达十分简单.

3. 贝塞尔型超声场

假设声源的振速分布呈贝塞尔函数状,即

$$u_0(\xi') = u_0 J_0(\alpha \xi'), \tag{6-6-17}$$

这里 α 为一正的参数,一般应远大于 1,以至于使 ξ' 的变化可以近似延拓到无限远. 将(6-6-17)式代入(6-6-11)式就可以直接利用积分式(6-6-9)得到

$$\overline{p}(\sigma, \xi) = \rho_0 c_0 u_0 J_0(\alpha \xi) \exp\left(\mathrm{j}\frac{\alpha^2 \sigma}{4}\right), \tag{6-6-18}$$

可以发现这一种超声场的声压振幅分布与声源振速振幅分布呈同样贝塞尔函数规律,即在整个声场中声压振幅大小及其分布都不随距离 z 而变化,这一奇特的声场也称为非衍射声场.

上面的高斯型超声场和贝塞尔型超声场的获得是有限束超声场方程研究和应用的重要成果,它们独特的声场特征已受到声学工作者广泛重视.

需要指出的是这方面研究的意义尚不仅仅止于从已知的声源振幅分布直接积分获得其声场,相反过程的研究也是十分有意义的. 参照一下亨格尔变换对(6-6-6)式,就不难发现,我们完全可以把声场中的声压与声源的振幅分布也表示成一亨格尔变换对,它们是

$$\left. \begin{aligned} \overline{p}(\sigma, \xi) &= \frac{2\mathrm{j}\rho_0 c_0}{\sigma} \int_0^\infty u_0(\xi') \exp\left(-\mathrm{j}\frac{\xi^2 + \xi'^2}{\sigma}\right) J_0\left(\frac{2\xi\xi'}{\sigma}\right) \xi' \mathrm{d}\xi', \\ u_0(\xi') &= \frac{-2\mathrm{j}}{\rho_0 c_0 \sigma} \int_0^\infty \overline{p}(\sigma, \xi) \exp\left(\mathrm{j}\frac{\xi^2 + \xi'^2}{\sigma}\right) J_0\left(\frac{2\xi\xi'}{\sigma}\right) \xi \mathrm{d}\xi. \end{aligned} \right\} \tag{6-6-19}$$

(6-6-19)式中的第 2 式表示,如果我们要求在某一轴向距离处声压的分布已知,则可以从

该式来确定声源振幅的分布,以满足特定的超声场要求,这方面的应用前景也是宽广的. 目前有限束超声场的研究方兴未艾,但是限于篇幅,本书不可能在这里作进一步展开了.

6.7 **球形声源的辐射**

§6.1 中讨论的脉动球源,其表面各部分做均匀的涨缩振动,然而在一般情形下,还有不少球形声源,它的表面不是脉动性质的,而是在各个方向上有复杂的分布,也就是表面振速与极角 θ、方位角 φ 有关,显然这种一般球源的辐射声场在相同 r 的各个方向上也不再是均匀的. 本节着重介绍求解这种声源辐射声场的一般处理方法,并举出以此种方法来解决若干种具体声源的辐射的例子.

6.7.1 波动方程及其解的形式

对于一般球形声源的辐射,显然属于三维空间的问题,并且取球坐球系比较方便(如图 6-7-1).

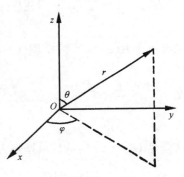

图 6-7-1

由(4-3-10)式,

$$\nabla^2 p = \frac{1}{c_0^2}\frac{\partial^2 p}{\partial t^2}. \qquad (4-3-10)$$

可以作如下坐标变换

$$x = r\sin\theta\cos\varphi,$$
$$y = r\sin\theta\sin\varphi,$$
$$z = r\cos\theta.$$

在球坐标系里,拉普拉斯算子具有如下形式

$$\nabla^2 = \frac{1}{r^2}\frac{\partial}{\partial r}\left(r^2\frac{\partial}{\partial r}\right) + \frac{1}{r^2\sin\theta}\frac{\partial}{\partial\theta}\left(\sin\theta\frac{\partial}{\partial\theta}\right) + \frac{1}{r^2\sin^2\theta}\frac{\partial^2}{\partial\varphi^2}. \qquad (6-7-1)$$

令解

$$p = R(r)\Theta(\theta)\Phi(\varphi)e^{j\omega t}, \qquad (6-7-2)$$

则经分离变量后可得到三个关于 r,θ,φ 的独立的常微分方程:

$$\left.\begin{array}{l}\dfrac{d^2\Phi}{d\varphi^2} + m^2\Phi = 0,\\[2mm]\dfrac{1}{\sin\theta}\dfrac{d}{d\theta}\left(\sin\theta\dfrac{d\Theta}{d\theta}\right) + \left[l(l+1) - \dfrac{m^2}{\sin^2\theta}\right]\Theta = 0,\\[2mm]\dfrac{d^2 R}{dr^2} + \dfrac{2}{r}\dfrac{dR}{dr} + \left[k^2 - \dfrac{l(l+1)}{r^2}\right]R = 0.\end{array}\right\} \qquad (6-7-3)$$

对于(6-7-3)式中的第一个方程,可解得以 2π 为周期的解

$$\Phi = A_\varphi\cos m\varphi + B_\varphi\sin m\varphi \qquad (m = 0,1,2,\cdots). \qquad (6-7-4)$$

这反映了在一定 r 的球面上声压振幅随方位角 φ 的变化规律.

对于第二个方程,如果设 $\cos\theta = x$,则它可改写为

$$\frac{\mathrm{d}}{\mathrm{d}x}\left[(1-x^2)\frac{\mathrm{d}\Theta}{\mathrm{d}x}\right]+\left[l(l+1)-\frac{m^2}{1-x^2}\right]\Theta=0, \tag{6-7-5}$$

此式为缔合勒让德方程,它在$(-1\leqslant x\leqslant 1)$区域内有限的解为缔合勒让德多项式

$$P_l^m(x)=\frac{(1-x^2)^{m/2}}{l!2^l}\frac{\mathrm{d}^{l+m}}{\mathrm{d}x^{l+m}}(x^2-1)^l\,(l=0,1,2,\cdots;\quad m=0,1,\cdots,l). \tag{6-7-6}$$

若$m=0$,即为勒让德多项式

$$P_l(x)=\frac{1}{l!2^l}\frac{\mathrm{d}^l}{\mathrm{d}x^l}(x^2-1)^l. \tag{6-7-7}$$

它反映了一定r的球面上声压振幅随极角θ变化的规律.

对于第三个方程,若设$kr=z$,它可变为

$$\frac{\mathrm{d}^2R}{\mathrm{d}z^2}+\frac{2}{z}\frac{\mathrm{d}R}{\mathrm{d}z}+\left[1-\frac{l(l+1)}{z^2}\right]R=0, \tag{6-7-8}$$

如果再令$R(z)=\dfrac{y(z)}{\sqrt{z}}$,则$(6-7-8)$式变为

$$\frac{\mathrm{d}^2y}{\mathrm{d}z^2}+\frac{1}{z}\frac{\mathrm{d}y}{\mathrm{d}z}+\left[1-\frac{\left(l+\frac{1}{2}\right)^2}{z^2}\right]y=0. \tag{6-7-9}$$

这就是$\left(l+\dfrac{1}{2}\right)$阶的柱贝塞尔方程,它的解为$\left(l+\dfrac{1}{2}\right)$阶柱贝塞尔函数$J_{l+\frac{1}{2}}$与柱诺依曼函数$N_{l+\frac{1}{2}}$的线性组合,因此

$$R(z)=\frac{1}{\sqrt{z}}(A'_l J_{l+\frac{1}{2}}+B'_l N_{l+\frac{1}{2}}),$$

它也可改写成

$$R(z)=A_l j_l(z)+B_l n_l(z), \tag{6-7-10}$$

这里$j_l(z)=\sqrt{\dfrac{\pi}{2z}}J_{l+\frac{1}{2}}(z)$及$n_l(z)=\sqrt{\dfrac{\pi}{2z}}N_{l+\frac{1}{2}}(z)$分别称为$l$阶球贝塞尔函数与球诺依曼函数.注意到这两个函数对宗量具有振荡性质,并有零值,它们同正弦及余弦函数性质相仿,因此,它们所描述的是驻波声场.

若设

$$\left.\begin{aligned}h_l^{(1)}(z)&=j_l(z)+jn_l(z),\\h_l^{(2)}(z)&=j_l(z)-jn_l(z),\end{aligned}\right\} \tag{6-7-11}$$

它们分别称为第一种l阶球亨格尔函数及第二种l阶球亨格尔函数.因为它们是球贝塞尔函数与球诺依曼函数的线性组合,故它们也一定是方程$(6-7-8)$式的解.因此方程$(6-7-8)$式的解也可取成如下形式

$$R(z)=A_l h_l^{(1)}(z)+B_l h_l^{(2)}(z). \tag{6-7-12}$$

因为球亨格尔函数具有如下性质

$$\lim_{z\to\infty}h_l^{(1)}(z)=\frac{1}{z}\mathrm{e}^{\mathrm{j}\left(z-\frac{l+1}{2}\pi\right)},$$

$$\lim_{z \to \infty} h_l^{(2)}(z) = \frac{1}{z} e^{-j\left(z - \frac{l+1}{2}\pi\right)}.$$

这表明第一种球亨格尔函数实际上是代表一向球心会聚的反射波,而第二种球亨格尔函数代表一自球心向外发散的前进波. 如果我们讨论的是向无界空间辐射的行波,则自然取如(6-7-12)式形式的解最方便,因为这时可令 $A_l = 0$. 这样(6-7-12)式可简化为

$$R(z) = B_l h_l^{(2)}(z), \tag{6-7-13}$$

它反映了声场随距离 r 变化的规律.

最后,波动方程(4-3-10)式的特解可总括为

$$p_l^m = P_l^m(\cos\theta)[B_l h_l^{(2)}(kr)](A_m \cos m\varphi + B_m \sin m\varphi)e^{j\omega t}. \tag{6-7-14}$$

它的一般解为对应于所有 l, m 的特解的线性组合,即

$$p(t,r,\theta,\varphi) = \sum_{l=0}^{\infty} \sum_{m=0}^{l} P_l^m(\cos\theta)[B_l h_l^{(2)}(kr)] \times (A_m \cos m\varphi + B_m \sin m\varphi)e^{j\omega t}. \tag{6-7-15}$$

为了简化起见,如果认为我们所讨论的辐射是具有极轴对称性质的,也即假设球源的振动以至于声场都同 φ 无关,则(6-7-4)式中 $m=0$,因此(6-7-15)式可简化为

$$p(t,r,\theta) = \sum_{l=0}^{\infty} B_l P_l(\cos\theta) h_l^{(2)}(kr)e^{j\omega t}. \tag{6-7-16}$$

由此也可求得径向质点速度为

$$v_r(t,r,\theta) = \frac{j}{\rho_0 c_0 k}\frac{\partial p}{\partial r}$$

$$= \frac{j}{\rho_0 c_0}\sum_{l=0}^{\infty} B_l P_l(\cos\theta)\frac{d}{d(kr)}[j_l(kr) - jn_l(kr)]e^{j\omega t}$$

$$= \frac{1}{\rho_0 c_0}\sum_{l=0}^{\infty} B_l P_l(\cos\theta)D_l(kr)e^{-j\delta_l(kr)}e^{j\omega t}, \tag{6-7-17}$$

其中设

$$\frac{d}{dz}[j_l(z) - jn_l(z)] = -jD_l(z)e^{-j\delta_l(Z)}. \tag{6-7-18}$$

由球贝塞尔函数、球诺依曼函数的性质(见附录)不难求得 $D_l(z)$ 及 $\delta_l(z)$. 当 $z \ll l + \frac{1}{2}$ 时,

$$\left.\begin{array}{l} D_0(z) \approx \dfrac{1}{z^2}, \delta_0(z) \approx \dfrac{1}{3}z^3, \\[3mm] D_{l>0}(z) \approx \dfrac{1 \times 3 \times 5 \cdots \times (2l-l)(l+1)}{z^{l+2}}, \\[3mm] \delta_{l>0}(z) \approx \dfrac{-lz^{2l+1}}{1^2 \times 3^2 \times 5^2 \cdots \times (2l-l)^2(2l+1)(l+1)}. \end{array}\right\} \tag{6-7-19}$$

当 $z \gg l + \frac{1}{2}$ 时,

$$D_l(z) \approx \frac{1}{z}, \delta_l(z) \approx z - \frac{1}{2}\pi(l+1). \tag{6-7-20}$$

6.7.2   辐射声场与球源线度的关系

由(6-7-16)式可见,如果系数 B_l 确定,则声场也就完全确定了. B_l 取决于球源表面的振动情况,也就是 $r=r_0$ 处的边界条件. 为了一般起见,设在球源面上的振动是按以下规律进行的,即它的振速为

$$u = u_a(\theta)e^{j\omega t}, \tag{6-7-21}$$

其中 $u_a(\theta)$ 为 θ 角的任意函数.

如果函数 $u_a(\theta)$ 在 $(0 \leqslant \theta \leqslant \pi)$ 区域内有限,则可以将它按勒让德多项式展开,即

$$u_a(\theta) = \sum_{l=0}^{\infty} u_l P_l(\cos\theta), \tag{6-7-22}$$

其中展开系数 U_l 为

$$U_l = \left(l + \frac{1}{2}\right)\int_0^\pi u_a(\theta)P_l(\cos\theta)\sin\theta d\theta. \tag{6-7-23}$$

因为在球源表面上媒质的径向质点速度必须等于球源表面的振速,即

$$(v_r)_{r=r_0} = u.$$

将(6-7-17)式及(6-7-22)式代入上式,并逐项比较得

$$B_l = \rho_0 c_0 \frac{U_l}{D_l(kr_0)}e^{j\delta_l(kr_0)}. \tag{6-7-24}$$

如果给出 $u_a(\theta)$ 函数的具体形式,则 U_l 以至 B_l 都可完全确定.

下面举出几种具体球源的例子:

例1   零阶球源(脉动球源). 设球源表面的振速幅值为常数,也就是脉动球源情形. 因为 $P_0(\cos\theta)=1$,所以这时也可以看作是振速幅值按零阶勒让德函数分布,即

$$u_a(\theta) = u_a e^{-jkr_0} = u_a P_0(\cos\theta)e^{-jkr_0}, \tag{6-7-25}$$

其中 e^{-jkr_0} 是像 §6.1 中一样引入的初相位角. 就因为有(6-7-25)式的关系,所以脉动球源又称为零阶球源.

将(6-7-25)式与(6-7-22)式逐项比较可得

$$\left.\begin{array}{l} U_{l=0} = u_a e^{-jkr_0}, \\ U_{l\neq 0} = 0. \end{array}\right\} \tag{6-7-26}$$

将(6-7-26)式代入(6-7-24)式得到

$$B_0 = \rho_0 c_0 \frac{u_a}{D_0(kr_0)}e^{j[\delta_0(kr_0)-kr]}, \tag{6-7-27}$$

其中 $D_0(kr_0)$ 及 $\delta_0(kr_0)$ 由定义(6-7-18)式求得. 因为

$$\frac{d}{dz}[j_0(z) - jn_0(z)] = -j_1(z) + jn_1(z) = -jD_0(z)e^{-j\delta_0(z)}, \tag{6-7-28}$$

考虑到(见附录)

$$\left.\begin{array}{ll} j_0(z) = \dfrac{\sin z}{z}, & n_0(z) = -\dfrac{\cos z}{z}, \\[2mm] j_1(z) = \dfrac{\sin z}{z^2} - \dfrac{\cos z}{z}, & n_1(z) = -\dfrac{\sin z}{z} - \dfrac{\cos z}{z^2}, \end{array}\right\} \tag{6-7-29}$$

所以

$$D_0(kr_0) = \sqrt{n_1^2(kr_0) + j_1^2(kr_0)} = \frac{1}{(kr_0)^2}\sqrt{1+(kr_0)^2},$$
$$\tan\delta_0(kr_0) = \frac{j_1(kr_0)}{-n_1(kr_0)} = \frac{\tan(kr_0)-kr_0}{kr_0\tan(kr_0)+1}. \qquad (6-7-30)$$

如果令 $\theta_0 = \arctan(kr_0)$，则上式可写成

$$\delta_0(kr_0) = kr_0 - \theta_0. \qquad (6-7-31)$$

将 $(6-7-30)$ 式及 $(6-7-31)$ 式代入 $(6-7-27)$ 式得

$$B_0 = \rho_0 c_0 u_a \frac{(kr_0)^2}{\sqrt{1+(kr_0)^2}} e^{-j\theta_0}, \qquad (6-7-32)$$

将 $(6-7-32)$ 式代入 $(6-7-16)$ 式，并考虑到

$$h_0^{(2)}(kr) = j_0(kr) - jn_0(kr) = j\frac{1}{kr}e^{-jkr}, \qquad (6-7-33)$$

则 $(6-7-16)$ 式成为

$$p = B_0 P_0(\cos\theta)j\frac{1}{kr}e^{j(\omega t-kr)} = \rho_0 c_0 u_a \frac{kr_0^2}{\sqrt{1+(kr_0)^2}}\frac{1}{r}e^{j\left(\omega t-kr+\frac{\pi}{2}-\theta_0\right)}. \qquad (6-7-34)$$

不难验证,这正是我们在 §6.1 中得到的 $(6-1-9)$ 式.

例 2 一阶球源(振动球源). 设有一个圆球,其中心以速度 $u_a e^{j\omega t}$ 沿着极轴振动(如图 $6-7-2$),试求解它的辐射声场. 显然圆球表面上各点的径向速度可以表示为

$$u_a(\theta) = u_a\cos\theta = u_a P_1(\cos\theta). \qquad (6-7-35)$$

因为这种振动着的圆球,其表面质点径向速度的分布是一阶勒让德函数,所以又称为一阶球源.

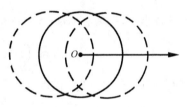

图 $6-7-2$

将 $(6-7-35)$ 式代入 $(6-7-23)$ 式,考虑到余弦函数的正交性可得到

$$U_1 = \frac{3}{2}\int_0^\pi u_a\cos^2\theta\sin\theta d\theta = u_a,$$
$$U_{l\neq 1} = 0. \qquad (6-7-36)$$

将 U_1 代入 $(6-7-24)$ 式

$$B_1 = \rho_0 c_0 \frac{u_a}{D_1(kr_0)} e^{j\delta_1(kr_0)}. \qquad (6-7-37)$$

将 B_1 代入 $(6-7-16)$ 式得到

$$p = B_1\cos\theta\, h_1^{(2)}(kr)e^{j\omega t}.$$

运用 $(6-7-29)$ 式,上式可化为

$$p = jB_1\cos\theta\frac{1+jkr}{(kr)^2}e^{j(\omega t-kr)}. \qquad (6-7-38)$$

对于离声源比较远的区域,此时 $kr\gg1$,则上式可简化为

$$p \approx jB_1\frac{j\cos\theta}{kr}e^{j(\omega t-kr)}.$$

如果令 $\dfrac{\mathrm{j}B_1}{k}=kAl$，则上式与偶极声源的结果(6-2-4)式形式上完全类同，这反映了振动球源运动时，在媒质中造成了稠密和稀疏两个相位相反的区域，它们相距得又很近，因此就相当于一个偶极声源了.

当然这里在导出(6-7-38)式时并没有对 kr_0 以及 kr 作任何限制，但是如果把偶极球源看作振动球源时，它还是应该受 $kr_0\ll1$ 条件限制的.

例3 刚性球面上点源的辐射. 设在半径为 r_0 的刚性球面上，在 $\theta=0$ 处有一点源，即除了在半径为 $\Delta=r_0\theta_0$ 的球面部分振速为常数 u_a 外，球面的其他部分振速为零. 这种声源有点像一个人头，点源代表人的嘴(如图6-7-3). 我们可以写出声源的振速分布为

$$u_a(\theta)=\begin{cases} u_a & \left(0\leqslant\theta\leqslant\dfrac{\Delta}{r_0}\right), \\ 0 & \left(\dfrac{\Delta}{r_0}<\theta\leqslant\pi\right). \end{cases} \qquad (6-7-39)$$

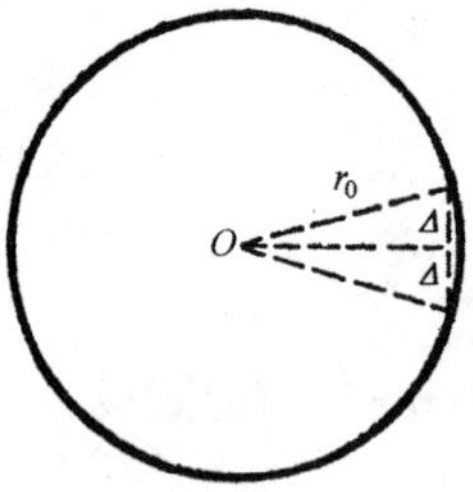

将 $u_a(\theta)$ 代入(6-7-23)式可求得

$$U_l=\left(l+\frac{1}{2}\right)\int_0^\pi u_a(\theta)\mathrm{P}_l(\cos\theta)\sin\theta\mathrm{d}\theta.$$

图6-7-3

当 θ 较小时，近似有 $\cos\theta\approx1,\sin\theta\approx\theta$，并考虑到 $\mathrm{P}_l(1)=1$，则上式变成为

$$U_l\approx\left(l+\frac{1}{2}\right)\int_0^{\frac{\Delta}{r_0}}u_a\theta\mathrm{d}\theta=\left(l+\frac{1}{2}\right)u_a\frac{1}{2}\left(\frac{\Delta}{r_0}\right)^2. \qquad (6-7-40)$$

将 U_l 代入(6-7-24)式得

$$B_l\approx\rho_0c_0\frac{\left(l+\dfrac{1}{2}\right)u_a\left(\dfrac{\Delta}{r_0}\right)^2}{2D_l(kr_0)}\mathrm{e}^{\mathrm{j}\delta_l(kr_0)}. \qquad (6-7-41)$$

如果是低频辐射，即 $kr_0\ll1$，应用(6-7-19)式中的关系知

$$\left.\begin{aligned} B_{l=0}&=\frac{\rho_0c_0}{4}u_a\left(\frac{\Delta}{r_0}\right)^2(kr_0)^2\mathrm{e}^{\mathrm{j}(kr_0)^3/3}\approx\frac{\rho_0c_0}{4}u_ak^2\Delta^2, \\ B_{l>0}&=\frac{1}{2}\left(l+\frac{1}{2}\right)\rho_0c_0u_a\left(\frac{\Delta}{r_0}\right)^2\times\frac{(kr_0)^{l+2}}{1\times3\times5\times\cdots\times(l+1)(2l-1)}\mathrm{e}^{-\mathrm{j}\frac{(kr_0)^{2l+2}}{1^2\times3^2\times\cdots\times(2l-1)^2(2l+1)(l+1)}}. \end{aligned}\right\} \qquad (6-7-42)$$

因为 $B_{l<0}\ll B_0$，可以忽略，将 B_0 代入(6-7-16)式得到

$$p\approx\frac{\rho_0c_0}{4}u_ak^2\Delta^2\mathrm{j}\frac{1}{kr}\mathrm{e}^{\mathrm{j}(\omega t-kr)}=\mathrm{j}\frac{k\rho_0c_0(\pi\Delta^2u_a)}{4\pi r}\mathrm{e}^{\mathrm{j}(\omega t-kr)}, \qquad (6-7-43)$$

可见这相当于一个源强为 $u_a\pi\Delta^2$ 的点源辐射声压，也就是说低频时刚性圆球不起影响.

例4 刚性球面上任意脉动源. 假设在刚性球面上不是一个点源，而是有一定线度的脉动源，即球面上振动部分所张的角度 θ 不是很小的. 这样的声源，其振速分布为

$$u_a(\theta)=\begin{cases} u_a & (0\leqslant\theta\leqslant\theta_0), \\ 0 & (\theta_0<\theta\leqslant\pi). \end{cases} \qquad (6-7-44)$$

将 $u_a(\theta)$ 代入 $(6-7-23)$ 式得

$$U_l = \left(l+\frac{1}{2}\right)\int_{-1}^{1} u_a P_l(\cos\theta)\mathrm{d}\cos\theta = \left(l+\frac{1}{2}\right)\int_{\cos\theta_0}^{1} u_a P_l(\cos\theta)\mathrm{d}\cos\theta.$$

利用勒让德函数的递推关系

$$P_0(\cos\theta) = \frac{\mathrm{d}}{\mathrm{d}\cos\theta}P_1(\cos\theta),$$

$$(2l+1)P_l(\cos\theta) = \frac{\mathrm{d}}{\mathrm{d}\cos\theta}[P_{l+1}(\cos\theta) - P_{l-1}(\cos\theta)],$$

即可求得

$$\left.\begin{aligned}U_0 &= \frac{u_a}{2}(1-\cos\theta_0),\\ U_{l>0} &= \frac{u_a}{2}[P_{l-1}(\cos\theta_0) - P_{l+1}(\cos\theta_0)],\end{aligned}\right\} \qquad (6-7-45)$$

所以

$$B_0 = \frac{1}{2}\rho_0 c_0 u_a(1-\cos\theta_0)\mathrm{e}^{\mathrm{j}\delta_0(kr_0)}/D_0(kr_0),$$

$$B_l = \rho_0 c_0\,\frac{u_a[P_{l-1}(\cos\theta_0) - P_{l+1}(\cos\theta_0)]}{2D_l(kr_0)}\mathrm{e}^{\mathrm{j}\delta_l(kr_0)}. \qquad (6-7-46)$$

将 B_0 和 B_l 代入 $(6-7-16)$ 式即可求得辐射声压.

6.7.3 球源辐射的声强和声功率

根据第 4 章的讨论,声强应该是对声压和质点速度分别取实数后,再对它们的乘积求时间的平均,即为 $(4-6-10)$ 式

$$I = \frac{1}{T}\int_0^T \mathrm{Re}(p)\,\mathrm{Re}(v_r)\,\mathrm{d}t = \overline{\mathrm{Re}(p)\mathrm{Re}(v_r)}, \qquad (4-6-10)$$

这里横线代表对时间取平均.

然而对于一般球源,由 $(6-7-16)$ 式及 $(6-7-17)$ 式可知,声压及质点速度都是无限级数,其实部和虚部是不容易分离开来的,因此如直接按 $(4-6-10)$ 式计算声强是不方便的. 为此,我们采用复数运算的一般法则将 $(4-6-10)$ 式作一些改造. 因为

$$\mathrm{Re}p\mathrm{Re}v_r = \frac{1}{4}(p+p^*)(v_r+v_r^*) = \frac{1}{4}(pv_r + p^*v_r^* + pv_r^* + p^*v_r),$$

其中 $*$ 表示共轭复数. 而 p 与 v_r 随时间有相同的变化规律,最多差一个相位角,所以有 $\overline{pv_r} = \overline{p^*v_r^*} = 0$,因此 $(4-6-10)$ 式可改写为

$$I = \overline{\mathrm{Re}p\mathrm{Re}v_r} = \frac{1}{4}(\overline{pv_r^*} + \overline{p^*v_r}) = \frac{1}{2}\mathrm{Re}(\overline{pv_r^*}). \qquad (6-7-47)$$

在很多情况下运用 $(6-7-47)$ 式计算声强将是比较方便的.

对于一般球源,它在空间产生的声压已经求得为 $(6-7-16)$ 式,即

$$p = \sum_{l=0}^{\infty} B_l P_l(\cos\theta)\mathrm{h}_l^{(2)}(kr)\mathrm{e}^{\mathrm{j}\omega t} = \sum_{l=0}^{\infty} B_l P_l(\cos\theta)G_l(kr)\mathrm{e}^{-\mathrm{j}\varepsilon_l(kr)}\mathrm{e}^{\mathrm{j}\omega t}, \qquad (6-7-48)$$

其中设

$$h_l^{(2)}(z) = j_l(z) - jn_l(z) = G_l(z)e^{-j\varepsilon_l(kr)},$$

而质点速度为

$$v_r = \frac{1}{\rho_0 c_0} \sum_{l'=0}^{\infty} B_{l'} P_{l'}(\cos\theta) D_{l'}(kr) e^{-j\delta_{l'}(kr)} e^{j\omega t}. \qquad (6-7-17)$$

运用$(6-7-47)$式,求得声强为

$$I = \frac{\rho_0 c_0}{2} \sum_{l=0}^{\infty} \sum_{l'=0}^{\infty} P_l(\cos\theta) P_{l'}(\cos\theta) \frac{U_l U_{l'}}{D_l(kr_0) D_{l'}(kr_0)} \times$$
$$G_l(kr) D_{l'}(kr) \cos[\varepsilon_l(kr) - \delta_{l'}(kr) - \delta_l(kr_0) + \delta_{l'}(kr_0)]. \qquad (6-7-49)$$

如果利用亨格尔函数的一些性质

$$\left.\begin{array}{l} \lim\limits_{z\to 0} h_l^{(2)}(z) = \lim\limits_{z\to 0} j_l z - j\lim\limits_{z\to 0} n_l z = \frac{z^l}{l(2l+1)} + j\frac{l}{z^{l+1}} = \frac{l}{z^{l+1}} e^{-j\left(\frac{z^{2l+1}}{l^2(2l+1)} - \frac{\pi}{2}\right)}, \\ \lim\limits_{z\to\infty} h_l^{(2)}(z) = \frac{1}{z} e^{-j\left(z - \frac{l+1}{2}\pi\right)}, \end{array}\right\} \qquad (6-7-50)$$

其中$l = 1\times 3\times 5\times\cdots\times(2l-1)$,则可得

$$\left.\begin{array}{ll} z\ll l: & G_l(z)\approx\dfrac{l}{z^{l+1}}, \quad \varepsilon_l(z)\approx\dfrac{z^{2l+1}}{l^2(2l+1)} - \dfrac{\pi}{2}, \\ z\gg l: & G_l(z)\approx\dfrac{1}{z}, \quad \varepsilon_l(z)\approx z - \dfrac{l-1}{2}\pi. \end{array}\right\} \qquad (6-7-51)$$

由$(6-7-49)$式可得到在远场区的声强为

$$I = \frac{\rho_0 c_0}{2} \sum_{l=0}^{\infty} \sum_{l'=0}^{\infty} \frac{P_l P_{l'} U_l U_{l'}}{D_l(kr_0) D_{l'}(kr_0)} \frac{1}{(kr)^2} \times \cos\left[\delta_{l'}(kr_0) - \delta_l(kr_0) + \frac{l-l'}{2}\pi\right]. \qquad (6-7-52)$$

例如,对于刚性球上点源辐射,据$(6-7-40)$式得

$$I = \rho_0 c_0 u_a^2 \left(\frac{\Delta^4}{32 r_0^2 r^2}\right) F_r(\theta), \qquad (6-7-53)$$

其中

$$F_r(\theta) = \frac{1}{(kr_0)^2} \sum_{l=0}^{\infty} \sum_{l'=0}^{\infty} \frac{(2l+1)(2l'+1)}{D_l(kr_0) D_{l'}(kr_0)} P_l P_{l'} \times \cos\left[\delta_{l'}(kr_0) - \delta_l(kr_0) + \frac{l-l'}{2}\pi\right], \qquad (6-7-54)$$

称为刚性球上点源辐射的角分布函数.

当$kr_0\ll 1$时,可计算得

$$F_r(\theta)\approx(kr_0)^2,$$
$$I\approx\rho_0 c_0 u_a^2 \frac{k^2\Delta^4}{32 r^2} = \rho_0 c_0 k^2 \frac{\pi^2\Delta^4 u_a^2}{32\pi^2 r^2} = \rho_0 c_0 k^2 \frac{Q_0^2}{32\pi^2 r^2}. \qquad (6-7-55)$$

可以证明,这同单个点源的结果完全一致,这就是我们前面在$(6-7-43)$式中已经得到的结论,即当刚性圆球的线度远比声波波长小得多时,则可以认为这个圆球壳好像不存在一样.

由$(6-7-54)$式可见,角分布函数是θ的复杂函数,而且随kr_0而变化. 图$6-7-4$绘出

了对于不同波长时球面上点源辐射的角分布函数与极角 θ 的关系. 这里我们又一次看到, 当频率增加 (波长减小) 时, 辐射图样从各向均匀逐渐转变成具有明显的指向性.

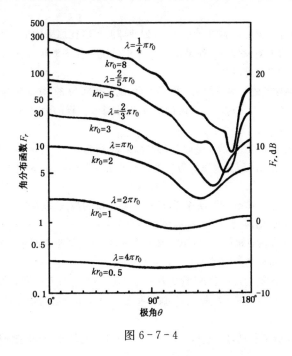

图 6-7-4

顺便指出, 这些曲线是具有双重意义的. 由上面的讨论知道, 这些曲线是描述离声源很远处 ($kr \gg 1$) 的辐射声强分布, 但是根据互易原理 (见 §6.3.4), A 点的一个单位点源 (点源强度等于 1) 在 B 点产生的声压, 等于 B 点的一个单位点源在 A 点所产生的声压. 因而这些曲线便可以同时描述了在离球源很远处的 (r, θ) 点, 强度为 $\pi\Delta^2 u_a$ 的点源在球面上 (r_0, θ) 处所产生的声强. 也就是说这些曲线同样也可以描述人头上的耳朵或装在大圆形盒子上的传声器的接收指向特性, 这些讨论对其他类型的声源也同样是正确的.

一般球源的总辐射声功率为

$$\overline{W} = \int I dS,$$

在球坐标系中面元 $dS = r^2 \sin\theta d\theta d\varphi$, 于是通过任一整个球面的声功率等于

$$\overline{W} = \int_0^{2\pi} d\varphi \int_0^{\pi} I r^2 \sin\theta d\theta.$$

将 (6-7-52) 式代入上式, 并利用勒让德函数正交性质 (见附录)

$$\int_0^{\pi} P_l(\cos\theta) P_{l'}(\cos\theta) d\cos\theta = \begin{cases} \dfrac{2}{2l+1} & (l = l'), \\ 0 & (l \neq l'), \end{cases}$$

就可算得

$$\overline{W} = \frac{2\pi\rho_0 c_0}{k^2} \sum_{l=0}^{\infty} \frac{U_l^2}{(2l+1) D_l^2(kr_0)}. \tag{6-7-56}$$

习 题 6

6-1 对于脉动球源,在满足 $kr_0 \ll 1$ 的情况下,如使球源半径比原来增加一倍,表面振速及频率仍保持不变,试问其辐射声压增加多少分贝? 如果在 $kr_0 \gg 1$ 的情况下使球源半径比原来增加一倍,振速不变,频率也不变,试问声压增加多少分贝?

6-2 设以离开脉动球源中心为 r 的地方作参考点,试求距离为 $2r, 4r, 10r$ 等位置上的声压级之差等于多少分贝? 观察者从距球心为 1 m 及 100 m 的地方,分别移动同样的距离 $\Delta r = 1$ m,观察到的声压级的变化相等吗? 如果不等,问各等于多少?

6-3 已知脉动球源半径为 0.01 m,向空气中辐射频率为 1 000 Hz 的声波,设表面振速幅值为 0.05 m/s,求距球心 50 m 处的声压及声压级为多少? 该处质点位移幅值、速度幅值为多少? 辐射声功率为多少?

6-4 空气中一半径为 0.01 m 的脉动球源,辐射 1 000 Hz 的声波,欲在距球心 1 m 的地方得到 74 dB 声压级,问球源表面振速的幅值应为多少? 辐射声功率为多大?

6-5 设一演讲者在演讲时辐射声功率 $\overline{W}_r = 10^{-3}$ W,如果人耳听音时感到满意的最小有效声压 $p_e = 0.1$ Pa,求在无限空间中听众离开演讲者可能的最大距离.

6-6 两只 20.32 cm(8 英寸)扬声器纸盆对着纸盆紧密合口,这样可以模拟“脉动球源”辐射. 设脉动球半径 $r_0 = 0.1$ m,求 $f = 100$ Hz 时的同振质量. 假定每个扬声器本身的力学质量为 0.01 kg,同振质量与力学质量之比为多少?

6-7 半径为 0.005 m 的脉动球向空气中辐射 $f = 100$ Hz 的声波,球源表面振速幅值为 0.008 m/s,试求辐射声功率.

6-8 设有两个半径为 0.005 m 的脉动球中心相距 15 cm,两个球面振速均匀为 $u = 0.008e^{j2\pi 100t}$,试问总辐射声功率为多少? 与 6-7 题结果相比较,说明了什么?

6-9 如 6-8 题,设两个小球源振动相位相反,试问总辐射声功率为多少? 与 6-7 题结果相比较,说明了什么?

6-10 将频率为 100 Hz、辐射声功率 0.1 W 的点声源放在宽广的水面附近的空气中. 试求:

(1) 在离声源 1 km 远处水面附近的声压;

(2) 离声源 1 km 垂直高处的声压.

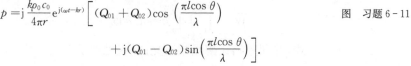

6-11 两个频率相同、源强分别为 Q_{01} 和 Q_{02} 的同相振动点声源相距 l 排列,如图 6-11 所示. 证明离声源很远处的声压为

$$p = j\frac{k\rho_0 c_0}{4\pi r} e^{j(\omega t - kr)} \left[(Q_{01} + Q_{02})\cos\left(\frac{\pi l\cos\theta}{\lambda}\right) \right.$$
$$\left. + j(Q_{01} - Q_{02})\sin\left(\frac{\pi l\cos\theta}{\lambda}\right) \right].$$

图 习题 6-11

6-12 在 6-11 题中令 $Q_{01} = -Q_{02}$,即两个点声源组成偶极子,证明所得结果与(6-2-3)式相同. 如果令 $Q_{01} = Q_{02}$,即两个相等源强的同相点源,证明所得结果与(6-3-2)式相同.

6-13 求两个频率相同,源强相等,相位差 $\frac{\pi}{2}$ 的点声源相距 l 时的远场辐射声压.

6-14 证明如图所示的绝对软分界面前偶极子的远场辐射声压为

$$p = j\frac{2kAD}{r}\cos\theta \cdot e^{-jky}\cos(kD\cos\theta)e^{j\omega t}.$$

6-15 证明如图所示的刚性壁面前偶极子的远场辐射声压为

$$p = \mathrm{j}\,\frac{2kAD}{r}\cos\theta \cdot \mathrm{e}^{-\mathrm{j}ky}\,\mathrm{j}\sin\,(kD\cos\theta)\mathrm{e}^{\mathrm{j}\omega t}.$$

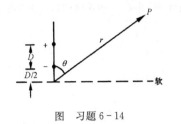 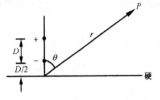

图 习题 6-14   图 习题 6-15

6-16 由声柱指向特性(6-3-23)式出发,证明长度为 L 的均匀直线声源的指向特性为

$$D(\theta) = \left| \frac{\sin\left(\dfrac{\pi L}{\lambda}\sin\theta\right)}{\dfrac{\pi L}{\lambda}\sin\theta} \right|.$$

6-17 一声柱采用直径为 16 cm 的扬声器单元直线排列,中心间距设为 20 cm,由图 6-3-3 估计在什么频段声柱辐射声功率比扬声器单独使用时有不同程度的增加? 在什么频段,辐射声功率减小?

6-18 试用点源组合的方法求解有限长线声源均匀辐射时的声压.

6-19 如将一列很长的火车近似看作无限长线声源,设单位长度的声功率为 W_1,地面为声学刚性平面,求距离火车垂直距离 r_0 处的 p_e^2(不计火车的运动),讨论 p_e 与 r_0 的关系.(提示:$r_0 = r_1\cos\theta$,$\mathrm{d}x\cos\theta = r_1\mathrm{d}\theta$)

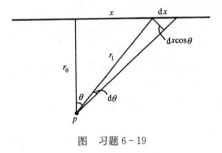

图 习题 6-19

6-20 如将火车近似看作有限长线声源,火车首尾与观察点连线的夹角(对于垂线 r_0)分别为 α_1 和 α_2,证明

$$p_\mathrm{e}^2 = \frac{W_1\rho_0 c_0}{2\pi r_0}(\alpha_2 - \alpha_1).$$

图 习题 6-20

6-21　设有一半径为 a 的圆形声源,总输出声功率为 W,已知每一面元的辐射声功率都相同,而它们的相位却是无规而各不相干的.试求该声源中心轴上 z 处的平方平均声压.

6-22　有一直径为 30 cm 纸盆扬声器嵌在无限大障板上,向空气中辐射声波,假设它可以看作是活塞振动,试分别画出它们在 100 Hz 与 1 000 Hz 时的指向性图.当 $f=1\,000$ Hz 时,主声束角宽度为多少? 此扬声器临界距离 z_g 为多少?

6-23　已知活塞表面的振速分布为

$$u(t,\rho) = u_0\left(1 - \frac{\rho^2}{a^2}\right)\mathrm{e}^{\mathrm{j}\omega t},$$

求离活塞很远处的声压.

6-24　已知活塞表面的振速为

$$u(t,\rho) = u_0\left(1 - \frac{\rho^2}{a^2}\right)^n \cdot \mathrm{e}^{\mathrm{j}\omega t},$$

证明离活塞很远处的辐射声压为

$$p = \mathrm{j}\frac{\omega\rho_0 u_0}{r}\mathrm{e}^{\mathrm{j}(\omega t - kr)} \cdot 2^n n! \frac{a^2 J_{n+1}(ka\sin\theta)}{(ka\sin\theta)^{n+1}}.$$

6-25　设有一内半径 a、外半径为 b 的环形活塞嵌在无限大障板上,向空气中辐射声波,求离活塞很远处的声压.

6-26　半径为 15 cm 的活塞嵌在无限大障板上,向空气中辐射声波,已知振速幅值 $u_a=0.002$ m/s,求 $f=300$ Hz 时轴上 1 m 处的声压级、辐射声功率及同振质量.

6-27　求无限大障板上,当 $ka=5$ 时,活塞辐射相对于轴上声强下降3 dB的角度 θ.

6-28　一半径为 10 cm 的活塞嵌在无限大障板上,向空气中辐射声波,为了使离活塞中心 20 m 处对 100 Hz 声波有 80 dB 声压级,声源声功率要多大? 振速幅值多大? 同振质量为多少?

6-29　半径为 a 的动圈纸盆扬声器嵌在无限大障板上,向空气中辐射声波.假设它可以当作活塞振动,振速幅值为 u_a.如考虑较低频率即 $ka<1$ 的情况:

(1) 试写出扬声器总辐射声功率表示式,并讨论如果 u_a 不随频率改变,其声功率频率特性将如何?

(2) 试写出在 1 m 远处的声压幅值表示式;

(3) 设动圈扬声器力学系统固有频率 f_0.设计在低频段,试求出频率 f_0 及远大于 f_0 时声波的声压幅值表示式;

(4) 如取总力学系统的品质因素 $Q_m=1$,问当频率 f_0 以及远大于 f_0 时声波的声压级差多少? 这一结果说明了什么?

(5) 如希望在 1 m 远处对 1 000 Hz 声波能获得 0.2 Pa 的有效声压,已知 $a=0.12$ m,纸盆、音圈及同振质量共 $M=0.025$ kg,$C_m=1.8\times10^{-4}$ m/N,试问加于音圈上的力 F_a 必须等于多少?

(6) 已知扬声器的磁通量密度 $B=1.0$ Wb/m^2,音圈总长 $l=9$ m,音圈的电阻及电感为 $R_0=8$ Ω,$L=7\times10^{-4}$ H,求加于音圈两端的电压应为多少?

(7) 若在 1 m 处允许峰值节目的有效声压为 1 Pa,试求音圈在工作频率范围内的最大位移.

6-30　试从圆柱坐标系下媒质的运动方程出发,经过(6-6-2)式的变换,证明当 $ka\gg1$ 时(其中 a 为声源半径),声场中声压 p 与轴向质点速度分量 v_z 之比近似等于媒质特性阻抗 $\rho_0 c_0$.

6-31　设有一用压电陶瓷做成的凹球形聚焦声源,假设已知它在声源处($z=0$)的等效的法向振速幅值可近似表示成

$$u_0(\xi') = \begin{cases} u_0\exp\left(\mathrm{j}\dfrac{\xi'^2}{\sigma_R}\right), & 0\leqslant\xi'\leqslant1; \\ 0, & \xi'>1. \end{cases} \tag{6-6-12}$$

其中 ξ 为声源处的相对径向坐标，$\sigma_R = \dfrac{R}{r_0}$，$R$ 代表凹球声源的曲率半径，r_0 是瑞利距离. 试求出

(1) 当 $\sigma = \sigma_R$ 时，即在声源的几何焦距处的声压径向分布；

(2) 沿轴向声压分布，并确定物理焦距（即声压振幅极大处）的轴向距离.

6-32 已知半径为 r_0 的球源，表面径向速度为

$$u = \frac{1}{4} u_0 (3\cos 2\theta + 1) e^{j\omega t}.$$

证明当 $kr_0 \ll 1$ 时，它的辐射声强和声功率分别为

$$I = \frac{32}{81} \rho_0 \frac{f^6 \pi^6 r_0^8}{c_0^5 r^2} u_0^2 [P_2(\cos\theta)]^2,$$

$$\overline{W} = \frac{128}{405} \rho_0 \frac{f^6 \pi^7 r_0^8}{c_0^5} u_0^2.$$

6-33 有一球源，已知球面径向振速为

$$u = u_0 \cos^2\theta e^{j\omega t},$$

求该声源在 $kr_0 \ll 1$ 时所辐射的声压.

6-34 设半径为 r_0 的封闭刚性圆球中央有一点声源，试求圆球内声场.

7

声波的接收与散射

上一章我们讨论了声源的辐射在空间产生声场,但要测量或者研究声场规律,就要依靠声接收器来接收声波. 各类传声器就是在空气媒质中常用的声接收器中的一种. 在第 1 章我们已知道,传声器是一种把声能转化为电能的电声器件,通常具有一个力学振动系统,例如常见的动圈传声器有一呈球顶状的振膜,传声器置于声场中,振膜就受到由声波产生的力的作用,在此力作用下振膜产生振动,再通过一定的力电换能方式,将此振动转换成交流电输出. 由于声学研究和应用的广泛性,对传声器的声学要求也各不相同,例如,要求不同的接收频带、不同的灵敏度与指向性等,再加上力电换能方式的多样性,例如有动圈的、电容的、压电的等等,因而目前出现的传声器的种类极为繁多. 本书主要任务是讨论声接收的基本原理,而不准备去研究形形色色传声器的具体结构.

我们要测量或者研究空间某一位置的声场,就要把传声器置于其中,传声器的置入就会对声场产生干扰,使原始声场发生畸变,于是接收器接收到的已是畸变了声场. 因为不能具体地懂得矛盾的情况,就不能找出解决矛盾的正确方法. 这就是说,在研究声的接收原理时,还必须掌握"障碍物"对声的散射规律. 本章前一部分先假设接收器对声场没有产生干扰,在此前提下讨论一些声接收原理,然后在后一部分再专门研究"障碍物"对声场的散射规律以及其对辐射声场的影响.

7.1 声波的接收原理

一般常见的声接收器,主要是接收声场中的声压. 接收的原理大致有如下四种:

(1) 压强原理;

(2) 压差原理;

(3) 压强与压差复合原理;

(4) 多声道干涉原理.

此外声强的测量因有其独特优点,现也倍受重视. 下面也予以简要分析.

7.1.1 压强原理

利用对声场中压强发生响应原理做成的接收器称为**压强式传声器**,它通常是由一受声振膜固定在一封闭腔上构成,如图7-1-1. 在腔壁上有一小泄漏孔,使腔内平均压强与周围大气压强 P_0 保持平衡. 将此装置置于空间中,当声场不存在时腔内外压强相同,作用在振膜上的合力等于零. 当声波入射时,振膜在腔外的一面受到声压 p 的作用,设振膜面积为 S,在振膜上就产生一合力 $F=\big[(P_0+p)-P_0\big]S=pS$. 在此力作用下,振膜产生运动,利用一种力电换能方式,将此振动转换成交流电压输出,测量这一输出电压也就确定了声场中对应的声压. 这就是压强式传声器的

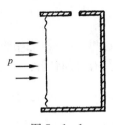

图 7-1-1

声学作用原理. 例如,压强式动圈传声器与电容传声器的简单工作原理,我们在 §1.4.5 已介绍过. 根据压强原理,那里的作用力 F 可以用这里的 pS 来代替.

现在再来看一看更为普遍的情况. 如果声波的入射方向与传声器振膜的法线方向成一交角,而且振膜的线度并不很小,那么声波从声源传到振膜各部分位置的距离不相同,因此作用在振膜各部分的声压振幅和相位也不相同. 此时振膜所受到的合力就不能像前面那样,简单地写成声压 p 乘上振膜的面积 S,而应该采用积分的表示

$$F=\int_S p\,\mathrm{d}S, \tag{7-1-1}$$

其中 p 为作用在振膜某一位置上的声压,$\mathrm{d}S$ 为该位置的面元. 假设振膜呈圆形,半径为 a,入射波来自较远的点声源,声压可以表示为

$$p=p_a\mathrm{e}^{\mathrm{j}(\omega t-kr)}, \tag{7-1-2}$$

其中 $p_a=\dfrac{A}{r}$. 设声波的入射方向与振膜法线成交角 θ,如图7-1-2所示. 因为传声器处于声源的远声场,在振膜上作用的声压振幅认为近似均匀,由此我们可以写出振膜某一位置上的声压表示式为

$$p=p_a\mathrm{e}^{\mathrm{j}\omega t}\mathrm{e}^{-\mathrm{j}k(r-\rho\sin\theta)}=p_a\mathrm{e}^{\mathrm{j}(\omega t-kr)}\,\mathrm{e}^{\mathrm{j}k\rho\sin\theta}, \tag{7-1-3}$$

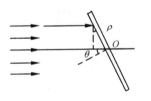

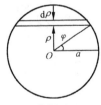

图 7-1-2   图 7-1-3

这里 ρ 表示在振膜表面以圆心为原点的径向距离. 图 7-1-3 表示振膜的受声表面,我们把该表面分成许多矩形面元,在一面元中作用声压近似均匀,面元的面积可近似表示成 $\mathrm{d}S=2\sqrt{a^2-\rho^2}\,\mathrm{d}\rho$. 从图可知 $\rho=a\cos\varphi$,而 $\mathrm{d}\rho=-a\sin\varphi\mathrm{d}\varphi$,所以 $\mathrm{d}S=a^2(1-\cos^2\varphi)\mathrm{d}(-\varphi)$,将 (7-1-3)式与 $\mathrm{d}S$ 表示式代入(7-1-1)式,考虑到 $\cos(-\varphi)=\cos\varphi$,可得

$$F=2\int_0^\pi p_a a^2\mathrm{e}^{\mathrm{j}(\omega t-kr)}(1-\cos^2\varphi)\mathrm{e}^{\mathrm{j}ka\sin\theta\cos\varphi}\mathrm{d}\varphi. \tag{7-1-4}$$

据三角函数的关系 $\cos^2\varphi=\dfrac{1+\cos2\varphi}{2}$,再利用柱贝塞尔函数的积分关系(见附录),就可得

$$F=(p_a S)\mathrm{e}^{\mathrm{j}(\omega t-kr)}\big[\mathrm{J}_2(ka\sin\theta)+\mathrm{J}_0(ka\sin\theta)\big]$$

$$= (p_a S) e^{j(\omega t - kr)} \left[\frac{2J_1(ka\sin\theta)}{ka\sin\theta} \right]. \tag{7-1-5}$$

这里 $S = \pi a^2$ 为振膜面积. 由此可见, 传声器受到的合力与声波的入射方向有关, 即传声器具有指向特性. $(7-1-5)$ 式中表示指向特性的方括号因子与活塞辐射指向特性 D 的表示式 $(6-5-9)$ 完全一样, 所以可以借用图 $6-5-2$ 来描述它的指向特性. 当 $ka = \dfrac{2\pi a}{\lambda} < 1$ 时, $(7-1-5)$ 式可取近似为

$$F = p_a S e^{j(\omega t - kr)}. \tag{7-1-6}$$

这时传声器成为无指向性的了, 因此利用压强原理做成的传声器一般常称无指向性传声器. 其实, 这指的仅是对频率较低或振膜线度较小的情况. 例如, 有一压强式传声器, 其振膜半径 $a = 0.02$ m, 它满足无指向性的条件为 $ka < 1$, 与此对应的频率为 $f < \dfrac{c_0}{2\pi a} = 2\,700$ Hz. 这就是说对于这样尺寸的传声器, 在频率低于 $2\,700$ Hz 时可以近似是无指向性的, 而当高于此频率时传声器将开始呈现指向性.

7.1.2　压差原理

　　利用对声场中相邻两点的压强差发生响应的原理做成的接收器称为**压差式传声器**. 这一类传声器通常有两个入声口, 它的振膜两面都在声场中, 其结构原理如图 $7-1-4$ 所示. 设振膜前后相隔的等效距离为 Δ, 若将其置于声场中, 声波传到振膜两面的距离不相同, 因而振膜两面存在压差. 假设振膜半径 a 较小, 满足 $ka < 1$ 条件, 那么在振膜表面上作用的声压近似认为均匀. 设振膜前后的声压分别为 p_1 与 p_2, 振膜面积为 S, 于是作用在振膜上的合力为 $F \approx (p_1 - p_2)S$. 振膜在此力作用下产生振动, 振动位移大小与振膜两面的压差有关, 这就

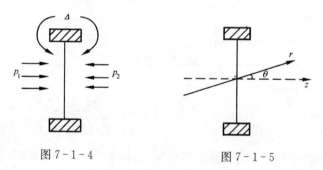

图 $7-1-4$　　　　　　　　图 $7-1-5$

是压差传声器的作用原理. 为了普遍起见, 我们假设声波的入射方向与振膜成一交角, 如图 $7-1-5$ 所示. 设声波沿 r 方向传播, 声压为 p, 声压梯度为 $\dfrac{\partial p}{\partial r}$. 振膜的法线与 z 轴一致, 所以振膜两面的声压梯度在 z 方向的投影为 $\dfrac{\partial p}{\partial r}\cos\theta$. 假设振膜前后相隔距离 $\Delta \ll \lambda$, 那么作用在振膜上的合力可表示为

$$F = -S \frac{\partial p}{\partial r}\Delta\cos\theta, \tag{7-1-7}$$

式中负号表示负的压差将使振膜产生正 z 方向的力. 假设声波来自一点源,声压可用 (7-1-2)式表示,将其代入(7-1-7)式可得

$$F = \frac{A(1+\mathrm{j}kr)}{r^2} S(\Delta\cos\theta)\mathrm{e}^{\mathrm{j}(\omega t - kr)}. \tag{7-1-8}$$

力的振幅可表示为

$$F_{\mathrm{a}} = |p_{\mathrm{a}}|kS\Delta\cos\theta\frac{\sqrt{1+k^2 r^2}}{kr}, \tag{7-1-9}$$

其中 $|p_{\mathrm{a}}| = \dfrac{|A|}{r}$ 为入射波的声压振幅. 从(7-1-9)式可以看到,利用压差原理做成的传声器,即使满足 $ka < 1$ 的条件也存在指向特性,并且它与声偶极子的辐射指向性一样呈∞字形. 声波垂直入射 $\theta = 0°$ 振膜受到的作用力最大,在 $\theta = 90°$ 时作用力为零. 下面我们再分近、远声场两种情形进行分析.

（1）设传声器置于点源的较近处,满足 $kr \ll 1$ 的条件,于是(7-1-9)式可取近似为

$$(F_{\mathrm{a}})_{\mathrm{N}} \approx \frac{|p_{\mathrm{a}}|_{\mathrm{N}}}{r_{\mathrm{N}}}S\Delta\cos\theta, \tag{7-1-10}$$

这里 $|p_{\mathrm{a}}|_{\mathrm{N}} = \dfrac{|A|}{r_{\mathrm{N}}}$ 为近声场的声压振幅, r_{N} 表示近场的距离. 从此可以看到,如果保持声压振幅 $|p_{\mathrm{a}}|_{\mathrm{N}}$ 不变,那么愈靠近声源,振膜受到的力愈大.

（2）设传声器置于点源的较远处,满足 $kr \gg 1$ 的条件,于是(7-1-9)式可取近似为

$$(F_{\mathrm{a}})_{\mathrm{F}} \approx |p_{\mathrm{a}}|_{\mathrm{F}}kS\Delta\cos\theta, \tag{7-1-11}$$

这里的 $|p_{\mathrm{a}}|_{\mathrm{F}} = \dfrac{|A|}{r_{\mathrm{F}}}$, r_{F} 表示远场的距离. 如果保持声压振幅 $|p_{\mathrm{a}}|_{\mathrm{F}}$ 不变,那么振膜受到的作用力与距离无关而与频率成正比.

综合以上分析可以归纳两点:

（1）利用压差原理做成的传声器不论放在近场还是在远场,都具有∞字形指向特性.

（2）我们将(7-1-10)除以(7-1-11)式可得比值

$$\frac{(F_{\mathrm{a}})_{\mathrm{N}}}{(F_{\mathrm{a}})_{\mathrm{F}}} = \frac{c_0}{\omega r_{\mathrm{N}}}\frac{|p_{\mathrm{a}}|_{\mathrm{N}}}{|p_{\mathrm{a}}|_{\mathrm{F}}}.$$

此式表明,假设作用在传声器上的声压振幅保持不变,即 $|p_{\mathrm{a}}|_{\mathrm{N}} = |p_{\mathrm{a}}|_{\mathrm{F}}$,那么传声器振膜在近场受到的力要比远场大 $\dfrac{c_0}{\omega r_{\mathrm{N}}}$ 倍,即频率愈低或者靠声源愈近,近场比远场受的力愈大. 例如, $f = 1\,000\ \mathrm{Hz}, r_{\mathrm{N}} = 0.01\ \mathrm{m}$,则 $|F_{\mathrm{a}}|_{\mathrm{N}} = 5.4|F_{\mathrm{a}}|_{\mathrm{F}}$,这时传声器的近场接收灵敏度要比远场大 5.4 倍. 如果频率再低一半或者离声源距离再靠近一半,那么近场灵敏度还可比远场提高一倍.

这两个特点是压强式传声器所没有的,由于这两个特点,压差式传声器就可以用来在强噪声环境下进行通话. 因为传声器具有∞字形指向特性,如果把传声器振膜对着通话者的嘴的正前方,那么通话者发出的声音与传声器振膜的法线方向成 0° 角,传声器灵敏度最大;而一般环境噪声来源于各个无规方向,灵敏度相对减弱,这样就可以提高通话的信噪比. 再则,

由于低频时传声器的近场灵敏度比远场高,而不少的强噪声环境常常是低频噪声成分占多(例如由坦克、飞机与大炮等发出的声音就有这样的频谱特点),这时如果把传声器振膜紧靠通话者的嘴,那么由于通话者的声音来自近场,而环境噪声来自远场,通话声音的低频灵敏度就比环境噪声高,这样也相对地抑制了噪声灵敏度,而提高了传声器的抗噪声能力.压差式传声器的这一种抗噪声效果常称为"近讲效应".压差原理也常用来设计舞台上使用的传声器,当男低音歌唱家在演唱时,如果靠近这种传声器,就会使他的歌声的低沉音更加丰满.

最后要指出,压差式传声器的灵敏度通常要比压强式传声器低很多,我们可以求得这两种传声器远场作用力的比值为 $\beta=k\Delta\cos\theta$,例如,当 $\theta=0°,f=1\,000$ Hz,$\Delta=2\times10^{-2}$时,计算可得$\beta=0.37,20\lg\beta=-8.6$ dB.

7.1.3 压强与压差复合原理

利用对声场中压强与压差都发生响应的原理做成的接收器称为**压强与压差复合式传声器**.图7-1-6是这种传声器的一种典型结构的原理图,在一个腔体 V 的前面装上振膜,腔的背壁开有一孔与外部空间相通,作为第二入声口,在孔中置有声阻材料.设振膜的面积为 S,类比声阻抗为 Z_{AD},腔体的体积为 V,其声容为 C_a,声阻材料的声阻为 R_a(声阻材料的声质量忽略),振膜的体积速度为 U_D,流经声阻的空气体积速度为 U_a,p_1 为振膜前面的入射声压,p_2 为第二入声口的声压,p_D 为作用在振膜上的净压差.按照第 3 章的类比方法,可画出如图 7-1-7 所示的阻抗型类比声学线路图.假设声波来自点源,其入射声压 p_1 可用(7-1-2)式表示,由此可以写出在第二入声口处的声压为

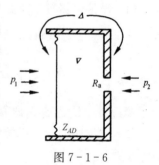

图 7-1-6

$$p_2 = p_1 + \frac{\partial p_1}{\partial r}\Delta\cos\theta = p_1(1-\mathrm{j}k\Delta\cos\theta).$$

从图 7-1-7,仿照有关电路定律,可得如下方程

$$\left.\begin{aligned}U_D\left(Z_{AD}+\frac{1}{\mathrm{j}\omega C_a}\right)-\frac{U_a}{\mathrm{j}\omega C_a} &= p_1, \\ -\frac{U_D}{\mathrm{j}\omega C_a}+U_a\left(R_a+\frac{1}{\mathrm{j}\omega C_a}\right) &= -p_2.\end{aligned}\right\} \quad (7-1-12)$$

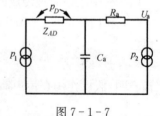

图 7-1-7

由此方程组可以解得 U_D,从而求得净压差

$$p_D = U_D Z_{AD} = \frac{Z_{AD}\left(p_1 R_a+\dfrac{p_1-p_2}{\mathrm{j}\omega C_a}\right)}{Z_{AD}R_a-\mathrm{j}[(R_a+Z_{AD})/\omega C_a]}, \quad (7-1-13)$$

现将 p_2 代入可得

$$p_D = p_1 \frac{Z_{AD}\left(R_a+\dfrac{\Delta\cos\theta}{c_0 C_a}\right)}{Z_{AD}R_a-\mathrm{j}[(R_a+Z_{AD})/\omega C_a]}. \quad (7-1-14)$$

设

$$B = \frac{\Delta}{c_0 C_a R_a}, \left.\begin{array}{c} \\ \\ \end{array}\right\}$$

$$G = \frac{Z_{AD} R_a}{Z_{AD} R_a - \mathrm{j}[(R_a + Z_{AD})/\omega C_a]}. \tag{7-1-15}$$

考虑到作用在振膜上的净力为 $F = p_D S$, 其振幅则为

$$F_a = |p_a||G|S(1 + B\cos\theta). \tag{7-1-16}$$

如果适当选择传声器声学元件的参数, 使 B 取不同的值可使传声器获得不同的指向特性, 例如

$$(1 + B\cos\theta) = \begin{cases} 1 & (B=0); \\ 1 + \cos\theta & (B=1); \\ B\cos\theta & (B \gg 1). \end{cases}$$

对于第一种情形 $B=0$, 指向性呈圆形, 这相当于压强原理; 第三种 $B \gg 1$, 指向性呈 ∞ 字形, 即相当于压差原理; 第二种 $B=1$, 指向性呈心脏形, 如图 7-1-8 所示. 图中径向坐标表示 $\frac{1}{2}(1 + \cos\theta)$. 心脏形指向性图表现了压强与压差原理的复合贡献. 从图可知, 这种传声器几乎只对从正前方半球范围内的入射声发生响应, 因而这种心形指向性传声器也称**单向传声器**.

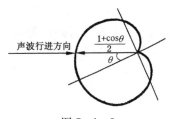

图 7-1-8

心形指向性也可由一只压强传声器与一只压差传声器复合使用达到. 例如, 有一只压强传声器, 其输出电压可表示成 $E_1 = H_1 p$, 这里 H_1 为反映该传声器灵敏度的一个常数, 一只压差传声器其输出电压可表示成 $E_2 = H_2 p\cos\theta$, 这里 H_2 为反映该传声器灵敏度的一个常数. 现将这两只传声器放在十分靠近的位置上, 并将其电压输出端串联相接, 这样它们的总输出电压等于

$$E = E_1 + E_2 = H_1 p \left(1 + \frac{H_2}{H_1}\cos\theta\right), \tag{7-1-17}$$

如果设计的前级放大电路使 $H_1 = H_2$, 则 $E = H_1 p(1 + \cos\theta)$, 那么呈心形指向性. 心形指向性传声器非常适宜于舞台演出等场合使用, 因为它可以接收来自台上演员的声音, 而排除其他的无关噪声. 压强与压差和复合传声器也具有"近讲效应", 这里就不多加讨论了.

7.1.4 多声道干涉原理

假设我们把传声器做成有许多入声口, 那么由于从这许多入声口传到振膜的距离不同, 声波之间就要产生干涉, 这样在振膜上的总声压将与入声口的分布有关. 图 7-1-9 是一种这类的传声器工作的简单原理图, 传声器呈长管状, 振膜放在管子的末端 $x = l$ 处, 在管子长度为 b 的距离上开了 N 个入声口, 将坐标原点 $x = 0$ 取在离振膜最远的一个入

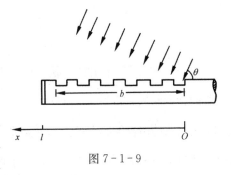

图 7-1-9

声口. 设有一球面波从远处传来, 其入射方向与传声器成 θ 角, 入射波声压用(7-1-2)式表示. 假设传声器的每一入声口的面积都一样, 并等于 $\Delta S_N = a\Delta x$, 这里 a 为入声口的宽度, Δx 为入声口的长度. 如果选择 $x=0$ 处的入声口为参考点, r 表示声源到该入声口的径向距离, 那么在第 N 个入声口处的声压可表示成

$$p_N = p_a e^{j(\omega t - kr)} e^{jkx_N \cos\theta}, \qquad (7-1-18)$$

这里 x_N 代表第 N 个入声口的位置. 由于声波的入射, 使各入声口产生体积速度 $\Delta U_N = v_N \Delta S_N = \dfrac{p_N}{\rho_0 c_0} \Delta S_N$, 而此 ΔU_N 又成了管中产生轴向平面波的声源. 设管子的横截面积为 S, 在入声口 ΔU_N 的振动相当于在管中 x_N 处产生速度为 $v'_N = \dfrac{\Delta U_N}{S}$ 的声源, 而这一声源将在振膜处产生声压为

$$p'_N = v'_N \rho_0 c_0 e^{-jk(l-x_N)} = p_a \frac{\Delta S_N}{S} e^{j(\omega t - kr)} e^{-jk[(l-x_N)+x_N\cos\theta]}. \qquad (7-1-19)$$

在振膜处的总声压应将各 p'_N 加起来, 即

$$p_D = \sum_N p'_N. \qquad (7-1-20)$$

为了计算简单起见, 我们假设每一入声口的长度很小, 可用微分号 dx 代替 Δx, 并认为两相邻入声口的间距比入声口长度更小而可以忽略. 于是我们可用积分来代替(7-1-20)式的求和, 即

$$\begin{aligned}
p_D &= \frac{p_a a}{S} e^{j(\omega t - kr)} \int_0^b e^{-jk[(l-x)+x\cos\theta]} dx \\
&= \frac{p_a(ab)}{S} e^{j[\omega t - k(r+l)]} \left[\frac{e^{jk(1-\cos\theta)b} - 1}{jk(1-\cos\theta)b} \right] \\
&= \frac{p_a(ab)}{S} e^{j[\omega t - k(r+l)]} e^{j\frac{k}{2}(1-\cos\theta)b} \left[\frac{\sin\dfrac{k}{2}(1-\cos\theta)b}{\dfrac{k}{2}(1-\cos\theta)b} \right].
\end{aligned} \qquad (7-1-21)$$

作用在振膜上的净力为 $F = p_D S$, 其振幅为

$$F_a = |p_a|(ab)D, \qquad (7-1-22)$$

其中

$$D = \left| \frac{\sin\dfrac{\pi b}{\lambda}(1-\cos\theta)}{\dfrac{\pi b}{\lambda}(1-\cos\theta)} \right|. \qquad (7-1-23)$$

(7-1-23)式表明, 作用在振膜上的力与声波的入射方向成复杂关系. 我们用 D 来表示传声器的指向特性. 当 $\theta = 0°$ 时, $D=1$, 对于不同的 θ, D 值还取决于 $\dfrac{\pi b}{\lambda}$ 值. 当 $\dfrac{\pi b}{\lambda} < 1$ 时 $D \approx 1$, 这时作用在传声器振膜上的力与 θ 无关, 即指向性接近均匀. 随着频率升高, λ 变小, 传声器的指向性愈来愈显著. 图 7-1-10 表示了两种 $\dfrac{\pi b}{\lambda}$ 值的指向性图(D 与 θ 的关系图).

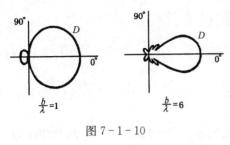

图 7-1-10

从图中看出,从 $b=\lambda$ 开始传声器的指向性已经呈单向,λ 变小,指向性更尖锐.因此,利用这种多声道干涉原理做成的传声器具有强指向特性,常称强指向性传声器.例如,$b=0.34$ m,$\lambda=b=0.34$ m,对应的频率 $f=1\,000$ Hz.这就是说对于这种尺寸的传声器频率从 $1\,000$ Hz 开始已呈现明显的指向特性.当然 b 愈大,产生强指向特性的频率愈低,但是较大的 b 就要求较长的管身,而过长的管身在使用上会带来不便.因此利用这种原理做成的传声器低频指向性能要受到限制,通常需要通过其他途径来补偿.强指向性传声器具有更强的抗噪声能力,特别适用于在噪声环境中提取远距离的声信号,在电视、广播的现场录音或舞台演出等场合使用能获得比一般传声器更好的声学效果.

7.1.5 声强计原理

前面我们讨论了声压的基本接收原理,而我们知道声强可以描述声场中声能量的流动特性,有时候它比声压量更能反映声场的动态规律.例如我们在第 4 章中知道,在经一刚性面反射而形成的驻波场中,我们可以测得其中声压的一定分布,但其声强值却为零,因为在这种驻波场中,声能量是不"流动"的.因此可以推想,如果我们要在由于复杂的环境而形成的噪声场中,确定噪声主要来自何方,那么仅提供声压的数据是无济于事的,而若知道声强的分布却能有效地提供噪声主要来源的信息.

声强可以通过声场中的声压及某待测方向的质点速度分量来确定.对声强进行测量很早就有人提出,但是一直到近 20 年,由于电子技术的快速发展,声强计的研究和制作才获得很大进展并付诸实用.下面来介绍一下声强计的基本原理.

设有两只声压接收器,它们的接收面相背而置,相距为很小距离 Δ,由此构成声强计的基本结构,如图 7-1-11.假设有一平面声波从远方传来,其声压可表示为 $p=p_a\mathrm{e}^{\mathrm{j}(\omega t-kr)}$,$r$ 是取在声强计的中心位置.而接收面 1 和接收面 2 分别接收到的声压近似为 $p_1=p_a\mathrm{e}^{[\omega t-k(r-\frac{\Delta}{2})]}$ 与 $p_2=p_a\mathrm{e}^{[\omega t-k(r+\frac{\Delta}{2})]}$.因为 Δ 距离很小,所以我们可以用 $p=\frac{1}{2}(p_1+p_2)$ 与 $\frac{\partial p}{\partial r}=\frac{p_1-p_2}{\Delta}$ 来近似代入声强表示式中,即

图 7-1-11

$$I=\frac{1}{T}\int_0^T\mathrm{Re}(p)\mathrm{Re}(v_r)\mathrm{d}t$$

$$=\frac{1}{T}\int_0^T\frac{1}{2}\mathrm{Re}(p_1+p_2)\mathrm{Re}\left[-\frac{1}{\mathrm{j}\omega\rho_0}\frac{(p_1-p_2)}{\Delta}\right]\mathrm{d}t$$

$$= \frac{1}{2}\mathrm{Re}\left[\frac{1}{2}(p_1 + p_2)^* \left(-\frac{1}{j\omega\rho_0\Delta} \right)(p_1 - p_2) \right]$$

$$= \frac{1}{2}(p_a^2/\rho_0 c_0)\,\overline{\Delta}, \qquad\qquad (7-1-24)$$

上式中 * 代表共轭复数，$\overline{\Delta} = \dfrac{\sin k\Delta}{k\Delta}$. 当 $k\Delta \ll 1$ 时，$\overline{\Delta} \approx 1$，而 (7-1-24) 式便近似等于 $I \approx$

$\dfrac{1}{2}p_a^2/\rho_0 c_0$. 这表明我们可以通过接收 p_1 与 p_2，并对它们相加和相减后，进行时间平均来确定

声强 I. 而实际的声强计，p_1 与 p_2 的和与差是按如下方式处理的. 因为质点速度与声压梯度之

间存在积分关系，即 $v_r = -\dfrac{1}{\rho_0}\displaystyle\int \dfrac{(p_1 - p_2)}{\Delta}\mathrm{d}t$，可用电子技术的积分器来实现它们之间的转换，

所以对声强测定的技术实施便可用下式表示：

$$I = \left(-\frac{1}{2\rho_0\Delta} \right)\overline{(p_1 + p_2)\displaystyle\int (p_1 - p_2)\mathrm{d}t}, \qquad\qquad (7-1-25)$$

即声强计两接收面接收到 p_1 与 p_2 后，将它们用电子加法器进行相加与相减处理，再将相减

后的信号通过电子积分器，然后将它与经过相加处理后的信号相乘，再对相乘后信号进行时

间平均，最终便可获得声场中的声强 I.

　　然而我们注意到，因为我们曾对 (7-1-24) 式利用过 $k\Delta \ll 1$ 的近似，所以利用这一原理

获得的声强值，会存在高频限止. 例如如果我们取 $\Delta = 6 \times 10^{-3}\,\mathrm{m}$，$f = 10\,\mathrm{kHz}$，而 $c_0 = 340\,\mathrm{m/s}$，

则可以估计 $\overline{\Delta} = \dfrac{\sin\Delta}{k\Delta} = 0.81$，$10\lg 0.81 = -0.90\,\mathrm{dB}$，即实际测得的声强值会比真值小

$0.90\mathrm{dB}$. 频率更高，而产生的误差将更大. 还需指出，这种声强测量原理，还会产生低频限

止. 实际上由于技术上的原因，声强计的两接收面以及它们的两路电的输出通道中要保持相

位响应精确相同是比较困难的. 设想两接收面的相位响应存在 Ψ 角的差异，则不难计算（留

给读者自习），而应将 (7-1-24) 式中的 $\overline{\Delta}$ 改为 $\overline{\Delta} = \dfrac{\sin(k\Delta - \Psi)}{k\Delta}$. 一般对于低频段，总能满

足 $k\Delta \ll 1$，以至 $\overline{\Delta} \approx 1 - \dfrac{\Psi}{k\Delta}$. 假设取 $\Psi = 0.5°$，而 $f = 200\,\mathrm{Hz}$，Δ 仍取 $6 \times 10^{-3}\,\mathrm{m}$，则可估计

$10\lg\overline{\Delta} = -2.2\,\mathrm{dB}$，即实际测量声强值会比真值低 $2.2\,\mathrm{dB}$. 如果频率再低，则它将会引起更

大的测量误差.

7.2　声波的散射

　　我们知道，当声波在空间中传播时常常会遇到形形色色的"障碍物". 例如，大气中悬浮

着的灰尘和水雾，水中悬浮着气泡，街道上的树木和行人等等. 这些障碍物都会引起声波的

散射，而影响声波的传播，一些大型障碍物甚至会完全挡住声波的传播. 前面也提过在声学

测试中，由于传声器的置入，原始声场将受到干扰而畸变，而在前面研究声的接收原理时，暂

时还没有考虑声场的这种畸变. 现在就来研究这种散射现象的规律. 正如上面指出的，障碍

物可以是各式各样的(传声器的形状也是各不相同的),不同形状的障碍物对声波的散射当然不会一样. 这里我们不可能去讨论各种具体形状障碍物的散射,处理声波的散射在数学上是比较困难与麻烦的,而至今能较好解决的也仅限于几种形状比较规则的散射体,如圆球、圆柱等. 本书仅准备讨论圆球的声波散射,并且假设这一圆球是刚性的,或者是水中悬浮着的气泡,这是声波散射问题中一些较易处理的情形,但它们对声波的散射规律具有散射现象的某些共性,而我们要了解的最基本的声波散射规律也具备这一共性.

7.2.1 刚性圆球的散射声场

当一自由行进着的声波在传播路径上遇到一刚性圆球时,该球体就要对声波产生散射作用. 这时在空间中除了原来的声波外,还会出现一个从圆球向四周散射的散射波,这两种声波在空间中要叠加而产生干涉. 散射波是从圆球向四周发散的,因而圆球对散射波来说是一种辐射声源,而对于入射波便成了次级声源,所以存在圆球时的实际声场可以看成是初级声源和次级声源辐射声场的叠加. 然而这两种声场并不互相独立,因为次级辐射声场的能量取自初级辐射声场. 它们的叠加声场符合圆球表面的声学特性,这就是这两种声场之间发生联系的内在物理原因.

现设有一 z 方向传播着的平面波(可以认为是从很远传来的球面波),其声压表示为

$$p_p = p_a e^{j(\omega t - kz)}, \qquad (7-2-1)$$

在它的传播路径上遇到半径为 r_0 的刚性圆球,假设取圆球的球心为球坐标系的原点,其极轴与 z 方向一致,如图 7-2-1 所示. 由于 $z = r\cos\theta$,所以我们可以把入射波改为用球坐标来表示

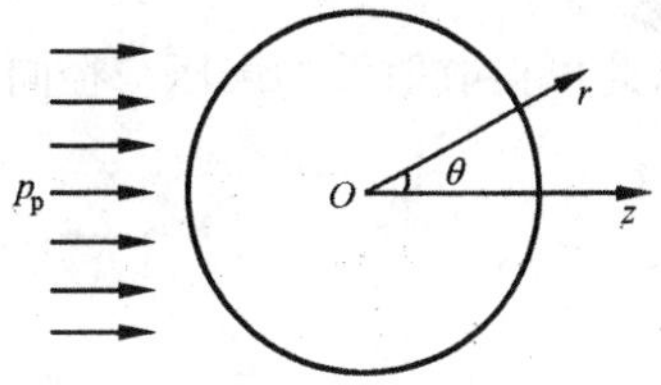

图 7-2-1

$$p_p = p_a e^{j(\omega t - kz)} = p_a e^{j(\omega t - kr\cos\theta)}, \qquad (7-2-2)$$

为了能将平面入射波与圆球散射波形式上相比较,我们把(7-2-2)式用球函数的叠加形式来表示,将(7-2-2)式以勒让德多项式展开得

$$p_p = p_a e^{j\omega t} e^{-jkr\cos\theta} = p_a e^{j\omega t} \sum_{l=0}^{\infty} A_l P_l(\cos\theta). \qquad (7-2-3)$$

利用勒让德多项式的正交性,可以写出展开系数的表示式为

$$
\begin{aligned}
A_l &= \left(l + \frac{1}{2}\right) \int_{-1}^{1} P_l(\cos\theta) e^{-jkr\cos\theta} d(\cos\theta) \\
&= \left(l + \frac{1}{2}\right) \int_{-1}^{1} P_l(\cos\theta) \left[1 + (-jkr\cos\theta) + \frac{(-jkr\cos\theta)^2}{2} + \cdots\right] d(\cos\theta) \\
&= (2l+1)(-j)^l j_l(kr), \qquad (7-2-4)
\end{aligned}
$$

从此可求得径向速度为

$$
\begin{aligned}
v_p &= \frac{j}{\rho_0 c_0} \frac{\partial p_p}{\partial(kr)} \\
&= \frac{p_a e^{j\omega t}}{\rho_0 c_0} \sum_{l=0}^{\infty} (-j)^{l+1} (2l+1) P_l(\cos\theta) \left[-\frac{\partial}{\partial(kr)} j_l(kr)\right]. \qquad (7-2-5)
\end{aligned}
$$

因为有 $-\dfrac{\mathrm{d}}{\mathrm{d}x}\mathrm{j}_l(x)=D_l(x)\sin\delta_l(x)$ 关系,所以(7-2-5)式可化为

$$v_{\mathrm{p}}=\frac{p_{\mathrm{a}}\mathrm{e}^{\mathrm{j}\omega t}}{\rho_0 c_0}\sum_{l=0}^{\infty}(-\mathrm{j})^{l+1}(2l+1)\mathrm{P}_l(\cos\theta)D_l(kr)\sin\delta_l(kr). \qquad (7-2-6)$$

现在来看看散射声场,因为散射声场来自球体,对于来自半径为 r_0 的圆球的辐射声压可用(6-7-16)式表示,所以来自圆球的散射声压也取如下形式

$$p_{\mathrm{s}}=\sum_{l=0}^{\infty}B_l\mathrm{P}_l(\cos\theta)\mathrm{h}_l^{(2)}(kr)\mathrm{e}^{\mathrm{j}\omega t}=\sum_{l=0}^{\infty}B_l\mathrm{P}_l(\cos\theta)G_l(kr)\mathrm{e}^{-\varepsilon_l(kr)}\mathrm{e}^{\mathrm{j}\omega t}. \qquad (7-2-7)$$

径向质点速度可表示为

$$v_{\mathrm{s}}=\frac{\mathrm{e}^{\mathrm{j}\omega t}}{\rho_0 c_0}\sum_{l=0}^{\infty}B_l\mathrm{P}_l(\cos\theta)D_l(kr)\mathrm{e}^{-\mathrm{j}\delta_l(kr)}. \qquad (7-2-8)$$

因为此圆球是刚性的,这就要求在圆球表面满足入射波与散射波的径向质点速度叠加等于零的条件,即在 $r=r_0$ 处

$$v_{\mathrm{p}}+v_{\mathrm{s}}=0, \qquad (7-2-9)$$

将(7-2-6)与(7-2-8)式代入此式,可确定

$$B_l=-p_{\mathrm{a}}(2l+1)(-\mathrm{j})^{l+1}\sin\delta_l(kr_0)\mathrm{e}^{\mathrm{j}\delta_l(kr_0)}. \qquad (7-2-10)$$

从此可得散射波的声压与径向质点速度为

$$p_{\mathrm{s}}=-p_{\mathrm{a}}\mathrm{e}^{\mathrm{j}\omega t}\sum_{l=0}^{\infty}(-\mathrm{j})^{l+1}(2l+1)\sin\delta_l(kr_0)\mathrm{e}^{\mathrm{j}\delta_l(kr_0)}\mathrm{P}_l(\cos\theta)\mathrm{h}_l^{(2)}(kr), \qquad (7-2-11)$$

与

$$v_{\mathrm{s}}=-\frac{p_{\mathrm{a}}\mathrm{e}^{\mathrm{j}\omega t}}{\rho_0 c_0}\sum_{l=0}^{\infty}(-\mathrm{j})^{l+1}(2l+1)\sin\delta_l(kr_0)\mathrm{P}_l(\cos\theta)D_l(kr)\mathrm{e}^{\mathrm{j}[\delta_l(kr_0)-\delta_l(kr)]}.$$

$$(7-2-12)$$

当 $kr\gg1$ 时,据球亨格尔函数的渐近关系,散射波声压可取近似为

$$p_{\mathrm{s}}=\rho_0 c_0 v_{\mathrm{s}}, \qquad (7-2-13)$$

与

$$v_{\mathrm{s}}\approx-\frac{p_{\mathrm{a}}\mathrm{e}^{\mathrm{j}\omega t}}{\rho_0\omega r}\sum_{l=0}^{\infty}(-\mathrm{j})^{l+1}(2l+1)\sin\delta_l(kr_0)\mathrm{e}^{\mathrm{j}\delta_l(kr_0)}\mathrm{P}_l(\cos\theta)\mathrm{e}^{-\mathrm{j}[kr-\frac{\pi}{2}(2l+1)]}.$$

$$(7-2-14)$$

于是据(6-7-47)式可得散射波的声强为

$$I_{\mathrm{s}}=\frac{1}{2}\mathrm{Re}(p_{\mathrm{s}}\cdot v_{\mathrm{s}}^{*})\approx\frac{I_{\mathrm{p}}}{(kr)^2}\sum_{l=0}^{\infty}\sum_{l'=0}^{\infty}(2l+1)(2l'+1)\sin\delta_l(kr_0)\sin\delta_{l'}(kr_0)\cdot$$

$$\mathrm{P}_l(\cos\theta)\mathrm{P}_{l'}(\cos\theta)\cos[\delta_l(kr_0)-\delta_{l'}(kr_0)], \qquad (7-2-15)$$

其中 $I_{\mathrm{p}}=\dfrac{p_{\mathrm{a}}^2}{2\rho_0 c_0}$ 为入射波声强。

从(7-2-15)式可得平均散射功率为

$$\overline{W}_{\mathrm{s}}=\int I_{\mathrm{s}}\mathrm{d}S=\int_0^{\pi}2\pi\mathrm{r}^2 I_{\mathrm{s}}\ \sin\theta\mathrm{d}\theta$$

$$\approx 2\pi r_0^2 I_\mathrm{p} \left(\frac{1}{k^2 r_0^2} \right) \sum_{l=0}^{\infty} (2l+1)^2 \sin^2 \delta_l(kr_0) \int_{-1}^{1} \mathrm{P}_l^2(\cos\theta) \mathrm{d}(\cos\theta)$$

$$= \frac{4\pi r_0^2 I_\mathrm{p}}{(kr_0)^2} \sum_{l=0}^{\infty} (2l+1)\sin^2 \delta_l(kr_0). \tag{7-2-16}$$

从(7-2-15)式看到,散射声强 I_s 与极角 θ 具有复杂的关系,图 7-2-2 表示了 kr_0 值不同时散射波声强的角分布.从图可见,当 kr_0 较小时,散射声强的大部分是均匀地分布于对着入射波的方向;当 kr_0 增加时,在波的入射方向上散射波声强逐渐加强,指向性也变得愈来愈复杂;当 kr_0 很大时,散射波的一半将集中于入射波方向,而另一半则比较均匀地散布于其他各方向.从(7-2-16)式可知,平均散射功率 $\overline{W}$ 与 kr_0 也有复杂的关系,下面来分析两种极端情况:

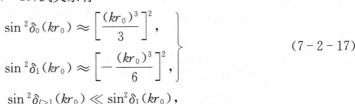

图 7-2-2

(1) 当 $kr_0 \ll 1$ 时,据(6-7-19)式关系有

$$\left. \begin{array}{l} \sin^2 \delta_0(kr_0) \approx \left[\dfrac{(kr_0)^3}{3} \right]^2, \\[3mm] \sin^2 \delta_1(kr_0) \approx \left[-\dfrac{(kr_0)^3}{6} \right]^2, \end{array} \right\} \tag{7-2-17}$$

$$\sin^2 \delta_{l>1}(kr_0) \ll \sin^2 \delta_1(kr_0),$$

由此可得平均散射功率的近似式为

$$\overline{W}_\mathrm{s} \approx \frac{4\pi r_0^2 I_\mathrm{p}}{(kr_0)^2} \left[\frac{(kr_0)^6}{9} + \frac{(kr_0)^6}{12} \right] = \frac{7}{9}(\pi r_0^2)(kr_0)^4 I_\mathrm{p} \quad (kr_0 \ll 1). \tag{7-2-18}$$

(2) 当 $kr_0 \gg 1$ 时,经适当的数学处理可得以下近似式

$$\overline{W}_\mathrm{s} \approx 2\pi r_0^2 I_\mathrm{p} \quad (kr_0 \gg 1). \tag{7-2-19}$$

从(7-2-18)与(7-2-19)两式可知,当频率比较低或球体比较小时平均散射功率仅占平均入射功率($\pi r_0^2 I_\mathrm{p}$)的很小一部分,并且与频率和球体半径的四次方成正比,频率降低一半或球体半径减小一半散射功率将降低 16 倍.此结果说明,当声波的频率很低以至其波长比圆球半径大很多时,圆球的存在对入射波的传播并不发生很大影响,大部分入射声波可以绕过圆球向前传播.声波能绕过"障碍物"前进的现象称为**声波的绕射**,也称**衍射**.当频率较高或者球体较大时平均散射功率接近一极限值,等于平均入射功率的 2 倍.散射功率比入射功率大乍看起来会觉得奇怪,似乎违背了能量守恒定律,但其实不然,因为当频率较高以至其波长比圆球半径小很多时,散射波将分成两半,一半集中于入射波前进方向,它是一种相干波,与"透过"圆球前进的入射波干涉而完全相消,因而在圆球背面不存在声场,即形成"声影",而另一半则散布于圆球的前半球方向,造成"反射声".这就是说,当声波的波长比圆球半径小很多时,圆球实际上将成为一良好的反射体,它可以完全挡住声波的向前传播.

7.2.2 刚性圆球上的总声压

根据上面讨论,由于散射体的存在,空间的声场应由两部分组成,一是入射声场,另一是散射声场,这时空间的总声压可表示为

$$p = p_p + p_s. \tag{7-2-20}$$

如果把总声压表示式中的径向坐标 r 以 r_0 代替,则就可得到在刚性圆球表面上的总声压为

$$p_{r_0} = p_a e^{j\omega t} \sum_{l=0}^{\infty} (-j)^l (2l+1) P_l(\cos\theta) [j_l(kr_0) + j\sin\delta_l(kr_0) e^{j\delta_l(kr_0)} h_l^{(2)}(kr_0)].$$

$$\tag{7-2-21}$$

据球亨格尔函数的定义以及球贝塞尔函数与球诺依曼函数关系知有

$$\frac{dh_l^{(2)}(x)}{dx} = j_l'(x) - jn_l'(x) = -jD_l(x)e^{-j\delta_l(x)} = D_l(x)[-j\cos\delta_l(x) - \sin\delta_l(x)],$$

$$\tag{7-2-22}$$

$$j_l'(x) = \frac{1}{2l+1}[lj_{l-1}(x) - (l+1)j_{l+1}(x)],$$

$$n_l'(x) = \frac{1}{2l+1}[ln_{l-1}(x) - (l+1)n_{l+1}(x)],$$

$$j_l(x)n_{l-1}(x) - n_l(x)j_{l-1}(x) = \frac{1}{x^2},$$

其中 $j_l'(x) = \dfrac{dj_l(x)}{dx}$, $n_l'(x) = \dfrac{dn_l(x)}{dx}$. 因此(7-2-21)式中方括号内的函数可化为

$$j_l(x) + j\sin\delta_l(x)e^{j\delta_l(x)}h_l^{(2)}(x) = -j\frac{j_l(x)n_l'(x) - n_l(x)j_l'(x)}{j_l'(x) - jn_l'(x)}$$

$$= -j\frac{\dfrac{1}{x^2}}{j_l'(x) - jn_l'(x)}$$

$$= \frac{e^{j\delta_l(x)}}{x^2 D_l(x)}, \tag{7-2-23}$$

于是总声压可化为

$$p_{r_0} = \frac{p_a e^{j\omega t}}{(kr_0)^2} \sum_{l=0}^{\infty} \frac{(-j)^l (2l+1) P_l(\cos\theta)}{D_l(kr_0) e^{-j\delta_l(kr_0)}}. \tag{7-2-24}$$

按照(6-7-47)式可以求得总声压的有效值平方

$$p_{e(r=r_0)}^2 = \frac{1}{2} \text{Re}(p_{r_0} \cdot p_{r_0}^*) = \frac{p_a^2}{2} F_r(\theta), \tag{7-2-25}$$

式中 $F_r(\theta)$ 与第 6 章中刚性圆球上点源辐射的角分布函数(6-7-54)式除了以 $\frac{1}{2}\pi(l'-l)$

替换 $\frac{1}{2}\pi(l-l')$ 以外,其他完全一样. 因此,刚性圆球上总声压有效值平方的角分布关系也可用图6-7-4来描述,不过应将该图的横坐标从 $0°\sim180°$ 换成 $180°\sim0°$. 从图可知,在球面上不同的 θ 位置声压是不相同的,而且不同的 kr_0 值声压随角度 θ 的变化也不一样. 当 kr_0 较小时声压与 θ 无关,从 $kr_0=1$ 开始声压随 θ 的变化愈来愈明显. 在 $\theta=\pi$ 处即在圆球上最靠近声源的一点,声压达到极大值. 我们设想有一传声器外形呈圆球状,振膜放在球面上的某一位置,那么据上述结果可知,当此传声器绕极轴旋转时作用在振膜上的声压将随之变

化,这就表示传声器将产生由散射引起的附加指向性. 频率较低或者圆球半径较小以至满足 $kr_0 < 1$ 时,这种附加指向性可以忽略不计;当频率升高或者圆球半径增大以至满足 $kr_0 > 1$ 时,这种附加指向性将愈来愈显著.

我们再来观察一下在 $\theta = \pi$ 点上总声压随 kr_0 的变化规律,这时从(7-2-24)式可得

$$p_{r_0}(\pi) = \frac{p_a e^{j\omega t}}{(kr_0)^2} \sum_{l=0}^{\infty} \frac{(-j)^l (2l+1) P_l(\cos\pi)}{D_l(kr_0) e^{-j\delta_l(kr_0)}}.$$

$$\approx \begin{cases} \left(1 + \frac{3}{2} j kr_0\right) p_a e^{j\omega t} & (kr_0 \ll 1), \\ 2 p_a e^{j\omega t} & (kr_0 \gg 1). \end{cases} \quad (7-2-26)$$

图 7-2-3 表示在 π 点总声压有效值与入射声压有效值的比值 Δ 随 (kr_0) 变化的曲线. 从图可以看出,当 $kr_0 \ll 1$ 时,$\Delta \approx 1$;当 $kr_0 \approx 1$ 时,$\Delta > 1$;当 $kr_0 \gg 1$ 时,$\Delta \approx 2$. 这表明,如果圆球为一传声器,那么当 $kr_0 \ll 1$ 时,它所接收到的声压接近入射波声压,传声器的置入对声场的干扰可以忽略;当 $kr_0 \approx 1$ 时传声器接收到的声压已明显偏离原始入射声压的真值;而 $kr_0 \gg 1$ 时,接收到的声压将比真值大一倍. 例如,有一半径为 $r_0 = 0.02$ m 的圆球状传声器,可以估计与 $kr_0 = 1$ 对应的频率为 $f = 2\,858$ Hz,即对于这样尺寸的圆球状传声器,在高于 $2\,858$ Hz 的频率开始,传声器接收到的

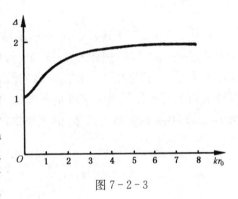

图 7-2-3

声压已开始出现明显的与入射声压真值的偏差. 很显然如果我们欲用此传声器来测量自由声场的声压,那么就必须对此偏差预先进行校正.

7.2.3 液体中气泡的声散射

液体中常会溶入气体而在其中形成各种大小的气泡,液体中存在气泡对声传播的影响很大. 一般在进行超声测量前,都要作除气处理. 气泡对声传播的影响,很大程度上表现在气泡对声的散射效应. 而作为散射问题看来,气泡又是一个极易压缩的弹性球,与刚性球情形正好相反. 液体中气泡的声散射,原则上可以与上面对刚性圆球那样作类似处理. 假设自远方有一平面波 $p_p = p_a e^{j(\omega t - kz)}$ 传来,可以将该平面波以及对应的散射波同样用(7-2-3)式~(7-2-8)式的球函数展开来表示. 不同的是,半径为 r_0 的气泡本身也是一种弹性体,其内部也应存在声波,因而也应写出气泡内的声压及质点速度表示式. 为了一般起见,我们把这散射体看成为一流体的弹性球,其密度与声速分别用 $\bar{\rho}$ 与 $\bar{C}_0$ 表示. 流体弹性球内声场是一个有中心问题,因为球诺依曼函数在球中心发散的自然条件,使声场中对径向坐标 r 的解仅需保留球贝塞尔函数,而其声压及径向质点速度可分别表示为

$$\bar{p} = e^{j\omega t} \sum_{l=0}^{\infty} \bar{A}_l P_l(\cos\theta) j_l(\bar{k}r) = e^{j\omega t} \sum_{l=0}^{\infty} \bar{A}_l P_l(\cos\theta) G_l(\bar{k}r) \cos\varepsilon_l(\bar{k}r),$$

$$(7-2-27)$$

与

$$\overline{v} = -\frac{\overline{k}\mathrm{e}^{\mathrm{j}\omega t}}{\mathrm{j}\omega\overline{\rho}_0}\sum_{l=0}^{\infty}\overline{A}_l\mathrm{P}_l(\cos\theta)\big[-D_l(\overline{k}r)\sin\delta_l(\overline{k}r)\big]. \qquad (7-2-28)$$

在球面上即 $r=r_0$ 处应有如下边界条件

$$(p_\mathrm{p}+p_\mathrm{s}) = \overline{p}\,|_{r=r_0},$$

$$(v_\mathrm{p}+v_\mathrm{s}) = \overline{v}\,|_{r=r_0}. \qquad (7-2-29)$$

将(7-2-3),(7-2-6),(7-2-7)与(7-2-8)等式,连同(7-2-27)与(7-2-28)式代入上式,便可确定

$$B_l = p_\mathrm{a}(-\mathrm{j})^{l+1}(2l+1)\times\frac{\dfrac{\overline{\rho}_0\overline{c}_0}{\rho_0 c_0}D_l\sin\delta_l\cdot\overline{G}_l\cos\overline{\varepsilon}_l - \overline{D}_l\sin\overline{\delta}_l\cdot\mathrm{j}_l}{\dfrac{\overline{\rho}_0\overline{c}_0}{\rho_0 c_0}D_l\mathrm{e}^{-\mathrm{j}\delta_l}\overline{G}_l\cos\overline{\varepsilon}_l + \mathrm{j}G_l\mathrm{e}^{-\mathrm{j}\varepsilon_l}\overline{D}_l\sin\overline{\delta}_l}, \qquad (7-2-30)$$

式中带横杠的函数 $\overline{D}_l,\overline{G}_l,\overline{\varepsilon}_l,\overline{\delta}_l$ 表示是球内量 $\overline{k}r_0$ 的函数,而不带横杠的函数 $D_l,G_l,\varepsilon_l,\delta_l$ 为球外量 kr_0 的函数.例如 $\overline{D}_l=D_l(\overline{k}r_0)$, $D_l=D_l(kr_0)$ 等.(7-2-30)式可以用来决定散射声压的大小,该式适用于一般流体球的散射.现在我们假设流体球是一呈均匀脉动的气泡,其球表面上的声压及质点速度是各向均匀的,而与极角 θ 无关,因而球内波中仅存 $\overline{A}$,而其余 $\overline{A}_{l>0}$ 都为零.因而散射波 p_s 的大小也仅需保留与 B_0 有关的项,而 B_0 可表示为

$$B_0 = -\mathrm{j}p_\mathrm{a}\frac{\dfrac{\overline{\rho}_0\overline{c}_0}{\rho_0 c_0}D_0\sin\delta_0\cdot\overline{G}_0\cos\overline{\varepsilon}_0 - \overline{D}_0\sin\overline{\delta}_0\cdot G_0\cos\varepsilon_0}{\dfrac{\overline{\rho}_0\overline{c}_0}{\rho_0 c_0}D_0\mathrm{e}^{-\mathrm{j}\delta_0}\overline{G}_0\cos\overline{\varepsilon}_0 + \mathrm{j}G_0\mathrm{e}^{-\mathrm{j}\varepsilon_0}\overline{D}_0\sin\overline{\delta}_0}, \qquad (7-2-31)$$

一般可以认为气泡大小满足 $kr_0\ll1,\overline{k}r_0\ll1$,因此当变量 $z\ll1$ 时可以利用函数的近似:
$D_0(z)\approx\dfrac{1}{z^2},\delta_0(z)\approx\dfrac{z^3}{3},G_0(z)\approx\dfrac{1}{z},\varepsilon_0(z)\approx z-\dfrac{\pi}{2},\mathrm{j}_0(z)\approx1,\mathrm{e}^{-\mathrm{j}\delta_0}\approx1$ 以及 $\mathrm{e}^{-\mathrm{j}z}\approx1-\mathrm{j}z$.
从而(7-2-31)式可简化并整理为

$$B_0 = -p_\mathrm{a}\frac{\rho_0 c_0(kr_0)^2(1-\overline{\kappa}/\kappa)}{\rho_0 c_0\big[(kr_0)^2+\mathrm{j}(kr_0-\dfrac{3}{kr_0}\dfrac{\overline{\kappa}}{\kappa})\big]} = \frac{-p_\mathrm{a}\rho_0 c_0(1-\overline{\kappa}/\kappa)}{Z_0}, \qquad (7-2-32)$$

式中 $\kappa=\rho_0 c_0^2$ 和 $\overline{\kappa}=\overline{\rho}_0\overline{c}_0^2$ 代表各自媒质的体弹性模量.这里 Z_0 具有声阻抗率的量纲,它也可表示成

$$Z_0 = Z_r + Z_c, \qquad (7-2-33)$$

这里

$$Z_r = \rho_0 c_0(k^2 r_0^2 + \mathrm{j}kr_0), \qquad (7-2-34)$$

即为脉动小球源的辐射阻抗(见§6.1.3),而读者应可理解.

$$Z_c = -\mathrm{j}\frac{3\rho_0 c_0\dfrac{\overline{\kappa}}{\kappa}}{kr_0} = \frac{S_0}{\mathrm{j}\omega V_0/\overline{\rho}_0\overline{c}_0^2} = \frac{3\overline{\rho}_0\overline{c}_0^2}{\mathrm{j}\omega r_0}, \qquad (7-2-35)$$

这里 $S_0=4\pi r_0^2$, $V_0=\dfrac{4}{3}\pi r_0^3$ 分别为脉动小球的面积和体积,因此 Z_c 表现了脉动气泡的容抗

特性(声容为 $\dfrac{V_0}{\rho_0 \bar{c}_0^2}$),称为脉动气泡的声容抗率,显然由气泡的辐射质量抗与球腔的容抗可构成气泡的共振,这是气泡作为液体中的散射体所具有的独特性能. 其共振频率 f_r 可近似由下式确定,

$$\rho_0 c_0 k r_0 = \frac{3\bar{\rho}_0 \bar{c}_0^2}{\omega_r r_0},$$

并等于

$$f_r = \frac{c_0}{2\pi r_0} \sqrt{\frac{3\bar{\kappa}}{\kappa}}, \qquad (7-2-36)$$

如果气泡内气体遵循绝热气体定律 $pV^\gamma =$ 常数,则气泡的共振频率还可表示为

$$f_r = \frac{1}{2\pi r_0} \sqrt{\frac{3\gamma \overline{P}_0}{\rho_0}}, \qquad (7-2-37)$$

式中 γ 为气体的定压与定容比热容之比,对于空气已知 $\gamma = 1.4$,$\overline{P}_0$ 为气泡内气体的静压. 假定取 $\overline{P}_0 = 10^5$ Pa,$r_0 = 10^{-5}$ m,则可以从(7-2-37)估计得 $f_r = 3.2 \times 10^5$ Hz. 当然气泡能在液体中维持,一般还得考虑其表面张力 $p' = \dfrac{2\sigma}{r_0}$ 的存在. 如果取水中气泡的表面张力系数为 $\sigma = 7.2 \times 10^{-2}$ N/m(20℃),则可以估计对于 r_0 大于 10^{-5} m 的气泡,其表面张力 p' 小于 1.4×10^4 Pa,与通常液体中气泡的静压约为 10^5 Pa 相比要小很多,其影响可以忽略不计. 这里还需估计一下,以上计算对气泡大小的适用范围. 在上面计算中我们不仅假设了 $kr_0 \ll 1$,也假设了 $\bar{k}r_0 \ll 1$. 对于水中气泡一般应 $\bar{c}_0 < c_0$,因此也应对 $\bar{k}r_0 \ll 1$ 条件的范围作一限定. 我们可以按(7-2-36)式将该条件重写为

$$\bar{k}r_0 = \frac{f}{f_r} \sqrt{\frac{3\bar{\rho}_0}{\rho_0}} \ll 1. \qquad (7-2-38)$$

对于水中气泡,$\overline{P}_0 = 10^5$ Pa,$\sqrt{\dfrac{3\bar{\rho}_0}{\rho_0}} \approx \dfrac{1}{17}$,因此由(7-2-38)式的条件可推导为应满足 $f \ll 17 f_r$ 的要求. 当声波的频率等于气泡的共振频率时,$\bar{k}r_0 \approx \dfrac{1}{17}$,并且即使声波频率超过气泡共振频率 4 倍,也有 $\bar{k}r_0 \approx \dfrac{1}{4}$. 此时上述近似理论应还有足够的适用性.

现在我们来对刚性小球与脉动小气泡散射特性作一比较,为此我们重写刚性小球的散射功率表示式如下

$$\overline{W} \approx \frac{7}{9} I_p (\pi r_0^2)(k r_0)^4, \qquad (7-2-18)$$

而小气泡脉动球的散射功率可以以 $kr \gg 1$ 时的声场值导得为

$$\overline{W} \approx \frac{1}{2} \mathrm{Re}\{p_s v_s^*\}(4\pi r^2)$$

$$= 4 I_p (\pi r_0^2)(k r_0)^2 \left[(k r_0)^2 + \left(k r_0 - \frac{3\frac{\bar{\kappa}}{\kappa}}{k r_0} \right)^2 \right]^{-1}$$

$$
=\begin{cases}
4I_{\mathrm{p}}(\pi r_0^2)(3\dfrac{\overline{\kappa}}{\kappa})^{-2}(kr_0)^4, & \text{当 } f\ll f_r \text{ 时;}\\[2mm]
4I_{\mathrm{p}}(\pi r_0^2)(kr_0)^{-2}, & \text{当 } f=f_r \text{ 时;}\\[2mm]
4I_{\mathrm{p}}(\pi r_0^2), & \text{当 } f\gg f_r \text{ 时.}
\end{cases}
\tag{7-2-39}
$$

比较(7-2-18)与(7-2-39)两式可以看到,因为一般有 $3\dfrac{\overline{\kappa}}{\kappa}\ll 1$,因此气泡的散射功率要比刚性球大很多.正如本节一开始就曾提到的,液体中存在气泡将会对声波的传播产生很大影响.这也就是为什么一般在进行超声波测量之前一定要对液体作除气处理的重要原因.近年来超声造影剂在超声波成像诊断应用中,获得广泛研究并取得很大进展,这也正是利用了气泡对声波有强的散射作用这一特性作为物理基础的.研究与临床诊断都已确认,将直径为 10^{-6} m 量级的气泡构成的超声造影剂注入人体循环系统中,可以明显提高超声波图像的清晰度与对比度.

习 题 7

7-1 有一压强式动圈传声器,已知其振膜的有效半径为 $a=10^{-2}$ m,振膜的质量 $M_{\mathrm{m}}=2\times10^{-4}$ kg,固有频率 $f_0=300$ Hz,振动系统的力学品质因素 $Q_{\mathrm{m}}=2$,音圈导线长度 $l=3$ m,气隙的磁通量密度 $B=1$ Wb/m^2.假定有频率为 100 Hz,300 Hz,1 000 Hz,有效声压都为 1 Pa 的声波依次垂直作用在振膜上,试问该传声器的开路输出有效电压将各为多少?

7-2 有一压强式电容传声器,振膜由镍做成,已知其半径为 $a=10^{-2}$ m,厚度 $h=10^{-5}$ m,振膜与背极间的距离 $D=10^{-5}$ m,施加的极化电压 $E_0=200$ V.假定有一频率为 200 Hz、有效声压为 1 Pa 的声波作用在振膜上,试问该传声器的开路输出有效电压为多少?

7-3 有一压强式动圈传声器,已知振膜的有效半径 $a=2\times10^{-2}$ m.假设有一频率为 4 000 Hz 的声波分别以法线($\theta=0°$)与切线方向($\theta=90°$)入射,试问该传声器在此两种入射情况下的开路输出电压相差多少分贝(不计散射效应).

7-4 有一利用压差原理做成的动圈传声器,振膜前后的声程差已知为 $\Delta=4\times10^{-2}$ m.假设传声器的力学参数与声波的作用情况同题 7-1 完全一样,试求该传声器的开路输出电压.如果要求传声器在上述频率范围内开路灵敏度(开路输出电压与作用声压之比)均匀,则传声器振动系统的固有频率与力学品质因素应作怎样的改变?

7-5 有一点声源向空间辐射 200 Hz 的声波,现将一压差式传声器依次放在离声源 0.01 m 与 1 m 处进行测量,试问测得的开路输出电压将差多少分贝?

7-6 将一压差传声器垂直置于平面驻波场中($\theta=0$),此声场的声压可表示为 $p=2p_a\sin kx\cos\omega t$.试导出振膜上作用力的表示式,并讨论在声压波节与波腹处作用力的变化情况.

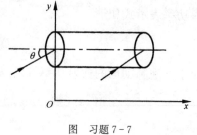

图 习题 7-7

7-7 有一长 l 截面积 S 的圆柱体置于平面声场中,其两端面与声波入射方向成 θ 角,如图所示.假设 kl 并不很小,试证明作用在该圆柱体两端上的合力振幅等于 $F_{\mathrm{a}}=\left|2p_a S\sin\left(\dfrac{kl}{2}\cos\theta\right)\right|$.

提示:入射波声压可表示为 $p=p_a\mathrm{e}^{\mathrm{j}(\omega t-kx\cos\theta)}$.

7-8 当 $kl\ll1$ 试将从上题得到的结果与(7-1-11)式作一比较.

7-9 对一压强与压差复合式动圈传声器,试问应怎样来选择其力学振动系统与声学系统的参数,使传声器的开路灵敏度在一较宽的频率范围内保持均匀的频率特性?

7-10 对一压强与压差复合式电容传声器,试问应怎样来选择其力学振动系统与声学系统的参数,使传声器的开路灵敏度在一较宽的频率范围内保持均匀的频率特性?

7-11 有两个相同的小型压强式传声器,相距为 d,它们的开路输出串联相接,由此构成一复合接收系统,现将它置于平面声场中,与声波入射方向成 θ 角,如图所示.试求这一复合接收系统的接收指向特性 D.

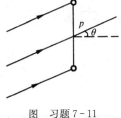

7-12 如果上题两个传声器为动圈式的,而它们音圈的极性正好反接.试问其接收指向特性将变成怎样?

7-13 将 7-11 题的两个传声器扩展为 n 个传声器,它们之间相距都为 d.试证明这一 n 个小型传声器构成的接收系统的指向特性等于

图 习题7-11

$$D = \frac{\sin\left(\dfrac{n}{2}kd\cos\theta\right)}{n\sin\left(\dfrac{kd}{2}\cos\theta\right)}.$$

7-14 设由 n 个相同的小型压强式动圈传声器,相互紧靠地排成一直线,构成一直线式接收系统.假设每一传声器的受声面为矩形,其面积等于 $a\cdot dx$,接收系统的总长为 $l=ndx$.现将它置于平面声场中,与声波的入射方向成 θ 角,如图所示.设这 n 个传声器的输出串联相接,试求这一系统的开路输出电压振幅表示式.

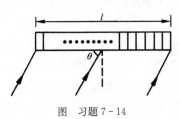

7-15 设如图 7-1-11 所示的声强计,接收面 1 和接收面 2 的接收灵敏度存在 Ψ 角的相位差,试证明,按声强计原理接收到的声强应为 $I = I_p[\sin(k\Delta - \Psi)/k\Delta]$,这里 $I_p = \dfrac{1}{2}p_a^2/\rho_0 c_0$ 为入射声强.

图 习题7-14

7-16 设有一平面声波入射于水中小气泡.试求出在气泡表面由散射引起的总声压.并讨论当气泡发生共振时,此一总声压将比入射声压大多少.

7-17 设水中的散射体不是气泡而是一般的液体球,如小油滴.假定该液体球很小,以至满足 $\overline{k}r_0$ 和 kr_0 远小于 1 的条件.试求该小球的散射声压表示式.

注意:这种情况下,散射声压展开式中,零阶与一阶项将是具有同级的小量,即计算中应同时计及 B_0 和 B_1 的项.

8

室内声场

前面我们重点讨论了无界空间中的声场，即自由声场．这相当于声源悬挂在高空的情形，消声室就是这种无界空间的模拟．这时声波只是从声源向四周辐射出去，而不受边界和其他物体的反射，同时也没有另外的声波干扰．在这种空间中，有效声压与离声源的距离成反比．但是在不少实际问题中，声的辐射、传播与接收是在室内进行的，例如在厅堂中演讲、剧院中演唱、工厂车间中机器噪声的辐射等等．由于室内存在壁面，就要产生声的反射而形成驻波，并且由于壁面的声学性质往往不可能处处均匀，房间体形一般也不规则，而且室内还常常放置其他物体，以及还有人；这就使一般室内声场变得十分复杂．这种复杂的声场自然不会再遵循自由声场中的传播规律了，但是要对一般室内声场通过波动声学的方法来求得严格的解答，困难较大．目前能解决比较好的还只限于几种形状比较规则的有界空间，例如矩形、球形、柱形等．这里我们将先采用一种统计声学的方法来处理室内声场．统计声学自然不如通过波动方程求解的波动声学方法严格，但在解决一般室内声学的实际问题中已颇见功效，由此得到的关于室内声场的一些统计的平均规律，对于体积大而形状不规则的房间适用性更好．在本章的后面我们再来简要地介绍一下用波动声学处理室内声场的基本方法和结果．

8.1 用统计声学处理室内声场

8.1.1 扩散声场

我们假设在一封闭空间中有一声源发出声波，这一声波将向四周传播开去．我们设想把从声源发出的声波分成无限多条平面声束，各声束的出射方向都不相同．声束在碰到壁面以前是沿直线进行的，可用声线来表示，当它碰到壁面后就反射，反射角等于入射角，然后在新的方向继续前进，直至碰到另一壁面再进行反射，如此地继续下去，如图 8-1-1．由于声线以声速运动，在一秒钟内每一条声线就可能遇到很多次的反射，而声线又有无限多条，并且它们的出射方向各不相同，再假定壁面也呈不规则状，那么声线就在室内到处"乱窜"，

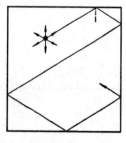

图 8-1-1

并不断地迅速地改变其行进方向.结果使室内声的传播完全处于无规状态,以致从统计观点来说可以认为声通过任何位置的几率是相同的,并且通过的方向也是各方向几率相同的,在同一位置各声线相遇的相位是无规的,由此而造成室内声场的平均能量密度分布是均匀的.这一种统计平均的均匀声场称为**扩散声场**.可以归纳扩散声场的定义为:

（1）声以声线方式以声速 c_0 直线传播,声线所携带的声能向各方向的传递几率相同;

（2）各声线是互不相干的,声线在叠加时,它们的相位变化是无规的;

（3）室内平均声能密度处处相同.

这三条定义之间都有内在联系,是互相制约的,缺少其中任一条,扩散声场的假设就会受到全面破坏.

扩散声场的产生从波动声学观点来看也是有根据的.当声源在室内辐射时,由于壁面以及各种反射体与散射体的存在,使室内形成数目极多的驻波,造成其中声压的分布规律极为复杂.如果假设驻波进一步增加,而声场分布进一步复杂化,从而使驻波声场中声压极大与极小的差异几乎消失,由此就形成"均匀"的声场.

8.1.2　平均自由程

设在室内有一声源发射声波,声波以声线方式向各方向传播.一般说,一条声线在一秒钟内要经过多次的壁面反射.由于声源是向各个方向发射声线的,各声线与壁面相碰的位置各不相同,在两次壁面反射之间经历的距离也各不相同.因此,我们需要用统计的方法算出声线在壁面上两次反射之间的平均距离——**平均自由程**.

这里我们将以矩形空间为例来导出平均自由程公式.可以指出,对于球形与圆柱形空间也将得到相同的结果.这说明平均自由程公式与空间形状的关系不大,由此可以将矩形空间导得的结果推广到任何形状的空间.这一结论也已为实验所证实.

设矩形空间的长、宽、高各为 l_x, l_y, l_z,它们分别与坐标轴 x, y, z 相一致.假设在空间 M 处有一声源发出一根声线 MP,它与 z 轴成 θ 角,而在 xy 面的投影线与 x 轴成 φ 角,如图 8-1-2.因为声线的运动速度为声速 c_0,所以对于任一对立的壁面每秒钟声线的碰撞数应是声速 c_0 在这些壁面的垂直分量除以它们之间的距离.声速 c_0 在 x, y, z 的分量分别为 $c_0\sin\theta\cos\varphi$, $c_0\sin\theta\sin\varphi$ 与 $c_0\cos\theta$,因此与这些轴的垂直壁面相对应的碰撞数应为 $\left(\dfrac{c_0}{l_x}\right)\sin\theta\cos\varphi$, $\left(\dfrac{c_0}{l_y}\right)\sin\theta\sin\varphi$ 与

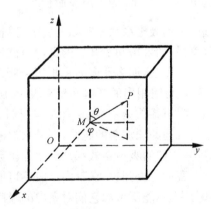

图 8-1-2

$\left(\dfrac{c_0}{l_z}\right)\cos\theta$.设从声源 M 在 1 s 内发射了 $4\pi n$ 条声线,

其中 n 为单位立体角内的声线数.这样投入到 (θ,φ) 方向在立体角 $\mathrm{d}\Omega=\sin\theta\mathrm{d}\theta\mathrm{d}\varphi$ 内的声线数应等于 $n\sin\theta\mathrm{d}\theta\mathrm{d}\varphi$,而每秒钟声线的碰撞总数显然应等于

$$N = 8\int_0^{\pi/2}\int_0^{\pi/2} n\left[\frac{c_0}{l_x}\sin\theta\cos\varphi + \frac{c_0}{l_y}\sin\theta\sin\varphi + \frac{c_0}{l_z}\cos\theta\right]\sin\theta\mathrm{d}\theta\mathrm{d}\varphi = n\pi c_0\frac{S}{V},$$

$$(8-1-1)$$

其中 $S=2(l_x l_y+l_x l_z+l_y l_z)$ 为室内壁面总面积,$V=l_x l_y l_z$ 为房间的体积. 因为在 1 s 内所有声线所通过的总距离为 $L=4\pi nc_0$,所以用它来除每秒的声线碰撞总数 N 就可得平均自由程

$$\bar{L}=\frac{L}{N}=\frac{4\pi nc_0}{n\pi c_0 \dfrac{S}{V}}=\frac{4V}{S}. \tag{8-1-2}$$

从此式看到,平均自由程 $\bar{L}$ 仅与房间的几何参数 S,V 有关,而与声源 M 的位置无关,这充分反映了平均自由程这一量具有统计规律的特性.

8.1.3 平均吸声系数

当声波在室内碰到壁面(包括天花板与地板)时,如果壁面并非刚性,它对声波具有一定的吸声能力,那么一部分入射波就要被壁面吸收,被壁面所吸收的能量与入射能量的比值称为**壁面的吸声系数** α_i. 因为在扩散声场前提下声能向各方向的传递几率相同,所以对每一吸声表面入射声在所有方向都具有相同的几率,因此这一吸声系数 α_i 应是对所有入射角的平均结果. 读者应该记得,我们在第 5 章也曾经遇到过吸声材料或吸声结构的吸声系数,但那里仅属于垂直入射情形,而这里是对所有入射角的平均. 因为一般吸声材料对不同入射方向,吸声系数是不相同的,所以这两者的数值是不一样的. 关于它们之间的关系我们将在 §8.2.4 中再予讨论.

设对应于某吸声表面 S_i 的吸声系数为 α_i,如果对室内所有的吸声表面的吸声系数进行平均,则可得室内平均吸声系数为

$$\bar{\alpha}=\frac{\displaystyle\sum_{i=1}\alpha_i S_i}{S}, \tag{8-1-3}$$

这里 $S=\displaystyle\sum_{i=1} S_i$ 为吸声总面积.

平均吸声系数 $\bar{\alpha}$ 实际上表示房间壁面单位面积的平均吸声能力,也称**单位面积的平均吸声量**. 如果房间有开着的窗,并且窗的几何尺寸远大于声波波长,入射到窗上的声波将全部透射出去,那么开窗面积相当于吸声系数 $\alpha_i=1$ 的吸声面积 S_i. 这样某一壁面的吸声量 $\alpha_i S_i$ 就可用相当的开窗面积来表示,吸声量的单位用 m^2 表示. 例如在 $S_i=10$ m^2 的壁面上铺上吸声系数为 $\alpha_i=0.2$ 的吸声材料,那么其吸声量 $\alpha_i S_i=2$ m^2. 房间中一般采用的壁面,不论是普通的抹泥灰的砖墙,还是水泥地板、木质天花板,或者在壁面上铺上特制的吸声材料等等,它们的吸声系数都是频率的函数.

我们已提到过,在室内一般还可能存在人与物体. 虽然这些人和物体不是构成壁面的一部分,但不能不考虑它们对室内的吸声贡献. 一般在习惯上我们用 $S\alpha_j$ 来表示每个人或每件物体的吸声量,并把它附加到(8-1-3)的分子中去,而房间总壁面不变. 在计及这一部分的吸声贡献后室内平均吸声系数可写成

$$\bar{\alpha}=\frac{\displaystyle\sum_{i=1}\alpha_i S_i+\sum_{j=1} S\alpha_j}{S}. \tag{8-1-4}$$

例如,室内有 20 只木椅,每只木椅的吸声量为 0.02 m^2,则 20 只木椅的吸声量为 $\displaystyle\sum_{j=1}^{20} S\alpha_j=$

$20 \times 0.02 = 0.4 (\text{m}^2)$.

8.1.4 室内混响

房间中从声源发出的声波能量,在传播过程中由于不断被壁面吸收而逐渐衰减.声波在各方向来回反射,而又逐渐衰减的现象称为**室内混响**.

一般在房间中可以存在两种声音,自声源直接到达接收点的声音叫**直达声**;而经过壁面一次或多次反射后到达接收点的声音,听起来好像是直达声的延续,叫做**混响声**.

这里还应指出,如果到达听者的直达声与第一次反射声之间,或者相继到达的两个反射声之间在时间上相差 50 ms 以上,而反射声的强度又足够大,使听者能明显分辨出两个声音的存在,那么这种延迟的反射声叫做**回声**.回声与混响是不同的概念,回声的存在将严重破坏室内的听音效果,一般应力求排除,而一定的混响声却是有益的.

室内存在混响这是有界空间的一个重要声学特性,在无界空间中是不存在这一现象的.下面我们来看一看当声源停止工作后室内混响的规律.

假设声源在发声一段时间之后突然停止,声在室内将逐渐衰减.设声源停止时刻 $t=0$,此时室内的平均能量密度为 $\bar{\varepsilon}_0$.假设房间的平均吸声系数为 $\bar{\alpha}$,在经过第一次壁面反射后室内的平均能量密度变为 $\bar{\varepsilon}_1 = \bar{\varepsilon}_0(1-\bar{\alpha})$,第二次反射后为 $\bar{\varepsilon}_2 = \bar{\varepsilon}_0(1-\bar{\alpha})^2$,在 N 次反射后为 $\bar{\varepsilon}_N = \bar{\varepsilon}_0(1-\bar{\alpha})^N$.我们已知房间的平均自由程为 $\bar{L}$,所以室内在 1 s 内发生的反射次数应是速度 c_0 除以平均自由程,即 $\dfrac{c_0}{\bar{L}} = \dfrac{c_0 S}{4V}$,而 t 秒钟发生的反射次数应是 $\dfrac{c_0}{\bar{L}}t = \dfrac{c_0 S}{4V}t$,于是在 t 秒后的平均能量密度就变为

$$\bar{\varepsilon}_t = \bar{\varepsilon}_0 (1-\bar{\alpha})^{\frac{c_0 S}{4V}t}. \tag{8-1-5}$$

因为在扩散声场中各点的总平均能量密度,可以看成是由许多互不相干的声线的平均能量密度的叠加,所以其总平均能量密度与总有效声压平方的关系可用(4-6-7)式来表示,于是(8-1-5)式可改写为

$$p_e^2 = p_{e0}^2 (1-\bar{\alpha})^{\frac{c_0 S}{4V}t}. \tag{8-1-6}$$

这里 p_e 为室内某时刻 t 的有效声压,p_{e0} 为 $t=0$ 时的有效声压.我们用一个称为**混响时间**的量来描述室内声音衰减快慢的程度.它的定义为:在扩散声场中,当声源停止后从初始的声压级降低 60 dB $\left(\text{相当于平均声能密度降为}\dfrac{1}{10^6}\right)$ 所需的时间,用符号 T_{60} 来表示.按混响时间的定义有

$$20\lg \frac{p_e}{p_{e0}} = 10\lg(1-\bar{\alpha})^{\frac{c_0 S}{4V}T_{60}} = -60, \tag{8-1-7}$$

由此解得

$$T_{60} = 55.2\frac{V}{-c_0 S\ln(1-\bar{\alpha})}. \tag{8-1-8}$$

如果取 $c_0 = 344$ m/s,则可得

$$T_{60} = 0.161\frac{V}{-S\ln(1-\bar{\alpha})}. \tag{8-1-9}$$

如果室内平均吸声系数较小,满足 $\bar{\alpha}<0.2$,那么由于 $\ln(1-\bar{\alpha})\approx-\bar{\alpha}$,(8-1-9)式可取近似为

$$T_{60} \approx 0.161 \frac{V}{S\bar{\alpha}}. \qquad (8-1-10)$$

(8-1-10)式最早由美国声学家赛宾从实验获得,因此命名为**赛宾公式**.

混响时间对人的听音效果有重要影响,它仍然是迄今为止描述室内音质的一个最为重要的参量.大量经验表明,过长的混响时间会使人感到声音"混浊"不清,使语言听音清晰度降低,甚至根本听不清;混响时间太短就有"沉寂"的感觉,声音听起来很不自然.人们对于语言与音乐,对混响时间的要求是不一样的.一般来说,音乐对混响时间的要求长一些,使人们听起来有丰满的感觉;而语言则要求短一些,有足够的清晰度.对于不同类型的声音(例如语言或音乐),还可以获得一个听音效果最为满意的所谓最佳混响时间,而且这种最佳混响时间还同房间的大小有一定关系.例如,一般小型的播音室、录音室,最佳混响时间要求在 0.5 s 或更短一些;主要供演讲用的礼堂或电影院等,最佳混响时间要求在 1 s;主要供演奏音乐用的剧院和音乐厅,一般要求在 1.5 s 左右为佳.

至于对室内音质的感觉,这就涉及人们的生理和心理等复杂的综合因素,是很难用单一的物理参量 T_{60} 来评估的.除了混响时间外,还会有哪些物理参量对室内音质起着重要影响呢,这也是声学工作者长期在探索着的.当然详细介绍这种探索的历程已超出本书的范围,但是可以指出,混响时间作为评价室内音质最重要的参量,迄今尚无被其他量替代的可能.然而我们已知道,混响时间的公式是在扩散声场前提下导出的,一个房间仅有一个混响时间,但是实际情况是室内声场是不可能达到完全扩散的,因此室内混响时间是不可能处处相同的,而且室内声能量的衰减,在不同时段也不可能都按同一指数规律进行.也就是说,一般情形,室内会存在混响时间的空间不均匀性和时间不均匀性.前者对评估室内音质的重要性是不言而喻的,一个好的厅堂自然要求在厅内各座位之间的混响时间相差不能太大.而后者对室内音质的影响目前也愈来愈引起声学工作者的关注,人们已逐渐认识到,因为混响时间是以声能量停止辐射后衰减 60 dB 的时间为度量的,而早期的衰减时间,例如最先衰减 10 dB 的时间人们的混响感受特别重要,因此提供按早期衰减时间而获得的早期混响时间也十分重要.一位加拿大声学家曾对三个国际著名古典音乐厅进行了系统的研究[1],它们是奥地利的维也纳格鲁斯音乐厅、美国的波士顿音乐厅和荷兰的阿姆斯塔坦音乐厅.他以从最早衰减 10 dB 与从 5 dB 到 35 dB 衰减时为度量而分别获得早期衰减混响时间与一般混响时间以及这些混响时间在室内的空间标准偏差.研究发现,这三个音乐厅在空座时混响感都特别明显,它们一般混响时间约在 2.4 s～3.1 s 范围.而早期衰减混响时间与一般混响时间相差不大,表明厅内的声能量基本上是按同一指数规律衰减的.而且这两种混响时间,除了高频部分因空气吸收都有常规的下降外,几乎与频率关系不大.更有意义的是,它们的满座结果,在低中频段这三个音乐厅的两种混响时间几乎都落在 1.8 s～2.2 s 范围内.研究还显示,这些音乐厅的混响时间的空间标准偏差都较小,除了早期衰减混响时间的空间标准偏差稍大外,一般混响时间的在整个频段内的空间标准偏差几乎不大于 0.1 s.这表明这些厅堂的各

① 参见 J. S. Bradley. A comparison of three classical concert halls[J]. *J. Acoust. Soc. Am*,1991,Vol. 89:1176～1192.

座位之间的混响时间差异甚小,可以认为整个厅内混响时间基本均匀.

上述三个国际著名音乐厅都是具有一定规模的大型厅堂并且已被公认列入世界最优秀音乐厅行列.著名声学家白瑞纳克更将维也纳格鲁斯音乐厅与波士顿音乐厅称为世界排名第一和第二的音乐厅.对于这些著名优秀音乐厅所提供的混响时间数据和规律表现出如此良好的相似性,显然不是一种纯粹的巧合,而一定有其内在的声学规律的联系,这应该引起声学工作者的足够重视.

由公式(8-1-9)可知,一般只要已知房间的几何尺寸以及房间的总吸声量,就可以计算出房间的混响时间.在实际的室内音质设计中,一般常常是根据所要求的混响时间和既定的房间体积,按公式(8-1-9)来估算房间的总吸声量,然后再根据壁面情况选择吸声材料.

由于混响时间通常是比较容易测定的一个量,所以还可以通过对混响时间的测定,再按公式(8-1-9)来求得壁面的吸声系数,这就是目前广为采用的利用混响室来测定吸声材料吸声系数的基本原理.利用这一原理测得的吸声系数反映了不同入射角的平均效果,它同实际使用情况比较接近,而是一种较有实用意义的方法.

公式还告诉我们,当房间的壁面接近完全吸声时,平均吸声系数 $\bar{\alpha}$ 接近于 1,混响时间 T_{60} 趋于零,室内声场接近自由声场,能近似实现这种条件的房间叫做**消声室**.在相反的情况下,房间的壁面接近完全的反射,平均吸声系数 $\bar{\alpha}$ 接近于零,混响时间 T_{60} 趋于无限大,室内混响强烈,能实现这种条件的房间叫做**混响室**.当然一般 $\bar{\alpha}$ 不会等于零,因而混响时间不会趋于无限大,即使房间的壁面是十分坚硬而光滑的,其吸声系数几乎是零,但由于空气有粘滞性,声波要被空气所吸收,所以混响时间只能达到一个有限的数值.

8.1.5 空气吸收对混响时间公式的修正

在上面讨论中认为室内声波的衰减主要是壁面的吸收所引起的.对于较小的房间而频率又比较低是可以这样认为的,但如果房间较大,在壁面两次反射之间的距离很大,而频率又较高时,空气对声波的吸收效应就不能不予考虑.实验指出,对于大的房间,频率高于 1 kHz 以上,空气吸收对室内混响的影响是不可低估的.

空气对声波的吸收原因很多,这里只需考虑空气对声波吸收的实际效果,而不去追究产生吸收的物理机制,关于媒质对声波吸收的详细分析将在第 9 章专门进行.我们已假设室内声能是以声线方式传播的,设声线所携带的平均声强为 I,传播方向为 x,当它在空间传播了距离 dx 时,由于媒质的吸收相应地变化了 dI.这一变化量 dI 与原来的声强 I 以及传播距离 dx 成正比,其比例系数 2α,并考虑到声强是随距离增加而减小的,即当 dx 为正时,dI 应为负,所以可得如下关系

$$dI = -2\alpha I dx, \qquad (8-1-11)$$

或写成

$$\frac{dI}{I} = -2\alpha dx, \qquad (8-1-12)$$

由此积分得

$$I = I_0 e^{-2\alpha x}, \qquad (8-1-13)$$

其中 I_0 为参考位置 $x=0$ 处的声强,2α 称为**声强吸收系数**.可见,由于媒质的吸收,声强将

以指数规律衰减. 由于声强与有效声压平方成正比, 因而从(8-1-13)式可得有效声压的吸收公式为

$$p_e = p_{e0} e^{-\alpha x}, \tag{8-1-14}$$

这里 α 称为**声压吸收系数**.

由于室内每条声线的声强都按指数规律衰减, 而传播距离 x 相当于在室内经历了 t 秒时间, 并且 $x = c_0 t$, 因此室内的平均能量密度由于媒质的吸收也将按指数规律衰减, 并可表示为

$$\bar{\varepsilon} = \bar{\varepsilon}_0 e^{-2\alpha c_0 t}, \tag{8-1-15}$$

在考虑到媒质的吸收后, 室内平均能量密度随时间的总衰减规律可从(8-1-5)式修改成

$$\bar{\varepsilon} = \bar{\varepsilon}_0 (1 - \bar{\alpha})^{\frac{c_0 S}{4V} t} e^{-2\alpha c_0 t}. \tag{8-1-16}$$

按照混响时间的定义, 可从(8-1-16)式解得

$$T_{60} = 55.2 \frac{V}{-S c_0 \log_e (1 - \bar{\alpha}) + 8\alpha V c_0}, \tag{8-1-17}$$

这就是计及媒质吸收后的修正混响时间公式. 当 $\bar{\alpha} < 0.2$ 时, 取 $c_0 = 344$ m/s 就可取近似为

$$T_{60} = 0.161 \frac{V}{S\bar{\alpha} + 8\alpha V}, \tag{8-1-18}$$

这就是**修正的赛宾公式**. 为了避免与壁面吸声系数符号相混淆, 在一般有关室内声学的文献与专著中常用符号 m 来代替空气的声强吸收系数 2α, 因而(8-1-18)式可写成

$$T_{60} = 0.161 \frac{V}{S\bar{\alpha} + 4mV} \tag{8-1-19}$$

或

$$T_{60} = 0.161 \frac{V}{S\bar{\alpha^*}}, \tag{8-1-20}$$

其中 $\bar{\alpha^*} = \left(\bar{\alpha} + \dfrac{4mV}{S} \right)$ 称为**等效平均吸收系数**. 第9章将指出, 声强吸收系数 m 不仅与媒质的性质与状态有关, 而且还是声波频率的函数. 一般频率愈高吸收系数增加得愈快, 它在修正赛宾公式中的贡献愈大. 例如, 在 20℃、相对湿度 50% 的空气中频率 2 kHz 的声波, $4m$ 值等于 0.010 4 m^{-1}, 而 4 kHz 的声波 $4m$ 值等于 0.024 4 m^{-1}. 设有一体积为 100 m^3 的混响室, 壁面为油漆水泥, 总表面积为 135 m^2, 壁面平均吸声系数在这两频率均约为 0.02, 则可以算得在 2 kHz 与 4 kHz 时 $4mV$ 分别为 1.04 m^2 与 2.44 m^2, 而 $S\bar{\alpha}$ 都等于 2.70 m^2. 由此可见, 在 4 kHz 时这两种吸收的贡献几乎各占一半, 而 2 kHz 时壁面吸收要比媒质吸收的贡献大一倍多. 可以指出, 在频率低于 1 kHz 时, 媒质的吸收一般可以忽略不计.

8.1.6 稳态平均声能密度

我们已知, 当声源辐射时, 室内声能由两部分组成: 一是直达声能, 它是声波受到第一次反射以前的声能; 另一是混响声能, 它是包括经第一次反射以后的所有声波能量的叠加. 当声源开始稳定地辐射声波时, 直达声能的一部分被壁面与媒质所吸收, 另一部分就用来不断增加室内混响声场的平均能量密度, 所以声源开始发声后的一段时间内, 房间的总平均声能

密度是随混响平均声能密度的增长而不断增长的. 混响平均能量密度愈大,被壁面与媒质吸收得就愈多. 最后由声源每秒钟提供给混响声场的能量将正好补偿被壁面与媒质所吸收的能量,室内混响声平均能量密度达到动态平衡,这一平均能量密度称为**稳态混响平均声能密度**. 设声源的平均辐射功率为 $\overline{W}$,在第一次反射中被壁面等吸收的平均功率为 $\overline{W}\,\overline{\alpha^*}$,由声源提供给混响声场部分的平均功率为 $\overline{W}(1-\overline{\alpha^*})$. 设稳态混响平均声能密度为 $\bar{\varepsilon}_R$,据 §8.1.3 讨论知,在等效平均吸声系数为 $\overline{\alpha^*}$ 的壁面上 1 秒钟的反射次数为 $\dfrac{c_0 S}{4V}$,那么在室内每秒钟被吸收掉的混响声能为 $\bar{\varepsilon}_R V \overline{\alpha^*} \dfrac{c_0 S}{4V}$. 当混响声场达到稳态时,根据动态平衡条件有

$$\bar{\varepsilon}_R V \overline{\alpha^*} \frac{c_0 S}{4V} = \overline{W}(1-\overline{\alpha^*}), \tag{8-1-21}$$

由此可解得

$$\bar{\varepsilon}_R = \frac{4\overline{W}}{R c_0}, \tag{8-1-22}$$

其中

$$R = \frac{S\overline{\alpha^*}}{1-\overline{\alpha^*}} \tag{8-1-23}$$

称为**房间常数**,单位为 m^2. 从(8-1-22)式看到,稳态混响平均声能密度与声源平均辐射功率成正比,与房间常数成反比. 而从(8-1-23)式知,房间常数 R 与房间的平均吸声系数 $\overline{\alpha^*}$ 有关,$\overline{\alpha^*}$ 愈大,R 就愈大.

8.1.7 总稳态声压级

前已指出,一般室内声场可以看作是直达声与混响声的叠加. 假设室内有一无指向性的声源平均辐射功率为 $\overline{W}$,它在空间产生的直达平均声能密度为 $\bar{\varepsilon}_D$. 由于直达声与混响声是不相干的,据 §4.12.4 所讨论,它们在空间的叠加应表现为它们的能量密度相加,这时室内叠加声场的总平均能量密度应等于

$$\bar{\varepsilon} = \bar{\varepsilon}_D + \bar{\varepsilon}_R. \tag{8-1-24}$$

由于声源是无指向性的,它在空间的辐射应是一均匀的球面波,其平均能量密度可表示成 $\bar{\varepsilon}_D = \dfrac{\overline{W}}{4\pi r^2 c_0}$,其中 r 为接收点离声源的径向距离. 将该式与(8-1-21)式一并代入(8-1-24)式,并考虑到 $\bar{\varepsilon} = \dfrac{p_e^2}{\rho_0 c_0^2}$,所以可得

$$p_e^2 = \overline{W}\rho_0 c_0 \left(\frac{1}{4\pi r^2} + \frac{4}{R}\right), \tag{8-1-25}$$

或用声压级表示

$$\mathrm{SPL} = 10\lg\overline{W} + 10\lg\rho_0 c_0 + 94 + 10\lg\left(\frac{1}{4\pi r^2} + \frac{4}{R}\right) (\mathrm{dB}). \tag{8-1-26}$$

如果取 $\rho_0 c_0 = 400\ \mathrm{N\cdot s/m^3}$,并采用声功率级,那么(8-1-26)式就可改写成

$$\mathrm{SPL} = \mathrm{SWL} + 10\lg\left(\frac{1}{4\pi r^2} + \frac{4}{R}\right) (\mathrm{dB}). \tag{8-1-27}$$

从(8-1-27)式可以看到,室内总声压级与离声源距离 r 的关系同自由声场不一样.当 r 较小以至满足 $\frac{1}{4\pi r^2} \gg \frac{4}{R}$ 时,总声压级以直达声为主,混响声可以忽略;反之,r 较大以至满足 $\frac{1}{4\pi r^2} \ll \frac{4}{R}$ 时,总声压级就以混响声为主,直达声可以忽略,而此时总声压级与 r 无关.例如,两人凑近讲话,听者听到的主要是讲话者的直达声,房间的影响不起作用;如果两人相距较远,那么听者听到的主要是混响声,房间的影响起主要作用.如果我们取 $\frac{1}{4\pi r^2} = \frac{4}{R}$,从此确定一临界距离

$$r = r_c = \frac{1}{4}\sqrt{\frac{R}{\pi}},\tag{8-1-28}$$

在此距离上,直达声与混响声的大小相等.当 $r > r_c$,混响声起主要作用;而 $r < r_c$ 时,直达声起主要作用.临界距离 r_c 与房间常数 R 的平方根成正比.如果 R 相当小,那么房间中大部分区域是混响声场;反之 R 相当大,那么房间中大部分区域是直达声场.由此可见,房间常数 R 是描述房间声学特性的一个非常重要的参量.

按照塞宾混响时间公式(8-1-10),房间常数 R 还可用混响时间 T_{60} 来表示.由此可将室内声场中的混响声贡献部分表示成

$$\frac{4}{R} = \frac{4T_{60}}{0.161V}\left(1 - 0.161\frac{V}{ST_{60}}\right),\tag{8-1-29}$$

或者更近似地表示成

$$\frac{4}{R} \approx \frac{4T_{60}}{0.161V}.\tag{8-1-30}$$

上式表示,室内混响声的贡献部分与混响时间 T_{60} 成正比,而与房间体积 V 成反比.设想如果原房间体积增大一倍,而混响时间仍维持不变,那么,对于那些远离声源,而以混响声为主的部分座位处的听众所感受到的声压级就会比原来降低 3 dB.因此,过大的房间采取电声扩声措施常常是必不可少的.

8.1.8　声源指向性对室内声场的影响

上面我们讨论的前提是声源为无指向性,因此公式(8-1-27)实际上仅适用于点源情形.然而大多数实际的声源是有指向性的,特别对于高频情形.对于有指向性的声源,室内总声压级公式就要加以修正,为此我们引入一个称为**指向性因素**的量,用 Q 表示.Q 的定义为,离声源中心某一位置上(一般常指远场)的有效声压平方与同样功率的无指向性声源在同一位置产生的有效声压的平方的比值,这一 Q 值自然与观察点同声源中心的连线的方向有关.按照 Q 的定义人们可以写出在某一方向离声源 r 处的有效声压平方为

$$p_e^2 = \frac{Q\overline{W}}{4\pi r^2}\rho_0 c_0.\tag{8-1-31}$$

考虑此一结果,可以与上一节类似的步骤导得总声压级的公式为

$$\mathrm{SPL} = \mathrm{SWL} + 10\lg\left(\frac{Q}{4\pi r^2} + \frac{4}{R}\right),\tag{8-1-32}$$

其临界距离为

$$r_c = \frac{1}{4} \sqrt{\frac{QR}{\pi}}. \qquad (8-1-33)$$

由于 Q 值可以大于 1 或小于 1,因而对于不同的方向临界距离就不一样. 对于 $Q>1$ 的方向直达声场范围扩大,混响声场范围缩小;而对于 $Q<1$ 的方向混响声场范围扩大,直达声场范围缩小.

应该指出,即使声源是无指向性的,如果把它放在房间的不同位置,指向性因素也会起作用,所以我们在上面导得的公式(8-1-28)实际上是指点声源放在房间中心的情况. 如果点声源放在一刚性壁面中心附近,那么声源能量将集中在半空间内辐射,Q 值等于 2. 我们也可以用 §6.3.5 中镜像反射原理来解释,由于声源靠近壁面,实声源与虚声源几乎重合,因而向房间内辐射的总声功率应由实声源与虚声源两部分叠加组成,声源功率比点声源在房间中心情况增加一倍,这就相当于指向性因素增加一倍变为 $Q=2$. 类似的讨论可以指出,点声源放在两壁面边线中心,那么声源能量集中在 1/4 空间内辐射,$Q=4$. 如果点声源放在房间的一角,那么声源能量集中在 1/8 空间内辐射,$Q=8$. 这时声源辐射功率相当于放在房间中心的 8 倍,而临界距离增加 $\sqrt{8}$ 倍. 声源的辐射功率与它所安置的位置有关,这是不难理解的,因为声源的位置不同,房间对它的反作用也不同,以至声源的辐射阻也不同,由此就必然引起辐射功率的不同.

8.2 用波动声学处理室内声场

现在我们用波动声学的方法来处理室内声场,以矩形房间为例进行讨论.

8.2.1 室内驻波

我们先以一种极端的边界作为讨论的开始,即假设房间的内壁是刚性的. 设房间的长、宽、高分别为 l_x, l_y, l_z. 用直角坐标系表示的波动方程为

$$\frac{\partial^2 p}{\partial x^2} + \frac{\partial^2 p}{\partial y^2} + \frac{\partial^2 p}{\partial z^2} = \frac{1}{c_0^2} \frac{\partial^2 p}{\partial t^2}. \qquad (5-7-1)$$

如果把坐标原点取在房间的一个角上,可以写出刚性壁面的边界条件为

$$\left.\begin{array}{r}
(v_x)_{(x=0,\,x=l_x)} = 0, \\
(v_y)_{(y=0,\,y=l_y)} = 0, \\
(v_z)_{(z=0,\,z=l_z)} = 0,
\end{array}\right\} \qquad (8-2-1)$$

这里 v_x, v_y, v_z 分别表示质点速度在 x, y, z 方向的分量. 与 §5.7.1 中类似处理,可得满足上述边界条件的特解为

$$p_n = A_{n_x n_y n_z} \cos k_x x \cos k_y y \cos k_z z \, \mathrm{e}^{\mathrm{j}\omega_n t}, \qquad (8-2-2)$$

其中 $k_x = \dfrac{\omega_x}{c_0} = \dfrac{n_x \pi}{l_x}, k_y = \dfrac{\omega_y}{c_0} = \dfrac{n_y \pi}{l_y}, k_z = \dfrac{\omega_z}{c_0} = \dfrac{n_z \pi}{l_z}$,而 $k_n^2 = \left(\dfrac{\omega_n}{c_0}\right)^2 = k_x^2 + k_y^2 + k_z^2, \omega_n^2 =$

$\omega_x^2 + \omega_y^2 + \omega_z^2$，或表示成

$$f_n = \frac{\omega_n}{2\pi} = \sqrt{f_x^2 + f_y^2 + f_z^2} = \frac{c_0}{2}\sqrt{\left(\frac{n_x}{l_x}\right)^2 + \left(\frac{n_y}{l_y}\right)^2 + \left(\frac{n_z}{l_z}\right)^2}. \qquad (8-2-3)$$

由于有如下关系

$$\cos k_x x = \frac{1}{2}(e^{-jk_x x} + e^{jk_x x}),$$

$$\cos k_y y = \frac{1}{2}(e^{-jk_y y} + e^{jk_y y}),$$

$$\cos k_z z = \frac{1}{2}(e^{-jk_z z} + e^{jk_z z}),$$

再设 $k_x = k_n\cos\alpha, k_y = k_n\cos\beta, k_z = k_n\cos\gamma$，那么与 §5.7.1 中类似的讨论可以指出，对应每一组 (n_x, n_y, n_z) 数值的特解就是传播方向由方向余弦 $(\cos\alpha, \cos\beta, \cos\gamma)$ 决定的一种平面驻波. 方程(5-7-1)的一般解应是所有特解的线性叠加，因而室内总声压应表示成

$$p = \sum_{n_x=0}^{\infty}\sum_{n_y=0}^{\infty}\sum_{n_z=0}^{\infty} A_{n_x n_y n_z}\cos\frac{n_x\pi}{l_x}x\cos\frac{n_y\pi}{l_y}y\cos\frac{n_z\pi}{l_z}z\, e^{j\omega_n t}. \qquad (8-2-4)$$

此式表明在矩形房间中存在大量的简正波.

8.2.2　简正频率的分布

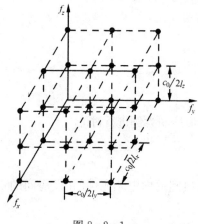

图 8-2-1

式(8-2-3)表示，我们可以将频率 f_n 表示成一个矢量形式

$$\boldsymbol{f}_n = f_x\boldsymbol{i} + f_y\boldsymbol{j} + f_z\boldsymbol{k},$$

这里 $\boldsymbol{i}, \boldsymbol{j}, \boldsymbol{k}$ 分别表示在 x, y, z 方向的单位矢量，其分量为

$$f_x = \frac{n_x c_0}{2l_x}, \quad f_y = \frac{n_y c_0}{2l_y}, \quad f_z = \frac{n_z c_0}{2l_z}.$$

这一 $\boldsymbol{f}_n$ 矢量的方向代表了相应简正波的行进方向，其大小表示该简正波的频率数值. 如果我们以 f_x, f_y, f_z 构成一频率空间，那么每一简正频率 f_n 以及与其对应的简正波，可以用频率空间中的一个特征点"·"来代替，这一点的坐标在 x, y, z 轴的分量分别为 $\dfrac{c_0}{2l_x}, \dfrac{c_0}{2l_y}, \dfrac{c_0}{2l_z}$ 的整数倍. 图 8-2-1 表示了与这些简正频率对应的特征点，可以看到所有的简正波都被包括在正的 f_x, f_y, f_z 轴所构成的 1/8 的频率空间里. 这种频率空间中特征点的模型，可用于计算在某一频率以下室内存在的简正频率数(或简正波的数目). 为此，我们把室内可能存在的简正波数分成三大类和七个分类.

（1）轴向波——与两个 n 等于零对应的驻波：

　　x 轴向波，其行进方向与 x 轴平行($n_y, n_z = 0$)；

　　y 轴向波，其行进方向与 y 轴平行($n_x, n_z = 0$)；

　　z 轴向波，其行进方向与 z 轴平行($n_y, n_x = 0$).

(2) 切向波——与一个 n 等于零对应的驻波：

yz 切向波，其行进方向与 yz 平面平行（$n_x=0$）；

xz 切向波，其行进方向与 xz 平面平行（$n_y=0$）；

xy 切向波，其行进方向与 xy 平面平行（$n_z=0$）.

(3) 斜向波——与三个 n 都不等于零对应的驻波.

要分别计算以上各类波在某一频率 f 以下，或者在某个频带 df 内的准确数目是比较困难的. 因此，需要有一近似计算公式. 我们设每一特征点占有频率空间中的边长分别为 $\dfrac{c_0}{2l_x}, \dfrac{c_0}{2l_y}, \dfrac{c_0}{2l_z}$ 的一个小矩形格子，因而特征点的平均数目可以由频率空间所占的体积被小矩形格子的体积相除而得. 根据以上方法，我们先来计算轴向波的数目. 轴向波由频率空间中坐标轴上的一些特征点所代表，而 x 轴向波的数目显然就是以坐标轴为轴心、高为 f、截面积为 $\dfrac{c_0^2}{4l_yl_z}$ 的矩形体积被小矩形格子体积 $\dfrac{c_0^3}{8l_xl_yl_z}$ 来除，因此频率低于 f 的所有轴向波的平均数目应等于

$$N_a = \frac{f\left(\dfrac{c_0^2}{4l_yl_z} + \dfrac{c_0^2}{4l_xl_z} + \dfrac{c_0^2}{4l_xl_y}\right)}{\dfrac{c_0^3}{8l_xl_yl_z}} = \frac{fL}{2c_0},$$

这里 $L=4(l_x+l_y+l_z)$ 代表矩形房间的边线总长. 现在来计算切向波的数目. 切向波由频率空间中在坐标面上的一些特征点所代表，yz 切向波所占的体积就是在 $x=0$ 的坐标面上，以 f 为半径的 $\dfrac{1}{4}$ 圆面积乘上厚度为 $\dfrac{c_0}{2l_x}$ 的圆盘体积，再减去在计算轴向波时已用过的那部分体积，所以 yz 切向波的平均数应等于 $\dfrac{\pi f^2}{c_0^2}l_yl_z - \dfrac{f}{c_0}(l_y+l_z)$. 用同样的方法可算出 xz 与 xy 切向波的平均数，于是频率低于 f 的所有切向波平均数就等于

$$N_t = \frac{\pi f^2}{c_0^2}(l_yl_z+l_xl_z+l_xl_y) - \frac{f}{c_0}\left[(l_y+l_z)+(l_x+l_z)+(l_x+l_y)\right] = \frac{\pi f^2}{2c_0^2}S - \frac{fL}{2c_0},$$

这里 $S=2(l_xl_y+l_yl_z+l_xl_z)$ 代表房间的壁面总面积. 斜向波由频率空间中除去坐标轴和坐标面以外的所有特征点代表，所以频率低于 f 的斜向波所占有的体积应等于半径为 f 的 $1/8$ 球体积，减去轴向波与切向波所占的体积. 于是斜向波的平均数等于

$$N_b = \frac{4\pi f^2 V}{3c_0^3} - \frac{\pi f^2 S}{4c_0^2} + \frac{fL}{8c_0}.$$

由此可得频率低于 f 的各类波的平均总数为

$$N = N_a + N_t + N_b = \frac{4\pi f^3 V}{3c_0^3} + \frac{\pi f^2 S}{4c_0^2} + \frac{fL}{8c_0}. \tag{8-2-5}$$

公式(8-2-5)代表的是各类波的平均数，它同准确数之间自然有一偏差. 但可以指出，除非房间的尺寸非常对称，一般这种偏差是不大的. 例如，有一个 $l_x=3\,\text{m}, l_y=4.5\,\text{m}, l_z=6\,\text{m}$ 的矩形房间(注意这里 $l_z=2l_x$)，若用(8-2-3)式来算低于 100 Hz 以下的房间简正频率数，可得 N 为 18，这些简正频率依次列于表 8-2-1 中. 如果将上述房间的尺寸与频率代入(8-2-5)

式,则可算得 N 为 18.1,四舍五入也等于 18. 但在这 18 个简正波中 $(1,0,0)$ 与 $(0,0,2)$ 次的简正频率都是 57.2 Hz,$(0,1,2)$ 与 $(1,1,0)$ 次的简正频率都是 68.6 Hz,$(0,2,2)$ 与 $(1,2,0)$ 次都是 95.1 Hz,因此实际的简正频率只有 15 个. 这是因为 $l_z = 2l_x$ 的对称性引起的简正频率"简并化",即不同的简正波具有相同的简正频率. 当房间非常对称时,例如 l_x, l_y, l_z 都成整数比,那么简并化更为严重,这样由(8-2-5)公式算出的简正频率数与实际的结果就有很大出入. 由于简并化结果,很可能在某一频率范围内没有简正频率,而在另一频率范围内却有较多的简正频率,造成简正频率分布的不均匀. 我们知道,这里的简正频率就是房间做自由振动的固有频率,因此当房间中声源的激发频率与房间中某一固有频率一致时,房间就产生共振. 因此简正频率分布密集均匀就表示房间的传输频率特性均匀,否则就表示频率特性的不均匀. 在进行室内音质设计时,房间的简并化是应该尽量避免的.

将(8-2-5)式对频率进行微分,可得在 $\mathrm{d}f$ 内的简正频率数

$$\mathrm{d}N = \left(\frac{4\pi f^2 V}{c_0^3} + \frac{\pi f S}{2c_0^2} + \frac{L}{8c_0} \right) \mathrm{d}f, \tag{8-2-6}$$

表 8-2-1

简 正 波 (n_x, n_y, n_z)	频 率 (Hz)	简 正 波 (n_x, n_y, n_z)	频 率 (Hz)
0,0,1	28.6	1,0,2	80.5
0,1,0	38.0	0,2,1	81.6
0,1,1	47.7	0,0,3	85.8
1,0,0	57.2	1,1,2	89.4
0,0,2	57.2	0,1,3	93.7
1,0,1	63.9	0,2,2	95.1
0,1,2	68.6	1,2,0	95.1
1,1,0	68.6	1,2,1	99.2
1,1,1	74.3	1,0,3	
0,2,0	76.1		

(8-2-6)式表明,在频率 f 附近的 $\mathrm{d}f$ 频带内的简正频率数基本上与频率平方成正比. 如在前面的例子中,当 $f=100$ Hz,$\mathrm{d}f=10$ Hz 时,可得 $\mathrm{d}N=4$;而当 $f=1\,000$ Hz,$\mathrm{d}f=10$ Hz 时,$\mathrm{d}N=268$. $\mathrm{d}N$ 数随着频率增高增加得更快,这一规律十分重要. 我们可以设想,在 10 Hz 频带内存在 268 个简正波或驻波方式,如此多的驻波方式对一种驻波是波节的地方,对另一种驻波有可能正好是波腹. 大量驻波方式的叠加,反而可以把驻波效应"平均"掉,而使室内声场趋向均匀. 这一结果说明,从波动声学观点看来,上面关于扩散声场的假设在一定条件下是可以近似实现的. 据(8-2-6)式可粗略看出,如果声源不是发出单频而是具有一定频带宽度的声波,并且其中心频率比较高,房间的体积比较大,或者说与中心频率对应的声波波长比房间的平均线度小很多,那么房间中激起的简正波数就较多,统计声学中的扩散声场实际上就是波动声学中大房间驻波声场的高频近似.

8.2.3 驻波的衰减

上面我们假设壁面都是刚性的,因而室内声波是不衰减的,这相当于房间的无阻尼自由振动情况.然而壁面不可能完全都是刚性的,它多少具有阻尼性质,其法向声阻抗率一般为一复数.这时部分入射声波就会被壁面所吸收,转化为热.对于这种情况声波解仍可用简谐函数的形式,但是与§5.8中的分析类似,可以知道,这时的 k_x,k_y,k_z 等量将表现为复数,现设它们分别表示成 $k_x=\dfrac{\omega_x}{c_0}+\mathrm{j}\dfrac{\delta_x}{c_0},k_y=\dfrac{\omega_y}{c_0}+\mathrm{j}\dfrac{\delta_y}{c_0},k_z=\dfrac{\omega_z}{c_0}+\mathrm{j}\dfrac{\delta_z}{c_0}$,而 $\omega^2=\omega_x^2+\omega_y^2+\omega_z^2,\delta^2=\delta_x^2+\delta_y^2+\delta_z^2,k=\dfrac{\omega}{c_0}+\mathrm{j}\dfrac{\delta}{c_0}$. 考虑到 $\sinh x=-\mathrm{j}\sin\mathrm{j}x,\cosh x=\cos\mathrm{j}x$,于是方程(5-7-1)的解可写成如下形式

$$p=\left[A_x\cosh(\delta_x-\mathrm{j}\omega_x)\frac{x}{c_0}+B_x\sinh(\delta_x-\mathrm{j}\omega_x)\frac{x}{c_0}\right]\bullet$$

$$\left[A_y\cosh(\delta_y-\mathrm{j}\omega_y)\frac{y}{c_0}+B_y\sinh(\delta_y-\mathrm{j}\omega_y)\frac{y}{c_0}\right]\bullet$$

$$\left[A_z\cosh(\delta_z-\mathrm{j}\omega_z)\frac{z}{c_0}+B_z\sinh(\delta_z-\mathrm{j}\omega_z)\frac{z}{c_0}\right]\mathrm{e}^{(\mathrm{j}\omega-\delta)t}. \tag{8-2-7}$$

我们令常数 $A_i=\cosh\varphi_i,B_i=\sinh\varphi_i(i=x,y,z)$,那么(8-2-7)式可改为

$$p=A\cosh\left[(\delta_x-\mathrm{j}\omega_x)\frac{x}{c_0}+\varphi_x\right]\bullet\cosh\left[(\delta_y-\mathrm{j}\omega_y)\frac{y}{c_0}+\varphi_y\right]\bullet\cosh\left[(\delta_z-\mathrm{j}\omega_z)\frac{z}{c_0}+\varphi_z\right]\mathrm{e}^{(\mathrm{j}\omega-\delta)t}. \tag{8-2-8}$$

为了简单起见,假设我们只考虑一个 x 轴向波的情形,则 $\omega=\omega_x,\omega_y=\omega_z=0$,并且认为只有 x 壁存在阻尼,则 $\delta_y=\delta_z=0,\varphi_y=\varphi_z=0$,因而(8-2-8)式可简化为

$$p=A\cosh\left[(\delta-\mathrm{j}\omega)\frac{x}{c_0}+\varphi_x\right]\mathrm{e}^{(\mathrm{j}\omega-\delta)t}. \tag{8-2-9}$$

由此可得质点速度为

$$v=\frac{A}{\rho_0c_0}\sinh\left[(\delta-\mathrm{j}\omega)\frac{x}{c_0}+\varphi_x\right]\mathrm{e}^{(\mathrm{j}\omega-\delta)t}, \tag{8-2-10}$$

声阻抗率为

$$Z_\mathrm{s}=\rho_0c_0\coth\left[(\delta-\mathrm{j}\omega)\frac{x}{c_0}+\varphi_x\right]. \tag{8-2-11}$$

设 x 方向两个壁面的法向声阻抗率相同,并已知为 $Z_{\mathrm{s}(x=0)}=-Z_n,Z_{\mathrm{s}(x=l_x)}=Z_n$,而 $Z_n=R_n+\mathrm{j}X_n$,其中负号是因为在 $x=0$ 处,正的声压将产生负的质点速度,将 $x=0$ 的边界条件代入(8-2-11)式可得

$$-(R_n+\mathrm{j}X_n)=\rho_0c_0\coth\varphi_x, \tag{8-2-12}$$

或者写成

$$-(x_n+\mathrm{j}y_n)=\coth\varphi_x. \tag{8-2-13}$$

这里 $x_n=\dfrac{R_n}{\rho_0c_0}$ 与 $y_n=\dfrac{X_n}{\rho_0c_0}$ 代表法向声阻率比与法向声抗率比.对于吸声很小的壁面有

$x_n \gg y_n$ 与 $x_n \gg 1$，所以从(8-2-13)式可近似得

$$\varphi_x \approx -\frac{1}{x_n}, \tag{8-2-14}$$

再将 $x = l_x$ 处的边界条件代入可得

$$x_n \approx \coth\left[(\delta - j\omega)\frac{l_x}{c_0} - \frac{1}{x_n}\right]$$

$$= \frac{1 - j\tanh\left(\frac{\delta l_x}{c_0} - \frac{1}{x_n}\right)\tan\frac{\omega l_x}{c_0}}{\tanh\left(\frac{\delta l_x}{c_0} - \frac{1}{x_n}\right) - j\tan\frac{\omega l_x}{c_0}}. \tag{8-2-15}$$

(8-2-15)等式的左边为实数，所以等式右边的虚部应等于零，即有

$$\tan\frac{\omega l_x}{c_0} = 0, \tag{8-2-16}$$

从此可得

$$f_n = \frac{nc_0}{2l_x} \quad (n = 0,1,2,\cdots). \tag{8-2-17}$$

可见，此时轴向波的简正频率与刚性壁情形相同. 考虑到(8-2-16)式的关系，可从(8-2-15)式得到

$$\frac{1}{x_n} \approx \tanh\left(\frac{\delta l_x}{c_0} - \frac{1}{x_n}\right).$$

在 $x_n \gg 1$ 条件下，又可取近似为

$$\delta \approx \frac{2c_0}{x_n l_x}. \tag{8-2-18}$$

此式就是轴向波的衰减系数表示式，它与壁面的法向声阻率成反比.

8.2.4 法向声阻抗率与扩散声场吸声系数的关系

我们知道，壁面的吸声系数通常与声波的入射方向有关，因而声学中一般有两种表示吸声系数的方法. 一是法向吸声系数，它通常由驻波管方法测定，见§5.1.1；另一种是对各方向漫入射的平均吸声系数或称扩散声场吸声系数，它通常由混响方法测定，见§8.1.3. 这两种吸声系数之间一般应存在一定关系，而壁面法向吸声系数与法向声阻抗率之间也是有联系的，见(5-1-23)式，因而我们就有可能来确定法向声阻抗率与扩散声场吸声系数之间的关系.

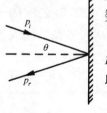

图 8-2-2

设有一平面波 p_i 以 θ 角入射于某一壁面，在壁面上产生一反射波 p_r，其反射角也等于 θ，如图 8-2-2. 它们的质点速度分别为 v_i 与 v_r，由此可以写出壁面法向声阻抗率为

$$Z_n = \frac{p_i + p_r}{v_{in} + v_m} = \frac{p_i + p_r}{(v_i + v_r)\cos\theta}. \tag{8-2-19}$$

根据平面波的基本关系 $p_i = v_i\rho_0 c_0$，$p_r = -v_r\rho_0 c_0$ 可以确定声压反射系数

为

$$|r_p| = \left| \frac{p_r}{p_i} \right| = \left| \frac{Z_n\cos\theta - \rho_0 c_0}{Z_n\cos\theta + \rho_0 c_0} \right|, \tag{8-2-20}$$

从而求得对于入射角 θ 的壁面吸声系数为

$$\alpha_\theta = 1 - |r_p|^2 = 1 - \left| \frac{Z_n\cos\theta - \rho_0 c_0}{Z_n\cos\theta + \rho_0 c_0} \right|^2. \tag{8-2-21}$$

对于 $x_n \gg y_n$ 情形,可以近似得

$$\alpha_\theta \approx \frac{4x_n\cos\theta}{(x_n\cos\theta + 1)^2}. \tag{8-2-22}$$

现在来计算对各入射方向 θ 的平均吸声系数,它的定义为,某一壁面元 dS 对各方向入射来的声波总吸收能量 ΔE_a 除以入射声波的总能量,即

$$\alpha_i = \frac{\Delta E_a}{\Delta E}. \tag{8-2-23}$$

假设室内的平均能量密度为 $\bar{\varepsilon}$,在室内取一小体元,在此体元内的能量为 $\bar{\varepsilon}\mathrm{d}V$. 设从体元 dV 到壁面 dS 所张的立体角为 $\mathrm{d}\Omega = \dfrac{\mathrm{d}S\cos\theta}{r^2}$,其中 r 为该体元 dV 到 dS 的距离,如图 8-2-3(a). 假设室内是扩散声场,室内平均能量密度处处均匀,并且声能向各方向的传递几率相等,于是可得从体元 dV 向面元 dS 射来的声能为

$$\mathrm{d}(\Delta E) = \bar{\varepsilon}\mathrm{d}V\frac{\mathrm{d}\Omega}{4\pi} = \frac{\bar{\varepsilon}\mathrm{d}V\cos\theta}{4\pi r^2}. \tag{8-2-24}$$

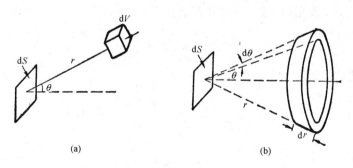

图 8-2-3

因为在距离 r 和入射角 θ 相同的一些体元的贡献相同,而这些体元的总和就是高为 dr,宽为 $r\mathrm{d}\theta$,周长为 $2\pi r\sin\theta$ 的圆环,见图8-2-3(b),所以(8-2-24)式中的 dV 可用此环元的体积来代替,即 $\mathrm{d}V = 2\pi r^2 \sin\theta\mathrm{d}\theta\mathrm{d}r$. 于是(8-2-24)式可写成

$$\mathrm{d}(\Delta E) = \frac{\bar{\varepsilon}}{2}\mathrm{d}S\cos\theta\sin\theta\mathrm{d}\theta\mathrm{d}r. \tag{8-2-25}$$

然后对所有的入射 θ 进行积分得

$$\Delta E = \int\mathrm{d}(\Delta E) = \int_0^{\pi/2} \frac{\bar{\varepsilon}}{2}\mathrm{d}S\cos\theta\sin\theta\mathrm{d}\theta\mathrm{d}r = \frac{\bar{\varepsilon}\mathrm{d}S\mathrm{d}r}{4}. \tag{8-2-26}$$

用类似的方法可算得 dS 面元所吸收的能量为

$$\Delta E_a = \frac{\overline{\varepsilon}\mathrm{d}S\mathrm{d}r}{2}\int_0^{\pi/2}\alpha_\theta\cos\theta\sin\theta\mathrm{d}\theta. \tag{8-2-27}$$

将(8-2-22)式代入可积分得

$$\alpha_i = \frac{\Delta E_a}{\Delta E} = \frac{8}{x_n^2}\left[1 + x_n - \frac{1}{1+x_n} - 2\ln(1+x_n)\right].$$

在 $x_n \gg 1$ 时,得近似式

$$\alpha_i \approx \frac{8}{x_n}. \tag{8-2-28}$$

这一关系显得十分简单,但要注意,这是在 $x_n \gg y_n$ 与 $x_n \gg 1$ 近似条件下得到的. 如果上述条件不满足,法向声阻抗率与扩散声场吸声系数之间的关系自然要复杂得多.

8.2.5　各类波的混响时间

我们已知,从波动声学观点看来室内将存在各种类型的驻波,当壁面非刚性时各类驻波都将出现衰减因子. 这些驻波可用一组 (n_x, n_y, n_z) 数来代替,而对应的衰减系数用 $\delta_{n_x n_y n_z}$ 来表示. 现在我们仍然假设壁面的法向声阻抗率比满足 $x_n \gg y_n$ 和 $x_n \gg 1$ 条件,那么室内的简正波可用下面的近似式表示

$$p_{n_x n_y n_z} = A_{n_x n_y n_z}\Psi_{n_x n_y n_z}\mathrm{e}^{-\delta_{n_x n_y n_z}t}\mathrm{e}^{\mathrm{j}\omega_n t}, \tag{8-2-29}$$

其中简正函数为

$$\Psi_{n_x n_y n_z} = \cos\frac{n_x\pi}{l_x}x\cos\frac{n_y\pi}{l_z}y\cos\frac{n_z\pi}{l_z}z.$$

每一简正波的能量密度据(4-6-5)式可表示成

$$\varepsilon_{n_x n_y n_z} = \frac{\rho_0}{2}\left[v_{n_x n_y n_z}^2 + \frac{p_{n_x n_y n_z}^2}{\rho_0^2 c_0^2}\right]. \tag{8-2-30}$$

室内每一简正波的能量为

$$E_{n_x n_y n_z} = \frac{1}{2}\iiint\limits_V\left[\rho_0 v_{n_x n_y n_z}^2 + \frac{p_{n_x n_y n_z}^2}{\rho_0 c_0^2}\right]\mathrm{d}x\mathrm{d}y\mathrm{d}z. \tag{8-2-31}$$

考虑到

$$v_{n_x n_y n_z}^2 = v_x^2 + v_y^2 + v_z^2,$$

而

$$v_x = -\mathrm{j}A_{n_x n_y n_z}\frac{\omega_x}{\rho_0 c_0 \omega_n}\sin\frac{\omega_x}{c_0}x\cos\frac{\omega_y}{c_0}y\cos\frac{\omega_z}{c_0}z\,\mathrm{e}^{-\delta_{n_x n_y n_z}t}\mathrm{e}^{\mathrm{j}\omega_n t},$$

$$v_y = -\mathrm{j}A_{n_x n_y n_z}\frac{\omega_y}{\rho_0 c_0 \omega_n}\cos\frac{\omega_x}{c_0}x\sin\frac{\omega_y}{c_0}y\cos\frac{\omega_z}{c_0}z\,\mathrm{e}^{-\delta_{n_x n_y n_z}t}\mathrm{e}^{\mathrm{j}\omega_n t},$$

$$v_z = -\mathrm{j}A_{n_x n_y n_z}\frac{\omega_z}{\rho_0 c_0 \omega_n}\cos\frac{\omega_x}{c_0}x\cos\frac{\omega_y}{c_0}y\sin\frac{\omega_z}{c_0}z\,\mathrm{e}^{-\delta_{n_x n_y n_z}t}\mathrm{e}^{\mathrm{j}\omega_n t}.$$

将这些结果连同(8-2-29)式代入(8-2-31)式,并对周期取平均求得简正波的平均能量为

$$\overline{E}_{n_x n_y n_z} = \frac{V}{2\rho_0 c_0^2}\left[\frac{A_{n_x n_y n_z}^2}{D_{n_x}D_{n_y}D_{n_z}}\right]\mathrm{e}^{-2\delta_{n_x n_y n_z}t}, \tag{8-2-32}$$

这里 $V = l_x l_y l_z$ 为房间体积,而

$$D_{n_x} = \begin{cases} 1 & (n_x = 0), \\ 2 & (n_x \neq 0); \end{cases} D_{n_y} = \begin{cases} 1 & (n_y = 0), \\ 2 & (n_y \neq 0); \end{cases} D_{n_z} = \begin{cases} 1 & (n_z = 0), \\ 2 & (n_z \neq 0). \end{cases}$$

在每单位壁面上每秒钟消耗的平均声能应等于声压乘上壁面的法向速度对时间的平均,即

$$\frac{1}{2} p_{n_x n_y n_z} p_{n_x n_y n_z}^* \frac{K(S)}{\rho_0 c_0} = \frac{K(S)}{2\rho_0 c_0} A_{n_x n_y n_z}^2 \Psi_{n_x n_y n_z}^2 e^{-2\delta_{n_x n_y n_z} t},$$

其中 $K(S) = \dfrac{1}{x_n}$ 称为**声导率比**,一般应是壁面位置的函数,于是可得在壁面 S 上的平均消耗功率为

$$\overline{W}_{n_x n_y n_z} = \frac{A_{n_x n_y n_z}^2 e^{-2\delta_{n_x n_y n_z} t}}{2\rho_0 c_0} \iint_S K(S) \Psi_{n_x n_y n_z}^2 \mathrm{d}S. \tag{8-2-33}$$

根据能量守恒定律应有如下关系

$$\overline{W}_{n_x n_y n_z} = -\frac{\mathrm{d}\overline{E}_{n_x n_y n_z}}{\mathrm{d}t}, \tag{8-2-34}$$

将(8-2-32)与(8-2-33)式代入可得

$$\begin{aligned}
\delta_{n_x n_y n_z} &= \frac{\overline{W}_{n_x n_y n_z}}{2\overline{E}_{n_x n_y n_z}} \\
&= D_{n_x} D_{n_y} D_{n_z} \frac{c_0}{2V} \iint_S K(S) \Psi_{n_x n_y n_z}^2 \mathrm{d}S.
\end{aligned} \tag{8-2-35}$$

为了简单起见,我们假设对于对立的两个壁面 $K(S)$ 相同并且均匀,例如在 $x=0$ 与 $x=l_x$ 的两个壁面 $K(S)=K_x$ 是一常数;类似地,在 $y=0$ 与 $y=l_y$ 处 $K(S)=K_y$,在 $z=0$ 与 $z=l_z$ 处 $K(S)=K_z$. 这样,(8-2-35)式的积分就可分成三个积分之和,即

$$\begin{aligned}
\iint_S K(S) \Psi_{n_x n_y n_z}^2 \mathrm{d}S &= 2\Big[K_x \int_0^{l_z} \int_0^{l_y} \cos^2 \frac{n_y \pi}{l_y} y \cos^2 \frac{n_z \pi}{l_z} z \, \mathrm{d}y \mathrm{d}z \\
&\quad + K_y \int_0^{l_x} \int_0^{l_z} \cos^2 \frac{n_x \pi}{l_x} x \cos^2 \frac{n_z \pi}{l_z} z \, \mathrm{d}x \mathrm{d}z \\
&\quad + K_z \int_0^{l_x} \int_0^{l_y} \cos^2 \frac{n_x \pi}{l_x} x \cos^2 \frac{n_y \pi}{l_y} y \, \mathrm{d}x \mathrm{d}y \Big] \\
&= 2\Big(K_x \frac{l_y l_z}{D_{n_y} D_{n_z}} + K_y \frac{l_x l_z}{D_{n_x} D_{n_z}} + K_z \frac{l_x l_y}{D_{n_x} D_{n_y}} \Big),
\end{aligned}$$

所以得

$$\delta_{n_x n_y n_z} = \Big(\frac{c_0}{2V} \Big) \sum_i K_i S_i D_{n_i} \quad (i = x, y, z), \tag{8-2-36}$$

其中 $S_x = 2l_y l_z, S_y = 2l_x l_z, S_z = 2l_x l_y$. 将(8-2-28)式关系代入可得

$$\delta_{n_x n_y n_z} = \frac{c_0}{8V} \sum_i \frac{\alpha_i S_i D_{n_i}}{2}. \tag{8-2-37}$$

据混响时间的定义有

$$-60 = 20 \lg e^{-\delta_{n_x n_y n_z} T_{60}},$$

从此解得

$$T_{60} = \left(\frac{55.2V}{c_0}\right) \frac{1}{\frac{1}{2}D_{n_x}\alpha_x S_x + \frac{1}{2}D_{n_y}\alpha_y S_y + \frac{1}{2}D_{n_z}\alpha_z S_z}$$

$$= \frac{0.161V}{\frac{1}{2}D_{n_x}\alpha_x S_x + \frac{1}{2}D_{n_y}\alpha_y S_y + \frac{1}{2}D_{n_z}\alpha_z S_z}. \tag{8-2-38}$$

对于斜向波 n_x, n_y, n_z 都不等于零,则有

$$T_{60} = \frac{0.161V}{\alpha_x S_x + \alpha_y S_y + \alpha_z S_z} = \frac{0.161V}{\sum_i \alpha_i S_i}, \tag{8-2-39}$$

此式与扩散声场中的赛宾公式(8-1-10)形式相同. 但是从(8-2-38)式可知,对于不同类型的驻波,混响时间是各不相同的. 例如假设各壁面的吸声量 $\alpha_i S_i$ 都相同,那么斜向波的混响时间最短,其次是切向波,轴向波最长要比斜向波长1倍. 很明显,室内声场在衰减过程中能量分布是在不断变化的. 由于不同类型的驻波衰减时间不同,从室内记录下来的混响时间就不会是一条光滑的曲线,而呈三折状. 第一段与斜向波对应,衰减速度最快;中间一段与切向波对应,衰减速率次之;最后一段与轴向波对应,衰减速率最慢. 室内声场衰减的不均匀性,从统计声学看来是室内声场扩散程度不够的表现. 要使室内声场扩散得好,那应该尽量使房间呈不规则状,并且在室内放置各种**散射体**,也称**扩散体**,同时使用宽频带声源以激发更多的驻波方式,这样各种类型的波在衰减过程中的无规性增加,从而使室内声场在衰减过程中趋向均匀,混响曲线趋于光滑.

8.2.6 声源的影响

假设室内存在声源,并且这声源是任意分布的,它在单位时间向单位体积的空间"提供"了 $\rho_0 q(x,y,z,t)$ 的媒质质量. 于是根据质量守恒定律,媒质的连续性方程(4-3-9a)应改为

$$\frac{\partial \rho'}{\partial t} + \rho_0 \nabla \cdot v = \rho_0 q. \tag{8-2-40}$$

与§4.3中类似的推导,可得有源的波动方程为

$$\nabla^2 p - \frac{1}{c_0^2} \frac{\partial^2 p}{\partial t^2} = -\rho_0 \frac{\partial q}{\partial t}. \tag{8-2-41}$$

(8-2-41)式是一个非齐次的偏微分方程,因为我们有兴趣的是研究室内稳态振动,因此就着重去寻找并分析此方程的特解. 为了突出声源对室内声场的影响,而不使问题复杂化,我们还是限于讨论房间内壁是刚性的情况. 现将室内声压仍取无源情况的表示形式,即

$$p = \sum_{n_x n_y n_z} p_{n_x n_y n_z} = \sum_{n_x=0} \sum_{n_y=0} \sum_{n_z=0} A_{n_x n_y n_z} \Psi_{n_x n_y n_z} e^{j\omega t}, \tag{8-2-42}$$

其中

$$\Psi_{n_x n_y n_z} = \cos\frac{n_x \pi}{l_x}x \cos\frac{n_y \pi}{l_y}y \cos\frac{n_z \pi}{l_z}z. \tag{8-2-43}$$

由于声源是简谐的,声源函数可写成

$$q(x,y,z,t) = q_0(x,y,z)e^{j\omega t}, \tag{8-2-44}$$

这里 $q_0(x, y, z)$ 为一位置的任意函数,我们将它展成傅里叶级数

$$q_0(x, y, z) = \sum_{n_x=0}\sum_{n_y=0}\sum_{n_z=0} B_{n_x n_y n_z} \Psi_{n_x n_y n_z}, \tag{8-2-45}$$

其系数可表示为

$$B_{n_x n_y n_z} = \frac{\int_0^{l_x}\int_0^{l_y}\int_0^{l_z} q_0(x, y, z)\Psi_{n_x n_y n_z}\, \mathrm{d}x\mathrm{d}y\mathrm{d}z}{\int_0^{l_x}\int_0^{l_y}\int_0^{l_z} \Psi_{n_x n_y n_z}^2\, \mathrm{d}x\mathrm{d}y\mathrm{d}z}$$

$$= VD_{n_x n_y n_z}\int_0^{l_x}\int_0^{l_y}\int_0^{l_z} q_0(x, y, z)\Psi_{n_x n_y n_z}\, \mathrm{d}x\mathrm{d}y\mathrm{d}z. \tag{8-2-46}$$

现把(8-2-43)到(8-2-45)式代入方程(8-2-41)便可确定

$$A_{n_x n_y n_z} = \frac{-\rho_0 c_0^2 \omega \mathrm{j} B_{n_x n_y n_z}}{\omega^2 - \omega_{n_x n_y n_z}^2}, \tag{8-2-47}$$

其中

$$\omega_{n_x n_y n_z}^2 = \omega_{n_x}^2 + \omega_{n_y}^2 + \omega_{n_z}^2$$

$$= \left(\frac{n_x \pi c_0}{l_x}\right)^2 + \left(\frac{n_y \pi c_0}{l_y}\right)^2 + \left(\frac{n_z \pi c_0}{l_z}\right)^2.$$

将(8-2-47)式代入(8-2-42)式求得室内声压为

$$p = \frac{-\rho_0 c_0^2 \omega}{V}\mathrm{j}\sum_{n_x=0}\sum_{n_y=0}\sum_{n_z=0} D_{n_x} D_{n_y} D_{n_z} \Psi_{n_x n_y n_z} \cdot$$

$$\frac{\int_0^{l_x}\int_0^{l_y}\int_0^{l_z} q_0(x, y, z)\Psi_{n_x n_y n_z}\, \mathrm{d}x\mathrm{d}y\mathrm{d}z}{(\omega^2 - \omega_{n_x n_y n_z}^2)}\mathrm{e}^{\mathrm{j}\omega t}. \tag{8-2-48}$$

(8-2-48)式表示室内声场是由无数个驻波方式所组成,每一驻波方式的振幅与声源的分布以及声源的频率有关. 当声源的圆频率等于室内的固有圆频率 $\omega_{n_x n_y n_z}$ 时,与此对应的(n_x, n_y, n_z)次驻波其振幅趋于无限. 当然由于空间中总存在阻尼(如壁面与媒质的吸收),驻波的振幅不会无限,而只是达到有限的极大值,因而这里出现的无限大就是表示房间出现共振现象. 可以设想如果声源发出的不是单频而是一个频带的声波,而这一频带包含了房间的许多固有频率,那么这一频带的声源将激起室内许多的驻波共振. 显然房间中被激起的驻波方式愈多,室内就愈接近"扩散声场". 现在再来看看声源分布对声场的影响. 例如,设有一点声源放在房间的顶角上,其声源函数可表示成

$$q_0(x, y, z) = \begin{cases} q_0, & x = y = z = 0; \\ 0, & \text{其他位置.} \end{cases} \tag{8-2-49}$$

这里 q_0 为一常数. 将此式代入(8-2-48)式可得

$$p = -\rho_0 c_0^2 \frac{\omega Q_0}{V}\mathrm{j}\sum_{n_x=0}\sum_{n_y=0}\sum_{n_z=0} D_{n_x} D_{n_y} D_{n_z} \frac{\Psi_{n_x n_y n_z}}{(\omega^2 - \omega_{n_x n_y n_z}^2)}\mathrm{e}^{\mathrm{j}\omega t}, \tag{8-2-50}$$

这里 $Q_0 = q_0 \mathrm{d}V$ 是点源强度. 此一结果表示,如果将声源放在房间的顶角上,那么所有驻波的振幅都不等于零. 又如果将声源放在房间中心,声源分布函数可表示成

$$q_0(x,y,z) = \begin{cases} q_0, & x = \dfrac{l_x}{2}, y = \dfrac{l_y}{2}, z = \dfrac{l_z}{2}; \\ 0, & \text{其他位置}. \end{cases} \tag{8-2-51}$$

将此代入(8-2-48)式可得

$$p = \begin{cases} -\rho_0 c_0^2 \dfrac{\omega Q_0}{V} \mathrm{j} \sum\limits_{n_x} \sum\limits_{n_y} \sum\limits_{n_z} \dfrac{D_{n_x} D_{n_y} D_{n_z} \Psi_{n_x n_y n_z}}{(\omega^2 - \omega_{n_x n_y n_z}^2)} \mathrm{e}^{\mathrm{j}\omega t}, & n_x, n_y, n_z \text{ 为偶数}; \\ 0, & n_x, n_y, n_z \text{ 中一个为奇数}. \end{cases}$$

此式表示,对应于 n_x, n_y, n_z 为奇数的一些驻波,振幅等于零,这就是说声源在中心时能激起的驻波方式仅为放在顶角上的 1/8. 从这两例可以告诉我们,按波动声学观点,声源放在顶角上将比其他地方能激起更多的驻波方式,驻波方式愈多室内声场愈趋均匀,因此把声源放在顶角上也有利于产生扩散声场,特别在低频更为必需.

习 题 8

8-1 有一 $l_x \times l_y \times l_z = 10\text{ m} \times 7\text{ m} \times 4\text{ m}$ 的矩形房间,已知室内的平均吸声系数 $\bar{\alpha} = 0.2$,试求该房间的平均自由程、房间常数与混响时间(忽略空气吸收).

8-2 有一 $l_x \times l_y \times l_z = 6\text{ m} \times 7\text{ m} \times 5\text{ m}$ 的混响室. 室内除了有一扇 4 m^2 的木门外,其他壁面都由磨光水泥做成,已知磨光水泥的平均吸声系数在 250 Hz 时为 0.01,在 4 000 Hz 时为 0.02,木门的平均吸声系数在这两个频率分别为 0.05 与 0.1. 假定房间的温度为 20℃,相对湿度为 50%. 试求该混响在此两频率时的混响时间.

8-3 有一混响室,已知空室时的混响时间为 T_{60},现在在某一壁面上铺上一层面积为 S'、平均吸声系数为 α' 的吸声材料,并测得该时室内的混响时间为 T_{60}',试证明这层吸声材料的平均吸声系数可用下式求得

$$\alpha_i' = \frac{0.161V}{S_i'}\left(\frac{1}{T_{60}'} - \frac{1}{T_{60}}\right) + \alpha_i,$$

其中 α_i 为被吸声材料覆盖前这一壁面的平均吸声系数.

8-4 有一体积为 40 m^3 的小型混响室,已知其平均吸声系数为 $\bar{\alpha} = 0.02$,现要把它当作高噪声室用,希望在室内产生 140 dB 的稳态混响声压级,试问要求声源辐射多少平均声功率?

8-5 将一产生噪声的机器放在体积为 V 的混响室中,测得室内的混响时间为 T_{60} 以及在离机器的较远处的混响声压有效值为 p_e,试证明该机器的平均辐射功率可由下式算出

$$\overline{W} = 10^{-4} p_e^2 \frac{V}{T_{60}} \text{W}.$$

8-6 有一体积为 $l_x \times l_y \times l_z = 30\text{ m} \times 15\text{ m} \times 7\text{ m}$ 的厅堂,要求它在空场时的混响时间为 2 s.

(1) 试求室内的平均吸声系数.

(2) 如果希望在该厅堂中达到 80 dB 的稳态混响声压级,试问要求声源辐射多少平均声功率(假定声源为无指向性的)?

(3) 假设厅堂中坐满 400 个观众,已知每个听众的吸声单位为 $S\alpha_j = 0.5\text{ m}^2$,问该时室内的混响时间变为多少?

(4) 如果声源的平均辐射功率维持不变,那么该时室内稳态混响声压级变为多少?

(5) 试问该时离开声源中心 3 m 和 10 m 处的总声压级为多少?

8-7 有一噪声很高的车间测得室内混响时间为 T_{60},后来经过声学处理在墙壁上铺上吸声材料,室

内的混响时间就降为 T''_{60}. 试证明, 此车间内在声学处理前后的稳态混响声压级差为

$$\Delta L_p = 10\lg\left(\frac{T''_{60}}{T_{60}}\right).$$

8-8 测量各类机器的噪声可在混响室内进行, 因此常需已知混响室的房间常数 R. 设有一无指向性的标准声源(即可已知其在自由声场中的输出声功率)置于混响室的中央位置并在离其 r 距离处, 用测试传声器测得其声压级为 L, 而在同样距离 r 处其产生的自由声场声压级已知为 L_0. 试证明该混响室的房间常数 R 可用如下公式计算

$$R = \frac{16\pi r^2}{\lg^{-1}\left(\dfrac{L-L_0}{10}\right)-1}.$$

8-9 将某机器置于一混响室的地面上, 测量其产生噪声的声功率级. 设在离机器的 r 距离处测得其声压级为 L_p, 而混响室的房间常数已知为 R. 试证明计算机器噪声声功率级的公式为

$$L_W = L_p + 10\lg\left[\frac{S}{1+\dfrac{4S}{R}}\right]\text{dB},$$

其中 $S=2\pi r^2$.

8-10 在一房间常数为 $50\ \text{m}^2$ 的大房间中, 有 102 个人分成 51 对无规地散布在室内(每对两人相距为 $1\ \text{m}$). 开始时只有一对人在对话, 双方听到对方的谈话声压级为 $60\ \text{dB}$, 后来其余各对也同时进行了以相同的辐射功率的对话. 这样, 原先的两个对话者的对话声就被室内的语噪声所干扰. 试问:

(1) 此时在原先一对谈话者的地方, 语噪声要比对话声高出多少 dB?

(2) 为了使各自谈话声能使对方听到, 所有对话者都使劲提高嗓门把辐射功率提高一倍, 试问这样以后对话声与语噪声的声压级差能变化吗?

(3) 如果对话者都互相移近在 $0.1\ \text{m}$ 处对话, 这时对话声压级将提高多少 dB, 而对话声与语噪声的声压级差将变为多少?(题中假设人的谈话声源近似为无指向性的点源.)

8-11 在一房间常数为 $20\ \text{m}^2$ 的大房间中央处有四个点声源成正方排列, 如图所示. 假定每一声源发出了 $5\times10^{-2}\ \text{W}$ 功率的无规噪声, 试问在它们中心位置 A 点的声压级有多少?

8-12 有一 $l_x\times l_y\times l_z=6\ \text{m}\times5\ \text{m}\times4\ \text{m}$ 的混响室六面都是刚性的. 假设在室内分别发出中心频率为 $50\ \text{Hz}$, $100\ \text{Hz}$, $1\,000\ \text{Hz}$, $4\,000\ \text{Hz}$, 带宽为 $10\ \text{Hz}$ 的声波, 试问它们分别能在室内激起多少个简正振动方式?

图 习题 8-11

8-13 试问在上题的房间中, 在 $95\ \text{Hz}\sim105\ \text{Hz}$ 频带内将包含哪几个驻波方式?

8-14 有一每边长为 $4\ \text{m}$ 的立方体房间, 天花板与地板的平均吸声系数已知为 0.1, 四面墙壁的吸声系数为 0.02. 试问对于射到天花板与地板上的那些简正波的混响时间为多少? 对于不射到天花板与地板上的那些简正波的混响时间为多少?

8-15 假设房间各壁面的吸声系数都等于 0.02, 试计算 8-13 中那几个驻波方式的混响时间.

8-16 有一 $l_x\times l_y\times l_z=6\ \text{m}\times4.2\ \text{m}\times2.4\ \text{m}$ 的矩形房间, 在它的一个顶角上装一个频率为 $50\ \text{Hz}$、强度为 Q_0 的点声源. 现用一小型压强式传声器放在房间中心位置来接收, 试问它接收到的声压级为多少?

8-17 在一矩形房间的一个顶角上装上强度为 Q_0 的点声源, 试证明对整个房间的位置取有效声压平方的平均为

$$p_e^2 = \left(\frac{\rho_0 c_0^2 Q_0 \omega}{V}\right)^2 \sum_{n_x}\sum_{n_y}\sum_{n_z} D_{n_x} D_{n_y} D_{n_z} \frac{1}{2(\omega^2-\omega_{n_x n_y n_z}^2)}.$$

9

声波的吸收

在前面的各章中,我们是把媒质看成是理想的,而在理想的媒质中是完全不存在任何能量的耗散过程,即对声波不具有吸收作用. 但是,实际媒质总是非理想的,声波在非理想媒质中传播时,会出现声波随着距离而逐渐衰减的物理现象,产生了将声能转变为热能的耗散过程,这就称为媒质中的**声衰减**,或叫**声波的吸收**.

引起媒质对声波吸收的原因很多. 在纯媒质中产生声吸收的原因是媒质的粘滞、热传导以及媒质的微观过程引起的弛豫效应等. 在非纯媒质,例如空气中有灰尘粒子、雾滴,在江海中有气泡、泥沙、浮游生物等悬浮微粒子,由于媒质中的悬浮微粒对媒质做相对运动的摩擦损耗,以及声波对粒子的散射引起了附加的能量耗散,是非纯媒质中声衰减的主要原因. 本章仅讨论在纯媒质中由于粘滞、热传导及弛豫效应引起的声波吸收的基本原理.

9.1 媒质的粘滞吸收

9.1.1 理想媒质运动方程的回顾

在第 4 章中我们已求得在理想媒质中的波动方程为

$$\frac{\partial^2 p}{\partial x^2} = \frac{1}{c_0^2} \frac{\partial^2 p}{\partial t^2}, \tag{4-3-7}$$

或用质点速度和位移表示

$$\frac{\partial^2 v}{\partial x^2} = \frac{1}{c_0^2} \frac{\partial^2 v}{\partial t^2}, \tag{9-1-1}$$

$$\frac{\partial^2 \xi}{\partial x^2} = \frac{1}{c_0^2} \frac{\partial^2 \xi}{\partial t^2}, \tag{9-1-2}$$

其中

$$c_0 = \sqrt{\frac{\mathrm{d}p}{\mathrm{d}\rho}} = \sqrt{\frac{K_s}{\rho_0}} \tag{4-3-6}$$

是理想流体(适用于液体和气体)声速的普遍表式. 应用于理想气体即可得 $c_0^2 = \dfrac{\gamma P_0}{\rho_0}$,此即为(4-3-5a)式.

根据 $K_s = -V \dfrac{\mathrm{d}P}{\mathrm{d}V}$ 的定义,可得

$$\mathrm{d}P = -K_s \frac{\mathrm{d}V}{V}.$$

令压强的增量用声压 p 来表示,即得

$$p = -K_s \frac{\mathrm{d}V}{V} = -K_s \Delta,$$

Δ 为由于声扰动引起体积的相对变化,对于平面波的情况有

$$\Delta = \frac{\mathrm{d}V}{V} = -\frac{\mathrm{d}\rho}{\rho} = \frac{\partial \xi}{\partial x},$$

所以

$$p = -K_s \frac{\partial \xi}{\partial x}. \tag{9-1-3}$$

这个关系式也可以从第 11 章(11-1-6)式中用负压强增量 p 代替法向应力 T_{xx},并令切变弹性系数 $\mu = 0$(因为对于气体和液体而言,切变弹性系数与容变弹性系数相比是可以忽略的),再代入(11-1-3)式即可退化而得(9-1-3)式,但此时的拉密常数 λ 就是这儿的体弹性系数 K_s.

9.1.2 粘滞媒质运动方程

如果流体媒质具有粘滞性时,媒质对声波产生吸收,媒质的粘滞性是声波衰减的一个主要原因. 当粘滞媒质中相邻质点的运动速度不相同时,即它们之间产生相对运动时会产生内摩擦力,也称**粘滞力**. 因此,粘滞力应该是速度梯度的函数. 对于一维问题(即对于平面声波的传播问题),单位面积上的粘滞力可表示成与速度梯度成正比的关系

$$T' = \eta \frac{\partial v}{\partial x},$$

式中的比例系数 η 称为**粘滞系数**. 一般说,它应有两部分组成,一是**切变粘滞系数** η';另一部分是**容变粘滞系数** η''. 在一般流体力学问题中,η'' 常被忽略,但在声传播的问题中它却是起着相当重要的作用,一般 η 应表示为 $\eta = \dfrac{4}{3}\eta' + \eta''$. 这样,对于粘滞流体媒质在运动方程

$$\rho_0 \frac{\partial v}{\partial t} = -\frac{\partial p}{\partial x} \tag{9-1-4}$$

中还需计及粘滞应力的部分,它等于

$$p' = -T' = -\eta \frac{\partial v}{\partial x}, \tag{9-1-5}$$

取负号是因为压强的增量与粘滞应力所取的方向相反,将(9-1-3)及(9-1-5)式代入(9-1-4)式,即可得粘滞流体媒质中的波动方程为

$$\rho_0 \frac{\partial^2 \xi}{\partial t^2} = K_s \frac{\partial^2 \xi}{\partial x^2} + \eta \frac{\partial^3 \xi}{\partial x^2 \partial t}. \tag{9-1-6}$$

如果 $\eta = 0$,则可退化到(9-1-1)式.

9.1.3 粘滞媒质运动方程的解

对于简谐声波的情形,可令

$$\xi(x,t) = \xi_1(x) e^{j\omega t},$$

代入(9-1-6)式就可得

$$-\rho_0 \omega^2 \xi_1 = (K_s + j\omega\eta) \frac{\partial^2 \xi_1}{\partial x^2}.$$

令 $K = K_s + j\omega\eta$,则上式可写为

$$-\rho_0 \omega^2 \xi_1 = K \frac{\partial^2 \xi_1}{\partial x^2}$$

或

$$-k'^2 \xi_1 = \frac{\partial^2 \xi_1}{\partial x^2}, \tag{9-1-7}$$

式中的 k' 为

$$k' = \omega \sqrt{\frac{\rho_0}{K}}, \tag{9-1-8}$$

称为**波数**.由于 K 是复数,因而波数 k' 也为复数,它可表示成如下形式

$$k' = \frac{\omega}{c} - j\alpha_\eta. \tag{9-1-9}$$

可以看到,(9-1-7)式与理想媒质的波动方程(9-1-2)具有完全类似的形式,因而方程(9-1-6)可解为

$$\xi = (A e^{-jk'x} + B e^{jk'x}) e^{j\omega t}. \tag{9-1-10}$$

将(9-1-9)式代入上式后,即可表明复波数 k' 的实数部分和虚数部分的物理意义.从上可得

$$\xi = A e^{-\alpha_\eta x} e^{j\omega\left(t-\frac{x}{c}\right)} + B e^{\alpha_\eta x} e^{j\omega\left(t+\frac{x}{c}\right)}. \tag{9-1-11}$$

显然,(9-1-11)式的第一项代表以传播速度为 c、圆频率为 ω 向正 x 方向传播的简谐声波,其振幅为 $A e^{-\alpha_\eta x}$,在传播过程中波的振幅随距离指数地衰减,因此 k' 的实数部分 $\mathrm{Re}(k') = \frac{\omega}{c}$,此即为一般的波数.而 k' 虚数部分 $\mathrm{Im}(k') = \alpha_\eta$ 描述的是振幅随距离衰减快慢的一个物理量,称为**声波的吸收系数**.(9-1-11)式中的第二项代表向 x 的负方向传播的波,但下面我们主要讨论沿 x 正方向传播的行波,因此第二项就不再予以考虑.

9.1.4 声速及吸收系数

1. 声速和吸收系数的一般表示式

为了计算粘滞媒质中声波的传播速度 c 及吸收系数 α_η,可令

$$K = K_s(1 + j\omega H),\tag{9-1-12}$$

这儿 $H = \eta/K_s$. 将 (9-1-9) 式及 (9-1-12) 式代入 (9-1-8) 式后, 两边各自平方, 并取其实部和虚部分别相等, 便可得到包括 c 及 α_η 的两个方程式

$$\left.\begin{aligned}\frac{\omega^2}{c^2} - \alpha_\eta^2 &= \frac{\omega^2 \rho_0}{K_s} \frac{1}{1 + \omega^2 H^2},\\ 2\alpha_\eta \frac{\omega}{c} &= \frac{\omega^2 \rho_0}{K_s} \frac{\omega H}{1 + \omega^2 H^2}.\end{aligned}\right\}\tag{9-1-13}$$

解这个方程组可得

$$c = \sqrt{\frac{K_s}{\rho_0}} \sqrt{\frac{2(1 + \omega^2 H^2)(\sqrt{1 + \omega^2 H^2} - 1)}{\omega^2 H^2}},\tag{9-1-14}$$

$$\alpha_\eta = \omega \sqrt{\frac{\rho_0}{K_s}} \sqrt{\frac{\sqrt{1 + \omega^2 H^2} - 1}{2(1 + \omega^2 H^2)}}.\tag{9-1-15}$$

方程 (9-1-13) 式应有四个解, 其中只有吸收系数 α_η 取正值时才有意义, 因为当 α_η 取正值时表示声波振幅是随距离的增加而减小, 这是符合能量守恒定律的. 方程 (9-1-13) 的第二个解为 $\alpha_\eta < 0, c < 0$, 这是代表反射波, 正如 (9-1-11) 式中的第二项一样, 但前面已指出, 我们只考虑沿 x 正方向的波. 其余两个解均为虚值, 故是无意义的.

2. 在 $\omega H \ll 1$ 时的近似表示式

从 (9-1-14) 式及 (9-1-15) 式可以看到, c 和 α_η 对频率 ω、粘滞系数 η 的依赖关系是较为复杂的, 但实际上, 我们可以取一定的近似, 因为我们最感兴趣的是当粘滞力与弹性力相比为很小时的情形, 即 $\dfrac{\omega\eta}{K} = \omega H \ll 1$ 的情形, 此时可以忽略 $\omega^2 H^2$ 项, 因而 (9-1-14) 式和 (9-1-15) 式就变成

$$c = \sqrt{\frac{K_s}{\rho_0}} = \sqrt{\frac{1}{\rho_0 \beta_s}},\tag{9-1-16}$$

$$\alpha_\eta = \frac{\omega^2 \eta}{2\rho_0 c^3} = \frac{\omega^2}{2\rho_0 c^3}\left(\frac{4}{3}\eta' + \eta''\right).\tag{9-1-17}$$

在最早的经典吸收理论中, 曾认为流体是不可压缩的, 因而忽略了容变粘滞系数 η'' 的部分 (在下面我们将指出, 如果忽略容变粘滞将会导致吸收系数的理论值与实验值存在差异), 此时

$$\alpha_\eta = \frac{2\omega^2}{3\rho_0 c^3}\eta',$$

这表示当粘滞不太大及频率不太高时, 即满足 $\omega H \ll 1$ 时, 声速是一个与频率无关的常数, 其值等于理想媒质中的声速, 而吸收系数 α_η 则与频率的平方成正比.

3. 条件 $\omega H \ll 1$ 的意义及其近似的合理性

从 (9-1-14) 式及 (9-1-15) 式可得到

$$\alpha\lambda = 2\pi \frac{\alpha c}{\omega} = 2\pi \frac{\sqrt{1 + \omega^2 H^2} - 1}{\omega H}.$$

当 $\omega H \ll 1$ 时,

$$\alpha\lambda = \pi\omega H.$$

由此可见,$\omega H \ll 1$ 的条件也等价于 $\alpha\lambda \ll \pi$,它的物理意义是表示当粘滞力与弹性力相比很小时,在一个波长距离上声波的吸收系数要很小,在这样的条件下就可得到声速和吸收系数的近似表达式(9-1-16)式和(9-1-17)式,而这样的近似条件对于一些实际情况是合理的. 我们可以举两个例子来说明这一点.因为

$$\omega H = \frac{4}{3}\frac{\eta'}{K_s}\omega = \frac{4}{3}\frac{\eta'}{\rho_0 c^2}\omega,$$

对于空气,在 20℃时 $\eta' = 1.81\times10^{-5}$ N·S/m², $\rho_0 = 1.21$ kg/m³, $c = 344$ m/s,代入则得

$$\omega H \approx 1.7\times10^{-10}\omega;$$

对于水,在 20℃时 $\eta' = 0.001$ N·s/m², $\rho_0 = 998$ kg/m³, $c = 1\,481$ m/s,代入则得

$$\omega H \approx 6\times10^{-13}\omega.$$

由此可见,对于一般频率直至几兆赫(MHz)(1MHz=10^6 Hz)以及几十兆赫的超声频段,都可以认为 $\omega H \ll 1$ 的条件是满足的.上述简单的讨论说明,在一个波长的距离上声波的吸收为很小的条件对于一般情况是合理的.现在我们还需指出一点,如果不满足 $\omega H \ll 1$ 这样的条件,那么以往一切处理声学问题的方法将不再有效.例如,对于气体的情形,从分子运动论中知道,理想气体的粘滞系数 $\eta' = 0.499\rho\,\overline{v}\overline{\lambda}$,其中 $\overline{v}, \overline{\lambda}$ 分别表示分子的平均速度和平均自由路程,已知气体的绝热弹性系数等于 γP_0,因而

$$\omega H = \frac{4}{3}\frac{\eta'}{K_s}\omega \approx \frac{2}{3}\frac{\rho_0}{\gamma P_0}\overline{v}\overline{\lambda} = \frac{2}{3}\frac{\mu}{\gamma RT}\omega\,\overline{v}\overline{\lambda}. \tag{9-1-18}$$

考虑到

$$c = \sqrt{\frac{\gamma RT}{\mu}}, \quad \overline{v} = \sqrt{\frac{8RT}{\pi\mu}},$$

其中 μ 为气体的摩尔数,R 为气体常数,对于单原子气体 $\gamma = 1.67$,代入(9-1-18)式得

$$\omega H \approx \frac{2}{3}\sqrt{\frac{8}{\pi\gamma}}\frac{\omega}{c}\overline{\lambda} \approx 5\frac{\overline{\lambda}}{\lambda}. \tag{9-1-19}$$

由(9-1-19)式看出,ωH 是与 $\dfrac{\overline{\lambda}}{\lambda}$ 具有相同的数量级,因而如果 $\omega H \ll 1$ 不满足,这就表示分子的平均自由路程 $\overline{\lambda}$ 将与声波的波长 λ 具有相同数量级,在这种情况下媒质就不能看成是连续的,因而再用媒质为连续的前提来处理声学问题已不允许.所以说,目前研究的声学问题一般是必须满足 $\omega H \ll 1$ 的条件的.

至于液体的情况,就不可能像气体一样作上述的讨论,但可以指出,在推导声波方程时实际上采用了可逆热力学的关系式,这只有在热耗散过程很小即声吸收很小时才能这样做,如声吸收较大,将出现从声能转为热能的显著的不可逆过程,因而可逆热力学关系也就不再适用了.

4. 容变粘滞系数的导出和意义

实际上流体中单位面积的粘滞力与速度梯度的一般关系,可以仿照各向同性固体中弹性应力与弹性应变之间的广义关系,即广义的虎克定律导出(参见(11-1-6)式),

$$T'_{xx} = \lambda' \dot{\Delta} + 2\eta' \frac{\partial v_x}{\partial x},$$

$$T'_{yy} = \lambda' \dot{\Delta} + 2\eta' \frac{\partial v_y}{\partial x}, \tag{9-1-20}$$

$$T'_{zz} = \lambda' \dot{\Delta} + 2\eta' \frac{\partial v_z}{\partial x},$$

这里 T'_{jj} 等代表垂直于 j 轴的面上指向 j 方向的单位表面粘滞力分量($j=x,y,z$). $\dot{\Delta} = \frac{\partial}{\partial t}\Delta = \frac{\partial v_x}{\partial x} + \frac{\partial v_y}{\partial y} + \frac{\partial v_z}{\partial z}$ 表示流体质点单位时间的体积膨胀率.(9-1-20)式与(11-1-6)式的区别在于这里应变量是质点速度 v_x 等,而那里是质点位移 ξ 等. η' 和 λ' 是引入的粘滞系数,它们与第 11 章引入的拉密系数 λ 和 μ 可分别对应,而 η' 就是代表切变粘滞系数.将(9-1-20)三式相加可得

$$\frac{T'_{xx} + T'_{yy} + T'_{zz}}{3} = \left(\lambda' + \frac{2\eta'}{3}\right)\dot{\Delta}, \tag{9-1-21}$$

上式表示流体质点的平均粘滞力与总的体膨胀时间率成正比,其比例系数可称为容变粘滞系数,即

$$\eta'' = \left(\lambda' + \frac{2}{3}\eta'\right). \tag{9-1-22}$$

著名的物理学家斯托克斯当年认为,流体中体积变化不应产生粘滞作用,因此取 $\eta'' = \lambda' + \frac{2}{3}\eta' = 0$,或 $\lambda' = -\frac{2}{3}\eta'$. 然而以后的大量实验,特别是声吸收的实验表明,当流体中声波或者说质点以涨缩交替方式传播时,不仅切变粘滞系数 η' 有贡献,容变粘滞系数不仅不可忽略,而且有些情况还起主要作用,因而 η'' 是不能取为零的.这样,如果仅考虑沿 x 方向的平面波,则从(9-1-20)式的第一式便可得到

$$-p' = T'_{xx} = (\lambda' + 2\eta') \frac{\partial v_x}{\partial x} = \left(\frac{4}{3}\eta' + \eta''\right)\frac{\partial v_x}{\partial x}, \tag{9-1-23}$$

也即流体中的粘滞系数 η 一般应由切变与容变粘滞系数两部分同时组成,正如(9-1-5)式所示.

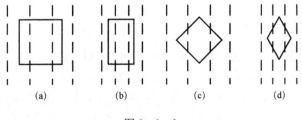

图 9-1-1

5. 切变粘滞的解释

现在我们还要指出一点,为什么在纵波即压缩波的吸收系数中除容变粘滞外,还有切变粘滞呢? 这个问题的物理原因是因为在纵波中的形变不是纯粹的体积形变. 实际上,如果所研究的体积元是正方形的,如图 9-1-1(a) 所示,假设图中虚线为平行于波前的等距离的平面,则在压缩形变时这些平面互相靠近,正方形就变成矩形,如图 9-1-1(b),因此媒质中每一质点不仅承受体积的改变,而且还有形状的变化,这就是切变,这一现象在图 9-1-1(c)和(d)中更为明显,因为该图中所画的体元在压缩形变时由正方形变成了菱形.

9.2   媒质的热传导声吸收

引起媒质中声波吸收的另一物理原因是媒质的热传导吸收. 声波过程是绝热的,当媒质中有声波通过时,媒质产生压缩和膨胀的变化,压缩区的体积变小,因而温度升高,而膨胀区的体积变大,相应地温度将降低. 对于理想流体来说,温度的变化完全能跟得上体积的变化,也即当体积达极小时温度达到极大值,反之亦然,因而这种过程是可逆的. 但对非理想媒质,即当媒质中存在热传导时情况就不一样了. 这时相邻的压缩区和膨胀区之间的温度梯度,将导致一部分热量从温度高的部分流向温度较低的媒质中去,发生了热量的交换即热传导,这个过程是不可逆的,而在不可逆过程中就会发生上述机械能转化为热能的现象,这样引起的声吸收就是媒质的**热传导吸收**.

理论计算表明,媒质的热传导吸收系数为

$$\alpha_\chi = \frac{\chi(\gamma-1)\omega^2}{2\rho_0 c_p c^3} = \frac{\omega^2 \chi}{2\rho_0 c^3}\left(\frac{1}{C_V} - \frac{1}{C_p}\right), \qquad (9-2-1)$$

式中 χ 为热传导系数,C_V 和 C_p 为定容比热容和定压比热容,由此可知,媒质的热传导吸收系数也与频率的平方成正比,与声速的三次方成反比.

9.3   声吸收经典公式的讨论

综上所述,在考虑了媒质的粘滞和热传导效应后,总的声吸收系数用下列公式表示

$$\alpha = \frac{\omega^2}{2\rho_0 c^3}\left[\frac{4}{3}\eta' + \chi\left(\frac{1}{C_V} - \frac{1}{C_p}\right)\right], \qquad (9-3-1)$$

这就是著名的**斯托克斯-克希霍夫公式**,是声吸收系数的经典公式.

从(9-3-1)式我们可以得到一个关于吸收系数 α 的重要特性,那就是吸收系数 α 是与频率的平方成正比的. 当频率增加 10 倍,吸收系数就增大 100 倍,即频率愈高,吸收愈大,因而声波的传播距离愈小;反之,频率愈低,吸收愈小,因而声波的传播距离愈大. 所以低频声波在空气中可以传很远的距离,而高频声波在空气中很快就衰减了,这一类现象我们是经常遇见的. 例如,鼓的低沉声音可以传得很远;火山爆发时发出的声音有低于 20 Hz 的次声波成分,它可以绕地球转几圈而衰减很小,而频率高于 20 kHz 的超声波衰减很大,因而它在

空气中的传播就比较困难.

由于吸收系数正比于频率的平方,因此常将(9-3-1)式改写成:

$$A_s = \frac{\alpha}{f^2} = \frac{8\pi^2\eta'}{3\rho_0 c^3} + \frac{2\pi^2}{\rho_0 c^3}\left[\chi\left(\frac{1}{C_V} - \frac{1}{C_p}\right)\right] = A_{\eta'} + A_\chi. \quad (9-3-2)$$

可见,总的吸收是由切变粘滞引起的声吸收 $A_{\eta'}$ 和由热传导引起的声吸收 A_χ 这两部分所组成,而且 A_s 是一个与频率无关的常数,其值取决于媒质的粘滞和热传导等物理性质.

为使读者对吸收系数有一个数量上的概念,在表9-3-1中列举了若干种气体和液体的吸收系数值:

表9-3-1 流体中的声吸收

流体名称	$A_{\eta'}$	A_χ	A_s	A_e
空气(干燥)	0.99×10^{-11}	0.38×10^{-11}	1.37×10^{-11}	2.0×10^{-11}
二氧化碳	1.03×10^{-11}	0.29×10^{-11}	1.30×10^{-11}	27.1×10^{-11}
丙烷(气)	0.72×10^{-11}	0.11×10^{-11}	0.83×10^{-11}	—
蒸馏水	8.5×10^{-15}	0.34×10^{-15}	8.8×10^{-15}	25×10^{-15}
苯 (液)	8.4×10^{-15}	0.3×10^{-15}	8.7×10^{-15}	850×10^{-15}

表中的 A_s 及 A_e 分别表示 $\frac{\alpha}{f^2}$ 的理论计算值和实验值,其单位为 s^2/m.

由表我们首先可以看到,几乎在所有气体中,$A_{\eta'}$ 与 A_χ 具有相同的数量级,但粘滞吸收总要比热传导吸收大.例如,对于二氧化碳 $A_{\eta'}=4A_\chi$;而对于丙烷这两种吸收之间的差别达7倍,即 $A_{\eta'}=7A_\chi$.至于液体,这种差别就更大,几乎在所有液体中(除水银以外)均有 $A_{\eta'} \gg A_\chi$,因此一般在液体中与粘滞引起的声吸收相比较,热传导的吸收系数贡献很小,常可以忽略.

其次,在上表中 A_s 是根据(9-3-2)式计算的理论值,然而实验却发现,对于大部分气体和液体来说,吸收系数的实验值 A_e 比理论值 A_s 要大,在某些气体中要超过很多倍.例如,在二氧化碳中,当频率为 $300\,\text{kHz}$ 时,A_e 超过 A_s 达20倍.至于液体,则实验值经常大于理论值,在液苯中,这种差别竟达100倍!这种实验值超过理论值的现象的产生,是由于在理论计算时在粘滞系数中忽略了容变粘滞 η'' 的贡献,即假定 $\eta''=0$ 而引起的.

此外,在实验中进一步发现,吸收系数不仅在数值上与理论值不符,而且在频率的依赖关系上也有差别.曾发现在多原子气体中,以及很多液体中不遵从(9-3-2)式给出的吸收系数与频率的平方关系,即 $\frac{\alpha}{f^2}$ 不是常数,而是随频率的增加而减小,同时还发现有声速随频率的增加而显著增大的现象.这种声速随频率而变化的现象称为**频散或色散**.例如,在二氧化碳中,当频率小于 $10^5\,\text{Hz}$ 时声速为一常数,以后随着频率的增加声速也增大,而到 $10^6\,\text{Hz}$ 时声速又等于另一常数.吸收系数和声速对频率的这种反常规律,不仅说明了大多数气体和液体中必须考虑容变粘滞 η'' 的存在,而且由于容变粘滞系数 η'' 与媒质内部微观结构的弛豫过程有关,因而 η'' 与频率尚具有较复杂的关系.因此,由经典吸收理论推导出的吸收系数公式必须计及容变粘滞而加以修正.但由于与分子内过程相关联的弛豫机理比较复杂,特别对于液体而言,由于不同的分子结构会引起不同的弛豫过程,因此对于具体的液体必须予以具体的分析.为使读者对弛豫过程有一个基本的认识,下面仅就双原子气体的分子弛豫吸收作一较详细的分析.

9.4　分子弛豫吸收简单理论

声波吸收系数与经典理论值的偏离完全可以用弛豫理论来解释,为了阐明这一理论的主要思想,我们首先从一个最简单的情况即所谓分子弛豫理论开始.这一理论的实质是分子的外自由度能量(指分子移动和转动的能量)和内自由度能量(振动能量)之间的重新分配.当媒质静止时,可用物理参数 P,V,T 来描述这一平衡状态,此时分子的外自由度和内自由度能量也应具有一定的平衡分配.当媒质中有声波通过时,媒质中便发生了压缩和膨胀的过程,媒质的物理参数及其相应的平衡状态也将随着声波过程而发生简谐的变化,而任何状态的变化都伴有内外自由度能量的重新分配,并向着一个具有新的平衡能量分配的状态过渡.然而建立一个新的平衡分配不是瞬时的,而是需要一个有限的时间,这样的过程称为**弛豫过程**,建立新的平衡状态所需的时间称为**弛豫时间**.在弛豫过程中产生了有规声振动转变为无规热运动的附加能量耗散,即引起了声波的附加吸收,也称**弛豫吸收**或**反常吸收**.当声振动的周期和弛豫时间具有同数量级时,这种与经典理论偏离的反常吸收就很大.显然,分子内过程的弛豫吸收是由于媒质的压缩与膨胀过程即体积形变所引起的,因此表现在宏观方面就自然与容变粘滞有关了.

我们知道,处于某一平衡状态的气体的内能应是分配给各自由度能量之和.对于单原子气体只具有三个移动自由度,因此单原子气体的内能就是分子移动的平均动能.多原子气体一般具有移动、转动和振动自由度.现在具体分析双原子气体的情况,对于双原子气体分子具有六个自由度,三个移动、两个转动和一个振动自由度,在某一温度 T 时,每一自由度应有相应的能量分配,每一移动和转动自由度的能量为 $\frac{1}{2}kT$,每一振动自由度的能量为 kT,这里的 k 为玻耳兹曼常数.当声波通过时,媒质的体积发生周期性的变化,因而压强和温度也产生周期性的变化,每个自由度所具有的平衡能量值也将发生相应变化,但并不是每个自由度的平衡能量都能跟得上声波的变化.当媒质受压缩时,首先使移动自由度的能量增加,通过分子间的相互碰撞,移动自由度的部分能量将传递给转动和振动自由度,但由于转动能级间的距离较小,因此在一般温度下激发转动自由度的几率是很大的,激发所需的时间较小,而由移动能量传递给振动自由度的过程所需的时间较长,因为振动量子一般比分子平均动能要大.根据能量激发的程度可将自由度分为两种:对于移动和转动自由度,建立平衡的时间较短,称为**外自由度**;而振动自由度的弛豫时间较长,称为**内自由度**.这样,我们把气体的内能 U 分为**内自由度能量** U_i 和**外自由度能量** U_a 之和,即

$$U = U_i + U_a,$$

同样,对比热容 C_V 也可分成相应的两部分组成

$$\left.\begin{array}{l} \dfrac{\partial U}{\partial T} = \dfrac{\partial U_i}{\partial T} + \dfrac{\partial U_a}{\partial T}, \\[3mm] C_V = C_{Vi} + C_{Va}. \end{array}\right\} \qquad (9-4-1)$$

现在我们来计算内自由度的能量. 为讨论简单起见, 假设只有一个振动自由度. 当气体不处于平衡状态时, 内自由度能量 U_i 将随时间变化并竭力向新的平衡值 U_{i0} 接近, 当愈接近平衡状态时, $U_i - U_{i0}$ 愈小, 因此 U_i 的变化 (即 $\dfrac{\mathrm{d}U_i}{\mathrm{d}t}$) 可以认为是正比于 $U_i - U_{i0}$, 即

$$\frac{\mathrm{d}U_i}{\mathrm{d}t} = -\frac{1}{\tau}(U_i - U_{i0}), \qquad (9-4-2)$$

其中负号表示 U_i 的变化与平衡值的偏离符号相反, 而比例系数 $\dfrac{1}{\tau}$ 具有时间的量纲, 它的倒数称为弛豫时间.

显然, 方程(9-4-2)式具有指数形式的解

$$U_i - U_{i0} = A\mathrm{e}^{-t/\tau},$$

这里的 A 为积分常数. 如当 $t=0$ 时, $U_i = U_{i0}^*$, U_{i0}^* 为初始的平衡值, 故有

$$U_i - U_{i0} = (U_{i0}^* - U_{i0})\mathrm{e}^{-t/\tau};$$

当 $t=\tau$ 时

$$U_i - U_{i0} = \frac{U_{i0}^* - U_{i0}}{\mathrm{e}},$$

这表示弛豫时间 τ 就是从初始平衡状态到达新的平衡状态所需时间的量度.

当声波通过时, 气体经受周期性的压缩和膨胀, 气体中的密度和温度也将周期性地变化, 但随着温度的变化, 内自由度能量的平衡值也将周期性地变化

$$U_{i0} = \overline{U}_{i0} + U_{i0}'\mathrm{e}^{\mathrm{j}\omega t}, \qquad (9-4-3)$$

$\overline{U}_{i0}$ 为声波不存在时的内能平均值, $U_{i0}'\mathrm{e}^{\mathrm{j}\omega t}$ 为内自由度能量的周期性变化部分.

这样, 任意时刻的真正的内自由度能量值为:

$$U_i = \overline{U}_{i0} + U_i'\mathrm{e}^{\mathrm{j}\omega t}, \qquad (9-4-4)$$

由(9-4-2)式、(9-4-3)式和(9-4-4)式可以得到

$$U_i' = \frac{U_{i0}'}{1 + \mathrm{j}\omega\tau}. \qquad (9-4-5)$$

于是, 内自由度能量对热容的贡献为

$$C_{Vi}' = \frac{\partial U_i'}{\partial T} = \frac{\left(\dfrac{\partial U_{i0}'}{\partial T}\right)}{(1 + \mathrm{j}\omega\tau)} = \frac{C_{Vi}}{1 + \mathrm{j}\omega\tau},$$

U_{i0}' 为平衡时内自由度能量的幅值. 由于 C_{Vi}' 为复数, 因而(9-4-1)式所表示的总的比热容也为复值:

$$C_V' = \frac{C_{Vi}}{1 + \mathrm{j}\omega\tau} + C_{Va}. \qquad (9-4-6)$$

因为声速 $c^2 = P_0\gamma/\rho_0$, 而 $\gamma = C_p/C_V = 1 + \dfrac{R}{C_V}$, 其中 $R = C_p - C_V$ 为比热容之差, 因而

$$c^2 = \frac{P_0}{\rho_0}\left(1 + \frac{R}{C_V}\right),$$

将(9-4-6)式的 C_V' 值代入,可得复声速平方为

$$c'^2 = \frac{P_0}{\rho_0}\left[1 + \frac{R}{\dfrac{C_{Vi}}{1 + \mathrm{j}\omega\tau} + C_{Va}}\right]. \tag{9-4-7}$$

根据(9-1-9)式有 $k' = k - \mathrm{j}\alpha_R$,则有

$$c'^2 = \frac{\omega^2}{k'^2} \approx \frac{\omega^2}{k^2 - 2\mathrm{j}k\alpha_R} \approx \frac{\omega^2}{k^2}\left(1 + \mathrm{j}\frac{2\alpha_R}{k}\right)$$

$$= \frac{\omega^2}{k^2} + \mathrm{j}\frac{2\alpha_R\omega^2}{k^3}. \tag{9-4-8}$$

比较(9-4-7)式和(9-4-8)式,并使其实部和虚部分别相等,即得:

$$c^2 = \frac{P_0}{\rho_0}\left(1 + R\frac{C_V + \omega^2\tau^2 C_{Va}}{C_V^2 + \omega^2\tau^2 C_{Va}^2}\right), \tag{9-4-9}$$

$$\alpha_R = \frac{P_0}{2\rho_0 c^3}\left(R\frac{C_{Vi}\omega^2\tau}{C_V^2 + \omega^2\tau^2 C_{Va}^2}\right), \tag{9-4-10}$$

由此可见,当考虑了分子的弛豫过程后,声速和吸收系数对频率具有较复杂的依赖关系. 现在我们来分析这两个公式:

1. 频散现象

公式(9-4-9)给出了声速的平方与频率的依赖关系,由该式可知,当 $\omega\tau \ll 1$(即 ω 很小)时,

$$c^2 = \frac{P_0}{\rho_0}\left(1 + \frac{R}{C_V}\right) = \frac{P_0\gamma}{\rho_0} = c_0^2, \tag{9-4-11}$$

此即理想气体中的声速值,它是非理想气体的一个低频近似;当 $\omega\tau \gg 1$(即当 ω 很大)时,有

$$c^2 = \frac{P_0}{\rho_0}\left(1 + \frac{R}{C_{Va}}\right) = c_\infty^2. \tag{9-4-12}$$

因为 $C_V > C_{Va}$,所以 $c_\infty^2 > c_0^2$,这表示由于分子弛豫过程引起了速度随频率而变化的频散现象. 图9-4-1表示了声速随频率的依赖关系,当频率很低时,为 c_0^2;当频率很高时,为 c_∞^2;而在 $\bar\omega = \dfrac{1}{\tau}\dfrac{C_V}{C_{Va}}$ 时,为曲线的拐点.

2. 弛豫吸收系数

将(9-4-10)式稍作变化后就可更清楚地看出其物理意义,令 $\tau' = \tau\dfrac{C_{Va}}{C_V}$ 代入,此时分子弛豫吸收系数为

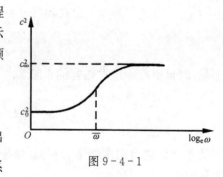

图 9-4-1

$$\alpha_R = \frac{P_0 R}{2\rho_0 c^3}\frac{C_{Vi}\omega^2}{C_V C_{Va}}\frac{\tau'}{1 + \omega^2\tau'^2}. \tag{9-4-13}$$

当 $\omega\tau' \ll 1$(即 ω 很小)时,

$$\alpha_R \approx \frac{\omega^2}{2\rho_0 c_0^3} \frac{RP_0 C_{Vi}\tau'}{C_V C_{V_a}} = \frac{\omega^2}{2\rho_0 c_0^3}\eta''_0, \qquad (9-4-14)$$

式中 $\eta''_0 = \frac{RP_0 C_{Vi}\tau'}{C_V C_{V_a}}$. 此时,分子弛豫引起的附加吸收具有与切变粘滞引起的吸收相同的形式,但由于实际上 η''_0 是描述了当频率很低时由体积变化产生的弛豫损耗,故称为**低频容变粘滞系数**.

当频率增加时,容变粘滞系数与频率具有如下的关系

$$\eta'' = \frac{\eta''_0}{1+\omega^2\tau'^2},$$

因而

$$\alpha_R = \frac{\omega^2}{2\rho_0 c^3} \frac{\eta''_0}{1+\omega^2\tau'^2}, \qquad (9-4-15)$$

其中 η''_0 为 $\omega\tau' \ll 1$ 时 η'' 的值. 从(9-4-15)式可见,吸收系数随频率的变化比平方律要慢些.

如果用一个波长上的吸收来表示,则(9-4-15)式可表示为 $\left(\lambda = 2\pi\frac{c}{\omega}\right)$

$$\alpha_R\lambda = \frac{\pi}{\rho_0 c^2} \frac{\omega\eta''_0}{1+\omega^2\tau'^2}$$

$$= \frac{\pi}{\rho_0 c^2} \frac{RP_0 C_{Vi}}{C_V C_{V_a}} \frac{\omega\tau'}{1+\omega^2\tau'^2}. \qquad (9-4-16)$$

这样,$\alpha_R\lambda$ 与频率的关系完全由 $\frac{\omega\tau'}{1+\omega^2\tau'^2}$ 来决定. 当 $\omega\tau' \ll 1$ 时,反常吸收 $\alpha_R\lambda$ 也很小,这是因为此时声振动周期远大于弛豫时间,每一时刻都能建立平衡,因此弛豫部分就较小. 当频率增加时,$\alpha_R\lambda$ 开始随频率而增加,当 $\omega = \frac{1}{\tau'}$ 时(即声波的周期与弛豫时间相等时),产生显著的反常吸收,此时 $\alpha_R\lambda$ 达极大值. 当频率再增加时,$\alpha_R\lambda$ 又开始减少,而当 $\omega \to \infty$ 时,$\alpha_R\lambda \to 0$. 图 9-4-2(a)表示了 $\alpha_R\lambda$ 与 $\omega\tau'$ 的这种依赖关系,(b)为 α_R/ω^2 与频率的关系. 由公式(9-4-15)知,当频率较低时,α_R/ω^2 为一常数;当 ω 增加时,α_R/ω^2 减小;而当 $\omega \to \infty$ 时,α_R/ω^2 也趋于零.

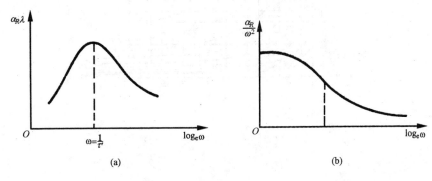

图 9-4-2

由此可见,用分子弛豫过程可以解释双原子气体中的频散现象和反常吸收.这样,当计入了这种与分子内外自由度能量分配有关的弛豫过程时,声波吸收系数的普遍表示式为

$$\alpha = \frac{\omega^2}{2\rho_0 c^3}\left[\frac{4}{3}\eta' + \chi\left(\frac{1}{C_V}-\frac{1}{C_p}\right) + \frac{\eta''_0}{1+\omega^2\tau'^2}\right].$$

$$(9-4-17)$$

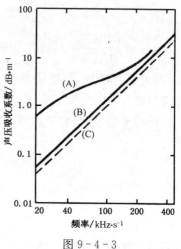

图 9-4-3

作为一个例子,我们来看一下当空气中包含有水蒸气分子时的弛豫吸收数据.在表 9-3-1 中曾列举了干燥空气的 A 值,其中实验值比理论值约高 58%,但它们均遵循吸收系数与频率的平方关系,如图 9-4-3 中(B)和(C)所示,其中(B)表示干燥空气的实验值,(C)为经典理论值.当空气中包含有水蒸气分子时(即当空气中的相对湿度变化时),这种经典的频率平方依赖关系就不再满足,图 9-4-3 中的(A)曲线就是相对湿度为 37% 时的吸收系数与频率的关系.显然,与直线(B)、(C)相比较,这里的超吸收部分是由空气中的水蒸气分子所引起的,此现象可用上述的分子弛豫吸收来解释.在干燥空气中,激发氧分子的振动自由度所需的弛豫时间约为几秒的数量级,因此一般的声波过程不可能激发振动自由度.但当空气中有少量蒸气分子存在时,就能减少为了激发氧分子振动自由度所需的碰撞次数,从而使激发氧分子振动自由度所需的弛豫时间减少为 10^{-3} s $\sim 10^{-5}$ s,因此就产生了在 1 kHz $\sim$ 100 kHz 频率范围中的反常吸收.空气中的这种分子吸收不仅与频率有关,而且还和空气中的温度、相对湿度等因素有着较复杂的依赖关系.图 9-4-4 是当空气温度为 20℃时,在不同频率和不同相对湿度下的声强吸收系数 2α 的实验值.[1]

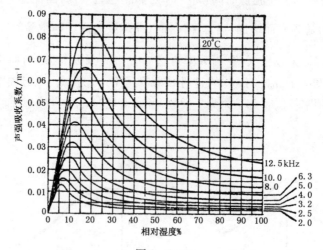

图 9-4-4

① 此实验结果取自 C. M. Harris JASA,1996,40,115.

我们在这一节的开始就提到,这里所考虑的是最简单的一种弛豫结构的情形,实际上对于许多媒质,无论是液体或气体,还存在着其他的弛豫结构.例如对于水,必须用**结构弛豫**来解释水中吸收系数与经典理论值的偏离,结构弛豫是分子间结构从比较疏松过渡到比较紧密需要有一定的弛豫时间的现象.而对于一些化学溶液,存在着化学反应要从旧的平衡过渡到新的平衡的化学弛豫过程.此外,许多媒质中还同时存在着多种弛豫过程,如果各过程互相独立,那么,可以将(9-4-15)式推广为更普遍的情况,即

$$\alpha_R = \sum_{i=1}^{n} \alpha_{Ri} = \sum_{i=1}^{n} \frac{\omega^2}{2\rho_0 c^3} \frac{\eta_i''}{1+\omega^2 \tau_i^2}, \tag{9-4-18}$$

其中 η_i'' 表示由第 i 种内过程所引起的低频容变粘滞系数,它与媒质的内过程的参数有关.

这样,最后我们就可以写出声波吸收系数的更为普遍的表示式

$$\alpha = \frac{\omega^2}{2\rho_0 c^3} \left[\frac{4}{3}\eta' + \chi\left(\frac{1}{C_V} - \frac{1}{C_p}\right) + \sum_{i=1}^{n} \frac{\eta_i''}{1+\omega^2 \tau_i^2} \right]. \tag{9-4-19}$$

9.5 生物媒质中的超声衰减

在本章的最后,我们简要介绍一下关于生物媒质的超声衰减.由于医学超声学的迅速发展,人们对超声波在生物媒质中传播时的能量衰减问题产生了浓厚的兴趣.生物媒质与本章前面介绍的均匀流体具有不同的特点.一般说来,它是由水、脂肪和蛋白质组成的物质,因而也可称之为似流体媒质,此外,生物媒质还具有结构的不均匀性,因而当超声波在生物组织中传播时引起的声能衰减机理是复杂的.在这类媒质中,超声衰减由超声吸收和超声散射两部分组成,即一部分是由于媒质的粘滞、热传导和多种复杂的弛豫过程而引起的超声吸收,它把有序的声波转变成媒质的热能和内能;另一部分则是由于声波在不均匀的组织结构上的声散射把声波能量散射到其他方向而使原来传播方向上的声波能量减弱.

迄今已有大量研究工作和实测数据表明在生物组织中的声衰减系数远大于一般的均匀液体,在 1 MHz 时约为水的 200 倍以上,而且它随频率的变化也不遵循平方的关系.为使读者对此有一个具体的概念,表 9-5-1 上列出的数据是对大量超声衰减的文献数据总结的结果,它也是对取自不同的哺乳动物组织实验数据的拟合关系.

表 9-5-1 生物组织超声衰减系数 α 随频率 f(MHz)变化关系

组 织	脑	心	肾	肝
α(dB/cm)	$0.61f^{1.14}$	$1.12f^{1.07}$	$0.87f^{1.09}$	$0.69f^{1.13}$

由表可见,一般生物组织的超声衰减系数与频率有如下关系

$$\alpha \sim f^n,$$

在 1 MHz~7 MHz 频率范围内 n 的值为 1.07 至 1.14,即衰减系数与频率基本上成线性关系.

习 题 9

9-1 设流体的密度为 ρ_0，切变粘滞系数为 η'，在垂直于 z 轴的平面上，施以一垂直于该轴的横向振动，其振动速度为 $U=U_0 e^{j\omega t}$．该横向振动通过与其毗邻的流体的粘滞性，带动流体媒质运动，并向 z 方向传播开去．试证明描述这种振动传播的方程为

$$\frac{\partial^2 v}{\partial z^2} = \left(\frac{\rho_0}{\eta'}\right)\frac{\partial v}{\partial t},$$

式中 v 为垂直于 z 轴的媒质质点速度，并求解此方程与讨论其解的物理意义．

9-2 实验测得当频率为 10 kHz 时，在淡水及海水（5℃，35‰的盐度）中的吸收系数 α 分别为 7×10^{-5}(dB/m) 与 10^{-3}(dB/m)．假设在声源处的声压相同，而声波以平面波方式向各自媒质中传播 1 000 m，试问在这两种不同水中的声压将差多少分贝．

9-3 试从(9-1-20)式关系导出并证明三维坐标下对于声压 p 的粘滞流体中的声波方程为

$$\frac{\partial^2 p}{\partial t^2} = c_0^2 \nabla^2 p + \eta \nabla^2 \frac{\partial p}{\partial t}.$$

9-4 试从上一习题的结果，导出用一维径向坐标 r 表示的粘滞流体中的声波方程，并求其行波解．

9-5 设有一点声置于刚性地面附近，向大气辐射频率为 2 kHz 的声波．若要求在距该点源 $r=1\,000$ m 处能产生 60 dB 声压级的声音．试求在如下三种条件下声源所需输出的声功率：

(1) 大气中不存在声吸收；

(2) 考虑干燥空气的吸收系数；

(3) 考虑相对湿度为 50%的空气吸收（设取 $2\alpha=0.002\,5$ m^{-1}）．

9-6 设媒质为 CO_2 气体，已知其比热容比值 $\gamma=1.31$，气体常数 $R=189$ J/kg・℃．如果从实验测得 $c_0=268$ m/s 与 $c_\infty=278$ m/s 以及当 $f=30$ kHz 时，产生 $\alpha_R \lambda$ 的极大值并等于 0.13，试求该气体的 C_p，C_V，C_{Va} 与 C_{Vi} 等比热容值．

10

非线性声学基础

在前面各章中所论述的声波在媒质中传播的基本规律和性质,都是属于线性声学的基本问题,因为它们是以线性波动方程(4-3-7)式为出发点的.我们知道,在获得线性波动方程时曾假设了声波是小振幅的,即在假设质点速度 v 远小于声速 c_0($v \ll c_0$)、质点位移 ξ 远小于声波波长 λ($\xi \ll \lambda$)、媒质的密度增量远小于静态密度($\rho' \ll \rho_0$)等的前提下,忽略了媒质运动方程、连续性方程及物态方程中的二级以上微量,进行了所谓线性化手续后得到的.在 §4.2 节中所列举的一些通常遇到的声压级数值中,这些线性条件是能满足的,因此在大部分的声学问题中人们感兴趣的是研究小振幅声波的传播问题.

但是声学的基本方程(4-3-1)～(4-3-3)式是非线性的,这些方程中的非线性项在什么情况下不能被忽略呢? 在计及了非线性项后,波的传播又会具有什么特征呢? 这些问题就是属于**非线性声学**,也称**大振幅声波**或称**有限振幅声波**的传播问题.随着现代科学技术的发展,非线性声学已日益显示其重要性.例如,现代的强力喷气发动机以及其他强功率机器发出的声音的声压级可达 160 dB～180 dB 甚至更大.如果以 180 dB 为例,它相当于2.8×10^4 N/m^2 的声压振幅值,其相应的质点速度幅值为 67 m/s,这时声压和质点速度的振幅相对于大气压强和声速来说已不能认为是很小以至可略去不计,自然,此时线性化条件不再成立.在超声以及水声学的大量应用中更是由于其频率高或强度大而容易出现非线性声学的诸多现象.

回顾在理想媒质中的一维运动方程式具有如下形式:

$$\rho \frac{\mathrm{d}v}{\mathrm{d}t} = -\frac{\partial p}{\partial x}, \qquad\qquad (4-3-1)$$

或写成

$$\frac{\partial v}{\partial t} + v \frac{\partial v}{\partial x} = -\frac{1}{\rho} \frac{\partial p}{\partial x}.$$

此时,其中的非线性项 $v \dfrac{\partial v}{\partial x}$ 与其他各项相比几乎具有同一数量级.假定声波为 $v = v_a \sin(\omega t -$

kx)，那么 $v\dfrac{\partial v}{\partial x}$ 项的极大值为 kv_a^2，而其余项的数量级为 ωv_a，如果 v_a 可与声速 c_0 相比拟时，则 $kv_a^2 \approx \omega v_a$，也就是说，它们具有同样的数量级，因而非线性项就应予以考虑.

在计及了非线性项后得到的结果，可以解释大振幅声波在传播过程中所产生的一些非线性现象. 例如，正弦波形的畸变、媒质吸收的显著增加以及声波的相互作用等，这些非线性效应在小振幅声波的传播过程中自然是不会产生的.

正如前面已指出，近年来人们对非线性声学的问题日益重视，这是和近代科学技术中出现的"高强声"有密切关系的. 但是，我们这儿所指的大振幅声波，确切地讲是有限振幅声波，它是介乎于小振幅声波和弱冲击波之间的一种现象，而且以后我们还将要看到，即使初始声波不是很强，但由于非线性效应具有随距离而积累的特性，在相当距离上总会产生波的畸波以至形成间断. 本章我们将主要讨论流体媒质中有限振幅波传播过程中的一些基本性质. 可以指出，有限振幅声波在固体中传播时也会发生波形畸变、声波相互作用等类似的非线性现象. 此外，由于近年来人们对声学中（乃至其他学科中）的分岔混沌现象十分关注，因此本章中对非线性振动也作一基础性概述.

10.1　非线性一维流体动力学方程及其解

有限振幅平面声波在无粘滞损耗的理想流体媒质中传播时，考虑沿 x 方向传播的一维情形，在计及非线性后媒质的运动方程为：

$$\frac{\partial v}{\partial t} + v\frac{\partial v}{\partial x} = -\frac{1}{\rho}\frac{\partial p}{\partial x}. \tag{4-3-1}$$

连续性方程为：

$$\frac{\partial(\rho v)}{\partial x} = -\frac{\partial \rho}{\partial t}. \tag{4-3-2}$$

在理想媒质中，对于绝热过程而言，质点速度 v 及声速 c 都是密度的单值函数，即有

$$v = v(\rho), \quad c = c(\rho).$$

现在我们可以把上述方程改写为：

$$\frac{\partial v}{\partial t} + \left(v + \frac{1}{\rho}\frac{\mathrm{d}p}{\mathrm{d}v}\right)\frac{\partial v}{\partial x} = 0, \tag{10-1-1}$$

$$\frac{\partial \rho}{\partial t} + \frac{\mathrm{d}(\rho v)}{\mathrm{d}\rho}\frac{\partial \rho}{\partial x} = 0, \tag{10-1-2}$$

或

$$\frac{\left(\dfrac{\partial v}{\partial t}\right)}{\left(\dfrac{\partial v}{\partial x}\right)} = v + \frac{1}{\rho}\left(\frac{\mathrm{d}p}{\mathrm{d}v}\right), \tag{10-1-3}$$

$$-\frac{\left(\dfrac{\partial \rho}{\partial t}\right)}{\left(\dfrac{\partial \rho}{\partial x}\right)} = v + \rho\left(\frac{\mathrm{d}v}{\mathrm{d}\rho}\right). \tag{10-1-4}$$

上式的左边分别表示 v 为常数的导数 $\left(\dfrac{\partial x}{\partial t}\right)_v$ 及 ρ 为常数时的导数 $\left(\dfrac{\partial x}{\partial t}\right)_\rho$. 但是由于 ρ 能单值地决定 v 的值,所以无论当 ρ 为常数或当 v 为常数时,对于 t 的导数是没有差别的,所以

$$\left(\frac{\partial x}{\partial t}\right)_\rho = \left(\frac{\partial x}{\partial t}\right)_v. \tag{10-1-5}$$

于是由(10-1-3)式和(10-1-4)式可得

$$\rho^2\left(\frac{\mathrm{d}v}{\mathrm{d}\rho}\right) = \frac{\mathrm{d}p}{\mathrm{d}v} = c^2\left(\frac{\mathrm{d}\rho}{\mathrm{d}v}\right),$$

$$\left(\frac{\mathrm{d}v}{\mathrm{d}\rho}\right)^2 = \frac{c^2}{\rho^2},$$

其中 $c^2 = \dfrac{\mathrm{d}p}{\mathrm{d}\rho}$,由上式易得

$$v = \pm\int \frac{c}{\rho}\mathrm{d}\rho = \pm\int \frac{\mathrm{d}p}{\rho c}. \tag{10-1-6}$$

借助此式可以确定声波中质点速度 v、密度增量 ρ' 和声压 p 之间的普遍关系式. 如果对于小振幅的情况,有 $\rho = \rho_0 + \rho'$,利用(10-1-6)式可得一级近似

$$v = \frac{c_0 \rho'}{\rho_0},$$

又因

$$v = \frac{p}{\rho_0 c_0},$$

故得 $p = c_0^2 \rho'$,此即小振幅时的(4-3-3)式.

将(10-1-6)式代入(10-1-3)或(10-1-4)式,便有

$$\left(\frac{\partial x}{\partial t}\right)_v = \left(\frac{\partial x}{\partial t}\right)_\rho = v \pm c, \tag{10-1-7}$$

对上式进行积分,得到

$$x = (v \pm c)t + f(v), \tag{10-1-8}$$

其中 $f(v)$ 为 v 的任意函数,公式(10-1-8)还可以隐函数形式将 v 表示成 x 和 t 的函数:

$$v = F[x - (v \pm c)t]. \tag{10-1-9}$$

函数 F 为另一任意函数,(10-1-8)式和(10-1-9)式为非线性流体动力学方程的一般解,也称黎曼解,它于 1806 年首先由泊松得到,以后又于 1860 年为黎曼所论证.

(10-1-9)式表示了大振幅声波的波函数,它可以描述,在计及运动方程和连续性方程的非线性项后,理想媒质中有限振幅声波传播时的形状及其传播特性. 从这里我们可以看到上式与小振幅声波具有类似的形式(小振幅时为 $v = F[x - ct]$),区别是由于质点速度幅值不是无限小,因而有限振幅声波是以 $v \pm c$ 的速度传播的,正负号表示沿 x 正方向或负方向传播.

10.2 非线性物态方程与非线性参量

10.2.1 非线性物态方程

物态方程是指当声波在媒质中传播时媒质的状态变量之间的关系,它能描述媒质状态变化的规律. 状态变量一般有压力 p,密度 ρ 和熵 S. 声波传播过程可近似看作绝热过程或等熵过程,于是状态变量就减少成两个即 p 和 ρ,正如在第 4 章中已指出,它可表示为

$$P = P(\rho), \tag{10-2-1}$$

并有 $\mathrm{d}P = \left(\dfrac{\partial P}{\partial \rho}\right)_s \mathrm{d}\rho$ 以及 $c^2 = \left(\dfrac{\partial P}{\partial \rho}\right)_s$,对于理想气体在绝热过程中的物态方程为:

$$P = P_0 \left(\frac{\rho}{\rho_0}\right)^{\gamma}, \tag{10-2-2}$$

其中 γ 为定压比热和定容比热之比,在静态附近展开上式并保留至二阶项,则得

$$P = P_0\left(\frac{\rho}{\rho_0}\right)^{\gamma} = P_0 + \gamma P_0\left(\frac{\rho-\rho_0}{\rho_0}\right) + \frac{\gamma(\gamma-1)}{2}P_0\left(\frac{\rho-\rho_0}{\rho_0}\right)^2 + \cdots \tag{10-2-3}$$

如果小振幅声波的情况,只需保留一阶项,因而

$$c^2 = \left(\frac{\mathrm{d}P}{\mathrm{d}\rho}\right)_{\rho=\rho_0} = \frac{\gamma P_0}{\rho_0} = c_0^2, \tag{10-2-4}$$

这就是理想气体中小振幅声波的传播速度,c_0 是常数,它取决于媒质的静态物理参数.

对于一般液体介质,其压力和密度之间的物态关系比较复杂,不可能得到像理想气体 (10-2-2)式那样明确的解析表示式,但我们可以将物态关系(10-2-1)式在 $\rho = \rho_0$ 附近展开保留至二阶项得:

$$P = P_* + \left(\frac{\partial P}{\partial \rho}\right)_{\rho_0}(\rho-\rho_0) + \frac{1}{2}\left(\frac{\partial^2 P}{\partial \rho^2}\right)_{\rho_0}(\rho-\rho_0)^2, \tag{10-2-5}$$

其中 P_* 为液体的内压强,一阶项和二阶项系数是依赖于温度和压力的常数.

10.2.2 非线性参量

由上所述,可以将流体(包括气体和液体)的物态方程(10-2-1)在绝热或等熵等条件下进行泰勒展开,其级数形式为:

$$P = P_0 + \left(\frac{\partial P}{\partial \rho}\right)_{s,\rho_0}(\rho-\rho_0) + \frac{1}{2!}\left(\frac{\partial^2 P}{\partial \rho^2}\right)_{s,\rho_0}(\rho-\rho_0)^2 + \cdots$$

$$= P_0 + \rho_0\left(\frac{\partial P}{\partial \rho}\right)_{s,\rho_0}\left(\frac{\rho-\rho_0}{\rho_0}\right) + \frac{1}{2}\rho_0^2\left(\frac{\partial^2 P}{\partial \rho^2}\right)_{s,\rho_0}\left(\frac{\rho-\rho_0}{\rho_0}\right)^2 + \cdots$$

$$= P_0 + A\left(\frac{\rho-\rho_0}{\rho_0}\right) + \frac{1}{2}B\left(\frac{\rho-\rho_0}{\rho_0}\right)^2 + \cdots, \tag{10-2-6}$$

其中

$$A = \rho_0\left(\frac{\partial P}{\partial \rho}\right)_{s,\rho_0} = \rho_0 c_0^2, \tag{10-2-7}$$

$$B= \rho_0^2 \left(\frac{\partial^2 P}{\partial \rho^2}\right)_{s,\rho_0} = \rho_0^2 \left(\frac{\partial c^2}{\partial \rho}\right)_{s,\rho_0}, \tag{10-2-8}$$

定义一个量

$$\frac{B}{A} = \rho_0 c_0^{-2} \left(\frac{\partial^2 P}{\partial \rho^2}\right)_{s,\rho_0} = 2\rho_0 c_0 \left(\frac{\partial c}{\partial P}\right)_{s,\rho_0}, \tag{10-2-9}$$

它是物态方程泰勒展开式中二阶项系数与一阶项系数之比,称为非线性参数. 它是一个无量纲的量,但决定了流体媒质的非线性性质.

对于理想气体将(10-2-2)式代入(10-2-9)式可得其

$$\frac{B}{A} = \gamma - 1.$$

非线性参量是非线性声学中最重要的一个物理量,因为它能衡量声波在媒质中传播时产生的非线性效应的大小,对于空气$\frac{B}{A} = 0.4$,对于水$\frac{B}{A} = 5.2$,对于几乎绝大部分的液体$\frac{B}{A}$值约在 $5\sim10$ 之间. 此外$\frac{B}{A}$值与媒质所处的温度和压力也有关系. 一般说,$\frac{B}{A}$值可以用实验方法测得,最常用的方法是热力学法和有限振幅法. 热力学法是在绝热条件下改变 1 个大气压时测量出媒质中声速的变化,即可由(10-2-9)式求得$\frac{B}{A}$,这种方法又称改进的热力学法. 至于有限振幅法则是测量声波在媒质内传播过程中由于非线性而滋生的二次谐波幅值,即可求出$\frac{B}{A}$值,这个方法在下面还将提到.

非线性参量在声学中有重要的应用. 特别是近年来它在超声医学诊断及生物声学中出现了可喜的应用前景. 已有研究表明生物组织(如肝、肾、脂肪等软组织)的非线性参量也在 $6\sim11$ 之间,而且它能反映生物组织的结构、组分及其病理状态的变化,在这方面它比线性参量如声速和声阻抗等具有明显的优越性,因而非线性参量已普遍看作将是超声医学诊断技术中的一个新参量.

现在来讨论一下声速 c 与质点速度 v 的关系,根据声速定义(10-2-1)式,并代入状态方程(10-2-2)式,则可得

$$c^2 = \gamma \frac{P_0}{\rho_0} \left(\frac{\rho}{\rho_0}\right)^{\gamma-1} = c_0^2 \left(\frac{\rho}{\rho_0}\right)^{\gamma-1},$$

即

$$c = c_0 \left(\frac{\rho}{\rho_0}\right)^{\frac{\gamma-1}{2}}. \tag{10-2-10}$$

将式(10-2-10)代入(10-1-6)式并积分,得

$$v = \pm \int \frac{c}{\rho}\mathrm{d}\rho = \pm c_0 \int_{\rho_0}^{\rho} \left(\frac{\rho}{\rho_0}\right)^{\frac{\gamma-1}{2}} \mathrm{d}\rho$$

$$= \pm \frac{2c_0}{\gamma-1}\left[\left(\frac{\rho}{\rho_0}\right)^{\frac{\gamma-1}{2}} - 1\right] = \pm \frac{2c_0}{\gamma-1}\left[\frac{c}{c_0} - 1\right],$$

由此可得

$$c = c_0 \pm \frac{\gamma - 1}{2} v. \qquad (10-2-11)$$

这个结果说明当质点速度 v 不能被忽略时,在波形上不同点的声速是不同的.同时也可看到对于小振幅声波 $v \ll c_0$ 时,则 $c = c_0$,这恰好是在以前用到的小振幅声波的声速.

10.3 声波的非线性传播与波形畸变

10.3.1 波形的畸变

由上面的分析知道,在计及了非线性项后,媒质中的声速与质点速度有关.现将(10-2-11)式代入(10-1-9)式中,得

$$v = F\left[x - \left(\frac{\gamma + 1}{2} v \pm c_0\right)t\right], \qquad (10-3-1)$$

现在研究简谐声波的情形.假设在声源处发射的是一个正弦声波 $v = v_0 \sin\omega t$,且如果只考虑向正方向传播的波,则根据(10-1-9)式和(10-3-1)式在距离声源为 x 处的声波应为:

$$v = v_0 \sin\left(\omega t - \frac{\omega x}{c + v}\right) = v_0 \sin\left(\omega t - \frac{\omega x}{c_0 + \frac{\gamma + 1}{2} v}\right), \qquad (10-3-2)$$

(10-3-2)式表示当声源处发射一个频率为 ω 的正弦声波时,在计及运动方程、连续性方程和状态方程的非线性项后在媒质中 x 处的传播情况.显然有限振幅声扰动的传播速度为 $c_0 + \beta v$,其中 $\beta = \frac{(\gamma + 1)}{2}$,它比小振幅声波传播速度 c_0 多了一项 βv.由于 β 值恒正,故在质点速度 $v > 0$ 的地方传播速度 $c_0 + \beta v$ 就大于 c_0,如图10-3-1(a)上的 A 点(即波的压缩区);而在质点速度 $v < 0$ 的地方传播速度 $c_0 - \beta v$ 就小于 c_0,如图上的 B 点(即波的稀疏区);而在 $v = 0$ 的 C

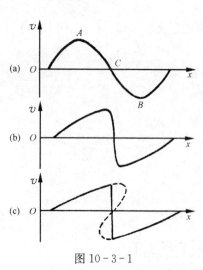

图 10-3-1

点传播速度为 c_0.由此可见,波在 x 正方向传播时其上各点的速度是不同的,A 点的速度最大,B 点的速度最小,C 点的速度就是小振幅时的声速,于是波在传播过程中波形就逐渐发生了畸变,如图10-3-1(b)所示,而且应指出,这种畸变是随着距离而逐渐积累的,波的传播距离愈大,则波形的畸变就愈厉害,于是逐渐产生了正弦波的"卷席"现象,并引起波的连续性的破坏,当然,如图10-3-1(c)中虚线所示的这种情况在实际上是不可能的,因为在同一时刻的速度(或者其他描述声波的量如声压、加速度、密度等)不可能有三个不同的值.此时的波形应与实线相应,也就是说,由于非线性畸变随距离的积累,在一定距离上总会形成锯齿波,发生了波的间断,引起媒质连续性的破坏.本章主要分析的是间

断形成前的有限振幅波的传播问题.

10.3.2 间断距离

根据上面的分析,当形成间断时有

$$\frac{\partial v}{\partial x} = \infty \qquad \text{或} \qquad \frac{\partial x}{\partial v} = 0$$

的条件,则根据(10-3-2)式可求出发生间断的临界距离为

$$x_k = \frac{\lambda c_0}{\pi(\gamma+1) v_0} = \frac{2\rho_0 c_0^3}{(\gamma+1)\omega p_0}, \qquad (10-3-4)$$

此式表明,形成间断的距离反比于初始的声压或质点的速度幅值. 我们将初始的质点速度幅值与声速的比值定义为声马赫数 $Ma = \dfrac{v_0}{c_0}$,则(10-3-4)式又可写成

$$x_k = \frac{\lambda}{\pi(\gamma+1) Ma} = \frac{1}{\beta Ma\, k}, \qquad (10-3-5)$$

由此可见,形成间断的距离与声马赫数成反比,Ma 愈大,则 x_k 愈小. 也就是说,当初始正弦波的声压振幅愈大或质点速度愈大,则在离声源很短的距离上就变成锯齿波. 当 Ma 很小时,则 x_k 就很大,即要在相当长的距离上才会形成锯齿波. 例如对于频率为 10^3 Hz的声音,当初始声压级为 140 dB 时,$p_0 = 2.8 \times 10^2$ N/m^2,此时 $Ma = 0.002$,$x_k \approx 23$ m;当初始声压级为180 dB时,$p_0 = 2.8 \times 10^4$ N/m^2,此时 $Ma = 0.2$,$x_k \approx 0.23$ m. 这一例子也说明,即使初始正弦波的振幅不太强,在传播过程中也会有畸变并随着距离逐渐积累,以至在相当的距离上也能形成锯齿波. 此外从式(10-3-5)中还可以看到媒质的非线性愈强或声源的频率愈高,愈容易产生波形畸变,间断距离也愈短.

10.3.3 贝塞尔-富比尼解:畸变波形的谐波分析

根据以上讨论与分析知道,有限振幅波区别于小振幅波的一个重要特点是,圆频率为 ω 的有限振幅波在传播过程中波形发生了非线性畸变. 根据傅里叶分析知道,任何一个非正弦形的周期函数都可以展开成频率为 $\omega, 2\omega, 3\omega, \cdots, n\omega$ 的简谐函数的组合,也就是说,可以将频率为 ω 的正弦波形的畸变理解为在传播过程中产生了除频率为 ω 外的其他谐波成分,而且随着距离的增加,高次谐波分量的作用将更明显. 图 10-3-2 表示波形的变化引起频谱成分的变化,如果在声源处为正弦形波 $v = v_0 \sin\omega t$,其波形及相应频谱如图 10-3-2(a)所示,则在某一距离 x 处波形发生畸变为

$$v = \sum_{n=1}^{\infty} B_n \sin n\omega\left(t - \frac{x}{c_0}\right),$$

其波形及相应频谱如图 10-3-2(b)所示.

1. 畸变波形的谐波表式

为了能得到畸变波形的谐波表式,我们来介绍著名的贝塞尔-富比尼解. (10-3-2)式也可写成

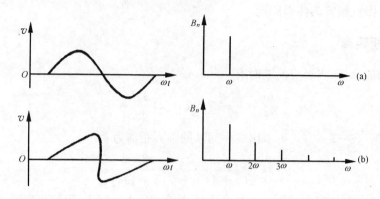

图 $10-3-2$

$$v = v_0 \sin\left(\omega t - \frac{\omega x}{c_0} \frac{1}{1+\beta\dfrac{v}{c_0}}\right),$$

此式实际上是一个隐式解,它的显函数解是由富比尼完成.上式还可近似表示为:

$$v = v_0 \sin\left[\omega t - kx\left(1 - \beta\frac{v}{c_0}\right)\right] = v_0 \sin\left(\omega t - kx + k\beta M x\frac{v}{v_0}\right),$$

$$\frac{v}{v_0} = \sin\left(\omega t - kx + \frac{x}{x_k}\frac{v}{v_0}\right). \tag{10-3-6}$$

将 $\dfrac{v}{v_0}$ 展成傅里叶级数

$$\frac{v}{v_0} = \sum_n B_n \sin n(\omega t - kx), \tag{10-3-7}$$

其中

$$B_n = \frac{1}{\pi}\int_0^{2\pi} \frac{v}{v_0}\sin n(\omega t - kx)\mathrm{d}(\omega t - kx). \tag{10-3-8}$$

引入符号

$$\Phi - \frac{x}{x_k}\sin\Phi = \omega t - kx,$$

$$\Phi = \omega t - kx + \frac{x}{x_k}\sin\Phi, \tag{10-3-9}$$

对比 $(10-3-6)$ 与 $(10-3-9)$ 式,有:$\sin\Phi = \dfrac{v}{v_0}$,并令 $\sigma = \dfrac{x}{x_k}$,则 B_n 可表示为:

$$B_n = \frac{1}{\pi}\int_0^{2\pi} \sin\Phi\sin n(\Phi - \sigma\sin\Phi)\mathrm{d}(\Phi - \sigma\sin\Phi). \tag{10-3-10}$$

利用贝塞尔函数的定义及其递推公式,读者容易证明此积分的结果为:

$$B_n = \frac{2J_n(n\sigma)}{n\sigma}, \tag{10-3-11}$$

其中 $J_n(n\sigma)$ 为 n 阶柱贝塞尔函数.于是,由 $(10-3-7)$ 式可得在距离 x 处的声波为:

$$v = 2v_0 \sum_n \frac{\mathrm{J}_n(n\sigma)}{n\sigma} \sin n(\omega t - kx), \tag{10-3-12}$$

这就是著名的贝塞尔-富比尼解,它适用于 $x < x_k$ 的条件.

(10-3-12)式表示在声源处为正弦形波 $v = v_0 \sin\omega t$,在传播过程中波形发生畸变并滋生了 n 次谐波,第 n 次谐波的幅值可由(10-3-11)式求得.

2. 二次谐波的声压

现在我们来着重分析二次谐波的情形,当 $n=2$ 时,

$$v_2 = 2v_0 \frac{\mathrm{J}_2(2\sigma)}{2\sigma} \sin 2\omega\left(t - \frac{x}{c_0}\right),$$

$$v_{2a} = v_0 \frac{\mathrm{J}_2(2\sigma)}{\sigma}.$$

由于 $\frac{x}{x_k} < 1$,取 $\mathrm{J}_2(2\sigma) \simeq \frac{\sigma_2}{2}$ 近似,于是

$$v_{2a} = \frac{v_0\sigma}{2} = \left(\frac{\gamma+1}{4}\right)\left(\frac{v_0}{c_0}\right)^2 \omega x, \tag{10-3-13}$$

其对应的二次谐波声压幅值近似为:

$$p_{2a} = \frac{\gamma+1}{4}\left(\frac{v_0}{c_0}\right)^2 \rho_0 c_0 \omega x = \frac{\omega x p_{1a}^2}{4\rho_0 c_0^3}(\gamma+1) = \frac{\omega x p_{1a}^2}{4\rho_0 c_0^3}\left(\frac{B}{A}+2\right), \tag{10-3-14}$$

上式中 p_{1a} 代表第一次谐波(即基波)的声压幅值. 从以上讨论我们可以看到:

(1) 二次谐波与临界距离的关系为

$$\frac{p_{2a}}{p_{1a}} = \frac{x}{2x_k}.$$

当 $x = x_k$ 时,$p_{2a} = \frac{p_{1a}}{2}$.

(2) 在 $x < x_k$ 时,只要测得二次谐波的声压幅值 p_{2a},就可以由上式求得非线性参量 $\frac{B}{A}$,因为该式中的其他物理量均易求得. 这就是前面提到的有限振幅法测量 $\frac{B}{A}$ 的原理.

(3) p_{2a} 正比于 ω,p_{1a}^2,x 及 $(\gamma+1)$,也就是说当发射的频率愈高,原始声强愈大,媒质的非线性性质愈强,则二次谐波的声压也愈大,而且它随距离不断积累而增大,这样原来为单一频率的正弦波就开始畸变. 当然,实际上的图像要比(10-3-14)式所描写的情况复杂得多,因为我们还需计及三次或更高次的谐波. 当然次数愈高,其振幅比二次谐波的幅值更小. 同时,随着二次、三次等谐波的产生,基波能量将减小,而且当二次谐波的振幅达到极大值时,谐波本身又将分出一部分能量来形成更高次的谐波.

10.3.4 波形畸变的图解分析

上述的波形畸变过程也可以直接从(10-3-6)式用图解方法来进行分析,并得到更为直观的图像.

由(10-3-6)式

$$\frac{v}{v_0} = \sin\left[\omega t - kx + \sigma \frac{v}{v_0}\right], \qquad (10-3-6)$$

令 $Z = \omega t - kx$ 和 $\sigma = \dfrac{x}{x_k}$，则有：

$$\frac{v}{v_0} = \sin\left(Z + \sigma \frac{v}{v_0}\right),$$

或

$$Z = \arcsin \frac{v}{v_0} - \sigma \frac{v}{v_0} = Z_1 + Z_2, \qquad (10-3-15)$$

其中

$$Z_1 = \arcsin \frac{v}{v_0}, \quad Z_2 = -\sigma \frac{v}{v_0}, \quad \theta = -\arctan \sigma.$$

现在我们画出 $Z \sim \dfrac{v}{v_0}$ 的图，如图 $10-3-3$ 所示.

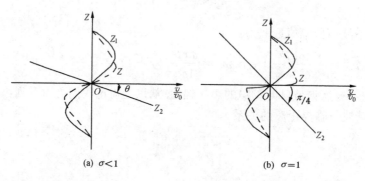

(a) $\sigma < 1$ (b) $\sigma = 1$

图 $10-3-3$

图上分别画出了($10-3-5$)式中的 Z_1 和 Z_2，其相加结果所给出的波形 Z 显然已发生了畸变，其中图(a)相应于 $\sigma < 1$，而(b)则对应于 $\sigma = 1$ 的情形. 当 Z_2 沿顺时针方向转动时，θ 不断增加，而它对应于 x 的增大，当 $\theta = \dfrac{\pi}{4}$ 时，$x = x_k$，$\sigma = 1$，此时形成间断的波形. 这种图解分析方法能使读者比较直观地理解波形的畸变及间断形成的过程.

10.4 有限振幅声波的相互作用

在线性声学中同时传播的两个声波是不会发生相互作用的，它们所引起的媒质的振动等于它们各自单独存在时所引起媒质振动的线性叠加，所以小振幅波的声场是满足叠加原理的. 但是，如果声学方程中保留了非线性项时，叠加原理就不适用了，两个同时传播着的声波之间就要发生相互作用，这是有限振幅声波区别于小振幅声波的又一重要特点. 如果有圆频率为 ω_1 和 ω_2 的两个原始声波沿同一方向传播时，则在某一距离上除产生频率为 $\omega_1, \omega_2,$ $n\omega_1, n\omega_2$ 的声波外，还将出现 $n\omega_1 \pm m\omega_2$ 频率的声波，这种 $n\omega_1, n\omega_2$ 倍频声波的出现是由于某一频率声波自身相互作用的结果,而 $n\omega_1 \pm m\omega_2$ 这类和频与差频声波的出现是由于圆频率为 ω_1 和 ω_2 的两个声波非线性相互作用的结果. 现在我们来具体分析当两个声波相互作用时在二级近似下的结果及物理现象.

10.4.1　非线性波动方程

在前面几节中我们直接从非线性运动方程和物态方程得到了波形畸变、谐波成分等非线性现象,但在讨论非线性相互作用时,一般是从非线性波动方程出发.

我们知道对于沿 x 方向传播的一维情形,在计及了非线性项后的运动及连续性方程为

$$\frac{\partial v}{\partial t} + \frac{1}{2} \frac{\partial v^2}{\partial x} = -\frac{1}{\rho} \frac{\partial p}{\partial x}, \tag{10-4-1}$$

$$\frac{\partial \rho}{\partial t} + \frac{\partial}{\partial x}(\rho v) = 0. \tag{10-4-2}$$

在推导非线性波动方程时,我们认为

$$\frac{\rho - \rho_0}{\rho_0} \approx \mu, \qquad \frac{P - P_0}{p_0} \approx \mu, \qquad \frac{v}{c_0} \approx \mu,$$

这里 μ 为小于 1 的量(即 $\mu < 1$),在以下的讨论中将保留到二级微量即相当于 μ^2 项,而忽略更高级微量项.

理想气体的物态方程由(10-2-3)式给出

$$p = P - P_0 = c_0^2(\rho - \rho_0) + \frac{\gamma - 1}{2\rho_0} c_0^2 (\rho - \rho_0)^2 + \cdots,$$

将(10-2-3)式代入运动方程(10-4-1),并消去 p 后可得

$$\frac{\partial v}{\partial t} = -\frac{1}{2} \frac{\partial v^2}{\partial x} - \frac{c_0^2}{\rho_0} \frac{\partial}{\partial x} \left[(\rho - \rho_0) + \frac{\gamma - 2}{2\rho_0}(\rho - \rho_0)^2 \right]. \tag{10-4-3}$$

将(10-4-3)式对时间微分,并引入 $v = -\dfrac{\partial \Phi}{\partial x}$,这儿的 Φ 为速度势,可得

$$\frac{\partial^2 \Phi}{\partial t^2} = \frac{1}{2} \frac{\partial}{\partial t}\left(\frac{\partial \Phi}{\partial x}\right)^2 + \frac{c_0^2}{\rho_0}\left[\frac{\partial \rho}{\partial t} + \frac{\gamma - 2}{2\rho_0} \frac{\partial}{\partial t}(\rho - \rho_0)^2\right]. \tag{10-4-4}$$

连续性方程(10-4-2)可改写为

$$\frac{\partial \rho}{\partial t} = \frac{\partial \rho}{\partial x} \frac{\partial \Phi}{\partial x} + \rho \frac{\partial^2 \Phi}{\partial x^2}, \tag{10-4-5}$$

在(10-4-4)和(10-4-5)两式中消去 $\dfrac{\partial \rho}{\partial x}$ 项,并利用(10-4-1)式就可求得在二级近似下,即保留到二级微量时的非线性波动方程的表示式为

$$\frac{\partial^2 \Phi}{\partial t^2} - c_0^2 \frac{\partial^2 \Phi}{\partial x^2} = \frac{\partial}{\partial t}\left[\left(\frac{\partial \Phi}{\partial x}\right)^2 + a\left(\frac{\partial \Phi}{\partial t}\right)^2\right], \tag{10-4-6}$$

其中

$$a = \frac{\gamma - 1}{2c_0^2}.$$

10.4.2　非线性波动方程的近似解

要求出非线性波动方程(10-4-6)式的精确解是比较困难的,一般应用微扰法(或称逐

级近似法)求出其一级近似和二级近似解. 以下我们将可以看到,一级近似下得到的结果就是在第 4 章中所讨论过的线性波动方程的解,而二级近似解就给出了声波的非线性效应.

设解 $\Phi = \Phi_1 + \Phi_2$,这里的 Φ_1 为一级近似解,Φ_2 为二级近似解,代入方程(10-4-6)式,并令具有同数量级的各项相等就可得到一级近似方程为

$$\frac{\partial^2 \Phi_1}{\partial t^2} - c_0^2 \frac{\partial^2 \Phi_1}{\partial x^2} = 0, \tag{10-4-7}$$

二级近似方程为

$$\frac{\partial^2 \Phi_2}{\partial t^2} - c_0^2 \frac{\partial^2 \Phi_2}{\partial x^2} = \frac{\partial}{\partial t}\left[\left(\frac{\partial \Phi_1}{\partial x}\right)^2 + a\left(\frac{\partial \Phi_1}{\partial t}\right)^2\right]. \tag{10-4-8}$$

显然,方程(10-4-7)式即为一般在小振幅时的线性波动方程,其解可表示为

$$\Phi_1 = \Phi_a\left[1 - \cos\omega\left(t - \frac{x}{c_0}\right)\right], \tag{10-4-9}$$

将(10-4-9)式代入二级近似方程(10-4-8)式中的右端后可得到

$$\frac{\partial^2 \Phi_2}{\partial t^2} - c_0^2 \frac{\partial^2 \Phi_2}{\partial x^2} = Q\sin 2\omega\left(t - \frac{x}{c_0}\right), \tag{10-4-10}$$

其中 $Q = \dfrac{\gamma+1}{2c_0^2}\Phi_a^2\omega^3$. 方程(10-4-10)式为线性非齐次方程,它的解可表示成

$$\Phi_2 = -\frac{Qx}{4\omega c_0}\cos 2\omega\left(t - \frac{x}{c_0}\right) = -\frac{\gamma+1}{8c_0^3}\Phi_a^2\omega^2 x\cos 2\omega\left(t - \frac{x}{c_0}\right). \tag{10-4-11}$$

从(10-4-11)式可以看到,二级近似解就是二次谐波分量,这也就是说,如果声源处为圆频率 ω 的简谐振动,则在距离 x 处将发生圆频率 2ω 的二次谐波. 根据 $p = \rho_0\dfrac{\partial \Phi}{\partial t}$,可以从(10-4-9)式和(10-4-11)式求出基波和二次谐波的声压表示式,对于基波有

$$p_1 = \rho_0\frac{\partial \Phi_1}{\partial t} = p_{1a}\sin\omega\left(t - \frac{x}{c_0}\right), \tag{10-4-12}$$

这里的 $p_{1a} = \rho_0\Phi_a\omega$ 是初始声压幅值,对于二次谐波有

$$p_2 = \rho_0\frac{\partial \Phi_2}{\partial t} = \frac{(\gamma+1)\omega x p_{1a}^2}{4\rho_0 c_0^3}\sin 2\omega\left(t - \frac{x}{c_0}\right), \tag{10-4-13}$$

由此可得在 x 距离处二次谐波声压幅值等于

$$p_{2a} = \frac{(\gamma+1)\omega x}{4\rho_0 c_0^3}p_{1a}^2. \tag{10-4-14}$$

这个结果与(10-3-8)式相同.

10.4.3 两个不同频率声波的相互作用

现在从非线性波动方程(10-4-8)式出发,讨论两个不同频率声波相互作用时所发生的非线性效应. 假设初始激发波为 ω_1 与 ω_2 两个频率的简谐扰动之和,即在 $x=0$ 处,在 $t>0$ 时有

$$\Phi = -\Phi_{1a}\cos\omega_1 t - \Phi_{2a}\cos\omega_2 t, \tag{10-4-15}$$

则在这种初始激发下波动方程(10-4-8)式的一级近似解为

$$\Phi_1 = -\Phi_{1a}\cos\omega_1\left(t - \frac{x}{c_0}\right) - \Phi_{2a}\cos\omega_2\left(t - \frac{x}{c_0}\right), \qquad (10-4-16)$$

因而

$$p_1 = p_{1a}\sin\omega_1\left(t - \frac{x}{c_0}\right) + p_{2a}\sin\omega_2\left(t - \frac{x}{c_0}\right),$$

其中 $p_{1a} = \rho_0\omega_1\Phi_{1a}, p_{2a} = \rho_0\omega_2\Phi_{2a}$，将上式代入方程(10-4-8)式的右端,得到二级近似方程为：

$$\frac{\partial^2\Phi_2}{\partial t^2} - c_0^2\frac{\partial^2\Phi_2}{\partial x^2} = Q_1\sin2\omega_1\left(t - \frac{x}{c_0}\right) + Q_2\sin2\omega_2\left(t - \frac{x}{c_0}\right) +$$

$$Q_3\left\{(\omega_2 - \omega_1)\sin\left[(\omega_1 - \omega_2)\left(t - \frac{x}{c_0}\right)\right] +\right.$$

$$\left.(\omega_2 + \omega_1)\sin\left[(\omega_1 + \omega_2)\left(t - \frac{x}{c_0}\right)\right]\right\}, \qquad (10-4-17)$$

其中

$$Q_1 = \frac{(\gamma+1)\omega_1^3\Phi_{1a}^2}{2c_0^2}, \quad Q_2 = \frac{(\gamma+1)\omega_2^3\Phi_{2a}^2}{2c_0^2}, Q_3 = \frac{(\gamma+1)\omega_1\omega_2\Phi_{1a}\Phi_{2a}}{2c_0^2}.$$

方程(10-4-17)式是线性非齐次微分方程,它可等价于如下三个方程

$$\frac{\partial^2\Phi_2}{\partial t^2} - c_0^2\frac{\partial^2\Phi_2}{\partial x^2} = Q_1\sin2\omega_1\left(t - \frac{x}{c_0}\right), \qquad (10-4-18)$$

$$\frac{\partial^2\Phi_2}{\partial t^2} - c_0^2\frac{\partial^2\Phi_2}{\partial x^2} = Q_2\sin2\omega_2\left(t - \frac{x}{c_0}\right), \qquad (10-4-19)$$

$$\frac{\partial^2\Phi_2}{\partial t^2} - c_0^2\frac{\partial^2\Phi_2}{\partial x^2} = Q_3\left\{(\omega_2 - \omega_1)\sin\left[(\omega_1 - \omega_2)\left(t - \frac{x}{c_0}\right)\right] + (\omega_2 + \omega_1)\sin\left[(\omega_1 + \omega_2)\left(t - \frac{x}{c_0}\right)\right]\right\}.$$
$$(10-4-20)$$

令(10-4-18)~(10-4-20)三式的解分别为 $\Phi_{2a},\Phi_{2b},\Phi_{2c}$,则二级近似解就等于

$$\Phi_2 = \Phi_{2a} + \Phi_{2b} + \Phi_{2c}, \qquad (10-4-21)$$

与方程(10-4-8)式类似,可解出

$$\Phi_{2a} = -\frac{(\gamma+1)\omega_1^2 x\Phi_{1a}^2}{8c_0^3}\cos2\omega_1\left(t - \frac{x}{c_0}\right),$$

$$\Phi_{2b} = -\frac{(\gamma+1)\omega_2^2 x\Phi_{2a}^2}{8c_0^3}\cos2\omega_2\left(t - \frac{x}{c_0}\right),$$

$$\Phi_{2c} = \frac{(\gamma+1)\omega_1\omega_2 x\Phi_{1a}\Phi_{2a}}{4c_0^3}\left\{\cos\left[(\omega_1 - \omega_2)\left(t - \frac{x}{c_0}\right)\right] - \cos\left[(\omega_1 + \omega_2)\left(t - \frac{x}{c_0}\right)\right]\right\},$$

因而

$$\Phi_2 = \frac{(\gamma+1)x}{8c_0^3}\left\{-\omega_1^2\Phi_{1a}^2\cos2\omega_1\left(t - \frac{x}{c_0}\right) - \omega_2^2\Phi_{2a}^2\cos2\omega_2\left(t - \frac{x}{c_0}\right) +\right.$$

$$\left.2\omega_1\omega_2\Phi_{1a}\Phi_{2a}\cos\left[(\omega_1 - \omega_2)\left(t - \frac{x}{c_0}\right)\right] - 2\omega_1\omega_2\Phi_{1a}\Phi_{2a}\cos\left[(\omega_1 + \omega_2)\left(t - \frac{x}{c_0}\right)\right]\right\}.$$
$$(10-4-22)$$

由此可求出二级近似下的声压为：

$$p_2 = \frac{(\gamma+1)\omega_1 x p_{1a}^2}{4\rho_0 c_0^3}\sin 2\omega_1\left(t-\frac{x}{c_0}\right) + \frac{(\gamma+1)\omega_2 x p_{2a}^2}{4\rho_0 c_0^3}\sin 2\omega_2\left(t-\frac{x}{c_0}\right) +$$

$$\frac{(\gamma+1)x p_{1a} p_{2a}}{4\rho_0 c_0^3}\left\{(\omega_2-\omega_1)\sin\left[(\omega_2-\omega_1)\left(t-\frac{x}{c_0}\right)\right] + (\omega_2+\omega_1)\sin\left[(\omega_2+\omega_1)\left(t-\frac{x}{c_0}\right)\right]\right\}$$

$$= p_{2\omega_1} + p_{2\omega_2} + p_{(\omega_1\pm\omega_2)}. \tag{10-4-23}$$

从(10-4-23)式中可以看出，以二级近似解中除原始激波的倍频谐波成分 $p_{2\omega_1}$ 及 $p_{2\omega_2}$ 外，还出现了两个基频之和 $p_{\omega_1+\omega_2}$ 与两个基频之差 $p_{\omega_2-\omega_1}$ 的声波．这也就是说，由于两个不同圆频率 ω_1 和 ω_2 的有限振幅声波相互作用之后，在距离 x 处产生了由原始激发波自身相互作用引起的 $2\omega_1$ 和 $2\omega_2$ 倍频谐波，其声压幅值与(10-4-14)式的结果是一致的，除此而外，还产生了由频率 ω_1 的声波与频率 ω_2 的声波非线性相互作用而引起的频率为 $\omega_1+\omega_2$ 的和频声波及频率为 $\omega_2-\omega_1$ 的差频声波．这种和频及差频成分的出现既反映了有限振幅声波的非线性相互作用现象，也说明了有限振幅声波是不遵从线性叠加原理这一事实．

利用媒质非线性而产生和差频波的现象称为声参量效应，它在水声学中有重要的应用．在水声学中为了增加声波在水中的有效传播距离，希望换能器有较低的发射频率、较尖锐的指向性，另一方面为了便于安装，又要求换能器有较小的体积，但是频率低、指向性强和体积小的要求是相互矛盾的，在一般的换能器设计中是很难同时得到的．但是，如果有两个频率相近的强声波同轴发射并传播时，由于介质的非线性而产生的差频波就具有频率低、指向性尖锐且体积小等的特点，这种利用声参量效应构成的声参量发射阵正是水声声呐中所期望的．

10.5   粘滞媒质中有限振幅波的传播

上面指出有限振幅声波在理想媒质中传播时发生波形畸变及波阵面产生陡峭的前沿并形成锯齿波．然而，实际媒质总是非理想的，声波在非理想媒质中传播时总会有衰减，也就是说存在着声波吸收的现象．在第 9 章中我们曾讨论了小振幅声波的吸收问题，在流体媒质中当不存在弛豫过程时声波的吸收主要是由媒质的粘滞引起的，且吸收系数和频率的平方成正比，既然有限振幅声波波形的畸变意味着高频谐波成分的产生，那么由于高频谐波的吸收要比基波大，且谐波的产生是从基波中吸取能量的，因此有限振幅声波的吸收要比小振幅声波的吸收大得多，波形畸变得愈厉害，引起的声吸收也愈大，当接近于形成间断时能量的耗散很大．但必须指出，有限振幅声波的吸收系数与媒质的粘滞系数成正比，如果粘滞作用较小，则粘滞力不会对"间断"的形成起阻碍作用，波形畸变的结果能形成锯齿波；如果粘滞作用很大，则在高次谐波尚未形成前声波已受到很大消耗，这将使声波维持在稳定的正弦波状态．粘滞吸收的存在会减弱有限振幅波形畸变的效果，所以在非理想媒质中有限振幅波的强度需要达到一定的数值才可能形成间断．为了描述这种过程，我们引入一个称为**声雷诺数** Re 的量，它的定义为 $Re=\dfrac{p}{b\omega}$，其中 $b=\dfrac{4}{3}\eta'+\eta''$，而 η' 和 η'' 分别为切变和容变粘滞系数，

$Re \gg 1$ 是相当于粘滞作用较小的情况,而 $Re \ll 1$ 则相当于粘滞作用较大的情况.

10.5.1　伯格斯方程

在粘滞媒质中当考虑到粘滞项时,可将运动方程(10-4-1)推广为

$$\rho\left(\frac{\partial v}{\partial t}+\frac{1}{2}\frac{\partial v^2}{\partial x}\right)=-\frac{\partial p}{\partial x}+\left(\frac{4}{3}\eta'+\eta''\right)\frac{\partial^2 v}{\partial x^2}. \qquad (10-5-1)$$

连续性方程与状态方程仍具有(10-4-2)和(10-2-3)式的形式

$$\frac{\partial \rho}{\partial t}+\frac{\partial}{\partial x}(\rho v)=0, \qquad (10-4-2)$$

$$p = P - P_0 = c_0^2(\rho-\rho_0)+\frac{\gamma-1}{2\rho_0}c_0^2(\rho-\rho_0)^2+\cdots. \qquad (10-2-3)$$

运用与§10.4中类似的方法就可求得粘滞媒质中的非线性声波方程,但是有限振幅声波在流体中传播也常用流体动力学中著名的伯格斯方程来描述. 类似下列形式的方程就称为伯格斯方程,

$$v_x + v v_t = \delta_1 v_{tt} \qquad (10-5-2a)$$

或

$$v_t + v v_x = \delta_2 v_{xx}. \qquad (10-5-2b)$$

现在我们来推导具有(10-5-2a)形式的伯格斯方程.

在(10-5-1),(10-4-2)及(10-2-3)式中令 $b=\dfrac{4}{3}\eta'+\eta''$, $\rho=\rho_0+\rho'$,则此三式依次有:

$$(\rho_0+\rho')\frac{\partial v}{\partial t}+\rho_0 v\frac{\partial v}{\partial x}=-\frac{\partial p}{\partial x}+b\frac{\partial^2 v}{\partial x^2}, \qquad (10-5-3)$$

$$\frac{\partial \rho'}{\partial t}+(\rho_0+\rho')\frac{\partial v}{\partial x}+v\frac{\partial \rho'}{\partial x}=0, \qquad (10-5-4)$$

$$\frac{\partial p}{\partial x}=c_0^2\frac{\partial \rho'}{\partial x}+\frac{(\gamma-1)c_0^2}{\rho_0}\rho'\frac{\partial \rho'}{\partial x}, \qquad (10-5-5)$$

将(10-5-5)式代入(10-5-3)式得

$$(\rho_0+\rho')\frac{\partial v}{\partial t}+\rho_0 v\frac{\partial v}{\partial x}=-c_0^2\frac{\partial \rho'}{\partial x}-\frac{(\gamma-1)c_0^2}{\rho_0}\rho'\frac{\partial \rho'}{\partial x}+b\frac{\partial^2 v}{\partial x^2}. \qquad (10-5-6)$$

在推导过程中是基于如下的一些假设:首先是只考虑沿 x 轴正方向传播的行波,其次是认为在一个波长的距离上由耗散和非线性产生的波形畸变较小,第三是进行坐标变换,坐标要随波而运动,即引入如下伴随坐标变换,令

$$\tau = t - \frac{x}{c_0}, \quad x' = x, \qquad (10-5-7)$$

其导数关系可表示为:

$$\frac{\partial}{\partial t}=\frac{\partial}{\partial \tau}, \quad \frac{\partial}{\partial x}=\frac{\partial}{\partial x'}-\frac{1}{c_0}\frac{\partial}{\partial \tau}, \qquad (10-5-8)$$

经过变换之后,(10-5-6)式和(10-5-4)式将分别变为

$$\left(1+\frac{\rho'}{\rho_0}-\frac{v}{c_0}\right)\frac{\partial v}{\partial \tau}=\frac{b}{\rho_0 c_0^2}\frac{\partial^2 v}{\partial \tau^2}+\frac{c_0}{\rho_0}\left[1+(\gamma-1)\frac{\rho'}{\rho_0}\right]\frac{\partial \rho'}{\partial \tau}-\frac{c_0^2}{\rho_0}\frac{\partial \rho'}{\partial x}, \qquad (10-5-9)$$

$$\frac{1}{\rho_0}\left(1-\frac{v}{c_0}\right)\frac{\partial \rho'}{\partial \tau}-\frac{1}{c_0}\left(1+\frac{\rho'}{\rho_0}\right)\frac{\partial v}{\partial \tau}+\frac{\partial v}{\partial x}=0. \qquad (10-5-10)$$

为书写简便,上面两式中将 x' 写成了 x,为了在这两个表达式中消去 ρ' 而变成一个简单的方程,将(10-5-10)式乘以 c_0 并与(10-5-9)式相减,所有项中都准确到二级近似,并在非线性项中对于 ρ' 和 v 的关系只取线性近似,即用 $\frac{v}{c_0}$ 取代 $\frac{\rho'}{\rho_0}$. 经过不复杂的运算,容易得到

$$(\gamma+1)\frac{v}{c_0}\frac{\partial v}{\partial \tau}+\frac{b}{\rho_0 c_0^2}\frac{\partial^2 v}{\partial \tau^2}-2c_0\frac{\partial v}{\partial x}=0,$$

令 $\beta=\frac{(\gamma+1)}{2}$, 则有

$$\frac{\partial v}{\partial x}-\frac{\beta}{c_0^2}v\frac{\partial v}{\partial \tau}=\frac{b}{2\rho_0 c_0^3}\frac{\partial^2 v}{\partial \tau^2}, \qquad (10-5-11)$$

此即著名的伯格斯方程.

如令 $W=\frac{v}{v_0}$, $\sigma=\frac{x}{x_k}$, $z=\omega\tau$, 则可以将(10-5-11)式化成

$$\frac{\partial W}{\partial \sigma}-W\frac{\partial W}{\partial z}=\alpha x_k\frac{\partial^2 W}{\partial z^2},$$

其中 $\alpha=\frac{\omega^2 b}{2\rho_0 c_0^3}$, $x_k=\frac{1}{(\beta M_a k)}$, 如令 $\Gamma=\frac{1}{\alpha x_k}$, 则有

$$\frac{\partial W}{\partial \sigma}-W\frac{\partial W}{\partial z}=\frac{1}{\Gamma}\frac{\partial^2 W}{\partial z^2}. \qquad (10-5-12)$$

这就是文献上常见到的具有归一化形式的伯格斯方程.

10.5.2　伯格斯方程的解

在求解(10-5-11)式表示的伯格斯方程时,我们仍应用与前节类似的逐级近似求解法. 设(10-5-11)式的解可表示成一级和二级近似之和,即 $v=v_1+v_2$,并得到一级近似的方程为

$$\frac{\partial v}{\partial x}-\frac{b}{2\rho_0 c_0^3}\frac{\partial^2 v}{\partial \tau^2}=0, \qquad (10-5-13)$$

容易求得一级近似方程的解为

$$v_1=v_0 e^{-\alpha x}\sin\omega\tau, \qquad (10-5-14)$$

其中

$$\alpha=\frac{b\omega^2}{2\rho_0 c_0^3}.$$

即为粘滞与热传导耗损所引起的小振幅声波的吸收系数. 将(10-5-11)式改写为

$$\frac{\partial v}{\partial x}-\frac{b}{2\rho_0 c_0^3}\frac{\partial^2 v}{\partial \tau^2}=\frac{\beta}{c_0^2}v\frac{\partial v}{\partial \tau},$$

将一级近似代入上式右端,即可得二级近似方程

$$\frac{\partial v_2}{\partial x} - \frac{b}{2\rho_0 c_0^3} \frac{\partial^2 v_2}{\partial \tau^2} = \frac{\beta}{c_0^2} v_1 \frac{\partial v_1}{\partial \tau}.$$

因

$$v_1 \frac{\partial v_1}{\partial \tau} = \frac{\omega v_0^2}{2} \mathrm{e}^{-2\alpha x} \sin 2\omega\tau,$$

得

$$\frac{\partial v_2}{\partial x} - \frac{b}{2\rho_0 c_0^3} \frac{\partial^2 v_2}{\partial \tau^2} = \frac{\beta \omega v_0^2}{2c_0^2} \mathrm{e}^{-2\alpha x} \sin 2\omega\tau. \tag{10-5-15}$$

设(10-5-15)式的解具有如下形式

$$v_2 = A(x) \sin 2\omega\tau,$$

代入上式得

$$\frac{\partial A}{\partial x} + 4\alpha A = \frac{\beta \omega v_0^2}{2c_0^2} \mathrm{e}^{-2\alpha x}. \tag{10-5-16}$$

这是一个一阶常微分方程,其特解为:

$$A = \frac{\beta \omega v_0^2}{4\alpha c_0^2} \mathrm{e}^{-2\alpha x},$$

$$v_2 = \frac{\beta \omega v_0^2}{4\alpha c_0^2} \mathrm{e}^{-2\alpha x} \sin 2\omega\tau, \tag{10-5-17}$$

根据边界条件,在 $x=0$ 处即在系统的输入端当有一频率为 ω 的简谐声源时,应满足 $x=0$, $v_2=0$ 的条件,即声源处是不存在二次谐波的. 显然(10-5-17)式不满足此边界条件的要求. 为此我们再设一个满足(10-5-16)式的特解:

$$A' = -\frac{\beta \omega v_0^2}{4\alpha c_0^2} \mathrm{e}^{-4\alpha x},$$

$$v_2' = -\frac{\beta \omega v_0^2}{4\alpha c_0^2} \mathrm{e}^{-4\alpha x} \sin 2\omega\tau, \tag{10-5-18}$$

综合(10-5-17)及(10-5-18)式得到满足边界条件的二级近似解为

$$v_2 = \frac{\beta \omega v_0^2}{4\alpha c_0^2} (\mathrm{e}^{-2\alpha x} - \mathrm{e}^{-4\alpha x}) \sin 2\omega\tau, \tag{10-5-19}$$

如用声压表示即得

$$p_2 = \frac{(\gamma+1) p_\mathrm{a}^2}{4b\omega} (\mathrm{e}^{-2\alpha x} - \mathrm{e}^{-4\alpha x}) \sin 2\omega\left(t - \frac{x}{c_0}\right), \tag{10-5-20}$$

上式表示在距离 x 处的二次谐波声压值.

10.5.3　粘滞媒质中的二次谐波声压特性

图 10-5-1 为在小雷诺数时二次谐波声压随距离而变化的过程. 由(10-5-20)式可知,二次谐波声压随距离的衰减规律不是指数型的,这是与小振幅声波的又一区别. 在 $x=0$(即声源处),二次谐

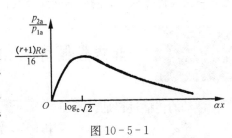

图 10-5-1

波声压为零,随着距离的增加有限振幅声波发生畸变,二次谐波成分不断增长,与此同时吸收也逐渐增加,但二次谐波分量随距离增加的效应超过媒质对它的吸收效应,因而在开始阶段二次谐波从基波中吸取能量使其振幅随距离线性地增加,但从(10-5-20)式可知,当

$$\alpha x = \ln \sqrt{2}$$

或

$$x = \frac{\ln \sqrt{2}}{\alpha} \tag{10-5-21}$$

时,二次谐波声压振幅具有极大值,它等于

$$(p_{2a})_m = \frac{(\gamma + 1) p_{1a}^2}{16 b \omega} = \frac{(\gamma + 1) p_{1a} \, Re}{16}, \tag{10-5-22}$$

式中 Re 为声雷诺数. 由于媒质的吸收系数是与频率平方成正比,二次谐波振幅增加的同时导致声吸收的增强,当谐波遭受愈来愈强的吸收后又反过来使波形畸变减弱,当 $x > \dfrac{\ln \sqrt{2}}{\alpha}$ 时,谐波分量由于波形畸变而增加的能量将小于它被媒质吸收的能量,因而出现了谐波分量随距离的增加而减小的现象.

对于有限振幅声波,除了它的声压随距离的变化并不遵守指数规律外,其吸收系数也不是常数,它也将随距离而发生变化. 上面的讨论中已指出,在声源附近,波形畸变很小,因而二次谐波的分量很小,此时有限振幅声波的吸收系数应与小振幅声波的吸收系数差别不大. 当声波的距离增加时,由于出现了谐波成分而致使有限振幅的吸收系数增加. 理论计算和实验结果都可指出,有限振幅声波的吸收系数 α' 和小振幅声波的吸收系数 α 之比与距离有如下关系:

$$\frac{\alpha'}{\alpha} \propto (e^{-\alpha x} - e^{-3\alpha x})^2, \tag{10-5-23}$$

当

$$x = \frac{\ln 3}{2\alpha}$$

时,$\dfrac{\alpha'}{\alpha}$ 具有极大值. 当 $x \to \infty$ 时,二次谐波分量变得很小,此时有限振幅声波的吸收系数又接近于小振幅声波的吸收系数了.

应该指出,由(10-5-12)式所表示的伯格斯方程有一个严格解,也被称为著名的精确解,它是一个由虚宗量贝塞尔函数组成的函数,其表达式十分复杂且累赘,物理意义不能一目了然,必须使用计算机才能获得一些有用的结果. 然而,经过很多学者不断深入地分析和研究,从这个解可以得到有限振幅声波在传播过程中各个不同阶段的近似表达式,并可进一步获得初始正弦波在传播畸变时的波形变化及其物理图像. 限于篇幅,我们不能在此作深入的展开了.

10.6　非线性振动

波动的传播过程是:

$$声源 \to 媒质 \to 声接收系统$$

在波动传播过程中的这三个环节上都可能有非线性的发生. 在以上几节中我们讲的是一种媒质中传播的非线性,而本节我们将介绍非线性振动,它实际上是涉及源和接收系统的非线性. 非线性振动是非线性声学的一个组成部分. 我们知道,振动系统涉及类型很多,而每个非线性系统均有各自特有的非线性,因此表征其过程的微分方程对于每个非线性系统可以各不相同. 本节仅对简单的振动系统的非线性特性作一简要描述,以告诉读者振动系统一旦计入非线性,将会发生哪些重要的规律性变化.

10.6.1 具有非线性恢复力无阻尼的强迫振动

在本书的第1章中曾详细描述了一个简单的振动系统,它由质量为 M_m 的坚硬物体系于弹性系数或劲度系数为 K_m 的弹簧上,这个称为单振子的力学系统是线性振动问题的最简单的例子(如图1-2-1),这个线性振动系统在做有阻尼的强迫振动时,其振动方程可用(1-4-2)式表示.

现在我们假设弹性恢复力是非线性的,并设其单位质量的弹性恢复力为

$$f(\xi) = b_0\xi + a_1\xi^2 + b_1\xi^3, \tag{10-6-1}$$

这里 $b_0 = \dfrac{K_m}{M_m}$. 当非线性弹簧振子做无阻尼的强迫振动时,其振动的一般表示式为:

$$\frac{d^2\xi}{dt^2} + f(\xi) = \overline{F}(t), \tag{10-6-2}$$

其中 $\overline{F}(t)$ 代表单位质量的外力.

图10-6-1上所示为弹性恢复力 $f(\xi)$ 与位移 ξ 的关系,显然它是 ξ 的奇函数,即

$$f(\xi) = -f(-\xi),$$

因而就弹簧振子而言,(10-6-1)式可分为两种情况:

对于线性情况:

$$f(\xi) = b_0\xi; \tag{10-6-3a}$$

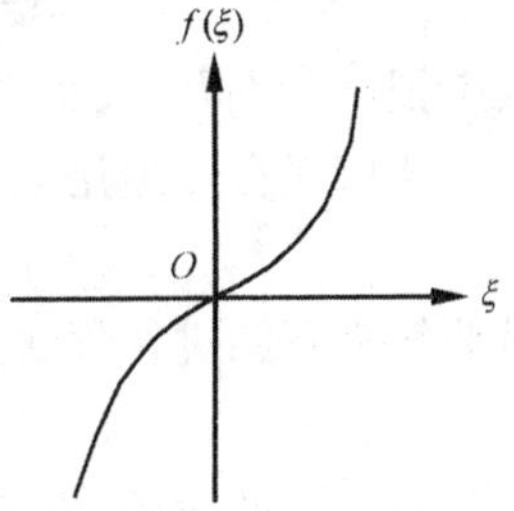

对于非线性情况:

图10-6-1

$$f(\xi) = b_0\xi + b_1\xi^3. \tag{10-6-3b}$$

上式中当 $b_1 > 0$ 时,恢复力的大小就大于线性时的恢复力. 由于 $b_0 = \dfrac{df}{d\xi}$ 为弹簧的劲度系数,当 $b_1 > 0$ 时,$\dfrac{df}{d\xi}$ 将随 ξ 的增加而增加,这种弹簧可称为硬弹簧;而对于 $b_1 < 0$ 的情形,$\dfrac{df}{d\xi}$ 将随 ξ 的增加而减少,则可称为软弹簧;对于 $b_1 = 0$ 时,则为线性弹簧. 图10-6-2表示了弹性力的三种类型,它显示了各类恢复力之间的差别. 现在我们将非线性弹性恢复力(10-6-3b)式代入(10-6-2)式得

$$\frac{d^2\xi}{dt^2} + (b_0\xi + b_1\xi^3) = \overline{F}_a\cos\omega t, \tag{10-6-4}$$

如果再计入阻尼项,则得

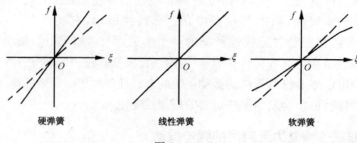

硬弹簧　　　　　　　线性弹簧　　　　　　　软弹簧

图 10 - 6 - 2

$$\frac{\mathrm{d}^2\xi}{\mathrm{d}t^2} + R\frac{\mathrm{d}\xi}{\mathrm{d}t} + (b_0\xi + b_1\xi^3) = \overline{F}_\mathrm{a}\cos\omega t,\qquad (10-6-5)$$

其中 R 代表单位质量的阻力系数. 方程(10-6-5)式就是著名的**杜芬方程**. 本节主要讨论具有非线性恢复力无阻尼的强迫振动,因此令 $R=0$,即从方程(10-6-4)出发来考察的强迫力 $\overline{F}_\mathrm{a}\cos\omega t$ 具有相同频率的周期解.

1. 用逼近法解方程(10-6-4)

我们用逐次逼近法求解方程(10-6-4)式,首先将它写成

$$\frac{\mathrm{d}^2\xi}{\mathrm{d}t^2} = -b_0\xi - b_1\xi^3 + F_\mathrm{a}\cos\omega t,$$

$$\frac{\mathrm{d}^2\xi}{\mathrm{d}t^2} + \omega^2\xi = (\omega^2 - b_0)\xi - b_1\xi^3 + b_1F_0\cos\omega t,\qquad (10-6-6)$$

其中把 $\overline{F}_\mathrm{a} = b_1F_0$ 表示为 b_1 的同级小量.

我们很自然地用上式当

$$b_1 = 0$$

时的解来开始进行逐次逼近,也就是从频率为 ω 的线性自由振动开始. 这就是说,我们把

$$\xi_1 = A\cos\omega t$$

作为首次近似开始,将 ξ_1 代入方程(10-6-6)之右端,就可得到确定第二次近似 ξ_2 的微分方程

$$\frac{\mathrm{d}^2\xi}{\mathrm{d}t^2} + \omega^2\xi_2 = \left[(\omega^2 - b_0)A - \frac{3}{4}b_1A^3 + b_1F_0\right]\cos\omega t - \frac{1}{4}b_1A^3\cos3\omega t,$$

$$(10-6-7)$$

在上式右端含有 $P_1(\omega, A)\cos\omega t$ 的项,而在(10-6-6)式的齐次微分方程的解中就有这样的项,所以如果 P_1 不为零,则方程(10-6-7)式的解中必须要含有 $Q_1 t\sin\omega t$ 的项,因而 $\xi_2(t)$ 就不可能是周期函数了. 由于我们仅对周期解感兴趣,所以我们必须要求(10-6-7)式中 $\cos\omega t$ 项的系数 P_1 为零,即

$$\omega^2 = b_0 + \frac{3}{4}b_1A^2 - \frac{\overline{F}_\mathrm{a}}{A}.\qquad (10-6-8)$$

于是(10-6-7)式就有如下形式

$$\frac{\mathrm{d}^2\xi_2}{\mathrm{d}t^2} + \omega^2\xi_2 = -\frac{1}{4}b_1A^3\cos3\omega t,\qquad (10-6-7)$$

容易求得其解为

$$\xi_2 = A\cos\omega t + \frac{b_1 A^3}{32\omega^2}\cos 3\omega t$$

或

$$\xi_2 = A\cos\omega t + \frac{b_1 A^3}{32\left(b_0 + \dfrac{3}{4}b_1 A^2 - \dfrac{F_a}{A}\right)}\cos 3\omega t, \qquad (10-6-9)$$

如果将此二次近似的解再代入方程(10-6-6)之右端,就会出现 $\omega, 3\omega, 5\omega$ 及高次项,即

$$\frac{\mathrm{d}^2 \xi_2}{\mathrm{d}t^2} + \omega^2 \xi_3 = P_2\cos\omega t + Q_2\cos\omega t + R_2\cos\omega t + \cdots.$$

同理,由于在齐次方程 $\dfrac{\mathrm{d}^2\xi_3}{\mathrm{d}t^2}+\omega^2\xi_3=0$ 中已含有 $\cos\omega t$ 的解,因此必须令 $P_2(\omega,A)=0$,由此得到的 ω 与 A 的近似关系式要比(10-6-8)式有所改善,如令 $P_2(\omega,A)=0$ 后再重复以上步骤,可得到更高近似的解.

2. 振幅-频率特性的分析

现在对(10-6-8)式进行分析,可以得到非线性弹簧做无阻尼的强迫振动时的幅频响应曲线.

为了得到响应曲线,首先在 A-ω^2 平面上画出曲线

$$\omega_1^2 = b_0 + \frac{3}{4}b_1 A^2 \qquad (10-6-8a)$$

及对于各种不同的 F_a 值(F_a 永远取正值)画出曲线族

$$\omega_2^2 = -\frac{\overline{F}_a}{A}. \qquad (10-6-8b)$$

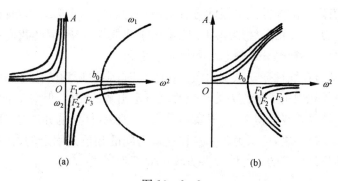

图 10-6-3

对于 $b_1>0$,即硬弹簧的情形,这些曲线表示在图 10-6-3(a)上,将 ω_1 的曲线的横坐标和 ω_2 的曲线的横坐标相加,我们就得到(10-6-8)式给出的一族曲线,如图 10-6-3(b)上所示. 在图 10-6-4 上大致描述了对于 $b_1=0,b_1>0,b_1<0$ 的响应曲线,它对应于线性弹簧、硬弹簧和软弹簧的振幅与频率的响应曲线. 由于习惯上的考虑,将图 10-6-4 上坐标轴的 A 取其绝对值,与 $\overline{F}=0$ 对应的是自由振动的响应曲线,这样对应于 A 为负的响应曲线位于对应于 $F=0$ 的曲线的右边,而对应于 A 为正的曲线位于它的左边. 由此可见,非线性情形

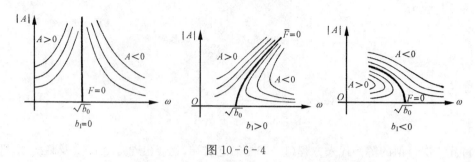

图 10-6-4

的响应曲线可以通过弄弯线性情形的响应曲线得到,对于硬弹簧向右边弯,对于软弹簧向左边弯.同时由图 10-6-4 还可发现,在外力作用下非线性系统在性质上和线性系统迥然不同,主要表现在对线性系统当共振时即 $\omega_0 = \omega = \sqrt{b_0}$ 时,振动振幅趋向无限大,而对于非线性系统在 $\omega_0 = \omega = \sqrt{b_0}$ 共振时,尽管没有阻尼,强迫振动的振幅仍是有限的. 由(10-6-8)式

$$\omega^2 = b_0 + \frac{3}{4} b_1 A^2 - \frac{\overline{F_a}}{A},$$

当 $\omega_0 = \omega = \sqrt{b_0}$ 时,

$$A = \sqrt[3]{\frac{4\overline{F_a}}{3b_1}}. \tag{10-6-10}$$

10.6.2　具有非线性恢复力有阻尼的强迫振动

在这一节中,我们进一步讨论含有阻尼项的杜芬方程

$$\frac{\mathrm{d}^2\xi}{\mathrm{d}t^2} + R\frac{\mathrm{d}\xi}{\mathrm{d}t} + (b_0\xi + b_1\xi^3) = \overline{F_a}\cos\omega t. \tag{10-6-5}$$

我们已经知道含有阻尼的线性强迫振动方程的解中通常有一个瞬态解(即随时间 t 的增长而趋于零)和一个稳态解. 由于叠加原理不能适用于非线性系统,因此我们不能把杜芬方程的解像线性振动系统那样也分成瞬态解和稳态解之和.

其次我们又知道在线性振动系统中当存在阻尼时,强迫振动的位移和强迫力之间存在着一个相位差. 当预先规定了强迫力的相位时就可定出解的相位,但对于非线性系统特别是有阻尼的情况下,计算要复杂得多. 这里我们采用一种较为简便的办法是:固定解的相位,再去求强迫力的相位. 换言之,可认为解 $\xi(t)$ 和强迫力间的相位是固定的,并选取解的相位为零,而强迫力的相位是待定的. 为此,杜芬方程可取下列形式

$$\frac{\mathrm{d}^2\xi}{\mathrm{d}t^2} + R\frac{\mathrm{d}\xi}{\mathrm{d}t} + (b_0\xi + b_1\xi^3) = \overline{F}_1\cos\omega t + \overline{F}_2\sin\omega t, \tag{10-6-11}$$

其中强迫力的振幅 $\overline{F}_a = \sqrt{\overline{F}_1^2 + \overline{F}_2^2}$ 是给定的,比值 $\dfrac{\overline{F}_1}{\overline{F}_2}$ 是待定的,它决定了相位差. 我们仍假定 $R,\overline{F}_1,\overline{F}_2$ 全是 b_1 的同级小量. 利用前面的知识,我们取

$$\xi = A\cos\omega t$$

作为解的首次近似,将它代入(10-6-11)式,并利用 $\cos^3\omega t$ 的三角函数关系,则可得下列

两个方程

$$(b_0 - \omega^2)A + \frac{3}{4}b_1 A^3 = \overline{F}_1, \qquad (10-6-12a)$$

$$-A\omega R = \overline{F}_2. \qquad (10-6-12b)$$

将(10-6-12)式的(a)式与(b)式平方相加容易得到强迫力振幅和量 A 及 ω 之间的关系,其结果是

$$\left[(b_0 - \omega^2)A + \frac{3}{4}b_1 A^3\right]^2 + A^2\omega^2 R^2 = \overline{F}_1^2 + \overline{F}_2^2 = \overline{F}_a^2. \qquad (10-6-13)$$

为方便起见,将上式写为下列形式

$$S^2(A, \omega) + A^2\omega^2 R^2 = \overline{F}_a^2, \qquad (10-6-14)$$

其中

$$S(A, \omega) = (b_0 - \omega^2) + \frac{3}{4}b_1 A^3. \qquad (10-6-15)$$

我们注意到当 $R=0$ 时, $S(\omega, A) = \overline{F}_a$ 是对应于无阻尼情形的关系式(10-6-8).对于有阻尼时的响应曲线根据(10-6-14)式列于图 10-6-5 上.与图 10-6-4 比较可以发现,对于

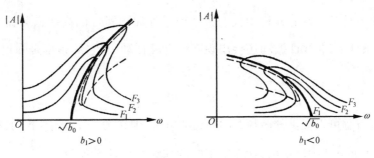

图 10-6-5

无阻尼的情况其曲线顶部可无限延伸,而有限尼时它们在对应于 $\overline{F}=0$ 的曲线附近被弯成弧形,因而顶部闭合.

10.6.3 跳跃现象

从有阻尼时非线性振动系统的幅-频响应曲线的形状(如图10-6-5右边所示)可以发现一些有趣的物理现象,响应曲线的弯曲导致了振幅的多值性,从而导致了本节所要介绍的跳跃现象.为了观察此种跳跃现象,让我们设想一个试验,在图 10-6-6 上表示的曲线象征着 $b_1>0$ 和 $b_1<0$ 的情形.假设外力的振幅 F_a 是固定的,我们的试验是观察频率变化时振动振幅 A 的变化.首先考察硬弹簧力 $b_1>0$ 的情况,当试验从远离于 $\omega_0 = \sqrt{b_0}$ 的一个 ω 值开始使 ω 单调地减小,当它从点 1 减至点 2 到点 3 时,振幅 A 慢慢地增加着.因为 F_a 是固定的,而进一步减小 ω 时,伴随着振幅 A 的增加它就要从点 3 突然自发地跳到点 4,此后 A 就随 ω 的减少而减小.换一个方向,即从点 5 开始增加 ω 进行实验时,则振幅落在曲线的 5-4-6 部分,然后跳落到点 2,其后又慢慢地减小.对于软弹簧力 $b_1<0$ 情形完全相似,但是振幅的跳跃在相反方向发生.这些跳跃现象是幅频响应曲线多值性的结果,也是非线性所导

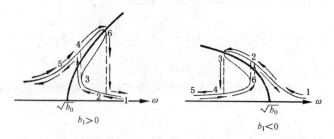

图 10 - 6 - 6

致的结果. 这种跳跃现象经常可在电学系统和力学系统的实验上观察到,这里不再详述.

还需指出的是在图 10 - 6 - 6 中对 $b_1 > 0$ 情形,在点 2→3 和点 4→6 之间的区间内的激励频率,对每个 ω 有三个稳态解:中间一个是鞍点,其对应的响应是不稳定的,这在试验中是很难实现的,另外两个是稳定且可以实现的. 因此对于一个给定的激励频率,可以存在不止一个稳态响应,由初条件来决定实际上发生哪一个可能的响应. 这种稳态响应的依赖性和线性系统的性质呈明显的对照,因为我们知道线性系统的稳态响应是和初始条件无关的.

10.6.4 分谐频振动

在上面讲的杜芬方程的分析中我们只考虑了外加频率 ω 的高次谐频振动,但是,实验证明,在适当条件下,非线性振动还会出现在分谐频振动中,它的频率是强迫力频率的 $\frac{1}{2}$, $\frac{1}{3}, \cdots, \frac{1}{n}$,这里 n 为任意整数.

利用杜芬方程可以提供分谐频振动问题的解答,但作为一个例子,我们仅考虑 $\frac{1}{3}$ 级的分谐频振动. 正如上节中已指出,在无阻尼时的非线性振动方程为(10 - 6 - 4)式,ω 是外力的圆频率,我们的目的是要得到圆频率为 $\frac{\omega}{3}$ 的周期解. 作为第一级近似,假设

$$\xi = A_{\frac{1}{3}} \sin \frac{\omega}{3} t + A \sin \omega t, \tag{10 - 6 - 16}$$

将(10 - 6 - 16)式代入(10 - 6 - 4)式中,利用三角函数的关系式并使等式两边 $\sin \frac{\omega}{3} t$ 的系数相等,得到

$$\left(b_0 - \frac{\omega^2}{9}\right) A_{\frac{1}{3}} + \frac{3}{4} b_1 \left(A_{\frac{1}{3}}^3 + A_{\frac{1}{3}}^2 A + 2 A_{\frac{1}{3}} A^2\right) = 0. \tag{10 - 6 - 17}$$

由于 $A_{\frac{1}{3}} \neq 0$,则有

$$\left(b_0 - \frac{\omega^2}{9}\right) + \frac{3}{4} b_1 \left(A_{\frac{1}{3}}^2 + A_{\frac{1}{3}} A + 2 A^2\right) = 0. \tag{10 - 6 - 18}$$

从上式解出 $A_{\frac{1}{3}}$,得

$$A_{\frac{1}{3}} = \frac{\left\{A \pm \left[\frac{16(\omega^2 - 9 b_0)}{27 b_1} - 7 A^2\right]^{\frac{1}{2}}\right\}}{2}. \tag{10 - 6 - 19}$$

由于 $A_{\frac{1}{3}}$ 为实数,故要求

$$\left[\frac{16(\omega^2 - 9b_0)}{27b_1}\right] - 7A^2 \geqslant 0, \tag{10-6-20}$$

即

$$\omega^2 \geqslant 9\left(b_0 + \frac{21A^2 b_1}{16}\right), \tag{10-6-21}$$

而

$$\omega = 3\left(b_0 + \frac{21A^2 b_1}{16}\right)^{\frac{1}{2}}, \tag{10-6-22}$$

就是产生 $\frac{1}{3}$ 级分谐频振动的起始条件. 将(10-6-22)式代入(10-6-19)式,得其起始振幅值为 $A_{\frac{1}{3}} = \frac{1}{2}A$, 随着 ω 的增加 $|A_{\frac{1}{3}}|$ 最终将会比 $|A|$ 大得多.

　　这种产生分谐频的分频现象在声学中也已多次观察到,如扬声器以及高频压电振子等存在着分频振动现象,而且经过足够多次的分频可进而过渡到近似随机混沌的状态. 近 10 多年来分频与混沌现象不仅在非线性振动系统中频频发现,而且在声学系统中也已屡见不鲜. 声学中的非线性现象和规律的研究,目前正逐渐向更深层次的非线性动力学方向发展,研究前景十分诱人,但是限于篇幅本书不能在这里展开了. 此外,在水中气泡的振动及法拉第水波等实验中也都能发现这种物理现象.

习　题　10

　　10-1　有一根 10 m 长的声行波管内充空气,其一端装有强声源,其频率 $f = 900$ Hz,在声源处测得其声压级为 149 dB(有效值),设 $\beta = 1.2, \rho_0 = 1.21$ kg/m³, $c_0 = 344$ m/s,求临界距离 x_k. 在管内会否形成间断? 如果声源处的声压值为 140 dB(有效值),则又如何? 请分析之.

　　10-2　试根据(10-3-10)式计算贝塞尔-富比尼解的幅值为

$$B_n = \frac{2J_n(n\sigma)}{n\sigma}.$$

　　10-3　在推导伯格斯方程时如果引入如下坐标变换 $x' = x - c_0 t$ 及 $\tau = t$ 时,试证明伯格斯方程的表达形式为:

$$\frac{\partial v}{\partial \tau} + \beta v \frac{\partial v}{\partial x} = b \frac{\partial^2 v}{\partial x^2}.$$

　　10-4　根据(10-5-14)式,试证明 $x = \frac{\ln 3}{2\alpha}$ 时 $\frac{\alpha'}{\alpha}$ 具有极大值.

　　10-5　试写出单摆做非线性自由振动时的方程形式.

　　10-6　试证明叠加原理不能适用于非线性振动系统. (提示:设系统的响应与外力的关系为 $\xi(t) \sim F(t) + \varepsilon[F(t)]^2$,其中 ε 为一小量)

11

固体中声波传播的基本特性

前面我们着重讨论了流体中声波的传播规律,在理想流体中媒质只能产生体积形变,即纯粹的压缩膨胀形变,媒质的弹性可用单一的体弹性系数来表征,在这样的媒质中只能产生稀疏与稠密的交替过程,即只能传播纵波,并且这种传播过程的特性只要用一个标量(声压)就能充分描述,知道了声压我们可以通过理想流体的运动方程求得质点速度,从而获得声波的一些能量关系.而在固体中情况就不是那么简单的,一般固体媒质除了仍能产生体积形变外,还会产生**切形变**,它除了体弹性外还具有切变弹性,因此在固体中一般除了能传播压缩与膨胀的纵波外,同时还能传播切变波,在各向同性固体中,这种切变的质点振动方向与波的传播方向垂直,称为**横波**.除此以外,在固体的自由表面会产生振幅随离表面深度而衰减的表面波.由此可见,固体中声波的传播要比流体复杂得多,本章将着重介绍各向同性固体中小振幅声波传播的一些基本特征,希望读者通过这一章的学习,能初步了解固体与流体之间声波传播特性的主要区别.

11.1　固体的基本弹性性质

要建立固体中声波方程,首先必须了解固体的基本弹性性质.当固体受到外力作用时,体内就产生形变,一般用物理量**应变**来描述,由于固体的弹性性质体内各部分之间就产生互相作用力,而这种力是通过它们的界面起作用的,具有面力的性质,一般用物理量——**应力**来描述.固体中应变与应力的关系远比流体复杂得多,因此需要详细分析.

11.1.1　固体中的应变分析

我们考察固体中某一点 A,其坐标为 (x,y,z),由于某种原因它产生了位移,它在 x,y,z 方向的位移分量分别为 ξ,η,ζ.设与它相邻的 C 点坐标为 $(x+\mathrm{d}x,y+\mathrm{d}y,z+\mathrm{d}z)$,它的位移相应为 $\xi+\mathrm{d}\xi,\eta+\mathrm{d}\eta,\zeta+\mathrm{d}\zeta$.利用泰勒级数展开可得 A 与 C 点的位移差为

$$d\xi = \frac{\partial \xi}{\partial x}dx + \frac{\partial \xi}{\partial y}dy + \frac{\partial \xi}{\partial z}dz,$$

$$d\eta = \frac{\partial \eta}{\partial x}dx + \frac{\partial \eta}{\partial y}dy + \frac{\partial \eta}{\partial z}dz, \qquad (11-1-1)$$

$$d\zeta = \frac{\partial \zeta}{\partial x}dx + \frac{\partial \zeta}{\partial y}dy + \frac{\partial \zeta}{\partial z}dz.$$

从(11-1-1)式可见,固体中的形变可用如下九个应变分量来描述

$$\begin{vmatrix} \dfrac{\partial \xi}{\partial x} & \dfrac{\partial \xi}{\partial y} & \dfrac{\partial \xi}{\partial z} \\[2mm] \dfrac{\partial \eta}{\partial x} & \dfrac{\partial \eta}{\partial y} & \dfrac{\partial \eta}{\partial z} \\[2mm] \dfrac{\partial \zeta}{\partial x} & \dfrac{\partial \zeta}{\partial y} & \dfrac{\partial \zeta}{\partial z} \end{vmatrix}. \qquad (11-1-2)$$

为了简化分析我们采用如下符号,设

$$\frac{\partial \xi}{\partial x} = \varepsilon_{xx}, \frac{\partial \eta}{\partial y} = \varepsilon_{yy}, \frac{\partial \zeta}{\partial z} = \varepsilon_{zz};$$

$$\frac{\partial \eta}{\partial x} + \frac{\partial \xi}{\partial y} = \varepsilon_{xy} = \varepsilon_{yx},$$

$$\frac{\partial \xi}{\partial z} + \frac{\partial \zeta}{\partial x} = \varepsilon_{xz} = \varepsilon_{zx},$$

$$\frac{\partial \zeta}{\partial y} + \frac{\partial \eta}{\partial z} = \varepsilon_{zy} = \varepsilon_{yz}, \qquad (11-1-3)$$

$$\frac{\partial \eta}{\partial x} - \frac{\partial \xi}{\partial y} = 2\Omega_z,$$

$$\frac{\partial \xi}{\partial z} - \frac{\partial \zeta}{\partial x} = 2\Omega_y,$$

$$\frac{\partial \zeta}{\partial y} - \frac{\partial \eta}{\partial z} = 2\Omega_x.$$

我们用图 11-1-1 所表示的二维模型来考察固体的形变. 取原来的一小方体元 $ABCD$,经

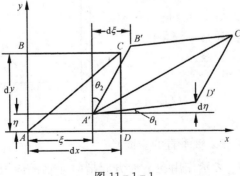

图 11-1-1

形变后成为菱形 $A'B'C'D'$. 从图可以清楚看到, ε_{xx} 就是代表长度为 $\mathrm{d}x$ 的线段沿 x 轴的简单的相对"伸长",称为 **x 方向的伸长应变**. 同样 ε_{yy} 为 dy 线段沿 y 轴的相对"伸长", ε_{zz} 为 dz 线段沿 z 轴的相对"伸长",它们分别为 **y 方向与 z 方向的伸长应变**. 从图还可看到,形变的另一特征是小体元形变成菱形,其两棱边的夹角发生了变化,这一夹角的变化就是代表了小体元的切形变大小.

考虑到形变量是微量,所以 x 方向棱边绕 Oz 轴的旋转角为

$$\theta_1 \approx \tan\theta_1 = \frac{\partial \eta}{\partial x},$$

y 方向棱边绕 Oz 轴的旋转角为

$$\theta_2 \approx \tan\theta_2 = \frac{\partial \xi}{\partial y},$$

于是

$$\theta_1 + \theta_2 = \varepsilon_{xy} = \varepsilon_{yx},$$

就是小体元在 xOy 平面的切形变,称为 xOy 平面的切应变. 同样从图可知

$$\theta_1 - \theta_2 = \frac{\partial \eta}{\partial x} - \frac{\partial \xi}{\partial y},$$

这就是对角线 AC 转动角度的 2 倍,因而 Ω_z 就相当于小体元绕 z 轴的旋转. 类似地可以指出 Ω_y 为绕 y 轴的旋转, Ω_x 为绕 x 轴的旋转. 显然这些旋转量对体元的形变没有贡献. 类似地还可以得到 yOz 平面的切应变 $\varepsilon_{yz} = \varepsilon_{zy}$ 以及 xOz 平面的切应变 $\varepsilon_{zx} = \varepsilon_{xz}$. 根据以上分析可知,描述固体中的形变可以不必用(11-1-2)式中的 9 个应变分量,而只要用如下的 6 个:3 个伸长应变 $\varepsilon_{xx}, \varepsilon_{yy}, \varepsilon_{zz}$,3 个切应变 $\varepsilon_{xy}, \varepsilon_{yz}, \varepsilon_{xz}$.

11.1.2 固体中的应力分析

我们还是从固体中割出一个小体元 $\mathrm{d}V$ 来进行分析,当固体形变时该小体元将受到周围相邻部分力的作用. 我们称作用在小体元单位表面上的力为**应力**,由于固体能产生切形变,所以作用在小体元上的应力,除了像流体一样有法向应力外(流体中用压强表示),还存在方向与作用表面相切的切应力. 从图 11-1-2 可以看到,在所取的小体元的表面上一般存在 9 个应力分量,

图 11-1-2

$$\begin{vmatrix} T_{xx} & T_{xy} & T_{xz} \\ T_{yx} & T_{yy} & T_{yz} \\ T_{zx} & T_{zy} & T_{zz} \end{vmatrix}, \quad (11-1-4)$$

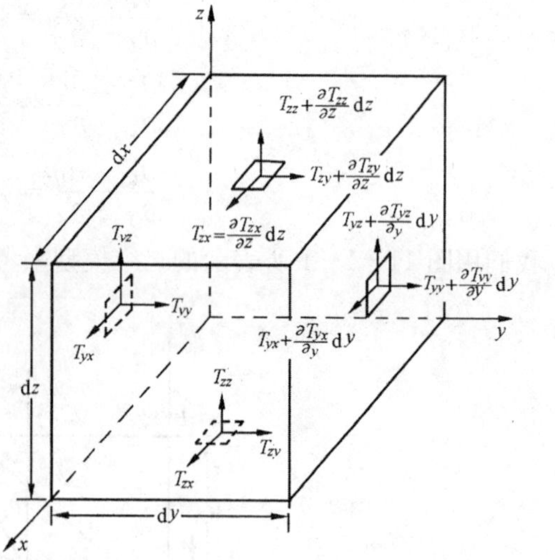

其中 T_{xx} 表示作用在 x 面(与 x 轴垂直的表面)上方向指向 x 轴的应力, T_{xy} 表示作用在 x 面方向指向 y 轴的应力,以此类推. 我们用符号 $T_{ij}(i,j=x,y,z)$ 来表示应力,那么当 $i=j$ 时它表示法向应力,当 $i \neq j$ 时表示切应力. 稍加

证明还可指出,一般这 9 个应力分量并不完全独立,它们具有对称性,即 $T_{ij} = T_{ji}$,因此实际上只要用 6 个应力分量就可完全确定固体的应力特性. 为此我们再来观察一下图 $11-1-2$ 的小体元,由于各表面受有切应力,所以它们对中心轴将产生力矩,例如绕 x 轴的力矩等于

$$\mathrm{d}M_x = (T_{yz}\mathrm{d}x\mathrm{d}z)\mathrm{d}y - (T_{zy}\mathrm{d}x\mathrm{d}y)\mathrm{d}z.$$

根据动量矩守恒定律,该力矩应等于小体元绕 x 轴的转动惯量乘上角加速度. 而转动惯量等于 $\rho\mathrm{d}x\mathrm{d}y\mathrm{d}z\left[\left(\dfrac{\mathrm{d}y}{2}\right)^2 + \left(\dfrac{\mathrm{d}z}{2}\right)^2\right]$,因为 $\mathrm{d}x$ 等是微量,显然转动惯量属于线度的五级微量,它与三级线度微量力矩相比可以忽略,于是可近似得 $\mathrm{d}M_x = 0$,由此证得 $T_{yz} = T_{zy}$. 同理可以证得 $T_{zx} = T_{xz}$ 与 $T_{xy} = T_{yx}$.

11.1.3 广义虎克定律

从上面分析已知,对于固体媒质可以用六个应变分量来描述形变,用六个应力分量来描述应力,而应变与应力之间是有关系的. 假设我们研究的是产生小形变情形,一般讲应变力与应力应该具有线性关系,而且所有的应变分量对每一应力分量都应有贡献,所以每一应力应该是 6 个应变分量的线性函数,它们的一般关系可表示成如下形式

$$\left.\begin{aligned}
T_{xx} &= C_{11}\varepsilon_{xx} + C_{12}\varepsilon_{yy} + C_{13}\varepsilon_{zz} + C_{14}\varepsilon_{yz} + C_{15}\varepsilon_{zx} + C_{16}\varepsilon_{xy}, \\
T_{yy} &= C_{21}\varepsilon_{xx} + C_{22}\varepsilon_{yy} + C_{23}\varepsilon_{zz} + C_{24}\varepsilon_{yz} + C_{25}\varepsilon_{zx} + C_{26}\varepsilon_{xy}, \\
T_{zz} &= C_{31}\varepsilon_{xx} + C_{32}\varepsilon_{yy} + C_{33}\varepsilon_{zz} + C_{34}\varepsilon_{yz} + C_{35}\varepsilon_{zx} + C_{36}\varepsilon_{xy}, \\
T_{yz} &= C_{41}\varepsilon_{xx} + C_{42}\varepsilon_{yy} + C_{43}\varepsilon_{zz} + C_{44}\varepsilon_{yz} + C_{45}\varepsilon_{zx} + C_{46}\varepsilon_{xy}, \\
T_{zx} &= C_{51}\varepsilon_{xx} + C_{52}\varepsilon_{yy} + C_{53}\varepsilon_{zz} + C_{54}\varepsilon_{yz} + C_{55}\varepsilon_{zx} + C_{56}\varepsilon_{xy}, \\
T_{xy} &= C_{61}\varepsilon_{xx} + C_{62}\varepsilon_{yy} + C_{63}\varepsilon_{zz} + C_{64}\varepsilon_{yz} + C_{65}\varepsilon_{zx} + C_{66}\varepsilon_{xy},
\end{aligned}\right\} \tag{11-1-5}$$

式中 $C_{ij}(i,j=1,2,3,4,5,6)$ 称为**弹性系数**,它取决于固体媒质的弹性性质. $(11-1-5)$ 式就是弹性力虎克定律在固体中的推广,称为**广义虎克定律**. 从式中可以看到,固体的弹性性质比流体要复杂得多,一般具有 36 个弹性系数. 但是实际上这 36 个系数不是完全独立的,因为弹性能是应变的单值函数,所以可以证明弹性系数具有对称性 $C_{ij} = C_{ji}$,这样独立的弹性系数就减少到 21 个. 对于具有对称性的晶体,独立的弹性系数还可减少,例如对于三角系晶体如石英、铌酸锂等,弹性系数减少到 6 个;六角系晶体如氧化锌、硫化镉等,弹性系数减少到 5 个;而立方形晶体像砷化镓等减少到 3 个;对于各向同性固体像金属、玻璃等,弹性系数更可减少为 2 个. 对于各向同性固体,广义虎克定律可简化为

$$\left.\begin{aligned}
T_{xx} &= \lambda(\varepsilon_{xx} + \varepsilon_{yy} + \varepsilon_{zz}) + 2\mu\varepsilon_{xx}, \\
T_{yy} &= \lambda(\varepsilon_{xx} + \varepsilon_{yy} + \varepsilon_{zz}) + 2\mu\varepsilon_{yy}, \\
T_{zz} &= \lambda(\varepsilon_{xx} + \varepsilon_{yy} + \varepsilon_{zz}) + 2\mu\varepsilon_{zz}, \\
T_{yz} &= \mu\varepsilon_{yz}, \\
T_{zx} &= \mu\varepsilon_{zx}, \\
T_{xy} &= \mu\varepsilon_{xy}.
\end{aligned}\right\} \tag{11-1-6}$$

这里的 λ 与 μ 称为**拉密常数**,它们与各弹性系数 C_{ij} 之间的关系为

$$\lambda = C_{12} = C_{13} = C_{21} = C_{23} = C_{31} = C_{32},$$

$$\mu = C_{44} = C_{55} = C_{66} = \frac{1}{2}(C_{11} - C_{12}),$$

$$\lambda + 2\mu = C_{11} = C_{22} = C_{33},$$

其他弹性系数都等于零. μ 也称为**切变弹性系数**,它的物理意义是较明显的,例如切应变 ε_{yz} 产生切应力 $T_{yz} = \mu \varepsilon_{yz}$ 等等. 对于流体, $\mu = 0$,于是切应力 $T_{yz} = T_{zx} = T_{xy} = 0$,因此(11-1-6)式可简化为

$$T_{xx} = T_{yy} = T_{zz} = \lambda \Delta, \tag{11-1-7}$$

其中 Δ 称为**体积的相对增量**,它等于

$$\Delta = \lim_{dx,dy,dz \to 0} \frac{(dx + \varepsilon_{xx} dx)(dy + \varepsilon_{yy} dy)(dz + \varepsilon_{zz} dz) - dxdydz}{dxdydz}$$

$$= \varepsilon_{xx} + \varepsilon_{yy} + \varepsilon_{zz}, \tag{11-1-8}$$

如果我们用负的压强增量 $-dP$ 来代替法向应力 T_{xx} 等,则可得

$$-dP = \lambda \Delta$$

或

$$\lambda = K_s = -\frac{dP}{\Delta},$$

这里取负号是因为压强向内取为正,而应力向外取为正. 因为有 $\Delta = -\dfrac{d\rho}{\rho}$,所以可得

$$dP = \frac{K_s}{\rho} d\rho \tag{11-1-9}$$

或

$$p = c_0^2 \rho'. \tag{11-1-10}$$

这里的 K_s 与 c_0 分别称为**流体的体弹性系数与声速**,它们在第 4 章中已经遇见过. 由此可见在流体中拉密常数 λ 就等于体弹性系数,而(11-1-10)式与 §4.3.1 中由流体的物态方程导得的关系式(4-3-3)完全相同. 由此可以认为,在线性条件下流体的物态方程就是固体广义虎克定律在 $\mu = 0$ 时的一个特殊情况.

11.1.4　拉密常数与杨氏模量、泊松比的关系

对于各向同性固体虽然拉密常数中的切变弹性系数 μ 的物理意义是明确的,然而 λ 的含义就不十分清楚. 为之人们常常喜欢采用另外两个物理意义比较明确的弹性常数——**杨氏模量** E 和**泊松比** σ——来表示其弹性性质. 下面我们就来建立这些量之间的联系.

我们还是研究一下图 11-1-2 的小体元. 假如此小体元只在 x 方向受到法向应力 T_{xx} 的作用,那么在 x 方向的伸长应变与法向应力成正比,其比例系数用 $\dfrac{1}{E}$ 来表示,即 $\varepsilon'_{xx} = \dfrac{T_{xx}}{E}$,这里 E 称为杨氏模量. 如果只在 y 方向受到法向应力,那么除在 y 方向有伸长应变 $\varepsilon'_{yy} = \dfrac{T_{yy}}{E}$ 外,同时在 x 方向也会形起横向缩短应变 $\varepsilon''_{xx} = -\sigma \varepsilon'_{yy}$,这里引入负号表示缩短的意思(读者应注意,这里伸长与缩短都是相对而言的),它的比例系数 σ 称为泊松比. 类似地

可以考虑,只在 z 方向作用法向应力 T_{zz},那么它除在 z 方向产生伸长应变 $\varepsilon'_{zz} = \dfrac{T_{zz}}{E}$ 外,还在

x 方向产生缩短应变 $\varepsilon'''_{xx} = -\sigma\dfrac{T_{zz}}{E}$. 现在假设这一小体元同时受到三个法向应力 T_{xx},T_{yy},

T_{zz} 的作用,那么在 x 方向的总相对伸长显然应该等于

$$\varepsilon_{xx} = \varepsilon'_{xx} + \varepsilon''_{xx} + \varepsilon'''_{xx} = \frac{1}{E}[T_{xx} - \sigma(T_{yy} + T_{zz})],$$

同理可得 y 与 z 方向的总相对伸长为

$$\varepsilon_{yy} = \frac{1}{E}[T_{yy} - \sigma(T_{xx} + T_{zz})],$$

$$\varepsilon_{zz} = \frac{1}{E}[T_{zz} - \sigma(T_{xx} + T_{yy})].$$

上面三式可改写成

$$\left.\begin{aligned}
T_{xx} - \sigma T_{yy} - \sigma T_{zz} &= E\varepsilon_{xx}, \\
-\sigma T_{xx} + T_{yy} - \sigma T_{zz} &= E\varepsilon_{yy}, \\
-\sigma T_{xx} - \sigma T_{yy} + T_{zz} &= E\varepsilon_{zz}.
\end{aligned}\right\} \tag{11-1-11}$$

求解这一三元一次代数方程组可得

$$\left.\begin{aligned}
T_{xx} &= \frac{E\sigma}{(1+\sigma)(1-2\sigma)}(\varepsilon_{xx} + \varepsilon_{yy} + \varepsilon_{zz}) + \frac{E}{1+\sigma}\varepsilon_{xx}, \\
T_{yy} &= \frac{E\sigma}{(1+\sigma)(1-2\sigma)}(\varepsilon_{xx} + \varepsilon_{yy} + \varepsilon_{zz}) + \frac{E}{1+\sigma}\varepsilon_{yy}, \\
T_{zz} &= \frac{E\sigma}{(1+\sigma)(1-2\sigma)}(\varepsilon_{xx} + \varepsilon_{yy} + \varepsilon_{zz}) + \frac{E}{1+\sigma}\varepsilon_{zz}.
\end{aligned}\right\} \tag{11-1-12}$$

将上式与(11-1-6)式作一比较就可确定

$$\left.\begin{aligned}
\lambda &= \frac{E\sigma}{(1+\sigma)(1-2\sigma)}, \\
\mu &= \frac{E}{2(1+\sigma)}.
\end{aligned}\right\} \tag{11-1-13}$$

由此可见,对于各向同性固体完全可以用杨氏模量 E 和泊松比 σ 来表征其弹性性质. 这两个常数在各种有关技术方面的专著中常常列有它们的数据表,在本书的附录中也列了若干种固体材料的数据. 例如对一般金属杨氏模量约在$(7\sim20)\times10^{10}\,\mathrm{N/m^2}$ 范围,而泊松比约为 $0.25\sim0.40$.

11.2　固体中声波的传播

上面我们确立了固体中应变与应力的关系,如果再利用固体中的媒质运动方程,就可建立用单一参量表示的声波方程. 对于各向异性的固体,由于应变与应力关系的复杂性,可以预料声波的传播特性也是十分复杂的. 为了揭示固体中最基本的声波传播特性,我们把问题

尽量简化,仅限于讨论各向同性媒质.

11.2.1　固体中的声波方程

为了导出固体中的媒质运动方程,我们再来观察一下图11-1-2所示的小体元.先来研究一下该小体元在 x 方向的受力情形,从图可以看出,作用在该小体元 x 方向的分力可由如下三部分组成

(1) 作用在垂直于 x 轴的表面上 x 方向的分力

$$F'_x = \left(T_{xx} + \frac{\partial T_{xx}}{\partial x}\mathrm{d}x - T_{xx}\right)\mathrm{d}y\mathrm{d}z;$$

(2) 作用在垂直于 y 轴的表面上 x 方向的分力

$$F''_x = \left(T_{yx} + \frac{\partial T_{yx}}{\partial y}\mathrm{d}y - T_{yx}\right)\mathrm{d}x\mathrm{d}z;$$

(3) 作用在垂直于 z 轴的表面上 x 方向的分力

$$F'''_x = \left(T_{zx} + \frac{\partial T_{zx}}{\partial z}\mathrm{d}z - T_{zx}\right)\mathrm{d}x\mathrm{d}y.$$

把这三部分的分力加起来就是作用在小体元上 x 方向的合力

$$F_x = \left(\frac{\partial T_{xx}}{\partial x} + \frac{\partial T_{yx}}{\partial y} + \frac{\partial T_{zx}}{\partial z}\right)\mathrm{d}x\mathrm{d}y\mathrm{d}z.$$

设 ρ 为媒质密度,根据牛顿第二定律就可建立该小体元在 x 方向的运动方程.同理可以建立 y, z 方向的运动方程,它们是

$$\left.\begin{aligned}
\rho\frac{\partial^2\xi}{\partial t^2} &= \frac{\partial T_{xx}}{\partial x} + \frac{\partial T_{yx}}{\partial y} + \frac{\partial T_{zx}}{\partial z}, \\
\rho\frac{\partial^2\eta}{\partial t^2} &= \frac{\partial T_{xy}}{\partial x} + \frac{\partial T_{yy}}{\partial y} + \frac{\partial T_{zy}}{\partial z}, \\
\rho\frac{\partial^2\zeta}{\partial t^2} &= \frac{\partial T_{xz}}{\partial x} + \frac{\partial T_{yz}}{\partial y} + \frac{\partial T_{zz}}{\partial z}.
\end{aligned}\right\} \qquad (11-2-1)$$

将各向同性固体的关系式(11-1-6)代入,再利用(11-1-3)式就可得到如下一组方程

$$\left.\begin{aligned}
\rho\frac{\partial^2\xi}{\partial t^2} &= (\lambda+\mu)\frac{\partial\Delta}{\partial x} + \mu\nabla^2\xi, \\
\rho\frac{\partial^2\eta}{\partial t^2} &= (\lambda+\mu)\frac{\partial\Delta}{\partial y} + \mu\nabla^2\eta, \\
\rho\frac{\partial^2\zeta}{\partial t^2} &= (\lambda+\mu)\frac{\partial\Delta}{\partial z} + \mu\nabla^2\zeta.
\end{aligned}\right\} \qquad (11-2-2)$$

式中 $\Delta = \frac{\partial\xi}{\partial x} + \frac{\partial\eta}{\partial y} + \frac{\partial\zeta}{\partial z}$, $\nabla^2 = \frac{\partial^2}{\partial x^2} + \frac{\partial^2}{\partial y^2} + \frac{\partial^2}{\partial z^2}$. 我们用 $s = \xi\boldsymbol{i} + \eta\boldsymbol{j} + \zeta\boldsymbol{k}$ 来表示质点位移矢量,以及用 $\boldsymbol{v} = v_x\boldsymbol{i} + v_y\boldsymbol{j} + v_z\boldsymbol{k}$ 来表示质点速度矢量,而 $v_x = \frac{\partial\xi}{\partial t}$, $v_y = \frac{\partial\eta}{\partial t}$, $v_z = \frac{\partial\zeta}{\partial t}$. (11-2-2)式可以写成矢量形式

$$\rho \frac{\partial^2 \boldsymbol{s}}{\partial t^2} = (\lambda + \mu)\mathrm{grad}\Delta + \mu \nabla^2 \boldsymbol{s}. \qquad (11-2-3)$$

因有 $\Delta = \mathrm{div}\, \boldsymbol{s}$ 的关系,上式又可写成

$$\rho \frac{\partial^2 \boldsymbol{s}}{\partial t^2} = (\lambda + \mu)\mathrm{grad}(\mathrm{div}\, \boldsymbol{s}) + \mu \nabla^2 \boldsymbol{s}. \qquad (11-2-4)$$

利用熟知的矢量分析关系

$$\mathrm{grad}(\mathrm{div}\, \boldsymbol{s}) = \nabla^2 \boldsymbol{s} + \mathrm{rot}(\mathrm{rot}\, \boldsymbol{s}),$$

上式又可改写成

$$\rho \frac{\partial^2 \boldsymbol{s}}{\partial t^2} = (\lambda + 2\mu)\mathrm{grad}(\mathrm{div}\, \boldsymbol{s}) - \mu\, \mathrm{rot}(\mathrm{rot}\, \boldsymbol{s}). \qquad (11-2-5)$$

(11-2-5)式也可用速度矢量 $\boldsymbol{v}$ 来表示

$$\rho \frac{\partial^2 \boldsymbol{v}}{\partial t^2} = (\lambda + 2\mu)\mathrm{grad}(\mathrm{div}\, \boldsymbol{v}) - \mu\, \mathrm{rot}(\mathrm{rot}\, \boldsymbol{v}). \qquad (11-2-6)$$

上面各式都是以矢量形式表示的固体中的声波方程. 对于流体 $\mu = 0$,(11-2-6)式可简化为

$$\nabla^2 \boldsymbol{v} = \frac{1}{c^2} \frac{\partial^2 \boldsymbol{v}}{\partial t^2}, \qquad (11-2-7)$$

其中 $c^2 = \dfrac{\lambda}{\rho} = \dfrac{1}{\beta_s \rho_0}$,对于流体我们用 ρ_0 代替 ρ.(11-2-7)式是用速度矢量来表示的流体中的声波方程,利用运动方程(4-3-8a)很快就可以转换成用声压 p 来表示的声波方程(4-3-10). 由此可见,流体的声波方程可以看成是固体声波方程在 $\mu = 0$ 时的一个特殊情形.

根据矢量分析可知,对于一般矢量场可以表示成标量梯度与矢量旋度之和的形式,我们令

且有

$$\left.\begin{array}{l} \boldsymbol{v} = \mathrm{grad}\Phi + \mathrm{rot}\,\boldsymbol{\psi}, \\ \mathrm{div}\,\boldsymbol{\psi} = 0, \end{array}\right\} \qquad (11-2-8)$$

其中 Φ 称为**标量势**,$\boldsymbol{\psi} = \psi_x \boldsymbol{i} + \psi_y \boldsymbol{j} + \psi_z \boldsymbol{k}$ 称为**矢量势**. 对于流体,$\boldsymbol{\psi} = \boldsymbol{0}$.(11-2-8)式可用速度分量表示

$$\left.\begin{array}{l} v_x = \dfrac{\partial \Phi}{\partial x} + \dfrac{\partial \psi_z}{\partial y} - \dfrac{\partial \psi_y}{\partial z}, \\[2mm] v_y = \dfrac{\partial \Phi}{\partial y} + \dfrac{\partial \psi_x}{\partial z} - \dfrac{\partial \psi_z}{\partial x}, \\[2mm] v_z = \dfrac{\partial \Phi}{\partial z} + \dfrac{\partial \psi_y}{\partial x} - \dfrac{\partial \psi_x}{\partial y}. \end{array}\right\} \qquad (11-2-9)$$

将(11-2-8)式代入方程(11-2-6),可以分离标量势 Φ 与矢量势 $\boldsymbol{\psi}$ 而得到两个独立的方程

$$\left.\begin{array}{l} \rho \dfrac{\partial^2 \Phi}{\partial t^2} = (\lambda + 2\mu)\nabla^2 \Phi, \\[3mm] \rho \dfrac{\partial^2 \boldsymbol{\psi}}{\partial t^2} = \mu \nabla^2 \boldsymbol{\psi}. \end{array}\right\} \qquad (11-2-10)$$

对于矢量势还可用其分量来表示

$$\rho \frac{\partial^2 \psi_i}{\partial t^2} = \mu \nabla^2 \psi_i \quad (i = x, y, z).$$

由此可见,在各向同性固体中引入两个势函数,可以使波动方程的求解得以简化,知道了势函数的具体形式,代入(11-2-9)式就可确定媒质的质点速度.(11-2-10)形式的方程我们已多次遇到过,对于直角坐标系这些方程是描述在某一方向传播的平面波.对于(11-2-10)式中的第一式,这类平面波的传播速度为 $c_L = \sqrt{\dfrac{\lambda + 2\mu}{\rho}}$;对于第二式,这类平面波的传播速度为 $c_T = \sqrt{\dfrac{\mu}{\rho}}$. 由此可见,在固体中声波的类型要比流体复杂.在流体中只有一种纵波,其传播速度自然只有一种,而这里除了纵波外还会出现横波,因此传播速度有 c_L 和 c_T 两种.因为实际上标量势 Φ 描述的就是纵波,而矢量势描述的就是横波,所以 c_L 就代表固体中的纵波传播速度,而 c_T 代表其中的横波传播速度.下面我们以两个特殊情况为例来对固体中声波的类型作些分析.

例1 假设媒质中 $\psi = 0$,而 $\Phi = \Phi_a e^{j(\omega t - k_L x)}$,$k_L = \dfrac{\omega}{c_L}$. 于是从(11-2-9)式可求得媒质质点速度为

$$v_x = -jk_L \Phi_a e^{j(\omega t - k_L x)},$$
$$v_y = v_x = 0.$$

很明显,此式描述纵波的规律,因为它表示媒质质点速度与波的传播方向是一致的,都是指向 x 方向.固体中的纵波与流体中的一样,它仅反映媒质稀疏与稠密的交替过程,因而也常称为**压缩波**或**膨胀波**.

例2 假设媒质中 $\Phi = 0$,而 $\psi_z = \psi_a e^{j(\omega t - k_T x)}$,$\psi_x = \psi_y = 0$,$k_T = \dfrac{\omega}{c_T}$. 于是从(11-2-9)式可求得媒质质点速度为

$$v_x = v_z = 0,$$
$$v_y = jk_T \psi_a e^{j(\omega t - k_T x)}.$$

此式描述了横波的规律,因为它表示了媒质的质点速度(y 方向)与波的传播方向(x 方向)是相垂直的.固体中横波仅反映媒质的纯切形变,而不发生体积的压缩与膨胀,因此也常称为**切变波**或**等体积波**.这里举的例子是质点在 y 方向运动,而波的传播在 x 方向,也有可能产生质点在 z 方向运动而传播方向为 x 的横波,因此横波还有两种不同的偏振方式.如果坐标 xy 构成一个水平面,那么前述的一种横波称为**水平偏振式横波**,而后述的一种称为**垂直偏振式横波**.

一般情形在固体中纵波与横波都可能同时存在,这时媒质的质点速度应是它们的叠加.

11.2.2 声波的反射与折射

根据上述,在固体中会产生两种不同类型的波——纵波与横波.当这些波从一种媒质向另一种不同媒质入射时,也必然会产生反射与折射.现在就来研究一下这些现象,为了简化问题,我们仅限于讨论平面声波从流体向固体入射的情形.这样的入射情形是有一定实际意

义的,例如我们在第 4 章曾遇到过声波从空气向砖墙入射时的隔声问题. 然而讨论这样的情形更重要的意义是可以通过比较少的数学处理,揭示出固体中声波的一些基本的传播特性,而这些特性在流体中是不存在的.

1. 媒质的声势函数

假设有一平面声波从流体媒质 I 传来,它以入射角 θ_i 向具有无限大平表面的固体媒质 II 射去. 由于媒质 I 是流体,传来的波必定是纵波,它在遇到固体表面时会产生反射,这一反射波自然也是纵波. 媒质 II 是固体,它能产生纵波外还能产生横波,因而折射波就可能有两种类型,一是以 θ_{iL} 角折射的纵波,另一是以 θ_{iT} 角折射的横波,如图11-2-1. 一般我们可以在这两种媒质中分别求解波动方程(11-2-10),然而由于平面声波的斜入射问题在第 4 章已遇到过,因而可以不必重复求解手

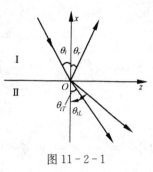

图 11-2-1

续,而仿照§4.10.3的结果直接写出声波的表示式. 为了简化分析我们只考虑二维问题,即认为媒质仅在 xOz 平面中运动,这时它的质点位移与速度仅是 x,z 的函数,并在 y 方向的分量为零,即 $\eta=0, v_y=0$. 在这种情形下我们可以写出第 I 媒质中的声势为

$$\Phi_1 = \Phi_i \mathrm{e}^{-\mathrm{j}(k_{1L}\cos\theta_i x + k_{1L}\sin\theta_i z)} + \Phi_r \mathrm{e}^{-\mathrm{j}(-k_{1L}\cos\theta_r x + k_{1L}\sin\theta_r z)}, \tag{11-2-11}$$

这里我们省略了时间因子 $\mathrm{e}^{\mathrm{j}\omega t}$,其中 $k_{1L} = \dfrac{\omega}{c_{1L}}$,$c_{1L}$ 为第 I 媒质中纵波的传播速度.

在媒质 II 中标量声势可以表示成

$$\Phi_2 = \Phi_t \mathrm{e}^{-\mathrm{j}(k_{2L}\cos\theta_{iL} x + k_{2L}\sin\theta_{iL} z)}, \tag{11-2-12}$$

其中 $k_{2L} = \dfrac{\omega}{c_{2L}}$,$c_{2L}$ 为媒质 II 中的纵波传播速度. 对于矢量声势,由于已假设 $v_y=0$ 并且势函数与 y 无关,所以应该仅出现矢量声势在 y 方向的分量 ψ_y,而 $\psi_x = \psi_z = 0$,因此有

$$\psi_2 = \psi_y = \psi_t \mathrm{e}^{-\mathrm{j}(k_{2T}\cos\theta_{iT} x + k_{2T}\sin\theta_{iT} z)}, \tag{11-2-13}$$

其中 $k_{2T} = \dfrac{\omega}{c_{2T}}$,$c_{2T}$ 为媒质 II 中横波的传播速度.

2. 边界条件

在流体与固体的分界面处应该满足如下边界条件:

(1) **法向速度连续**. 设第 I 媒质与第 II 媒质中质点速度的 x 方向分量分别记为 v_{1x} 与 v_{2x},那么在 $x=0$ 处应满足如下条件

$$(v_{1x})_{(x=0)} = (v_{2x})_{(x=0)}, \tag{11-2-14}$$

将(11-2-9)式代入上式可表示成

$$\left(\frac{\partial \Phi_1}{\partial x}\right)_{(x=0)} = \left(\frac{\partial \Phi_2}{\partial x} - \frac{\partial \psi_2}{\partial z}\right)_{(x=0)}. \tag{11-2-15}$$

(2) **应力平衡**,即在 $x=0$ 处应有

$$\left.\begin{array}{l} T_{1xx} = T_{2xx}, \\ T_{1xz} = T_{2xz}, \end{array}\right\} \tag{11-2-16}$$

其中下标 1 和 2 分别表示媒质 I 和媒质 II 中的应力. 利用应力与应变的关系式(11-1-6)

以及质点速度与势函数的关系式(11-2-9)可以将法向应力表示成

$$T_{xx} = \lambda\left(\frac{\partial \xi}{\partial x} + \frac{\partial \zeta}{\partial z}\right) + 2\mu\frac{\partial \xi}{\partial x}$$

$$= \frac{\lambda + 2\mu}{j\omega}\left(\frac{\partial^2 \Phi}{\partial x^2} + \frac{\partial^2 \Phi}{\partial z^2}\right) - \frac{2\mu}{j\omega}\left(\frac{\partial^2 \psi}{\partial x\partial z} + \frac{\partial^2 \Phi}{\partial z^2}\right). \tag{11-2-17}$$

由于 $c_L = \sqrt{\dfrac{\lambda + 2\mu}{\rho}}, c_T = \sqrt{\dfrac{\mu}{\rho}}$，所以上式还可表示成

$$T_{xx} = \frac{\rho}{j\omega}\left[c_L^2\nabla^2\Phi - 2c_T^2\left(\frac{\partial^2 \psi}{\partial x\partial z} + \frac{\partial^2 \Phi}{\partial z^2}\right)\right], \tag{11-2-18}$$

其中 $\nabla^2 = \dfrac{\partial^2}{\partial x^2} + \dfrac{\partial^2}{\partial z^2}$. 再考虑到声波方程(11-2-10)的关系,(11-2-18)式又可化为

$$T_{xx} = \frac{\rho}{j\omega}\left[\frac{\partial^2 \Phi}{\partial t^2} - 2c_T^2\left(\frac{\partial^2 \psi}{\partial x\partial z} + \frac{\partial \Phi}{\partial z^2}\right)\right], \tag{11-2-19}$$

而切应力可表示成

$$T_{xz} = \mu\left(\frac{\partial \xi}{\partial z} + \frac{\partial \zeta}{\partial x}\right) = \frac{c_T^2}{j\omega}\left(\frac{\partial^2 \psi}{\partial x^2} - \frac{\partial^2 \psi}{\partial z^2} + 2\frac{\partial^2 \Phi}{\partial x\partial z}\right). \tag{11-2-20}$$

利用(11-2-19)与(11-2-20)式就可以用势函数来表示应力平衡的边界条件.

在媒质 I 中由于 $\mu = 0, c_{1T} = 0$,所以应力的表示可简化为

$$T_{1xx} = \frac{\rho_1}{j\omega}\frac{\partial^2 \Phi_1}{\partial t^2} = j\rho_1\omega\Phi_1, \quad T_{1xz} = 0.$$

在媒质 II 中应力表示为

$$T_{2xx} = \frac{\rho_2}{j\omega}\left[-\omega^2\Phi_2 - 2c_{2T}^2\left(\frac{\partial^2 \psi_2}{\partial x\partial z} + \frac{\partial^2 \Phi_2}{\partial z^2}\right)\right],$$

$$T_{2xz} = \frac{c_{2T}^2}{j\omega}\left(\frac{\partial^2 \psi_2}{\partial x^2} - \frac{\partial^2 \psi_2}{\partial z^2} + 2\frac{\partial^2 \Phi_2}{\partial x\partial z}\right),$$

因此应力平衡边界条件(11-2-16)可写成

$$\left.\begin{aligned}
(-\rho_1\omega^2\Phi_1)_{x=0} &= \rho_2\left[-\omega^2\Phi_2 - 2c_{2T}^2\left(\frac{\partial^2 \psi_2}{\partial x\partial z} + \frac{\partial^2 \Phi_2}{\partial z^2}\right)\right]_{(x=0)}, \\
\left(\frac{\partial^2 \psi_2}{\partial x^2} - \frac{\partial^2 \psi_2}{\partial z^2} + 2\frac{\partial^2 \Phi_2}{\partial x\partial z}\right)_{x=0} &= 0.
\end{aligned}\right\} \tag{11-2-21}$$

3. 反射与折射定律

现在先来运用法向速度连续条件,将(11-2-11),(11-2-12)与(11-2-13)式代入(11-2-15)式可得

$$-\Phi_i k_{1L}\cos\theta_i e^{-jk_{1L}\sin\theta_i z} + \Phi_r k_{1L}\cos\theta_r e^{-jk_{1L}\sin\theta_r z} = -\Phi_t k_{2L}\cos\theta_{tL} e^{-jk_{2L}\sin\theta_{tL} z} - \psi_t k_{2T}\cos\theta_{tT} e^{-jk_{2T}\sin\theta_{tT} z}, \tag{11-2-22}$$

考虑到(11-2-22)式应对所有的 z 都成立,因而式中指数因子部分必然应该恒等,即

$$k_{1L}\sin\theta_i = k_{1L}\sin\theta_r = k_{2L}\sin\theta_{tL} = k_{2T}\sin\theta_{tT}, \tag{11-2-23}$$

从此导得反射定律

$$\theta_i = \theta_r, \qquad (11-2-24)$$

与折射定律

$$\left. \begin{aligned} \frac{\sin\theta_i}{\sin\theta_{iL}} &= \frac{k_{2L}}{k_{1L}} = \frac{c_{1L}}{c_{2L}}, \\ \frac{\sin\theta_i}{\sin\theta_{iT}} &= \frac{k_{2T}}{k_{1L}} = \frac{c_{1L}}{c_{2T}}. \end{aligned} \right\} \qquad (11-2-25)$$

从反射定律(11-2-24)式可以看出,流体中的声波入射到固体界面与入射到其他流体界面类似,声波的反射角仍等于入射角,并不因为它所遇到的媒质的弹性性质变化而有所不同.

从折射定律(11-2-25)式可以看出,折射规律也与流体界面情形相似,所不同的是,在固体中能产生两种不同类型的波(纵波和横波),而这两种不同类型波的传播速度不同,以至它们的折射角也不同. 这就是说,尽管入射的只是一种纵波,而在固体界面上除了产生折射纵波外,还会激发出折射横波,并且这两种折射波的折射角是不相同的.

对于一般固体,纵波传播速度总要比一般流体大,即有 $c_{2L} > c_{1L}$. 例如空气的声速为 344 m/s,而钢中的纵波声速约为 6 000 m/s,砖墙的纵波声速约为 3 000 m/s. 因此对于从流体向固体入射的情形,固体中的纵波折射角常大于入射角,即 $\theta_{iL} > \theta_i$. 此外由于固体中纵波传播速度总要比横波大,即固体中总有 $\theta_{2L} > \theta_{2T}$,所以对于从流体向固体入射的情形,总有 $\theta_{iL} > \theta_{iT}$.

4. 反射系数与折射系数

现在再来运用应力平衡条件,把(11-2-11),(11-2-12)与(11-2-13)式代入(11-2-21)式,并考虑到(11-2-24)与(11-2-25)式可得

$$\left. \begin{aligned} \frac{\rho_2}{\rho_1}(\Phi_t \cos 2\theta_{iT} - \psi_t \sin 2\theta_{iT}) &= \Phi_i + \Phi_r, \\ \Phi_t k_{2L}^2 \sin 2\theta_{iL} + \psi_t k_{2T}^2 \cos 2\theta_{iT} &= 0. \end{aligned} \right\} \qquad (11-2-26)$$

在考虑了反射定律与折射定律(11-2-24)与(11-2-25)式后,(11-2-22)式也可简化为

$$(\Phi_i - \Phi_r)k_{1L}\cos\theta_i = \Phi_t k_{2L}\cos\theta_{iL} - \psi_t k_{2T}\cos\theta_{iT} \qquad (11-2-27)$$

联立(11-2-26)与(11-2-27)两式可分别解得纵波反射系数 $|r_\Phi|$,纵波折射系数 $|t_\Phi|$ 与横波折射系数 $|t_\psi|$ 为

$$|r_\Phi| = \left| \frac{\Phi_r}{\Phi_i} \right| = \left| \frac{z_{2L}\cos^2 2\theta_{iT} + z_{2T}\sin^2 2\theta_{iT} - z_{1L}}{z_{2L}\cos^2 2\theta_{iT} + z_{2T}\sin^2 2\theta_{iT} + z_{1L}} \right|, \qquad (11-2-28)$$

$$|t_\Phi| = \left| \frac{\Phi_t}{\Phi_i} \right| = \left| \left(\frac{\rho_1}{\rho_2} \right) \frac{2z_{2L}\cos 2\theta_{iT}}{z_{2L}\cos^2 2\theta_{iT} + z_{2T}\sin^2 2\theta_{iT} + z_{1L}} \right|, \qquad (11-2-29)$$

$$|t_\psi| = \left| \frac{\psi_t}{\Phi_i} \right| = \left| \left(-\frac{\rho_1}{\rho_2} \right) \frac{2z_{2T}\sin 2\theta_{iT}}{z_{2L}\cos^2 2\theta_{iT} + z_{2T}\sin^2 2\theta_{iT} + z_{1L}} \right|, \qquad (11-2-30)$$

其中

$$z_{1L} = \frac{\rho_1 c_{1L}}{\cos\theta_i}, \quad z_{2L} = \frac{\rho_2 c_{2L}}{\cos\theta_{tL}}, \quad z_{2T} = \frac{\rho_2 c_{2T}}{\cos\theta_{tT}}$$

分别表示斜入射时相应的法向声阻抗率.

从上面各式看出,反射系数与折射系数除了与两种媒质的一些固有参数,如纵波与横波的声速、媒质的密度等有关外,还同声波的入射角 θ_i 有关(虽然在这些表示式中还出现折射角 θ_{tL} 与 θ_{tT},但据折射定律折射角与入射角是有关的).设声波是垂直入射的,$\theta_i = 0$,则 $\theta_r = \theta_{tL} = \theta_{tT} = 0$,因此有

$$|r_\Phi| = \left| \frac{z_{2L} - z_{1L}}{z_{2L} + z_{1L}} \right| = \left| \frac{\rho_2 c_{2L} - \rho_1 c_{1L}}{\rho_2 c_{2L} + \rho_1 c_{1L}} \right|,$$

$$|t_\Phi| = \left(\frac{\rho_1}{\rho_2} \right) \frac{2\rho_2 c_{2L}}{\rho_2 c_{2L} + \rho_1 c_{1L}},$$

$$|t_\psi| = 0.$$

此结果表明,当声波从流体垂直入射到固体时,在固体中将仅出现纵波而不出现横波,这时纵波的反射系数和透射系数与流体到流体情况相同.我们在第 4 章讨论隔声问题,曾将流体中的透射公式推广到砖墙的隔声,从上述结果看来,如果声波是垂直入射的,显然这样的推广是允许的.

以上分析了声波从流体入射到固体时的反射与折射.还可以讨论从固体到流体以及从一种固体到另一种固体的入射情形,并且固体中的入射波还可分纵波和横波,横波还有不同的偏振方向等.这些问题的详细讨论已超出本书范围.

11.2.3　声表面波

上面我们已分析了在固体中一般能产生两种类型的声波——纵波与横波.可以进一步指出,在固体的自由表面还会形成沿着表面传播,其振幅随离表面深度迅速减弱的声表面波.声表面波首先为著名英国物理学家瑞利所发现,因此常称**瑞利波**.下面我们就来简要地介绍一下声表面波的基本特性.

1. 声表面波势函数

声表面波是在固体中出现的,因而描述它的势函数一定要满足固体中的声波方程 (11-2-10).虽然声波方程的解前面已遇到过,但是以前解的形式主要用来描述向固体深处传播的声波,这些波也常称为**声体波**.现在我们要采用另一种解的形式.假设还是限于讨论 (x, z) 的二维平面问题,并取自由表面在 $x = 0$ 的地方,设解为

$$\left. \begin{array}{l} \Phi = \Phi_a e^{-\alpha x} e^{j(\omega t - k_s z)}, \\ \psi = \psi_y = \psi_a e^{-\beta x} e^{j(\omega t - k_s z)}. \end{array} \right\} \qquad (11-2-31)$$

很明显,这种解的形式具有表面传播的特性,当离表面足够深(即当 x 足够大),Φ 与 ψ 都趋于零.现将(11-2-31)式代入声波方程(11-2-10).从中确定了满足声波方程所应遵循的一些关系

$$\left. \begin{array}{l} \alpha^2 = k_s^2 - k_L^2, \\ \beta^2 = k_s^2 - k_T^2. \end{array} \right\} \qquad (11-2-32)$$

这里 $k_s = \dfrac{\omega}{c_s}$,而 c_s 也是一种声速的表示,称为**表面波声速**.我们引入一些新的符号 g 和 q,

并利用(11-1-9)式的关系可得

$$
\left.\begin{aligned}
g &= \left(\frac{c_s}{c_T}\right)^2, \\
q &= \left(\frac{c_T}{c_L}\right)^2 = \frac{\mu}{\lambda+2\mu} = \frac{1-2\sigma}{2(1-\sigma)}.
\end{aligned}\right\}
\tag{11-2-33}
$$

利用此关系可将(11-2-32)式化为

$$
\left.\begin{aligned}
\alpha &= \frac{\omega}{c_s}\sqrt{1-qg}, \\
\beta &= \frac{\omega}{c_s}\sqrt{1-g}.
\end{aligned}\right\}
\tag{11-2-34}
$$

我们的前提是固体存在自由表面,这就是假设固体的表面与真空状态相接触(实际上只要与气体接触一般已具有足够的近似程度),而在真空中不存在应力,于是根据应力平衡条件在固体表面应力应等于零,也即在 $x=0$ 处有

$$
\left.\begin{aligned}
(T_{xx})_{(x=0)} &= 0, \\
(T_{xz})_{(x=0)} &= 0.
\end{aligned}\right.
\tag{11-2-35}
$$

或者按(11-2-19)与(11-2-20)式用势函数来表示

$$
\left.\begin{aligned}
\left[\frac{\partial^2 \Phi}{\partial t^2} - 2c_T^2\left(\frac{\partial^2 \psi}{\partial x \partial z} + \frac{\partial^2 \Phi}{\partial z^2}\right)\right]_{(x=0)} &= 0, \\
\left[\frac{\partial^2 \psi}{\partial x^2} - \frac{\partial^2 \psi}{\partial z^2} + 2\frac{\partial^2 \Phi}{\partial x \partial z}\right]_{(x=0)} &= 0.
\end{aligned}\right\}
\tag{11-2-36}
$$

将(11-2-31)式代入上式经整理可得

$$
\left.\begin{aligned}
\omega^2\left[1-2\left(\frac{c_T}{c_s}\right)^2\right]\Phi_a + 2\mathrm{j}\beta\omega\frac{c_T^2}{c_s}\psi_a &= 0, \\
2\omega\frac{\alpha}{c_s}\Phi_a - \mathrm{j}\left(\beta^2 + \frac{\omega^2}{c_s^2}\right)\psi_a &= 0.
\end{aligned}\right\}
\tag{11-2-37}
$$

如果 Φ_a 与 ψ_a 为非零解,那么上式的系数行列式应等于零即

$$
\begin{vmatrix}
\omega^2\left[1-2\left(\dfrac{c_T}{c_s}\right)^2\right] & 2\mathrm{j}\beta\omega\dfrac{c_T^2}{c_s} \\[3mm]
2\omega\dfrac{\alpha}{c_s} & -\mathrm{j}\left(\beta^2+\dfrac{\omega^2}{c_s^2}\right)
\end{vmatrix} = 0,
$$

由此可得如下方程

$$
\left[1-2\left(\frac{c_T}{c_s}\right)^2\right]\left(\beta^2 + \frac{\omega^2}{c_s^2}\right) + 4\alpha\beta\left(\frac{c_T}{c_s}\right)^2 = 0.
\tag{11-2-38}
$$

利用(11-2-33)式,上式可化为

$$
g^3 - 8g^2 + 8(3-2q)g + 16(q-1) = 0.
\tag{11-2-39}
$$

求解此代数方程可以求得声表面波的传播速度 c_s,再由(11-2-32)式确定(11-2-34)式中出现的待定常数 α 与 β.

2. 声表面波传播速度

根据上述,从方程(11-2-39)可以求得声表面波速度 c_s,但是在这一三次代数方程中还包含一个参数 q,因而一般不易获得解析形式的解,而需要用图解法. 可以指出,按照图解法的结果当泊松比 σ 在 $0\sim0.5$ 范围,也即参数 q 在 $0.5\sim0$ 的范围,可以在方程(11-2-39)解得三个实根. 其中两个实根大于 1,另一个实根小于 1. 对于大于 1 的两个根显然不是我们所要求的. 因为这时(11-2-34)式中的 β 成为虚数,所以势函数(11-2-31)式就变成以前讨论过的向固体深处(在 x,z 二方向)传播的体波形式. 考虑到大多数固体的泊松比小于 0.5,因此从方程(11-2-39)可以求得唯一的声表面波速度为

$$c_s = \sqrt{g}c_T. \qquad (11-2-40)$$

显然 g 与媒质的泊松比 σ 有关,不同的固体自然应有不同的 c_s. 由于 $g<1$,所以可以肯定固体中声表面波速度恒小于体横波的速度 c_T. 为了使读者对 g 值有一个大约的数量概念,在此举一例子,设有一固体 $\sigma = \dfrac{1}{4}$,所以 $q = \dfrac{1}{3}$,那么经过代数因式分解方程(11-2-39)可以表示成如下形式

$$(g-4)(3g^2 - 12g + 8) = 0,$$

从此可以解得三个实根,$g_1 = 4$,$g_2 = 2 + \dfrac{2}{\sqrt{3}}$,$g_3 = 2 - \dfrac{2}{\sqrt{3}}$,其中 $g_3 = 2 - \dfrac{2}{\sqrt{3}} = 0.845\,3$ 就是我们所要求的根. 因此在这种情况下声表面波速度就等于

$$c_s = \sqrt{0.845}c_T = 0.919c_T.$$

玻璃的泊松比约为 0.25,所以它的声表面波速度约等于它的横波速度的 0.919 倍. 用图解法可以指出,当 σ 在 $0\sim0.5$ 范围时 $\dfrac{c_s}{c_T}$ 的比值范围为 $0.814\sim0.955$,例如对于钢 $\sigma=0.29$,$c_s=0.926c_T$.

3. 声表面波的质点运动轨迹

因为声表面波的势函数由 Φ 与 ψ 两部分组成,所以声表面波可以看成是由表面纵波与表面横波的合成,把(11-2-31)式代入(11-2-8)式可得声表面波的质点位移为

$$\left.\begin{array}{l} \xi = \dfrac{1}{j\omega}\left[\dfrac{\partial\Phi}{\partial x} - \dfrac{\partial\psi}{\partial z}\right] = j\dfrac{\alpha\Phi_a}{\omega}\left[e^{-\alpha x} - \left(\dfrac{\omega}{\alpha c_s}\right)\left(j\dfrac{\psi_a}{\Phi_a}\right)e^{-\beta x}\right]e^{j(\omega t - k_z z)}, \\[3mm] \zeta = \dfrac{1}{j\omega}\left[\dfrac{\partial\Phi}{\partial z} + \dfrac{\partial\psi}{\partial x}\right] = \dfrac{\Phi_a}{c_s}\left[e^{-\alpha x} - \left(\beta\dfrac{c_s}{\omega}\right)\left(j\dfrac{\psi_a}{\Phi_a}\right)e^{-\beta x}\right]e^{j(\omega t - k_z z)}. \end{array}\right\} \quad (11-2-41)$$

求解(11-2-37)式可得如下关系

$$\dfrac{j\psi_a}{\Phi_a} = \dfrac{2\alpha\left(\dfrac{\omega}{c_s}\right)}{\beta^2 + \left(\dfrac{\omega}{c_s}\right)^2}. \qquad (11-2-42)$$

利用此式(11-2-41)式可化为

$$\xi = \frac{\alpha \Phi_a}{\omega} \left[e^{-\alpha x} - \frac{2\left(\dfrac{\omega}{c_s}\right)^2}{\beta^2 + \left(\dfrac{\omega}{c_s}\right)^2} e^{-\beta x} \right] e^{j\left(\omega t - k_s z + \frac{\pi}{2}\right)},$$

$$\zeta = \frac{\Phi_a}{c_s} \left[e^{-\alpha x} - \frac{2\alpha\beta}{\beta^2 + \left(\dfrac{\omega}{c_s}\right)^2} e^{-\beta x} \right] e^{j(\omega t - k_s z)},$$

$$(11-2-43)$$

或写成实数形式

$$\xi = A\cos\left(\omega t - k_s z + \frac{\pi}{2}\right),$$

$$\zeta = B\cos(\omega t - k_s z),$$

$$(11-2-44)$$

其中

$$A = \frac{\Phi_a}{c_s} \left[e^{-\alpha x} - \frac{2\left(\dfrac{\omega}{c_s}\right)^2}{\beta^2 + \left(\dfrac{\omega}{c_s}\right)^2} e^{-\beta x} \right],$$

$$B = \frac{\alpha \Phi_a}{\omega} \left[e^{-\alpha x} - \frac{2\alpha\beta}{\beta^2 + \left(\dfrac{\omega}{c_s}\right)^2} e^{-\beta x} \right].$$

对于一定的 x 值,即在离表面一定的深度处,A 与 B 都是常数.这里 ξ 表示质点在 x 方向的位移,而 ζ 表示质点在 z 方向的位移,这两个相位差 $\dfrac{\pi}{2}$ 相互垂直位移的合成可得一个椭圆形运动的轨迹方程

$$\frac{\xi^2}{A^2} + \frac{\zeta^2}{B^2} = 1.$$

因此声表面波可以看成是沿着固体表面做椭圆偏振的声波.

4. 声表面波的振幅衰减特性

声表面波与声体波不同,它的振幅是离表面衰减的,衰减常数 α 和 β 的数值决定了声表面波离表面衰减的程度,据(11-2-34)式可得

$$\alpha = \frac{\omega}{c_s}\sqrt{1 - qg} = \frac{2\pi}{\lambda_s}\sqrt{1 - qg},$$

$$\beta = \frac{\omega}{c_s}\sqrt{1 - g} = \frac{2\pi}{\lambda_s}\sqrt{1 - g}.$$

$$(11-2-45)$$

这里 λ_s 是声表面波波长,衰减常数 α 与 β 同声表面波波长 λ_s 成反比.例如,对于玻璃,$q = \dfrac{1}{3}, g = 0.845$ 可以算得 $\alpha = 0.848\dfrac{2\pi}{\lambda_s}, \beta = 0.396\dfrac{2\pi}{\lambda_s}$,于是当 $x = \lambda_s$ 时有 $\alpha x = 5.38, \beta x = 2.49$,所以 $\alpha^{-\alpha x} = e^{-5.33} = 0.004\,84, e^{-\beta x} = e^{-2.49} = 0.082\,9$.由此可见,声表面波在离表面以后的衰减是十分迅速的,一般在不超过几个波长的深度,它已几乎不再存在,这一规律正反映出声表面波的表面传播特性.

自 20 世纪 60 年代中期开始,随着半导体平面工艺技术的发展,利用光刻技术成功地在

压电单晶中制作成叉指状声表面波换能器,从而利用声表面波作为信号载体,制作电子学器件如延迟线、滤波器、卷积器等迅速兴起.因为声速比电磁波速度小五个数量级,所以声表面波电子学器件的特点是小型化、工作频率高(可达数千兆赫),因而在通讯、雷达、信号处理及电子对抗中获得重要应用.

11.2.4　薄板中的兰姆波

前面讨论的声表面波,理论上讲是发生在无限固体的自由界面处的,正因为自由边界面的存在,导致分界面处的声波具有了前面所述的特殊性质.在许多实际应用中经常遇到的是板状材料,当板较薄时,板的两个边界面都会有影响,直观上可以预言,声波在两个自由边界上均会发生反射,那么叠加后的板中声场具有什么特点呢?1917年兰姆最早深入研究了这个问题,后来文献中常将薄板中声波称为**兰姆波**.现在兰姆波已广泛应用于板状材料的无损检测和微传感技术领域.

1. 薄板中声场

设取如图 11-2-2 所示坐标,厚度为 $2d$ 的薄板在 yz 方向无限延伸,x 轴沿板的厚度方向,原点取在板的中性面上.求解板中声场的方法原则上与求解声表面波的方法相同,不同的只是板有两个自由表面,因而有四个边界条件,即在上下自由界面处法向应力、切向应力均为零,即

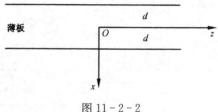

图 11-2-2

$$T_{xx}\,|_{x=\pm d} = 0, \\ T_{zx}\,|_{x=\pm d} = 0. \tag{11-2-46}$$

现在问题归结为求解满足波动方程(11-2-10)和边界条件(11-2-46)的解.考虑到声波在上下边界面的来回反射,声场在厚度方向的分布自然与(11-2-31)式不同,而具有驻波特性,故取声场形式解为:

$$\Phi = [A_s\cosh(qx)e^{-jkz} + B_a\sinh(gx)e^{-jkz}]e^{j\omega t}, \\ \psi = [D_s\sinh(sx)e^{-jkz} + C_a\cosh(sx)e^{-jkz}]e^{j\omega t}, \tag{11-2-47}$$

其中 k 是兰姆波沿 z 方向传播的波数. $q=\sqrt{k^2-k_L^2}$,$s=\sqrt{k^2-k_T^2}$,k_L 和 k_T 分别为板中纵波和横波的波数.A_s,B_a,C_a 和 D_s 为任意常数.显然(11-2-47)式满足波动方程,将形式解(11-2-47)式代入边界条件(11-2-46)式,可得到关于系数 A_s,B_a,C_a,D_s 及波数 k 的四个方程

$$(k^2+s^2)\cosh(qd)A_s+(k^2+s^2)\sinh(qd)B_a+2iks\sinh(sd)C_a+2iks\cosh(sd)D_s=0, \\ (k^2+s^2)\cosh(qd)A_s-(k^2+s^2)\sinh(qd)B_a-2iks\sinh(sd)C_a+2iks\cosh(sd)D_s=0, \\ -2ikq\sinh(qd)A_s+2ikq\cosh(qd)B_a-(k^2+s^2)\cosh(sd)C_a-(k^2+s^2)\sinh(sd)D_s=0, \\ -2ikq\sinh(qd)A_s+2ikq\cosh(qd)B_a-(k^2+s^2)\cosh(sd)C_a+(k^2+s^2)\sinh(sd)D_s=0. \tag{11-2-48}$$

要使 A_s,B_a,C_a 和 D_s 不同时为零,方程组(11-2-48)式的系数行列式必须为零,因此得到决定波数 k 的两个方程:

$$(k^2+s^2)^2\cosh(qd)\sinh(sd) - 4k^2qs\sinh(qd)\cosh(sd) = 0, \tag{11-2-49}$$

$$(k^2 + s^2)^2 \sinh(qd)\cosh(sd) - 4k^2qs\cosh(qd)\sinh(sd) = 0, \quad (11-2-50)$$

$(11-2-49)$,$(11-2-50)$式称为**兰姆波特征方程**,解4方程得到兰姆波波数k,即可知道兰姆波速度,代入ψ,Φ式中即可得到兰姆波声场.

2. 兰姆波声场特点

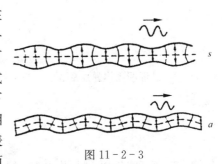

图 11-2-3

$(11-2-49)$和$(11-2-50)$两式代表板中存在两组声波,每一组均满足波动方程和边界条件,每一组均有各自的波数k和声场分布,因此这两组波均可在板中独立地传播.进一步分析表明,$(11-2-49)$式描述的声场的位移对于$x=0$的中性面对称,即上下界面上的质点垂直于板面的位移大小相等、符号相反,因而这一组波称为对称族兰姆波,波数用k_s表示.而$(11-2-50)$式描述的波相对于$x=0$的中性面反对称,即板上下界面上的质点垂直于板的位移大小相等、符号相同,这组波称为反对称族兰姆波,波数用k_a表示.对称与反对称兰姆波的质点位移如图$11-2-3$所示,对称兰姆波使板沿厚度方向呈膨胀收缩形变,反对称兰姆使板在厚度方向弯曲,故有时又称为弯曲波.

3. 多模式

研究特征方程$(11-2-49)$及$(11-2-50)$发现,当板厚$2d$及ω一定时,每个特征方程均有若干个实根,即存在多个k_s或k_a,这表明板中可以同时存在多个模式兰姆波,每个模式有各自的相速度、群速度、位移及应力分布.板越厚或频率越高,模式数目越多,通常反对称族以$a_0,a_1,a_2,\cdots$,对称族以$s_0,s_1,s_2,\cdots$表示.

4. 声色散

一般讲每个模式的兰姆波,当频率或厚度变化时,k都会变化,即相速度会改变,因此兰姆波是色散的.兰姆波的典型色散曲线示于图$11-2-4$.

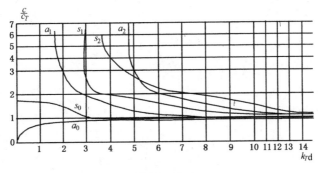

图 11-2-4

5. 兰姆波的应用

随着现代工业的发展,对板状构件内部的缺陷进行检测,定征的需求越来越迫切,特别是近年来发展起来的复合材料板以其密度小、强度高、耐高温等优点而被认为是航空航天工业的理想新材料.用体声波检测板状材料时盲区问题几乎是一个难以克服的困难,而兰姆波自然成为在线检测板状构件的有力手段.兰姆波的另一重大应用是近年来发展起来的兰姆波微传感技术,边界上物理、化学、生物等条件的变化引起兰姆波传播速度的改变,测出声速的改变就可以推断出边界上微小质量、应力、粘滞等的变化,兰姆波微传感器因其灵敏度高、体积小以及可以工作在液相中等优点,而在物理、化学、环境监测、生化过程等的实时监测方面具有潜在的应用价值.

习　题　11

11-1　试证明固体弹性常数杨氏模量和泊松比可由拉密常数求得:

$$E = \frac{3\lambda + 2\mu}{\lambda + \mu}\mu,$$

$$\sigma = \frac{\lambda}{2(\lambda + \mu)}.$$

11-2　试证明各向同性固体材料的泊松比 σ 可通过纵波与横波的声速 c_L 和 c_T 求得:

$$\sigma = \frac{2 - \left(\dfrac{c_L}{c_T}\right)^2}{2\left[1 - \left(\dfrac{c_L}{c_T}\right)^2\right]}.$$

11-3　利用应力与应变关系(11-1-6)式及质点速度与势函数关系(11-2-9)式,试推导用势函数 Φ, ψ 表示的法向应力和切向应力(11-2-19)和(11-2-20)式.

11-4　设有一纵波从各向同性固体以入射角 θ_i 入射于无限液体中.

(1) 试求该纵波的反射系数.

(2) 试问在固体媒质中会出现反射横波吗? 它的反射系数由什么决定?

11-5　设有一横波从各向同性固体以入射角 θ_i 入射于无限液体中,该横波质点振动位于 xOz 平面内(如图11-2-1),试导出反射及透射系数.

11-6　试结合兰姆波形式解(11-2-47)式及边界条件(11-2-46)式,推导决定兰姆波波数 k 的方程组(11-2-48)式.

A　媒质的声学常数

A-1　若干种液体的声学常数表

名　　称	温度 t ℃	密　度 ρ_0 $\times 10^3$ kg/m³	声速 c_0 $\times$ m/s	特性阻抗 $\rho_0 c_0$ $\times 10^6$ N·s/m³
水	20	0.998	1 483	1.480
重　水	20	1.105	1 388	1.534
甲　醇	20	0.791	1 121	0.887
氯　仿	20	1.487	1 001	1.488
四氯化碳	20	1.594	937.8	1.495
甘　油	20	1.261	1 923	2.425
丙　酮	20	0.791	1 190	0.841
水　银	20	13.60	1 451	19.73
桐　油	20	0.933	1 450	1.360
橄榄油	32.5	0.904	1 381	1.243

A-2　若干种气体的声学常数表

名　　称	温度 t ℃	密　度 ρ_0 kg/m³	声速 c_0 m/s	特性阻抗 $\rho_0 c_0$ N·s/m³
空　气	20	1.21	344	415
氧	0	1.43	317	450
二氧化碳	0	1.98	258	512
氢	0	0.09	127	114
甲　烷	25	0.657	448	294
乙　烯	25	1.16	330	383

A-3　若干种固体的声学常数表

物　质	密度 ρ $\times 10^3$ kg/m³	杨氏模量 E $\times 10^{10}$ N/m²	切变弹性系数 μ $\times 10^{10}$ N/m²	泊松比 σ	棒中纵振动速度 $c = \sqrt{\dfrac{E}{\rho}}$ $\times 10^3$ m/s	体纵波声速 $c_L = \sqrt{\dfrac{E(1-\sigma)}{\rho(1+\sigma)(1-2\sigma)}}$ $\times 10^3$ m/s	体横波声速 $c_T = \sqrt{\dfrac{E}{2\rho(1+\sigma)}}$ $\times 10^3$ m/s
铝	2.70	6.85	2.65	0.34	5.04	6.26	3.08
镍	8.80	20.1	7.71	0.31	4.79	5.63	2.96
铜	8.9	12.3	4.55	0.35	3.72	4.71	2.26
铸铁	7.70	10.5	4.45	0.28	3.70	4.35	3.23
钢	7.80	21.6	8.40	0.28	5.05	6.10	3.30
铅	11.4	1.64	0.58	0.44	1.20	2.16	0.78
金	19.3	7.95	2.78	0.42	2.03	3.24	1.20
石英（X割切）	2.65	7.90			5.45		
石英玻璃	2.70	7.50	3.21	0.17	5.37	5.57	3.52
有机玻璃	1.18	5.35	0.20	0.35	2.13	2.70	1.30
硬橡胶	1.20	0.30	0.11	0.40	1.570	2.30	0.94

B　常用数学公式

B-1　三角函数与双曲函数

$$\cos x = \pm \sin\left(x + \frac{\pi}{2}\right)$$

$$\sin x = \pm \cos\left(x \mp \frac{\pi}{2}\right)$$

$$\cos^2 x + \sin^2 x = 1$$

$$\cos 2x = \cos^2 x - \sin^2 x = 1 - 2\sin^2 x = 2\cos^2 x - 1$$

$$\cos 3x = 4\cos^3 x - 3\cos x$$

$$\sin 2x = 2\sin x \cos x$$

$$\sin 3x = 3\sin x - 4\sin^3 x$$

$$\cos(x \pm y) = \cos x \cos y \mp \sin x \sin y$$

$$\sin(x \pm y) = \sin x \cos y \pm \cos x \sin y$$

$$\tan(x \pm y) = \frac{\tan x \pm \tan y}{1 \mp \tan x \tan y}$$

$$\sin x \pm \sin y = 2\sin \frac{1}{2}(x \pm y) \cos \frac{1}{2}(x \mp y)$$

$$\cos x + \cos y = 2\cos \frac{1}{2}(x+y)\cos \frac{1}{2}(x-y)$$

$$\cos x - \cos y = -2\sin \frac{1}{2}(x+y)\sin \frac{1}{2}(x-y)$$

$$\cosh x = \frac{1}{2}(e^x + e^{-x})$$

$$\sinh x = \frac{1}{2}(e^x - e^{-x})$$

$$\tanh x = \frac{(e^x - e^{-x})}{(e^x + e^{-x})}$$

$$\cosh^2 x - \sinh^2 x = 1$$

$$\sinh 2x = 2\sinh x \cosh x$$

$$\cosh 2x = \cosh^2 x + \sinh^2 x$$

$$\tanh 2x = \frac{2\tanh x}{1 + \tanh^2 x}$$

$$\cosh(x \pm y) = \cosh x \cosh y \pm \sinh x \sinh y$$

$$\sinh(x \pm y) = \sinh x \cosh y \pm \cosh x \sinh y$$

$$\tanh(x \pm y) = \frac{\tanh x \pm \tanh y}{1 \pm \tanh x \tanh y}$$

$$\cos jx = \frac{1}{2}(e^x + e^{-x}) = \cosh x$$

$$\sin jx = \frac{1}{2}j(e^x - e^{-x}) = j\sinh x$$

$$\tan jx = j\frac{(e^x - e^{-x})}{(e^x + e^{-x})} = j\tanh x$$

$$\cos x = \frac{1}{2}(e^{jx} + e^{-jx}) = \cosh jx$$

$$\sin x = -\frac{j}{2}(e^{jx} - e^{-jx}) = -j\sinh jx$$

$$\tan x = -j\frac{e^{2jx} - 1}{e^{2jx} + 1} = -j\tanh jx$$

$$\cos(x \pm jy) = \cos x \cosh y \mp j\sin x \sinh y$$

$$\sin(x \pm jy) = \sin x \cosh y \pm j\cos x \sinh y$$

$$\tan(x \pm jy) = \frac{\tan x \pm j\tanh y}{1 \mp j\tan x \tanh y}$$

B-2 级 数

$$(1 \pm x)^{\frac{1}{2}} = 1 \pm \frac{1}{2}x - \frac{1 \times 1}{2 \times 4}x^2 \pm \frac{1 \times 1 \times 3}{2 \times 4 \times 6}x^3 - \frac{1 \times 1 \times 3 \times 5}{2 \times 4 \times 6 \times 8}x^4 \pm \cdots \ (x^2 < 1)$$

$$(1 \pm x)^{-\frac{1}{2}} = 1 \mp \frac{1}{2}x + \frac{1 \times 3}{2 \times 4}x^2 \mp \frac{1 \times 3 \times 5}{2 \times 4 \times 6}x^3 + \frac{1 \times 3 \times 5 \times 7}{2 \times 4 \times 6 \times 8}x^4 \mp \cdots \ (x^2 < 1)$$

$$(1 \pm x)^{-1} = 1 \mp x + x^2 \mp x^3 + x^4 \mp x^5 + \cdots (x^2 < 1)$$

$$(1 \pm x)^{-2} = 1 \mp 2x + 3x^2 \mp 4x^3 + 5x^4 \mp 6x^5 + \cdots (x^2 < 1)$$

$$\cos x = 1 - \frac{x^2}{2!} + \frac{x^4}{4!} - \frac{x^6}{6!} + \cdots (x^2 < \infty)$$

$$\sin x = x - \frac{x^3}{3!} + \frac{x^5}{5!} - \frac{x^7}{7!} + \cdots (x^2 < \infty)$$

$$\tan x = x + \frac{x^3}{3} + \frac{2x^5}{15} + \cdots (x^2 < \frac{\pi^2}{4})$$

$$\cot x = \frac{1}{x} - \frac{x}{3} - \frac{x^3}{45} - \cdots (x^2 < \pi^2)$$

$$\sinh x = x + \frac{x^3}{3!} + \frac{x^5}{5!} + \frac{x^7}{7!} + \cdots$$

$$\cosh x = 1 + \frac{x^2}{2!} + \frac{x^4}{4!} + \frac{x^6}{6!} + \cdots$$

$$\tanh x = x - \frac{x^3}{3} + \frac{2x^5}{15} - \frac{17x^7}{315} + \cdots \left(x^2 < \frac{\pi^2}{4}\right)$$

$$e^x = 1 + \frac{x}{1!} + \frac{x^2}{2!} + \frac{x^3}{3!} + \cdots$$

$$\ln(1+x) = x - \frac{1}{2}x^2 + \frac{1}{3}x^3 - \frac{1}{4}x^4 + \cdots (x^2 < 1)$$

B-3 微 积 分[①]

$$\frac{de^x}{dx} = e^x \qquad\qquad \frac{da^\mu}{dx} = a^\mu \frac{d\mu}{dx} \ln a$$

$$\frac{d(\ln x)}{dx} = \frac{1}{x} \qquad\qquad \frac{d(\log_a x)}{dx} = \frac{1}{x \ln a}$$

$$\frac{d\sin x}{dx} = \cos x \qquad\qquad \frac{d\cos x}{dx} = -\sin x$$

$$\frac{d\tan x}{dx} = \sec^2 x \qquad\qquad \frac{d\sinh x}{dx} = \cosh x$$

$$\frac{d\cosh x}{dx} = \sinh x \qquad\qquad \frac{d\tanh x}{dx} = \text{sech}^2 x$$

$$\int e^x dx = e^x \qquad\qquad \int a^x dx = \frac{a^x}{\ln a}$$

$$\int \cos x dx = \sin x \qquad\qquad \int \sin x \, dx = -\cos x$$

$$\int \cos^2 x \, dx = \frac{1}{2}\sin x \cos x + \frac{1}{2}x = \frac{1}{2}x + \frac{1}{4}\sin 2x$$

$$\int \sin^2 x \, dx = -\frac{1}{2}\cos x \sin x + \frac{1}{2}x = \frac{1}{2}x - \frac{1}{4}\sin 2x$$

$$\int_0^\pi \cos^2 nx \, dx = \int_0^\pi \sin^2 nx \, dx = \frac{\pi}{2}$$

$$\int_0^\pi \cos nx \, \cos mx \, dx = \int_0^\pi \sin nx \, \sin mx \, dx = 0 \quad (m \neq n)$$

$$\int \cosh x \, dx = \sinh x$$

$$\int \sinh x \, dx = \cosh x$$

B-4 矢量符号与运算

i, j, k 代表 x, y, z 方向单位矢量. 算符作用于矢量 v 和标量 ψ 有如下意义:

---

① 不定积分公式中省略了积分常数.

$$\boldsymbol{v} = v_x \boldsymbol{i} + v_y \boldsymbol{j} + v_z \boldsymbol{k}$$

$$\text{div } \boldsymbol{v} = \frac{\partial}{\partial x} v_x + \frac{\partial}{\partial y} v_y + \frac{\partial}{\partial z} v_z$$

$$\text{grad } \psi = \frac{\partial \psi}{\partial x} \boldsymbol{i} + \frac{\partial \psi}{\partial y} \boldsymbol{j} + \frac{\partial \psi}{\partial z} \boldsymbol{k}$$

$$\text{rot } \boldsymbol{v} = \left(\frac{\partial v_z}{\partial y} - \frac{\partial v_y}{\partial z} \right) \boldsymbol{i} + \left(\frac{\partial v_x}{\partial z} - \frac{\partial v_z}{\partial x} \right) \boldsymbol{j} + \left(\frac{\partial v_y}{\partial x} - \frac{\partial v_x}{\partial y} \right) \boldsymbol{k}$$

$$\nabla^2 \psi = \frac{\partial^2 \psi}{\partial x^2} + \frac{\partial^2 \psi}{\partial y^2} + \frac{\partial^2 \psi}{\partial z^2}$$

$$\text{div rot } \boldsymbol{v} = 0$$

$$\text{rot grad } \psi = 0$$

$$\text{div grad } \psi = \nabla^2 \psi$$

$$\text{rot rot } \boldsymbol{v} = \text{grad div } \boldsymbol{v} - \nabla^2 \boldsymbol{v}$$

B-5　柱贝塞尔函数

$$J_n(x) = \sum_{k=0}^{\infty} (-1)^k \frac{\left(\frac{x}{2} \right)^{2k+n}}{k!(n+k)!}$$

$$k! = k(k-1)(k-2) \cdot \cdots \cdot 1$$

$$J_0(x) = \sum_{k=0}^{\infty} (-1)^k \frac{\left(\frac{x}{2} \right)^{2k}}{k!k!} = 1 - \frac{\left(\frac{x}{2} \right)^2}{1!} + \frac{\left(\frac{x}{2} \right)^4}{(2!)^2} - \cdots$$

$$J_1(x) = \frac{x}{2} \left[1 - \frac{\left(\frac{x}{2} \right)^2}{1 \times 2} + \frac{\left(\frac{x}{2} \right)^4}{1 \times 2 \times 2 \times 3} - \cdots \right]$$

$$J_{n+1}(x) = \frac{2n}{x} J_n(x) - J_{n-1}(x)$$

$$\frac{\mathrm{d}}{\mathrm{d}x} J_0(x) = -J_1(x)$$

$$\frac{\mathrm{d}}{\mathrm{d}x} J_n(x) = \frac{1}{2} \left[J_{n-1}(x) - J_{n+1}(x) \right] \quad (n \geqslant 1)$$

$$\frac{\mathrm{d}}{\mathrm{d}x} \left[x^n J_n(x) \right] = x^n J_{n-1}(x) \quad (n \geqslant 1)$$

$$\frac{\mathrm{d}}{\mathrm{d}x} \left[x^{-n} J_n(x) \right] = -x^{-n} J_{n+1}(x)$$

$$\int J_1(x) \mathrm{d}x = -J_0(x)$$

$$\int x J_0(x) \mathrm{d}x = x J_1(x)$$

$$\int x J_0^2(x) \mathrm{d}x = \frac{x^2}{2} \left[J_0^2(x) + J_1^2(x) \right]$$

$$\int x J_n^2(x) \mathrm{d}x = \frac{x^2}{2} \left[J_n^2(x) + J_{n-1}(x) J_{n+1}(x) \right] \quad (n \geqslant 1)$$

$$\int x J_0(\alpha x) J_0(\beta x) \mathrm{d}x = \frac{x}{\alpha^2 - \beta^2} \left[-\beta J_0(\alpha x) J_1(\beta x) + \alpha J_0(\beta x) J_1(\alpha x) \right]$$

$$\int x \mathrm{J}_n(\alpha x) \mathrm{J}_n(\beta x) \mathrm{d}x = \frac{x}{\alpha^2 - \beta^2} \left[\beta \mathrm{J}_n(\alpha x) \mathrm{J}_{n-1}(\beta x) - \alpha \mathrm{J}_n(\beta x) \mathrm{J}_{n-1}(\alpha x) \right]$$

$$\mathrm{J}_n(x) \underset{x \to \infty}{\approx} \sqrt{\frac{2}{\pi x}} \cos\left(x - \frac{2n+1}{4}\pi\right)$$

$$\mathrm{J}_n(x) = \frac{1}{2\pi \mathrm{j}^n} \int_0^{2\pi} \mathrm{e}^{\mathrm{j}x\cos\theta} \cos n\theta \, \mathrm{d}\theta$$

$$\mathrm{J}_n(x) = \frac{\left(\frac{x}{2}\right)^n}{\Gamma\left(\frac{1}{2}\right)\Gamma\left(n+\frac{1}{2}\right)} \int_0^{\pi/2} \cos(x\cos\theta) \, \sin^{2n}\theta \, \mathrm{d}\theta$$

$$\Gamma\left(\frac{1}{2}\right) = \sqrt{\pi}$$

$$\Gamma\left(n+\frac{1}{2}\right) = \frac{1 \times 3 \times 5 \times \cdots \times (2n-1)}{2n} \sqrt{\pi}$$

$$\mathrm{I}_n(x) = \mathrm{j}^{-n} \mathrm{J}_n(\mathrm{j}x)$$

$$\mathrm{I}_0(x) = \mathrm{J}_0(\mathrm{j}x)$$

$$\mathrm{I}_0(x) = 1 + \frac{\left(\frac{x}{2}\right)^2}{1!} + \frac{\left(\frac{x}{2}\right)^4}{(2!)^2} + \cdots$$

$$\mathrm{I}_1(x) = \frac{x}{2}\left[1 + \frac{\left(\frac{x}{2}\right)^2}{1 \cdot 2} + \frac{\left(\frac{x}{2}\right)^4}{1 \cdot 2 \cdot 2 \cdot 3} + \cdots\right]$$

$$\frac{\mathrm{d}}{\mathrm{d}x}\mathrm{I}_0(x) = \mathrm{I}_1(x)$$

$$\int x \mathrm{I}_0(x)\mathrm{d}x = x\mathrm{I}_1(x)$$

$$\int \mathrm{I}_1(x)\mathrm{d}x = \mathrm{I}_0(x)$$

$$\int x \mathrm{I}_0^2(x)\mathrm{d}x = \frac{\pi^2}{2}\left[\mathrm{I}_0^2(x) - \mathrm{I}_1^2(x)\right]$$

B‑6　球　函　数

$$\mathrm{P}_l(\cos\theta) = \mathrm{P}_l(x) = \frac{1}{2^l l!} \frac{\mathrm{d}^l}{\mathrm{d}x^l}(x^2-1)^l$$

$$= \frac{1 \times 3 \times 5 \times \cdots \times (2l-1)}{l!}\left[x^l + \frac{l(l-1)}{2(2l-1)}x^{l-2} + \frac{l(l-1)(l-2)(l-3)}{2 \times 4(2l-1)(2l-3)}x^{l-4} + \cdots\right]$$

$$\mathrm{P}_0(x) = 1$$

$$\mathrm{P}_1(x) = x$$

$$\mathrm{P}_2(x) = \frac{1}{2}(3x^2 - 1)$$

$$\mathrm{P}_3(x) = \frac{1}{2}(5x^3 - 3x)$$

$$(2l+1)x\mathrm{P}_l(x) = (l+1)\mathrm{P}_{l+1}(x) + l\mathrm{P}_{l-1}(x)$$

$$\mathrm{P}_0(x) = \frac{\mathrm{d}}{\mathrm{d}x}\mathrm{P}_l(x)$$

$$(2l+1)\mathrm{P}_l(x) = \frac{\mathrm{d}}{\mathrm{d}x}\left[\mathrm{P}_{l+1}(x) - \mathrm{P}_{l-1}(x)\right] \quad (l \geqslant 1)$$

$$\int_{-1}^{+1} P_l(x)P_{l'}(x)dx = \begin{cases} 0 & (l \neq l') \\ \dfrac{2}{2l+1} & (l = l') \end{cases}$$

$$j_l(x) = \sqrt{\frac{\pi}{2x}} J_{l+\frac{1}{2}}(x)$$

$$n_l(x) = \sqrt{\frac{\pi}{2x}} N_{l+\frac{1}{2}}(x)$$

$$h_l^{(1)}(x) = j_l(x) + jn_l(x)$$

$$h_l^{(2)}(x) = j_l(x) - jn_l(x)$$

$$j_0(x) = \frac{\sin x}{x}, \quad n_0(x) = -\frac{\cos x}{x}$$

$$j_1(x) = \frac{\sin x}{x^2} - \frac{\cos x}{x}, \quad n_1(x) = -\frac{\sin x}{x} - \frac{\cos x}{x^2}$$

$$j_2(x) = \left(\frac{3}{x^3} - \frac{1}{x}\right)\sin x - \frac{3}{x^2}\cos x$$

$$n_2(x) = -\frac{3}{x^2}\sin x - \left(\frac{3}{x^3} - \frac{1}{x}\right)\cos x$$

$$j_l(x) \underset{x\to 0}{\approx} \frac{x^l}{\bar{l}(2l+1)} \quad (\bar{l} = 1\times 3\times 5\times \cdots \times (2l-1), \bar{0} = 1)$$

$$n_l(x) \underset{x\to 0}{\approx} -\frac{\bar{l}}{x^{l+1}}$$

$$h_l^{(2)}(x) \underset{x\to 0}{\approx} j\frac{\bar{l}}{x^{l+1}}$$

$$j_l(x) \underset{x\to\infty}{\approx} \frac{1}{x}\cos\left(x - \frac{l+1}{2}\pi\right)$$

$$n_l(x) \underset{x\to\infty}{\approx} \frac{1}{x}\sin\left(x - \frac{l+1}{2}\pi\right)$$

$$h^{(2)}(x) \underset{x\to\infty}{\approx} \frac{1}{x}e^{-j\left(x - \frac{l+1}{2}\pi\right)}$$

$$j_{l-1}(x) + j_{l+1}(x) = \frac{2l+1}{x}j_l(x)$$

$$n_{l-1}(x) + n_{l+1}(x) = \frac{2l+1}{x}n_l(x)$$

$$\frac{d}{dx}j_l(x) = \frac{1}{2l+1}\left[lj_{l-1}(x) - (l+1)j_{l+1}(x)\right]$$

$$\frac{d}{dx}n_l(x) = \frac{1}{2l+1}\left[ln_{l-1}(x) - (l+1)n_{l+1}(x)\right]$$

$$\frac{d}{dx}\left[x^{l+1}j_l(x)\right] = x^{l+1}j_{l-1}(x)$$

$$\frac{d}{dx}\left[x^{l+1}n_l(x)\right] = x^{l+1}n_{l-1}(x)$$

$$\frac{d}{dx}\left[x^{-l}j_l(x)\right] = -x^{-l}j_{l+1}(x)$$

$$\frac{d}{dx}\left[x^{-l}n_l(x)\right] = -x^{-l}n_{l+1}(x)$$

$$\int j_1(x)dx = -j_0(x)$$

$$\int x^2 j_0(x) dx = x^2 j_1(x)$$

$$\int n_1(x) dx = -n_0(x)$$

$$\int x^2 n_0(x) dx = x^2 n_1(x)$$

$$\int x^2 j_0^2(x) dx = \frac{x^3}{2} \left[j_0^2(x) + n_0(x) j_1(x) \right]$$

$$\int x^2 n_0^2(x) dx = \frac{x^3}{2} \left[n_0^2(x) - j_0(x) n_1(x) \right]$$

$$\int x^2 j_l^2(x) dx = \frac{x^3}{2} \left[j_l^2(x) - j_{l-1}(x) j_{l+1}(x) \right] \quad (l \geqslant 1)$$

$$\int x^2 n_l^2(x) dx = \frac{x^3}{2} \left[n_l^2(x) - n_{l-1}(x) n_{l+1}(x) \right] \quad (l \geqslant 1)$$

$$n_{l-1} j_l(x) - n_l(x) j_{l-1}(x) = \left(\frac{1}{x^2} \right)$$

C　一些特殊函数的图和表

C-1　柱贝塞尔函数图

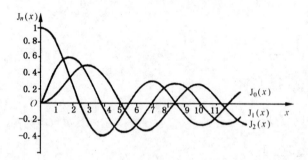

图 C-1

C-2　柱贝塞尔函数的根值

$J_0(x_n)=0$		$J_1(x_n)=0$		$J_2(x_n)=0$	
n	x_n	n	x_n	n	x_n
1	2.405	1	3.832	1	5.136
2	5.520	2	7.016	2	8.417
3	8.654	3	10.17	3	11.62
4	11.79	4	13.32	4	14.80
5	14.93	5	16.47	5	17.96

C - 3　柱贝塞尔函数表

x	$J_0(x)$	$J_1(x)$	$J_2(x)$
0.0	1.000 0	0.000	0.000 0
0.1	0.997 5	0.049 9	0.001 2
0.2	0.990 0	0.099 5	0.005 0
0.4	0.960 4	0.196 0	0.019 7
0.6	0.912 0	0.286 7	0.043 7
0.8	0.846 3	0.368 8	0.075 8
1.0	0.765 2	0.440 1	0.114 9
1.2	0.671 1	0.498 3	0.159 3
1.4	0.566 9	0.541 9	0.207 4
1.6	0.455 4	0.581 5	0.306 1
1.8	0.340 0	0.581 5	0.306 1
2.0	0.223 9	0.576 7	0.352 8
2.2	0.110 4	0.556 0	0.395 1
2.4	$+0.002\ 5$	0.520 2	0.431 0
2.6	$-0.096\ 8$	0.470 8	0.459 0
2.8	$-0.185\ 0$	0.409 7	0.477 7
3.0	$-0.260\ 1$	0.339 1	0.486 1
3.2	$-0.320\ 2$	0.261 3	0.486 1
3.4	$-0.364\ 3$	0.179 2	0.469 7
3.6	$-0.391\ 8$	0.095 5	0.444 8
3.8	$-0.402\ 6$	$+0.012\ 8$	0.409 3
4.0	$-0.397\ 1$	$-0.066\ 0$	0.364 1
4.2	$-0.397\ 1$	$-0.138\ 6$	0.310 5
4.4	$-0.342\ 3$	$-0.202\ 8$	0.250 1
4.6	$-0.296\ 1$	$-0.256\ 6$	0.116 1
4.8	$-0.240\ 4$	$-0.298\ 5$	0.116 1
5.0	$-0.177\ 6$	$-0.327\ 6$	$+0.046\ 6$
5.2	$-0.110\ 3$	$-0.343\ 2$	$-0.021\ 7$
5.4	$-0.041\ 2$	$-0.345\ 3$	$-0.086\ 7$
5.6	$+0.027\ 0$	$-0.334\ 3$	$-0.146\ 4$
5.8	0.091 7	$-0.311\ 0$	$-0.198\ 9$
6.0	0.150 7	$-0.276\ 7$	$-0.242\ 9$
6.2	0.201 7	$-0.232\ 9$	$-0.276\ 9$
6.4	0.243 3	$-0.181\ 6$	$-0.300\ 1$
6.6	0.274 0	$-0.125\ 0$	$-0.311\ 9$
6.8	0.293 1	$-0.065\ 2$	$-0.312\ 3$
7.0	0.300 1	$-0.004\ 7$	$-0.301\ 4$
7.2	0.295 1	$+0.054\ 3$	$-0.280\ 0$
7.4	0.278 6	0.109 6	$-0.248\ 7$
7.6	0.251 6	0.159 2	$-0.209\ 7$
7.8	0.215 4	0.201 4	$-0.163\ 8$
8.0	0.171 6	0.234 6	$-0.113\ 0$

C－4　虚宗量贝塞尔函数表

$$I_n(x) = j^{(-n)} J_n(jx)$$

x	$I_0(x)$	$I_1(x)$	$I_2(x)$
0.0	1.000 0	0.000	0.000 0
0.1	1.002 5	0.050 1	0.001 2
0.2	1.010 0	0.100 5	0.005 0
0.4	1.040 4	0.204 0	0.020 3
0.6	1.092 1	0.303 7	0.046 4
0.8	1.166 5	0.432 9	0.084 3
1.0	1.266 1	0.565 2	0.135 8
1.2	1.393 7	0.714 7	0.202 6
1.4	1.553 4	0.886 1	0.287 6
1.6	1.750 0	1.084 8	0.394 0
1.8	1.989 5	1.317 2	0.526 0
2.0	2.279 6	1.590 6	0.689 0
2.2	2.629 2	1.914 1	0.889 1
2.4	3.049 2	2.298 1	1.111 1
2.6	3.553 2	2.755 4	1.433 8
2.8	4.157 4	3.301 1	1.799 4
3.0	4.880 8	3.953 4	2.245 2
3.2	5.747 2	4.734 3	2.788 4
3.4	6.784 8	5.670 1	3.449 5
3.6	8.027 8	6.972 6	4.253 8
3.8	9.516 9	8.140 5	5.232 3
4.0	11.302	9.759 4	6.422 4
4.2	13.443	11.705	7.868 3
4.4	16.010	14.046	9.625 9
4.6	19.097	16.010	11.863
4.8	22.974	20.253	14.355
5.0	27.240	24.335	17.505
5.2	32.584	29.254	21.332
5.4	39.010	35.181	25.980
5.6	46.738	42.327	31.621
5.8	56.039	50.945	38.472
6.0	67.235	61.340	46.788
6.2	80.717	73.888	56.882
6.4	96.963	89.025	69.143
6.6	116.54	107.31	84.021
6.8	140.14	129.38	102.08
7.0	168.59	156.04	124.01
7.2	202.92	188.25	150.63
7.4	244.34	227.17	182.94
7.6	294.33	274.22	222.17
7.8	354.68	331.10	269.79
8.0	427.57	399.87	327.60